Herbert Bernstein
Digitaltechnik

Weitere empfehlenswerte Titel

Speicherprogrammierbare Steuerung – SPS
Herbert Bernstein, 2018
ISBN 978-3-11-055598-1, e-ISBN 978-3-11-055601-8,
e-ISBN (EPUB) 978-3-11-055605-6

Analoge, digitale und virtuelle Messtechnik, 2. Auflage
Herbert Bernstein, 2018
ISBN 978-3-11-054217-2, e-ISBN 978-3-11-054442-8,
e-ISBN (EPUB) 978-3-11-054229-5

Messtechnik in der Praxis
Herbert Bernstein, 2018
ISBN 978-3-11-052313-3, e-ISBN (PDF) 978-3-11-052314-0,
e-ISBN (EPUB) 978-3-11-052319-5

Elektronik
Herbert Bernstein, 2016
ISBN 978-3-11-046310-1, e-ISBN 978-3-11-046315-6,
e-ISBN (EPUB) 978-3-11-046348-4

Elektrotechnik in der Praxis
Herbert Bernstein, 2016
ISBN 978-3-11-044098-0, e-ISBN 978-3-11-044100-0,
e-ISBN (EPUB) 978-3-11-043319-7

Bauelemente der Elektronik
Herbert Bernstein, 2015
ISBN 978-3-486-72127-0, e-ISBN 978-3-486-85608-8,
e-ISBN (EPUB) 978-3-11-039767-3, Set-ISBN 978-3-486-85609-5

Herbert Bernstein

Digitaltechnik

TTL-, CMOS-Bausteine,
komplexe Logikschaltungen (PLD, ASIC)

DE GRUYTER
OLDENBOURG

Autor
Dipl.-Ing. Herbert Bernstein
81379 München
Bernstein-Herbert@t-online.de

ISBN 978-3-11-058366-3
e-ISBN (PDF) 978-3-11-058367-0
e-ISBN (EPUB) 978-3-11-058456-1

Library of Congress Control Number: 2019941242

Bibliografische Information der Deutschen Nationalbibliothek
Die Deutsche Nationalbibliothek verzeichnet diese Publikation in der Deutschen
Nationalbibliografie; detaillierte bibliografische Daten sind im Internet über
http://dnb.dnb.de abrufbar.

© 2019 Walter de Gruyter GmbH, Berlin/Boston
Umschlaggestaltung: Elen11 / iStock / Getty Images Plus
Satz: le-tex publishing services GmbH, Leipzig
Druck und Bindung: CPI books GmbH, Leck

www.degruyter.com

Vorwort

Seit etwa 1970 kennt man die TTL-Technik (Transistor-Transistor-Logik) und etwa 1972 die CMOS-Technik (Complementary metal-oxide semiconductor). Die große Zahl an integrierten Schaltkreisen der TTL-Serie 74XXX und CMOS-Typen 4XXX mit ihren technologischen Eigenschaften werden in dem vorliegenden Fachbuch behandelt und die wesentlichen Unterschiede gezeigt und erklärt. TTL- und CMOS-Bausteine bilden die Grundelemente der hochintegrierten Technik und kennt man die logischen Grundschaltungen, ist der Umgang mit Neuentwicklungen aus der Digitaltechnik kein Problem.

Die Typenvielfalt der TTL- und CMOS-Technik für Standard-TTL (Std), Advanced-Low-Power-Schottky-TTL (ALS), Advanced-Schottky-TTL (AS), Fast-Schottky-TTL (F), High-Power-TTL (H), Low-Power-TTL (L), Low-Power-Schottky-TTL (LS), Schottky-TTL (S), Silizium-Gate-CMOS (HC) und Metal-Gate-CMOS (4000-Serie) gibt einen Überblick über die Eigenschaften für allgemeine Anwendungen. Um den Vergleich und die Entscheidung zu erleichtern, werden deshalb beide Techniken, ungeachtet ihrer unterschiedlichen Herstellungstechnologien, anwenderorientiert im Buch behandelt, und nur in den schaltungstechnischen Anwendungsfällen werden Unterschiede sichtbar. Die vorliegende Zusammenstellung wendet sich an den praktisch tätigen Anwender ebenso wie an die Studierenden. Sie sollten mit den verschiedenen TTL- und CMOS-Typen und mit den dazugehörigen Schaltkreisen vertraut gemacht werden. Im Aufbau des Inhaltes werden die für die TTL- und CMOS-Serie allgemeingültigen Daten nicht ständig wiederholt, sondern nur einmal behandelt.

Neben der Durchlaufverzögerung und Leistungsaufnahme sind auch die Eingänge mit ihrem „fan in" interessant. Die drei Ausgangsstufen der TTL- und CMOS-Technik sind Gegentakt-Endstufe (Totem-pole), offener Kollektor (o.C.) und Tri-State-Ausgang (Dreizustand mit 0- und 1-Signal bzw. Z-Zustand, wenn der Ausgang hochohmig ist). Hierzu ist auch die Ausgangsbelastbarkeit (fan out) wichtig, die angibt, wie viele Lasteinheiten (N) der Baustein bei L-Potential (0-Signal) und H-Potential (1-Signal) treiben kann.

Kennt man die Spezifikationen der einzelnen Familien und die digitale Schaltungsanordnung, lässt sich ein elektronisches System erfolgreich realisieren. Dies gilt besonders, wenn durch die Simulationssoftware ein entsprechendes Hilfsmittel zur Verfügung steht. Mit Multisim können Sie zahlreiche digitale Schaltungen erfolgreich realisieren und in eine sicher funktionierende Hardware umsetzen. Zur Simulation gehören auch zahlreiche Messgeräte aus der Digitaltechnik, die das Arbeiten erleichtern. Die Testversion von Multisim können Sie direkt aus dem Netz laden.

Das Buch soll als Einführung in die digitale Schaltungstechnik mit integrierten Bausteinen der TTL- und CMOS-Technik dienen. Es enthält daher Erläuterungen zum logischen Entwurf von Schaltungen und ausführliche Hinweise zum elektrisch günstigen und störsicheren Aufbau. Die Sammlung von Anwendungsbeispielen macht es

https://doi.org/10.1515/9783110583670-201

auch für den Leser zu einem Handbuch, das für viele Schaltungsaufgaben einen ersten Entwurf rasch anbietet und Hilfsmittel zum Abändern und Anpassen an den speziellen Anwendungszweck bereithält.

Mit diesem Buch habe ich mir das Ziel gesetzt, mein gesamtes Wissen an den Leser weiterzugeben, das ich mir im Laufe der Zeit in der Industrie und im Unterricht angeeignet habe.

Meiner Frau Brigitte danke ich für die Erstellung der Zeichnungen.

Wenn Fragen auftreten: Bernstein-Herbert@t-online.de

Herbert Bernstein   München

Inhalt

1 Grundlagen der Digitaltechnik

Zur Analogtechnik gehört z. B. das Fernsprechen mit Telefon und Handy, denn auf dem Übertragungsweg liegt die Sprache in Form von Sprechwechselspannungen vor. Die Amplitude der Wechselspannung kennzeichnet die Lautstärke und die Frequenz der Wechselspannung entspricht der Tonhöhe. Bei der Sprechwechselspannung sind also Amplitude und Frequenz mit Information behaftet. Amplitude und Frequenz können sich kontinuierlich ändern und jeder Wert kennzeichnet eine andere Information (Lautstärke oder Tonhöhe). Analoge Signale sind also dadurch gekennzeichnet, dass die informationsbehaftete Kenngröße des Signals innerhalb eines bestimmten Bereichs jeden Wert annehmen kann und jeder dieser Werte eine andere Information kennzeichnet. Abb. 1.1 zeigt den Unterschied zwischen der analogen und digitalen Übertragung von Telefon und Handy.

Analoge Größen eignen sich nicht nur zur Übertragung von Informationen, sondern auch zur Informationsverarbeitung, also z. B. zum Rechnen. Ein Rechenschieber ist ein einfacher Analogrechner. Die Zahlen werden hier in analoge Strecken umgewandelt und aneinandergefügt. In einem Wattmeter werden Strom und Spannung

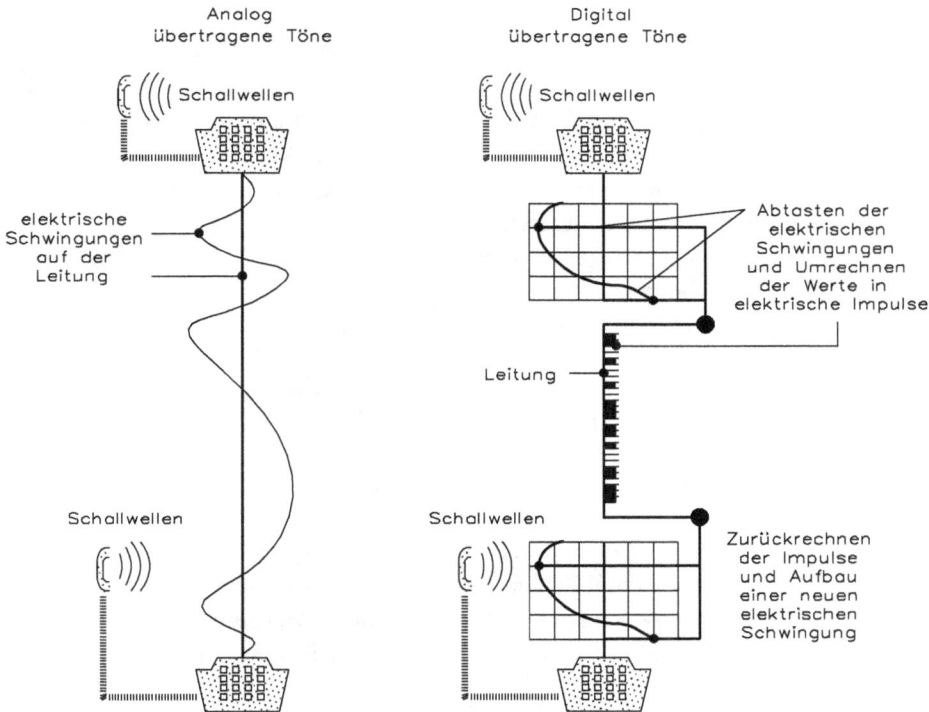

Abb. 1.1: Unterschied zwischen der analogen und digitalen Übertragung

https://doi.org/10.1515/9783110583670-001

miteinander multipliziert und das Ergebnis in Form eines analogen Zeigerausschlags angezeigt. Die Beispiele zeigen, dass die Verarbeitung analoger Größen nach physikalischen Gesetzmäßigkeiten erfolgt.

Das Schreiben von E-Mails gehört zur Digitaltechnik und auf der Anschlussleitung liegt die zu übertragende Information als Folge von Strom- und Kein-Strom-Schritten vor. Jeder Schritt kennzeichnet eine von zwei möglichen Informationen und der Strom kann theoretisch auch hier jeden Zwischenwert annehmen. Solange er kleiner ist als der Ansprechstrom, erfolgt die Auswertung „kein Strom" d. h. ist er größer als der Ansprechstrom, erfolgt die Auswertung „Strom". Ein digitales Signal ist also dadurch gekennzeichnet, dass die informationsbehaftete Größe in Wertbereiche eingeteilt ist (meist zwei Signale) und nur jeder Wertbereich eine Information kennzeichnet.

Digitale Größen eignen sich besonders gut zur Verarbeitung und zu ihnen gehören auch die Zahlen. Bei der digitalen Datenverarbeitung wird also ziffernhaft gerechnet und die Verarbeitung erfolgt nach mathematischen Gesetzmäßigkeiten.

1.1 Aufbau und Eigenschaften von Zahlensystemen

Zahlensysteme haben die Aufgabe, Zahlenwerte möglichst einfach und übersichtlich darzustellen. Man ist gewohnt, Zahlenwerte im Dezimalsystem anzugeben. Das Dezimalsystem ist nur eins von vielen Zahlensystemen und für gleichberechtigte Zahlensysteme, jedoch liegt seine besondere Bedeutung nur darin, dass man es allgemein verwenden kann. Alle im Folgenden beschriebenen Zahlensysteme sind grundsätzlich ebenso aufgebaut wie das Dezimalsystem und unterliegen den gleichen Regeln. Man geht daher immer vom bekannten Dezimalsystem aus, die Regeln lassen sich verallgemeinern und auf andere Systeme anwenden.

Die Dezimalzahl 583 steht abkürzend für

$$\begin{array}{ccccc} \text{Hunderter} & & \text{Zehner} & & \text{Einerstelle} \\ | & & | & & | \\ 500 & + & 80 & + & 3 \\ 5 \cdot 100 & + & 8 \cdot 10 & + & 3 \cdot 1 \\ 5 \cdot 10^2 & + & 8 \cdot 10^1 & + & 3 \cdot 10^0 \end{array}$$

Der Anteil, den eine Ziffer zum Zahlenwert beiträgt, hängt von der Stellung der Ziffer innerhalb der Zahl ab. Jede Stelle hat eine bestimmte Wertigkeit (Stellenwert). Im Dezimalsystem bilden die Potenzen mit der Basis 10 die Stellenwerte:

...	10^4	10^3	10^2	10^1	10^0
...	10000	1000	100	10	1

Die letzte Stelle bei ganzen Zahlen hat die Wertigkeit $10^0 = 1$. Die Ziffern in jeder Stelle geben an, wievielmal der Stellenwert zur Bildung des Zahlenwertes zu berücksichtigen ist und das Dezimalsystem benutzt die zehn Ziffern von 0 bis 9. Eine Ziffer für die Darstellung des zehnfachen Stellenwertes ist nicht erforderlich, weil das die Wertigkeit der nächsthöheren Stelle ergibt:

$$10 \cdot 100 = 1 \cdot 1000 \, .$$

Wie das Beispiel zeigt, erhält man den Zahlenwert, wenn man jede Ziffer mit ihrem Stellenwert multipliziert und die so erhaltenen Werte addiert.

Man kann beliebige andere Zahlensysteme bilden, wenn man anstelle der Potenzen zur Basis 10 für die Stellenwerte die Potenzen zu einer anderen ganzzahligen Basis B verwendet. Für den Aufbau dieser Zahlensysteme, die als polyadisch oder B-adisch bezeichnet werden, gelten folgende Regeln:

1. Die Potenzen zur Basis B bilden die Stellenwerte.
2. Die letzte Stelle bei ganzen Zahlen (die erste Stelle links vom Komma) hat immer den Stellenwert $B^0 = 1$.
3. Es werden B verschiedene Ziffern mit den Ziffernwerten 0 bis B − 1 benötigt.
4. Man erhält den Zahlenwert, wenn man jede Ziffer mit ihrem Stellenwert multipliziert und die so erhaltenen Produkte addiert.
5. Allgemein hat eine ganze Zahl in einem B-adischen System folgende Form:

$$Z = \ldots x_4 x_3 x_2 x_1 x_0 \, ,$$

was eine abkürzende Schreibweise ist für

$$Z = \ldots + x_4 \cdot B^4 + x_3 \cdot B^3 + x_2 \cdot B^2 + x_1 \cdot B^1 + x_0 \, ,$$

wobei x_0 bis x_4 für die Ziffern in der jeweiligen Stelle stehen.

Tabelle 1.1 zeigt Beispiele für den Aufbau der Zahlensysteme.
Tabelle 1.2 zeigt Zahlen von 0 bis 20 in verschiedenen Systemen.
Tabelle 1.3 zeigt vielstellige Dual-, Dezimal- und Sedezimalzahlen.
Wie die Tabellen 1.2 und 1.3 zeigen, lässt sich einer Zahl nicht zuordnen, zu welchem Zahlensystem sie gehört. Immer wenn Verwechslungen möglich sind, wird der Zahl als Index in Klammern die Basis oder der Buchstabe angehängt, z. B.:

$$101_{(2)}, \quad 333_{(10)} \text{ oder } 312_{(16)} \quad \text{bzw.} \quad 101B, \quad 333D \text{ oder } 312H$$

Tab. 1.1: Aufbau der Zahlensysteme

System	Basis	Stellenwerte			Ziffern	Zahlenwertbildung
Dualsystem	2	$\dots 2^2$ $\dots 4$	2^1 2	2^0 1	0, 1	$110 \cong$ $1 \cdot 4 + 1 \cdot 2 + 0 \cdot 1 = 6$
Trialsystem	3	$\dots 3^2$ $\dots 9$	3^1 3	3^0 1	0, 1, 2	$201 \cong$ $2 \cdot 9 + 0 \cdot 3 + 1 \cdot 1 = 19$
Oktalsystem	8	$\dots 8^2$ $\dots 64$	8^1 8	8^0 1	0, 1, 2, … 6, 7	$273 \cong$ $2 \cdot 64 + 7 \cdot 8 + 3 \cdot 1 = 187$
Dezimalsystem	10	$\dots 10^2$ $\dots 100$	10^1 10	10^0 1	0, 1, 2, … 8, 9	$192 \cong$ $1 \cdot 100 + 9 \cdot 10 + 2 \cdot 1 = 192$
Sedezimalsystem (Hexadezimal-system)	16	$\dots 16^2$ $.. 256$	16^1 16	16^0 1	0, 1, 2, … 8, 9; A (10), B (11), C (12), D (13), E (14), F (15)	$2F3 \cong$ $1 \cdot 256 + 9 \cdot 16 + 2 \cdot 1 = 192$
B-adisch	B	$\dots B^2$	B^1	B^0	0… B − 1	$x_2 x_1 x_0 \cong$ $x_2 \cdot B^2 + x_1 \cdot B^1 + x_0 \cdot 1$

Tab. 1.2: Zahlen von 0 bis 20 in verschiedenen Systemen

Dualsystem					Trialsystem			Oktalsystem		Dezimalsystem		Sedezimalsystem	
2^4 16	2^3 8	2^2 4	2^1 2	2^0 1	3^2 9	3^1 3	3^0 1	8^1 8	8^0 1	10^1 10	10^0 1	16^1 16	16^0 1
				0			0		0		0		0
				1			1		1		1		1
			1	0			2		2		2		2
			1	1		1	0		3		3		3
		1	0	0		1	1		4		4		4
		1	0	1		1	2		5		5		5
		1	1	0		2	0		6		6		6
		1	1	1		2	1		7		7		7
	1	0	0	0		2	2	1	0		8		8
	1	0	0	1	1	0	0	1	1		9		9
	1	0	1	0	1	0	1	1	2	1	0		A
	1	0	1	1	1	0	2	1	3	1	1		B
	1	1	0	0	1	1	0	1	4	1	2		C
	1	1	0	1	1	1	1	1	5	1	3		D
	1	1	1	0	1	1	2	1	6	1	4		E
	1	1	1	1	1	2	0	1	7	1	5		F
1	0	0	0	0	1	2	1	2	0	1	6	1	0
1	0	0	0	1	1	2	2	2	1	1	7	1	1
1	0	0	1	0	2	0	0	2	2	1	8	1	2
1	0	0	1	1	2	0	1	2	3	1	9	1	3
1	0	1	0	0	2	0	2	2	4	2	0	1	4

Tab. 1.3: Aufbau von vielstelligen Dual-, Dezimal- und Sedezimalzahlen

Dualsystem											Dezimalsystem				Sededezimalsystem		
2^{10}	2^9	2^8	2^7	2^6	2^5	2^4	2^3	2^2	2^1	2^0	10^3	10^2	10^1	10^0	16^2	16^1	16^0
1024	512	256	128	64	32	16	8	4	2	1	1000	100	10	1	256	16	1
				1	1	1	1	1	1	0		1	2	6		7	E
				1	1	1	1	1	1	1		1	2	7		7	F
			1	0	0	0	0	0	0	0		1	2	8		8	0
			1	0	0	0	0	0	0	1		1	2	9		8	1
			1	1	1	1	1	1	1	0		2	5	4		F	E
			1	1	1	1	1	1	1	1		2	5	5		F	F
		1	0	0	0	0	0	0	0	0		2	5	6	1	0	0
		1	0	0	0	0	0	0	0	1		2	5	7	1	0	1
		1	1	1	1	1	1	1	1	0		5	1	0	1	F	E
		1	1	1	1	1	1	1	1	1		5	1	1	1	F	F
	1	1	1	1	1	1	1	1	1	1	1	0	2	3	3	F	F
1	0	0	0	0	0	0	0	0	0	0	1	0	2	4	4	0	0

Anhand der Zeile mit der Dezimalzahl 19 (Tabelle 1.2) soll noch einmal erläutert werden, wie sich in jedem System der Zahlenwert als Summe der Produkte und Ziffer und Stellenwert ergibt:

a) 10011B

$$= 1 \cdot 2^4 + 0 \cdot 2^3 + 0 \cdot 2^2 + 1 \cdot 2^1 + 1 \cdot 2^0$$
$$= 1 \cdot 16 + 0 \cdot 8 \ + 0 \cdot 4 \ + 1 \cdot 2 \ + 1 \cdot 1$$
$$= 16D \ + 0 \qquad + 0 \qquad + 2D \ + 1D$$
$$= 19D$$

b) 201T

$$= 2 \cdot 3^2 + 0 \cdot 3^1 + 0 \cdot 3^0$$
$$= 2 \cdot 9 \ + 0 \cdot 3 \ + 1 \cdot 1$$
$$= 18D \ + 0 \qquad + 1D$$
$$= 19D$$

c) 23O

$$= 2 \cdot 8^1 + 3 \cdot 8^0$$
$$= 2 \cdot 8 \ + 3 \cdot 1$$
$$= 16D \ + 3D$$
$$= 19D$$

d) 19D

$$= 1 \cdot 10^1 + 9 \cdot 10^0$$
$$= 1 \cdot 10 \ + 9 \cdot 1$$
$$= 10D \ + 9D$$
$$= 19D$$

e) 13H

$$= 1 \cdot 16^1 + 3 \cdot 16^0$$
$$= 1 \cdot 16 \ + 3 \cdot 1$$
$$= 16D \ + 3D$$
$$= 19D$$

Wie die Beispiele zeigen (insbesondere d), wird das Dezimalsystem in diesem Abschnitt in zwei Bedeutungen verwendet: Auf der einen Seite ist es eins von vielen gleichberechtigten polyadischen Zahlensystemen. Auf der anderen Seite besteht folgendes Problem: Soll von einer Zahl aus einem beliebigen Zahlensystem der Zahlenwert angegeben werden, so muss dies wieder in einem Zahlensystem erfolgen, wofür hier ebenfalls das geläufige Dezimalsystem verwendet wird.

Aus Tabelle 1.3 lässt sich entnehmen, dass Zahlensysteme mit kleinerer Basis zwar mit weniger Ziffern auskommen, dafür aber eine größere Stellenzahl benötigen. Dualzahlen sind im Mittel um den Faktor 3,3 länger als Dezimalzahlen, dreimal länger als Oktalzahlen und viermal länger als Sedezimalzahlen. Die Zeile a) von Tabelle 1.4 enthält die mittlere Stellenzahl einiger Zahlensysteme bezogen auf das Dezimalsystem, die Zeile b) bezogen auf das Dualsystem. Tabelle 1.4 zeigt die mittlere Stellenzahl.

Tab. 1.4: Mittlere Stellenzahl

Basis	2	3	8	10	16
a)	3,32	2,1	1,11	1	0,83
b)	1	0,63	0,33	0,30	0,25

Die höchste n-stellige Zahl in einem System ist jeweils die Zahl, die in allen n Stellen die höchste Ziffer enthält. Ihr Zahlenwert ist $B^n - 1$.

Beispiele für $n = 3$:

dual: $\qquad Z_{max} = 111B = 7D = 2^3 - 1$

trial: $\qquad Z_{max} = 222T = 26D = 3^3 - 1$

oktal: $\qquad Z_{max} = 777O = 511D = 8^3 - 1$

dezimal: $\qquad Z_{max} = 999D = 999D = 10^3 - 1$

sedezimal: $\quad Z_{max} = FFFH = 4095D = 16^3 - 1$

In der Informatik wird meist mit fester Stellenzahl gearbeitet. Kürzere Zahlen werden dafür durch Nullen auf die erforderliche Stellenzahl aufgefüllt:

$$356D = 000356D$$
$$1D = 000001D$$
$$110B = 000110B$$
$$2CH = 00002CH \, .$$

Bruchteile von 1 werden im Dezimalsystem als Dezimalbrüche durch die Stellen hinter dem Komma dargestellt. Die Stellenwerte sind die Zehnerpotenzen mit negativen Exponenten:

$$0,25D = 2 \cdot 10^{-1} + 5 \cdot 10^{-2}$$
$$= \frac{2}{10} \quad + \frac{5}{100}$$
$$= 0,2D \quad + 0,05D$$
$$= 0,25D \, .$$

Ebenso verfährt man in den anderen polyadischen Systemen.

Beispiele:
- Dualbrüche
- Oktalbrüche

$$0,101B = 1 \cdot 2^{-1} + 0 \cdot 2^{-2} + 1 \cdot 2^{-3}$$

$$= \frac{1}{2} + \frac{0}{4} + \frac{1}{8}$$

$$= 0,5D + 0 + 0,125D$$

$$= 0,625D$$

$$0,240 = 2 \cdot 8^{-1} + 4 \cdot 8^{-2}$$

$$= \frac{2}{8} + \frac{4}{64}$$

$$= 0,25D + 0,0625D$$

$$= 0,3125D$$

- Sedezimalbrüche

$$0,C8H = C \cdot 16^{-1} + 8 \cdot 16^{-2}$$

$$= \frac{12}{16} + \frac{8}{256}$$

$$= 0,75D + 0,03125D$$

$$= 0,78125D$$

Allgemein gilt für die Darstellung von Zahlenwerten kleiner als 1 in polyadischen Zahlensystemen:

$$Z = 0, x_{-1}x_{-2}x_{-3}$$

$$= x_{-1} \cdot B^{-1} + x_{-2} \cdot B^{-2} + x_{-3} \cdot B^{-3} + \dots.$$

Die in Tabelle 1.4 angegebenen Stellenzahlen für die einzelnen Zahlensysteme gelten nur für ganze Zahlen.

Die einzelnen Zahlensysteme weisen in der Praxis unterschiedliches Gewicht auf. Die Bedeutung des Dualsystems liegt vor allem darin, dass es mit zwei Ziffern auskommt. In der Informatik und PC-Systemen müssen die Zahlen durch physikalische Größen dargestellt werden. Es ist technisch viel einfacher und damit auch betriebssicherer, in jeder Stelle nur zwei Ziffern, also nur zwei Zustände zu unterscheiden. Zum anderen ist die Zahl der Rechenregeln, die ein PC kennen muss, sehr viel kleiner als im Dezimalsystem. Man vergleiche nur das kleine Einmaleins des Dezimalsystems, das der Anlage bei Verwendung der Dezimalzahlen bekannt sein müsste, mit dem kleinen Einmaleins des Dualsystems, das praktisch nur aus $1 \cdot 1 = 1$ besteht. Der Vorteil der geringen Anzahl verschiedener Ziffern muss allerdings durch eine größere Stellenzahl erkauft werden.

Das Sedezimalsystem wird in PCs hauptsächlich dazu verwendet, längere Dualzahlen kürzer und damit übersichtlicher zu schreiben. Ähnliches gilt für die Oktalzahlen, die vor allem in der elektronischen Datenübertragung verwendet werden.

1.1.1 Bit-, Byte- und Word-Format

Das Bit ist die Einheit für ein binäres (zweiwertiges) Signal, entsprechend einer einzelnen digitalen Dateneinheit, die den Wert „0" oder „1" hat. In der englischen Sprache ist der Begriff „Bit" (binary digit) als kleinste informationstechnische Einheit geläufig.

Die einfachste und sicherste Lösung ergibt sich immer dann, wenn man mit zwei, einander entgegengesetzten Zuständen arbeitet, wie Schalter offen oder geschlossen, Spannung ein oder aus, Strom fließt oder nicht, Licht an oder aus usw. Diese Zustände entsprechen dann einem Binärzeichen und man kommt zur kleinsten Einheit, dem Bit (binary digits oder zweiwertige Schritte bzw. Stelle).

Die Bedeutung des Bits liegt in der einfachen technischen Darstellung. Die beiden Zustände 0 und 1 lassen sich kennzeichnen durch: Schalter offen oder gesperrt, Transistor gesperrt oder leitend, Relais angezogen oder abgefallen usw. Codes mit zweiwertigen Elementen bezeichnet man daher auch als Binärcodes.

Fasst man vier Bits zusammen, erhält man eine Tetrade oder ein „Nibble":

MSB   LSB

2^3	2^2	2^1	2^0

Nibble

Mit einem Nibble lassen sich 16 Werte darstellen. Die Bezeichnungen stehen für MSB (Most Significant Bit, höherwertiges Bit) und LSB (Least Significant Bit, niederwertiges Bit). Fasst man acht Bits oder zwei Nibbles (High- und Low-Nibble) zusammen, kommt man zu den 8-Bit-Mikroprozessoren und erhält ein Byte:

MSB   LSB

2^7	2^6	2^5	2^4	2^3	2^2	2^1	2^0

H-Nibble   L-Nibble

Byte

Ein Byte besteht aus einem H- und einem L-Nibble. Mit einem Byte oder zwei Nibbles lassen sich 256 Werte darstellen. Dieses Datenformat findet man bei allen 8-Bit-Mikroprozessoren und Mikrocontrollern. In der Informatik kommt man mit dem Byte-Format DB (Defines Byte) nicht aus und daher fasst man zwei Bytes zu einem „Word" zusammen. Das Word-Format DW (Defines Word) besteht aus 16 Bitstellen und damit lassen sich 2^{16} oder 65536 Werte darstellen. Man kommt zu den 16-Bit-Mikroprozessoren.

MSB   LSB

2^{15}	2^{14}	2^{13}	2^{12}	2^{11}	2^{10}	2^9	2^8	2^7	2^6	2^5	2^4	2^3	2^2	2^1	2^0

H-Byte   L-Byte

Word

Ein Word-Format besteht aus einem H- und einem L-Byte. Dieses Datenformat findet man bei allen 16-Bit-Mikroprozessoren. In der modernen Prozessortechnik setzt man das Doubleword-Format DD (Defines Doubleword) mit der Zusammenfassung von vier Bytes bzw. zwei Words (High- und Low-Word) ein. Man kommt zu den 32-Bit-Mikroprozessoren.

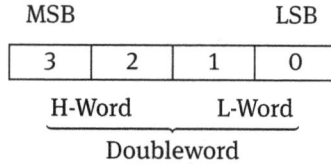

	MSB			LSB	
	3	2	1	0	

H-Word   L-Word

Doubleword

Ein Doubleword-Format besteht aus einem H- und einem L-Word. Mit dem Doubleword lassen sich 2^{32} oder 4 294 967 296 Werte darstellen. Eine Besonderheit in Verbindung mit dem PC-Mikroprozessor stellt die Zusammenfassung von sechs Bytes zu einem Farword-Format DF (Defines Farword) dar. Bei den 64-Bit-Mikroprozessoren findet man das Quadword-Format DQ, wenn acht Bytes zusammengefasst sind.

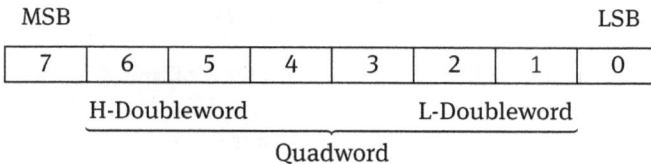

MSB   LSB

7	6	5	4	3	2	1	0

H-Doubleword   L-Doubleword

Quadword

Arbeitet man mit numerischen Coprozessoren, die speziell für die Rechenarbeit innerhalb eines Computersystems optimiert wurden, kommt man zur Zusammenfassung von zehn Bytes zu einem Tenword-Format DT (Defines Tenword). Mit diesem 80-Bit-Format lassen sich alle Rechenoperationen im Gleitpunktformat ausführen. Die Gleitpunktdarstellung mit ihrer automatischen Skalierung ist einfacher zu benutzen.

1.1.2 Umwandlung (Konvertierung) von Zahlen

Es genügen immer zwei Schritte, um eine Zahl aus einem Zahlensystem in ein anderes polyadisches Zahlensystem umzusetzen. Wie Abb. 1.2 zeigt, wird für die Zahl aus dem System A der Zahlenwert ermittelt (Schritt a) und anschließend aus dem Zahlenwert die Zahl im Zahlensystem B gebildet (Schritt b). Da man den Zahlenwert jeweils im Dezimalsystem angibt, genügt für die Umwandlung einer Zahl aus einem anderen System in das Dezimalsystem Schritt a, für den umgekehrten Weg Schritt b.

Die Ermittlung des Zahlenwertes (Dezimalzahl) ergibt sich direkt aus dem Aufbau der polyadischen Zahlensysteme. Man erhält den Zahlenwert (im Dezimalsystem), wenn man jede Ziffer mit ihrem Stellenwert multipliziert und diese Produkte addiert.

Zahlenwert
(Dezimalzahl)

a   b
Zahl im   Zahl im
polyadischen   polyadischen
Zahlensystem A   Zahlensystem B

Abb. 1.2: Umwandlung von Zahlen

Eine ganze Zahl aus einem Zahlensystem zur Basis B lässt sich folgendermaßen zerlegen:

$$Z = x_3 \cdot B^3 + x_2 \cdot B^2 + x_1 \cdot B^1 + x_0$$
$$= [(x_3 \cdot B^3 + x_2) \cdot B + x_1] \cdot B + x_0$$
$$4325D = 4 \cdot 10^3 + 3 \cdot 10^2 + 2 \cdot 10^1 + 5$$
$$= [(4 \cdot 10 + 3) \cdot 10 + 2] \cdot 10 + 5 .$$

Daraus lässt sich für ganze Zahlen folgende Regel für die Ermittlung des Zahlenwertes ablesen.

Man multipliziert die erste Ziffer von links mit der Basis B, addiert die nächste Ziffer, multipliziert wieder mit der Basis usw. Mit der Addition der letzten Ziffer vor dem Komma ergibt sich der zugehörige Zahlenwert (im Dezimalsystem).

Beispiele:

a) 1101B

1	1	0	1

$1 \cdot 2 = 2$
$+ 1$
$3 \cdot 2 = 6$
$+ 0$
$6 \cdot 2 = 12$
$+ 1$
13 $1101B = 13H$

b) 201T

2	0	1

$2 \cdot 3 = 6$
$+ 0$
$6 \cdot 3 = 18$
$+ 1$
19 $201T = 19D$

c) 376O

3	7	6

$3 \cdot 8 = 24$
$+ 7$
$31 \cdot 8 = 248$
$+ 6$
254 $376O = 254D$

d) 1A3H

1	A	3

$1 \cdot 16 = 16$
$+ A$
$26 \cdot 16 = 416$
$+ 3$
419 $1A3H = 419D$

Gebrochene Zahlen: Für gebrochene Zahlen gibt es eine ähnliche Zerlegung wie für ganze Zahlen:

$$Z = x_{-1} \cdot B^{-1} + x_{-2} \cdot B^{-2} + x_{-3} \cdot B^{-3} + \ldots = \frac{x_{-1}}{B} + \frac{x_{-2}}{B^2} + \frac{x_{-3}}{B^3} + \ldots$$

$$= [(x_{-3} : B + x_{-2}) : B + x_{-1}] : B$$

$$0{,}246D = 2 \cdot 10^{-1} + 4 \cdot 10^{-2} + 6 \cdot 10^{-3}$$

$$= [(\underline{6 : 10} + 4) : 10 + 2] : 10$$

$$\underline{0{,}6 + 4}$$

$$\underline{4{,}6}$$

$$\underline{0{,}46}$$

$$\underline{2{,}46}$$

$$0{,}246 .$$

Für die Ermittlung des Zahlenwertes für gebrochene Zahlen ergibt sich damit folgende Regel: Man dividiert die letzte Ziffer hinter dem Komma durch die Basis B, addiert die davorliegende Ziffer, dividiert wieder durch B usw. Mit der Division durch B nach Addition der ersten Ziffer hinter dem Komma erhält man den zugehörigen Zahlenwert (im Dezimalsystem).

Beispiele:

a) 0,101B

0,101

$$1 : 2 = 0{,}5$$

$$\underline{+ 0}$$

$$0{,}5 : 2 = 0{,}25$$

$$\underline{+ 1}$$

$$1{,}25 : 2 = 0{,}625 \qquad 0{,}101B = 0{,}625D$$

b) 0,424O

0,424

$$4 : 8 = 0{,}5$$

$$\underline{+ 2}$$

$$2{,}5 : 8 = 0{,}3126$$

$$\underline{+ 4}$$

$$4{,}3125 : 8 = 0{,}5390625 \qquad 0{,}424O = 0{,}5390625D$$

c) 0,C8H

0,C8

$$8 : 16 = 0{,}5$$

$$\underline{+ C (12)}$$

$$12{,}5 \quad : 16 = 0{,}78125 \qquad 0{,}C8H = 0{,}78125D$$

1.1.3 Ermittlung der Zahl aus dem Zahlenwert

Dieses Verfahren ergibt sich wieder direkt aus dem Aufbau der Zahlensysteme. Man zerlegt den Zahlenwert (die Zahl im Dezimalsystem) in einzelne Summanden, die jeweils Vielfache der Stellenwerte des gewünschten Zahlensystems sind. Die Faktoren der Vielfachen nebeneinander aufgeschrieben ergeben die gesuchte Zahl.

Beispiele:

a) $20D = 1 \cdot 16 \quad + 0 \cdot 8 \quad + 1 \cdot 4 \quad + 0 \cdot 2 \quad + 0 \cdot 1$
$ 1 \cdot 2^4 \quad + 0 \cdot 2^3 \quad + 1 \cdot 2^2 + 0 \cdot 2^1 + 0 \cdot 2^0 \qquad 20D = 10100B$

b) $44D = 5 \cdot 8 \quad + 4 \cdot 1$
$ 5 \cdot 8^1 \quad + 4 \cdot 8^0 \qquad\qquad\qquad\qquad 44D = 54O$

c) $44D = 2 \cdot 16 \quad + 12 \cdot 1$
$ 2 \cdot 16^1 + C \cdot 16^0 \qquad\qquad\qquad\qquad 44D = 2CH$

Aus polyadischen Zahlen lassen sich folgende Regeln bei der Zerlegung ableiten: Bei ganzen Zahlen dividiert durch den Zahlenwert (im Dezimalsystem), fortgesetzt durch die Basis B, schreibt man den jeweils entstehenden Rest von rechts nach links auf. Die in dieser Reihenfolge aufgeschriebenen Reste ergeben dann die Zahl im gewünschten System.

Beispiele:

a) 26D

1 : 2	3 : 2	6 : 2	13 : 2	26 : 2		
0	1	3	6	13		
1	1	0	1	0	Rest	26D = 11010B

b) 110D

1 : 8	13 : 8	110 : 8		
0	1	13		
1	5	6	Rest	110D = 156H

c) 200D

12 : 16	200 : 16		
0	12		
12 (C)	8	Rest	200D = C8H

Gebrochene Zahlen: Man multipliziert den Zahlenwert hinter dem Komma (im Dezimalsystem) fortwährend mit der Basis B. Die sich dabei vor dem Komma ergebenden Ziffern werden vor der neuen Multiplikation mit B jeweils weggelassen. Diese Ziffern ergeben von links nach rechts hinter dem Komma aufgeschrieben die gebrochene Zahl im gewünschten Zahlensystem.

Beispiele:

a) 0,625D

$$0,625 \cdot 2 = 1,25$$
$$0,25 \cdot 2 = 0,5$$
$$0,5 \cdot 2 = 1,0$$

$$1 \qquad\qquad 0 \qquad\qquad 1 \qquad\qquad 0,625D = 0,101B$$

b) 0,3125D

$$0,3125 \cdot 8 = 2,5$$
$$0,5 \cdot 8 = 4,0$$

$$2 \qquad\qquad 4 \qquad\qquad\qquad 0,3125D = 0,24O$$

c) 0,78125D

$$0,78125 \cdot 16 = 12,5$$
$$0,5 \cdot 16 = 8,0$$

$$12(C) \qquad\qquad 8 \qquad\qquad 0,78125D = 0, C8H$$

Das Oktal- und das Sedezimalsystem benutzen als Basis Potenzen von 2 ($8 = 2^3$, $16 = 2^4$). Dadurch ist die Umwandlung von Zahlen aus dem Dualsystem in das Oktal- oder Sedezimalsystem und umgekehrt besonders einfach. Tabelle 1.5 zeigt dreistellige Dualzahlen (Triaden) für die Ziffern des Oktalsystems und Tabelle 1.6 vierstellige Dualzahlen (Tetraden) für die Ziffern des Sedezimalsystems.

Tab. 1.5: Dreistellige Dualzahlen (Triaden) für die Ziffern des Oktalsystems

Oktalziffer	Dualzahl
0	000
1	001
2	010
3	011
4	100
5	101
6	110
7	111

Tab. 1.6: Vierstellige Dualzahlen (Tetraden) für die Ziffern des Sedezimalsystems

Sedezimalziffer	Dualzahl	Sedezimalziffer	Dualzahl
0	0000	8	1000
1	0001	9	1001
2	0010	A	1010
3	0011	B	1011
4	0100	C	1100
5	0101	D	1101
6	0110	E	1110
7	0111	F	1111

- oktal → dual: Jede Ziffer der Oktalzahl wird durch die zugehörige dreistellige Dualzahl (Tabelle 1.5) ersetzt.

$$57O = 101111B$$

- sedezimal → dual: Jede Ziffer der Sedezimalzahl wird durch die zugehörige vierstellige Dualzahl (Tabelle 1.6) ersetzt.

$$A4H = 10100100B$$

- dual → oktal: Die Dualzahl wird von rechts beginnend in Dreiergruppen (Triaden) eingeteilt. Für jede Triade wird die entsprechende Oktalziffer geschrieben.

$$110\,010\,101B = 625O$$

$$1\,111\,100B = 001\,111\,100B = 174O$$

- dual → sedezimal: Die Dualzahl wird von rechts beginnend in Vierergruppen (Tetraden) eingeteilt. Für jede Tetrade wird die entsprechende Sedezimalziffer geschrieben.

$$1001\,1010B = 9AH$$

$$111\,1111B = 0111\,1111B = 7FH\,.$$

Wegen der einfachen Umwandlung werden Sedezimalzahlen (Hexadezimalzahlen) häufig dazu verwendet, Dualzahlen kürzer und damit übersichtlicher darzustellen.

1.1.4 Rechnen mit polyadischen Zahlen

Mit den Zahlen aus allen betrachteten Systemen wird im Prinzip genauso gerechnet wie mit den Dezimalzahlen. Beim Dualsystem ergeben sich wegen der geringeren Ziffernzahl besonders einfache Rechenregeln, die in Form von Tabellen angegeben werden.

Addition: Die Addition der Zahlen erfolgt ziffernweise von rechts nach links. Erreicht oder übersteigt die Summe der Ziffern den Wert der Basis, so entsteht ein Übertrag auf die nächste Stelle. In der gerechneten Stelle wird dabei nur die Ziffer für den

Tab. 1.7: Addition mit Übertrag

dezimal	dual	oktal	sedezimal
8	1	7	8
$+ \quad _19$	$+ \quad _11$	$+ \quad _16$	$+ \quad _1A$
7	0	5	2
$8 + 9$	$1 + 1$	$7 + 6$	$8 + A$
$= 17$	$= 2$	$= 13$	$= 18$
$= 10 + 7$	$= 2 + 0$	$= 8 + 5$	$= 16 + 2$
$= 1\ddot{U} + 7$	$= 1\ddot{U} + 0$	$= 1\ddot{U} + 5$	$= 1\ddot{U} + 2$

Tab. 1.8: Additionsregeln für Dualzahlen

$0 + 0 = 0$	
$0 + 1 = 1$	Summe
$1 + 0 = 1$	Summe
$1 + 1 = 0 + 1$	Übertrag
$1 + 1 + 1 = 1 + 1$	Übertrag und Summe

Zahlenwert geschrieben, um den der Wert der Basis überschritten wurde. Tabelle 1.7 zeigt die Addition mit Übertrag und Tabelle 1.8 die Additionsregeln für Dualzahlen.

Beispiel:

$$
\begin{array}{rrrr}
4\,4\,4\text{D} & 1\,1\,0\,1\,1\,1\,1\,0\,0\text{B} & 6\,7\,4\text{O} & 1\,\text{B C H} \\
+\ 1\,5\,4\text{D} & +\ _1\,_1\,1\,0_10_11_11\,0\,1\,0\text{B} & +\ _12_13\,2\text{O} & +\ _19_1\text{AH} \\
\hline
5\,9\,8\text{D} & 1\,0\,0\,1\,0\,1\,0\,1\,1\,0\text{B} & 1\,1\,2\,6\text{O} & 2\,5\,6\text{H}
\end{array}
$$

Subtraktion: Zwei Zahlen werden ziffernweise subtrahiert. Ist die abzuziehende Ziffer größer als die Ziffer, von der sie abgezogen werden soll, so ist der Wert der Basis aus der nächsten Stelle zu entlehnen bzw. zu borgen, damit die Subtraktion möglich wird. Tabelle 1.9 zeigt die Subtraktion mit Entlehnung (Borger) und Tabelle 1.10 zeigt die Subtraktionsregeln für Dualzahlen.

Tab. 1.9: Subtraktion mit Entlehnung (Borger)

dezimal	dual	oktal	sedezimal
5	0	3	8
$+ \quad _17$	$+ \quad _11$	$+ \quad _16$	$+ \quad _1B$
8	1	5	D
$5 + 7$	$0 - 1$	$3 - 6$	$8 - B$
$1E + 5 - 7$	$1E + 0 - 1$	$1E + 3 - 6$	$1E + 8 - B$
$= 10 + 5 - 7$	$= 2 + 0 - 1$	$= 8 + 3 - 6$	$= 16 + 8 - B(11)$
$= 15 - 7 = 8$	$= 2 - 1 = 1$	$= 11 - 6 = 5$	$= 24 - 11 = 13\text{D}$

Tab. 1.10: Subtraktionsregeln für Dualzahlen

$0 - 0 = 0$	
$0 - 1 = 1$	Borger
$1 - 0 = 1$	Differenz
$1 - 1 = 0$	
$0 - 1 - 1 = 0 + 1$	Borger
$1 - 1 - 1 = 1 + 1$	Borger und Differenz

Multiplikation: Die Multiplikation erfolgt ziffernweise nach dem Schema, das man vom Dezimalsystem gewohnt ist. Voraussetzung ist, dass man das kleine Einmaleins des jeweiligen Zahlensystems kennt. Ist das nicht der Fall, so muss man die Ziffern im Dezimalsystem multiplizieren und das jeweilige Ergebnis in das gewünschte System umwandeln.

$$6O \cdot 7O = 42D = 52O \qquad 8H \cdot CH = 96D = 60H .$$

Tabelle 1.11 zeigt die Multiplikation im Dualsystem.

Tab. 1.11: Multiplikation im Dualsystem

$0 \cdot 0 = 0$
$0 \cdot 1 = 0$
$1 \cdot 0 = 0$
$1 \cdot 1 = 1$

Beispiel:

$$
\begin{array}{llll}
45D \cdot 5D & 1\,0\,1\,1\,0\,1B \cdot 1\,0\,1B & 55O \cdot 5O & 2DH \cdot 5H \\
\hline
225D & 1\,0\,1\,1\,0\,1 & 341O & E1H \\
& 0\,0\,0\,0\,0\,0 & & \\
& 1\,0_11_11_10_11 & & \\
\hline
& 1\,1\,1\,0\,1\,0\,0\,0\,0\,1B & &
\end{array}
$$

Bei einer Multiplikation mit 0 braucht die Zeile nicht geschrieben zu werden. Es genügt, die folgende Zeile weiter einzurücken.

Das Anhängen einer 0 an eine Zahl entspricht in jedem System der Multiplikation mit der Basis. In jedem System wird die Zahl mit dem Wert der eigenen Basis durch die Ziffernfolge 10 dargestellt:

$$B = 10(B)$$

$$2 = 10B ; \quad 8 = 10O ; \quad 10 = 10D ; \quad 16 = 10H$$

$$124D \cdot 10D = 1240D ; \quad 1011B \cdot 10B = 10110B$$

$$352O \cdot 10O = 3520O ; \quad 3AH \cdot 10H = 3A0H$$

Division: Es gelten die Rechenregeln der Subtraktion und der Multiplikation. Der Rechenprozess hat die gleiche Form wie beim Rechnen mit Dezimalzahlen.

a)

$$336D : 24D = 14D$$
$$\underline{-\ 24}$$
$$96$$
$$\underline{-\ 96}$$
$$0$$

$$101010000B : 1100B = 1110B$$
$$\underline{-\ 11000}$$
$$100100$$
$$\underline{-\ 11000}$$
$$11000$$
$$\underline{-\ 11000}$$
$$00$$
$$\underline{-\ 00}$$
$$0$$

$$5200 : 300 = 160$$
$$\underline{-\ 30}$$
$$220$$
$$\underline{-\ 220}$$
$$0$$

$$150H : 18H = EH$$
$$\underline{-\ 150}$$
$$0$$

b)

$$21D : 4D = 5{,}25D$$
$$\underline{-\ 20}$$
$$10$$
$$\underline{-\ \ 8}$$
$$20$$
$$\underline{-\ 20}$$
$$0$$

$$10101B : 100B = 101{,}01B$$
$$\underline{-\ 100}$$
$$101$$
$$\underline{-\ 100}$$
$$100$$
$$\underline{-\ 100}$$
$$0$$

$$250 : 40 = 5{,}20$$
$$\underline{-\ 24}$$
$$10$$
$$\underline{-\ 10}$$
$$0$$

$$15H : 4H = 5{,}4H$$
$$\underline{-\ 14}$$
$$10$$
$$\underline{-\ 10}$$
$$0$$

Die Subtraktion durch Komplementaddition

Mithilfe der Komplementbildung lässt sich die Subtraktion auf eine Addition zurückführen. Arithmetikbausteine in den PCs verwenden statt eines Addierers und eines Subtrahierers meist einen Addierer und einen Komplementbildner, der einfacher als ein Subtrahierer ist.

Das Komplement einer Zahl ist die Ergänzung dieser Zahl zu einer beliebigen anderen Zahl. Für die Rückführung einer Subtraktion auf eine Addition wird bei einer n-stelligen Rechnung das Komplement auf B^n verwendet, das sogenannte B-Komplement.

- B-Komplement von 264D ist: $\quad 10^3 - 264D = 1000D - 264D = 736D$
- B-Komplement von 10110B ist: $\quad 2^5 - 10110B = 100000B - 10110B = 1010B$
- B-Komplement von 5670 ist: $\quad 8^3 - 5670 = 10000 - 5670 = 2110$
- Das B-Komplement von 3B5H ist: $\quad 16^3 - 3B5H = 1000H - 3B5H = C4BH$

Die Bildung des Komplements ist eine Subtraktion. Da hierbei aber die Differenz immer zu derselben Zahl gesucht wird, ist dieses Subtrahieren einfach. Beim B-Komplement ist die Ziffer, von der abzuziehen ist, mit Ausnahme der ersten Stelle immer eine

0 und es ist daher jedes Mal eine Entlehnung (Borger) erforderlich. Man erhält das B-Komplement einfacher, indem man zum $(B-1)$-Komplement eine 1 addiert. Das $(B-1)$-Komplement ist die Ergänzung einer Zahl auf (B^n-1). (B^n-1) ist in jedem Zahlensystem die n-stellige Zahl mit der höchsten Ziffer in jeder Stelle:

$$10^3 - 1 = 999D; \quad 2^3 - 1 = 111B; \quad 8^3 - 1 = 777O; \quad 16^3 - 1 = FFFH.$$

Das $(B-1)$-Komplement wird daher gebildet durch die Ergänzung jeder Stelle auf die höchste Ziffer des Zahlensystems. Es entsteht nie eine Entlehnung (Borger). Das bedeutet für das Dualsystem, dass in jeder Stelle nur eine 0 durch eine 1 zu ersetzen ist und umgekehrt, d. h. durch Umkehrung jeder Ziffer.

Durch die Addition von 1 wird aus dem $(B-1)$-Komplement das B-Komplement.

von:	264D	10110B	567O	3B5H	
ist:	735D	01001B	210O	C4AH	$(B-1)$-Komplement
	+ 1	+ 1	+ 1	+ 1	
	736D	1010B	211O	C4BH	B-Komplement

An einem Beispiel mit Dezimalzahlen wird jetzt dargestellt, wie mithilfe des B-Komplements aus einer Subtraktion eine Addition wird:

$$532D - 264D = 532D + (1000D - 264D) - 1000D$$
$$= 532D + 736D - 1000D$$

	5 3 2D			5 3 2D	
−	2_16_14D		+	$_1$ 7 3 6D	
	2 6 8D			(1) 2 6 8D	

Die geklammerte 1 ist der sogenannte Endübertrag. Lässt man ihn einfach wegfallen, so subtrahiert damit B^n (hier 10^3), und die verbleibende Zahl ist die gesuchte Differenz. In den folgenden Beispielen wird das B-Komplement jeweils als $(B-1)$-Komplement +1 ermittelt.

	3 4 2 6D			3 4 2 6D	
−	$2_1$7 3 5D			7 2 6 4D	$(B-1)$-Komplement
	0 6 9 1D		+	$_1$ 1	
				(1) 1 6 9 1D	

	1 1 0 1 0B			1 1 0 1 0B	
−	1 0_1 1 1 0B			0 1 0 0 1B	$(B-1)$-Komplement
	1 0 0B		$+_1$	$_1$ 1 $_1$ $_1$ 1	
				(1) 0 0 1 0 0B	

$$
\begin{array}{rrrr}
& 5 & 3 & 4 & 6O \\
- & _1\,5_1 & 6_1 & 7O \\
\hline
& 4 & 5 & 5 & 7O
\end{array}
\qquad
\begin{array}{rrrr}
& 5 & 3 & 4 & 4O \\
& 7 & 2 & 1 & 0O \\
+ & & & _1 & 1O \\
\hline
(1) & 4 & 5 & 5 & 7O
\end{array}
\quad \text{(B – 1)-Komplement}
$$

$$
\begin{array}{rrrr}
& 2 & A & 7 & 6H \\
- & & 3_1 & B & 5H \\
\hline
& 2 & 6 & C & 1H
\end{array}
\qquad
\begin{array}{rrrr}
& 2 & A & 7 & 6H \\
& F & C & 4 & AH \\
+ _1 & _1 & & _1 & 1H \\
\hline
(1) & 2 & 6 & C & 1H
\end{array}
\quad \text{(B – 1)-Komplement}
$$

Ist die abzuziehende Zahl (der Subtrahend) größer als die Zahl, von der sie abzuziehen ist (der Minuend), wird die Differenz also negativ, so entsteht bei der B-Komplement-addition kein Endübertrag. Man erhält die richtige Differenz, wenn man vom Ergebnis der B-Komplementaddition wieder das B-Komplement bildet und das Minuszeichen davorsetzt.

$$
\begin{array}{rr}
& 2\,7D \\
- & 4\,6D \\
\hline
- & 1\,9D
\end{array}
\qquad
\begin{array}{rr}
& 2\,7D \\
& 5\,3D \\
+ & _1\,1D \\
\hline
(0) & 8\,1D
\end{array}
\qquad
\begin{array}{l}
\text{negatives B-Komplement von 81D:} \\
-\,(100D - 81D) = 19D \text{ oder} \\
-\,((B-1)\text{-Komplement} + 1) \\
-\,(18D + 1) = -19B
\end{array}
$$

$$
\begin{array}{rr}
& 1\,0\,0\,1B \\
- & 1\,1\,1\,0B \\
\hline
- & 1\,0\,1B
\end{array}
\qquad
\begin{array}{rr}
& 1\,0\,0\,1B \\
& 0\,0\,0\,1B \\
+ & 1B \\
\hline
(0) & 1\,0\,1\,1B
\end{array}
\qquad
\begin{array}{l}
\text{negatives B-Komplement von 1011B:} \\
= -((B-1)\text{-Komplement} + 1) \\
= -(0100B + 1) = -101B
\end{array}
$$

1.1.5 Darstellung negativer Zahlen

PC-Systeme mit Mikroprozessoren und Steuerungssystemen mit Mikrocontrollern müssen im Allgemeinen auch negative Zahlen verarbeiten können. Für die Darstellung negativer Zahlen werden hauptsächlich folgende zwei Verfahren verwendet:

a) Negative Zahlen werden durch ihr Vorzeichen und ihren Betrag gekennzeichnet, so, wie man es aus dem täglichen Umgang mit Zahlen gewohnt ist. Dieses Verfahren hat den Vorteil, dass beim Multiplizieren und Dividieren direkt mit den dargestellten Beträgen gerechnet werden kann. Dagegen sind bei Additionen z. T. und bei Subtraktionen immer Komplementbildungen erforderlich. Bei allen vier Grundrechnungsarten müssen die Vorzeichen gesondert behandelt werden. Die Darstellung negativer Zahlen durch Vorzeichen und Betrag wird vorwiegend in PCs verwendet. Dabei kennzeichnet eine 0 in der Vorzeichenstelle das positive und eine 1 das negative Vorzeichen.

b) Negative Zahlen werden durch ihr B-Komplement dargestellt. Da man einer Ziffernfolge nicht ansehen kann, ob sie direkt einen Zahlenwert oder ein Komplement kennzeichnet, ist auch hier ein Vorzeichen (Komplementkennzeichen) erforderlich, wobei wieder eine 0 für positive Zahlen und eine 1 für negative Zahlen verwendet wird. Dieses Verfahren hat folgende Vorteile: Bei Additionen und Subtraktionen sind weniger Komplementbildungen erforderlich. Außerdem ist bei diesen beiden Rechnungsarten keine besondere Behandlung der Vorzeichenstelle erforderlich, mit den Vorzeichen wird ebenso gerechnet wie mit den übrigen Stellen. Allerdings muss bei dieser Darstellungsart die negative Zahl erst komplementiert werden, bevor man mit ihr Multiplikationen oder Divisionen ausführen kann. Trotz dieses Nachteils werden in PCs und digitalen Steuerungssystemen negative Zahlen immer durch Vorzeichen und B-Komplement dargestellt. Man spricht dann von konegativen Zahlen.

Tab. 1.12: 8-stellige Dualzahlen mit und ohne Vorzeichenstelle

Dezimalzahl ohne Vorzeichen	Dualzahl	Sedezimalzahl	Dezimalzahl mit Vorzeichen
0	00000000	00	±0
1	00000001	01	+1
2	00000010	02	+2
.	.	.	.
.	.	.	.
63	011111111	3F	+63
64	100000000	40	+64
65	100000001	41	+65
.	.	.	.
.	.	.	.
127	01111111	7F	+127
128	10000000	80	−128
129	10000000	81	−127
.	.	.	.
.	.	.	.
191	10111111	BF	−65
192	11000000	C0	−64
193	11000001	C1	−63
.	.	.	.
.	.	.	.
253	11111101	FD	−3
254	11111110	FE	−2
255	11111111	FF	−1

In Tabelle 1.12 sind im mittleren Teil einige der 256 möglichen 8-stelligen Dualzahlen mit der jeweiligen Kurzschreibweise als Sedezimalzahl aufgeführt. Die linke Spalte enthält den zugehörigen Zahlenwert als Dezimalzahl ohne Berücksichtigung eines Vorzeichens. In der rechten Spalte ist der Zahlenwert als Dezimalzahl mit Vorzeichen für den Fall angegeben, dass die erste Stelle der Dualzahl von links (die Stelle mit der höchsten Wertigkeit) als Vorzeichenstelle verwendet wird. Die restlichen sieben Stellen sind bei einer 0 (+) in der Vorzeichenstelle direkt der Zahlenwert, bei einer 1 (–) in der Vorzeichenstelle das Zweierkomplement des Zahlenwertes. Abb. 1.3 zeigt die Verhältnisse am Zahlenstrahl. Durch Betrachtung der höchstwertigen Stelle als Vorzeichen wird statt des ursprünglichen Bereichs von 0 bis 255 jetzt der Zahlenbereich von −128 bis ±127 dargestellt.

a) ——————————→ ←——————————→

0000 0000B = 00H	0111 1111B = 7H	1000 0000B = 80H	1111 1111B = FFH
= 0D	= 127D	= 128D	= 255D

b) ——————————→ ←——————————→

0000 0000B = 00H	0111 1111B = 7H	1000 0000B = 80H	1111 1111B = FFH
0D	+ 127D	− 128D	− 1D

Abb. 1.3: Zahlenstrahl für 8-stellige Dualzahlen, a) ohne Vorzeichen, b) mit Vorzeichen

Rechenbeispiel:

$$\begin{array}{r} 63D \\ +\,191D \\ \hline 254D \end{array} \qquad \begin{array}{r} 00111111B \\ +\,10111111B \\ \hline 11111110B \end{array} \qquad \begin{array}{r} +\ 63D \\ +\,-65D \\ \hline -2D \end{array}$$

Das Beispiel zeigt, dass, wenn alle Stellen der Dualzahl nach den bekannten Rechenregeln addiert werden, das richtige Ergebnis unabhängig davon entsteht, ob es sich um 8-stellige Dualzahlen ohne Vorzeichen oder um 7-stellige Dualzahlen mit Vorzeichen handelt. Das ist der große Vorteil der konegativen Zahlen.

In den beiden folgenden Beispielen wird der mit acht Dualstellen darstellbare Bereich von -128 bis +127 überschritten:

$$\begin{array}{r} 65H \\ +\ \ 93H \\ \hline 158H \end{array} \qquad \begin{array}{r} 01000001B \\ +\,01011101B \\ \hline 10011110B \end{array} \ \hat{=}\ -98D$$

$$\begin{array}{r} -\ \ 84H \\ +\,-63H \\ \hline -\,147H \end{array} \qquad \begin{array}{r} 10101100B \\ +\,11000001B \\ \hline (1)\,01101101B \end{array} \ \hat{=}\ +109D\,.$$

Die Überschreitung des darstellbaren Zahlenbereichs (Overflow) ist schwer zu erkennen, weil er sich in der Vorzeichenstelle auswirkt und ein Ergebnis mit falschem Vorzeichen vortäuscht. Damit nicht mit falschem Ergebnis weitergearbeitet wird, muss der Überlauf festgestellt und das Ergebnis korrigiert werden. Es gibt zwei Möglichkeiten, den Überlauf zu erkennen:

1. Zwischen der Vorzeichenstelle und der eigentlichen Dualzahl wird eine Schutzstelle eingefügt, die bei positiven Zahlen den Wert 0 und bei konegativen Zahlen den Wert 1 hat. Ein Überlauf hat sich dann ergeben, wenn im Ergebnis Vorzeichen- und Schutzstelle ungleich sind.
2. Bei einer Addition (ohne Schutzstelle) liegt nur dann ein Überlauf vor, wenn beide Summanden das gleiche Vorzeichen hatten und das Vorzeichen des Ergebnisses davon abweicht.

Da heute beim ersten Verfahren alle Zahlen um die Schutzstelle länger werden, wird in der PC-Technik und bei Steuerungsprozessoren nur noch das zweite Verfahren verwendet.

1.2 Codierung

Unter Codierung ist die Umwandlung einer Nachricht von einer Form in eine andere zu verstehen. Die Vorschrift, nach der einem Zeichen des einen Zeichenvorrats (z. B. der 5 aus dem Zeichenvorrat 0...9) ein Zeichen eines anderen Zeichenvorrats (z. B. 0101 aus dem Zeichenvorrat 0000...1001) zugeordnet wird, bezeichnet man als den Code (Schlüssel).

Die Codierung ist für die PC-Technik, elektronische Steuerungen und Datenübertragung von großer Bedeutung. Mit ihrer Hilfe kann jede Nachricht immer in die Form gebracht werden, in der sie am günstigsten zu verarbeiten ist. Für die Übertragung werden Nachrichten so codiert, dass sie über den gegebenen Übertragungskanal möglichst schnell und sicher transportiert werden können. Digitalrechner wandeln (codieren) die gegebenen Dezimalzahlen in Dualzahlen um, weil die Verarbeitung von Dualzahlen einfacher, sicherer und damit wirtschaftlicher ist. Sollen Nachrichten gespeichert werden, so ist ein Code zu wählen, durch den der Aufwand für die Speicherzellen kleingehalten wird.

Sind z. B. die Zahlen von 0 bis 15 zu speichern, so könnte man dafür 16 Transistoren mit den Wertigkeiten 0, 1, 2...15 verwenden. Eine eingespeicherte 5 ist dann durch die Arbeitslage des Transistors 5 gekennzeichnet. Die 16 Zahlen können aber bei Verwendung von Dualzahlen auch mit vier Transistoren gespeichert werden, die dann die Wertigkeiten 1, 2, 4 und 8 haben müssten. Eine eingespeicherte 5 ist dann durch die Arbeitslage der Transistoren 1 und 4 gekennzeichnet. In diesem Beispiel werden durch die Verwendung einer anderen Darstellung für die zu speichernden Zahlen zwölf Transistoren eingespart.

Die in der Digitaltechnik verwendeten Codes ordnen den einzelnen Nachrichten Codezeichen (Codewörter) zu, die aus mehreren Elementen bestehen. Bei den Dualzahlen sind die Elemente die einzelnen Stellen der Dualzahl. Die einzelnen Elemente können verschiedene Zustände annehmen, z. B. 0 und 1 bei einer Dualzahl. In der Technik werden überwiegend Elemente verwendet, die wie die Stellen einer Dualzahl nur zwei Zustände annehmen können. Derartige zweiwertige Elemente heißen Bits (binary digits, zweiwertige Schritte). Die technische Bedeutung der Bits liegt in ihrer einfachen technischen Darstellung. Die beiden Zustände 0 und 1 können gekennzeichnet werden durch: Relais abgefallen oder angezogen, Transistor gesperrt oder leitend, Schalter offen oder geschlossen, positive Spannung oder negative Spannung, hoch- oder niederohmige Erde, Frequenz f_1 oder f_2 usw. Codes mit zweiwertigen Codeelementen werden als Binärcodes bezeichnet.

Die einzelnen Codezeichen können unterschiedlich viele Elemente enthalten, also unterschiedlich lang sein. Ein Beispiel hierfür ist das Morse-Alphabet. Bei Verwendung von Codezeichen mit unterschiedlicher Stellenzahl wird bei der Übertragung Aufwand (Zeit) gespart, wenn man den häufig auftretenden Nachrichten kurze, den selten auftretenden lange Zeichen zuordnet. Der dadurch gewonnene Vorteil wird aber bei den meisten Codes (so auch beim Morse-Code) dadurch aufgehoben, dass zwischen den einzelnen Codezeichen Pausen eingefügt werden müssen. Beim Morsen bedeuten ein Punkt und ein Strich ohne Pause „a", mit Pause dazwischen „et". Gibt man jedem Codezeichen gleich viel Elemente, so kann die Pause entfallen, weil der Empfänger dann weiß, dass z. B. nach jedem vierten Element ein neues Zeichen beginnt. In der Datenverarbeitung werden fast ausschließlich Codes mit gleich langen Codezeichen verwendet. Mit einem n-stelligen Binärcode lassen sich 2^n verschiedene Informationen darstellen.

Weit verbreitet ist eine Codezeichenlänge von acht Bit. Sie wird als Byte bezeichnet. Die in einem PC-System als Einheit betrachtete Elementzahl wird als Wort bezeichnet. Üblich sind Wortlängen von 1 Byte (8 Bit), 2 Byte (16 Bit), 4 Byte (32 Bit) und leistungsfähigen PCs bis zu 256 Bytes.

Wenn für eine bestimmte Aufgabe ein Code gesucht wird, so geht man am besten folgendermaßen vor: Zuerst ist aus der Anzahl der zu codierenden Informationen festzustellen, wie viele Elemente jedes Zeichen mindestens enthalten muss, damit alle Informationen dargestellt werden können. Für acht verschiedene Informationen genügen drei Elemente je Zeichen ($2^3 = 8$), für 10 verschiedene Informationen sind schon mindestens vierstellige Codezeichen erforderlich.

Als Nächstes muss überlegt werden, ob eine Sicherung des Codes erforderlich ist, ob also Fehlererkennungs- oder Fehlerkorrekturcodes eingesetzt werden sollen. Das richtet sich vor allem nach dem Übertragungskanal oder dem Speichermedium. Werden die Nachrichten über Funk übertragen, so ist wegen der häufigen atmosphärischen Störungen eine Codesicherung angebracht. Bei Briefverteilanlagen z. B. werden die Postleitzahlen für die Weichensteuerung in einem Code auf die Briefumschläge gedruckt. Durch Verunreinigungen der Briefumschläge oder der optischen Abtasteinrichtung können leicht Fehler entstehen. Deshalb wird auch hier ein Fehlererkennungscode verwendet. Für die Entscheidung der Frage, ob eine Codesicherung einge-setzt werden soll oder nicht, sind nicht nur die Fehlerwahrscheinlichkeiten, sondern auch die Folgen der Fehler maßgebend. Hat ein Fehler große Auswirkungen, so wird man trotz geringer Fehlerwahrscheinlichkeit eine Codesicherung verwenden.

Ein weiterer Punkt, der bei der Auswahl eines Codes zu beachten ist, ist der erfor-derliche Aufwand für die Codierung, Verarbeitung und Decodierung. Hier muss ein Kompromiss geschlossen werden, wenn der für die Verarbeitung günstigste Code hö-heren Aufwand bei der Codierung und Decodierung erfordert, während umgekehrt ein Code mit geringem Aufwand für Codierung und Decodierung für die Verarbeitung nicht der günstigste ist. In Digitalrechnern ist für die eigentlichen Rechenvorgänge der Dualcode am günstigsten, er erfordert aber hohen Aufwand bei der Codierung und De-codierung und deshalb verwenden viele Hersteller andere Codes.

Für die Wartung von Anlagen kann die Lesbarkeit eines Codes von Bedeutung sein. Im Allgemeinen erleichtert ein leicht lesbarer Code die Instandhaltungsarbeiten. Leicht lesbar ist z. B. der Dualcode, während das Fernschreibalphabet nur sehr schwer lesbar ist.

Ein Beispiel soll die genannten Punkte noch einmal erläutern: Für die Steuerung des Verbindungsaufbaus wird beim Fernsprechen der Zählcode verwendet (1 = 1 Im-puls, 2 = 2 Impulse usw.). Dieser Code ist sehr günstig für die Verarbeitung, wenn für den Verbindungsaufbau Wähler verwendet werden. Jeder Impuls steuert den Wäh-ler eine Dekade oder einen Schritt weiter. Der hohe Aufwand an Bits (bis zu 10) stört hier nicht, weil der Wähler bei Wahl einer höheren Ziffer auch mehr Einstellzeit benö-tigt. Der Aufwand für die Codierung ist durch die Verwendung des Nummernschalters gering und dieser Zählcode ist leicht lesbar. Eine Codesicherung ist für die gestell-te Aufgabe nicht erforderlich. Die neu entwickelten Wählsysteme enthalten anstelle der Wähler Koppelfelder. Hier entfallen die Vorteile des Zählcodes bei der Verarbei-tung. Die Durchschaltzeit ist unabhängig von der Höhe der gewählten Ziffer. Die un-terschiedliche Länge der Codezeichen für die verschiedenen Ziffern ist nachteilig und führt zu unnötig langen Zeiten für den Verbindungsaufbau. Deswegen wurde für die neuen Wählsysteme die Tastwahl entwickelt, die mit für alle Ziffern gleich langen Ton-frequenzcodezeichen arbeitet.

1.2.1 Codeeigenschaften

Additive Codes haben einen festen Stellenwert. Die verschlüsselte Dezimalziffer ergibt sich als Summe der Wertigkeiten der Stellen, deren Elemente den Zustand 1 haben. Wegen dieser Eigenschaft sind additive Codes leicht lesbar. Zu den additiven Codes gehören z. B. der 8-4-2-1-Code, der 1-aus-10-Code, der 2-aus-5-Code, der Aikencode und der Zählcode.

Die 7 im Aikencode setzt sich zusammen aus $1 \cdot 2 + 1 \cdot 4 + 0 \cdot 2 + 1 \cdot 1 = 7$. Tabelle 1.13 zeigt den Aufbau des Aikencodes.

Tab. 1.13: Aufbau des Aikencodes

	2	4	2	1
0	0	0	0	0
1	0	0	0	1
2	0	0	1	0
3	0	0	1	1
4	0	1	0	0
5	1	0	1	1
6	1	1	0	0
7	1	1	0	1
8	1	1	1	0
9	1	1	1	1

Nichtadditive Codes werden als Anordnungscodes bezeichnet.

Minimalcodes sind Codes mit gleich langen Codezeichen, die nur so viele Elemente je Zeichen haben, wie zur Darstellung aller Nachrichten mindestens erforderlich sind. Für die Kennzeichnung der zehn Dezimalziffern durch einen Binärcode sind vier Elemente je Zeichen erforderlich und daher sind z. B. 8-4-2-1-Code, Aikencode, 3-Exzess-Code und Graycode als Minimalcodes vorhanden.

Die Gegenüberstellung von 8-4-2-1-Code, 2-aus-5-Code und 1-aus-10-Code (Tabelle 1.14) zeigt deutlich, dass der 2-aus-5-Code und der 1-aus-10-Code weitschweifig sind, dass sie also mehr Elemente je Zeichen verwenden, als unbedingt erforderlich sind. Man bezeichnet derartige Codes als redundant. Unter Redundanz R (Weitschweifigkeit) versteht man die Zahl der Elemente, die ein Codezeichen eines redundanten Codes mehr enthält als ein Codezeichen des Minimalcodes.

Tab. 1.14: Aufbau eines minimalen und redundanten Codes

	8-4-2-1-Code	2-aus-5-Code	1 aus-10-Code
	8421	74210	9876543210
0	0000	11000	0000000001
1	0001	00011	0000000010
2	0010	00101	0000000100
3	0011	00110	0000001000
4	0100	01001	0000010000
5	0101	01010	0000100000
6	0110	01100	0001000000
7	0111	10001	0010000000
8	1000	10010	0100000000
9	1001	10100	1000000000

Exakt betrachtet ist auch die Darstellung der zehn Dezimalziffern durch einen vierstelligen Binärcode redundant, weil von den 16 möglichen Kombinationen nur 10 ausgenutzt werden. Die sechs nicht verwendeten Zeichen heißen Pseudotetraden. Für zehn Nachrichten sind im Mittel nur 3,3 Bits erforderlich.

Die Redundanz wird meist als relative Redundanz r angegeben.

$$r = \frac{H_0 - H}{H_0}$$

H_0 = die verwendeten Elemente je Zeichen,
H = Zahl der im Mittel mindestens erforderlichen Elemente je Zeichen.

Der 2-aus-5-Code hat demnach eine relative Redundanz von

$$r = \frac{H_0 - H}{H_0} = \frac{5 - 3,3}{5} = \frac{1,7}{5} = 0,34 = 34\,\% \,.$$

Die relative Redundanz des 1-aus-10-Codes beträgt

$$r = \frac{H_0 - H}{H_0} = \frac{10 - 3,3}{10} = \frac{6,7}{10} = 0,67 = 67\,\% \,.$$

Sind alle möglichen Kombinationen eines Codes mit Nachrichten belegt, so hat man eine 0...100 %ige Redundanz, wenn nur ein Zeichen ausgenutzt ist.

Wenn die einzelnen Nachrichten ungleich häufig auftreten, also unterschiedliche Wahrscheinlichkeiten haben, ergibt sich der optimale Code, wenn man ungleich lange Codezeichen verwendet. Dabei sind den häufig auftretenden Nachrichten kurze Zeichen, den selten auftretenden lange Zeichen zuzuordnen. Dadurch wird beim Übertragen und Speichern der Aufwand gespart.

Ein Beispiel soll dies erläutern: Es sind vier verschiedene Nachrichten 1, 2, 3 und 4 zu übertragen. Dazu könnte ein Binärcode mit zwei Elementen je Zeichen verwendet werden (00, 01, 10, 11). Wenn die Nachricht 1 eine Wahrscheinlichkeit von 1/2 hat (jede zweite übertragene Nachricht ist die Nachricht 1), die Nachricht 2 eine Wahrscheinlichkeit von 1/4 hat und die Nachrichten 3 und 4 eine Wahrscheinlichkeit von jeweils 1/8 haben, so werden von insgesamt acht übertragenen Zeichen vier die Nachricht 1 kennzeichnen, zwei die Nachricht 2 und je eine die Nachrichten 3 und 4. Mit dem Code von Tabelle 1.14 wären zur Übertragung aller acht Nachrichten $8 \cdot 2 = 16$ Bits erforderlich. Ein optimaler Code für diese Nachrichten ist in Tabelle 1.15 dargestellt.

Tab. 1.15: Aufbau eines optimalen Codes

Nachricht	Zeichen
1	0
2	10
3	110
4	111

Für die Übertragung der acht Nachrichten sind dann nur noch

$$4 \cdot 1 \, \text{Bit} \quad (\text{Nachricht 1})$$
$$+2 \cdot 2 \, \text{Bits} \quad (\text{Nachricht 2})$$
$$+1 \cdot 3 \, \text{Bits} + 1 \cdot 3 \, \text{Bits} \quad (\text{Nachrichten 3 und 4}) = 14 \, \text{Bits}$$

erforderlich und zwei Bits werden also eingespart. Da die Wahrscheinlichkeiten nicht immer bekannt sind und von Fall zu Fall schwanken können und außerdem der technische Aufwand im Empfänger steigt, wenn die ungleich langen Zeichen ohne Pause übertragen werden sollen, bleibt man in der Praxis meist bei Codes mit gleich langen Codezeichen.

1.2.2 Einschrittige Codes

Bei einschrittigen Codes ändert beim Übergang von einer Dezimalziffer zur folgenden oder vorhergehenden immer nur ein Bit seinen Zustand. Als Beispiel für einen einschrittigen Code zeigt Tabelle 1.16 den Glixoncode.

Tab. 1.16: Aufbau des Glixoncodes

0	0000
1	0001
2	0011
3	0010
4	0110
5	0111
6	0101
7	0100
8	1100
9	1000

Beim Zählen oder Abtasten ändern sich die einzelnen Bitpositionen beim Übergang von einem Codezeichen zum nächsten häufig nicht gleichzeitig, sondern nacheinander. Würde z. B. beim 8-4-2-1-Code (nicht einschrittig!) mit dem Übergang vom Codezeichen 0001 ($\hat{=}$ 1) zum Codezeichen 0010 ($\hat{=}$ 2) zunächst das Bit in der zweiten und danach erst das Bit in der ersten Stelle von rechts aus wechseln, so entsteht in der Übergangsphase ungewollt für einen kurzen Moment das Codezeichen 0011 ($\hat{=}$ 3):

$$\text{Codezeichen 1} = 0001$$
$$\downarrow$$
$$\text{Übergang} \hat{=} 0011$$
$$\downarrow$$
$$\text{Codezeichen 2} \hat{=} 0010 \, .$$

Ein einschrittiger Code hat den Vorteil, dass auch bei nicht gleichzeitigem Übergang aller Bitpositionen keine sinnlosen Zwischenkombinationen entstehen.

1.2.3 Fehlererkennungscodes

Fehler treten bei Codezeichen auf, wenn sich der Zustand eines Elementes ändert, wenn also durch Störungen auf dem Übertragungskanal oder durch fehlerhafte Speicherzellen aus einer 0 eine 1 wird oder umgekehrt. Solche Fehler können nur erkannt werden, wenn das durch den Fehler neu entstandene Zeichen nicht informationsbehaftet, also nicht ausgenutzt ist. Beim 2-aus-5-Code enthält jedes Zeichen zwei Bits im Zustand 1. Wird der Zustand eines Elementes geändert, so enthält das Zeichen ein oder drei Elemente im Zustand 1. Daran kann der Empfänger einen Fehler erkennen und eine Wiederholung des Zeichens veranlassen. Werden zwei Elemente verändert, so entsteht wieder ein ausgenutztes Zeichen, wenn beide Fehler gegensinnig sind, also einmal eine 0 und eine 1 geändert wird und an anderer Stelle eine 1 in eine 0. Die Zahl der Elemente, deren Zustand geändert werden muss, damit ein neues ausgenutztes Zeichen entsteht, bezeichnet man als Hamming-Distanz. Damit ein Code fehlererkennend ist, muss die Hamming-Distanz mindestens zwei betragen. Da dadurch nur höchstens die Hälfte aller möglichen Zeichen ausgenutzt wird, haben Fehlererkennungscodes immer eine große Redundanz. Die Zeichen enthalten mindestens ein Bit mehr als ein entsprechender Minimalcode.

Ein Minimalcode kann durch ein sogenanntes Prüf- oder Paritätsbit zu einem Fehlererkennungscode erweitert werden.

In Tabelle 1.17 ist dargestellt, wie aus einem 8-4-2-1-Code durch Hinzufügen eines Paritätsbits ein Fehlererkennungscode wird. Das Prüfbit ist so gewählt, dass jedes Zei-

Tab. 1.17: Aufbau des 8-4-2-1-Codes mit Prüfbit

	8421	Prüfbit
0	0000	1
1	0001	0
2	0010	0
3	0011	1
4	0100	0
5	0101	1
6	0110	1
7	0111	0
8	1000	0
9	1001	1

chen eine ungeradzahlige Anzahl von Elementen im Zustand 1 enthält, jedes Zeichen also auf diese Eigenschaft hin prüfbar wird. Vertauscht man bei jedem Prüfbit den Zustand, so hat jedes Zeichen eine geradzahlige Anzahl von Elementen im Zustand 1. Eine Fehlererkennung kann auch durch Prüfzeichen erreicht werden. Nach einer bestimmten Anzahl von Zeichen wird ein Prüfzeichen gesendet, das so gebildet wird, dass die Zahl der Bits im Zustand 1 in jeder Spalte geradzahlig oder ungeradzahlig wird. In Tabelle 1.18 folgt auf einen Zeichenblock aus sieben Zeichen ein Prüfzeichen, durch das die Zahl der Bits im Zustand 1 je Spalte geradzahlig wird. Die Redundanz ist bei Verwendung von Prüfzeichen immer dann geringer als bei der Erweiterung jedes Zeichens durch ein Prüfbit, wenn die Anzahl der Zeichen pro Zeichenblock größer ist als die Anzahl der Bits je Zeichen.

Tab. 1.18: Fehlererkennung durch Prüfzeichen

```
0110
0101
1010
1100
1001
0110
1111
0101    Prüfzeichen
4644    Zahl der „1" je Spalte
```

Das wird jedoch wieder ausgeglichen durch den Nachteil, dass bei einem Fehler der gesamte Zeichenblock wiederholt werden muss.

Automatisch fehlererkennend sind alle m-aus-n-Codes. Bei ihnen sind von allen 2^n möglichen Kombinationen aus n Bits nur die ausgenutzt, bei denen genau m Bit im Zustand 1 sind (z. B. 2-aus-5-Code und 1-aus-10-Code in Tabelle 1.14). Ein einzelner und mehrere gleichsinnige Fehler verändern die Anzahl der Elemente im Zustand 1 und sind daher leicht zu erkennen.

Die Anzahl der möglichen Kombinationen bei m-aus-n-Codes ist

$$\binom{n}{m} \quad \text{(lies: } n \text{ über } m)$$

$$\binom{n}{m} = \frac{n \cdot (n-1) \cdot (n-2) \cdot \ldots \cdot (n-m+1)}{1 \cdot 2 \cdot 3 \cdot \ldots \cdot m}$$

Beispiele:

– 4-aus-8-Code: $\dbinom{8}{4} = \dfrac{8 \cdot 7 \cdot 6 \cdot 5}{1 \cdot 2 \cdot 3 \cdot 4} = 70$ mögliche Zeichen

– 3-aus-7-Code: $\dbinom{7}{3} = \dfrac{7 \cdot 6 \cdot 5}{1 \cdot 2 \cdot 3} = 35$ mögliche Zeichen

– 2-aus-5-Code: $\dbinom{5}{2} = \dfrac{5 \cdot 4}{1 \cdot 2} = 10$ mögliche Zeichen

– 1-aus-10-Code: $\dbinom{10}{1} = \dfrac{10}{1} = 10$ mögliche Zeichen

1.2.4 Fehlerkorrekturcodes

Um einen Fehler am Empfänger selbsttätig zu korrigieren, muss der Fehler nicht nur erkannt, sondern auch festgestellt werden, welches Bit verfälscht wurde. Eine Möglichkeit dazu bietet die gleichzeitige Verwendung von Paritätsbits und Prüfzeichen. Bei einem auftretenden Fehler wird durch das Paritätsbit die Zeile angegeben. Tabelle 1.19 zeigt die Fehlerkorrektur durch das Prüfbit und die Prüfzeile.

Tab. 1.19: Fehlerkorrektur durch Prüfbit und -zeile

				Prüfbit
0	1	1	0	0
0	1	0	1	0
–1–	0–	0–	0–	–0
0	1	0	0	1
1	0	0	1	0
0	1	1	0	0
0	1	1	1	1
0	1	0	1	0

Prüfzeichen

In der dritten Zeile und in der dritten Spalte ist die Anzahl der Bits im Zustand 1 ungeradzahlig und im Schnittpunkt der dritten Zeile mit der dritten Spalte liegt also das verfälschte Element. Bei zwei Fehlern können vier Schnittpunkte entstehen und eine eindeutige Lokalisierung des Fehlers ist dann nicht mehr möglich.

Ein anderes Verfahren der Fehlerkorrektur besteht darin, einen Code mit einer Hamming-Distanz von drei oder größer zu wählen. Tabelle 1.20 zeigt einen derartigen Fehlerkorrekturcode mit drei Elementen je Zeichen. Von den acht möglichen Kombinationen werden nur zwei ausgenutzt, d. h. nur zwei Zeichen mit Nachrichten belegt,

Tab. 1.20: Aufbau des Fehlerkorrekturcodes

```
0 0 0
0 0 1
0 1 0
0 1 1
1 0 0
1 0 1
1 1 0
1 1 1
```

die sich im Zustand aller drei Elemente unterscheiden. Wenn von einem Zeichen ein Bit verändert wird, dann hat es vom gesendeten Zeichen nur einen Abstand von einem Bit, vom anderen ausgenutzten Zeichen aber einen Abstand von zwei Bits. Der Empfänger schließt automatisch auf das näherliegende Zeichen.

Verwendet man neben einem Paritätsbit je Codezeichen zusätzliche Teilparitätsbits, die jeweils unterschiedliche Teile des Codezeichens auf gerade oder ungerade Parität ergänzen, so kann man bei einem auftretenden Fehler aus den Teilparitätsbits direkt die Bitposition ablesen, die verfälscht wurde. Diese Bitposition braucht dann nur negiert zu werden, um wieder das richtige Codezeichen zu erhalten. Abb. 1.4 zeigt ein Beispiel für die Fehlerkorrektur mit Teilparitätsbits.

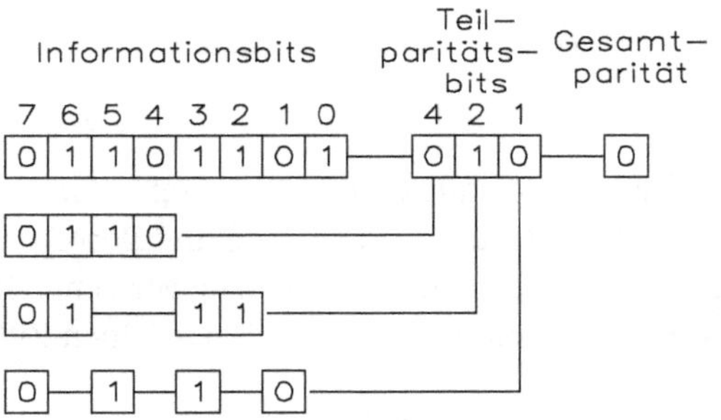

Abb. 1.4: Fehlerkorrektur mit Teilparitätsbits

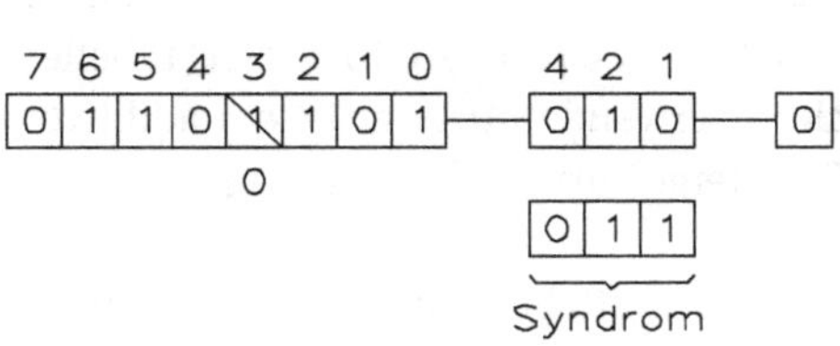

Die Informationsbits 0 bis 7 sind durch drei Teilparitätsbits und ein Gesamtparitätsbit erweitert. In Abb. 1.4 wird von gerader Parität ausgegangen, d. h. jedes Paritätsbit wird so gebildet, dass die Anzahl der betrachteten Bits im Zustand 1 gerade ist. Die Kästchen unter den Informationsbits in Abb. 1.4 zeigen an, von welchen Teilen der Informationsbits die jeweilige Teilparität gebildet wird. Die Gesamtparität bezieht sich auf alle Bits, also neben den Informationsbits auch auf die Teilparitätsbits.

In Abb. 1.4b wird davon ausgegangen, dass das Informationsbit 3 verfälscht wurde. Eine Prüfschaltung stellt dann fest, dass die Gesamtparität und die Teilparitäten 1 und 2 falsch sind. Der Fehler wird durch das Syndrom gekennzeichnet, das dadurch entsteht, dass man den falschen Teilparitäten eine 1 und den richtigen eine 0 zuordnet. Das Syndrom gibt codiert die verfälschte Bitstellung an, in Abb. 1.4 ist daher der Dualcode. Das Syndrom hat an den Stellen mit den Wertigkeiten 1 und 2 eine 1 und kennzeichnet damit, dass das Informationsbit 3 verfälscht wurde, welches dann automatisch wieder von 0 auf 1 zurückgeführt wird. Auch dieses Verfahren zur Fehlerkorrektur erfordert einen hohen Aufwand an zusätzlichen Codeelementen.

Fehlerkorrekturcodes erfordern eine sehr hohe Redundanz. Außerdem sind auch bei noch so hohem Aufwand eine vollständige Fehlerkorrektur oder Fehlererkennung nicht möglich. In der Praxis wird daher bei Nachrichtenübertragung mit hoher Fehlerwahrscheinlichkeit meist ein Verfahren angewandt, das als „decision feedback" bezeichnet wird. Der eingesetzte Code ist fehlererkennend und enthält also eine vom Empfänger überprüfbare Gesetzmäßigkeit. Der Code wird so gewählt, dass die auf dem Übertragungskanal wahrscheinlichsten Fehler erkannt werden. Erkennt der Empfänger einen Fehler, so fordert er beim Sender eine Wiederholung des Zeichens an.

1.2.5 BCD-Codes

Zu den BCD-Codes (binary coded decimal) zählen alle Codes für die zehn Ziffern des Dezimalsystems. Wegen des geringen Aufwands für die Codierung und Decodierung erhalten BCD-Codes in Datenverarbeitungsanlagen meist den Vorzug vor dem reinen Dualcode. Meistens wird also das Dezimalsystem verwendet, die einzelnen Ziffern werden aber binär dargestellt.

Der 8-4-2-1-Code ist die Darstellung der jeweiligen Ziffer im Dualsystem. Als BCD-Code werden nur die ersten zehn Kombinationen verwendet. Die Zahl 237 sieht im Dualsystem folgendermaßen aus: 11101101, im 8-4-2-1-Code: 0010/0011/0111 (Tabelle 1.14).

Der 8-4-2-1-Code wird meist bei Zählern verwendet, d. h. er ist ein additiver und damit leicht lesbarer Minimalcode. In PC-Systemen und in der Steuerungstechnik wird er kaum benutzt.

Bei der Addition zweier Ziffern ergibt sich bei 10 kein Übertrag, sondern erst bei 16. Ist ein Ergebnis gleich oder größer als 10, so ist eine Korrektur erforderlich. Da mit dem Übertrag der Wert 16 statt 10 in die nächste Stelle übernommen wird, muss eine 6 zum Ergebnis addiert werden.

Beispiel:

$$
\begin{array}{rr}
6 & 0110 \\
+\ 7 & 0111 \\
\hline
13 & 1101 \\
\text{Korrektur:} & +\ 0110 \\
\hline
& 1/0011 \\
\hline
& 1 \quad 3
\end{array}
$$

Ein weiterer Nachteil des 8-4-2-1-Codes ist die aufwendige Bildung des Komplements zur Zahl 9, die für die Rückführung der Subtraktion auf eine Addition erforderlich ist. Dafür ist ein besonderes digitales Schaltnetzwerk erforderlich.

Zwar lässt sich der hohe Aufwand für Codierung und Decodierung teilweise durch das einfache Rechenwerk ausgleichen. Dennoch wird der 8-4-2-1-Code wegen der genannten Nachteile in Mikroprozessoren und Mikrocontrollern kaum eingesetzt.

Die Nachteile des 8-4-2-1-Codes für PC-Systeme vermeiden der Aiken-(2-4-2-1-) Code und der 3-Exzess-(Stibitz) Code und Tabelle 1.21 zeigt den Aufbau.

Tab. 1.21: Aufbau des Aiken- und 3-Exzess-Codes

	Aiken 2 4 2 1	3-Exzess
0	0 0 0 0	0 0 1 1
1	0 0 0 1	0 1 0 0
2	0 0 1 0	0 1 0 1
3	0 0 1 1	0 1 1 0
4	0 1 0 0	0 1 1 1
5	1 0 1 1	1 0 0 0
6	1 1 0 0	1 0 0 1
7	1 1 0 1	1 0 1 0
8	1 1 1 0	1 0 1 1
9	1 1 1 1	1 1 0 0

Während beim 8-4-2-1-Code die letzten sechs der 16 möglichen Zeichen nicht ausgenutzt werden (die Dualzahlen 10 bis 15), liegen beim Aiken-Code die sechs Pseudotetraden in der Mitte (die Dualzahlen 5 bis 10), beim 3-Exzess-Code am Anfang und Ende. Die Dualzahlen 0 bis 2 und 13 bis 15 bilden die Pseudowerte und Tabelle 1.22 zeigt den Aufbau. Dadurch kann bei beiden Codes die Ergänzung zu 9 einfach gebildet werden und dazu sind nur die Zustände aller vier Elemente zu ändern. Sobald bei der Addition die Dezimalzahl 10 erreicht wird, bringen beide Codes einen Übertrag.

Tab. 1.22: Lage der Pseudotetraden

Tetrade	8-4-2-1	Aiken-Code	3-Exzess-Code
0000	0	0	–
0001	1	1	–
0010	2	2	–
0011	3	3	0
0100	4	4	1
0101	5	–	2
0110	6	–	3
0111	7	–	4
1000	8	–	5
1001	9	–	6
1010	–	–	7
1011	–	5	8
1100	–	6	9
1101	–	7	–
1110	–	8	–
1111	–	9	1

Allerdings ist auch hier eine Korrektur erforderlich. Beim 3-Exzess-Code muss die Dualzahl 0011(3) subtrahiert werden, wenn kein Übertrag entsteht, und addiert, wenn ein Übertrag entsteht. Beim Aiken-Code ist eine Korrektur nur erforderlich, wenn eine Pseudotetrade entsteht. Ergibt sich eine Pseudotetrade ohne Übertrag, so muss die Dualzahl 0110(6) addiert, bei einer Pseudotetrade mit Übertrag subtrahiert werden.

Beispiele:

	Aiken-Code		3-Exzess-Code	
3	0011		0110	
+4	+0100		+0111	
7	0111	Pseudotetrade ohne Übertrag	1101	
	+0110	Korrektur	−1101	Korrektur
	1101		1011	
6	1100		1001	
+7	+1101		+1010	
13	1/0111	Pseudotetrade ohne Übertrag	1/0011	
	+0110	Korrektur	+0011	Korrektur
	1/0011		1/0110	

Der Aiken-Code hat gegenüber dem 3-Exzess-Code den Vorteil, dass er additiv ist. Der 3-Exzess-Code vermeidet bei beiden Kombinationen 0000 und 1111, die durch Störungen sehr leicht vorgetäuscht werden können. Außerdem ist bei ihm die Korrekturvorschrift einfacher, weil sie nur vom Übertrag und auch nicht von einer Pseudotetradenerkennung abhängig ist.

Der 3-Exzess-Gray-Code ist wie die bisher beschriebenen Codes ein BCD-Code mit vier Elementen je Zeichen, also ein Minimalcode. Er ist weder additiv, noch eignet er sich gut zum Rechnen. Dafür handelt es sich beim 3-Exzess-Gray-Code um einen einschrittigen Code, d. h., beim Übergang von einer Dezimalziffer zur nächsten ändert sich immer nur ein Bit. Das bietet Vorteile bei der Umwandlung analoger Signale in digitalen Systemen, z. B. für den A/D- und D/A-Wandler. Bei der fotoelektrischen Winkel- und Längenabtastung z. B. werden immer einschrittige Codes verwendet. Tabelle 1.23 zeigt den Aufbau des 3-Exzess-Gray-Codes.

Tab. 1.23: Aufbau des 3-Exzess-Gray-Codes

0	0010
1	0110
2	0111
3	0101
4	0100
5	1100
6	1101
7	1111
8	1110
9	1010

2-aus-5-Codes bieten bei nur einem Bit je Zeichen Mehraufwand eine einfache Fehlererkennung. Sie ist bei einem und mehreren gleichsinnigen Fehlern wirksam. Mit Ausnahme der Null ist der in Tabelle 1.24 dargestellte 2-aus-5-Code additiv und damit leicht lesbar. Wegen der hohen Zuverlässigkeit der modernen Bauelemente sind in Rechnern Fehlererkennungscodes nicht mehr erforderlich, denn sie erfordern nur unnötig hohe Speicherkapazitäten. Für die Bildung des Neunerkomplementes ist beim 2-aus-5-Code ein besonderes Schaltnetzwerk erforderlich. Es gibt viele verschiedene 2-aus-5-Codes.

Bei den automatischen Briefverteilanlagen werden die Postleitzahlen im 2-aus-5-Code auf die Briefumschläge gedruckt.

Der Biquinärcode enthält wie der 2-aus-5-Code in jedem Codezeichen zwei Bits im Zustand 1 und Tabelle 1.25 zeigt den Aufbau. Die Fehlererkennung ist beim Biquinärcode besser, weil eine 1 immer im binären Teil (Wertigkeiten 0 und 5) bzw. die andere

Tab. 1.24: Aufbau des 2-aus-5-Codes

	7 4 2 1 0
0	1 1 0 0 0
1	0 0 0 1 1
2	0 0 1 0 1
3	0 0 1 1 0
4	0 1 0 0 1
5	0 1 0 1 0
6	0 1 1 0 0
7	1 0 0 0 1
8	1 0 0 1 0
9	1 0 1 0 0

Tab. 1.25: Aufbau des Biquinärcodes

	50	43210
0	01	00001
1	01	00010
2	01	00100
3	01	01000
4	01	10000
5	10	00001
6	10	00010
7	10	00100
8	10	01000
9	10	10000

im quinären Teil (Wertigkeiten 0 und 5) und die andere im quinären Teil (Wertigkeit 0 bis 4) vorhanden sein muss. Er ist additiv und damit leicht lesbar und das Neunerkomplement entsteht, wenn der binäre Teil und der quinäre Teil in umgekehrter Richtung aufgeschrieben werden (01 0100 → 10 0010; 3 + 6 = 9). Der Nachteil des Biquinärcodes liegt in dem hohen Aufwand von sieben Bits je Zeichen.

Der in Tabelle 1.26 dargestellte 1-aus-10-Code ist bei sehr hohem Aufwand an Bits je Zeichen additiv, sehr leicht lesbar und außerdem fehlererkennend für einen Fehler und mehrere gleichsinnige. Ein weiterer Vorteil ist der sehr kleine Aufwand für Codierung und Decodierung.

Der Zählcode wird von den Nummernschaltern der Fernsprechapparate erzeugt und Tabelle 1.27 zeigt den Aufbau. Man verzichtet dabei auf die Aussendung der auf die Einsen folgenden Nullen. Der Zählcode ist leicht lesbar. Der Aufwand für die Codierung und Decodierung ist gering. Bei der Decodierung wird der Zählcode meist mithilfe von Wählern oder Zählketten in einen 1-aus-10-Code umgewandelt.

Tab. 1.26: Aufbau des 1-aus-10-Codes

	9876543210
0	0000000001
1	0000000010
2	0000000100
3	0000001000
4	0000010000
5	0000100000
6	0001000000
7	0010000000
8	0100000000
9	1000000000

Tab. 1.27: Aufbau des Zählcodes

	1111111111
1	1000000000
2	1100000000
3	1110000000
4	1111000000
5	1111100000
6	1111110000
7	1111111000
8	1111111100
9	1111111110
0	1111111111

1.2.6 Alphanumerische Codes

Codes, deren Zeichenvorrat mindestens die Dezimalziffern und die Buchstaben des Alphabets umfasst, bezeichnet man alphanumerische Codes. Dazu gehören u. a. der Morsecode, die internationalen Fernschreibalphabete Nr. 2 und Nr. 3, die auf Lochkarten verwendeten Codes und die vielen Spezialcodes der verschiedenen Firmen. Diese Codes haben meist fünf bis acht (auf Lochkarten bis zu 12) Bits je Zeichen.

In Tabelle 1.28 sind die internationalen Fernschreibalphabete Nr. 2 und 3 dargestellt. Sie sind Beispiele dafür, dass die Zuordnung zwischen Information und Codezeichen nicht eindeutig umkehrbar sein muss. So wird ein E immer durch das Zeichen 10000 (CCITT Nr. 2) repräsentiert. Das Codezeichen 10000 kann aber sowohl E als auch 3 bedeuten, je nachdem, ob vorher die Buchstabentaste oder die Zifferntaste gedrückt wurde.

Tab. 1.28: Aufbau der CCITT-Alphabet Nr. 2 und Nr. 3

Nr. 2	Bu	Zi	Nr. 3
11000	A	–	0011010
10011	B	?	0011001
01110	C	:	1001100
10010	D	✚	0011100
10000	E	3	0111000
10110	F		0010011
01011	G		1100001
00101	H		1010010
01100	I	8	1110000
11010	J	♎	0100011
11110	K	(	0001011
01001	L	)	1010010
00111	M	.	1010001
00110	N	,	1010100
00011	O	9	1000110
01101	P	0	1001010
11101	Q	1	0001101
01010	R	4	1100100
10100	S	,	0101010
00001	T	5	1000101
11100	U	7	0110010
01111	V	=	1001001
11001	W	2	0100101
10111	X	/	0010110
10101	Y	6	0010101
10001	Z	+	0110001
00010	<	(WR)	0100011
01000	≡	(ZL)	1011000
11111	A...	(Bu)	0001110
11011	1...	(Zi)	0100110
00100	#	(Zwr)	1101000
00000			0000111
		α	0101001
		β	0101100
		RQ	0110100

Beim CCITT Nr.2 werden von den $2^5 = 32$ möglichen Kombinationen 31 ausgenutzt. Nur die Kombination 32 (00000) wird aus Sicherheitsgründen nicht mit einer Information belegt. Durch die Umschaltmöglichkeit von Buchstaben auf Ziffern wird die Zahl der darstellbaren Informationen annähernd verdoppelt. Die Kombination 11111 für „Bu" wird zum Löschen von Fehlermeldungen von Druckern verwendet.

Das CCITT-Alphabet Nr. 3 hat sieben Bits je Zeichen. Von den $2^7 \cong 128$ möglichen Kombinationen werden nur die 35 mit Nachrichten belegt, die genau drei Bits im Zustand 1 enthalten (3-aus-7-Code) und von bzw. zu Peripherieeinheiten dienen. Dadurch wird eine einfache Fehlererkennung möglich. Das CCITT-Alphabet Nr. 3 wird daher auf Übertragungskanälen mit großer Fehlerwahrscheinlichkeit eingesetzt (z. B. auf Funkstrecken). Die drei zusätzlichen Kombinationen werden für die Kennzeichnung des Betriebszustands ausgenutzt: α = Kanal frei, β = Kanal belegt (aber Schreibpause) und mit RQ (request) fordert der Empfänger bei erkanntem Fehler die Wiederholung des Zeichens vom Sender an.

Der ASCII (American Standard Code for Information Interchange = amerikanischer Normcode für Datenaustausch) dient zur Datenübertragung zwischen verschiedenen PC-Systemen und zur Ein- und Ausgabe bei PC-Systemen. Der ASCII ist eigentlich ein 7-Bit-Code und als solcher in DIN 66003 auch für Deutschland eingesetzt. Wegen der üblichen Zeichenbreite von 1 Byte = 8 Bit werden ASCII-Zeichen meist als 8-Bit-Zeichen übertragen. Das vom ASCII-Zeichensatz nicht genutzte höchstwertige Bit im Byte wird entweder konstant auf 0 gesetzt, als Paritätsbit genutzt oder z. B. zur Umschaltung von ASCII-Zeichen auf Grafiksymbole verwendet. Teilweise werden die ASCII-Zeichen auch nach folgender Gesetzmäßigkeit auf acht Bit erweitert:

$$6\ 5\ 4\ 3\ 2\ 1\ 0 \quad \text{ASCII-Zeichen}$$
$$7\ 6\ 5\ 4\ 3\ 2\ 1\ 0 \quad \text{Byte}$$

Im Vergleich zu den in Tabelle 1.28 dargestellten CCITT-Alphabeten Nr. 2 und Nr. 3 hat der ASCII (Tabelle 1.29) folgende Vorteile:
– eindeutige Zuordnung wegen fehlender Umschaltung Buchstaben/Ziffern
– angenehmes Schriftbild möglich durch Groß- und Kleinbuchstaben
– große Zahl von Steuerzeichen

Bedeutung der Steuerzeichen:
a) Übertragungssteuerzeichen TC (Transmission Control Characters)

SOH	(01)[1]	Anfang des Kopfes (z. B. Adresse), (Start of Heading)
STX	(02)	Anfang des Textes (Start of Text)
ETX	(03)	Ende des Textes (End of Text)
EOT	(04)	Ende der Übertragung (End of Transmission)
ENQ	(05)	Stationsaufforderung (z. B. Wer da?) (Enquiry)
ACK	(06)	Positive Rückmeldung (Acknowledge)
DLE	(10)	Datenübertragungsumschaltung (Data Link Escape)
NAK	(15)	Negative Rückmeldung (Negative Acknowledge)
SYN	(16)	Synchronisierung (Synchronous Idle)
ETB	(17)	Ende des Übertragungsblocks (End of Transmission Block)

[1] In Klammern angegeben ist das ASCII-Zeichen in sedezimaler Form.

Tab. 1.29: ASCII-Zeichen und Bedeutung der Steuerzeichen

Bitposition

6	5	4	3	2	1	0	sede-zimal	0	1	2	3	4	5	6	7
								0	0	0	0	1	1	1	1
								0	0	1	1	0	0	1	1
								0	1	0	1	0	1	0	1
			0	0	0	0	0	NUL	DLE (TC7)	SP	0	@	P	'	p
			0	0	0	1	1	SOH (TC1)	DC1	!	1	A	Q	a	q
			0	0	1	0	2	STX (TC2)	DC2	"	2	B	R	b	r
			0	0	1	1	3	ETX (TC3)	DC3	#	3	C	S	c	s
			0	1	0	0	4	EOT (1C4)	DC4	$	4	D	T	d	t
			0	1	0	1	5	FNQ (TC5)	NAK (TC8)	%	5	E	U	e	u
			0	1	1	0	6	ACK (TC6)	SYN (TC9)	&	6	F	V	f	v
			0	1	1	1	7	BEL	ETB (TC10)	'	7	G	W	g	w
			1	0	0	0	8	BS (FE0)	CAN	(	8	H	X	h	x
			1	0	0	1	9	HA (FE1)	EM	)	9	I	Y	i	y
			1	0	1	0	A	LF (FF2)	SUB	*	:	J	Z	j	z
			1	0	1	1	B	VT (FF3)	ESC	+	;	K	[	k	{
			1	1	0	0	C	FF (FE4)	FS (IS4)	,	<	L	\	l		
			1	1	0	1	D	CR (FE5)	GS (IS3)	–	=	M	]	m	}
			1	1	1	0	E	SO	RS (IS2)	.	>	N	^	n	~
			1	1	1	1	F	SI	US (IS1)	/	?	O	_	o	DEL

Für den Gebrauch im deutschsprachigen Raum werden oft die Umlaute und ß anstelle originaler Sonderzeichen benutzt:	Original	@	[	\	]	{			}	~
	deutsch	§	Ä	Ö	Ü	ä	ö	ü	ß

b) Formatsteuerzeichen FE (Format Effectors)

BS (08) Rückwärtsschritt (Back Space)
HT (09) Horizontal-Tabulator (Horizontal Tabulation)
LF (0A) Zeilenvorschub (Line Feed)
VI (0B) Vertikal-Tabulator (Vertical Tabulation)
FF (0C) Formularvorschub (Form Feed)
CR (0D) Wagenrücklauf (Carriage Return)

c) Gerätesteuerzeichen DC (Device Control Characters)

DC1 (11) Gerätesteuerung 1, z. B. Drucker ein
DC2 (12) Gerätesteuerung 2, z. B. Sender für Datenübertragung ein
DC3 (13) Gerätesteuerung 3, z. B. Empfänger für Datenübertragung ein
DC4 (14) Gerätesteuerung 4, alle Geräte aus

d) Informationstrennzeichen IS (Information Seperaters)

    FS   (1C)   Hauptgruppen-Trennzeichen (File Selector)
    GS   (1D)   Gruppen-Trennzeichen (Group Selector)
    RS   (1E)   Untergruppen-Trennzeichen (Record Seperater)
    US   (1F)   Teilgruppen-Trennzeichen (Unit Seperater)

e) Steuerzeichen zur Code-Erweiterung

    SO   (0E)   Dauerumschaltung (Shift-out)
    SI   (0F)   Rückschaltung (Shift-in)
    ESC   (1B)   Codeumschaltung (Escape)

f) Sonstige Steuerzeichen

    NUL   (00)   Nil (Null); Füllzeichen
    BEL   (07)   Klingel (Bell)
    CAN   (18)   Ungültig (Cancel)
    EM   (19)   Ende der Aufzeichnung (End of Medium)
    SUB   (1A)   Substitution (Substitution Character), ersetzt Zeichen, das als
                       fehlerhaft erkannt wurde
    SP   (20)   Zwischenraum (Space), Leertaste
    DEL   (7F)   Löschen (Delete) z. B. fehlerhafter Zeichen in der
                       Datenübertragung; Füllzeichen

Ein weiterer, in der Datenverarbeitung häufig verwendeter alphanumerischer Code ist der EBCDI-Code (Extended Binary Coded Decimal Interchange Code = erweiterter BCD-Code für Datenaustausch), der in Tabelle 1.30 gezeigt ist. Er ist ein echter 8-Bit-Code, bei dem das höherwertige Halbbyte häufig als Zonenteil und das niederwertige Halbbyte als Zifferteil bezeichnet wird. Bei Betrachtung der Codetabelle fällt auf, dass es jeweils eigene Bereiche gibt für Großbuchstaben, Kleinbuchstaben, Ziffern, Sonderzeichen und Steuerzeichen. Es lässt sich daher aus dem höherwertigen Halbbyte (Zonenteil) schnell erkennen, zu welcher Gruppe das gerade vorliegende EBCDI-Zeichen gehört.

Tab. 1.30: EBCDI-Code und Bedeutung der Steuerzeichen

Bitposition 7654 →	0000	0001	0010	0011	0100	0101	0110	0111	1000	1001	1010	1011	1100	1101	1110	1111
Bitpos. 3210 ↓ / sedezimal	0	1	2	3	4	5	6	7	8	9	A	B	C	D	E	F
0000 — 0	NUL				SP	&	–									0
0001 — 1							/		a	j			A	J		1
0010 — 2									b	k	s		B	K	S	2
0011 — 3									c	l	t		C	L	T	3
0100 — 4	PF	RES	BYP	PN					d	m	u		D	M	U	4
0101 — 5	HT	NL	LF	RS					e	n	v		E	N	V	5
0110 — 6	LC	BS	EOB	UC					f	o	w		F	O	W	6
0111 — 7	DEL	IL	PRE	EOT					g	p	x		G	P	X	7
1000 — 8									h	q	y		H	Q	Y	8
1001 — 9									i	r	z		I	R	Z	9
1010 — A			SM		¢	!	¦	:								
1011 — B					.	$	,	#								
1100 — C					<	*	%	@								
1101 — D					(	)	_	'								
1110 — E					+	;	>	=								
1111 — F							¬	?	"							

Steuerzeichen:

PF (04) Drucker aus (Puncher off)
HT (05) Horizontal-Tabulator
LC (06) Kleinbuchstaben (Little Character)
DEL (07) Löschen (Delete)
RES (14) Sonderfolgenende (Reset)
NL (15) Zeilenvorschub und Wagenrücklauf (New Line)
BS (16) Rückwärtsschritt (Back Space)

IL (17) Leerlauf (Idle)
NUL (00) NIL (Füllzeichen)
SP (40) Zwischenraum (Leertaste)
BYP (24) Sonderfolgenanfang
LF (25) Zeilenvorschub
EOB (26) Blockende

PRE (27) Codeumschaltung
PN (34) Drucker ein (Puncher on)
RS (35) Leser Halt (Reader Stop)
UC (36) Großbuchstaben
EOT (37) Ende der Übertragung
SM (2A) Betriebsartenänderung

1.3 Kanalcodierung

Bei der Übertragung von Codezeichen (digitale Information) kommt es darauf an, die Fehlerrate am Empfänger möglichst kleinzuhalten. Die Kanalcodierung hat dabei die Aufgabe, den Code der Signalquelle (den Quellencode) umzusetzen in den für die Übertragung günstigsten Leitungscode. Es gibt zwei grundsätzliche Verfahren, digitale Information zu übertragen:

a) Basisbandverfahren: Bei diesem Verfahren werden die Datensignale direkt auf die Leitung gesendet. Voraussetzung dafür ist ein Übertragungsweg mit sehr niedriger unterer Grenzfrequenz ($f_u \geq 0$)

b) Modemverfahren: Bei diesem Verfahren wird eine Trägerfrequenz mit den Codezeichen moduliert. Das Modemverfahren muss immer dann eingesetzt werden, wenn auf dem Übertragungsweg nur ein bestimmtes Frequenzband (z. B. 0,3... 3,4 kHz, Fernsprechkanal) zur Verfügung steht.

In diesem Abschnitt werden nur einige Leitungscodes für das Basisbandverfahren betrachtet. Für möglichst fehlerfreie Datenübertragung im Basisbandverfahren sind folgende Punkte wichtig:

1. Takterkennung am Empfänger: Damit der Empfänger die ankommenden Codezeichen fehlerfrei erkennen kann, muss er mit genau der gleichen Taktfrequenz wie der Sender arbeiten. Dazu kann z. B. der Sendetakt über eine besondere Taktleitung zum Empfänger übertragen werden. Da dieses Verfahren sehr aufwendig ist, wird auf der Leitung eine Codierung verwendet, die es dem Empfänger ermöglicht, aus den empfangenen Codezeichen die Taktfrequenz abzuleiten.

2. Gleichstromfreiheit der übertragenen Bitfolge: Viele Leitungen sind aus Anpassungsgründen und zum Starkstromschutz beidseitig mit Übertragern abgeschlossen. Sie können daher keinen Gleichstromanteil übertragen. Für fehlerfreie Übertragung der digitalen Information ist daher ein Leitungscode zu verwenden, der unabhängig von der jeweiligen Nachricht gleichstromfreie Bitfolgen sicherstellt.

3. Günstige spektrale Energieverteilung: Die Verteilung der Sendeenergie auf die einzelnen Frequenzen (das Leistungsspektrum) hat wichtigen Einfluss auf die Beeinflussung benachbarter Kabeladern (Nebensprechen).

1.3.1 Binäre Leitungscodes

Den einfachsten Leitungscode bildet die Einfachstromtastung: Soll eine 1 übertragen werden, so wird Strom auf die Leitung gesendet, bei einer 0 kein Strom. Abb. 1.5a zeigt die Einfachstromtastung im NRZ-Code (NRZ = no return on zero = keine Rückkehr auf null), Abb. 1.5b im RZ-Code (RZ = return on zero = Rückkehr auf null, d. h., eine 1 bleibt nur während der halben Bitdauer im Zustand 1, während der zweiten Hälfte der Bitdauer ist es wieder null).

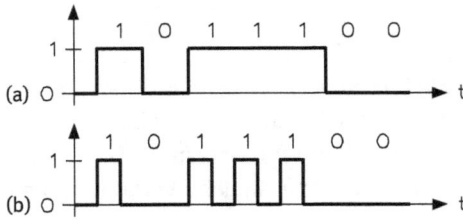

Abb. 1.5: Einfachstromtastung, a) im NRZ-Code, b) im RZ-Code dargestellt, eine 0 durch einen Rechteckwechsel mit negativer Halbwelle während der ersten halben Bitdauer und einer positiven während der zweiten

Die Einfachstromtastung enthält immer einen Gleichstromanteil und kann daher nur auf Leitern verwendet werden, die nicht mit Übertragern abgeschlossen sind. Der RZ-Code hat den Vorteil, dass der Empfänger aus seinen Codezeichen auch längerer 1-Folgen die Taktfrequenz gut erkennen kann.

Außerdem benötigt er nur die halbe Sendeenergie im Vergleich zum NRZ-Code, dafür aber die doppelte Bandbreite. Bei längeren 0-Folgen wird bei beiden Formen für den Empfänger die Taktrückgewinnung schwierig.

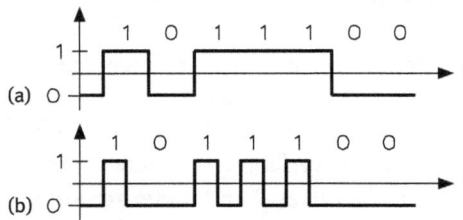

Abb. 1.6: Doppelstromtastung im NRZ-Code (a) und RZ-Code (b)

Bei der in Abb. 1.6 dargestellten Doppelstromtastung (1 ≙ positiver Strom, 0 ≙ negativer Strom) gilt grundsätzlich das Gleiche. Die erforderliche zweite Stromquelle bringt den Vorteil, dass bei annähernd gleichmäßiger Verteilung von Bits im Zustand 0 und 1 der Gleichstromanteil viel kleiner als bei der Einfachstromtastung ist und der Empfänger bei Störimpulsen auf der Leitung Doppelstromimpulse leichter fehlerfrei erkennen kann als Einfachstromimpulse.

Der CMI-Code (CMI: coded mark inversion code, codierte Kennzeichenumkehr) ist ebenfalls ein Leitungscode mit Doppelstromtastung (Abb. 1.7). Eine 1 wird immer abwechselnd durch einen positiven oder negativen Impuls von voller Bitdauer dargestellt, eine 0 durch einen Rechteckwechsel mit negative Halbwelle während der ersten halben Bitdauer und eine positive während der zweiten.

Da eine 0 als Rechteckwechsel und eine 1 abwechselnd als positiver und negativer Impuls dargestellt wird, ist der CMI-Code über eine längere Zeichenfolge gleichstromfrei. Außerdem ist die Taktfrequenz am Empfänger leicht zurückzugewinnen, da pro Bit mindestens ein Phasenwechsel vorliegt. Wegen dieser Vorteile wird der CMI-Code als Schnittstellencode verwendet. Den Vorteilen stehen der doppelte Frequenzbedarf und die kompliziertere Empfängerschaltung gegenüber.

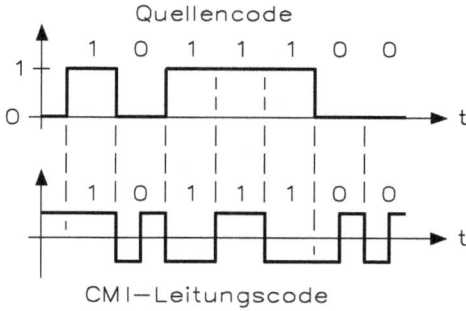

Abb. 1.7: Impulsfolge für den CMI-Code

Der CD-Code (CD = conditioned diphase code = bedingter Zweiphasencode) ist wie der CMI-Code ein binärer Leitungscode und diesem sehr ähnlich. Bei ihm erfolgt an jeder Bitgrenze ein Phasenwechsel, wodurch die Taktrückgewinnung besonders einfach wird. Eine 0 wird im Gegensatz zur 1 dadurch gekennzeichnet, dass bei ihr in der Mitte der Bitdauer ein zusätzlicher Phasenwechsel erfolgt, wie Abb. 1.8 zeigt.

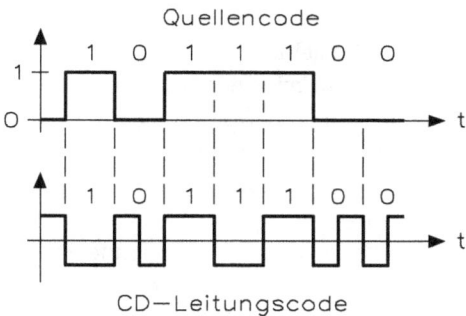

Abb. 1.8: Impulsfolge für den „Conditioned Diphase Code"

1.3.2 Pseudoternäre Leitungscodes

Bei pseudoternären Codes können die einzelnen Codeelemente drei verschiedene Zustände annehmen. Von den drei Zuständen haben aber zwei die gleiche Bedeutung, sodass bei einem pseudoternären Code keine höhere Informationsdichte als bei einem Binärcode möglich ist. Der einfachste pseudoternäre Code ist der AMI-Code (AMI = alternate mark inversion code = Code mit abwechselnder Zeichenumkehr), der mit dem Bestreben entwickelt wurde, einen Binärcode gleichstromfrei zu machen. Eine 1 wird abwechselnd als positiver und negativer Strom dargestellt, eine 0 als kein Strom, wie in Abb. 1.9 gezeigt.

Beim AMI-Code ist die Zeichenerkennung einfacher als beim CMI- oder CD-Code, außerdem die Frequenz nur halb so groß. Allerdings wird bei einer langen 0-Folge die Takterkennung für den Empfänger schwierig. Abhilfe schaffen der HDBn-Code und der CHDBn-Code.

Quellencode

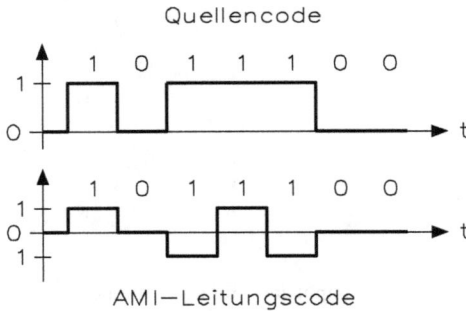

AMI—Leitungscode

Abb. 1.9: Impulsfolge für den AMI-Code

Der HDBn-Code (HDBn = high density bipolar code n-th order = bipolarer Code mit hoher Dichte n-ten Grads) ist ein modifizierter AMI-Code, bei dem unabhängig von der codierten Nachricht nur n Bit im Zustand 0 in Folge auftreten. Am weitesten verbreitet ist der HDB3-Code, bei dem maximal drei Bit im Zustand 0 hintereinander auf der Leitung vorkommen. Der HDB3-Code wird als Leitungscode bei PCM- (Puls-code-modulations)-Übertragungssystemen (PCM 30) verwendet. Der CHDBn-Code (compatible HDBn-Code = verträglicher HDBn-Code) hat praktisch die gleichen Eigenschaften wie der HDBn-Code, nur geringfügig andere Bildungsregeln.

Bei beiden Codes wird eine Folge von $n + 1$-Nullen durch eine Signalfolge ersetzt, die auch Einsen enthält, aber so, dass der Empfänger erkennen kann, dass diese Einsen als Nullen zu lesen sind. Das wird dadurch erreicht, dass die zusätzlichen Einsen teilweise von der AMI-Bildungsregel abweichen und die gleiche Polarität wie die vorhergehende 1 haben.

Diese 1-Bits werden als V-Bits (Violation Bits = Verletzungsbits) bezeichnet im Gegensatz zu den A-Bits, die nach den AMI-Regeln gebildet werden.

Tabelle 1.31 zeigt die Bildungsregeln für den HDB3- und CHDB3-Code. Die Bitfolge, die $n + 1$-Nullen ersetzt, hängt davon ab, ob seit dem letzten V-Bit eine gerade

Tab. 1.31: Bildungsregeln für den HDBn- und den CHDBn-Code

	$n + 1$ Nullen werden ersetzt durch	
Code	bei ungerader Anzahl von Einsen seit dem letzten V-Bit:	bei gerader Anzahl von Einsen seit dem letzten V-Bit:
HDBn-	00...00 V	A0...00V
HDB3-	000 V	A 00 V
HDB5-	00000 V	A 0000 V
CHDBn-	0...00 V	00...A 0 V
CHDB3-	000 V	0 A 0 V
CHDB5-	00000 V	000 A 0 V

oder eine ungerade Anzahl von Einsen gesendet wurde. Damit wird erreicht, dass auch bei z. B. sehr langen Nullfolgen im binären Quellencode der Leitungscode keinen Gleichstromanteil erhält. HDBn- und CHDBn-Code erfüllen daher die beiden Hauptforderungen an einen Leitungscode: Gleichstromfreiheit und leichte Taktrückgewinnung im Empfänger. Abb. 1.10 zeigt zwei Beispiele für die Bildung von HDB3- und CHDB3-Zeichen.

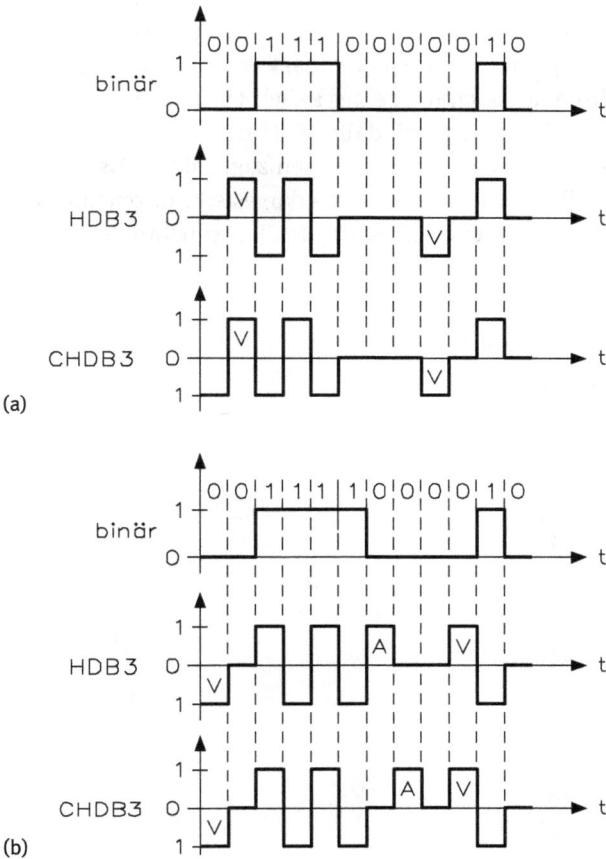

Abb. 1.10: Impulsfolge für den HDB3- und CHDB3-Code

Eine andere Möglichkeit, auch bei langen Nullfolgen im AMI-Code die Taktrückgewinnung sicherzustellen, besteht im Einsatz von Scramblern (Zerwürflern) auf der Sendeseite und von Descramblern (Entwürflern) auf der Empfängerseite.

1.3.3 Ternäre Leitungscodes

Bei Ternärcodes kann jedes Codeelement drei verschiedene Zustände annehmen. Ordnet man den drei Zuständen auf der Leitung – positiver Strom (+), kein Strom (0), negativer Strom (–) – drei verschiedene Bedeutungen zu (z. B. $0 \cong 0$, $+ \cong 1$, $- \cong 2$), so kann man auf der Leitung mit Ternärcodes arbeiten. Ternärcodes haben den Vorteil, dass sie zur Darstellung einer bestimmten Informationsmenge bis zu 37 % weniger Codeelemente benötigen als ein Binärcode (Tabelle 1.4). Bei der Übertragung eines bestimmten Informationsflusses kommt man daher mit einer geringeren Schrittgeschwindigkeit und damit geringeren Grenzfrequenz aus, was vor allem wegen der, bei steigender Frequenz, wachsenden Dämpfung eines Kabels wichtig ist.

Die verbreitetsten ternären Leitungscodes sind die 4B-3T-Blockcodes. Bei diesen wird einer 4-stelligen Bitfolge ein 3-stelliges Ternärzeichen zugeordnet. Als Beispiel für einen 4B-3T-Code ist in Tabelle 1.32 der MMS43-Code dargestellt. Er zeichnet sich durch ein günstiges Leistungsspektrum und eine schnelle Blocksynchronisation am Empfänger aus.

Tab. 1.32: MMS43-Code als Beispiel für einen 4B-3T-Code

Binärzeichen	Ternärzeichen Statuswert S			
	0	1	2	3
0000	101	020	020	020
0001	021	021	021	021
0010	120	120	120	120
0011	001	001	001	220
0100	210	210	210	210
0101	011	200	200	200
0110	211	211	221	221
0111	201	201	201	201
1000	100	100	100	022
1001	121	121	121	222
1010	102	102	102	102
1011	112	112	122	122
1100	111	212	212	212
1101	010	010	010	202
1110	012	012	012	012
1111	110	002	002	002

Der MMS43-Code (MMS43-Code = Multimode-System-4B-3T-Code = 4B-3T-Code mit mehrfachem Zuordnungssystem) hat vier Zuordnungstabellen. Die anderen sechs Binärzeichen (0001, 0010, 0100, 0111, 1010 und 1110) sind in allen vier Spalten jeweils dem gleichen Ternärzeichen zugeordnet. Den übrigen zehn Binärzeichen entsprechen in den vier Spalten jeweils zwei verschiedene Ternärzeichen. Von den $3^3 = 27$ möglichen Ternärzeichen sind daher $6 \pm (2 \cdot 10) = 26$ ausgenutzt und es fehlt nur die Kombination 000. Da kein Ternärzeichen für zwei verschiedene Binärzeichen verwendet wird, ist der Code trotz der vier Zuordnungstabellen eindeutig umkehrbar. Mithilfe der vier Zuordnungstabellen ist es möglich, ein im Mittel gleichstromfreies Leitungssignal zu erreichen. Für alle Ternärzeichen in der Spalte für S = 0 gilt, dass die Zahl der Elemente im Zustand 1 ≥ der Zahl der Elemente im Zustand 2 ist. Diese Ternärzeichen erzeugen daher im Mittel auf der Leitung einen relativ hohen positiven Gleichstromanteil. Bei den Ternärzeichen in der Spalte für S = 0 gilt immer: Zahl der Elemente im Zustand 2 ≥ Zahl der Elemente im Zustand 1. Sie bewirken daher im Mittel einen relativ hohen negativen Gleichstromanteil auf der Leitung. Die Zeichen in der Spalte für S = 1 haben im Mittel einen sehr kleinen positiven, die der Spalte für S = 2 einen sehr kleinen negativen Gleichstromanteil auf der Leitung zur Folge. Ein gleichstromfreies Leitungssignal wird dadurch erreicht, dass man die ausgesendete Anzahl der Elemente im Zustand 1 und im Zustand 2 gegensinnig mitzählt und entsprechend dem Zählergebnis den Statuswert S und damit die Spalte festlegt, nach der codiert wird.

Für die Elemente der Ternärzeichen gilt:

$$0 \cong 0 \quad \text{(kein Strom)}$$
$$1 \cong + \quad \text{(positiver Strom)}$$
$$2 \cong - \quad \text{(negativer Strom)} \,.$$

Die Vorteile der Ternärcodes müssen mit einem hohen gerätetechnischen Aufwand bezahlt werden. Ternärcodes werden daher nur bei sehr hohen Übertragungsgeschwindigkeiten auf Kabeln eingesetzt, da nur hier die Verringerung der oberen Grenzfrequenz bedeutsam ist. Ein Anwendungsbeispiel ist die Übertragung von 480 PCM-Kanälen (Bitrate 34 Mbit/s) über Koaxialkabel.

2 Messgeräte in der Digitaltechnik

Multisim bietet eine Reihe von Messgeräten für die Digitaltechnik an.

- Multimeter zum Messen von Gleich- und Wechselspannungen und –strömen mit automatischer Bereichsumschaltung, Widerständen und dB-Verfahren.
- Voltmeter für schnelle und einfache Messungen für Gleich- oder Wechselspannungen
- Amperemeter für schnelle und einfache Messungen für Gleich- oder Wechselströme
- Wattmeter zum Messen von Leistung und Leistungsfaktor.
- Dynamische Messköpfe zur Platzierung an beliebigen Positionen, um die Schaltung mit sich dynamisch verändernden Spannungs- und Stromwerten bestimmen zu können. Man kann Schwellwerte vordefinieren und die Genauigkeit der Anzeige von Werten, die mithilfe der Messköpfe gemessen wurden, festlegen.
- Es stehen verschiedene zwei- und vierkanälige Oszilloskops zur Verfügung. Diese Oszilloskope verfügen über eine interne und externe Triggerung auf positive oder negative Signalflanken.
- Über den Word-Generator lassen sich Daten für das Generieren von Informationen durchführen, auch auf der Basis von Daten, die vom Benutzer mit Start- und Stoppadressen vorgegeben werden. Die Datenworte lassen sich schrittweise oder kontinuierlich generieren.
- Mit dem Logikanalysator lassen sich bis zu 16 Kanäle erfassen, wobei der Logikpegel an der jeweiligen Cursorposition angezeigt wird.
- Mit dem Frequenzzähler kann man die Frequenz, Impulsbreite sowie Anstiegs- und Abfallzeiten messen. Es ist auch die Möglichkeit zur Gleich- oder Wechselspannungskopplung und zur Einstellung von Empfindlichkeit und Triggerpegel vorhanden.
- Der Logikkonverter ist kein reales Messgerät, sondern unterstützt das Arbeiten mit der booleschen Algebra erheblich.

2.1 Multimeter (Vielfachmessgerät)

Mit dem Multimeter (Vielfachmessgerät) kann man wählen zwischen Gleich- oder Wechselstrom, Gleich- oder Wechselspannung, Widerstand und Dämpfungsfaktor. Die Messung erfolgt immer zwischen zwei Punkten in einer Schaltung. Da das Multimeter eine automatische Messbereichsumschaltung besitzt, ist es nicht erforderlich, einen Messbereich anzugeben. Der Innenwiderstand und der Messstrom sind auf annähernd ideale Werte voreingestellt und können durch Klicken auf „Definieren" geändert werden. Abb. 2.1 zeigt eine Strom- und Spannungsmessung mit dem Multimeter.

https://doi.org/10.1515/9783110583670-002

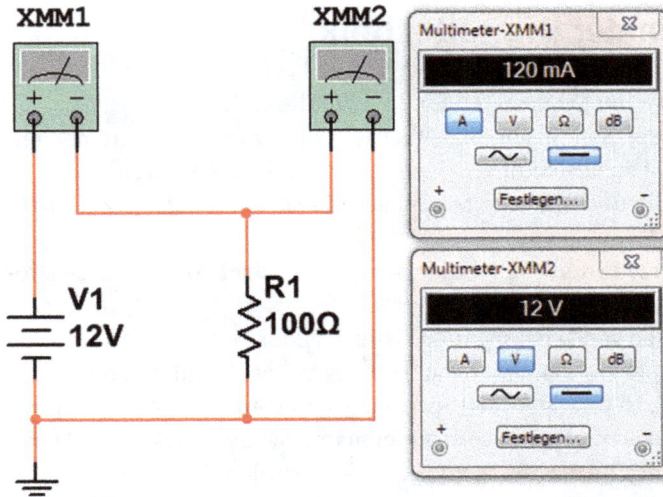

Abb. 2.1: Messschaltung mit Gleichspannungsquelle und Symbol mit Multimeter

Wenn man in der Leiste der Instrument-Bauteilbibliothek das Symbol für Multimeter anklickt, muss man das Symbol in die Arbeitsfläche ziehen. Das Symbol wird in der Arbeitsfläche positioniert und angeschlossen. Bevor man mit der Simulation beginnt, muss man das Symbol doppelklicken und es vergrößert sich. Danach wählt man aus den vier Messoptionen den passenden Einstellbereich aus. Man kann zwischen der Stromart, also AC (Alternating Current, Wechselstrom) oder DC (Direct Current, Gleichstrom) wählen. Möchte man die Einstellungen ändern, ist das „Definieren"-Fenster anzuklicken und dann die entsprechenden Einstellungen vorzunehmen.

A – Strommessung: Mit dieser Option wird der Strom durch die Schaltung an einem Knoten gemessen. Das Multimeter muss hierzu wie ein reales Amperemeter in Serie mit der Last geschaltet werden. Um den Strom an einem anderen Punkt in der Schaltung zu messen, muss man das Multimeter in Serie anschließen und die Schaltung erneut aktivieren. Beim Einsatz des Multimeters als Amperemeter ist dessen Innenwiderstand sehr klein. Mit der Schaltfläche „Definieren" kann man diesen Widerstandswert ändern. Hinweis: Um den Strom an mehreren Punkten in der Schaltung zu messen, fügt man mehrere (fast unbegrenzt) Amperemeter aus der Anzeigen-Bauteilbibliothek hinzu.

V – Spannungsmessung: Mit dieser Option lässt sich die Spannung zwischen zwei Punkten messen.

Man klickt auf „V" und schließt das Voltmeter parallel (Nebenschluss) zur Last an. Nachdem die Schaltung aktiviert wurde, kann man die Voltmeteranschlüsse beliebig verschieben, um die Spannung zwischen weiteren Punkten zu messen. Beim Einsatz des Multimeters als Voltmeter ist dessen Innenwiderstand sehr hoch. Man klickt auf Schaltfläche „Definieren", um diesen Widerstandswert zu ändern. Hinweis: Um die Spannung an mehreren Punkten in der Schaltung zu messen, fügen Sie mehrere (fast unbegrenzt) Voltmeter aus der Anzeigen-Bauteilbibliothek hinzu.

Um die Multimetereinstellungen anzuzeigen, klickt man auf Schaltfläche „Definieren" und man erhält Tabelle 2.1 mit Grundeinstellungen.

Tab. 2.1: Grundeinstellungen des Multimeters

Formelzeichen	Multimeter-Einstellungen	Standard	Wertebereich
R_A	Amperemeter Shunt-Widerstand	1 nΩ	pΩ bis Ω
R_V	Voltmeter Innenwiderstand	1 GΩ	Ω bis TΩ
I	Ohmmeter-Messstrom	0,01 μA	μA bis A
U	Dezibel-Standard	1 V	μV bis mV

Ω-Messung – Widerstandsmessung: Mit dieser Option lässt sich der Widerstand zwischen zwei Punkten messen. Die Messpunkte und alles was zwischen den Messpunkten liegt, wird als Netzwerk bezeichnet. Um ein genaues Messergebnis bei der Widerstandsmessung zu erzielen, stellt man sicher, dass sich
- keine Spannungs- oder Stromquelle im Netzwerk befindet,
- das Bauteil oder Netzwerk mit Masse verbunden ist,
- das Multimeter auf DC eingestellt ist,
- kein anderes Bauteil parallel mit dem zu messenden Bauteil oder Netzwerk geschaltet ist.

Das Ohmmeter erzeugt einen Messstrom von 1 mA. Man kann den Messstrom über die Schaltfläche „Definieren" ändern. Nachdem man das Ohmmeter an andere Messpunkte angeschlossen hat, muss man die Schaltung erneut aktivieren, um eine Anzeige mit dem aktualisierten Wert zu erhalten.

dB – Dezibelmessung: Mit dieser Option können Sie den Dämpfungsfaktor zwischen zwei Punkten in einer Schaltung messen. Die Standardbasis für die Dezibelmessung ist auf 0,774 V voreingestellt. Man kann diesen Wert über die Schaltfläche „Definieren" ändern.

Jedes Übertragungssystem stellt einen Vierpol dar, denn dieser besteht aus zwei Eingangs- und zwei Ausgangspolen. An den Eingangsklemmen wird die Leistung, Spannung und der Strom zugeführt, während man an den Ausgangsklemmen dann die Ausgangswerte abnimmt. Ist das Verhältnis Ausgang zu Eingang größer als 1, spricht man von einem aktiven Vierpol (Verstärkung), ist dieses Verhältnis aber kleiner als 1, hat man einen passiven Vierpol (Dämpfung). Die Angabe erfolgt in Dezibel (dB).

Stromart – AC oder DC: Mit der Sinus-Schaltfläche kann man die Effektivspannung oder den Effektivstrom eines Wechselspannungssignals messen. Die evtl. im Signal vorhandenen DC-Anteile werden unterdrückt, sodass nur der AC-Signalanteil gemessen wird. Mit der DC-Schaltfläche wird der Strom- oder Spannungswert eines DC-Signals gemessen. Hinweis: Um die Effektivspannung in einer Schaltung mit AC- und DC-Anteilen zu messen, schließt man ein AC-Voltmeter und zusätzlich ein DC-Voltmeter zwischen die zu messenden Knoten an.

Interne Multimeter-Definitionen: Ein Messgerät in einer Schaltung, das sich nicht auf die Schaltung auswirkt, wird als ideal bezeichnet. Ein ideales Voltmeter müsste einen unendlich großen Widerstand besitzen, sodass kein Strom hindurchfließt. Ein ideales Amperemeter besitzt keinen Widerstand. Da diese Eigenschaften in der Praxis nicht erreichbar sind, weichen alle Messergebnisse von den theoretischen bzw. rechnerischen Werten einer Schaltung ab.

Das Multimeter in Multisim ist wie ein reales Multimeter nahezu ideal. Die voreingestellten Multimeterwerte sind so weit an die Idealwerte unendlich bzw. null angenähert, dass die Software annähernd ideale Messergebnisse erzielt. Bei Sonderfällen können Sie das Messgeräteverhalten verändern, indem Sie die zur Modellierung des Multimeters verwendeten Werte ändern, aber die Werte müssen jedoch größer als 0 sein.

Es wird empfohlen, bei einer Spannungsmessung in einer Schaltung mit sehr großem Widerstand, den Voltmeter-Innenwiderstand zu erhöhen. Bei einer Strommessung in einer Schaltung mit sehr niedrigem Widerstand sollte der Amperemeter-Shunt-Widerstand noch weiter verkleinert werden. Hinweis: Ein sehr niedriger Amperemeter-Shunt-Widerstand in einer hochohmigen Schaltung kann zu mathematischen Rundungsfehlern führen.

2.2 Arbeiten mit Betriebsmessgeräten

Statt der zahlreichen Messgeräte kann man auch mit simulierten Betriebsmessgeräten arbeiten. Diese Messgeräte findet man unter dem Bibliotheksymbol „8" (Anzeigeelemente platzieren) und diese Messgeräte gelten für mehrere Darstellungen von Volt- und Amperemetern. Die Einstellmöglichkeiten sind beschränkt auf den Innenwiderstand bzw. Gleich- und Wechselspannung. Mit einem Doppelklick auf das Symbol des Messgerätes öffnet sich ein Einstellfenster für den Innenwiderstand und ein leeres Fenster. In diesem leeren Fenster kann man durch einen Klick auf den Pfeil das Unterfenster öffnen und zwischen Gleich- und Wechselspannung wählen.

In der Schaltung von Abb. 2.2 erfolgt die Strommessung mit zwei Betriebsmessgeräten und es sind auch Voltmeter in der Bibliothek vorhanden. Die Gleichspannung wird mittels der Batterie mit +5 V erzeugt und liegt über einen Umschalter an dem Betriebsmessgerät für die Messung des Eingangsstroms. Es fließt ein Eingangsstrom von $0,888\,\mu A$ in das NICHT-Gatter. Für das NICHT-Gatter ist bei der Simulation

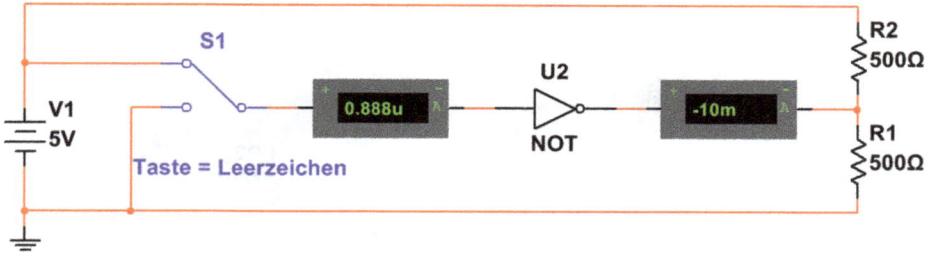

Abb. 2.2: Strommessungen mit Betriebsmessgeräten

Tab. 2.2: Ein- und Ausgangsbedingungen des NICHT-Gatters

Eingang	Ausgang
+5 V (1-Signal)	0 V (0-Signal)
0 V (0-Signal)	+5 V (1-Signal)

keine Betriebsspannung notwendig, denn die Anschlüsse von +5 V und 0 V erfolgen automatisch. Das NICHT-Gatter hat folgende Ein- und Ausgangsbedingungen, wie Tabelle 2.2 zeigt.

In der Schaltung von Abb. 2.2 fließt ein Strom von −10 mA aus dem NICHT-Gatter heraus.

Die Innenwiderstände des Volt- und Amperemeters lassen sich über das Einstellfenster ändern.

2.3 Arbeiten mit dynamischen Messköpfen

Man kann die Messköpfe an jeder Position platzieren, um die Schaltung mit sich dynamisch verändernden Spannungs- und Stromwerten zu beschriften. Abb. 2.3 zeigt die Messköpfe an einem NICHT-Gatter.

Der erste Messkopf TK1 misst die Eingangsspannung und es wird die Gleichspannung angezeigt. Hat man Wechselspannung, wird der Spitzen-Spitzen-Wert, der effektive Spannungswert und der Gleichspannungswert angezeigt. Der Messkopf zeigt auch die Frequenz an. Der zweite Messkopf TK2 misst den Eingangsstrom und es wird der Gleichstrom angezeigt. Hat man Wechselstrom, wird der Spitzen-Spitzen-Wert, der effektive Stromwert und der Gleichstromwert angezeigt. Der Messkopf zeigt auch die Frequenz an.

Der dritte Messkopf zeigt die Spannungs- und Stromwerte an.

Arbeitet man mit einem Messkopf, lassen sich die Schwellwerte vordefinieren und die Genauigkeit der Anzeige von Werten, die mithilfe der Messköpfe gemessen wurden, festlegen.

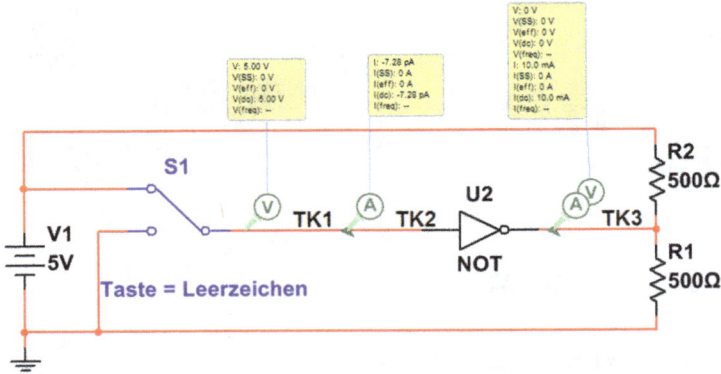

Abb. 2.3: Messköpfe an einem NICHT-Gatter

2.4 Messungen mit Wattmeter

Zum Messen von Leistung und Leistungsfaktor setzt man das Wattmeter ein.

Abb. 2.4 zeigt eine Schaltung zum Messen von Leistung und Leistungsfaktor. Das Wattmeter misst die Spannung und den Strom einer Schaltung und bildet das Produkt und den Leistungsfaktor „cos φ".

Mit einem Wattmeter kann man die Wirkleistung und den Leistungsfaktor (Power Factor) messen. Das Messinstrument zeigt eine Wirkleistung von $P = 16,5$ W und einen Leistungsfaktor von $\cos \varphi = 0,53$. Das Amperemeter hat einen Wert von $I = 1,29$ A. Es gilt für die Scheinleistung in VA (Volt-Ampere) und Wirkleistung P in W.

$$S = U \cdot I = 24\,\text{V} \cdot 1,29\,\text{A} = 31\,\text{VA}$$

$$P = U \cdot I \cdot \cos \varphi = 24\,\text{V} \cdot 1,29\,\text{A} \cdot 0,53 = 16,6\,\text{W} \,.$$

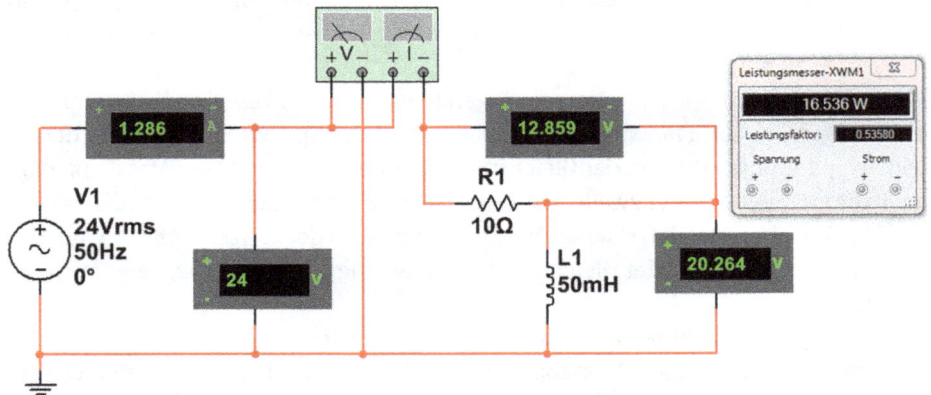

Abb. 2.4: Messen von Leistung und Leistungsfaktor einer RL-Schaltung

Da die Wirkleistung von $P = 16,6\,\text{W}$ und die Scheinleistung von $S = 31\,\text{VA}$ bekannt ist, kann man die Blindleistung Q in var (volt-ampere-reaktiv) berechnen aus

$$Q = \sqrt{S^2 - P^2} = \sqrt{(31\,\text{VA})^2 - (16,6\,\text{W})^2} = 26,2\,\text{var}\,.$$

Aus der Messung mit dem Volt- und Amperemeter und Wattmeter erhält man die Blindleistung. Durch eine Rechnung kommt man auf den Leistungsfaktor:

$$\cos\varphi = \frac{P}{S} = \frac{16,6\,\text{W}}{31\,\text{VA}} = 0,53 \quad \rightarrow \quad \varphi = 57,6°\,.$$

Man betreibt das Voltmeter parallel zur Last, indem man die Anschlüsse mit den Verbindungspunkten an beiden Seiten der zu messenden Last anschließt. Nachdem die Schaltung aktiviert wurde, wird deren Verhalten simuliert und das Voltmeter zeigt die Spannung der Messpunkte an. Das Voltmeter zeigt gegebenenfalls Zwischenwerte an, die bis zum Erreichen der konstanten Betriebsspannung auftreten. Wenn Sie das Voltmeter nach der Simulation verschieben, aktivieren Sie die Schaltung erneut, um eine Anzeige zu erhalten.

2.5 Messungen mit einem 2-Kanal-Oszilloskop

Ein Oszilloskop ist grundsätzlich ein spannungsempfindliches Messgerät, d. h. man kann nur Spannungen messen und keine Ströme bzw. Widerstände. Wenn man Ströme messen muss, so kann dies nicht direkt erfolgen, sondern nur über das Prinzip des Spannungsfalls. Bei der Schaltung von Abb. 2.5 ist die Wechselspannungsquelle nicht mit Masse verbunden, sondern mit der Spule und dem Widerstand.

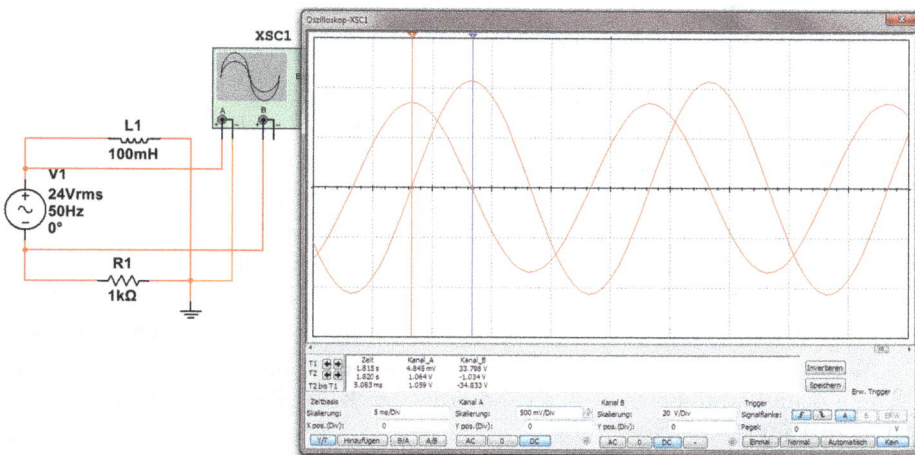

Abb. 2.5: Schaltung zur Messung der Blindleistung an einer Spule

Mit der Schaltung von Abb. 2.5 lässt sich die Phasenverschiebung an einer Spule messen. Bei dieser Schaltung ist die Wechselspannungsquelle nicht mit Masse verbunden, sondern mit der Spule und dem Widerstand. Der Anschluss der Spule ist mit dem A-Eingang des Oszilloskops und der Widerstand mit dem B-Eingang verbunden. Auf der anderen Seite werden Spule und Widerstand mit Masse verbunden.

Aus dem Diagramm des Oszilloskops erkennt man eine Phasenverschiebung von 90° und der Strom eilt der Spannung um 90° vor. Der Strom errechnet sich aus

$$I_C = \frac{2,2\,\text{Div} \cdot 20\,\text{V/Div}}{1\,\text{k}\Omega} = 44\,\text{mA} \ .$$

Hierbei handelt es sich nicht um den Effektivwert des Stroms, sondern um seinen Spitzen-Wert I_s. Es ergibt sich ein effektiver Strom von

$$I = \sqrt{2} \cdot 44\,\text{mA} = 30,8\,\text{mA} \ .$$

Die Blindleistung erhält man aus

$$Q_L = U \cdot I_L = 24\,\text{V} \cdot 30,8\,\text{mA} = 0,74\,\text{VA} \ .$$

Wenn man statt mit Y/T misst und auf die Schaltfläche B/A klickt, erscheint im Oszilloskop die Lissajous-Figur zur Bestimmung der Phasenverschiebung.

2.6 Messungen mit einem 4-Kanal-Oszilloskop

Mit einem 4-Kanal-Oszilloskop lassen sich vier unterschiedliche Spannungen messen. Es soll der Baustein 7490 untersucht werden und die Schaltung ist in Abb. 2.6 gezeigt.

Der Rechteckgenerator erzeugt eine TTL-Spannung (+5 V, 0 V) und diese liegt mit einer Frequenz von 1 kHz an dem Eingang INA. Der Eingang INB wird mit dem Ausgang Q_A verbunden.

Dieser Baustein 7490 enthält einen zweifachen (Eingang INA) und einen fünffachen (Eingang INB) Teiler. Insgesamt besteht der Baustein 7490 aus vier Flipflops, die intern derart verbunden sind, dass ein Zähler bis 2 und ein Zähler bis 5 entstehen.

Alle Flipflops besitzen eine gemeinsame Resetleitung, über die jederzeit der Zählerzustand gelöscht werden kann. Das Flipflop A ist intern nicht mit den übrigen Stufen verbunden, wodurch verschiedene Zählfolgen möglich sind:

a) Zählen bis 10: Hierfür wird der Ausgang C_A mit dem Takteingang „Clock B" verbunden. Die Eingangsspannung wird dem Anschluss „Clock A" zugeführt und die Ausgangsspannung an Q_D entnommen. Der Baustein zählt im Binärcode bis 9 und fällt beim 10. Impuls in den Zustand Null zurück. Die Pins 2, 3 und 6, 7 müssen hierbei auf Masse liegen.

b) Zählen bis 2 und Zählen bis 5: Hierbei wird das Flipflop A als Teiler 2 : 1, und die Flipflops B, 0 und D werden als Teiler 5 : 1 verwendet.

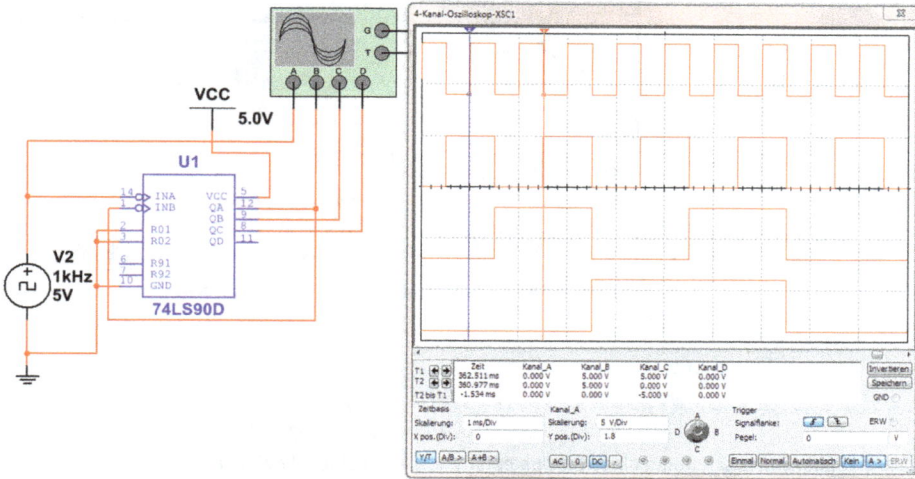

Abb. 2.6: TTL-Baustein 7490 am 4-Kanal-Oszilloskop

c) Symmetrischer biquinärer Teiler 10 : 1 : Q3 wird mit dem Eingang Clock A verbunden. Als Takteingang wird Clock B verwendet. Am Ausgang Q_0 ist dann eine symmetrische Rechteckspannung mit 1/10 der Eingangsfrequenz erhältlich.

Die Triggerung erfolgt immer an der negativen Flanke des Taktimpulses. Über die Anschlüsse $R_{9(A)}$ und $R_{9(B)}$ ist eine Voreinstellung auf 9 möglich.

2.7 Bitmustergenerator

Für die Untersuchung digitaler Schaltungen verwendet man einen Bitmustergenerator bzw. Erzeugung der digitalen Eingangssignale und für die Aufzeichnung einen Logikanalysator. Diese beiden Geräte zum Testen von digitalen Schaltungen erlauben einen systematischen und vollständigen Schaltungstest. Zunächst soll die Frage untersucht werden, worin der Vorteil durch den Einsatz eines Bitmustergenerators begründet liegt und warum ein Logikanalysator allein nicht immer schnell zum Ziel führt.

Mit einem Bitmustergenerator, den man häufig auch als Inhaltsgenerator bezeichnet, lassen sich logische Schaltungen dynamisch testen. Durch die selbstdefinierten Signalfolgen am Ausgang erhält die Logikschaltung eine Bitfolge.

Der Bitmustergenerator von Abb. 2.7 beruht auf sich wiederholenden Folgen von Signalwerten, die sich in einem geschlossenen Schieberegister speichern lassen. Der Inhalt wird schrittweise abgearbeitet. Das Ergebnis wird in einem kompletten Durchlauf gewählt oder kontinuierlich durch die Anzeige geschoben.

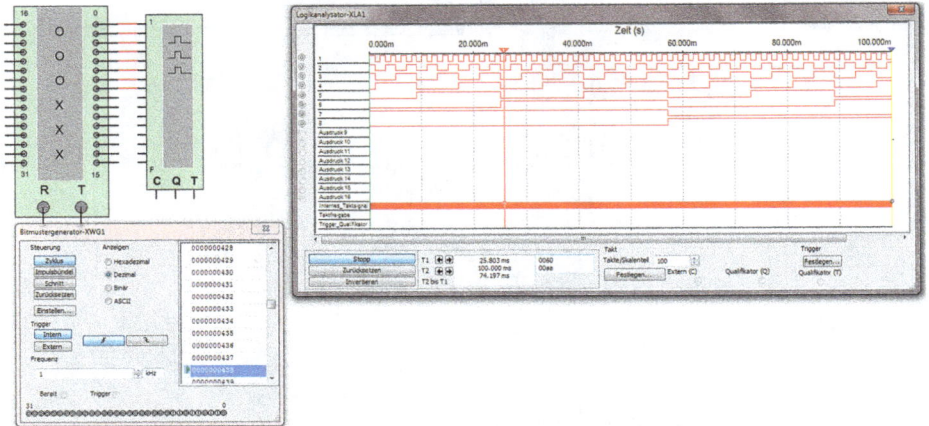

Abb. 2.7: Zusammenschaltung eines Bitmustergenerators mit einem Logikanalysator

Um ein Bitmuster einzugeben, positioniert man den Cursor in dem Eingabefeld des Bitmustergenerators und drückt kurzzeitig die linke Maustaste. Daraufhin erscheint ein Texteditor und über diesen kann man das gewünschte Bitmuster mittels Eingabe von „0" oder „1" festlegen.

Mit den drei Funktionsfeldern Zyklus, Impulsbündel und Schrift lassen sich folgende Funktionen durchführen: Durch Anklicken von Zyklus wird die Bitmustertabelle schrittweise ausgegeben. Über das Anklicken von Impulsbündeln wird der Inhalt der Bitmustertabelle einmal ausgegeben. Hierbei wird die gesamte Tabelle abgearbeitet und bleibt immer wieder an der Ausgangsposition stehen. Das Anklicken von Schrift bewirkt eine ständige, kontinuierliche Ausgabe der einzelnen Bitmuster. Diese endlose Ausgabeschleife lässt sich durch Anklicken des Simulationsschalters jederzeit unterbrechen.

Für die Triggermöglichkeiten sind vier Funktionen vorhanden. Der Trigger bestimmt,

– zu welchem Zeitpunkt der Bitmustergenerator das Bitmuster bzw. das Taktsignal an seinen Ausgängen zur Verfügung stellt. Das Triggersignal kann intern oder durch ein externes Signal (z. B. aus der Schaltung) erzeugt werden. Ein Triggerstart kann entweder durch die aufsteigende (positive) oder abfallende (negative) Flanke des Triggersignals erfolgen.

Mit dem Bitmustergenerator (Wortgenerator) lassen sich Binärwörter (Bitmuster) erzeugen und die zu testende Schaltung am Eingang betreiben. In Abb. 2.7 sind die Einstellungen für die Steuerung und Anzeigeformate des Bitmustergenerators gezeigt. Für die Bitmustereinstellungen kann man zwischen hexadezimal, dezimal, binär und ASCII-Format wählen.

Bei der Eingabe unterscheidet man zwischen:
- Eingabe von hexadezimalen Bitmustern: Links im Dialogfeld des Bitmustergenerators werden Zeilen mit 4-Zeichen-Hexadezimalzahlen angezeigt. Die Werte der 4-Zeichen-Hexadezimalzahlen liegen im Bereich von 0000 bis FFFF FFFF (0 bis $\approx 4,3 \cdot 10^9$ in Dezimalwerten). Jede Zeile repräsentiert ein binäres 32-Bit-Wort. Nach der Aktivierung des Generators wird eine Bitzeile parallel an den entsprechenden Ausgang am unteren Generatorrand ausgegeben.
- Eingabe von dezimalen Bitmustern: Die Zählfolge ist das dezimale Zahlensystem von 0 bis 9.
- Eingabe von binären Bitmustern: Die Zählfolge ist das binäre Zahlensystem mit 0- und 1-Signalen.
- Eingabe von ASCII-Bitmustern: Die Zählfolge sind ASCII-Zeichen (American Standard Code for Information Interchange).

Klickt man in dem Steuerung-Anzeigen-Feld den Balken „Definieren" an, erscheint ein Fenster für die Einstellungen, wie Abb. 2.8 zeigt.

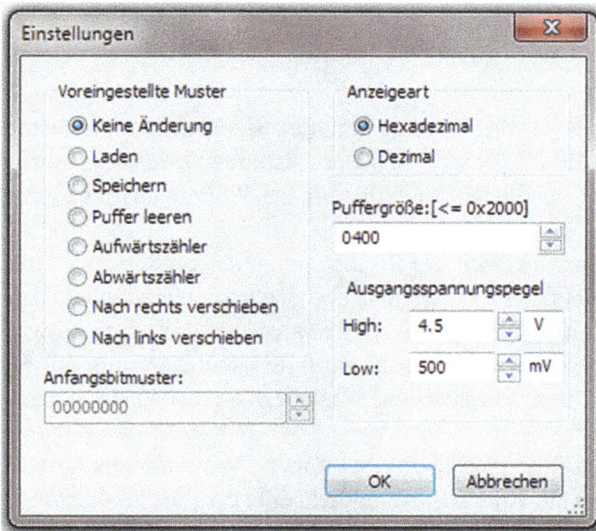

Abb. 2.8: Einstellungen des Bitmustergenerators

Mit diesem Dialogfeld speichert man in den Bitmustergenerator eingegebene Bitmuster in einer Datei und laden die vorher gespeicherten Bitmuster. Mit diesem Dialogfeld kann man auch nützliche Muster erzeugen oder die Anzeige löschen, wie Abb. 2.8 zeigt.

Aus dem Fenster lassen sich vier vorgefertigte und ein Bitmuster abrufen bzw. erstellen:

- Löschen des Bitmusterpuffers (ändert alle Bitmuster auf 0000)
- Öffnen (öffnet gespeicherte Bitmuster)
- Speichern (speichert das aktuelle Bitmuster)
- Aufwärtszähler
- Abwärtszähler
- Schieberegister/rechts
- Schieberegister/links

Wichtig ist die Anzeigenart und man kann zwischen hexadezimal und dezimal wählen. Die Größe des Pufferspeichers ist auf 400 Speicherplätze eingestellt und der Speicher lässt sich erweitern. Nach Beendigung der Einstellungen klickt man auf „Akzeptieren" und die Einstellungen werden gespeichert.

Die Größe des Pufferspeichers ist auf die Speicherkapazität von 400 eingestellt und die maximale Größe ist 2000.

2.8 Logikanalysator

Der Logikanalysator zeigt die Pegel von bis zu 16 digitalen Signalen in einer Schaltung an. Er wird zur schnellen Erfassung von logischen Zuständen und zur erweiterten Zeitsteueranalyse eingesetzt und bietet Unterstützung bei der Entwicklung großer Systeme und der Fehlersuche.

Die 16 Anschlüsse an der linken Seite des Symbols entsprechen den Anschlüssen und Zeilen im Instrumentenfenster. Die Befehlsleiste ist entsprechend in Funktionen unterteilt. Links wird die Aufzeichnung des Logikanalysators gestoppt und wieder gestartet. Durch Anklicken von „Zurücksetzen" wird der Logikanalysator auf die Anfangsbedingungen gesetzt. Unter „Vertauschen" versteht man, ob das Messfenster hell oder dunkel dargestellt wird.

Der Logikanalysator verfügt über zwei Cursors T1 und T2. Man kann die Cursors mit der Maus verschieben, wenn man diese direkt anklickt oder über die Pfeiltasten T1 und T2 freigibt. Rechts davon ist die Anzeige über die zeitliche Positionierung. Unten wird die Differenz T2 bis T1 gebildet.

Über den Takt stellt man die Signaleinstellungen ein, wenn man „Definieren" anklickt. Es erscheint das Einstellfenster von Abb. 2.9.

Zuerst muss man zwischen der externen und internen Signalquelle unterscheiden. Beim Messen arbeitet man mit der internen Taktsignalquelle. Wird eine logische Schaltung mit digitalen Bausteinen bei einer Taktfrequenz von 1 MHz getestet, muss

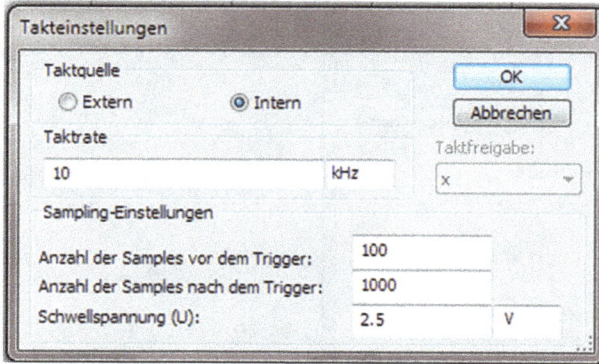

Abb. 2.9: Einstellungen für das Taktsignal

der Logikanalysator auf einen internen Takt von mindestens 2 MHz eingestellt werden. In der Regel verwendet man das 10-fache, also 10 kHz. Wenn man eine Schaltung testet und es erscheinen keine Kurven im Bildschirm des Logikanalysators, ist die interne Taktrate nicht richtig eingestellt.

Anschließend wird die Vor- und Nachtriggerung festgelegt. Nach der Aktivierung zeichnet der Logikanalysator die Eingangssignalwerte an den Anschlüssen auf. Wenn das Triggersignal erkannt wird, zeigt der Logikanalysator die Pre- und Post-Triggerdaten (Vor- und Nachtriggerung) an. Mit der Definition der Spannung bestimmt man den Triggerwert. Zum Schluss muss der Balken „Akzeptieren" angeklickt werden und das Einstellfenster wird verlassen.

Wird eine logische Schaltung bei einer Taktfrequenz von 1 kHz getestet, muss der Logikanalysator auf einen internen Takt von mindestens 2 kHz eingestellt werden. In der Regel verwendet man das 10-fache, also 10 kHz. Durch das Taktsignal im Skalenteil kann man die Darstellung auf dem Bildschirm beeinflussen und je höher der Wert, umso mehr Messsignale erscheinen.

Ganz rechts im Bildschirm wird die Triggerung definiert. Wenn man den Balken „Definieren" anklickt, erscheint das Fester für die Triggereinstellungen, wie Abb. 2.10 zeigt. Der Logikanalysator wird mit der positiven, negativen und mit beiden Taktsignalen getriggert.

Die Triggersignalmuster sind in drei Abschnitte unterteilt:

– Klicken Sie in das Feld A, B oder C und geben Sie ein binäres Wort ein. Ein „X" bedeutet entweder 1 oder 0.
– Klicken Sie in das Feld „Trigger-Kombinationen" und wählen Sie aus den acht Kombinationen.
– Klicken Sie auf „Akzeptieren".

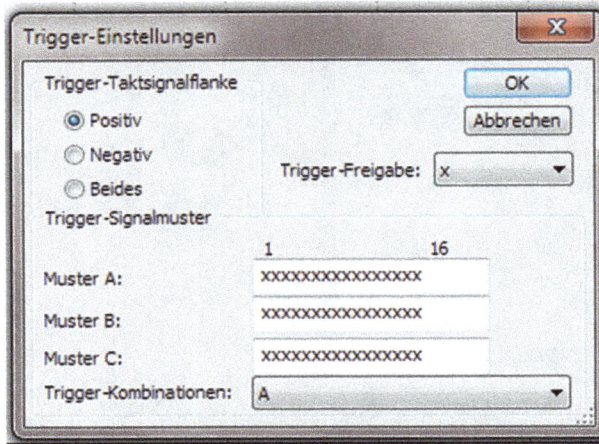

Abb. 2.10: Triggereinstellungen im simulierten Logikanalysator

Die folgenden acht Trigger-Kombinationen, die Sie über das Einstellfenster wählen können, stehen Ihnen zur Verfügung:

A

A OR B

A OR B OR C

A THEN B

(A OR B) THEN C

A THEN (B OR C)

A THEN B THEN C

A THEN (B WITHOUT C)

Der Triggerkennzeichner ist ein Eingangssignal, das das Triggersignal filtert. Ein auf X eingestellter Kennzeichner ist deaktiviert, und das Triggersignal bestimmt, wann der Logikanalysator getriggert wird. Bei den Definitionen 1 oder 0 wird der Logikanalysator nur getriggert, wenn das Triggersignal mit dem gewählten Triggerkennzeichner übereinstimmt.

Der Baustein 7490 besteht aus vier Flipflops, die intern derart verbunden sind, dass ein Zähler bis 2 und ein Zähler bis 5 entstehen. Alle Flipflops besitzen eine gemeinsame Resetleitung, über die sie jederzeit gelöscht werden können. Das Flipflop A ist intern nicht mit den übrigen Stufen verbunden, wodurch verschiedene Zählfolgen möglich sind:

– Zählen bis 10: Hierfür wird der Ausgang Q_A mit dem Takteingang INB verbunden. Die Eingangsspannung wird dem Anschluss INA zugeführt und die Ausgangsspannung an Q_D entnommen. Der Baustein zählt im Binärcode bis 9 und setzt sich beim 10. Impuls auf den Zustand Null zurück. Die Pins 2, 3 und 6, 7 müssen hierbei auf Masse liegen.

– Zählen bis 2 und Zählen bis 5: Hierbei wird das Flipflop A als Teiler 2 : 1, und die Flipflops B, C und D werden als Teiler 5 : 1 verwendet.

Die Triggerung erfolgt immer an der negativen Flanke des Taktimpulses. Über die Anschlüsse $R_{9(A)}$ und $R_{9(B)}$ ist eine Voreinstellung auf 9 möglich.

Abb. 2.11 zeigt den TTL-Baustein 7490 als Dezimalzähler mit dem Logikanalysator.

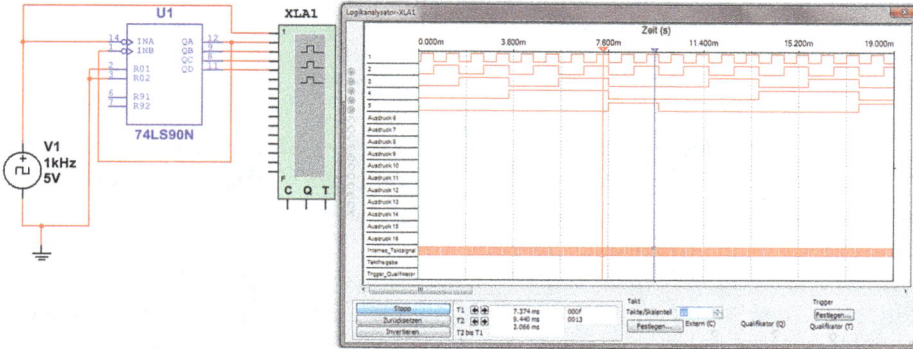

Abb. 2.11: Dezimalzähler 7490 mit Logikanalysator

Der Taktgenerator erzeugt eine Spannung mit 5 V/1 kHz. Diese Spannung liegt an dem Eingang 1NA und ist mit dem Kanal 1 vom Logikanalysator verbunden. Der Ausgang Q_A des Dezimalzählers wird an den Kanal 3 und an den Eingang INB angeschlossen. Die Ausgänge Q_C und Q_D sind ebenfalls mit dem Logikanalysator verbunden. In der ersten Zeile erscheint im Logikanalysator das Taktsignal und dann wurde als Abstand zu den Ausgängen des Dezimalzählers eine Zeile freigelassen. Anschließend folgen die vier Ausgänge des 7490. Man erkennt aus dem Impulsdiagramm die Zählweise. Der Ausgang Q_A hat die Wertigkeit von 2^0, Q_B ist 2^1, Q_C entspricht 2^2 und Q_D ist 2^3.

2.9 Frequenzzähler

Ein Frequenzzähler dient zum Messen von Frequenz, Periode, Impulsbreite sowie Anstiegs- und Abfallzeiten. Der Frequenzzähler verfügt über die Möglichkeit zur Gleich- oder Wechselspannungskopplung und zur Einstellung von Empfindlichkeit und Triggerpegel.

Mit dem Frequenzmessgerät kann man die Frequenz bestimmen, wie der Versuchsaufbau in Abb. 2.12 zeigt. Mit dem Frequenzzähler lassen sich auch die Periodendauer, die Impulsbreite und die Anstiegs-/Abfallzeit erfassen und messen.

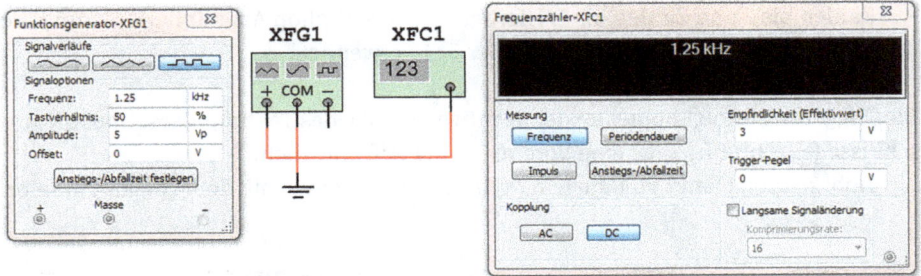

Abb. 2.12: Frequenzzähler an einer rechteckförmigen Spannung

Der Funktionsgenerator ist auf eine rechteckförmige Spannung mit 5 V und eine Frequenz von 1,25 kHz eingestellt. Der Funktionsgenerator wird mit dem Frequenzzähler verbunden. Startet man die Messung, erscheint nach wenigen Millisekunden der Frequenzwert in der Anzeige. Wichtig ist die Einstellung der „Sensitivity", die etwas geringer eingestellt werden muss als die Eingangsspannung. Mit „Trigger Level" wird der Schwellwert bestimmt, bei dem das Messgerät ansprechen soll. Mit den beiden Schaltflächen „AC" und „DC" kann man zwischen einer Wechsel- und Gleichspannungsmessung wählen.

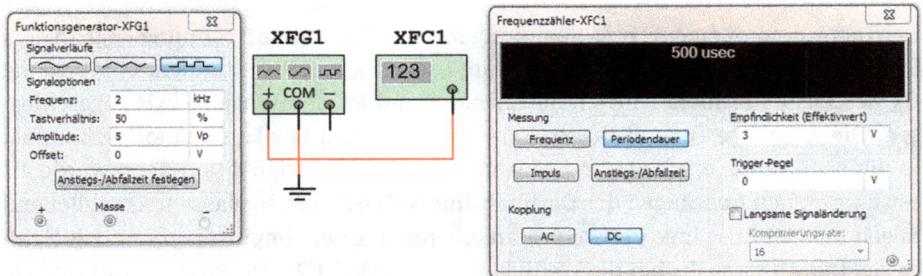

Abb. 2.13: Frequenzzähler an einer rechteckförmigen Spannung

Der Funktionsgenerator wird auf eine Frequenz von 2 kHz und einem Tastverhältnis von 50 % eingestellt, wie Abb. 2.13 zeigt. Der Frequenzzähler wird auf die Funktion „Periodendauer" eingestellt. Die Impulsdauer berechnet sich aus

$$T = \frac{1}{f} = \frac{1}{2\,\text{kHz}} = 500\,\mu\text{s} \, .$$

Die Impuls- und Periodendauer ist 500 µs lang, wobei das Tastverhältnis nicht berücksichtigt werden muss, denn es gilt:

$$T = t_i + t_p = 250\,\mu s + 250\,\mu s = 500\,\mu s\,.$$

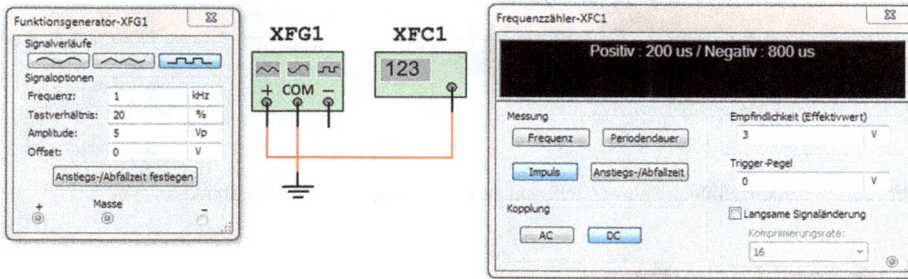

Abb. 2.14: Frequenzzähler an einer Rechteckspannung mit einem Tastverhältnis von 20 %

Der Funktionsgenerator in Abb. 2.14 wird auf eine Frequenz von 1 kHz und einem Tastverhältnis von 20 % eingestellt. Der Frequenzzähler soll sich auf der Funktion „Impulse" befinden, d. h. es werden Impulsdauer und Impulspause gemessen. Die Berechnung lautet:

$$T = \frac{1}{f} = \frac{1}{1\,\text{kHz}} = 1\,\text{ms}$$

$$T = t_i + t_p = 200\,\mu s + 800\,\mu s = 1000\,\mu s = 1\,\text{ms}$$

$$f = \frac{1}{T} = \frac{1}{1\,\text{ms}} = 1\,\text{kHz}\,.$$

Messung und Berechnung sind identisch.

Mit dem Schaltfeld „Rise/Fall" (Anstiegs- und Abfallzeit) lässt sich die Anstiegs- und Abfallzeit eines Impulses messen. Die Anzeige wechselt zwischen „Rise" und „Fall". Die Impulsflanken lassen sich in dem Funktionsgenerator durch das Schaltfeld „Set Rise/Fall Time" ändern.

In Abb. 2.15 wurden die Anstiegs- und Abfallzeiten der Taktflanken geändert. Beide Flanken sind auf 10 µs eingestellt und das Messgerät zeigt 8 µs an. Die Taktflanken werden zwischen 10 % und 90 % der Anstiegs- und Abfallzeiten erfasst.

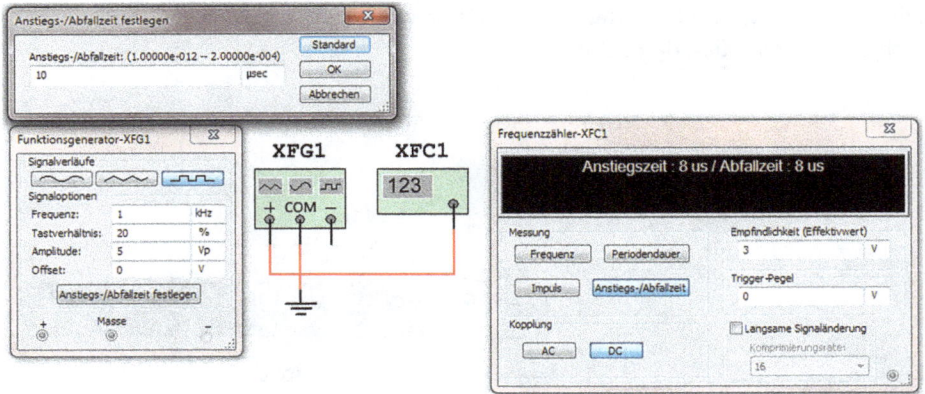

Abb. 2.15: Frequenzzähler an einer Rechteckspannung mit geänderten Taktflanken

2.10 Logikkonverter

Mit dem Logikkonverter können die einzelnen Darstellungsformen einer Schaltung untereinander konvertiert werden. Der Logikkonverter besitzt keine Entsprechung als reales Instrument.

Mit dem Logikkonverter kann eine Wahrheitstabelle oder ein boolescher Ausdruck aus einem Schaltplan abgeleitet werden. Umgekehrt kann der Logikkonverter eine Wahrheitstabelle oder einen booleschen Ausdruck in eine Schaltung umsetzen. Abb. 2.16 zeigt das Symbol und auf das Symbol ist zweimal zu klicken und es öffnet sich ein Fenster mit den Umwandlungsbedingungen.

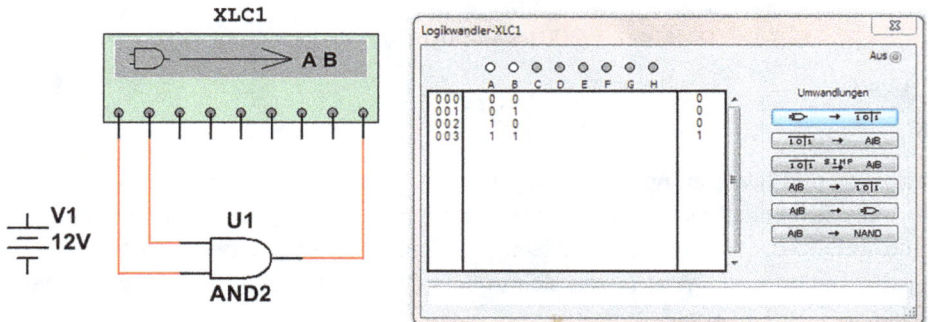

Abb. 2.16: Symbol und geöffnetes Fenster für ein UND-Gatter mit zwei Eingängen

Für den Betrieb des Logikkonverters benötigt man eine separate Gleichspannungsquelle von z. B. +12 V. Wie man in dem Symbol erkennt, wird das UND-Gatter an den zwei linken Eingängen (A und B) angeschlossen. Der Ausgang des UND-Gatters wird an den rechten Anschluss angeschlossen. Startet man den Logikkonverter, erscheint automatisch die Zählung von 0 bis 3, da zwei Eingänge vorhanden sind. Die Wahrheitstabelle wird ebenfalls automatisch erstellt und in der rechten Spalte sind die acht Ausgangsbedingungen gezeigt. Da ein UND-Gatter mit drei Eingängen nur erfüllt ist, wenn alle drei Eingänge ein 1-Signal aufweisen, ist nur dann in der letzten Zeile die UND-Bedingung erfüllt. Es gilt:

$$X = AB \quad \text{oder} \quad X = A \cdot B \quad \text{oder} \quad X = A \wedge B$$

1. So wandelt man eine Schaltung in eine Wahrheitstabelle um:
- Die Eingangsanschlüsse des Logikkonverters mit bis zu acht Eingangspunkten in der Schaltung sind zu verbinden.
- Den einzigen Ausgang der Schaltung mit dem Ausgangsanschluss verbindet man mit dem Logikkonvertersymbol.
- Auf die Schaltfläche „Schaltung in Wahrheitstabelle" klicken, wenn man die Wahrheitstabelle im Logikkonverter erzeugen will.

- Die Wahrheitstabelle für die Schaltung erscheint in der Anzeige des Logikkonverters.

2. Eingabe und Umwandlung einer Wahrheitstabelle. So erstellt man eine Wahrheitstabelle:
- Man klickt auf die gewünschte Eingangskanalanzahl (von A bis H) oben im Logikkonverterfenster. Der Anzeigebereich unterhalb der Anschlüsse wird mit den erforderlichen Kombinationen von Einsen und Nullen aufgefüllt, um die Eingangsbedingungen zu erfüllen. Die Werte in der Ausgangsspalte auf der rechten Seite sind anfangs auf 0 eingestellt.
- Man bearbeitet die Ausgangsspalte, um den gewünschten Ausgangswert für alle Eingangsbedingungen anzugeben. Um einen Ausgangswert zu ändern, markiert man diesen und gibt einen neuen Wert ein: 1, 0 oder X. (X zeigt an, dass sowohl 1 als auch 0 zulässig ist).
- Um eine Wahrheitstabelle in einen booleschen Ausdruck umzuwandeln, klickt man auf Schaltfläche „Wahrheitstabelle in booleschen Ausdruck".

- Der boolesche Ausdruck wird unten im Logikkonverter angezeigt.

Um eine Wahrheitstabelle in einen vereinfachten booleschen Ausdruck umzuwandeln oder einen vorhandenen booleschen Ausdruck zu vereinfachen, klickt man auf Schaltfläche „Vereinfachen". Die Ausdrücke werden mit der Quine-McCluskey-Methode vereinfacht, und nicht mit der bekannteren Karnaugh-Methode. Ein Karnaugh-Diagramm eignet sich nur für wenige Variable und erfordert eine Entscheidung über den sinnvollsten Ansatz für die Zusammenfassung. Das Quine-McCluskey-Verfahren ist dagegen für beliebig viele Variable anwendbar, jedoch ungeeignet für die Berechnung von Hand.

Hinweis: Das Vereinfachungsverfahren für boolesche Ausdrücke ist sehr speicherintensiv. Wenn nicht genügend freier Arbeitsspeicher verfügbar ist, kann Multisim die Vereinfachung nicht ausführen.

3. Eingabe und Umwandlung eines booleschen Ausdrucks: Ein boolescher Ausdruck kann in das Feld unten im Logikkonverterfenster eingegeben werden. Dazu können die Summenproduktnotation oder die Produktsummennotation verwendet werden.
– Um einen booleschen Ausdruck in eine Wahrheitstabelle zu konvertieren, klickt man auf die Schaltfläche „boolescher Ausdruck in Wahrheitstabelle".

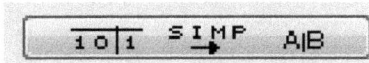

– Um einen booleschen Ausdruck in eine Schaltung zu konvertieren, klickt man auf die Schaltfläche „boolescher Ausdruck in Schaltung".

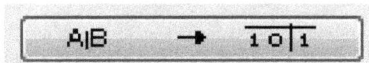

4. Die Logikgatter, die den booleschen Ausdruck erfüllen, erscheinen daraufhin im Schaltungsfenster. Die Gatter sind bereits markiert, sodass Sie diese an einen anderen Ort im Schaltungsfenster verschieben oder in ein Makro ablegen können. Man kann die Markierung aufheben, indem man auf eine freie Stelle im Schaltungsfenster klickt.

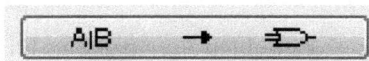

– Um den booleschen Ausdruck in eine Schaltung umzuwandeln, die ausschließlich aus NAND-Gattern aufgebaut ist, klickt man auf die Schaltfläche „boolescher Ausdruck in NAND".

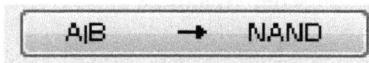

Der Logikkonverter arbeitet nach Verfahren von Quine und McCluskey.

Dieses Verfahren zur systematischen Vereinfachung von Schalttermen ist benannt nach den amerikanischen Mathematikern Quine und McCluskey. Als algorithmisches Verfahren ist das Quine-McCluskey-Verfahren auf dem Papier umständlich durchzuführen, führt dafür aber sicher zu einer Minimalform des Schaltterms, und kann, das ist das Wesentliche, zur Ausführung auf Rechnern programmiert werden.

3 Schaltalgebra

Die Schaltalgebra basiert auf der Aussagenlogik und wurde 1938 von dem Mathematiker C. E. Shannon entwickelt. Die Schaltalgebra verfügt über Schaltelemente, die entweder offen sind, d. h. den Schaltwert 0 haben, sodass kein Strom fließt, oder geschlossen sind, also den Schaltwert 1 besitzen, sodass Strom fließt, innerhalb von Schaltungen oder Schaltnetzen. Mechanische und elektronische Schalter erhalten ihre besondere Bedeutung dadurch, dass sie von außen her beeinflussbar sind. Sie reagieren auf binäre Signale, die sie in elektrische Zustände von 0- oder 1-Signale umsetzen.

Die Schaltalgebra kennt nur die Rechenoperationen (boolesche Operationen) Negation, Addition und Multiplikation. In der Aussagenlogik wurden diese Rechenoperationen als Verknüpfungen bezeichnet. Alle anderen Rechenoperationen werden auf diese drei Rechenoperationen zurückgeführt. Die Wahrheitstafeln für die Rechenoperationen der Schaltalgebra und die Verknüpfungen der Aussagenlogik stimmen überein, wenn man für „wahr" das 1-Signal oder H-Pegel (High) und für „falsch" das 0-Signal oder L-Pegel (Low) einsetzt.

Für die Schaltalgebra und den in diesem Buch betrachteten Bereich der Aussagenlogik gelten die gleichen Regeln und Gesetze. Die Aussagenlogik ist allerdings umfassender als die Schaltalgebra. Aus diesem Grund ist die Aussagenlogik nur auf digitale Steuerungen und PC-Technik beschränkt, da wie gesagt, sie die Grundlage für die Schaltalgebra bildet.

Nach den Algorithmen der booleschen Algebra kann man nun technische Rechenanlagen aus Schaltern mit zwei Zuständen bauen. Und nach den Algorithmen der mathematischen Logik kann man Programme in binärem Code schreiben, nach denen die Schaltungen Daten verknüpfen.

Konrad Zuse, 1910 in Berlin geboren, konstruierte auf der Basis von binär arbeitender Hardware und binär formulierter Software in den dreißiger Jahren die erste programmgesteuerte Rechenanlage. Als Schalter verwendete er Relais. 1941 ging dieser elektromechanische Computer unter der Bezeichnung „Z 3" in Betrieb.

Die Grundbausteine, aus denen nachrichtenverarbeitende Maschinen aufgebaut sind, sind relativ einfach und leicht zu verstehen, es sind mechanische und elektronische Schalter, die entsprechend verknüpft werden müssen. Die Kompliziertheit entsteht jedoch durch die große Zahl, in der sie Verwendung finden, und die große Vielfalt, in der sie zusammenwirken. Am Anfang der Entwicklung der Rechenmaschinentechnik waren diese Grundbausteine elektromechanische Schalter (Relais), heute sind es elektronische Schalter (Transistoren, integrierte Schaltkreise in TTL- oder CMOS-Technik oder hochintegrierte Digitalschaltungen). Werden mehrere Schalter miteinander verbunden, so entsteht ein Schaltnetz. Das Zusammenwirken dieser Schaltnetze wird durch einen mathematischen Formalismus wiedergegeben,

https://doi.org/10.1515/9783110583670-003

durch die Schaltalgebra. Durch Anwendung fester Regeln kann man für bestimmte Funktionen technische Realisierungen finden.

3.1 Darstellungsarten der booleschen Funktionen

Im Folgenden sollen die in der Aussagenlogik und in der Schaltalgebra benutzten Begriffe gegenübergestellt werden:

Aussagenlogik: Der Zusammenhang zwischen Aussagenvariablen und aussagenlogischen Konstanten lässt sich auf verschiedene Arten zum Ausdruck bringen.

Funktionsterme: Als Verknüpfungszeichen (Junktoren) in Funktionstermen (aussagenlogische Verknüpfungen) werden benutzt:
a) Negation (NICHT) $\overline{p}$ oder $\neg p$
b) Konjunktion (UND) $p \wedge q$ oder $p \cdot q$
c) Disjunktion (ODER) $p \vee q$ oder $p + q$

Es gibt die beiden aussagenlogischen Konstanten:
a) immer wahr   w oder 1
b) immer falsch   f oder 0

Wahrheitswertetafeln (Wahrheitstafeln, Wertetafeln, Funktionstabellen)

Mengendiagramme
a) Venn-Diagramm
b) Karnaugh-Diagramm

3.1.1 Schaltterme

Der Zusammenhang zwischen den Schaltwerten 0 und 1 der einzelnen Schaltwertvariablen und dem Schaltungszustand als Ergebnis des Zusammenwirkens der Schaltwerte kann auf verschiedene Arten dargestellt werden:

Schaltterme: Der Schaltterm, wie z. B. $f(s_1, s_2, s_3) = s_1 \cdot \overline{s}_2 + s_1 \cdot s_3 + s_2 \cdot \overline{s}_3$, beschreibt die der Schaltung zugeordnete algebraische Verknüpfung der Schaltwertvariablen $s_1 \ldots s_n$. Er bestimmt die Schaltfunktion $f(s_1, s_2, s_3)$, d. h. wo in der Schaltwerttafel als Ergebnis der Verknüpfung 0 oder 1 stehen. Die Schalter bezeichnet man in der Schaltalgebra mit S_1, S_2, S_3. Die Schaltwertvariablen, die zwei Schaltungszustände annehmen können, bezeichnet man üblicherweise mit s_1, s_2, s_3. Ganz so streng hält man sich hier jedoch nicht an diese Sprachregelung. Schaltalgebraische Junktoren sind:
a) Negation (NICHT) $\overline{p}$ oder p'
b) Konjunktion (UND) $p \cdot q$
c) Disjunktion (ODER) $p + q$

Schaltwerte für die Schaltwertvariablen sind:

$$0 = \text{es fließt kein Strom} \quad 0 = \text{keine Spannung}$$
$$1 = \text{es fließt Strom} \quad 1 = \text{Spannung}.$$

Als Schaltwertkonstanten bedeuten:

$$0 = \text{Schalter immer offen} = \text{es fließt kein Strom}$$
$$1 = \text{Schalter immer geschlossen} = \text{es fließt immer Strom}.$$

Rechenregeln:

Negation:

$$\overline{1} = 0 \quad \text{(gelesen 1 quer oder 1 nicht)}$$
$$\overline{0} = 1$$
$$\overline{\overline{1}} = 1$$
$$\overline{\overline{0}} = 0.$$

Addition: Sie entspricht der Disjunktion (ODER) in der Aussagenlogik

$$0 + 0 = 0$$
$$0 + 1 = 1$$
$$1 + 0 = 1$$
$$1 + 1 = 1.$$

Multiplikation: Sie entspricht der Konjunktion (UND) in der Aussagenlogik

$$0 \cdot 0 = 0$$
$$0 \cdot 1 = 0$$
$$1 \cdot 0 = 0$$
$$1 \cdot 1 = 1.$$

Schaltwerttafel (Schaltbelegungstabelle, Funktionstabelle, Funktionstafel): In einer Zuordnungstabelle werden die von den Schaltwerten abhängigen Schaltungszustände übersichtlich dargestellt, wie folgendes Beispiel zeigt:

S_1	S_2	S_3	$f(S_1, S_2, S_3)$
0	0	0	0
0	0	1	0
0	1	0	0
0	1	1	1
1	0	0	0
1	0	1	1
1	1	0	1
1	1	1	0

3.1.2 Schaltnetz und Schaltsymbole

Ein Schaltnetz ist die Darstellung einer oder auch mehrerer boolescher Funktionen durch verkettete Schaltsymbole. Einfach ausgedrückt kann man auch sagen, ein Schaltnetz besteht aus einem oder mehreren Schaltern, die im Zusammenwirken eine bestimme Aufgabe erfüllen.

Das Schaltnetz hat im Allgemeinen mehrere Eingänge und einen oder mehrere Ausgänge. Die Verknüpfungen der Schalter innerhalb des Schaltnetzes können mehrstufig, dürfen aber nicht rückgekoppelt sein. Welche Aufgaben ein Schaltnetz erfüllt, kann man ohne nähere Erläuterungen nicht sehen. Abb. 3.1 zeigt ein Beispiel für ein Schaltnetz.

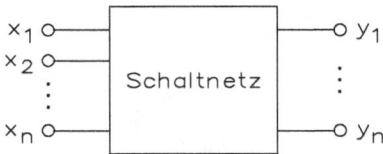

Abb. 3.1: Beispiel für ein Schaltnetz

Ein Schaltnetz wird näher beschrieben durch ein Schaltbild. Es veranschaulicht den Schaltungstyp und die Anordnung der einzelnen Schaltstationen. Es gibt zwei Arten von Schaltbildern, wie Abb. 3.1 und Abb. 3.2 zeigen.

Leitungsschaltbild (Netzschaltbild, Kontaktschaltbild, Kontaktskizze): Man verwendet Verbindungslinien zwischen den Schaltern und den Schaltsymbolen.

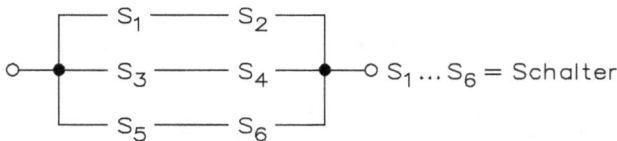

Abb. 3.2: Beispiel für ein Netzschaltbild

Es gibt zwei Arten von Grundschaltungen, wie Abb. 3.3 zeigt.

Bei der Serienschaltung leuchtet die Glühbirne nur dann auf, wenn die Schalter S_1 und S_2 geschlossen sind. Deshalb entspricht die Serienschaltung auch der Darstellung der Konjunktion (UND) in der Aussagenlogik, weil nämlich beide bzw. alle Bedingungen zugleich erfüllt sein müssen.

Bei der Parallelschaltung leuchtet die Glühbirne dann auf, wenn einer der beiden Schalter S_1 oder S_2 oder aber auch beide geschlossen sind. Deshalb entspricht die Parallelschaltung auch der Darstellung der Disjunktion (ODER) in der Aussagenlogik, wenn nämlich eine oder die andere oder beide Bedingungen erfüllt sein können.

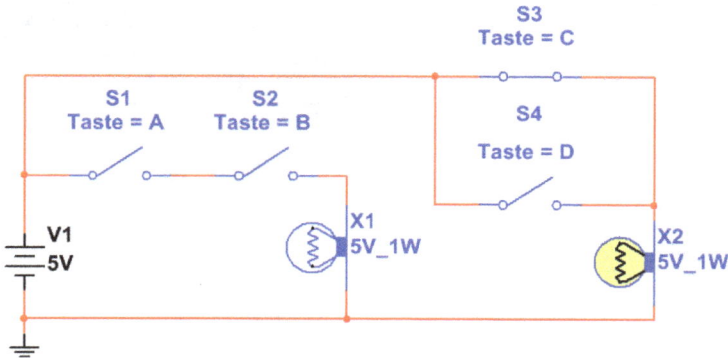

Abb. 3.3: Serienschaltung oder Reihenschaltung (UND) und Parallelschaltung (ODER)

Gatterdarstellung oder Funktionsschaltbild: Bei dieser Form des Schaltbildes werden durch Schaltsymbole die Verknüpfung der Schaltwerte und der sich daraus ergebende Schaltungszustand dargestellt.

Während bei den Netzschaltbildern die Verbindungsleitungen und der Schaltweg besonders deutlich in Erscheinung treten, werden bei den Funktionsschaltbildern die verschiedenen Arten der Verknüpfung von Schaltwerten und der sich daraus ergebende Schaltungszustand dargestellt. Es kommt darauf an, ob es sich um einen durch UND bzw. ODER oder NICHT verknüpften Schaltterm handelt, d. h. die Funktion (Aufgabe) der Grundschaltung wird dargestellt. Diese Art der Darstellung durch Funktionsschaltbilder geschieht durch die Gatterdarstellung.

Ein Gatter, abgeleitet vom englischen Wort „gate" = Tor, ist ein Schaltsymbol, das den Grundschaltungen, wie z. B. UND, ODER, NICHT, zugeordnet ist. Da die Schaltfunktionen auch als technische Realisierungen entsprechender aussagenlogischer Verknüpfungen gedeutet werden können, spricht man oft auch von logischen Gattern. Die Gatterdarstellung ist die bevorzugte Form zur Darstellung von Schaltungen mit elektronischen Bauelementen.

Schon früh hat man versucht, diese Gatterdarstellung zu vereinheitlichen. Seit 1976 gilt die neue Normung durch DIN 40700. Davor gab es jedoch andere genormte Zeichen für die logischen Gatter, die auch heute noch teilweise in Gebrauch sind. Aus diesem Grund stellen wir beide Zeichenarten in der folgenden Tabelle gegenüber. In den USA gibt es wiederum andere Schaltsymbole, die jedoch mehr Ähnlichkeit mit unseren alten Symbolen besitzen. Vielleicht ist das der Grund, weshalb die alten Symbole bei uns noch in Gebrauch sind. Die neueren Elektroniklehrbücher bedienen sich jedoch der neuen Symbole, die auch hier verwendet werden.

Dabei laufen die Leitungen der Eingangsvariablen A und B in ein die Grundschaltung kennzeichnendes Schaltungssymbol hinein. Die Ausgangsleitung trägt den Funktionswert C = f(A, B) der Schaltung. Abb. 3.4 zeigt die Schaltzeichen nach DIN 40700.

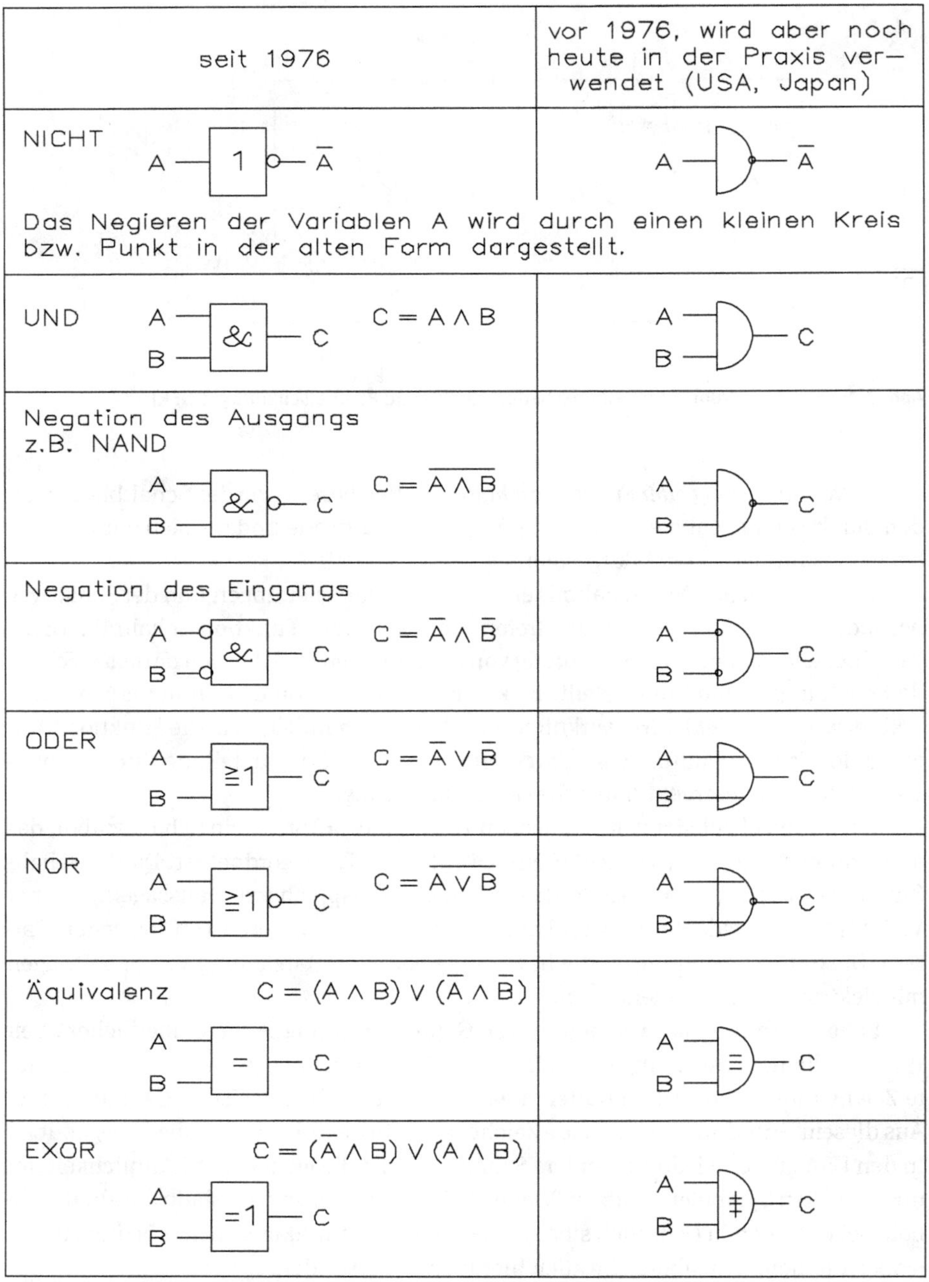

seit 1976	vor 1976, wird aber noch heute in der Praxis ver— wendet (USA, Japan)
NICHT A —[1]o— $\bar{A}$	A —⊐o— $\bar{A}$
Das Negieren der Variablen A wird durch einen kleinen Kreis bzw. Punkt in der alten Form dargestellt.	
UND A —[&]— C C = A ∧ B B	A —⊃— C B
Negation des Ausgangs z.B. NAND A —[&]o— C C = $\overline{A \wedge B}$ B	A —⊃o— C B
Negation des Eingangs A o—[&]— C C = $\bar{A} \wedge \bar{B}$ B o	A ⊃— C B
ODER A —[≧1]— C C = $\bar{A} \vee \bar{B}$ B	A —⊃— C B
NOR A —[≧1]o— C C = $\overline{A \vee B}$ B	A —⊃o— C B
Äquivalenz C = (A ∧ B) ∨ ($\bar{A} \wedge \bar{B}$) A —[=]— C B	A —⊃≡— C B
EXOR C = ($\bar{A} \wedge B$) ∨ (A ∧ $\bar{B}$) A —[=1]— C B	A —⊃≢— C B

Abb. 3.4: Schaltzeichen nach DIN 40700

Das Verhalten der Gatter ist durch die zugrunde liegende Verknüpfung definiert. Technisch werden die Gatter wie folgt realisiert:

Gatter	Technische Realisierung
– Negationsgatter	Ruheschalter = Schalter ist offen
– UND-Gatter	Reihenschaltung
– ODER-Gatter	Parallelschaltung

Die Gatterdarstellung kann leicht dadurch erweitert werden, dass man die Anzahl der Eingänge vergrößert. Außerdem dürfen die Schaltungssymbole aneinandergereiht werden. Abb. 3.5 zeigt ein Beispiel.

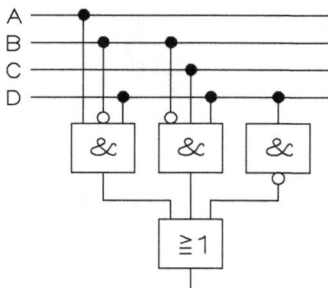

$$Y = A\,\overline{B}\,D + \overline{B}\,C\,D + \overline{D}$$

Abb. 3.5: Beispiel für eine digitale Schaltung nach DIN 40700

3.1.3 Axiome, Gesetze und Theoreme der Schaltalgebra

Axiome innerhalb der Schaltalgebra, einem abstrakten mathematischen System, erfolgt durch Vorgaben von wenigen grundlegenden Begriffen, aus denen sich alle übrigen Gesetze und Theoreme ableiten lassen. Einige wenige Grundbegriffe und Grundzeichen, ohne den Beweis oder auch nur eine Begründung dafür zu erbringen, sind an den Anfang gesetzt. Die Beziehungen zwischen ihnen werden in Grundsätzen oder Axiomen zum Ausdruck gebracht.

Mithilfe weiterer Definitionsverfahren, Schlussregeln und Beweismethoden werden alle übrigen Begriffe, Gesetze und Theoreme des Systems aus den Axiomen abgeleitet. Bei der Auswahl der Axiome eines mathematischen Systems sollen folgende Überlegungen beachtet werden:

1. Das Axiomensystem muss widerspruchsfrei sein, d. h. es darf nicht möglich sein, aus den vorgegebenen Axiomen eine bestimmte Aussage und zugleich ihr Gegenteil abzuleiten.
2. Das Axiomensystem muss vollständig sein, d. h. alle Aussagen des mathematischen Modells müssen von den vorliegenden Axiomen abgeleitet werden können.

3. Das Axiomensystem muss unabhängig sein, d. h. kein Axiom darf aus einem anderen Axiom ableitbar sein.

Die Gesetze bezeichnet man auch Postulate der Schaltalgebra. Theoreme sind die Rechenregeln für die Verknüpfung einer Variablen mit einer Konstanten oder einer Variablen mit sich selbst oder ihrer Negation. Tabelle 3.1 zeigt die Anwendung für die Konjunktion und Disjunktion.

Tab. 3.1: Anwendung der Gesetze für die Konjunktion und Disjunktion

Gesetze	Anwendung für die	
	Konjunktion	**Disjunktion**
Kommutativgesetze = Vertauschungsgesetze	$p \wedge q = q \wedge p$	$p \vee q = q \vee p$
Assoziativgesetze = Verbindungsgesetze = Klammersetzungsgesetze	$(p \wedge q) \wedge r =$ $p \wedge (q \wedge r) =$ $p \wedge q \wedge r$	$(p \vee q) \vee r =$ $p \vee (q \vee r) =$ $p \vee q \vee r$
Distributivgesetze = Verteilungsgesetze	$p \wedge (q \vee r) =$ $(p \wedge q) \vee (p \wedge r)$	$p \vee (q \wedge r) =$ $(p \vee q) \wedge (p \vee r)$
Idempotenzgesetze	$p \wedge p = p$	$p \vee p = p$
Absorptionsgesetze = Verschmelzungsgesetze	$p \wedge (p \vee q) = p$	$(p \vee p) \wedge q = p$

Die Beweise für diese Gesetze erfolgen über Wertetafeln.

Offensichtlich sind alle Gesetze bezüglich der Konjunktion (Multiplikation) und Disjunktion (Addition) symmetrisch. Ersetzt man das UND durch ein ODER oder umgekehrt, dann erhält man das entsprechend andere Gesetz. Die Gesetze treten stets paarweise auf. Die analogen Gesetze bezeichnet man als dual zueinander. Es gilt das Dualitätsprinzip. Die Gesetze sind isomorph, d. h. von gleicher Gestalt oder Struktur. Dieser Isomorphismus ist ein Kennzeichen der booleschen Algebra. Tabelle 3.2 zeigt die Anwendung für die Konjunktion und Disjunktion.

Die Kontradiktion bezeichnet man auch als Satz vom ausgeschlossenen Widerspruch: es ist nicht wahr, dass die beiden Aussagen p und nicht p wahr sind. Die Tautologie bezeichnet man auch als Satz vom ausgeschlossenen Dritten: Von beiden Aussagen p oder nicht p ist eine wahr.

Verbandsbegriff: Eine nicht leere Menge, in der die beiden Verknüpfungen ∨ und ∧ definiert sind, heißt Verband, wenn bezüglich der Verknüpfungen ∨ und ∧ die Kommutativ-, Assoziativ- und Absorptionsgesetze gelten. Ein Verband heißt distributiv, wenn außerdem noch die Distributivgesetze gelten. Ein Verband heißt komplementär, wenn es zu jedem Element ein komplementäres Element gibt, für das außer den

Tab. 3.2: Anwendung der Theoreme für die Konjunktion und Disjunktion

Theoreme	Anwendung auf die	
	Konjunktion	Disjunktion
Neutrale Elemente veränhern das Ergebnis nicht	$p \wedge 1 = p$ $q \wedge 1 = q$ Bei Serienschaltung ist ein Schalter immer geschlossen	$p \vee 0 = p$ $q \vee 0 = q$ Bei Parallelschaltung ist ein Schalter immer offen
Nullfunktionen	$p \wedge 1 = p$ Dominanz- $q \wedge 1 = q$ gesetz	
0 = nie = Schalter immer offen	$0 \wedge 0 = 0$ $0 \wedge 1 = 0$	$0 \vee 0 = 0$
Einsfunktionen	$1 \wedge 1 = 1$	$1 \vee 1 = 1$ $0 \vee 1 = 1$
1= immer = Schalter immer geschlossen		$p \vee 1 = 1$ Dominanz- $q \vee 1 = 1$ gesetz
Negationen	$p \vee \overline{p} = 0$ Falschform oder Kontradiktion	$p \vee \overline{p} = 1$ Wahrform oder Tautologie
0- und 1-Komplemente	$\overline{0} = 1$ $\overline{1} = 0$	
Doppeltes Komplement	$\overline{\overline{p}} = p$	
De Morgansche Theoreme	$\overline{p \wedge q} = \overline{p} \vee \overline{q}$	$\overline{p \vee q} = \overline{p} \wedge \overline{q}$
Umformungen	$p \wedge (\overline{p} \vee q) = p \wedge q$	$p \vee (\overline{p} \wedge q) = p \vee q$

Das shannonsche Theorem ist das verallgemeinerte De Morgansche Theorem. Bei der Negation werden alle Zeichen umgekehrt:

$$f(x_1) = [x_1 \wedge (\overline{x_2} \vee x_3)] \vee (\overline{x_3} \wedge 1) \wedge (x_4 \vee 0)$$
$$\overline{f(x_1)} = [\overline{x_1} \vee (x_2 \wedge \overline{x_3})] \wedge (x_3 \vee 0) \vee (\overline{x_4} \wedge 1)$$

Verbandsaxiomen zusätzlich die Komplementgesetze gelten. Eine boolesche Algebra ist ein spezieller distributiver und komplementärer Verband, in dem es ein Nullelement und ein Einselement gibt. Mengenalgebra, Aussagenalgebra und Schaltalgebra sind Modelle einer booleschen Algebra. In der gesamten Algebra gilt das Dualitätsprinzip. Die boolesche Algebra kennt nur die Addition und die Multiplikation. Subtraktion bzw. Division als Umkehrrelationen gibt es nicht.

3.1.4 Vergleich von logischen Schaltungen

Äquivalente Schaltungen: Zwei Schaltterme, Schaltnetze bzw. Gatter bezeichnet man als äquivalent, wenn sie dieselbe Schaltfunktion zum Ausdruck bringen. Die zugehörigen Schaltungen sind dann ebenfalls äquivalent. Abb. 3.6 zeigt eine digitale Schaltung für das Distributivgesetz.

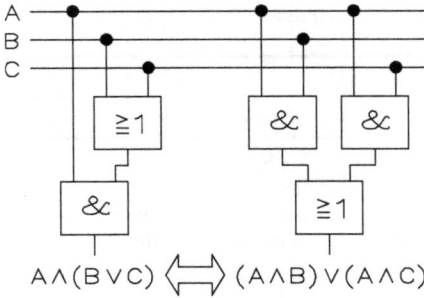

$$A \wedge (B \vee C) \Longleftrightarrow (A \wedge B) \vee (A \wedge C)$$

Abb. 3.6: Digitale Schaltung für das Distributivgesetz

Der Beweis für die Gleichheit der Schaltterme, Schaltnetze oder Gatter ergibt sich aus der folgenden Wertetafel:

Tab. 3.3: Wertetafel für ein Beispiel vom Distributivgesetz

A	B	C	$(B \vee C)$	$(A \wedge B)$	$(A \wedge C)$	$A \wedge (B \vee C) \Leftrightarrow$	$(A \wedge B) \vee (A \wedge C)$
0	0	0	0	0	0	0	0
0	0	1	1	0	0	0	0
0	1	0	1	0	0	0	0
0	1	1	1	0	0	0	0
1	0	0	0	0	0	0	0
1	0	1	1	0	1	1	1
1	1	0	1	1	0	1	1
1	1	1	1	1	1	1	1

Die Wertetafel von Tabelle 3.3 beweist in dem Beispiel also die Gültigkeit in einer Art des Distributivgesetzes.

Komplementäre Schaltungen: Der Schaltwert 0 ist das Komplement des Schaltwertes 1 und umgekehrt. Zwei Schaltterme, Schaltnetze bzw. Gatter sind komplementär zueinander, wenn die Schaltwertfunktion (Ergebnis der Schaltung) bei Einsetzung aller Schaltwertkombinationen von 0 bzw. 1 für die Schaltvariablen stets die umgekehrten (komplementären) Funktionswerte annimmt. Auch diese Schaltungen bezeichnet man als komplementär.

Der Nachweis der Komplementäreigenschaft zweier Schaltungen ergibt sich aus dem Vergleich der Wertetafeln. Bei der Bildung des Komplements ist das Setzen von Klammern sehr wichtig.

Beispiel:

$$A \wedge \overline{B} \vee C$$

Obwohl $A \wedge \overline{B}$ als Konjunktion vorgeht, sollte man Klammern setzen, ehe man komplementiert.

$$(A \wedge \overline{B}) \vee C$$

Bei der Komplementierung ist es wichtig, dass die Klammern erhalten bleiben.

$$(\overline{A} \vee B) \wedge \overline{C}$$

Ohne die Klammern würde sich bei der Komplementierung sonst ergeben, dass $B \wedge \overline{C}$ als neu entstandene Konjunktion vorgeht, und das ist falsch. Zuerst muss nämlich die Klammer bearbeitet werden und dann erst die Konjunktion. Zusammengehörige Ausdrücke sollten sicherheitshalber immer in Klammern gesetzt werden.

3.1.5 Termumformungen

Aussagenlogische Aussageformen oder Schaltterme kann man häufig umformen. Diese Umformungen sind bei der Konstruktion von Schaltnetzen (Schaltungssynthese oder Entwurf von Schaltungen) wichtig, da man bestrebt ist, die Schaltung aus Produktionskostengründen und wegen der Rechengeschwindigkeit so einfach und so kurz wie möglich zu gestalten.

Durch Anwendung der Gesetze und Theoreme der Aussagenlogik können die aussagenlogischen Aussageformen bzw. Schaltterme vereinfacht werden. Für dieses algebraische Verfahren gibt es kein festes Schema, vielmehr ist eine gewisse Geschicklichkeit im Umgang mit den Gesetzen und Theoremen der Aussagenlogik bzw. Schaltalgebra erforderlich.

Bei den Umformungen hat die Negation die höchste Priorität. In der Algebra geht immer Punktrechnung vor Strichrechnung. In Analogie dazu hat die Konjunktion Vorrang gegenüber der Disjunktion. Es gelten die normalformen Klammerregeln. Die Negation als Überstreichung über zwei oder mehr Variablen bzw. Konstanten mit Operationszeichen wirken mathematisch wie eine Klammer, z. B. $\overline{a \vee b} \wedge c = \overline{(a \vee b)} \wedge c$.

Später werden noch andere Verfahren der Vereinfachung von Schaltungen behandelt. Die Kenntnis des hier verwendeten algebraischen Verfahrens ist jedoch Voraussetzung für das Verständnis des folgenden Kapitels über die konjunktive und disjunktive Normalform. Deshalb wird es an dieser Stelle behandelt. Die Distributivgesetze sollen als Beispiel für die Termumformung dienen. Dabei werden die Schreibweisen in der Aussagenlogik und in der Schaltalgebra gegenübergestellt. Tabelle 3.4 zeigt die Distributivgesetze in der Aussagenlogik und in der Schaltalgebra.

In der Aussagenlogik und der Schaltalgebra sind im Gegensatz zur normalformen Algebra die Junktoren UND und ODER distributiv zueinander. Da man bei der schaltalgebraischen Schreibweise versucht sein könnte, an die normalkonforme Algebra zu denken, wo die letzte Umformung $A + (B \cdot C) = (A + B) \cdot (A + C)$ nicht erlaubt ist, werden hier auch in der Schaltalgebra die aussagenlogischen Junktoren benutzt. Dadurch sollen Verwechslungen mit der normalkonformen Algebra vermieden werden.

Tab. 3.4: Distributivgesetze in der Aussagenlogik und in der Schaltalgebra

Distributivgesetze in der	
Aussagenlogik	**Schaltalgebra**

Konjunktives Distributivgesetz

$$A \wedge (B \vee C) = (A \wedge B) \vee (A \wedge B) \qquad A \cdot (B + C) = A \cdot B + A \cdot C$$

Disjunktives Distributivgesetz

$$A \vee (B \wedge C) = (A \vee B) \wedge (A \vee B) \qquad A + (B \cdot C) = (A + B) \cdot (A + C)$$

Beispiel 1: Termvereinfachung

$$
\begin{aligned}
f(a, b) &= (\overline{a} \wedge \overline{b}) \vee (\overline{a} \wedge b) \vee (a \wedge b) && \big|\, \overline{a} \text{ wird ausgeklammert} \\
&= [\overline{a} \wedge (\overline{b} \vee b)] \vee (a \wedge b) && \big|\, \overline{b} \vee b = 1 \\
&= (\overline{a} \wedge 1) \vee (a \wedge b) && \big|\, \overline{a} \wedge 1 = \overline{a} \\
&= \overline{a} \vee (a \wedge b) && \big|\, \text{Distributivgesetz} \\
&= (\overline{a} \vee a) \wedge (\overline{a} \vee b) && \\
&= 1 \wedge (a \vee b) && \big|\, 1 \wedge (\dots) = (\dots) \\
&= \overline{a} \vee b &&
\end{aligned}
$$

Beispiel 2: Termerweiterung

$$
\begin{aligned}
f(a, b) &= \overline{a} \vee b \\
&= (\overline{a} \wedge 1) \vee (b \wedge 1) \\
&= [\overline{a} \wedge (b \vee \overline{b})] \vee [b \wedge (a \vee \overline{a})] \\
&= [(\overline{a} \wedge b) \vee (\overline{a} \wedge \overline{b})] \vee [(b \wedge a) \vee (b \wedge \overline{a})] \\
&= (\overline{a} \wedge b) \vee (\overline{a} \wedge \overline{b}) \vee (a \wedge b) \vee (\overline{a} \wedge b) \\
&= (\overline{a} \wedge \overline{b}) \vee (\overline{a} \wedge b) \vee (a \wedge b)
\end{aligned}
$$

Beispiel 3: Termumformung durch Ergänzung

$$
\begin{aligned}
f(a, b, c) &= a \vee (b \wedge c) \vee (a \wedge \overline{b}) && \\
&= (a \wedge 1) \vee (b \wedge c) \vee (a \wedge \overline{b}) && \big|\, \text{Ergänzung zu } a = (a \wedge 1) \\
&= [a \wedge (b \vee \overline{b})] \vee (b \wedge c) \vee (a \wedge \overline{b}) && \big|\, \text{erweitern} \\
&= [(a \wedge b) \vee (a \wedge \overline{b})] \vee (b \wedge c) \vee (a \wedge \overline{b}) && \big|\, \text{ausmultiplizieren} \\
&= (a \wedge b) \vee (a \wedge \overline{b}) \vee (b \wedge c) && \big|\, \text{ein Term fällt weg} \\
&= a \wedge (b \vee \overline{b}) \vee (b \wedge c) && \big|\, a \text{ ausklammern} \\
&= (a \wedge 1) \vee (b \wedge c) && \big|\, a \wedge 1 = a \\
&= a \vee (b \wedge c) &&
\end{aligned}
$$

Beispiel 4: Andere Lösung für den Term aus Beispiel 3

$$f(a, b, c) = a \vee (b \wedge c) \vee (a \wedge \overline{b})$$

$$= a \vee (a \wedge \overline{b}) \vee (b \wedge c) \quad | \text{Vertauschen der Terme}$$

$$= a \vee (b \wedge c) \quad | \text{Absorptionsgesetz}$$

Beispiel 5: Termumformung durch Ergänzung und die Ergänzung einer Konjunktion erfolgt immer mit 1.

$$a \wedge b = a \wedge b \wedge 1$$

Die 1 ist das neutrale Element in Bezug auf die Konjunktion (Multiplikation).

$$f(a, b, c) = (a \wedge b) \vee (a \wedge \overline{c}) \vee (b \wedge c)$$

$$= (a \wedge b \wedge 1) \vee (a \wedge \overline{c}) \vee (b \wedge c) \quad | 1 = c \vee \overline{c}$$

$$= [a \wedge b \wedge (c \vee \overline{c})] \vee (a \wedge \overline{c}) \vee (b \wedge c)$$

$$= (a \wedge b \wedge c) \vee (a \wedge b \wedge \overline{c}) \vee (a \wedge \overline{c}) \vee (b \wedge c)$$

$$= (a \wedge b \wedge \overline{c}) \vee (a \wedge \overline{c}) \vee (a \wedge b \wedge c) \vee (b \wedge c)$$

$$= [(a \wedge b \wedge \overline{c}) \vee (a \wedge \overline{c} \wedge 1)] \vee [(a \wedge b \wedge c) \vee (b \wedge c \wedge 1)]$$

$$= [(a \wedge \overline{c}) \wedge (b \vee 1)] \vee [(b \wedge c) \wedge (a \vee 1)]$$

$$= [(a \wedge \overline{c}) \wedge 1] \vee [(b \wedge c) \wedge 1]$$

$$= (a \wedge \overline{c}) \vee (b \wedge c)$$

Beispiel 6: Termumformung durch Ergänzung und die Ergänzung einer Disjunktion erfolgt immer mit 0.

$$a \vee b = a \vee b \vee 0$$

Denn die 0 ist das neutrale Element in Bezug auf die Disjunktion (Addition).

$$f(a, b, c) = (a \vee b) \wedge (a \vee \overline{c}) \wedge (b \vee c)$$

$$= (a \vee b \vee 0) \wedge (a \vee \overline{c}) \wedge (b \vee c) \quad | 0 = c \wedge \overline{c}$$

$$= [a \vee b \vee (c \wedge \overline{c})] \wedge (a \vee \overline{c}) \wedge (b \vee c)$$

$$= [(a \vee b \vee c) \wedge (a \vee b \vee \overline{c})] \wedge (a \vee \overline{c}) \wedge (b \vee c)$$

$$= (a \vee b \vee c) \wedge (a \vee b \vee \overline{c}) \wedge (a \vee \overline{c} \vee 0) \wedge (b \vee c \vee 0)$$

$$= (a \vee b \vee c) \wedge (b \vee c \vee 0) \wedge (a \vee b \vee \overline{c}) \wedge (a \vee \overline{c} \vee 0)$$

$$= [(b \vee c) \vee (a \wedge 0)] \wedge 1(a \vee \overline{c}) \vee (b \wedge 0)]$$

$$= [(b \vee c) \vee 0] \wedge [(a \vee \overline{c}) \vee 0]$$

$$= (b \vee c) \wedge (a \vee \overline{c})$$

Es ist schwierig, allgemeine Gesichtspunkte herauszuarbeiten, nach denen Termumformungen durch Ergänzung vorgenommen werden können. Auf einen von mehreren Aspekten soll kurz eingegangen werden.

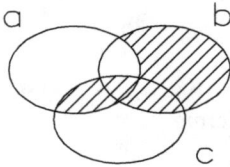

Abb. 3.7: Venn-Diagramm

Geht man von dem Term $(a \wedge c) \vee (b \wedge c) \vee (\overline{a} \wedge b)$ aus und zeichnet das zugehörige Venn-Diagramm, so erkennt man, dass der Term $(b \wedge c)$ überflüssig ist, weil er in den beiden anderen Termen mitenthalten ist, wie Abb. 3.7 zeigt.

Bei der algebraischen Termumformung wird die Menge $(b \wedge c)$ in zwei Teilmengen zerlegt.

$$(b \wedge c) = [b \wedge c \wedge (a \vee \overline{a})]$$
$$= (a \wedge b \wedge c) \vee (\overline{a} \wedge b \wedge c) .$$

Dann kann man nachweisen, dass beide Teilmengen in den größeren Mengen bereits enthalten sind.

$$f(a, b, c) = (a \wedge c) \vee (a \wedge b \wedge c) \vee (\overline{a} \wedge b) \vee (\overline{a} \wedge b \wedge c)$$
$$= (a \wedge c) \vee (\overline{a} \wedge b) .$$

3.1.6 Konjunktive und disjunktive Normalform

Ziel der konjunktiven Normalform (KNF) und der disjunktiven Normalform (DNF) ist es, aus Funktionstabellen (Schaltwerttafeln) den Schaltterm und damit die Schaltung zu entwickeln. Eine Funktionstabelle kann man immer durch verschiedene Schaltterme ausdrücken. Aus der Vielzahl der infrage kommenden Schaltterme betrachtet man zwei normierte Formen, die disjunktive und konjunktive Normalform. In der Praxis bezeichnet man diese als Normalformen.

Beispiel: Funktionstabelle für eine NOR-Schaltung

A	B	f(A, B)	Minterme	Maxterme
f	f	w	$\overline{A} \wedge \overline{B}$	$A \vee B$
w	f	f	$A \wedge \overline{B}$	$\overline{A} \wedge B$
f	w	f	$\overline{A} \wedge B$	$A \vee \overline{B}$
w	w	f	$A \wedge B$	$\overline{A} \wedge \overline{B}$

Minterme, auch als Miniterme, Vollkonjugate oder Vollkonjunktionen bezeichnet, verbinden die wahren Werte für A und B mit der Konjunktion UND. Dabei ist zu beachten, dass die wahren Werte für A und B verbunden werden, also sich nicht an der Gesamtaussage der Funktion orientieren sollen. In dem Beispiel sind die Variablen A und B in der ersten Zeile falsch, d. h. man muss die Negate von A und B mit UND verknüpfen. Auf diese Art geht man bei jeder Zeile der Funktionstabelle vor.

Inhaltlich bedeutet die Bildung der Minterme, dass z. B. unter der Bedingung, dass A nicht und B nicht zutreffen, die Funktion einen wahren Wert annimmt.

Die Maxterme oder Disjunktionen verbinden die falschen Werte für die Variablen A und B mit dem Junktor ODER. Vom Ergebnis her sind die Maxterme negierte Minterme.

Um die disjunktive Normalform aus einer Funktionstabelle abzuleiten, werden bestimmte Minterme durch die Disjunktion als ODER verbunden. Daher leitet sich auch der Name disjunktive Normalform ab. Dabei gibt es zwei Verfahren:

In bestimmten Zeilen zeigt die gesamte Funktion w-Werte. Die in diesen Zeilen stehenden Minterme werden durch den Junktor ODER verbunden. In unserem Beispiel hat die Funktion nur einen w-Wert. Deshalb wird nur der eine Minterm genommen. Man kann also in unserem Beispiel bei der ersten Art der Ableitung (Wahrform) der disjunktiven Normalform nicht zwei oder drei Minterme durch ODER verbinden. Diese Art der disjunktiven Normalform (DNF) bezeichnet man als Wahrform, weil sie von den wahren Funktionswerten in der Wertetafel ausgeht. Die Wahrform der disjunktiven Normalform (DNF) lautet: $y_1 = \overline{A} \wedge \overline{B}$.

In anderen Zeilen zeigt die gesamte Funktion f-Werte. Die in diesen Zeilen stehenden Minterme werden durch den Junktor ODER verbunden. Dabei ist aber zu beachten, dass man dann die verneinte Form der disjunktiven Normalform (DNF) erhält. Die Falschform der disjunktiven Normalform (DNF) geht von den falschen Funktionswerten in der Wertetafel aus. Die Falschform der disjunktiven Normalform (DNF) lautet:

$$y_2 = (A \wedge \overline{B}) \vee (\overline{A} \wedge B) \vee (A \wedge B) \,.$$

Zur Vereinfachung kann man diesen Term nach den Gesetzen und Regeln der Schaltalgebra umformen.

$$\begin{aligned}
\overline{y}_2 &= (A \wedge \overline{B}) \vee (\overline{A} \wedge B) \vee (A \wedge B) \\
&= (A \wedge \overline{B}) \vee (A \wedge B) \vee (\overline{A} \wedge B) \\
&= [A \wedge (\overline{B} \vee B)] \vee (\overline{A} \wedge B) \\
&= [A \wedge 1] \vee (\overline{A} \wedge B) \\
&= A \vee (\overline{A} \wedge B) \\
&= (A \vee \overline{A}) \wedge (A \vee B) \\
&= A \vee B \,.
\end{aligned}$$

Wenn man $\overline{y}_2$ negiert, erhält man y_2. Man stellt fest, dass y_1 und y_2 gleich sind.

$$y_1 = \overline{\overline{y}}_2 = y_2 = \overline{A} \wedge \overline{B} \,.$$

Die Ergebnisse der beiden Formen der Ableitung der disjunktiven Normalform können ineinander umgeformt werden. Der Unterschied zwischen den beiden Methoden besteht darin, dass man bei der Wahrform der disjunktiven Normalform von den wahren Funktionswerten und bei der Falschform der disjunktiven Normalform von den falschen Funktionswerten ausgeht. In beiden Fällen werden die Minterme durch die Disjunktion ODER verbunden. Die Falschform der disjunktiven Normalform lässt sich durch Negieren in die Wahrform der disjunktiven Normalform überführen.

Um die konjunktive Normalform aus einer Funktionstabelle abzuleiten, werden bestimmte Maxterme durch die Konjunktion UND verbunden. Daher leitet sich auch der Name konjunktive Norm ab. In der Praxis gibt es drei Möglichkeiten:

In bestimmten Zeilen zeigt die gesamte Funktion f-Werte. Die in diesen Zeilen stehenden Maxterme werden durch den Junktor UND verbunden. Maxterme sind negierte Minterme. Wenn man jetzt von den falschen Funktionswerten in der Wertetafel ausgeht, bedeutet dieses Vorgehen eine doppelte Negation, zum einen durch die Maxterme, zum anderen durch die falschen Funktionswerte. Deshalb nennt man diese Form der konjunktiven Normalform (KNF) Wahrform, obwohl sie von den falschen Funktionswerten ausgeht. Es ist klar, dass durch die doppelte Negation die Wahrform der der konjunktiven Normalform (KNF) identisch sein muss mit der Wahrform der disjunktiven Normalform (DNF). Die Wahrform der konjunktiven Normalform (KNF) lautet:

$$y_3 = (\overline{A} \vee B) \wedge (A \vee \overline{B}) \wedge (\overline{A} \vee \overline{B}) \, .$$

Zur Vereinfachung kann man diesen Term nach den Gesetzen und Regeln der Schaltalgebra umformen.

$$
\begin{aligned}
y_3 &= (\overline{A} \vee B) \wedge (A \vee \overline{B}) \wedge (\overline{A} \vee \overline{B}) \\
&= (\overline{A} \vee B) \wedge (\overline{A} \vee \overline{B}) \wedge (A \vee \overline{B}) \\
&= [\overline{A} \vee (B \wedge \overline{B})] \wedge (A \vee \overline{B}) \\
&= (\overline{A} \vee 0) \wedge (A \vee \overline{B}) \\
&= \overline{A} \wedge (A \vee \overline{B}) \\
&= (\overline{A} \wedge A) \vee (\overline{A} \wedge \overline{B}) \\
&= \overline{A} \wedge \overline{B}
\end{aligned}
$$

$$y_3 = y_1 = y_2$$

Die konjunktive Normalform führt zum gleichen Ergebnis wie die disjunktive Normalform.

In anderen Zeilen zeigt die gesamte Funktion w-Werte. Die in diesen Zeilen stehenden Maxterme werden durch den Junktor UND verbunden. Da man bei der Benutzung von Maxtermen normalerweise von den falschen Funktionswerten ausgeht, erhält man bei diesem Vorgehen die Falschform der konjunktiven Normalform (KNF). Man hat eine Negation durch die Benutzung der Maxterme, geht aber von den wahren Funktionswerten aus und deshalb ergibt sich die Falschform der konjunktiven Normalform (KNF). In unserem Beispiel hat die Funktion nur einen w-Wert. Deshalb wird nur der eine Maxterm genommen. Man kann also in diesem Beispiel nicht zwei oder drei Maxterme durch UND verbinden. Die Falschform der konjunktiven Normalform (KNF) lautet:

$$y_4 = A \vee B \,.$$

Die Falschform der konjunktiven Normalform lässt sich durch Negieren in die Wahrform der konjunktiven Normalform bzw. in die Wahrform der disjunktiven Normalform überführen.

$$\overline{\overline{y}}_4 = y_4 = y_3 = y_2 = y_1 = \overline{A} \wedge \overline{B}$$

Zur Ableitung der konjunktiven Normalform kann man auch, als dritte Methode der Bildung der konjunktiven Normalform (KNF), den Umweg über die disjunktive Normalform wählen. Man geht von der Falschform der disjunktiven Normalform aus.

$$\overline{y}_2 = (A \wedge \overline{B}) \vee (\overline{A} \wedge B) \vee (A \wedge B) \,.$$

Durch Negieren dieser Form werden alle Zeichen umgekehrt und man erhält wieder

$$y_2 = (\overline{A} \vee B) \wedge (A \vee \overline{B}) \wedge (\overline{A} \vee \overline{B}) \,.$$

Durch die oben genannten Umformungen dann auch wieder

$$y_1 = \overline{A} \wedge \overline{B} \,.$$

Alle Methoden der Ableitung der disjunktiven oder konjunktiven Normalform führen letztlich zum gleichen Ergebnis:

Wahrform der DNF = Wahrform der KNF

Falschform der DNF = Falschform der KNF .

Die anfänglich unterschiedlichen Schaltterme lassen sich ineinander umwandeln. Selbst wenn man gemäß den verschiedenen Arten der disjunktiven und konjunktiven Normalformen Schaltungen konstruieren würde, sind sie äquivalent, sie würden, wie es ihre Aufgabe ist, eine identische Schaltfunktion (Funktions- oder Wahrheitstabelle) erzeugen.

An einem weiteren Beispiel mit drei Schaltvariablen sollen noch Ergänzungen zur Bildung der disjunktiven Normalform (DNF) und konjunktiven Normalform (KNF) vorgestellt werden. Die Funktionstabelle lautet:

A	B	C	f(A, B, C)
0	0	0	0
0	0	1	0
0	1	0	0
0	1	1	0
1	0	0	1
1	0	1	0
1	1	0	1
1	1	1	1

In diesem Beispiel wurden statt wahr und falsch die Werte 1 und 0 benutzt.

Die Schreibweise y = f(A, B, C) bedeutet, dass der abhängigen Variablen y Funktionswerte zugewiesen werden. Diese Funktionswerte ergeben sich aus den unabhängigen Variablen A, B, C. Die Form y = f(A, B, C) ist eine Funktionsgleichung, die durch die Funktionstabelle genau beschrieben wird.

In den Mintermen kommen die unabhängigen Variablen genau einmal vor und werden über UND verknüpft. In den Maxtermen kommen die unabhängigen Variablen genau einmal vor und werden durch ODER verknüpft. Bei drei Schaltvariablen ist $A \wedge B$ bzw. $A \vee B$ kein Min- oder Maxterm, weil die dritte Variable fehlt. Man würde in diesem Fall beim Minterm ergänzen zu $A \wedge B \wedge (C \vee \overline{C})$ und beim Maxterm zu $A \vee B \vee (C \wedge \overline{C})$.

Die Negation darf bei den Normalformen nur bei den unabhängigen Variablen selbst, nicht jedoch bei Teilfunktionen der unabhängigen Variablen vorkommen. Verboten ist beispielsweise $\overline{A \vee B}$. Stattdessen muss nach dem De Morganschen Theorem geschrieben werden: $\overline{A} \wedge \overline{B}$. Für n Variablen gibt es 2^n-Minterme und genauso viele Maxterme.

Betrachtet man zusammengehörige Min- oder Maxterme im Karnaugh-Diagramm, so stellt man fest, dass die Minterme die kleinere Fläche haben. Sie beschränken sich auf ein Quadrat. Deshalb nennt man sie auch Minterme, weil sie eine minimale Fläche, während die Maxterme eine maximale Fläche benutzen. Abb. 3.8 zeigt zwei Karnaugh-Diagramme.

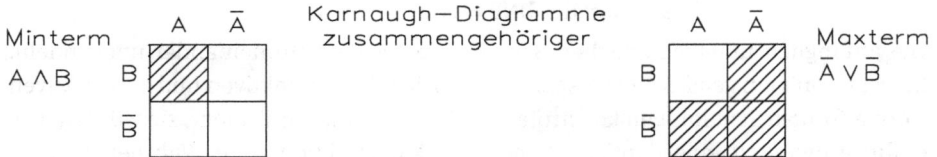

Abb. 3.8: Karnaugh-Diagramme für Min- oder Maxterme

Aus der Flächenbetrachtung lassen sich folgende Sätze ableiten:
- Die Summe (Disjunktion) aller Minterme ist 1. Durch die Minterme werden alle Kästchen des Karnaugh-Diagramms abgedeckt.
- Das Produkt (Konjunktion) aller Maxterme ist 0. Die Maxterme überschneiden sich nicht alle zugleich.

Meist ist es leichter die Minterme zu benutzen. Deshalb findet man in der Praxis vorwiegend die disjunktive Normalform (DNF). Die Wahrform der DNF bietet sich insbesondere dann an, wenn es weniger wahre als falsche Funktionswerte gibt. Die wahre KNF wird man benutzen, wenn es weniger falsche Werte in der Funktion gibt. Die Falschformen der DNF und der konjunktiven Normalform (KNF) werden in der Praxis nicht benutzt, sondern sie wurden nur aus Übungs- und Verständnisgründen hier erläutert.

In diesem Beispiel würde die Wahrform der disjunktiven Normalform (DNF) lauten:

$$y_1 = (A \wedge \overline{B} \wedge \overline{C}) \vee (A \wedge B \wedge \overline{C}) \vee (A \wedge B \wedge C) \,.$$

Sie setzt sich aus den drei Schaltwerttripeln zusammen, die in der Funktionstabelle den Wert 1 (wahr) besitzen. Dieser Schaltterm kann durch die Schaltung von Abb. 3.9 dargestellt werden.

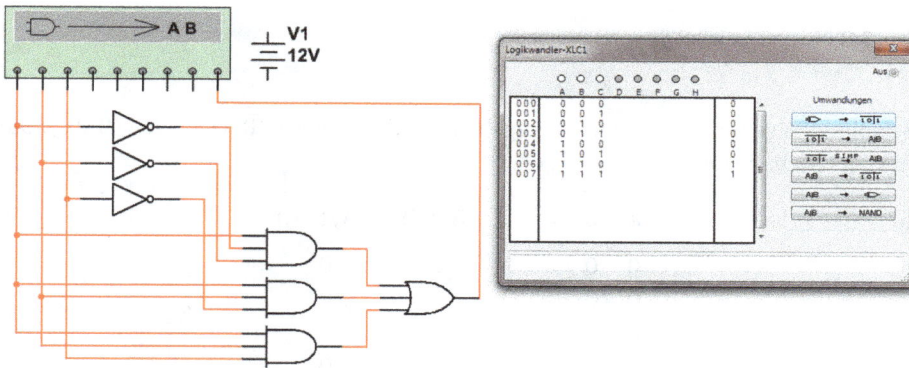

Abb. 3.9: Gatterdarstellung der Wahrform der DNF

Die äquivalente KNF geht von den Falschwerten in der Funktionstabelle aus. Sie besteht aus fünf Schaltwerttripeln, ist also mühsamer zu bilden.

$$y_1 = (A \vee B \vee C) \wedge (A \vee B \vee \overline{C}) \wedge (A \vee \overline{B} \vee C) \wedge (A \vee \overline{B} \vee \overline{C}) \wedge (\overline{A} \vee B \vee \overline{C}) \,.$$

Die dazugehörige Schaltung wäre selbstverständlich auch komplizierter wie Abb. 3.10 zeigt.

Ist der Schaltterm gegeben, so lassen sich die Funktionswerte auf zwei Arten bestimmen:
– Durch Einsetzen aller möglichen Wertekombinationen in den Schaltterm
– Durch Umformen in eine der beiden Normalformen (DNF oder KNF)

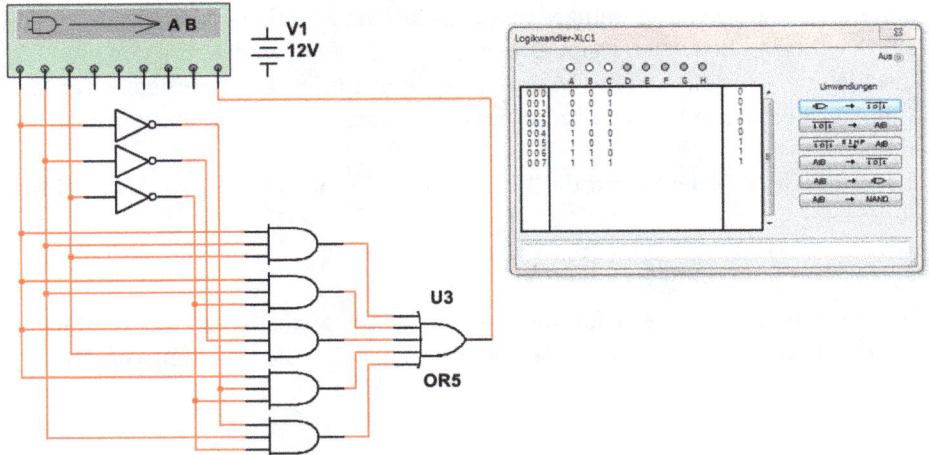

Abb. 3.10: Gatterdarstellung der Wahrform der KNF

Beispiel: Folgender Schaltterm ist gegeben: $f(A, B, C) = A \wedge (\overline{\overline{B} \wedge C}) = A \wedge (B \vee \overline{C})$. Die Funktionstabelle lautet:

A	B	C	$\overline{C}$	$(B \vee \overline{C})$	$f(A, B, C)$
0	0	0	1	1	0
0	0	1	0	0	0
0	1	0	1	1	0
0	1	1	0	1	0
1	0	0	1	1	1
1	0	1	0	0	0
1	1	0	1	1	1
1	1	1	0	1	1

a) Entwicklung der disjunktiven Normalform DNF (Wahrform):

$$f(A, B, C) = A \wedge (B \vee \overline{C})$$
$$= (A \wedge B) \vee (A \wedge \overline{C}) .$$

Wie bereits oben dargestellt, sind diese beiden Klammerausdrücke bei drei Schaltvariablen keine Minterme, da jeweils die dritte Variable fehlt. Man muss also ergänzen.

$$f(A, B, C) = [A \wedge B \wedge (C \vee \overline{C})] \wedge [A \wedge \overline{C} \wedge (B \vee \overline{B})]$$
$$= (A \wedge B \wedge C) \vee (A \wedge B \wedge \overline{C}) \vee (A \wedge B \wedge \overline{C}) \vee (A \wedge \overline{B} \wedge \overline{C})$$
$$= (A \wedge B \wedge C) \vee (A \wedge B \wedge \overline{C}) \vee (A \wedge \overline{B} \wedge \overline{C})$$

b) Entwicklung der konjunktiven Normalform KNF (Wahrform)

$f(A, B, C) = A \wedge (B \vee \overline{C})$

$= [A \vee (B \wedge \overline{B})] \wedge (B \vee \overline{C})$

$= (A \vee B) \wedge (A \vee \overline{B}) \wedge (B \vee \overline{C})$

$= [A \vee B \vee (C \wedge \overline{C})] \wedge [A \vee \overline{B} \vee (C \wedge \overline{C})] \wedge [B \vee \overline{C} \vee (A \wedge \overline{A})]$

$= (A \vee B \vee C) \wedge (A \vee B \vee \overline{C}) \wedge (A \vee \overline{B} \vee C) \wedge (A \vee \overline{B} \vee \overline{C}) \wedge (A \vee B \vee \overline{C})$

$\quad \wedge (\overline{A} \vee B \vee \overline{C})$

$= (A \vee B \vee C) \wedge (A \vee B \vee \overline{C}) \wedge (A \vee \overline{B} \vee C) \wedge (A \vee \overline{B} \vee \overline{C}) \wedge (\overline{A} \vee B \vee \overline{C})$

Durch Einsetzen der Werte kann man überprüfen, dass diese Schaltfunktion genau in den fünf Fällen 0 wird, die auch oben in der Funktionstabelle enthalten sind. Die Schaltfunktion gibt also die Funktionstabelle (Schaltwerttafel) richtig wieder.

1. Wenn die DNF aus drei Termen besteht, so muss, bei insgesamt acht Kombinationsmöglichkeiten, die KNF aus fünf Termen bestehen. Die Gleichheit der Ergebnisse der DNF und der KNF lässt sich durch folgende Methoden überprüfen:

Vereinfachung der Terme der disjunktiven Normalform DNF und der konjunktiven Normalform KNF. Das Ergebnis muss in beiden Fällen das gleiche sein.

DNF: $f(A, B, C) = (A \wedge B \wedge C) \vee (A \wedge B \wedge \overline{C}) \vee (A \wedge \overline{B} \wedge \overline{C})$

$= [A \wedge B \wedge (C \vee \overline{C})] \vee (A \wedge \overline{B} \wedge \overline{C})$

$= (A \wedge B) \vee (A \wedge \overline{B} \wedge \overline{C})$

$= A \wedge [B \vee (\overline{B} \wedge \overline{C})]$

$= A \wedge [(B \vee \overline{B}) \wedge (B \vee \overline{C})]$

$= A \wedge (B \vee \overline{C})$

KNF: $f(A, B, C) = (A \vee B \vee C) \wedge (A \vee B \vee \overline{C}) \wedge (A \vee \overline{B} \vee \overline{C}) \wedge (A \vee \overline{B} \vee C) \wedge (\overline{A} \vee B \vee \overline{C})$

$= [(A \vee B) \vee (C \wedge \overline{C})] \wedge [(A \vee \overline{B}) \vee (\overline{C} \wedge C)] \wedge (\overline{A} \vee B \vee \overline{C})$

$= (A \vee B) \wedge (A \vee \overline{B}) \wedge (\overline{A} \vee B \vee \overline{C})$

$= [A \vee (B \wedge \overline{B})] \wedge (\overline{A} \vee B \vee \overline{C})$

$= A \wedge (\overline{A} \vee B \vee \overline{C})$

$= (A \wedge \overline{A}) \vee (A \wedge B) \vee (A \wedge \overline{C})$

$= A \wedge (B \vee \overline{C})\,.$

Beide Normalformen lassen sich zum selben Ergebnis vereinfachen.

2. Man kann entweder die DNF oder deren vereinfachte Form so umformen, dass sie der KNF entspricht. Selbstverständlich geht das auch von der KNF zur DNF. Wir gehen von der vereinfachten Form der DNF aus und formen zur KNF um.

$$f(A, B, C) = A \wedge (B \vee \overline{C})\,.$$

Das A wird erweitert mit $(B \wedge \overline{B}) \vee (C \wedge \overline{C})$. Der Term $(B \vee \overline{C})$ wird mit dem fehlenden $(A \wedge \overline{A})$ ergänzt.

$$f(A, B, C) = [A \vee (B \wedge \overline{B}) \vee (C \wedge \overline{C})] \wedge (A \vee B \vee \overline{C}) \wedge (\overline{A} \vee B \vee \overline{C})$$

$$f(A, B, C) = (A \vee B \vee C) \wedge (A \vee \overline{B} \vee C) \wedge (A \vee B \vee \overline{C}) \wedge (A \vee \overline{B} \vee \overline{C}) \wedge (A \vee B \vee \overline{C})$$
$$\wedge (\overline{A} \vee B \vee \overline{C})$$

$$f(A, B, C) = (A \vee B \vee C) \wedge (A \vee \overline{B} \vee C) \wedge (A \vee \overline{B} \vee \overline{C}) \wedge (A \vee B \vee \overline{C}) \wedge (\overline{A} \vee B \vee \overline{C}) \,.$$

Boolesche Terme lassen sich durch die Anwendung der Rechenregeln auf eine Normalform bringen. Für die Umformung gilt folgender Algorithmus:
- Eliminiere mithilfe der De Morganschen Theoreme jede Negation von Produkten und Summen von Termen, bis nur noch die einzelnen Variablen negiert auftreten.
- Bilde die Minterme oder Maxterme eventuell durch Erweitern.
- Streiche Duplikate unter den Min- oder Maxtermen.

3. Aus der Funktionstabelle kann man sehen, welche Terme z. B. für die DNF benutzt wurden, und welche man dann noch für die KNF benötigt.

$$\text{DNF:} \quad f(A, B, C) = (A \wedge B \wedge C) \vee (A \wedge B \wedge \overline{C}) \vee (\overline{A} \wedge \overline{B} \wedge \overline{C}) \,.$$

Bei der DNF wurden die wahren Werte der Variablen benutzt. Für die KNF benötigt man die falschen Werte. Um zu sehen, welche falschen Werte noch nicht benutzt wurden, kann man die Funktionstabelle aufstellen und dort nachsehen. Man kann aber auch direkt die bereits bei der DNF benutzten wahren Werte negieren und dann die fehlenden falschen Kombinationsmöglichkeiten feststellen.

Negierte DNF-Werte: $\quad f(A, B, C) = (\overline{A} \vee \overline{B} \vee \overline{C}) \wedge (\overline{A} \vee \overline{B} \vee C) \wedge (\overline{A} \vee B \vee C)$

Fehlende KNF-Werte: $\quad f(A, B, C) = (A \vee B \vee C) \wedge (A \vee B \vee \overline{C}) \wedge (A \vee \overline{B} \vee C)$
$$\wedge (A \vee \overline{B} \vee \overline{C}) \wedge (\overline{A} \vee B \vee \overline{C}) \,.$$

Alle drei gezeigten Möglichkeiten erlauben es, die DNF in die KNF umzuwandeln und umgekehrt.

3.1.7 Logische Funktionen

Bei zwei Eingangsvariablen, die nur die Werte 0- oder 1-Signal annehmen können, gibt es $2^2 = 4$ Kombinationsmöglichkeiten für die Eingänge. Allgemein kann man sagen, es gibt so viele Kombinationsmöglichkeiten wie die Potenz „Werte^{Variablen}" angibt. Bei vier Eingangskombinationen muss es auch vier Ausgänge geben, die pro Ausgang wiederum die Werte w oder f annehmen können. Also gibt es $2^4 = 16$ Kombinationsmöglichkeiten für die Ausgänge.

A	B	f_1	f_2	f_3	f_4	f_5	f_6	f_7	f_8	f_9	f_{10}	f_{11}	f_{12}	f_{13}	f_{14}	f_{15}	f_{16}
1	1	0	1	0	1	0	1	0	1	0	1	0	1	0	1	0	1
1	0	0	0	1	1	0	0	1	1	0	0	1	1	0	0	1	1
0	1	0	0	0	0	1	1	1	1	0	0	0	0	1	1	1	1
0	0	0	0	0	0	0	0	0	0	1	1	1	1	1	1	1	1

Zwischen den Funktionen f_8 und f_9 kann man sich senkrecht eine Symmetrieachse eingezeichnet vorstellen, sodass die Komplemente der Elemente der linken Hälfte der Tabelle durch Spiegelung an der Symmetrieachse in die Elemente der rechten Hälfte übergehen, z. B. $\overline{f_8} = f_9$ oder anders herum betrachtet, stellt die linke Hälfte der Tabelle die Negation der rechten Hälfte dar, z. B. $f_8 = \overline{f_9}$.

Diese 16 zweistelligen booleschen Funktionen beschreiben alle nur möglichen Verknüpfungen. Ihnen entsprechen in der Aussagenlogik die zweistelligen aussagenlogischen Verknüpfungen. Einer Funktion f werden die unabhängigen Variablen A, B zugeordnet. Man kann für die Funktion f auch eine neue abhängige Variable y definieren und schreiben y = f(A, B . . .). Das Gleichheitszeichen wird hier zur Definition, d. h. zur Zuweisung von Funktionswerten an eine neue Variable gebracht und hat einen anderen Sinn als bei der Verwendung als Symbol zur Kennzeichnung der Äquivalenzen. Um Klarheit zu schaffen und den Definitionscharakter zu unterscheiden, soll das Zeichen „:=" verwendet werden, also y := f(A, B . . .).

Jetzt werden diese 16 Funktionen bei Anwendung einer symmetrischen Betrachtungsweise näher untersucht. Dabei bedeutet die Abkürzung MA (Mengenalgebra), d. h. die analoge Bezeichnung der entsprechenden Aussagenverknüpfung in der Mengenlehre von Tabelle 3.5.

Tab. 3.5: Analoge Bezeichnung der entsprechenden Aussagenverknüpfung in der Mengenlehre

Bezeichnung		aussagenlogische bzw. schaltalgebraische Schreibweise
f_1	Nie, Nullfunktion oder Konstanz 0 oder Kontradiktion MA: leere Menge	$f_1 = 0$
f_{16}	Immer, Einsfunktion oder Konstanz 1 oder Tautologie MA: Allmenge, Grundmenge	$f_{16} = 1$
f_4	Identität A MA: Menge A	$f_4 = A$
f_{13}	Negation A, Inversion A MA: Komplement A	$f_{13} = \overline{A}$
f_6	Identität B MA: Menge 13	$f_6 = B$
f_{11}	Negation 13, Inversion 13 MA: Komplement B	$f_{11} = \overline{B}$

Die Ergebnisse dieser sechs Funktionen sind entweder unabhängig von den Eingangsvariablen (f_1 und f_{16}) oder nur von einer Variablen abhängig. Daher sind sie für die Konstruktion von Schaltungen unbrauchbar. Man bezeichnet diese sechs Funktionen als trivial (unbedeutend). Nur die folgenden zehn Schaltungen sind sowohl von A als auch von B abhängig, sind also technisch brauchbar. Tabelle 3.6 zeigt eine Übersicht.

Tab. 3.6: Logische Funktionen im Überblick

Bezeichnung	aussagenlogische bzw. schaltalgebraische Schreibweise
f_2 UND, SOWOHL ... ALS AUCH ... Konjunktion Umgangssprachlich kann man formulieren: A und B sind gleichzeitig wahr. MA: Schnittmenge Schaltungsmäßige Darstellung:	$f_2 = A \wedge B$
f_{15} NAND, NICHT SOWOHL ... ALS AUCH ..., Sheffer-Funktion Anti- bzw. Negat-Konjunktion Exklusion MA: Negat Durchschnitt	$f_{15} = \overline{A \wedge B}$ $f_{15} = \overline{A} \vee \overline{B}$ $f_{15} = A \mid B$ Sheffer-Strich

Als Beispiel für die NAND-Funktion soll der Satz „Dieser Baum ist nicht gleichzeitig eine Eiche und eine Kiefer" dienen. Dann kann laut Wahrheitstabelle der Baum eine Eiche, eine Kiefer oder keines von beiden sein, z. B. eine Linde, Fichte etc. Die Exklusion wurde in der klassischen Logik auch „konträrer Gegensatz" genannt. „Konträr" heißt also: Zwei Aussagen schließen einander aus, lassen aber eine dritte Möglichkeit offen. Deshalb benutzt man auch als Sprechweise: A und B sind nicht beide wahr.

Schaltungsmäßige Darstellung:

Tab. 3.6: (Fortsetzung)

Bezeichnung	aussagenlogische bzw. schaltalgebraische Schreibweise
f_8 ODER, Disjunktion, vel (lat.), Adjunktion MA: Vereinigungsmenge Schaltungsmäßige Darstellung:	$f_8 = A \vee B$

f_9 NOR, WEDER... NOCH..., Peirce Funktion, nicodsche Funktion Antialternative MA: Negat Vereinigungsmenge	$f_9 = \overline{A \vee B}$ $f_9 = \overline{A} \wedge \overline{B}$ $f_9 = A \downarrow B$ Peirce-Pfeil

Die Peirce-Funktion ist benannt nach dem Ingenieur C. S. Peirce (1839–1914) und die nicodsche Funktion nach J. Nicod. Auch H. M. Sheffer war ein Ingenieur. Die Peirce-Funktion soll an dem Beispielsatz „Dieser Baum ist weder eine Eiche noch eine Kiefer" deutlich gemacht werden. Dieser Satz kann nur wahr sein, wenn der Baum beides nicht ist. Ist er eine Eiche, ist der Satz falsch, ist er eine Kiefer, ebenfalls. Beides zugleich kann der Baum sowieso nicht sein. Die letzte Aussage ist auf jeden Fall falsch.

Schaltungsmäßige Darstellung:

f_{10} GENAU DANN ... WENN ..., Äquivalenz, Valenz, Bisubjunktion MA: Gleichheit	$f_{10} = (A \wedge B) \vee (\overline{A} \wedge \overline{B})$ $f_{10} = A \leftrightarrow B$ $f_{10} = A \equiv B$

Umgangssprachlich kann man sagen, dass die Ausgangsvariable dann wahr ist, wenn beide Eingangsvariablen gleiche Zustände haben.
Schaltungsmäßige Darstellung:

Tab. 3.6: (Fortsetzung)

Bezeichnung	aussagenlogische bzw. schaltalgebraische Schreibweise

Die Äquivalenz wird durch ein zweistufiges Schaltnetz realisiert, da die Daten zwei Gatter nacheinander durchlaufen.

f_7	EXKLUSIVES ODER, EXOR, XOR,	$f_7 = (A \wedge \overline{B}) \vee (\overline{A} \wedge B) = (\overline{A} \vee \overline{B}) \wedge (A \vee B)$
	ENTWEDER ... ODER ...,	$f_7 = A > - < B$
	Antivalenz = Negation der Äquivalenz,	$f_7 = A \neq B$
	Disvalenz, aut (Lat.)	$f_7 = A + B$
	MA: Ausschluss, symmetrische Differenz,	$f_7 = A\_B$
	boolesche Summe	

Die Ausgangsvariable ist dann wahr, wenn die beiden Eingangsvariablen verschiedene Werte annehmen. Die Antivalenz (Verschiedenwertigkeit) wurde in der klassischen Logik auch „kontradiktorischer Gegensatz" genannt. Kontradiktorisch soll heißen: Zwei Aussagen schließen nicht nur einander, sondern auch eine dritte Möglichkeit aus. Die beiden Mengen A und B teilen also mengenalgebraisch gesehen die Grundmenge restlos auf.

Schaltungsmäßige Darstellung:

f_{14}	WENN A, DANN B,	$f_{14} = A \rightarrow B$
	AUS A FOLGT B	$f_{14} = \overline{A} \vee B$
	Subjunktion,	$f_{14} = A \subset B$
	Implikation A (inbegriffen)	
	MA für die Implikation: $A \subset B$	

Wenn A zutrifft, so trifft auch B zu. Ob der Nachsatz B auch zutreffen kann, wenn der Vordersatz A nicht zutrifft, darüber ist nichts ausgesagt. In der Funktionstabelle gibt es für die Subjunktion dreimal ein 1-Signal als Ergebnis, nur der Fall $A \wedge \overline{B}$ wird ausgeschlossen, also negiert. Deshalb wird die Subjunktion wiedergegeben durch $\overline{A} \vee B$. Auf einen Unterschied zwischen den Begriffen sei noch an unserem Beispielsatz hingewiesen. „Wenn Fritz reitet, dann treibt er nicht Sport". Dieser Satz ist zwar eine Subjunktion, aber keine Implikation. Die Menge A „Reiten" ist nicht in „Nicht Sport" enthalten, sondern nur in der Menge „Sport".

Tab. 3.6: (Fortsetzung)

Bezeichnung	aussagenlogische bzw. schaltalgebraische Schreibweise

MA für die Subjunktion: $\overline{A} \vee B$

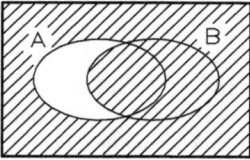

Schaltungsmäßige Darstellung:

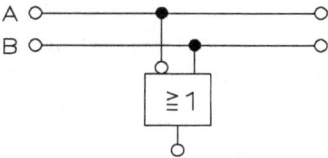

f_3	Inhibition B (Verbot, Einhalt gebieten), WENN A, DANN B NICHT, A HINDERT B, Negation der Implikation	$f_3 = A \wedge \overline{B}$ $f_3 = A \rightarrow B$ $f_3 = A/B$

MA: Differenzmenge (Restmenge) $A \setminus B$ und deshalb wird die Inhibition B auch als Subtraktion bezeichnet.

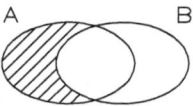

Die Ausgangsvariable ist nur dann ein 1-Signal, wenn die Eingangsvariable A den Wert w und B den Wert f hat, aus A folgt also B nicht oder anders ausgedrückt, A hindert B. Die drei Fälle $(A \wedge B) \vee (\overline{A} \wedge B) = (\overline{A} \vee B)$ werden ausgeschlossen, d. h. negiert. Die Inhibition B wird ausgeschlossen, d. h. negiert. Die Inhibition B wird wiedergegeben durch $A \wedge \overline{B}$.

Schaltungsmäßige Darstellung:

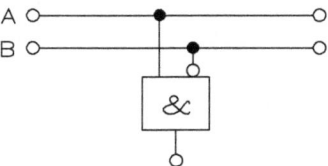

Tab. 3.6: (Fortsetzung)

Bezeichnung	aussagenlogische bzw. schaltalgebraische Schreibweise
f_{12} WENN B, DANN A,	$f_{12} = A \vee \overline{B}$
AUS B FOLGT A	$f_{12} = B \rightarrow A$
konverse Subjunktion,	$f_{12} = B \subset A$
Replikation, Implikation B	

Zur Verdeutlichung greift man auf den Beispielsatz „Wenn Schnee liegt (A), dann läuft Egon Ski (B)" zurück. Der Hintersatz B ist dem Vordersatz A untergeordnet A ← B oder B → A. Nur, aber nicht immer, wenn Schnee liegt, dann läuft Egon Ski. Der Fall, dass kein Schnee liegt ($\overline{A}$) und Egon Ski fährt (B), wird ausgeschlossen, d. h. negiert:

$$\overline{\overline{A} \vee B} = \overline{A \vee \overline{B}}.$$

Mengenalgebraisch ist die Menge A (Schnee) größer als die Menge B (Ski). Deshalb ist B ⊂ A. Würde man A und B vertauschen, so erhält man die Subjunktion: „Wenn Egon Ski läuft (B), dann liegt Schnee (B)", B → A. Auch bei der konversen Subjunktion muss der Unterschied zur Implikation bzw. Replikation gemacht werden, da im Fall $\overline{A} \wedge$ B das B keine Teilmenge von A ist.

MA für die Implikation: B ⊂ A

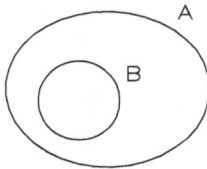

MA für die konverse Subjunktion: $A \vee \overline{B}$

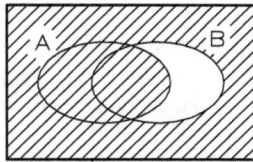

Bei der konversen Subjunktion wird der Fall $\overline{A} \wedge$ B ausgeschlossen, also negiert. Deshalb wird die konverse Subjunktion durch $A \vee \overline{B}$ wiedergegeben.
Schaltungsmäßige Darstellung:

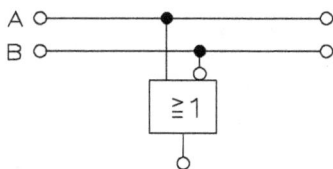

Tab. 3.6: (Fortsetzung)

Bezeichnung	aussagenlogische bzw. schaltalgebraische Schreibweise
f_5 Inhibition A WENN B, DANN A NICHT, B HINDERT A, Negation der Replikation MA: Differenzmenge (Restmenge) B/A. Deshalb wird die Inhibition A auch konverse Subtraktion bezeichnet.	$f_5 = \overline{A} \wedge B$ $f_5 = A \leftarrow B$ oder $B \rightarrow A$ $f_5 = B \setminus A$

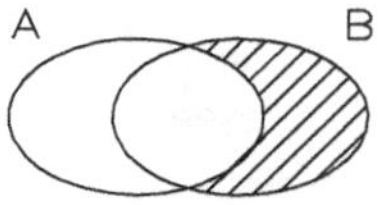

Die Ausgangsvariable ist nur dann wahr, wenn die Eingangsvariable B den Wert w und A den Wert f hat, deshalb sagt man auch, wenn B, dann nicht A, oder B hindert A. Die drei Fälle $(A \wedge B) \vee (A \wedge \overline{B}) \vee (\overline{A} \wedge B) = (A \vee \overline{B})$ werden ausgeschlossen, also negiert. Die Inhibition A wird wiedergegeben durch $\overline{B} \wedge B$.
Schaltungsmäßige Darstellung:

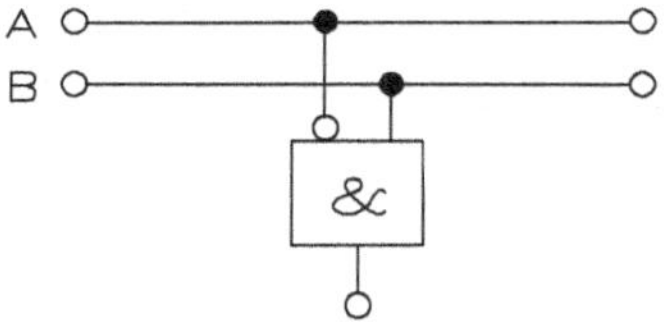

Für Zwecke der Digitaltechnik und bei PC-Systemen, d. h. zur Konstruktion von Schaltungen, werden die Funktionen f_{12}, f_5, f_{14} und f_3 kaum benutzt. Sie lassen sich auch, wie man gesehen hat, durch Konjunktionen oder Disjunktionen darstellen. Von den 16 betrachteten Funktionen bleiben nur sechs Funktionen (f_2 = UND, f_2 = EXOR, f_8 = ODER, f_9 = NOR, f_{10} = Äquivalenz, f_{15} = NAND) als relevant für die Entwicklung von digitalen Schaltungen übrig. Doch selbst diese Zahl kann noch weiter reduziert werden, wie noch gezeigt wird.

3.2 NOR- und NAND-Schaltungen

Alle booleschen Funktionen lassen sich entweder nur durch NAND- oder nur durch NOR-Bausteine bilden. NAND- und NOR-Glieder bezeichnet man deshalb auch als Universalglieder. Durch die Verwendung von nur einem Schaltkreis kann man alle Schaltfunktionen darstellen und kann damit produktionstechnische Vereinfachungen erreichen.

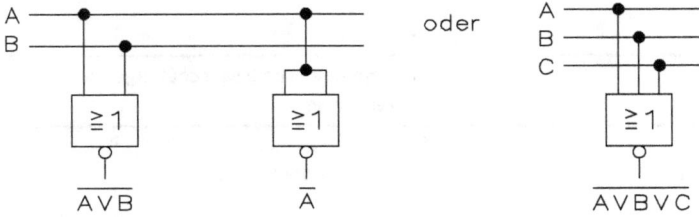

Abb. 3.11: Schaltungsmäßige Darstellung der NOR-Schaltung

Zuerst betrachtet man die NOR-Schaltung und die schaltungsmäßige Darstellung der NOR-Schaltung zeigt Abb. 3.11.

Man kann aber auch nur einen Eingang benutzen und den anderen freilassen, bzw. die NOR-Schaltung kann auch mehr als zwei Eingänge aufweisen. Der kleine Punkt an der Abzweigung der Leitungen zum jeweiligen Gatter bedeutet, dass die eine Leitung nicht durch eine andere Leitung unterbrochen wird, dass also z. B. die Leitung A über die Leitung B hinweggeführt wird, ohne dass es zu einer Berührung und damit eventuell zum Kurzschluss kommt. Die schaltungsmäßige Darstellung der NAND-Schaltung ist in Abb. 3.12 gezeigt.

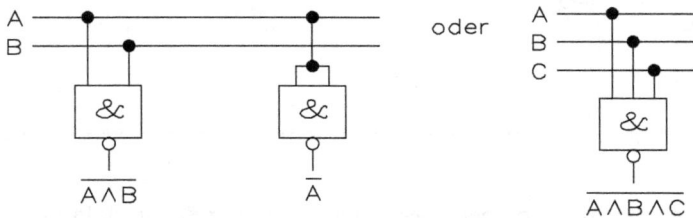

Abb. 3.12: Schaltungsmäßige Darstellung der NAND-Schaltung

Bei der NAND-Schaltung kann man beide Eingänge mit einem Wert belegen. Auch die NAND-Schaltung kann mehr als zwei Eingänge aufweisen.

Jetzt betrachtet man die sechs Funktionen, die als relevant für die Konstruktion von Schaltungen angesehen wurden, und überprüft die Behauptung, dass man diese Funktionen entweder nur durch NAND- oder nur durch NOR-Schaltungen wiedergeben kann. Abb. 3.13 zeigt die technische Realisierung von NAND- und NOR-Schaltungen.

Auch die Negation muss durch NAND- bzw. NOR-Schaltungen darstellbar sein. Deshalb wurde sie hier hinzugenommen, wie Abb. 3.14 zeigt.

An den schwierigeren Beispielen der EXOR-Funktion und der Äquivalenzfunktion soll das Prinzip der Konstruktion von Schaltungen nur aus einem Baustein, nämlich NAND- oder NOR-Schaltungen gezeigt werden.

Funktion			Realisierung durch NOR-Schaltungen	Realisierung durch NAND-Schaltungen
Bezeichnung	Schaltalgebraische Darstellung	Schaltzeichen-darstellung		
Konjunktion	$X = A \wedge B$			
Disjunktion	$X = A \vee B$			
NOR-Funktion	$X = \overline{A \vee B}$			
NAND-Funktion	$X = \overline{A \wedge B}$			

Abb. 3.13: Technische Realisierung von NAND- und NOR-Schaltungen

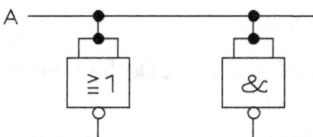

Abb. 3.14: Technische Realisierung von NICHT-Schaltungen

3.2.1 EXOR-Funktion

EXOR-Funktion lautet: $f_7 = (A \wedge \overline{B}) \vee (\overline{A} \wedge B)$

Darstellung nur durch NAND-Glieder: Zuerst wird die gesamte Funktion doppelt verneint. Dadurch ändert sie sich in ihrem Verhalten nicht.

$$f_7 = \overline{\overline{(A \wedge \overline{B}) \vee (\overline{A} \wedge B)}} \, .$$

Jetzt muss das ODER zwischen den beiden Termen beseitigt werden. Dazu wird die innere Verneinung als Strich unterbrochen und dann das ODER umgekehrt zu UND. Da insgesamt noch eine Verneinung über der gesamten Funktion vorhanden ist, bedeutet dieses UND in Wirklichkeit wieder ein NAND.

$$f_7 = \overline{\overline{(A \wedge \overline{B})} \wedge \overline{(\overline{A} \wedge B)}} \, .$$

Wenn man die Funktion durch NAND-Gatter darstellen will, geht man bei dem Term von innen nach außen vor, stellt also zuerst die inneren Zeichen dar und dann erst die äußeren Verneinungen. Abb. 3.15 zeigt die Schaltung.

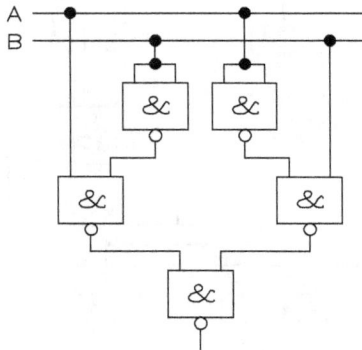

Abb. 3.15: Schaltung mit einer EXOR-Funktion

Die Schaltung ist dreistufig, da sie auf drei Ebenen NAND-Gatter hintereinanderschaltet.

Darstellung nur durch NOR-Glieder:

$$f_7 = (A \wedge \overline{B}) \vee (\overline{A} \wedge B) \, .$$

Wiederum wird zuerst doppelt verneint. Danach werden die UND-Zeichen in den Klammern zu ODER bzw. zu NOR umgewandelt.

$$f_7 = \overline{\overline{(A \wedge \overline{B}) \vee (\overline{A} \wedge B)}} = \overline{(\overline{A} \vee B)} \vee \overline{(A \vee \overline{B})} \, .$$

Das ODER zwischen den Termen muss aber auch noch zu NOR werden. Deshalb muss nochmals doppelt verneint werden. Abb. 3.16 zeigt die Schaltung.

Die Schaltung ist vierstufig, aber durch vorherige Umformung des Ausgangsterms könnte man sie als dreistufige Schaltung realisieren.

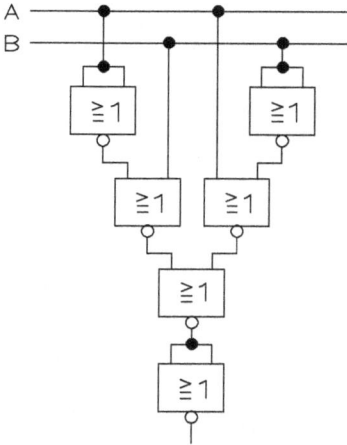

Abb. 3.16: EXOR-Funktion mit NOR-Gatter realisiert

3.2.2 XOR-Funktion

Die Äquivalenz-Funktion lautet: $f_{10} = (A \wedge B) \vee (\overline{A} \wedge \overline{B})$

Darstellung nur durch NAND-Glieder und Abb. 3.17 zeigt die Schaltung.

$$f_{10} = (A \wedge B) \vee (\overline{A} \wedge \overline{B})$$

$$f_{10} = \overline{\overline{(A \wedge B)} \wedge \overline{(\overline{A} \wedge \overline{B})}} \,.$$

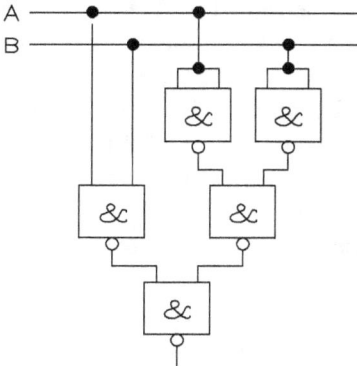

Abb. 3.17: Äquivalenz-Funktion durch NAND-Gatter realisiert

Darstellung nur durch NOR-Glieder und Abb. 3.18 zeigt die Schaltung.

$$f_{10} = (A \wedge B) \vee (\overline{A} \wedge \overline{B})$$

$$f_{10} = \overline{\overline{(A \wedge B)} \vee \overline{(\overline{A} \wedge \overline{B})}} = (\overline{A} \vee \overline{B}) \vee (\overline{A \vee B})$$

$$f_{10} = -\overline{\overline{(\overline{A} \vee \overline{B})} \vee \overline{(A \vee B)}} \,.$$

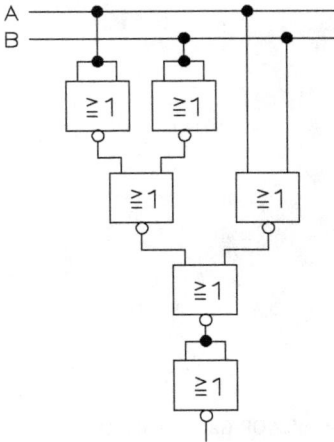

Abb. 3.18: Äquivalenz-Funktion durch NOR-Gatter realisiert

Neben den zweistelligen Funktionen mit nur zwei Eingängen gibt es auch mehrstellige Funktionen, wie Abb. 3.19 zeigt.

3.2.3 Vereinfachung von Schaltungen

Zur Vereinfachung von Schaltungen bedient man sich der Gesetze und Theoreme zur Umformung und Vereinfachung von booleschen Termen. In der Praxis ergibt jedoch nicht notwendigerweise eine Darstellung durch den kürzesten booleschen Term auch eine kostengünstige technische Realisierung der booleschen Funktion. Vielmehr kann eine Realisierung, die besonders übersichtlich ist, die es erlaubt, Elemente zusammenzuschalten oder mehrstufige Verknüpfungen zu bilden, die viele gleiche Baueinheiten verwendet, die eine feste Zahl von Eingängen besitzt oder die eine möglichst kurze Laufzeit bei möglichst guter Nutzung der verfügbaren Fläche auf einem Siliziumchip verwirklicht, vorteilhafter sein. Man ordnet daher jedem booleschen Term seine Kosten zu und sucht eine Darstellung, bei der die Kostenfunktion ein Minimum annimmt. Trotz dieser einschränkenden Bemerkungen strebt man in der Theorie bei der Vereinfachung von Termen zum einen nach einer minimalen Zahl von Schaltwertvariablen und zum anderen nach einer möglichst kleinen Zahl von Junktoren.

Es gibt vier verschiedene Arten von Verfahren zur Vereinfachung von Schaltungen:
– Algebraische Verfahren
– Grafische Verfahren
– Entwicklungstheoreme
– Verfahren nach Quine und McCluskey

	Eingangs-bedingungen	Ausgangsbedingungen
1. einstellige Boolesche Funktionen verwenden eine Variable 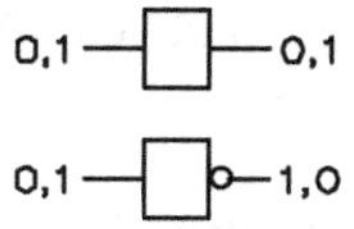 0,1 —⊐—0,1 0,1 —⊐o—1,0	Zwei Zustände sind an dem einen Eingang möglich: 0,1 $EK = Z^E = 2^1$ Z = Zustände E = Zahl der Eingänge	<table><tr><td>x</td><td>f_1</td><td>f_2</td><td>f_3</td><td>f_4</td></tr><tr><td>0</td><td>0</td><td>0</td><td>1</td><td>1</td></tr><tr><td>1</td><td>0</td><td>1</td><td>0</td><td>1</td></tr></table>Es gibt also vier Ausgangsbedingungen f_1 und f_4 hängen nicht von x ab. f_2 ist eine identische Abbildung der Eingangsbedingungen. f_3 ist deren Negation. Zahl der Ausgangsbedingungen: $AK = Z^{EK} = 2^2 = 4$ Z = Zustände EK = Eingangsbedingungen
2. zweistellige Boolesche Funktionen verwenden zwei Variablen A—⊐— A—⊐o— B B	$EK = 2^2 = 4$	$AK = 2^4 = 16$
3. dreistellige Boolesche Funktionen verwenden drei Variablen	$EK = 2^3 = 8$	$AK = 2^8 = 256$
4. vierstellige Boolesche Funktionen verwenden vier Variablen	$EK = 2^4 = 16$	$AK = 2^{16} = 65536$
5. n-stellige Boolesche Funktionen verwenden n Variablen n— n—	$EK = 2^n$	$AK = 2^{(2^n)}$

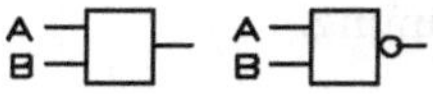

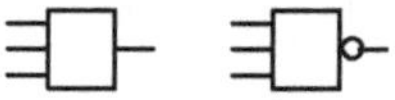

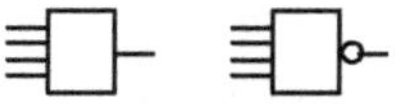

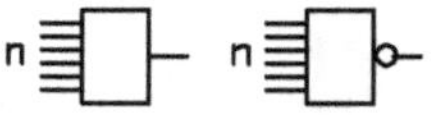

Abb. 3.19: Eingangskonstellationen von integrierten Schaltkreisen

a) Algebraische Verfahren: Mit den algebraischen Verfahren hat man sich im Abschnitt über Termumformungen schon genauer beschäftigt. Die Vereinfachung der Schaltterme erfolgt dabei unmittelbar durch Anwendung der Gesetze und Theoreme der Schaltalgebra. Der Vereinfachungsprozess verläuft nicht nach einem festen Schema, vielmehr ist eine gewisse Geschicklichkeit in der Handhabung der algebraischen Gesetze erforderlich. Hier nochmals ein Beispiel als Wiederholung.

Beispiel:

$$y(a, b, c) = [a \vee (a \wedge b)] \wedge [a \vee (b \wedge c)]$$
$$= (a \vee a) \wedge (a \wedge b) \wedge (a \vee b) \wedge (a \vee c)a \wedge (a \vee b) \wedge (a \vee c)$$
$$= a \wedge [a \vee (b \wedge c)]$$

b) Grafische Verfahren: Als grafische Verfahren kommen Karnaugh- und Venn-Diagramme infrage.

Aufgabe: Es soll eine minimale Schaltfunktion gefunden werden, die den Wert 1 annimmt, wenn es sich bei einer im 4-Bit-Code gesendeten Information um eine sogenannte Pseudotetrade handelt. Ansonsten soll die boolesche Funktion ein 0-Signal erzeugen.

Das Erkennen von Pseudotetraden ist insbesondere bei Rechenoperationen wichtig. So will man beispielsweise nach einer Addition im BCD-Code dem Ergebnis sofort ansehen, ob es ein mögliches Ergebnis ist oder ob eine Pseudotetrade vorliegt. Das Erkennen von Pseudotetraden ermöglicht also eine Fehlererkennung.

1. Schritt: Aufstellen der Funktionstabelle

A	B	C	D	f(A, B, C, D)	dezimaler Wert	
0	0	0	0	0	0	
0	0	0	1	0	1	
0	0	1	0	0	2	
0	0	1	1	0	3	
0	1	0	0	0	4	
0	1	0	1	0	5	
0	1	1	0	0	6	
0	1	1	1	0	7	
1	0	0	0	0	8	
1	0	0	1	0	9	
1	0	1	0	1	X	
1	0	1	1	1	X	
1	1	0	0	1	X	X = Pseudotetrade
1	1	0	1	1	X	
1	1	1	0	1	X	
1	1	1	1	1	X	

2. Schritt: Aufstellen des Terms für die Pseudotetraden

Zur leichteren Kenntlichmachung im Karnaugh-Diagramm werden die Terme nummeriert.

Termnummern   (1)   (2)   (3)

$$f(A, B, C, D) = (A \wedge \overline{B} \wedge C \wedge \overline{D}) \vee (A \wedge \overline{B} \wedge C \wedge D) \vee (A \wedge B \wedge \overline{C} \wedge \overline{D})$$

$$\vee (A \wedge B \wedge \overline{C} \wedge D) \vee (A \wedge B \wedge C \wedge \overline{D}) \vee (A \wedge B \wedge C \wedge D)$$

Termnummern   (4)   (5)   (6)

3. Schritt: Einzeichnen der Terme in das Karnaugh-Diagramm (Abb. 3.20)

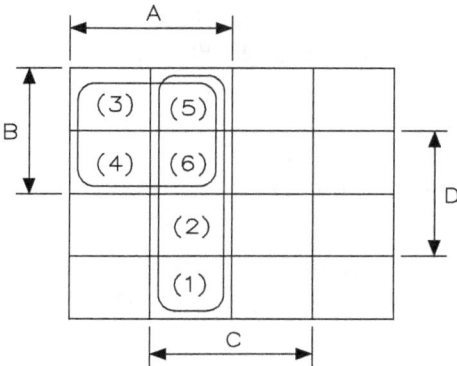

Abb. 3.20: Karnaugh-Diagramm, die Nummern der Terme

Die im Karnaugh-Diagramm markierten Felder werden gemäß den Einkreisungen zusammengefasst. Man kann immer nur bestimmte Felder zusammenfassen. Bei unserem Beispiel mit 16 Feldern geht das
- mit der Hälfte der Felder (8)
- einem Viertel der Felder (4)
- zwei Feldern (2)

Einzelne liegende Felder kann man nicht zusammenfassen. Sie werden durch die vier Variablen bestimmt und müssen einzeln angesteuert werden.

Zwei nebeneinanderliegende Felder unterscheiden sich nur in einer Variablen, die in dem einen Feld negiert, im anderen Feld nicht negiert vorkommt. Kombiniert man beide Felder, so werden die Minterme addiert, und die unterschiedliche Variable fällt heraus.

Beispiel:

$$A B \overline{C} \quad \text{oder} \quad A B C \quad \text{ergibt} \quad A B$$

Anmerkung: Das Multiplikationszeichen (Konjunktion) zwischen den Variablen wurde entfernt.

Minterme, die sich nur in einer Variablen unterscheiden, liegen teils nebeneinander, teils untereinander und teils gegenüber, aber immer in der gleichen Zeile oder

Spalte. Vier Minterme können zusammengefasst werden, wenn sie sich untereinander in zwei Variablen unterscheiden, die jeweils in vier Kombinationen in den vier Mintermen vorkommen.

Beispiel:

$$ABCD \quad \text{oder} \quad AB\overline{C}D \quad \text{oder} \quad ABC\overline{D} \quad \text{oder} \quad AB\overline{C}\,\overline{D} \quad \text{ergibt} \quad AB$$

Beim Zusammenfassen der Felder können belegte Felder auch mehrfach zur Bildung umfassender Terme benutzt werden. Bei dem mehr oder weniger gefühlsmäßigen Zusammenfassen der Felder muss nicht unbedingt die Minimalform des Schaltterms gefunden werden. Ein systematischeres Vorgehen ist jedoch viel umständlicher und erfordert viel mehr Zeit und Mühe. Für das linke obere Quadrat erhält man in unserem Beispiel den Term $(A \wedge B)$. Für die vier übereinanderliegenden Felder ergibt sich Term $(A \wedge C)$.

Verbindet man die beiden Terme, so erhält man $f(A, B, C, D) = (A \wedge B) \vee (A \wedge C)$.

Mithilfe des Distributivgesetzes kann man noch umformen zu $f(A, B, C, D) = A \wedge (B \vee C)$.

4. Schritt: Ergebnis. Die geforderte Schaltfunktion wurde in obiger Weise minimiert. Außerdem sieht man, dass für das Erkennen von Pseudotetraden die Stelle D überhaupt nicht benötigt wird.

5. Schritt: Technische Realisierung (Abb. 3.21)

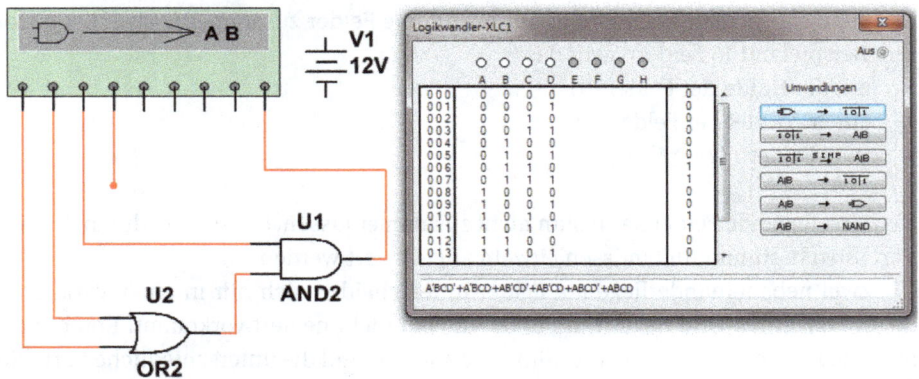

Abb. 3.21: Technische Realisierung

An einem weiteren Beispiel soll die Verwendung von Venn-Diagrammen zur Vereinfachung von Schalttermen gezeigt werden.

Beispiel:

$$f(A, B, C) = (A \vee B) \wedge (A \vee \overline{C}) \wedge (B \vee C)$$

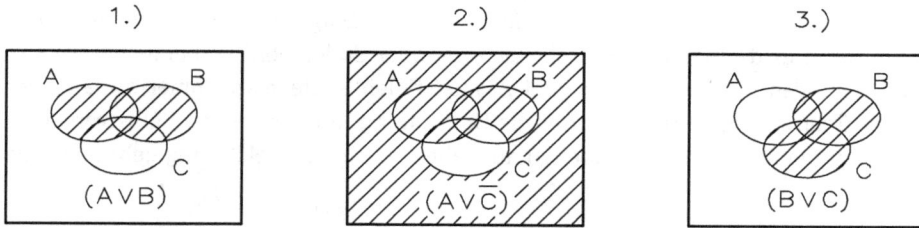

Abb. 3.22: Venn-Diagramme

Da es drei Ausdrücke in Klammern gibt, zeichnet man drei Venn-Diagramme von Abb. 3.22.

Die Ausdrücke in Klammern sind durch Konjunktion miteinander verbunden, d. h., man muss bei den drei Venn-Diagrammen die Bereiche feststellen, in denen sich die schraffierten Flächen überschneiden. Abb. 3.23 zeigt die Lösung.

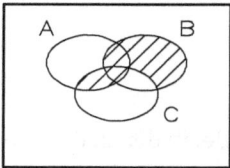

Abb. 3.23: Optimale Lösung

Aus der Grafik von Abb. 3.23 lässt sich der Lösungsterm ablesen mit

$$y(A, B, C) = (A \wedge C) \vee (B \wedge \overline{C}) \, .$$

Die analoge algebraische Umformung wäre wie folgt:

$$
\begin{aligned}
y(A, B, C) &= (A \vee B) \wedge (A \vee \overline{C}) \wedge (B \vee C) \\
&= [A \vee (B \wedge \overline{C})] \wedge (B \vee C) \\
&= [A \wedge (B \vee C)] \vee [(B \wedge \overline{C}) \wedge (B \vee C)] \\
&= (A \wedge B) \vee (A \wedge C) \vee [B \wedge (B \vee C)] \wedge [\overline{C} \wedge (B \vee C)] \\
&= (A \wedge B) \vee (A \wedge C) \vee \{[(B \wedge B) \vee (B \wedge C)] \wedge [(\overline{C} \wedge B) \vee (\overline{C} \wedge C)]\} \\
&= (A \wedge B) \vee (A \wedge C) \vee [B \wedge (\overline{C} \wedge B)] \\
&= (A \wedge B) \vee (A \wedge C) \vee (\overline{C} \wedge B) \\
&= [A \wedge B \wedge (C \vee \overline{C}) \vee (A \wedge C) \vee (B \wedge \overline{C}) \\
&= (A \wedge B \wedge C) \vee (A \wedge B \wedge \overline{C}) \vee (A \wedge C) \vee (B \wedge \overline{C}) \\
&= (A \wedge C) \vee (B \wedge \overline{C}) \, .
\end{aligned}
$$

Wie man leicht erkennen kann, ist das algebraische Umformen relativ lang und erfordert höchste Aufmerksamkeit, damit keine Fehler entstehen. Deshalb hat das grafische Verfahren mit dem Venn- oder Karnaugh-Diagramm wesentliche Vorteile. Die grafischen Verfahren mit dem Venn- oder Karnaugh-Diagramm haben aber auch Vorteile, wenn es darum geht, Zwischenschritte oder Endergebnisse bei algebraischen Umformungen zu kontrollieren. Bei Zweifelsfällen sollte man immer anhand der Grafik überprüfen, ob die algebraische Umformung in Ordnung ist. Selbstverständlich könnte man auch Wertetabellen aufstellen, doch eine Zeichnung geht meistens schneller.

3.2.4 Entwicklungstheoreme

Bei der Anwendung der sogenannten Entwicklungstheoreme wird im ersten Schritt die erste Verknüpfung, z. B. A, gleich 0 gesetzt und damit der Ausdruck ausgerechnet.

Beispiel:

$$y(A, B, C) = (\overline{A} \vee B) \wedge (B \vee \overline{C}) \wedge (A \vee \overline{C})$$

$$A = 0 \quad \text{setzen}$$

$$y(0, B, C) = (1 \vee B) \wedge (B \vee \overline{C}) \wedge (0 \vee \overline{C})$$

$$y(0, B, C) = 1 \wedge (B \vee \overline{C}) \wedge \overline{C}$$

$$y(0, B, C) = \overline{C}$$

Die so ermittelte Funktion gilt für die Fälle in der Funktionstabelle, in denen die Eingangsvariable A den Wert 0 annimmt. Im zweiten Schritt wird das erste Glied (A) gleich 1 gesetzt und damit wird dann der Ausdruck berechnet:

$$y(A, B, C) = (\overline{A} \vee B) \wedge (B \vee \overline{C}) \wedge (A \vee \overline{C})$$

$$A = 1 \quad \text{setzen}$$

$$y(1, B, C) = (0 \vee B) \wedge (B \vee \overline{C}) \wedge (1 \vee \overline{C})$$

$$y(1, B, C) = B \wedge (B \vee \overline{C}) \wedge 1$$

$$y(1, B, C) = B .$$

Die so ermittelte Funktion gilt für die Fälle in der Funktionstabelle, in denen die Eingangsvariable A den Wert 1 annimmt. Es werden die erhaltenen Ausdrücke in eine der beiden folgenden Formeln eingesetzt:

Entwicklungstheorem 1: $\quad y(A, B, C, \ldots) = [A \wedge y(1, B, C, \ldots)] \vee [\overline{A} \wedge y(0, B, C, \ldots)]$

Entwicklungstheorem 2: $\quad y(A, B, C, \ldots) = [A \vee y(0, B, C, \ldots)] \wedge [\overline{A} \vee y(1, B, C, \ldots)]$

Für das Beispiel gilt bei Anwendung des Entwicklungstheorems 1:

$$y(A, B, C) = (A \wedge B) \vee (\overline{A} \wedge \overline{C}) .$$

Bei Anwendung des Entwicklungstheorems 2 ergibt sich:

$$y(A, B, C) = (A \vee \overline{C}) \wedge (\overline{A} \vee B) .$$

Die ursprüngliche Schaltfunktion wurde durch Anwendung der Entwicklungstheoreme 1 oder 2 auf die vereinfachten Formen gebracht.

$$y(A, B, C) = (A \wedge B) \vee (\overline{A} \wedge \overline{C}) \quad \text{oder} \quad y(A, B, C) = (A \vee \overline{C}) \wedge (\overline{A} \vee B) .$$

Durch Umformungen und durch Anwendung des Karnaugh-Diagramms kann man überprüfen, ob die erhaltenen Lösungen stimmen. Die algebraische Umformung ergibt:

Termnummern   (1)   (2)   (3)

$$
\begin{aligned}
(f(A, B, C) &= (\overline{A} \vee B) \wedge (B \vee \overline{C}) \wedge (A \vee \overline{C}) \\
&= (\overline{A} \vee B) \wedge (\overline{A} \vee B \vee \overline{C}) \wedge (A \vee B \vee \overline{C}) \wedge (A \vee \overline{C}) \quad \big| \text{Erweitern} \\
&= (\overline{A} \vee B) \wedge (A \vee \overline{C}) \qquad \big| \text{Lösung wie aus Entwicklungstheorem 2} \\
&= [\overline{A} \wedge (A \vee \overline{C})] \vee [(\overline{B} \wedge (A \vee \overline{C})] \qquad \big| \\
&= (\overline{A} \wedge A) \vee (\overline{A} \wedge \overline{C}) \vee (A \wedge B) \vee (B \wedge \overline{C}) \qquad \big| \\
&= (\overline{A} \wedge \overline{C}) \vee (A \wedge B) \vee (A \wedge B \wedge \overline{C}) \vee (\overline{A} \wedge B \wedge \overline{C}) \qquad \big| \\
&= (A \wedge B) \vee (\overline{A} \wedge \overline{C}) \qquad \big| \text{Lösung wie aus Entwicklungstheorem 1}
\end{aligned}
$$

Abb. 3.24 zeigt das Karnaugh-Diagramm mit den Nummern der Terme.

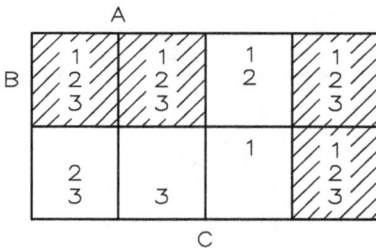

Abb. 3.24: Karnaugh-Diagramm mit den Nummern der Terme

In der Lösung müssen die Nummern der drei Terme zugleich enthalten sein, da es sich um Konjunktionen handelt. Die Gültigkeit der beiden Formen des Entwicklungstheorems kann formal bewiesen werden, indem man für A einmal 0 und einmal 1 einsetzt. Wir wollen uns hier auf den Beweis für die erste Form des Entwicklungstheorems beschränken.

Für A = 0 gilt:

$$
\begin{aligned}
y(0, B, C, \dots) &= [0 \wedge y(1, B, C, \dots)] \vee [\overline{0} \wedge y(0, B, C, \dots)] \\
&= \qquad 0 \qquad \vee [1 \wedge y(0, B, C, \dots)] \\
&= \qquad 0 \qquad \vee y(0, B, C, \dots) \\
&= \quad y(0, B, C, \dots)
\end{aligned}
$$

Für A = 1 gilt:

$$y(1, B, C, \ldots) = [1 \wedge y(1, B, C, \ldots)] \vee [\overline{1} \wedge y(0, B, C, \ldots)]$$
$$= y(1, B, C, \ldots) \quad \vee [0 \wedge y(0, B, C, \ldots)]$$
$$= y(1, B, C, \ldots) \quad \vee 0$$
$$= y(1, B, C, \ldots)$$

Die linke und die rechte Seite der Gleichung sind in beiden Fällen gleich. Die erste Form des Entwicklungsgesetzes ist also sowohl für A = 0 als auch für A = 1 gültig. Analog kann man auch die zweite Form des Entwicklungstheorems beweisen. Mehr Verständnis erhält man, wenn man die Funktionstabellen für alle Funktionen betrachtet.

A	B	C	$\overline{A}$	$\overline{C}$	y(A, B, C)	y(1, B, C)	y(0, B, C)	$A \wedge y(1, B, C)$	$\overline{A} \wedge (0, B, C)$	y(A, B, C)
1	1	1	0	0	1	1	0	1	0	1
1	1	0	0	1	1	1	1	1	0	1
1	0	1	0	0	0	0	0	0	0	0
1	0	0	0	1	0	0	1	0	0	0
0	1	1	1	0	0	1	0	0	0	0
0	1	0	1	1	1	1	1	0	1	1
0	0	1	1	0	0	0	0	0	0	0
0	0	0	1	1	1	0	1	0	1	1

Die Funktion y(1, B, C) = B gilt eigentlich nur für die ersten vier Kombinationsmöglichkeiten, nämlich für A = 1. Sie liefert aber acht Ergebnisse, wie aus der Tabelle hervorgeht. Also muss man die letzten vier Kombinationsmöglichkeiten herausfiltern. Das tut man, indem man y(l, B, C) mit A schneidet bzw. A UND y(l, B, C) rechnet. Dadurch werden die ersten vier Ergebnisse aus y(l, B, C) als Teile für das Endergebnis übernommen, die letzten vier Ergebnisse werden 0.

y(0, B, C) gilt nur für die letzten vier Kombinationsmöglichkeiten, nämlich dann, wenn A = 0 ist. Schneidet man y(0, B, C) mit $\overline{A}$, so werden analog die vier unteren Kombinationen als Teile für das Endergebnis übernommen, da in diesen Fällen $\overline{A}$ = 1 ist. Die Zusammenführung beider Teilergebnisse liefern das Endergebnis.

Beim Entwicklungstheorem 2 vereinigt man y(l, B, C) mit $\overline{A}$, also bei den ersten vier Kombinationen mit 0 und bei den letzten vier Kombinationen mit 1. So gehen die ersten vier Ergebnisse aus y(l, B, C) als Teile ins Endergebnis ein, die letzten vier Kombinationsmöglichkeiten werden durch die Vereinigung 1. Vereinigt man y(0, B, C) mit A, so gehen die unteren vier Ergebnisse von y(0, B, C) ins Endergebnis ein, da in diesen Fällen A = 0 ist.

3.2.5 Verfahren nach Quine und McCluskey

Dieses Verfahren zur systematischen Vereinfachung von Schalttermen ist benannt nach den amerikanischen Mathematikern Quine und McCluskey. Als algorithmisches Verfahren ist das Quine-McCluskey-Verfahren auf dem Papier umständlich durchzuführen, führt dafür aber sicher zu einer Minimalform des Schaltterms, und kann, das ist das Wesentliche, zur Ausführung auf einen PC programmiert werden.

Anhand des Beispiels zur Erkennung von Pseudotetraden soll die Funktionsweise des Verfahrens nach Quine und McCluskey erklärt werden. Aus der Funktionstabelle wird die disjunktive Normalform gebildet, indem die Minterme durch ODER verbunden werden. Die Funktionstabelle zeigt die Bedingungen für die Erkennung von Pseudotetraden.

A	B	C	D	f(A, B, C, D)	dezimaler Wert
0	0	0	0	0	0
0	0	0	1	0	1
0	0	1	0	0	2
0	0	1	1	0	3
0	1	0	0	0	4
0	1	0	1	0	5
0	1	1	0	0	6
0	1	1	1	0	7
1	0	0	0	0	8
1	0	0	1	0	9
1	0	1	0	1	X
1	0	1	1	1	X
1	1	0	0	1	X
1	1	0	1	1	X
1	1	1	0	1	X
1	1	1	1	1	X

X = Pseudotetrade

Jetzt kann man die disjunktive Normalform bilden. Dabei erhalten die Terme die Kennnummern, die weiter unten in Liste 1 benutzt werden.

Termnummern (6) (4) (5)

$$y(A, B, C, D) = (A \wedge \overline{B} \wedge C \wedge \overline{D}) \vee (A \wedge \overline{B} \wedge C \wedge D) \vee (A \wedge B \wedge \overline{C} \wedge \overline{D})$$
$$\vee (A \wedge B \wedge \overline{C} \wedge D) \vee (A \wedge B \wedge C \wedge \overline{D}) \vee (A \wedge B \wedge C \wedge D)$$

Termnummern (3) (2) (1)

Man schreibt nun sämtliche Minterme der DNF in einer Liste 1 untereinander, indem man bei einem positiven Wert einer Variablen 1 und bei einer negierten Schaltvariablen 0 schreibt. Dabei beginnt man mit dem Minterm, der die wenigsten Schaltwertvariablen in negierter Form enthält. Eine in einem Term nicht vorkommende Variable wird durch einen Stern oder Strich an der entsprechenden Stelle dargestellt.

Liste 1:	Nr.	A	B	C	D	
	(1)	1	1	1	1	4mal 1
	(2)	1	1	1	0	
	(3)	1	1	0	1	3mal 1
	(4)	1	0	1	1	
	(5)	1	1	0	0	
	(6)	1	0	1	0	2mal 1

Jetzt überprüft man die Minterme daraufhin, ob sie sich lediglich durch das Komplementärzeichen einer einzigen Schaltwertvariablen unterscheiden. Falls dies zutrifft, und das kann nur für Minterme zweier benachbarter Felder im Karnaugh-Diagramm der Fall sein, lassen sich diese beiden Minterme zu einem Term zusammenfassen. Diese neuen Terme erhalten andere Bezeichnungen (Nummern).

Nr.	A	B	C	D	Nr.	A	B	C	D	Nr.	A	B	C	D
(1)	1	1	1	1	(1)	1	1	1	1	(1)	1	1	1	1
(2)	1	1	1	0	(3)	1	1	0	1	(4)	1	0	1	1
(1, 2)	1	1	1	*	(1, 3)	1	1	*	1	(1, 4)	1	*	1	1

Die Kennzeichnung der neuen Terme besteht aus den Kennziffern der zusammengefassten Terme.

Gleiche Werte aus beiden Termen bleiben in dem neuen Term stehen. Die Stelle mit den verschiedenen Komplementärzeichen wird mit einem Strich oder einem Stern gekennzeichnet. Die Kombinationen 1, 5 und 1, 6 sind nicht möglich, weil sie sich in mehr als einer Schaltwertvariablen unterscheiden. Um diesen Unterschied leichter zu erkennen, wurden auch in der Liste 1 Gruppen gebildet. Also setzt man die Kombinationen mit dem 2. Minterm fort.

Nr.	A	B	C	D	Nr.	A	B	C	D
(2)	1	1	1	0	(2)	1	1	1	0
(5)	1	1	0	0	(6)	1	0	1	0
(2, 5)	1	1	*	0	(2, 6)	1	*	1	0

Wie man aus Liste 1 erkennen kann, sind die Kombinationen 2, 3 und 2, 4 nicht möglich, weil sie sich in mehr als einer Schaltwertvariablen unterscheiden. Also setzt man die Kombinationen mit dem 3. Minterm fort.

Nr.	A	B	C	D
(3)	1	1	0	1
(5)	1	1	0	0
(3, 5)	1	1	0	*

Die Kombinationen 3, 4 und 3, 6 sind nicht möglich. Also setzt man das Verfahren mit der Kombination 4, 6 fort, da sich 4, 5 in mehr als einer Stelle unterscheiden.

Nr.	A	B	C	D
(4)	1	0	1	1
(6)	1	0	1	0
(4, 6)	1	0	1	*

Sollte der Fall auftreten, dass aus der 1. Liste Minterme übrigbleiben, die man nicht weiter zusammenfassen kann, werden diese Minterme auch in die 2. Liste übertragen. Es dürfen keine Terme verloren gehen. Jetzt kann man eine Liste 2 mit den neuen Termen zusammenstellen.

Liste 2:	Nr.	A	B	C	D	
	(1, 2)	1	1	1	*	
	(1, 3)	1	1	*	1	3mal 1
	(1, 4)	1	*	1	1	
	(2, 5)	1	1	*	0	
	(2, 6)	1	*	1	0	2mal 1
	(3, 5)	1	1	0	*	
	(4, 6)	1	0	1	*	

Die Ausdrücke dieser zweiten Liste werden in der gleichen Weise weiterbearbeitet. Unterscheiden sich zwei Terme wieder nur durch das Komplementärzeichen einer einzigen Variablen, so schreibt man den beiden Termen gemeinsamen Anteil in eine neue Liste.

Nr.	A	B	C	D		Nr.	A	B	C	D
(1, 2)	1	1	1	*		(1, 2)	1	1	1	*
(3, 5)	1	1	0	*		(4, 6)	1	0	1	*
(1, 2, 3, 5)	1	1	*	*		(1, 2, 4, 6)	1	*	1	*

Andere Kombinationen mit 1, 2 gibt es nicht. Deshalb geht es mit 1, 3 weiter.

Nr.	A	B	C	D
(1, 3)	1	1	*	1
(2, 5)	1	1	*	0
(1, 3, 2, 5)	1	1	*	*

Andere Kombinationen mit 1, 3 gibt es nicht. Deshalb setzt man das Verfahren mit 1, 4 fort.

Nr.	A	B	C	D
(1, 4)	1	*	1	1
(2, 6)	1	*	1	*
(1, 4, 2, 6)	*	1	0	

Andere Kombinationen mit 1, 4 gibt es nicht. Auch mit 2, 5 und 2, 6 gibt es keine Kombinationen mehr. Grundsätzlich gibt es innerhalb einer Gruppe mit einer gleichen Zahl von Einsen auf einer Liste keine Kombinationsmöglichkeiten für die Vereinfachung von Termen. Die Terme 1, 2, 3, 5 und 1, 3, 2, 5 sind identisch, also kann man 1, 3, 2, 5 wegfallen lassen. Auch 1, 2, 4, 6 und 1, 4, 2, 6 sind gleich, so dass 1, 4, 2, 6 wegfällt.

Es liegen also nur noch zwei Terme vor, 1, 2, 3, 5 und 1, 2, 4, 6, die sich nicht mehr weiter zusammenfassen lassen. Man bezeichnet sie in Anlehnung an die Primfaktoren eines Produktes (Primfaktoren oder Primzahlen sind Zahlen, die sich nicht weiter zerlegen lassen) als Primimplikanten oder Primterme. Primimplikanten enthalten eine minimale Variablenzahl. Die Terme, die die Primimplikanten umfassen, enthalten immer mehr Schaltvariablen als die Primterme.

Die Primimplikanten werden nun disjunktiv miteinander verknüpft, da es sich ja um eine disjunktive Normalform handelt, die man entsprechend vereinfacht hat. Als Ergebnis des Vereinfachungsprozesses erhalten wir aus 1, 2, 3, 5 und 1, 2, 4, 6 den folgenden Term:

$$
\begin{array}{lccccl}
\text{Liste 3:} & \text{Nr.} & A & B & C & D & \text{Terme} \\
& (1, 2, 3, 5) & 1 & 1 & * & * & A \wedge B \\
& (1, 2, 4, 6) & 1 & * & 1 & * & A \wedge C
\end{array}
$$

$$f(A, B, C, D) = (A \wedge B) \vee (A \wedge C)$$

Dieser Term lässt sich durch Anwendung des Distributivgesetzes noch weiter vereinfachen zu

$$f(A, B, C, D) = A \wedge (B \vee C) .$$

Das Ergebnis ist also, dass die Schaltvariable D zur Erkennung einer Pseudotetrade nicht erforderlich ist. Der Schaltterm lässt sich, wie schon weiter oben gezeigt, technisch leicht realisieren. Nun bleibt noch zu prüfen, ob die Primimplikanten voneinander unabhängig sind. Dies geschieht mithilfe der sogenannten Primimplikantentafel, einer matrixförmigen Anordnung der Minterm-Kennziffern und der Primimplikanten. Die nachfolgende Tabelle zeigt die Primimplikantentafel.

Term	1	2	3	4	5	6
$(A \wedge B)$	X	X	X		X	
$(A \wedge C)$	X	X		X		X

In den Mintermen 1, 2, 3, 5 ist der Primimplikant $A \wedge B$, in den Mintermen 1, 2, 4, 6 ist der Primimplikant $A \wedge C$ enthalten. Alle Minterme müssen durch die Primimplikanten abgedeckt sein. In dem Beispiel werden die Minterme 1 und 2 durch beide Primimplikanten abgedeckt. Man darf jedoch keinen Primimplikanten weglassen, da sonst nicht alle Minterme abgedeckt würden. Der Term $Y(A, B, C, D) = A \wedge (B \vee C)$ besitzt bereits die Minimalform. Betrachten wir eine andere, in keiner Beziehung zum obigen

Beispiel stehende Primimplikantentafel.

Term	1	2	3	4	5	6
$(A \wedge B)$			X	X	X	X
$(B \wedge C)$		X	X	X		
$(A \wedge C)$	X	X	X			

In diesem Fall kann man den Primimplikanten $(B \wedge C)$ weglassen, da auch ohne diesen Primimplikanten alle Minterme in den beiden restlichen Primimplikanten enthalten sind. Dass der Minterm 3 doppelt in den beiden übriggebliebenen Primimplikanten auftaucht, lässt sich nicht vermeiden, denn noch einen Primimplikanten darf man nicht weglassen.

Überlegen wir uns noch einen Augenblick die Methodik des Verfahrens von Quine und McCluskey. Wenn man zwei Minterme addiert, so kann man auch dafür schreiben:

Nr.	A	B	C	D	
(1)	1	1	1	1	$(A \wedge B \wedge C \wedge D)$
(2)	1	1	1	0	$(A \wedge B \wedge C \wedge \overline{D})$
(1, 2)	1	1	1	*	

Beide Terme sind durch ein ODER disjunktiv miteinander verbunden, da es sich um die Anwendung der disjunktiven Normalform handelt.

$$(A \wedge B \wedge C \wedge D) \vee (A \wedge B \wedge C \wedge \overline{D}) \, .$$

Durch die Addition wird in Wirklichkeit das Distributivgesetz angewendet:

$$(A \wedge B \wedge C) \wedge (D \vee \overline{D}) \, .$$

Die beiden ursprünglichen Terme wurden vereinfacht zu $(A \wedge B \wedge C)$.

Im Quine-und-McCluskey-Verfahren wird der Strich oder Stern als Platzhalter benötigt, um zu kontrollieren, ob alle Schaltvariablen berücksichtigt wurden. Würde man den Platzhalter nicht benutzen, so würde nicht deutlich werden, welche Variable weggefallen ist.

Man hätte die Pseudotetraden auch mithilfe der Nullwerte der Funktion aussondern können und dann hätte man die konjunktive Normalform bilden müssen. Dabei handelt es sich, wie schon früher erklärt, um eine doppelte Verneinung. Zum einen geht man von falschen Werten aus der Tabelle aus, zum anderen geht man von den falschen Positionen im Diagramm aus, nämlich den Positionen, die man nicht aussondern will. Die konjunktive Normalform muss zum gleichen Ergebnis führen wie die disjunktive. Auch bei Benutzung der KNF ist eine Vereinfachung mit dem Quine-McCluskey-Verfahren möglich. Bei der KNF gilt folgende Beziehung:

$$(A \vee B \vee C \vee D) \wedge (A \vee B \vee C \vee D) = (A \vee B \vee C) \vee (D \wedge \overline{D})$$

$$= A \vee B \vee C \, .$$

3.2.6 Entwurf von digitalen Steuerungsschaltungen

Die Problemstellung bei der Schaltungssynthese liegt meist in verbaler Form vor. So soll in dem Beispiel eine Fahrstuhlsicherheitsschaltung entworfen werden. Es werden verbal Bedingungen angegeben, durch die das Verhalten von binären Eingangs- und Ausgangsgrößen (Signalen) beschrieben wird. Als Signale bezeichnet man das Auftreten einer physikalisch beobachtbaren Größe, z. B. Strom oder Spannung, in zwei unterschiedlichen Zuständen. Die Aufgabe der Schaltungssynthese besteht darin, eine Schaltung zu finden, die eine solche Zuordnung der Zustände von Ein- und Ausgangsgrößen gewährleistet.

Bei der Behandlung solcher Aufgaben empfiehlt sich folgendes Vorgehen:

1. Schritt: Genaue Beschreibung der Funktion der gesuchten Schaltung (Pflichtenheft)

Beispiel: Ein Fahrstuhl darf nur abfahren, wenn
- die Türe geschlossen ist,
- der Fahrknopf gedrückt wird,
- der Fahrstuhl nicht überlastet ist.

2. Schritt: Erfassen der binären Eingangs- und Ausgangsvariablen in einem Schaltnetz
- Welche Größen gehen in das Schaltnetz (Schaltwerk) hinein und welche sind die Ausgangsgrößen?
- Welche Bedeutung haben jeweils 0 und 1?

Beispiel:

  A = Türkontakt
  A = 1 Türkontakt geschlossen
  A = 0 Türkontakt offen

  B = Fahrknopf
  B = 1 Fahrknopf gedrückt
  B = 0 Fahrknopf nicht gedrückt

  C = Überlastschalter
  C = 1 Überlastung
  C = 0 keine Überlastung

  Z = Ausgangsvariable
  Z = 1 Fahrstuhl darf fahren
  Z = 0 Fahrstuhl darf nicht fahren

Abb. 3.25 zeigt das Schaltnetz für eine Fahrstuhlsicherheitsschaltung.

Abb. 3.25: Schaltnetz für eine Fahrstuhlsicherheitsschaltung

Ein Schaltnetz für eine Fahrstuhlsicherheitsschaltung ist die technische Realisierung von booleschen Funktionen.

3. Schritt: Aufstellen der Schaltwerttafel

Beispiel:

A	B	C	Z
0	0	0	0
0	0	1	0
0	1	0	0
0	1	1	0
1	0	0	0
1	0	1	0
1	1	0	1
1	1	1	0

Der Fahrstuhl darf nur abfahren Z = 1, wenn A = 1, die Türe geschlossen ist, B = 1, der Fahrknopf gedrückt ist, und C = 0, keine Überlastung vorliegt.

4. Schritt: Ableitung des Schalterms. Wenn bei den Ausgangsgrößen der Zustand 1 weniger häufig vorkommt, so wird man die disjunktive Normalform, wenn die 0 weniger häufig vorkommt, die konjunktive Normalform wählen.

Beispiel:

$$Z = A \wedge B \wedge \overline{C}$$

5. Schritt: Schaltungsminimierung und gegebenenfalls Umformung der Schaltung. Zur Vereinfachung des Schalterms hat man verschiedene Verfahren kennengelernt und eines davon wählt man aus. In dem Beispiel kann der Schaltterm nicht weiter vereinfacht werden. Selbstverständlich kann man die vereinfachte Schaltung ausschließlich unter Benutzung von NOR- oder NAND-Gliedern aufbauen, wenn dadurch die Herstellung der Schaltung kostengünstiger ist.

6. Schritt: Entwurf eines Schaltbilds (Logikdiagramm)
Das Schaltbild kann als Netzschaltbild oder als Funktionsschaltbild in Gatterform angegeben werden. Meist wird man die zweite Form der Darstellung wählen. Schaltsymbole in Gatterdarstellung für die Fahrstuhlsicherheitsschaltung zeigt Abb. 3.26.

UND−Funktion　　　NAND−Funktion　　　NOR−Funktion

Sheffer−Funktion　　　Peirce−Funktion

$Z = A \land B \land \overline{C}$　　　$Z = \overline{\overline{A \land B \land \overline{C}}}$　　　$Z = \overline{\overline{A} \lor \overline{B} \lor C}$

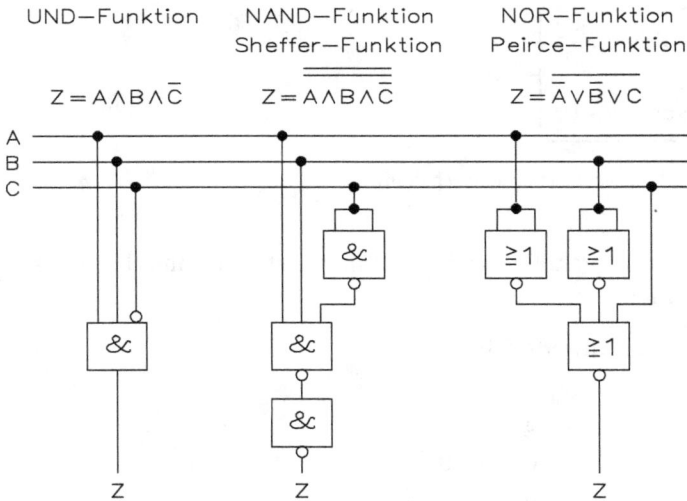

Abb. 3.26: Varianten für die Fahrstuhlsicherheitsschaltung

Die folgenden drei Schritte sind weniger logisch als vielmehr technisch orientiert.

7. Schritt: Logikplan. Das Logikdiagramm (Schaltbild) wird in einen Logikplan umgesetzt, der den speziellen Anforderungen der verwendeten Technik entspricht und möglichst viele Standardbausteine wie NAND- und NOR-Schaltungen enthält.

8. Schritt: Layout. Es wird ein Gesamtübersichtsplan am Computerarbeitsplatz zusammengesetzt, um ein Layout mit dem geringsten Platzbedarf für die gewünschte Schaltung zu erhalten.

9. Schritt: Simulation. Das Layout der endgültigen Schaltung wird mithilfe eines Computerprogramms überprüft.

3.2.7 Grundschaltungen für die Steuerungstechnik

Jetzt sollen einige Beispiele durchgeführt werden, wie Schaltungen in der Steuerungstechnik aus den drei Grundfunktionen der Logik UND, ODER und NICHT aufgebaut sind. Vergleichsschaltungen, sie werden auch als digitale Komparatoren bezeichnet, sollen entsprechend den Anweisungen entscheiden, ob eine Zahl größer, kleiner oder gleich einer anderen Zahl B ist.

Die Möglichkeit, zwei Binärstellen miteinander vergleichen zu können, ist außerdem Voraussetzung für bedingte Sprungbefehle, für viele Steuerbefehle und für alle Sortiervorgänge. Da auch Buchstaben binär verschlüsselt werden, kann man dieselbe Vergleichsschaltung sowohl zum Sortieren von Zahlen als auch zum Sortieren von Alphazeichen einsetzen.

Beispiel 1: Zwei einstellige Dualzahlen A und B sollen auf Gleichheit überprüft werden.

Funktionstabelle:

A	B	f(A, B)
0	0	1
0	1	0
1	0	0
1	1	1

Wenn die beiden Dualzahlen übereinstimmen, steht in der Funktion eine 1 (wahr). Diese Schaltung entspricht der Äquivalenzschaltung.

$$f(A, B) = (\overline{A} \wedge \overline{B}) \vee (A \wedge B)$$

Auf die einheitliche Benutzung von NOR- oder NAND-Gliedern wird hier aus Gründen der Übersichtlichkeit verzichtet, denn häufig wird die Schaltung durch die ausschließliche Benutzung von NOR- bzw. NAND-Gliedern unübersichtlicher. Abb. 3.27 zeigt die Schaltung.

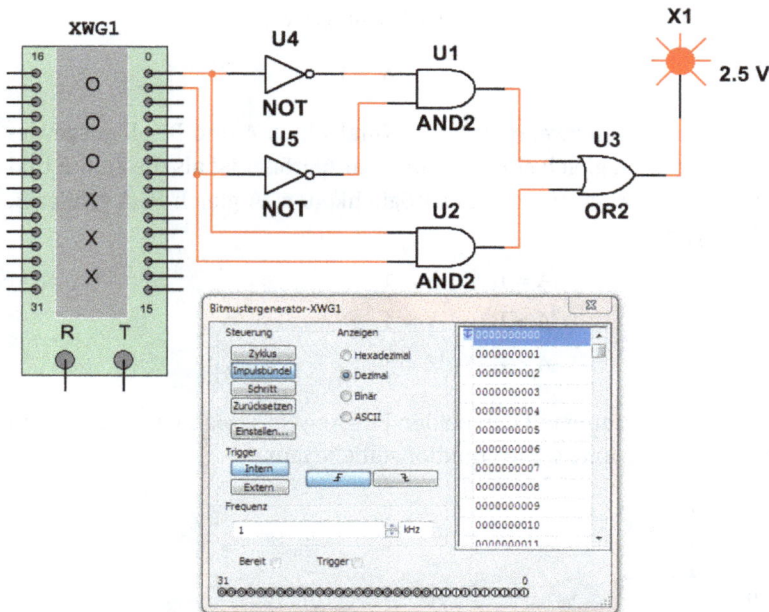

Abb. 3.27: Äquivalenzschaltung in „Normalform-Logik"

Beispiel 2: Zwei zweistellige Dualzahlen AB und CD sollen auf Gleichheit überprüft werden.

Wir benötigen jetzt zwei Äquivalenzschaltungen für den Vergleich von jeweils der ersten und zweiten Stelle von AB und CD, die durch UND verknüpft sind, denn beide Stellen müssen zugleich übereinstimmen, wenn die Zahlen gleich sein sollen.

$$f(A, B, C, D) = [(\overline{A} \wedge \overline{C}) \vee (A \wedge C)] \wedge [(\overline{B} \wedge \overline{C}) \vee (B \wedge D)]$$

Abb. 3.28 zeigt die Schaltung einer Äquivalenzschaltung.

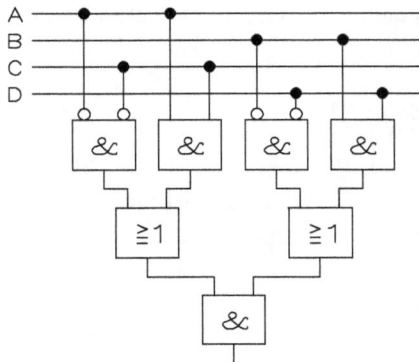

Abb. 3.28: Äquivalenzschaltung in „Normalform-Logik A"

Beispiel 3: Beim Vergleich von zwei einstelligen Dualzahlen A und B soll ausgewiesen werden, ob beide Zahlen gleich sind oder ob Zahl A größer ist als die Zahl B und umgekehrt. Der Komparator hat für die drei Möglichkeiten, A gleich B, A größer B, A kleiner B, drei Ausgänge.

$$A = B \quad X = 1$$
$$A > B \quad Y = 1$$
$$A < B \quad Z = 1$$

Gesucht wird also eine Schaltung mit den beiden Eingangsvariablen A und B und mit den Ausgangsvariablen X, Y und Z. Die Funktionstabelle lautet:

A	B	A = B X	A > B Y	A < B Z
0	0	1	0	0
0	1	0	0	1
1	0	0	1	0
1	1	1	0	0

Aus der Funktionstabelle ergeben sich die Funktionsterme:

$$\text{für} \ A = B : \quad X = (\overline{A} \wedge \overline{B}) \vee (A \wedge B)$$
$$\text{für} \ A > B : \quad Y = (A \wedge \overline{B})$$
$$\text{für} \ A < B : \quad Z = (\overline{A} \wedge B)$$

Die Schaltterme lassen sich nicht weiter vereinfachen. Abb. 3.29 zeigt die Schaltung für einen digitalen Komparator, realisiert als Äquivalenzschaltung in „Normalform"-Logik.

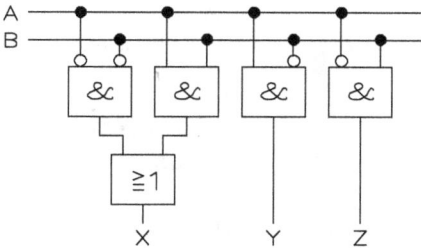

Abb. 3.29: Äquivalenzschaltung in „Normalform"-Logik

3.2.8 Codierschaltungen

Dezimalziffern sollen in BCD-Ziffern umgewandelt werden (Codierung) und dazu benötigt man vier Bits. 0 bedeutet, die entsprechende Stelle wird nicht benötigt, 1 bedeutet, sie wird benötigt. Zur besseren Übersicht kann man folgende Funktionstabelle aufstellen:

Dezimalziffer	BCD-Ziffer Stellenwerte				Schaltterm
	2^3	2^2	2^1	2^0	
	Variablenbezeichnung				
	A_3	A_2	A_1	A_0	
0	0	0	0	0	$\overline{A}_3 \wedge \overline{A}_2 \wedge \overline{A}_1 \wedge \overline{A}_0$
1	0	0	0	1	$\overline{A}_3 \wedge \overline{A}_2 \wedge \overline{A}_1 \wedge A_0$
2	0	0	1	0	$\overline{A}_3 \wedge \overline{A}_2 \wedge A_1 \wedge \overline{A}_0$
3	0	0	1	1	$\overline{A}_3 \wedge \overline{A}_2 \wedge A_1 \wedge A_0$
4	0	1	0	0	$\overline{A}_3 \wedge A_2 \wedge \overline{A}_1 \wedge \overline{A}_0$
5	0	1	0	1	$\overline{A}_3 \wedge A_2 \wedge \overline{A}_1 \wedge A_0$
6	0	1	1	0	$\overline{A}_3 \wedge A_2 \wedge A_1 \wedge \overline{A}_0$
7	0	1	1	1	$\overline{A}_3 \wedge A_2 \wedge A_1 \wedge A_0$
8	1	0	0	0	$A_3 \wedge \overline{A}_2 \wedge \overline{A}_1 \wedge \overline{A}_0$
9	1	0	0	1	$A_3 \wedge \overline{A}_2 \wedge \overline{A}_1 \wedge A_0$

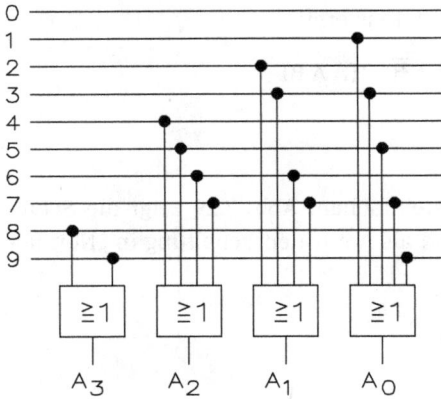

Abb. 3.30: Codierschaltung (Dezimal in BCD)

Es gibt also zehn Eingangsvariablen und vier Ausgangsvariablen bei der Codierschaltung von Dezimal- in BCD-Ziffern. Abb. 3.30 zeigt die Codierschaltung (Dezimal in BCD).

BCD-Ziffern sollen in Dezimalziffern umgewandelt werden (Decodierung). Auch für diesen Zweck kann die obige Tabelle benutzt werden. Es gibt in diesem Fall nur vier Eingangsvariablen, dafür aber zehn Ausgangsvariablen. Abb. 3.31 zeigt die Codierschaltung (BCD in Dezimal).

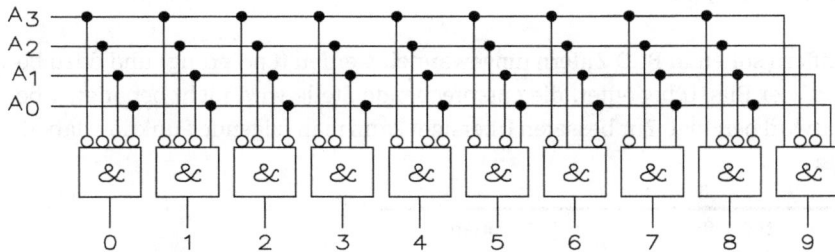

Abb. 3.31: Codierschaltung (BCD in Dezimal)

Der Eindeutigkeit wegen verwendet man UND-Schaltungen mit vier Eingängen, wobei nicht benötigte Eingänge negiert sind. Eine entsprechende Erweiterung der Tabelle und Veränderung der Schaltung würde es erlauben, Pseudotetraden zu erkennen. Eine Erweiterung dieser Schaltung bietet auch die Möglichkeit, Buchstaben und Sonderzeichen in den Binärcode umzusetzen.

3.2.9 Speicherschaltung

Alle Programme, Daten und Zwischenergebnisse müssen intern gespeichert werden. Daher wird die Speicherschaltung sehr häufig verwendet und diese werden als Flip-flops bezeichnet. Dieser Ausdruck stammt aus dem Labor-Slang der Entwicklungs-labors von elektronischen Bauteilen und deutet darauf hin, dass die Schaltung zwei stabile Zustände annehmen kann. Andere Bezeichnungen für diese Schaltung sind bi-stabile Kippstufe oder Eccles-Jordan-Schaltung. Eine Speicherschaltung verfügt über zwei stabile Zustände und nur durch einen Eingangsimpuls geht sie von einer stabi-len Stellung in die andere über. Abb. 3.32 zeigt eine Gatterdarstellung eines Flipflops durch NOR-Glieder.

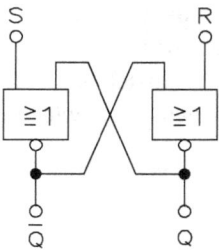

Abb. 3.32: Schaltung eines NOR-Flipflops

Wird am Eingang S (Setz-Eingang) ein 1-Impuls angelegt, so wird über den Ausgang (nicht Q) ein negativer Impuls in die rechte NOR-Schaltung geleitet. Dieser Impuls wird durch die Negation wieder positiv. Q ist 1, d. h. gespeichert wird 1. Dann folgt eine unendliche Kette von Impulsen. Der positive Impuls der rechten Schaltung wird wie-der zum negativen Impuls der linken Schaltung usw. Die wechselweisen Rückkopp-lungen ergeben also den Flipflop-Effekt.

Der Zustand bleibt so lange erhalten, bis am Eingang L (Lösch-Eingang) ein Im-puls angelegt wird. Dieser positive Impuls wird zu 0 negiert, sodass Q gleich 0 wird, gespeichert wird also 0. Der vorherige Zustand bei Q kippt also um. Auch hier bleibt der Zustand erhalten, da der negative Wert von Q in der rechten NOR-Schaltung zu einem positiven Wert in der linken Schaltung verändert wird und von dort wieder zu einem negativen Wert in der rechten Schaltung usw.

Es genügt ein kurzer Stromstoß, um das Flipflop umkippen zu lassen. Soll der Zu-stand geändert werden, so muss ein Stromimpuls auf der jeweils entgegengesetzten Leitung ankommen. Selbstverständlich dürfen nicht auf beiden Leitungen zugleich Stromimpulse ankommen. Das Flipflop braucht ständig Stromzufuhr, da das zu spei-chernde Bit in dem Schaltkreis ständig umläuft. Im technischen Sinne handelt es sich also um einen dynamischen und nicht um einen statischen Speicher. Bei Spannungs-fall geht die Information verloren.

Durch besondere Schaltung mehrerer Flipflops werden sogenannte Register zur kurzfristigen Speicherung von Daten realisiert. Ebenso ist es möglich, mithilfe von Flipflops ein unterschiedliches Verhalten von Zählern zu entwickeln.

3.2.10 Rechenschaltungen

Rechenschaltungen sind die Grundfunktionen in der PC-Technik und erzeugen zwischen ihren Eingangsvariablen logische Verknüpfungen, die einem Rechenvorgang entsprechen. Die Eingangszahlen müssen in einem bestimmten Code dargestellt werden. Im gleichen Code werden die Ergebnisse ausgegeben.

Wie man weiß, lassen sich alle vier Grundrechenarten auf die Addition zurückführen. Daher werden im Rechenwerk vor allem Addierschaltungen benötigt, die sich aus den drei Grundschaltungen UND, ODER und NICHT zusammensetzen.

Der Halbaddierer ist eine Addierschaltung, mit deren Hilfe zwei einstellige Dualzahlen A und B addiert werden können. Dabei gibt es folgende Möglichkeiten, wie die nachfolgende Tabelle zeigt:

$$
\begin{array}{ccccccl}
A & + & B & & \ddot{U} & S & \\
0 & + & 0 & = & 0 & 0 & S = \text{Summe} \\
0 & + & 1 & = & 0 & 1 & \ddot{U} = \text{Übertrag} \\
1 & + & 0 & = & 0 & 1 & \\
1 & + & 1 & = & 1 & 0 & \\
\end{array}
$$

Betrachtet man die Ergebnisse in den Spalten S und Ü, so kann man folgende Schaltungen erkennen:

$$\ddot{U} = \text{UND-Funktion}$$

$$S = \text{Antivalenzfunktion}.$$

Die disjunktive Normalform für die Antivalenzschaltung lautet:

$$(\overline{A} \wedge B) \vee (A \wedge \overline{B}).$$

Der Halbaddierer mit „Normalform"-Gatter ist in Abb. 3.33 dargestellt.

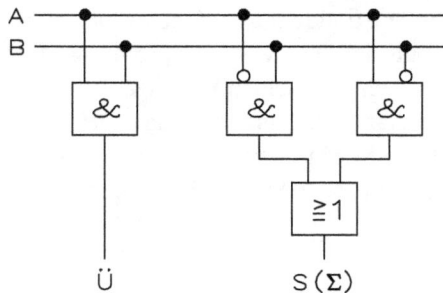

Abb. 3.33: Halbaddierer mit „Normalform"-Gatter

Die Schaltung lässt sich aber noch vereinfachen:

$$S = (\overline{A} \wedge B) \vee (A \wedge \overline{B})$$
$$= [\overline{A} \vee (A \wedge \overline{B})] \wedge [B \vee (A \wedge \overline{B})]$$
$$= (\overline{A} \vee A) \wedge (\overline{A} \vee \overline{B}) \wedge (B \vee A) \wedge (B \vee \overline{B})$$
$$= (\overline{A} \vee \overline{B}) \wedge (A \vee B)$$
$$= (\overline{A \wedge B}) \wedge (A \vee B) \ .$$

Daraus ergibt sich das Schaltbild von Abb. 3.34 für einen Halbaddierer.

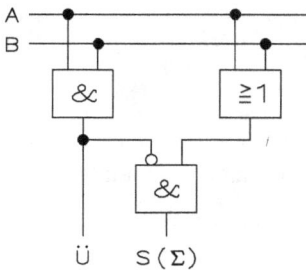

Abb. 3.34: Halbaddierer in Normalform

Der Halbaddierer besteht aus zwei UND-Schaltungen, einer ODER-Schaltung und einer NICHT-Schaltung. Er besitzt zwei Eingänge A, B und zwei Ausgänge S, Ü. Selbstverständlich kann der Halbaddierer wiederum nur aus NAND- oder NOR-Gliedern aufgebaut werden. Der Halbaddierer wird als Blockschaltbild in Abb. 3.35 dargestellt.

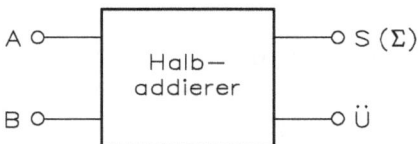

Abb. 3.35: Blockschaltbild eines Halbaddierers

Der Halbaddierer kann einen Übertrag als Ergebnis auf der Ausgangsseite erzeugen, aber keinen Übertrag von einer vorangehenden Stelle berücksichtigen, da er nur zwei Eingänge besitzt. Deshalb auch die Definition „Halbaddierer". Zum Aufbau von Addierwerken werden Schaltungen benötigt, die drei Dualziffern addieren können, da bei der Addition von zwei Dualzahlen die Überträge mitaddiert werden müssen. Ein Volladdierer, mit dem sich ein funktionsfähiges Addierwerk aufbauen lässt, bezeichnet man daher als „Volladdierer".

Beispiel:

$$
\begin{array}{ccccccc}
& & 4. & 3. & 2. & 1. & 0. & \text{Stelle} \\
A & & & 1 & 0 & 1 & 1 \\
B & + & & 0 & 1 & 1 & 1 \\
\hline
\ddot{U} & & 1 & 1 & 1 & 1 & 0 \\
S & & 1 & 0 & 0 & 1 & 0
\end{array}
$$

Der Volladdierer benötigt drei Eingänge A_n, B_n und $\ddot{U}_n$ und zwei Ausgänge S_n und $\ddot{U}_n$. Der Index n gibt die Stelle der Dualzahl an, die gerade addiert werden soll. Es gelten folgende Beziehungen:

1. Stelle aus dem Beispiel

$$A_n + B_n = S_n^* + \ddot{U}_n^* \qquad 1 + 1 = 0 + 1$$

$$S_n^* + \ddot{U}_{(n+1)} = S_n + \ddot{U}_n^{**} \qquad 0 + 1 = 1 + 0$$

$$\ddot{U}_n^* + \ddot{U}_n^{**} = \ddot{U}_n \qquad 1 + 0 = 1 \, .$$

Die Symbole * bzw. ** kennzeichnen Zwischenergebnisse. Es kann entweder $\ddot{U}_n^*$ oder $\ddot{U}_n^{**}$ geben, niemals beide zugleich. Diese Beziehungen kann man noch anders darstellen:

$$
\left.\begin{array}{l}
A_n \\
+\, B_n \\
+\, \ddot{U}_{(n+1)}
\end{array}\right\} \searrow \left.\begin{array}{l} S_n^* \end{array}\right\} \searrow \left.\begin{array}{l} +\, \ddot{U}_n^* \\ S_n + \ddot{U}_n^{**} \end{array}\right\} \searrow \ddot{U}_n
$$

$$\qquad\qquad\qquad\qquad\qquad \downarrow \qquad\qquad \downarrow$$

$$\qquad\qquad\qquad\qquad\qquad S_n \qquad\qquad \ddot{U}_n$$

Bei drei Eingängen und zwei Ausgängen ergibt sich folgende Wahrheitstafel mit den Zwischenergebnissen:

A_n	B_n	$\ddot{U}_{(n+1)}$	S_n^*	$\ddot{U}_n^*$	$\ddot{U}_n^{**}$	S_n	$\ddot{U}_n$
0	0	0	0	0	0	0	0
1	0	0	1	0	0	1	0
0	1	0	1	0	0	1	0
1	1	0	0	1	0	0	1
0	0	1	0	0	0	1	0
1	0	1	1	0	1	0	1
0	1	1	1	0	1	0	1
1	1	1	0	1	0	1	1

Die disjunktiven Normalformen lauten:

$$S_n^* = (A \wedge \overline{B}_n) \vee (\overline{A}_n \wedge B_n) \qquad S_n = (S_n^* \wedge \overline{\ddot{U}_{(n-1)}}) \vee (\overline{S_n^*} \wedge \ddot{U}_{(n-1)})$$

$$\quad = \overline{(\overline{A_n \wedge B_n})} \wedge (\overline{A}_n \vee B_n) \qquad\quad = \overline{(\overline{S_n^* \wedge \ddot{U}_{(n-1)}})} \wedge (S_n^* \vee \ddot{U}_{(n-1)})$$

$$\ddot{U}_n^* = (A_n \wedge B_n) \qquad\qquad\qquad\quad \ddot{U}_n = (\ddot{U}_n^* \wedge \overline{\ddot{U}_n^{**}}) \vee (\overline{\ddot{U}_n^*} \wedge \ddot{U}_n^{**})$$

$$\ddot{U}_n^{**} = (\ddot{U}_{(n+1)} \wedge S_n^*) \qquad\qquad\quad\; = (\ddot{U}_n^* \vee \ddot{U}_n^{**}) \wedge (\overline{\ddot{U}_n^*} \wedge (\overline{\ddot{U}_n^{**}})) \, .$$

Volladdierer

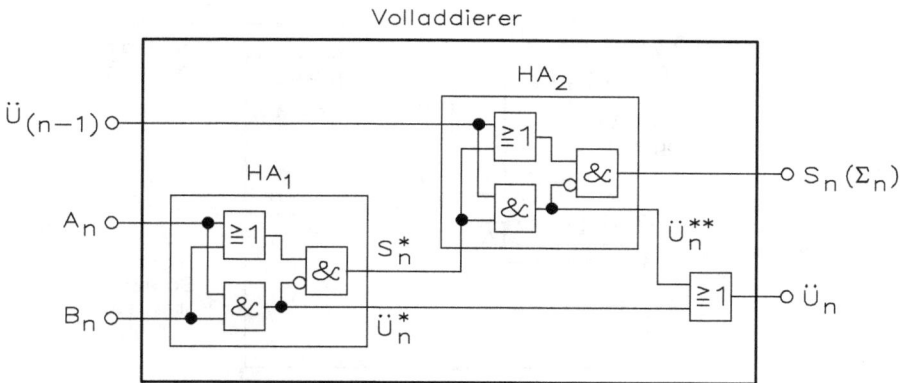

Abb. 3.36: Schaltung eines Volladdierers, bestehend aus zwei Halbaddierern und einem ODER-Gatter

Abb. 3.37: Blockschaltbild eines Volladdierers

Da $\ddot{U}_n^*$ und $\ddot{U}_n^{**}$ niemals beide 1 sein können, reicht es aus, zu schreiben $\ddot{U}_n = (\ddot{U}_n^* \vee \ddot{U}_n^{**})$. Die Gleichungen werden durch die Schaltung von Abb. 3.36 realisiert.

Das Blockschaltbild eines Volladdierers ist in Abb. 3.37 gezeigt.
Werden die Stellen einer Dualzahl nacheinander addiert (serielle Addierschaltung), so genügt ein einziges Addierglied mit Rückkopplung. Zur Erhöhung der Rechengeschwindigkeit soll das Rechenwerk jedoch meist bitparallel arbeiten, d. h., dass es für jede binäre Stelle einen Volladdierer geben muss (Parallel-Addierschaltung).

3.2.11 Addierschaltung

Das Serienaddierwerk kommt mit einem einzigen Volladdierer aus. Bei diesem Rechenwerk werden die Spalten der zu addierenden Dualzahlen zeitlich nacheinander addiert. Zuerst erfolgt, wie bei der handschriftlichen Addition, die Addition in der rechten Spalte (niedrigste Wertigkeit) und dann erfolgt die Addition in der Spalte mit der nächsthöheren Wertigkeit. Das Ergebnis wird in ein Summenregister hineingeschoben. Dabei läuft der Übertrag von der vorangegangenen Stelle jeweils um genau eine Takteinheit verzögert wieder in den Volladdierer hinein. Ein solches Rechenwerk benötigt bei relativ geringem Aufwand eine längere Rechenzeit als das Paralleladdierwerk. Abb. 3.38 zeigt eine serielle Addierschaltung.

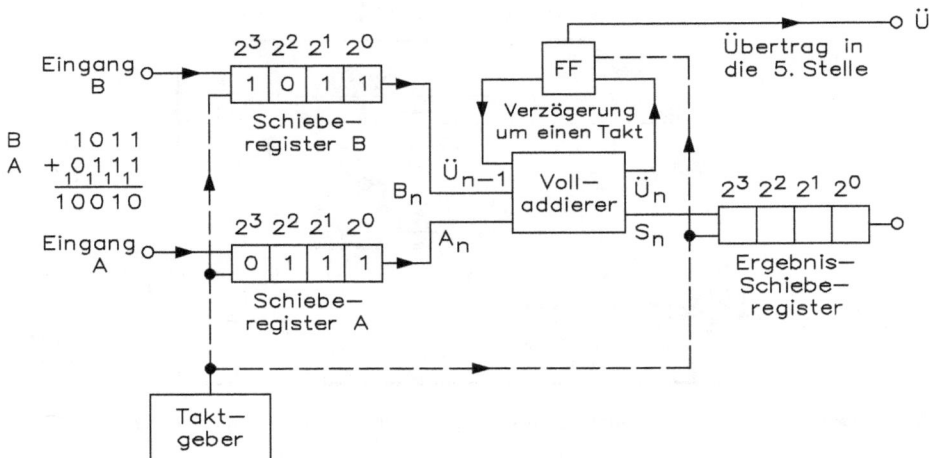

Abb. 3.38: Serielle Addierschaltung

Die beiden zu addierenden Zahlen sind in Schieberegistern gespeichert. Die seriellen Ausgänge der Schieberegister sind in den Volladdierer geführt. Der S-Ausgang des Volladdierers liefert das Ergebnis, das von einem Ergebnis-Schieberegister aufgenommen wird. Das Signal, das am Ü-Ausgang herauskommt, wird um einen Takt verzögert und dann bei der nächsten Spaltenaddition mitaddiert. Die Verzögerung um einen Takt wird durch ein Flipflop (FF) erreicht. Dort wird der Übertrag gespeichert und beim nächsten Takt mit an den Volladdierer abgegeben.

Die vier Ergebnis-Bits sind im Ergebnis-Schieberegister enthalten. Das 5. Bit mit der Wertigkeit 2^4 befindet sich im Flipflop FF und kann dort abgerufen werden.

Das Ergebnis-Schieberegister kann dadurch eingespart werden, dass die Schieberegister A oder B die Aufgabe des Ergebnis-Schieberegisters mit übernehmen. Das Schieberegister A wird während der spaltenweisen Addition leer getaktet. Die Ergebnissignale des Ausgangs S des Volladdierers können auf den Eingang des Schieberegisters A gegeben und dort eingespeichert werden.

Will man zwei vierstellige Dualzahlen in einem Arbeitsschritt addieren, so benötigt man einen Halbaddierer und drei Volladdierer. Die erste Spalte von rechts kann mit einem Halbaddierer realisiert werden, da in dieser Spalte nie ein Übertrag auftreten kann. In den anderen Spalten können Überträge auftreten, deshalb sind die Volladdierer erforderlich.

Das Addieren in einem Arbeitsschritt nennt man Paralleladdition. Auf die Eingänge des Halbaddierers HA sind die ersten Stellen von rechts der beiden zu addierenden Zahlen geschaltet. Der Ausgang S_0 führt zum Ergebnisregister. Der Übertrag $Ü_0$ ist mit einem Eingang des Volladdierers VA1 für die zweite Spalte verbunden, denn in dieser Spalte muss ein eventuell entstehender Übertrag mit addiert werden. Den genauen Aufbau einer 4-Bit-Parallel-Addierschaltung zeigt Abb. 3.39.

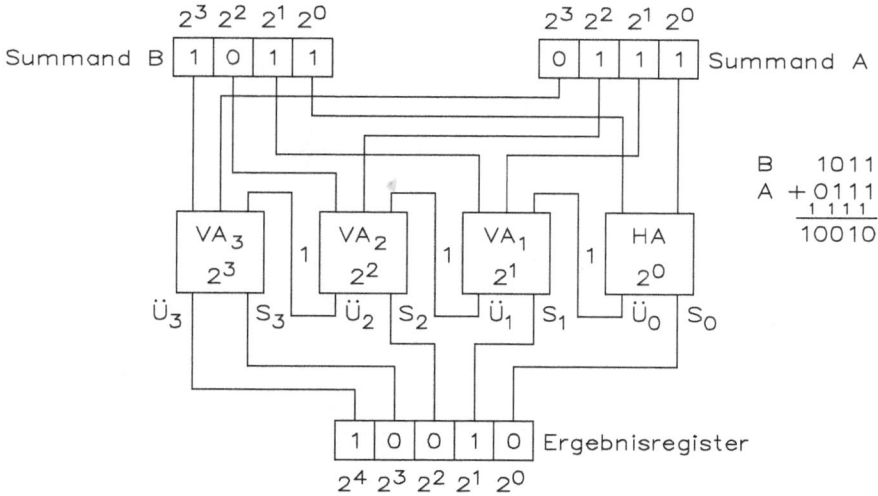

Abb. 3.39: 4-Bit-Parallel-Addierschaltung

Ein solches Addierwerk erfordert einen höheren Schaltungsaufwand. Die einzelnen Additionsschaltungen arbeiten jedoch, mit einer minimalen Verzögerung von rechts nach links unter Berücksichtigung der Überträge, fast gleichzeitig, sodass das Ergebnis bereits nach sehr kurzer Laufzeit zur Verfügung steht.

4 Schaltungen mit logischen Grundfunktionen

In Multisim stehen mehrere Bibliotheken der Digitaltechnik zur Verfügung. Es handelt sich um digitale Schaltkreise in TTL-Technik, um CMOS-Bausteine und integrierte Digitalschaltkreise, die nach ihrer Funktion geordnet sind. Wenn man auf den Button „TTL" klickt, erscheinen die Bibliotheken 74STD und 74LS. Klickt man auf CMOS, erscheinen die Bibliotheken „CMOS-5V", 74HC_2V", „CMOS-10V", 74HC_4V", „CMOS-15V" und 74HC_5V". Die Bibliotheken sind in entsprechende Familien, den Bauelementen und in Symbole unterteilt. Wenn man ein Bauteil anklickt, erscheint im Symbol das Anschlussbild. Mit „OK" übernimmt der Schaltplaneditor das Symbol und mit „Schließen" verlässt man die Funktion „Bauelement wählen".

4.1 Arbeiten mit der TTL-Bibliothek

Die TTL-Bibliothek umfasst die Standard-Bausteine STD von 7400N bis 74393N und die Low-Power-Schottky-Bausteine LS von 7400LS bis 74399LS. Mit welchen TTL-Bausteingruppen man arbeitet, bleibt momentan unberücksichtigt, da in diesem Kapitel nicht auf die Laufzeitverzögerungen und den Leistungsbedarf eingegangen wird.

4.1.1 Untersuchen des NAND-Gatters 7400

Der TTL-Baustein 7400 beinhaltet vier NAND-Gatter mit je zwei Eingängen. Abb. 4.1 zeigt die Bibliothek für den Aufruf des Bausteins mit dem Symbol und welches Gatter von den vier NAND-Bausteinen in den Schaltplaneditor übernommen wird.

Abb. 4.1: Bibliothek der TTL-Bausteinfamilie mit dem Aufruf von 74N00

Bei der Abb. 4.1 sind links die Familien der TTL-Bausteine gezeigt. In der Mitte sind die einzelnen Bauelemente dargestellt und durch den Cursor kann man den einzelnen Baustein auswählen, der dann rechts erscheint. In diesem Fall ist ein NAND-Gatter als

https://doi.org/10.1515/9783110583670-004

U1A

7400N

U1B

7400N

Neu	A	B	C	D
U1	A	B	C	D
Abbrechen				

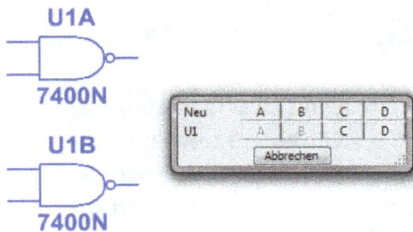

Abb. 4.2: Zwei NAND-Gatter vom TTL-Baustein 7400N im Schaltplan, wobei zwei NAND-Bausteine U1A und U2B vorhanden sind

Schaltzeichen gezeigt. Man muss nun auswählen, welchen der vier NAND-Gatter im 7400 man verwenden möchte. Unterhalb der Funktion findet man den Hersteller und das verwendete Gehäuse.

Abb. 4.2 zeigt zwei NAND-Gatter vom TTL-Baustein 7400N im Schaltplan. Oben rechts sieht man die Gatter A, B, C und D, also vier NAND-Gatter mit je zwei Eingängen. Die Funktionstabelle 4.1 zeigt das logische Verhalten für ein NAND-Gatter.

Tab. 4.1: Ausgangsfunktion eines NAND-Gatters vom TTL-Baustein 7400N

Eingänge		Ausgang
0	0	1
0	1	1
1	0	1
1	1	0

Die Untersuchung kann statisch, d. h. mit Schaltern und Leuchtdioden durchgeführt werden. In Multisim ist jedoch ein Logikkonverter vorhanden. Mit dem Logikkonverter können die einzelnen Darstellungsformen einer digitalen Schaltung untereinander konvertiert werden. Der Logikkonverter ist jedoch nicht als reales Messinstrument verfügbar, sondern wird per Programm erzeugt. Mit dem Logikkonverter kann eine Wahrheitstabelle oder ein boolescher Ausdruck aus einem Schaltplan abgeleitet werden. Abb. 4.3 zeigt einen Logikkonverter zur Untersuchung eines NAND-Gatters vom Typ 7400.

Die Umwandlung einer logischen Schaltung in eine Wahrheitstabelle kann folgendermaßen durchgeführt werden:
- Verbinden Sie die Eingangsanschlüsse des Logikkonverters mit bis zu acht Eingangspunkten in der Schaltung.
- Verbinden Sie den Ausgang der Schaltung mit dem Ausgangsanschluss des Logikkonvertersymbols.
- Klicken Sie auf die erste Schaltfläche „Schaltung in Wahrheitstabelle umwandeln".

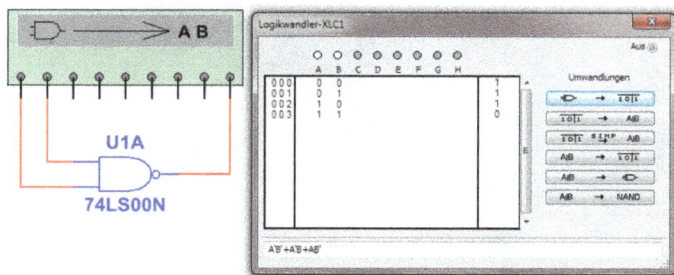

Abb. 4.3: Bildschirm des Logikkonverters mit NAND-Gatter 74LS00 und der Gleichung für die Verknüpfung

Die Wahrheitstabelle für die Schaltung erscheint in der Anzeige des Logikkonverters. Der Anzeigebereich unterhalb der Anschlüsse wird mit den erforderlichen Kombinationen von 0 und 1 aufgefüllt, um die Eingangsbedingungen zu erfüllen. Die Werte in der Ausgangsspalte auf der rechten Seite sind anfangs auf 0 eingestellt und ändern je nach Gleichung ihre Gesetzmäßigkeit. Die Ausgangsspalte zeigt dann den Wert der Wahrheitstabelle. Es ergibt sich die Funktionsgleichung:

$$X = \overline{A \cdot B}\,.$$

Mittels der booleschen Algebra lässt sich diese Funktionsgleichung umformen:

$$X = \overline{A \cdot B} \qquad \text{NAND}$$
$$X = \overline{A} + \overline{B} \qquad \text{ODER}$$
$$\overline{X} = \overline{\overline{A} + \overline{B}} \qquad \text{Negation}$$
$$\overline{X} = \overline{\overline{A}} \cdot \overline{\overline{B}} \qquad \text{UND und doppelte Negation}$$
$$\overline{X} = A \cdot B \qquad \text{Negation}$$
$$X = \overline{A \cdot B} \qquad \text{NAND}\,.$$

Mit dem Logikkonverter können die einzelnen Darstellungsformen einer digitalen Schaltung untereinander konvertiert werden. Der Logikkonverter ist jedoch nicht als reales Messinstrument verfügbar, sondern wird per Programm erzeugt. Mit dem Logikkonverter kann eine Wahrheitstabelle oder ein boolescher Ausdruck aus einem Schaltplan abgeleitet werden. Die Ausdrücke werden mit der Quine-McCluskey-Methode vereinfacht, und nicht mit der bekannteren Karnaugh-Methode. Ein Karnaugh-Diagramm eignet sich nur für wenige Variable, maximal fünf Variable, und erfordert eine Entscheidung über den sinnvollsten Ansatz für die Zusammenfassung. Das Quine-McCluskey ist dagegen für beliebig viele Variablen anwendbar, jedoch ungeeignet für die Berechnung von Hand.

Der Logikanalysator zeigt die Pegel bis zu 16 digitalen Eingangssignalen in einer Schaltung an. Er wird zur schnellen Erfassung von logischen Zuständen, zur erweiter-

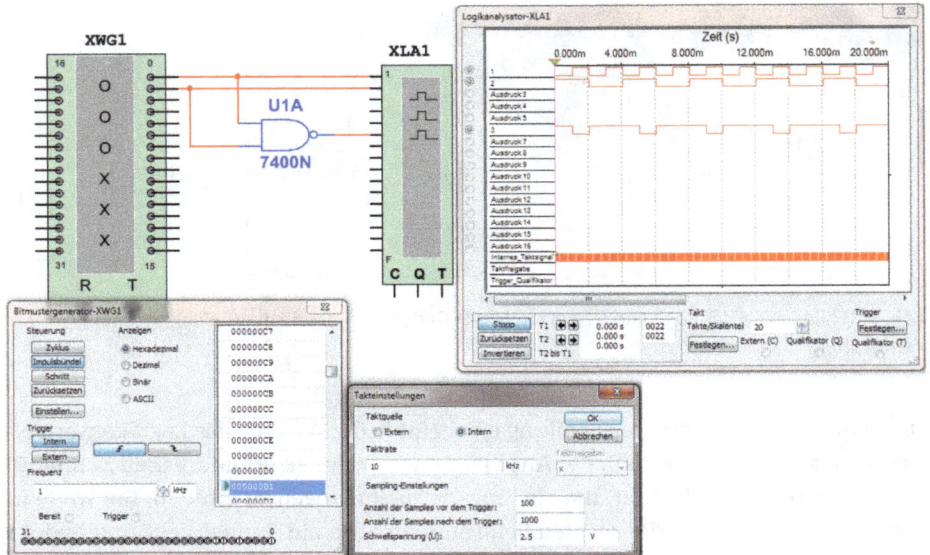

Abb. 4.4: Bitmustergenerator und Logikanalysator zur Untersuchung des NAND-Gatters 7400N

ten Zeitsteuerungsanalyse eingesetzt und bietet optimale Unterstützung bei der Entwicklung komplexer Systeme und zur schnellen Fehlersuche.

Wenn man die Einstellungen am Bitmustergenerator und Logikanalysator vorgenommen hat, erscheint Abb. 4.4. Man sieht die Arbeitsweise des Logikanalysators. Solange bei einem NAND-Gatter der Eingang ein 0-Signal aufweist, hat der Ausgang ein 1-Signal. Sind beide Eingänge des NAND-Gatters auf 1-Signal, schaltet der Ausgang auf 0-Signal.

Der Bitmustergenerator erzeugt eine binäre Zahlenfolge, die direkt an dem Logikanalysator und am NAND-Gatter liegt. Der Ausgang des NAND-Gatters ist mit dem Logikanalysator verbunden.

4.1.2 Untersuchen des NAND-Gatters 7403N

Der Ausgang des NAND-Gatters 7400N hat eine Gegentaktendstufe (Totem-Pole-Output), während das NAND-Gatter 7403N einen offenen Kollektor (o.C.) verwendet. Für den Betrieb ist ein externer Arbeitswiderstand erforderlich.

Für die statische Untersuchung des NAND-Gatters 7403 benötigt man zwei Umschalter, drei rote Testpunkte und einen Arbeitswiderstand mit 1 kΩ, wie die Schaltung von Abb. 4.5 zeigt. Die beiden Umschalter sind mit +5 V (1-Signal) und Masse (0-Signal) verbunden. In diesem Fall sind die Schalter mit +5 V verbunden und der

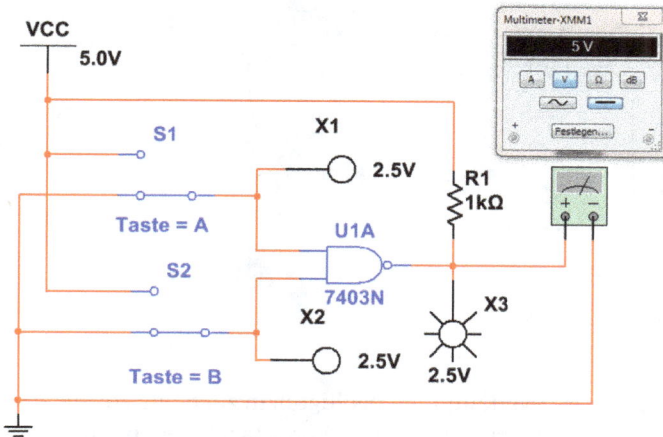

Abb. 4.5: Statische Untersuchung des NAND-Gatters 7403N mit offenem Kollektor (o.C.)

Ausgang befindet sich auf 0-Signal. Das Voltmeter zeigt eine Spannung von 1,4 V, den höchsten Pegelwert eines 0-Signals.

Beim o.C.-Ausgang arbeitet der Ausgangstransistor immer im Pull-down-Betrieb. Er verbindet im leitenden Zustand den Ausgang mit Masse und hält ihn im gesperrten Zustand hochohmig offen. Dadurch hat man mehrere Betriebsarten:

- Als „Pull-down"-Widerstände kann man auch Relais und Leuchtdioden einsetzen. In beiden Fällen muss man den Ausgangsstrom beachten, denn der „fan out" eines normalen TTL-Bausteins liegt bei $N = 10$, was einem Strom von 16 mA entspricht. Verwendet man einen Leistungs-TTL-Baustein, gilt $N = 30$, d. h. man kann einen Strom von 48 mA gegen Masse treiben. Setzt man ein Relais ein, muss parallel zu dem Relais eine Leerlaufdiode vorhanden sein, um die Selbstinduktion der Spule zu unterbinden. Bei einer LED ist auf einen Durchlassstrom von 16 mA zu achten. Die Sperrspannung des Ausgangstransistors (o.C.) beträgt $U_{CE} = 5$ V, $U_{CE} = 15$ V, $U_{CE} = 30$ V und $U_{CE} = 60$ V, je nach Typ.

- Normale TTL-Ausgänge kann man nicht parallel betreiben, jedoch TTL-Ausgänge mit offenem Kollektor. Bei einer Parallelschaltung von o.C.-Ausgängen erhält man eine Wired-AND-Verknüpfung. Der für die Parallelschaltung notwendige Pull-down-Widerstand arbeitet nicht als Lastwiderstand, sondern soll beim gesperrten o.C.-Ausgang den Source-Strom I_{OH} erzeugen und beim leitenden Ausgangsstrom den Kollektorstrom begrenzen.

4.1.3 Untersuchen des AND-Gatters 7408

Der AND-Baustein 7408 ist ein UND-Gatter mit zwei Eingängen und am Ausgang befindet sich eine Gegentaktendstufe. Abb. 4.6 zeigt eine UND-Verknüpfung am Logikwandler.

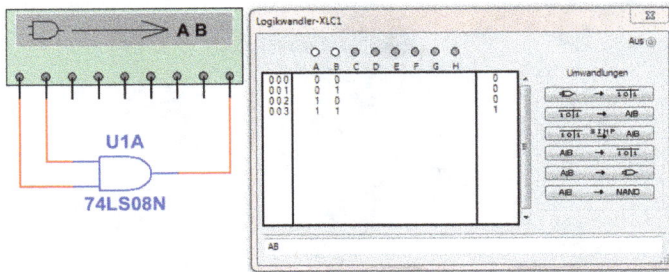

Abb. 4.6: UND-Verknüpfung am Logikwandler

Für die Untersuchung der UND-Verknüpfung betätigt man zuerst das obere Feld (Gatter → Funktionstabelle), dann das zweite Feld (Funktionstabelle → Ausgang) und danach das dritte Feld (Funktionstabelle → SIMP Ausgang). Sie erhalten die komplette Funktionstabelle und die Gleichung. Die Gleichung lautet

$$X = AB \,.$$

Für die Schreibweise gilt auch

$$X = A \cdot B \quad \text{bzw.} \quad X = A \wedge B \,.$$

4.1.4 Untersuchen des ODER-Gatters 7432

Das OR-Gatter 7432 ist ein ODER-Baustein mit zwei Eingängen und am Ausgang befindet sich eine Gegentaktendstufe. Abb. 4.7 zeigt eine ODER-Verknüpfung am Logikwandler.

Für die Untersuchung der ODER-Verknüpfung betätigt man zuerst das obere Feld (Gatter → Funktionstabelle), dann das zweite Feld (Funktionstabelle → Ausgang) und danach das dritte Feld (Funktionstabelle → SIMP Ausgang). Sie erhalten die komplette

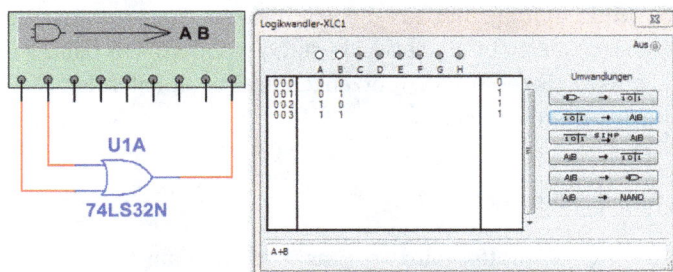

Abb. 4.7: ODER-Verknüpfung am Logikwandler

Funktionstabelle und die Gleichung. Die Gleichung lautet

$$X = A + B \, .$$

Für die Schreibweise gilt auch

$$X = A \vee B \, .$$

4.1.5 Untersuchen des NICHT-Gatters 7404

Das NOT-Gatter 7404 ist ein NICHT-Gatter mit einem Eingang und einem Ausgang mit Gegentaktendstufe. Abb. 4.8 zeigt eine NICHT-Verknüpfung am Logikwandler.

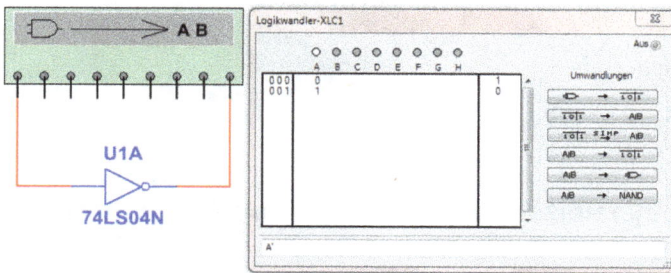

Abb. 4.8: NICHT-Verknüpfung am Logikwandler

Für die Untersuchung der NICHT-Verknüpfung betätigt man zuerst das obere Feld (Gatter → Funktionstabelle), dann das zweite Feld (Funktionstabelle → Ausgang) und danach das dritte Feld (Funktionstabelle → SIMP Ausgang). Sie erhalten die komplette Funktionstabelle und die Gleichung. Die Gleichung lautet

$$X = A' \, .$$

Für die Schreibweise gilt auch

$$X = \overline{A} \, .$$

4.1.6 Untersuchen des Exklusiv-ODER-Gatters 7486

Das EOR-Gatter 7486 ist ein Exklusiv-ODER-Gatter mit zwei Eingängen und einem Ausgang mit Gegentaktendstufe. Abb. 4.9 zeigt eine Exklusiv-ODER-Verknüpfung am Logikwandler.

Für die Untersuchung der Exklusiv-ODER-Verknüpfung betätigt man zuerst das obere Feld (Gatter → Funktionstabelle), dann das zweite Feld (Funktionstabelle → Ausgang) und danach das dritte Feld (Funktionstabelle → SIMP Ausgang). Sie erhalten die

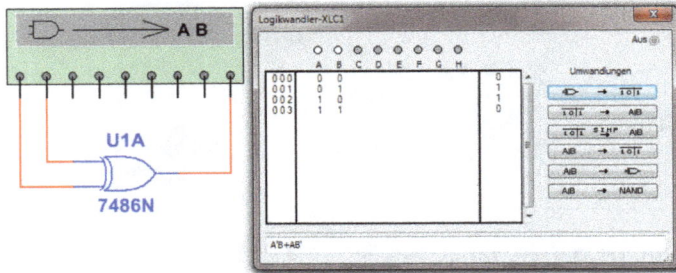

Abb. 4.9: Exklusiv-ODER-Verknüpfung am Logikwandler

komplette Funktionstabelle und die Gleichung. Die Gleichung lautet

$$X = A'B + AB'.$$

Für die Schreibweise gilt auch

$$X = \overline{A}B + A\overline{B} \quad \text{bzw.} \quad X = \overline{A} \wedge B \vee A \wedge \overline{B}.$$

4.2 Statische und dynamische Eigenschaften von TTL-Bausteinen

Die Anwendung der Logiksymbole mit L- und H-Pegel ist physikalisch anschaulicher, da der H-Pegel immer das positivere Potential und der L-Pegel das negativere Potential bedeuten. In der Schaltalgebra verwendet man aber 0 und 1.

4.2.1 NICHT-Gatter

Ein NICHT-Gatter invertiert bzw. negiert das Eingangssignal, d. h. aus 0 wird 1 und aus 1 wird 0. Man findet diese Funktion in folgenden Bausteinen:
7404: Sechs NICHT-Gatter
7405: Sechs NICHT-Gatter (o.C.)

Abb. 4.10 zeigt den Aufbau des NICHT-Gatters 7404 mit Gegentaktendstufe. Liegt an dem Eingang des NICHT-Gatters 7404 ein H-Pegel an, fließt über den Transistor T_1 kein Emitterstrom mehr ab und der Transistor T_2 wird leitend. Die Basis des Transistors T_3 sperrt, während an der Basis von Transistor T_4 ein Strom fließt. Der Transistor schaltet durch und der Ausgang x liegt auf L-Pegel. Liegt an dem Eingang des NICHT-Gatters 7404 ein L-Pegel, fließt über den Transistor T_1 ein Emitterstrom und der Transistor T_2 sperrt. Der Transistor T_3 erhält einen Basisstrom und kann durchschalten. Der Transistor T_4 erhält keinen Basisstrom mehr und sperrt. Der Ausgang x hat einen H-Pegel.

Eine Eingangsspannung von $U_{IL} \leq 0,8$ V wird vom Schaltkreis als L-Pegel und eine Eingangsspannung von $U_{IH} \geq 2$ V als H-Pegel gewertet. Am Schaltkreisausgang

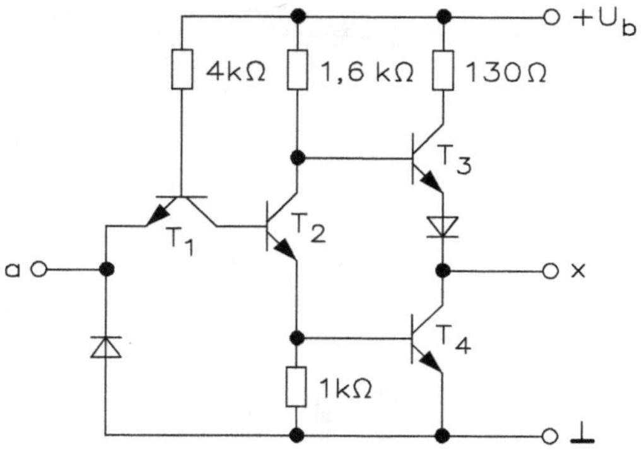

Abb. 4.10: Innenschaltung des NICHT-Gatters 7404 mit Gegentaktendstufe

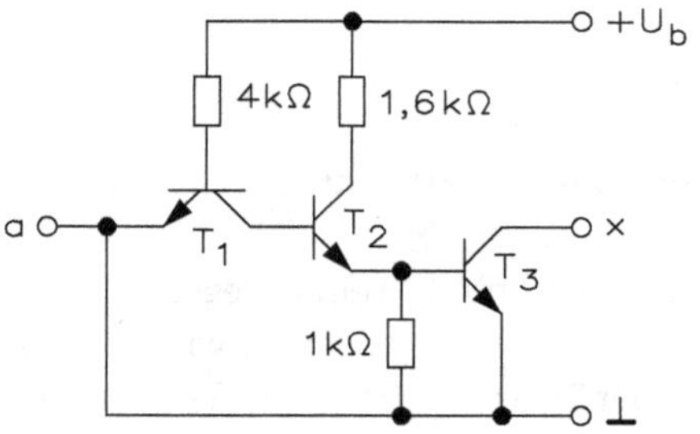

Abb. 4.11: Innenschaltung des NICHT-Gatters 7405 (o.C.)

tritt bei L-Pegel eine Spannung von $U_{OL} \leq 0,4\,\text{V}$ und bei H-Pegel eine Spannung von $U_{OH} \geq 2,4\,\text{V}$ auf. Daraus folgt, dass TTL-Schaltkreise in beiden logischen Zuständen eine Sicherheit oder einen statischen Störabstand von 0,4 V (auch mit Worst-Case-Störabstand bezeichnet) aufweisen. Wenn der Ausgangspegel bei L-Pegel um 0,4 V überschritten oder bei H-Pegel um 0,4 V unterschritten wird, bleibt das auf den nachgeschalteten Eingang ohne Einfluss.

Die Innenschaltung des NICHT-Gatters 7405 ist in Abb. 4.11 gezeigt. Beim o.C.-Ausgang arbeitet der Ausgangstransistor immer im Pull-down-Betrieb, d. h. es ist immer ein externer Arbeitswiderstand erforderlich.

Der 7404 und der 7405 werden durch den Taktgenerator mit 1 kHz angesteuert. Die Eingangsfrequenz wird dem Oszilloskop angezeigt. Der 7404 ist mit dem Ausgang des Oszilloskops verbunden und der andere Eingang mit dem Ausgang des NICHT-Gatters. Der 7405 hat am Ausgang einen offenen Kollektor (o.C.) und es muss ein Arbeitswiderstand mit 680 Ω verwendet werden. Durch die Leuchtdiode fließt ein Strom von $I_{LED} = 5\,\text{mA}$ und die Diffusionsspannung beträgt $U_{LED} = 1,6\,\text{V}$.

$$R_v = \frac{+U_b - U_{LED}}{I_{LED}} = \frac{+5\,\text{V} - 1,6\,\text{V}}{5\,\text{mA}} = 680\,\Omega\,.$$

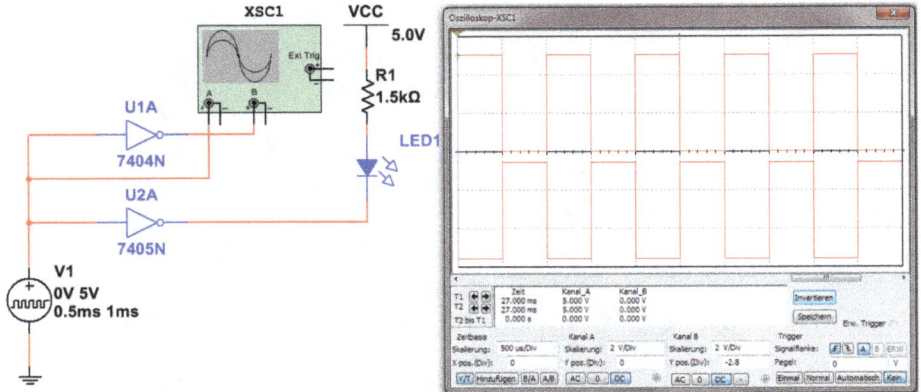

Abb. 4.12: Simulationsschaltung des NICHT-Gatters 7404 und 7405

Wenn die LEDs nicht aufleuchten, ist der Widerstand auf $470\,\Omega$ zu verwenden, denn die Diffusionsspannung beträgt $U_{LED} = 1,6\,V$.

Liegt an dem Eingang des NICHT-Gatters 7404 von Abb. 4.13 ein H-Pegel an, fließt über den Transistor T_1 kein Emitterstrom mehr ab und der Transistor T_2 wird leitend. Die Basis des Transistors T_3 sperrt, während an der Basis von Transistor T_4 ein Strom fließt. Der Transistor schaltet durch und der Ausgang x liegt auf L-Pegel. Liegt an dem Eingang des NICHT-Gatters 7404 ein L-Pegel, fließt über den Transistor T_1 ein Emitterstrom und der Transistor T_2 sperrt. Der Transistor T_3 erhält einen Basisstrom und kann durchschalten. Der Transistor T_4 erhält keinen Basisstrom mehr und sperrt. Der Ausgang x hat einen H-Pegel.

Eine Eingangsspannung von $U_{IL} \leq 0,8\,V$ wird vom Schaltkreis als L-Pegel und eine Eingangsspannung von $U_{IH} \geq 2\,V$ als H-Pegel gewertet. Am Schaltkreisausgang tritt bei L-Pegel eine Spannung von $U_{OL} \leq 0,4\,V$ und bei H-Pegel eine Spannung von $U_{OH} \geq 2,4\,V$ auf. Daraus folgt, dass TTL-Schaltkreise in beiden logischen Zuständen eine Sicherheit oder einen statischen Störabstand von 0,4 V (auch mit Worst-Case-Störabstand bezeichnet) aufweisen. Wenn der Ausgangspegel bei L-Pegel um 0,4 V überschritten oder bei H-Pegel um 0,4 V unterschritten wird, bleibt das auf den nachgeschalteten Eingang ohne Einfluss.

Die 74LS-, 74S-, 74ALS- und 74AS-Schaltkreise weisen einen maximalen L-Ausgangspegel U_{IL} von 0,5 V (statt 0,4 V) auf. Der statische Störabstand zum zulässigen L-Eingangspegel von $U_{IL} = 0,8\,V$ beträgt damit nur $U_{IL} = 0,3\,V$. Dagegen weisen die 74LS- und 74ALS-Ausgänge einen minimalen H-Pegel von $U_{OH} = 2,7\,V$ (statt $U_{OH} = 2,4\,V$) auf, sodass sich hier der statische Störabstand auf 0,7 V erhöht.

Der Ausgangspegel $U_{OL} \leq 0,5\,V$ gilt für die Ausgangsströme $I_{OL} \leq 8\,mA$ (LS), $I_{OL} \leq 20\,mA$ (S) und $I_{OL} \leq 8\,mA$ (ALS). Er wird von der Flussspannung des durch den leitenden Ausgangstransistor fließenden Laststroms (Sink-Strom) verursacht und gilt für ungünstigste Betriebsbedingungen (Worst-Case-Fall). In der Regel ist die Strom-verstärkung des Transistors so groß, dass der typische Wert von U_{OL} unterhalb 0,5 V liegt. Wenn ein 74LS-Ausgang nur mit $I_{OL} \leq 4\,\text{mA}$ (statt 8 mA) belastet wird, sinkt U_{OL} auf $U_{OL} \leq 0,4\,\text{V}$.

Die Eigenschaften der Schaltkreise werden durch Kennwerte festgelegt. Man unterscheidet typische und garantierte Kennwerte sowie absolute Grenzwerte. Auch die Betriebsbedingungen gehören zu den Kennwerten. Absolute Grenzwerte sind Betriebsbedingungen, z. B. Spannungs- und Temperaturbereiche, die nicht überschritten werden dürfen, ohne eine Beschädigung oder Zerstörung des Schaltkreises zu riskieren. Sie lassen auch höchstzulässige Werte zu und werden für jeden einzelnen Schaltkreistyp angegeben, gelten aber auch für die ganze TTL-Baureihe. Ein einzelner Grenzwert darf auch dann nicht überschritten werden, wenn andere Grenzwerte nicht voll ausgenutzt sind (deshalb „absoluter" Grenzwert).

Grenzwerte sollen den Anwender darüber informieren, was dem Schaltkreis im Prinzip noch gefahrlos zugemutet werden kann. Sie dürfen grundsätzlich nicht als Betriebsbedingungen benutzt werden. Letztere sind vielmehr so zu wählen, dass die Grenzwerte mit Sicherheit nicht erreicht oder gar überschritten werden. Die Grenz-werte für TTL-Schaltkreise im DIL (Dual-In-Line)-Plastikgehäuse sind in Tabelle 4.2 zusammengestellt. Bei ihnen werden die normalen garantierten oder typischen Kenn-werte nicht mehr eingehalten.

Tab. 4.2: Absolute Grenzwerte für TTL-Schaltkreise der Baureihen 74 im DIL-Plastikgehäuse (nicht zulässig als Betriebsbedingungen)

Grenzwerte			74	74LS	74S	74ALS	74AS
Betriebsspannung U_{CC} in V	max.		7	7	7	7	7
	min.		−0,5	−0,5	−0,5	−0,5	−0,5
Eingangsspannung U_I in V	max.		5,5	7 (5,5)*	5,5	7	7
	min.		−0,5	−0,5	−0,5	−0,5	−0,5
Differenzspannung zwischen zwei Eingängen in V			5,5	7 (5,5)*	5,5	7	7
Ausgangsspannung U_O in V	max.		7	7	7	7	7
	min.		−0,5	−0,5	−0,5	−0,5	−0,5
Eingangsstrom I_I in mA	(sink)	max.		1	0,1	1	
	(source) max.		12	18	18		
Lagerungstemperatur			−65 °C . . . + 150 °C				
Löttemperaturen Handlöten	(265 °C)	max.		10 s			
Tauchlöten	(240 °C)	max.		4 s			
Schwallbad	(240 °C)	max.		2,5 s			

* Die Werte gelten für LS-Schaltkreise mit Emittereingängen.

Sowohl bei den typischen als auch bei den garantierten Kennwerten unterscheidet man zwei Gruppen (die in den Datenblättern immer getrennt aufgeführt sind):
– statische Kennwerte (DC-Parameter, z. B. Ströme und Spannungen)
– dynamische Kennwerte (AC-Parameter, z. B. Zeiten und Frequenzen)

Die typischen Kennwerte sind Mittelwerte, die an einer größeren Anzahl von Schaltkreisen durch statistische Auswertung gewonnen wurden. Sie werden für $\vartheta = 25\,°C$ und $U_{CC} = +5$ V angegeben und unterliegen den Exemplarstreuungen. Man benutzt sie, um z. B. den mittleren Betriebsstrombedarf oder die Gesamtverzögerung einer Baugruppe aus mehreren Schaltkreisen bei normalen Betriebsbedingungen zu ermitteln.

Garantierte Kennwerte sind die durch eine obere und/oder untere Grenze gekennzeichneten Streubereiche, deren Einhaltung bei ungünstigsten (oder den jeweils angegebenen) Betriebsbedingungen noch garantiert wird. Sie lassen sich ebenfalls in statische (DC-) und dynamische (AC-)Kennwerte unterteilen. Vom Schaltkreishersteller werden bei der Endmessung in der Regel sämtliche garantierten Maximal- und Minimalwerte auf Einhaltung geprüft. Von vielen Parametern enthalten die Datenblätter typische und garantierte Werte.

Die ungünstigsten Betriebsbedingungen heißen auch Worst-Case-Bedingungen. Sie betreffen Temperatur, Betriebsspannung, Eingangs- und Ausgangsspannungen und -ströme (sog. Worst-Case-Belastung) sowie bei Treibern auch die zulässige Gesamtverlustleistung je Schaltkreisgehäuse. In den Datenblättern stehen sie meist unter den „empfohlenen Betriebsbedingungen".

In Datenblättern ist darauf zu achten, ob die Kennwerte z. B. nur bei +5 V oder im Bereich 4,75 V...5,25 V bzw. nur bei 25 °C oder im Bereich 0 °C...+70 °C gelten. Bei den meisten TTL-Schaltkreisen werden die garantierten statischen Kennwerte im ganzen Temperatur- und U_{CC}-Bereich, jedoch die dynamischen Kennwerte nur bei 5 V und 25 °C angegeben.

Die Gegentakt-Ausgangsstufe T_3 und T_4 (Totem-pole) des 7404, die in beiden Schaltzuständen bzw. für beide Impulsflanken einen niederohmigen Ausgangswiderstand hat (12 Ω für die HL-Flanke, 120 Ω für die LH-Flanke), sodass auch kapazitive Lasten noch genügend schnell umgeladen und eingekoppelte kapazitive Störungen unterdrückt werden können.

Abb. 4.13 zeigt unterschiedliche Ansteuerungen zum Treiben von Leuchtdioden. Als Ansteuerung arbeitet ein Rechteckgenerator mit 1 kHz. Ist bei der rechten Schaltung am Eingang ein 1-Signal, schaltet der Ausgangstransistor durch und die Leuchtdiode emittiert. Hat der Eingang dagegen ein 0-Signal, sperrt der Ausgangstransistor und durch die Leuchtdiode fließt kein Strom.

Die Leuchtdiode hat einen Durchmesser von 3 mm und daher fließt ein Strom von 5 mA. Die Durchlassspannung der Leuchtdiode beträgt $U_D = 1,6$ V. Der Vorwider-

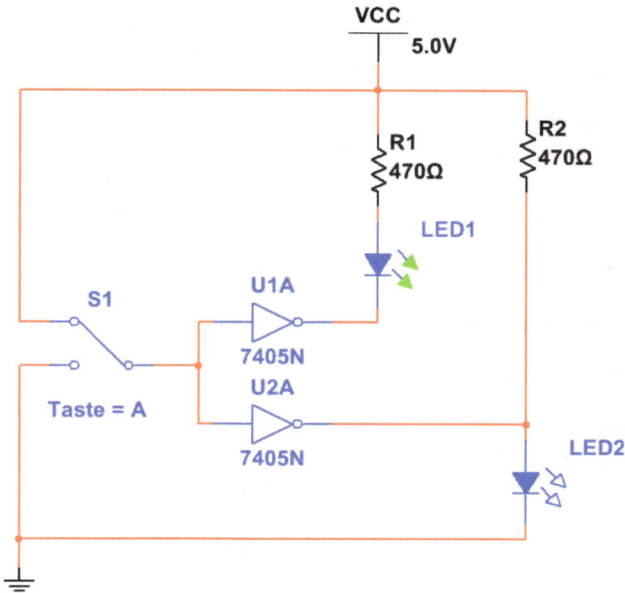

Abb. 4.13: Simulationsschaltungen mit dem NICHT-Gatter 7405 und den unterschiedlichen Ansteuerungen von Leuchtdioden

stand berechnet sich aus

$$R_V = \frac{+U_b - U_D}{I_D} = \frac{+5\,V - 1{,}6\,V}{5\,mA} \approx 680\,\Omega \,.$$

Bei der linken Schaltung befindet sich die Leuchtdiode zwischen dem Ausgang und Masse. Hat der Eingang ein 1-Signal, schaltet der Ausgangstransistor durch und hat 0-Signal. Die Leuchtdiode kann kein Licht emittieren. Hat der Eingang ein 0-Signal, sperrt der Ausgangstransistor und durch die Leuchtdiode fließt ein Strom von 5 mA.

4.2.2 Treiber (nicht invertierender TTL-Verstärker)

Zum Treiber einer ohmschen oder induktiven Last setzt man den Baustein 7407 ein, den Treiber oder „Buffer". Abb. 4.14 zeigt die Innenschaltung des Treibers 7407.

Der Baustein 7407 hat am Eingang einen Emitteranschluss. Wird dieser mit einem 0-Signal beschaltet, fließt ein Strom heraus und damit hat die Basis von Transistor T_2 keinen Strom. Der Transistor T_2 sperrt und für den Transistor T_3 fließt ebenfalls kein Basisstrom. Über den Widerstand mit 1,6 kΩ fließt ein Strom und der Transistor T_4

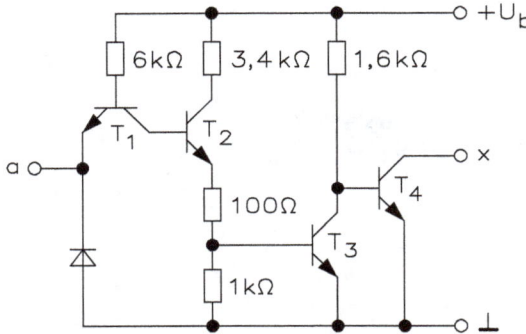

Abb. 4.14: Innenschaltung des Treibers 7407 (o.C.)

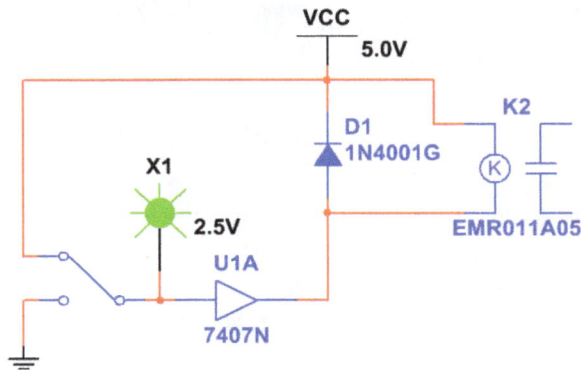

Abb. 4.15: Simulation einer Schaltung zur Ansteuerung eines Relais

schaltet durch. Der Ausgang x hat ein 0-Signal. Gibt man auf den Transistor T_1 ein 1-Signal, sperrt dieser und der Transistor T_2 wird leitend. Dadurch kann über diesen ein Basisstrom für den Transistor T_3 fließen, wodurch der Transistor T_4 sperrt, also ist ein 1-Signal am Ausgang vorhanden.

Die Schaltung von Abb. 4.15 zeigt eine Variante zur Ansteuerung eines Relais. Am Eingang des 7407 befindet sich ein Umschalter für die Erzeugung eines eindeutigen 0- oder 1-Signals. Befindet sich der Umschalter oben, leuchtet die Anzeige auf und es ist ein 1-Signal am Eingang des 7407. Damit sperrt der interne Ausgangstransistor und erzeugt ein 1-Signal. Das Relais befindet sich im Auszustand. Erst wenn sich am Eingang 7407 ein 0-Signal befindet, schaltet der Ausgangstransistor durch und es fließt ein Strom. Das Relais hat einen Widerstand von 500 Ω und daher fließt ein Relaisstrom von 10 mA.

Wird das Relais abgeschaltet, verhindert die Diode die Selbstinduktion der Relaisspule.

4.2.3 UND-Verknüpfung mit dem TTL-Baustein 7408

Mit einem UND-Gatter kann man eine UND-Verknüpfung gemäß der booleschen Algebra durchführen. Abb. 4.16 zeigt die Innenschaltung des TTL-Bausteins 7408.

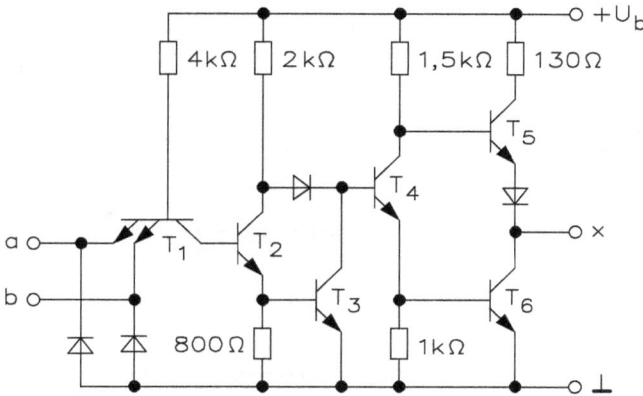

Abb. 4.16: Innenschaltung des TTL-Bausteins 7408

Kennzeichnend für den UND-Baustein 7408 ist der Multiemittertransistor T_1 am Eingang des TTL-Bausteins. Liegen beide Eingänge auf 0-Signal, fließt pro Anschluss ein Strom aus dem Multiemittertransistor heraus. Dies gilt auch, wenn einer der beiden Eingänge auf 0-Signal liegt. Ist T_1 leitend, fließt für T_2 kein Basisstrom und dadurch sperrt T_2. Dies gilt auch für T_3 und es fließt kein Kollektorstrom gegen Masse ab. Der Transistor T_2 ist gesperrt und über die Diode fließt für T_4 ein Basisstrom. Daher ist T_5 gesperrt und T_6 leitend. Am Ausgang x ist ein 0-Signal vorhanden.

Liegen beide Eingänge des Multiemittertransistors T_1 auf 1-Signal, fließt kein Strom über die beiden Emitter ab. Der Transistor T_2 wird leitend und für den Transistor T_3 fließt ein Basisstrom, an der Basis von T_4 dagegen keiner. Transistor T_4 sperrt und Transistor T_5 erhält einen Basisstrom, der T_6 keinen. Am Ausgang x hat man ein 1-Signal, da T_5 leitend ist und sich T_6 im Sperrzustand befindet.

Die Schaltung von Abb. 4.17 zeigt zwei UND-Gatter und die Ausgangssignale werden mit einem 2-Kanal-Oszilloskop gemessen. Die Umschaltung für die Freigabe erfolgt mit einem Schalter. Hat der Ausgang des Schalters einen H-Pegel (+5 V), ist das UND-Gatter U1A freigegeben und die Frequenz von 1 kHz liegt am Kanal A an. Das NICHT-Gatter 7404 invertiert den H-Pegel und das UND-Gatter U2A erhält einen L-Pegel. Das UND-Gatter U2A sperrt. Erst wenn der Umschalter „mechanisch" durch die Leertaste auf L-Pegel umschaltet, wird das UND-Gatter U1A gesperrt und das UND-Gatter U2A freigegeben.

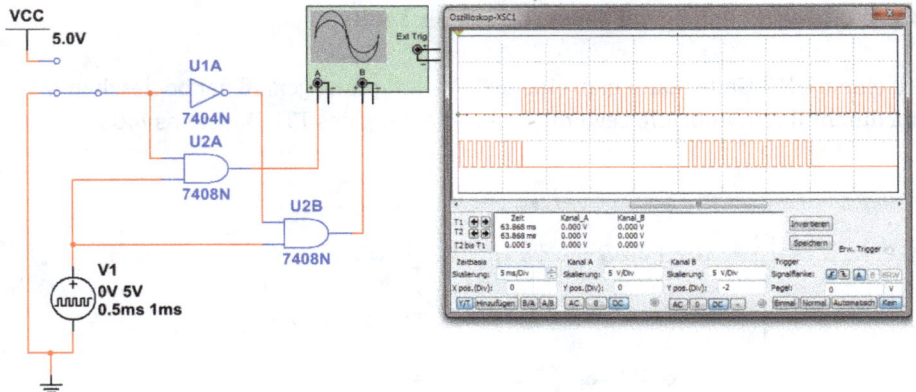

Abb. 4.17: Arbeitsweise von zwei UND-Gattern 7408 und einem NICHT-Gatter 7404

4.2.4 ODER-Verknüpfung mit dem Baustein 7432

Der Baustein 7432 beinhaltet vier ODER-Gatter mit je zwei Eingängen. Abb. 4.18 zeigt die Innenschaltung des TTL-Bausteins 7432.

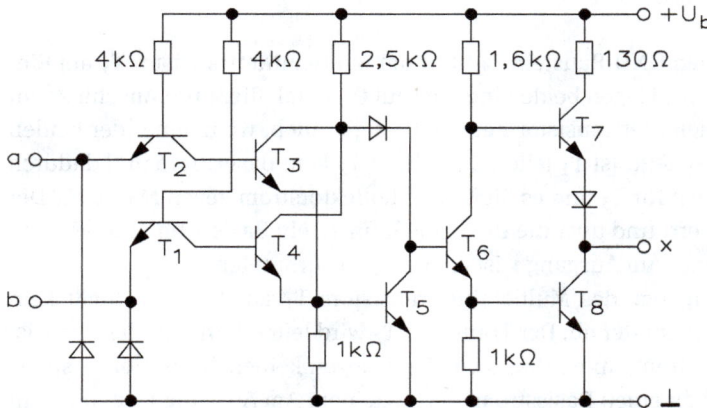

Abb. 4.18: Innenschaltung des TTL-Bausteins 7432

Bei einer ODER-Verknüpfung mit zwei Eingängen sind die Transistoren T_1 und T_2 parallel geschaltet. Hat der Eingang a ein 0-Signal, fließt über den Transistor T_1 ein Emitterstrom und Transistor T_3 sperrt. Dies gilt auch für Eingang b bei einem 0-Signal. Auch die beiden Transistoren T_3 und T_4 sind parallel geschaltet und sperren in diesem Fall. Über die Diode kann ein Basisstrom für T_6 fließen, wobei T_5 das Schaltverhalten von T_6 unterstützt. Transistor T_6 ist leitend und es fließt für T_7 kein Basisstrom, dieser wird gesperrt und am Ausgang x ist ein 0-Signal vorhanden, da T_8 leitend ist.

Hat einer der beiden Eingangstransistoren ein 1-Signal, kann über diesen kein Emitterstrom abfließen und der Transistor sperrt. Damit wird einer der beiden Transistoren T_3 oder T_4 leitend und über die Diode fließt kein Basisstrom für T_6. Auch T_5 ist gesperrt. Für Transistor T_7 fließt ein Basisstrom, er wird leitend und erzeugt am Ausgang ein 1-Signal, während T_8 gesperrt ist.

Eine ODER-Verknüpfung wird benötigt, um zwei UND-Ausgänge zu verknüpfen, da in der booleschen Algebra die Ausgänge immer mit einer Gegentaktendstufe (Totem-pole) ausgestattet sind. Abb. 4.19 zeigt eine NICHT-UND-ODER-Verknüpfung an dem Logikwandler.

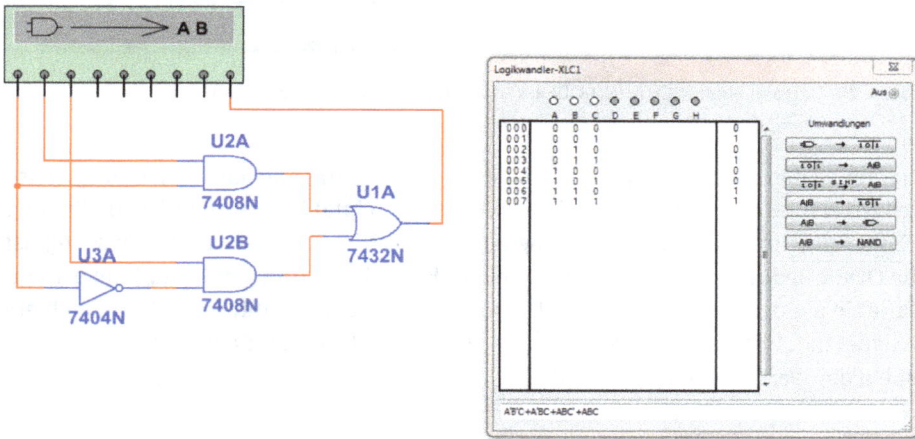

Abb. 4.19: Beispiel einer NICHT-UND-ODER-Verknüpfung an dem Logikwandler

Mithilfe der booleschen Algebra soll ein Beispiel minimalisiert werden. Die Gleichung lautet in ihrer ursprünglichen Form

$$x = \overline{a}b + \overline{a}c \ .$$

Da die Variable a in beiden Termen vorhanden ist, ergibt sich

$$x = \overline{a}(b + c) \ .$$

Immer wenn Variable a ein 1-Signal hat und Variable b oder c ein 1-Signal aufweist, hat der Ausgang ein 1-Signal. Die ODER-Bedingung trennt die Ausgangsbedingungen von den beiden UND-Gattern.

Abb. 4.20 zeigt ein Beispiel einer NICHT-UND-ODER-Verknüpfung an dem Logikwandler. Mithilfe der booleschen Algebra soll ein Beispiel minimalisiert werden. Die Gleichung lautet in ihrer ursprünglichen Form

$$x = a'b + a'c \ .$$

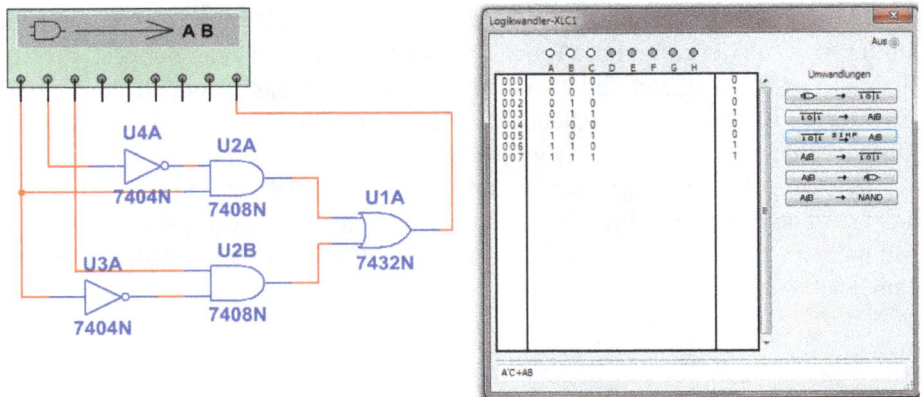

Abb. 4.20: Beispiel einer NICHT-UND-ODER-Verknüpfung an dem Logikwandler

Betrachtet man sich die Funktionstabelle in Abb. 4.19, erkennt man die Wirkungsweise des NICHT-Gatters. Immer wenn Variable a ein 0-Signal hat, ist die UND-Bedingung U2B erfüllt, wenn Variable c ein 1-Signal hat. Hat U2B einen 1-Pegel am Ausgang, ist die ODER-Bedingung erfüllt. Dies ist bei der Wertigkeit 1 und 3 der Fall. Immer wenn Variable a ein 1-Signal hat, ist die UND-Bedingung U2A erfüllt, wenn Variable b ein 1-Signal hat. Hat U2A einen 1-Pegel am Ausgang, ist die ODER-Bedingung erfüllt. Dies ist bei der Wertigkeit 6 und 7 der Fall.

4.2.5 NAND-Verknüpfung mit dem Baustein 7400

Das NAND-Gatter ist der Grundbaustein jeder TTL-Digitalfamilie. Der Schaltungsaufbau und die elektrischen Eigenschaften (Schaltzeit, Leistungsverbrauch, Ausgangsströme) sind jeweils charakteristisch für alle Schaltkreise der betreffenden Baureihe. Das TTL-NAND-Gatter 7400 der Standardreihe hat zwei typische Schaltungsmerkmale:

- Den Multiemittertransistor T_1, der mehrere Eingänge rückwirkungsfrei miteinander verbindet und wesentlich kürzere Schaltzeiten ermöglicht.
- Die Gegentaktausgangsstufe T_3 und T_4 (Totem-pole), die in beiden Schaltzuständen bzw. für beide Impulsflanken einen niederohmigen Ausgangswiderstand hat (12 Ω für die HL-Flanke, 120 Ω für die LH-Flanke), sodass auch kapazitive Lasten noch genügend schnell umgeladen und eingekoppelte kapazitive Störungen unterdrückt werden können.

Der Multiemittereingang und Gegentaktausgang sind die wichtigsten Schaltungsmerkmale der Standardreihe. Sie sind bei jedem Schaltkreis der 74-, 74L-, 74H- und

74S-Baureihe vorhanden (außer bei o.C.-Ausgängen) und gewährleisten die Zusammenschaltbarkeit der Schaltkreise untereinander. Die 74LS-, 74ALS- und 74AS-Baureihen besitzen anstelle des Multiemittereingangs zum schnelleren Schalten typische Diodeneingänge mit Schottky-Dioden.

Neben dem normalen Gegentakt- oder Totem-pole-Ausgang gibt es noch den offenen Kollektorausgang (o.C., Parallelschaltung mehrerer Ausgänge oder Anschaltung systemfremder Lasten) sowie den Tristate-Ausgang (TS für den Busbetrieb).

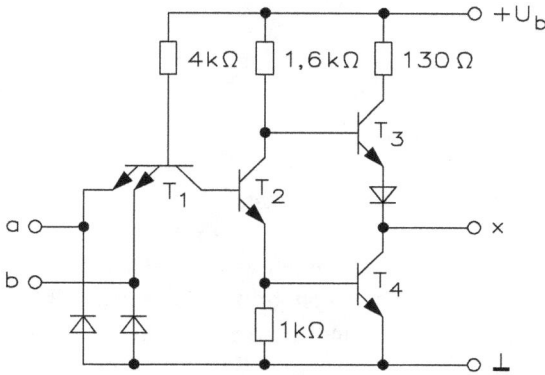

Abb. 4.21: Innenschaltung des TTL-Bausteins 7400

Abb. 4.21 zeigt die Innenschaltung des TTL-Bausteins 7400. Wenn an einem oder mehreren Eingängen ein 0-Signal liegt, ist Transistor T_1 leitend und daher fließt kein Basisstrom für Transistor T_2. Der Transistor T_2 sperrt, für T_3 fließt ein Basisstrom und der Ausgang der Endstufe hat ein 1-Signal. Über Transistor T_3 der Endstufe fließt ein Strom von maximal 400 µA (fan out $N = 10$) heraus. Damit wird ein sicherer H-Pegel am Ausgang gewährleistet.

Liegt an beiden Eingängen a und b jeweils ein 1-Signal an, sperrt der Multiemittertransistor T_1 und damit kann für Transistor T_2 ein Basisstrom fließen. Transistor T_3 der Gegentaktendstufe sperrt, T_4 ist leitend und am Ausgang ist ein 0-Signal. Über Transistor T_4 fließt ein Strom von maximal -16 mA (fan out $N = 10$) in die Endstufe hinein. Damit wird ein sicherer L-Pegel am Ausgang gewährleistet.

Die aus der 74S-Reihe weiterentwickelte 74LS-Reihe enthält keine Multiemittereingänge mehr. Die Entkopplung mehrerer Gattereingänge geschieht durch Schottky-Dioden mit gemeinsamer Anode. Das 74LS-Gatter ist hochohmiger als das 74S-Gatter dimensioniert, hat nur einen Leistungsverbrauch von 20 % des 74er-Gatters (2 mW statt 10 mW bei 9 ns statt 10 ns) und nur den Leistungsverbrauch von 11 % des 74S-Gatters (2 mW statt 18 mW bei dreifacher Verzögerungszeit). Auf diese Weise lassen sich in einem 14- oder 16-poligen DIL-Gehäuse größere Schaltungskomplexe als bei den anderen Baureihen unterbringen, ohne dass die zulässige Verlustleistung überschritten wird. Ein großer Teil der 74LS- und 74ALS-Typen besteht deshalb aus höher integrierten TTL-Schaltungen.

74ALS-Reihe: Die beiden großen Verbesserungen der ALS-Reihe bestehen in der Verringerung der Verzögerungszeit und des Leistungsverbrauchs auf jeweils die Hälfte (gegenüber 74LS). Der Vergleich zwischen 74ALS und 74LS zeigt, dass 74ALS-Schaltkreise mit Schottky-Transistoren aufgebaut sind und besitzen im Vergleich zur 74LS-Reihe folgende Vorteile:

– kürzere Schaltzeit,
– höhere zulässige Impulsfrequenz,
– geringerer Leistungsverbrauch,
– größere statische und dynamische Störsicherheit,
– größere maximale Eingangsspannung (30 V ... 35 V),
– geringere Temperaturabhängigkeit der Kennwerte,
– höherer Integrationsgrad und damit höhere Zuverlässigkeit.

Ein weiterer Vorteil der ALS-Technologie sind die kleineren geometrischen Abmessungen der Komponenten auf dem Chip. Sie ermöglichen größere Packungsdichten und damit die Integration auch großer Schaltungskomplexe (LSI). Die niedrige Leistungsaufnahme ergibt niedrige Kristalltemperaturen auf dem Chip und führt in Verbindung mit einer hohen Integrationsstufe auch zu einer höheren Zuverlässigkeit der mit ALS-Schaltkreisen aufgebauten Logiksysteme. Die günstigen Eigenschaften der ALS-Schaltkreise werden vor allem durch zwei Prozessschritte in der Schaltungstechnologie erzielt:

– Die notwendigen Störstellen im Halbleiter werden nicht mehr durch Diffusion, sondern durch Ionenimplantation erzeugt. Hierbei ist die Dotierungstiefe leichter steuerbar, sodass sich auch dünnere Epitaxieschichten und damit kleinere Abmessungen mit geringeren parasitären Kapazitäten ergeben.
– Für die Isolierung der aktiven und passiven Komponenten auf dem Substrat wird anstelle des bisher üblichen Junction-Isolationsprozesses (Isolierung durch pn-Sperrschichten) ein neuer Oxid-Isolationsprozess benutzt. Das führt u. a. zu kleineren Kollektor-Substrat-Kapazitäten.

74AS-Reihe: Diese extrem schnelle, voll TTL-kompatible Hochgeschwindigkeitsfamilie erreicht Schaltzeiten im Bereich von 1 ns bis 2 ns. Ihre maximale Verlustleistung mit 12 mW ... 22 mW je Gatter liegt nicht wesentlich über dem Wert der 74S-Reihe. Gatterschaltkreise existieren in der AS-Reihe nur als Treiber mit Tristate-Ausgang und Treiberströme bis $I_{OL} = 48$ mA, $I_{OH} = 15$ mA, die eine direkte Ansteuerung von Busleitungen mit Wellenwiderständen bis zu 50 Ω zulassen. Die Verzögerungszeit des einzelnen AS-Gatters ist unterschiedlich. Es gibt Einzelgatter mit herausgeführtem Eingang und Ausgang sowie interne Gatter. Letztere haben günstigere Werte, da sie keine zusätzlichen Treiber- oder Pufferstufen aufweisen.

74F-Reihe: Die TTL-FAST-Baureihe 74F (Fairchild-advanced-Schottky-TTL) liegt mit Schaltzeit und Verlustleistung zwischen der ALS- und AS-Baureihe von Texas Instruments und hat infolge ihrer günstigen Eigenschaften große Verbreitung gefunden. Sie wird nur von wenigen Herstellern produziert (z. B. Fairchild, Valvo), im Gegensatz zu den anderen TTL-Baureihen, die alle großen Halbleiterhersteller anbieten. Die Schwellspannung und damit die Störsicherheit bei L-Pegel ist mit 1,4 V bis 1,5 V größer als bei der LS-Reihe.

4.2.6 NOR-Verknüpfung mit dem Baustein 7402

Das NOR-Gatter wird in der Praxis nur selten eingesetzt, da die NAND-Technik dominiert. Abb. 4.22 zeigt die Innenschaltung des TTL-Bausteins 7402.

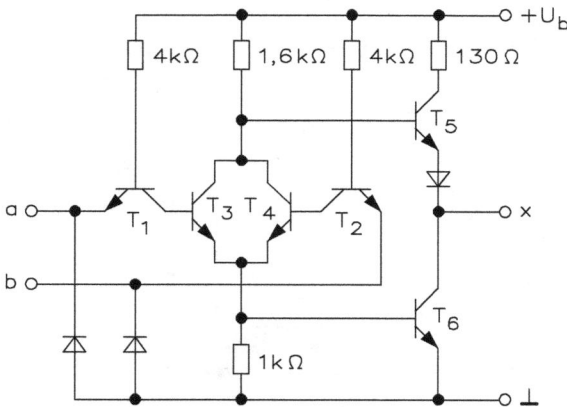

Abb. 4.22: Innenschaltung des TTL-Bausteins 7402

Der TTL-Baustein 7402 hat intern vier NOR-Gatter mit je zwei Eingängen. Legt man an beide Eingänge ein 0-Signal an, sind beide Transistoren T_1 und T_2 leitend. Dadurch sind auch beide Transistoren T_3 und T_4 gesperrt und in den oberen Transistor T_5 der Gegentaktendstufe fließt ein Basisstrom. Der Transistor T_5 schaltet durch. Da die beiden Transistoren T_3 und T_4 gesperrt sind, liegt die Basis von T_6 fast auf Masse und sperrt.

Die beiden Transistoren T_1 und T_2 sind mit T_3 und T_4 in paralleler Anordnung. Hat einer der beiden Eingänge ein 1-Signal, schaltet entweder T_1 und T_3 oder T_2 und T_4 durch. Diese Funktion gilt auch, wenn an beiden Eingängen je ein 1-Signal anliegt. Schaltet einer oder beide Transistoren T_3 bzw. T_4 durch, fließt für den oberen Transistor T_5 kein Basisstrom, aber für T_6. Am Ausgang wird ein 0-Signal erzeugt.

4.3 Beispiele zur booleschen Algebra

Die gezeigten Versuche lassen sich mit dem Logikumsetzer, mit dem Bitmustergenerator und Logikanalysator, mit Taktgeneratoren und Oszilloskop dynamisch durchführen, man kann auch die Beispiele mit Umschalter an den Eingängen und Leuchtdioden an den Ausgängen statisch untersuchen.

4.3.1 Verknüpfung von Eingangsvariablen

In den Schaltungen von Abb. 4.19 und Abb. 4.20 sind bereits Verknüpfungen durchgeführt worden. Abb. 4.23 zeigt eine Verknüpfung von vier Eingangsvariablen.

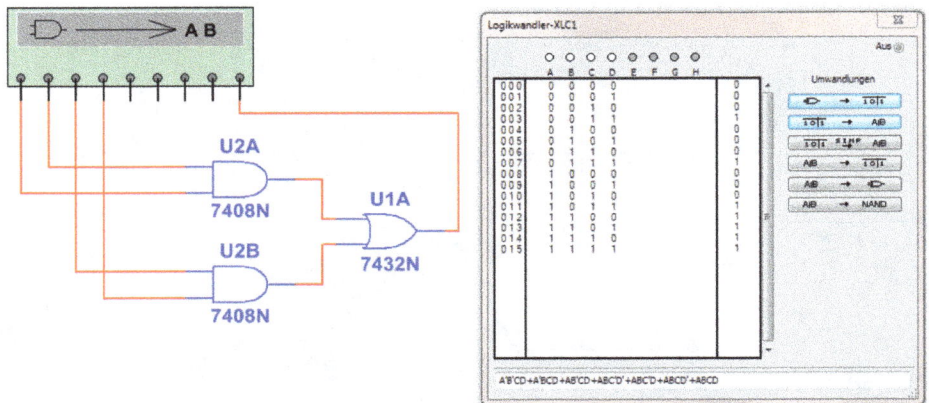

Abb. 4.23: Beispiel für eine Verknüpfung von vier Eingangsvariablen

Der Logikumsetzer ist kein reales Gerät, sondern ein virtuelles Messsystem. Daher werden zuerst eine Messung mit dem Logikumsetzer und dann die Schaltung mit dem Bitmustergenerator und Logikanalysator untersucht. Die Gleichung der Schaltung lautet

$$x = ab + cd \, .$$

Die beiden Eingangsvariablen a und b werden über ein UND-Gatter verknüpft, ebenso die beiden Eingangsvariablen c und d. Die Ausgänge der beiden UND-Gatter sind über ein ODER-Gatter miteinander verknüpft und aus Tabelle 4.3 wird die Arbeitsweise erkennbar.

Dies ergibt folgende Gleichung:

$$x = \overline{a} \cdot \overline{b} \cdot c \cdot d + \overline{a} \cdot b \cdot c \cdot d + a \cdot \overline{b} \cdot c \cdot d + a \cdot b \cdot \overline{c} \cdot \overline{d} + a \cdot b \cdot \overline{c} \cdot d + a \cdot b \cdot c \cdot \overline{d} + a \cdot b \cdot c \cdot d \, .$$

Tab. 4.3: Verknüpfung von zwei UND-Gattern über ein ODER-Gatter

	$(a \cdot b)$		$(c \cdot d)$		x	
0	0	0	0	0	0	
1	0	0	0	1	0	
2	0	0	1	0	0	
3	0	0	1	1	1	$\bar{a} \cdot \bar{b} \cdot c \cdot d$
4	0	1	0	0	0	
5	0	1	0	1	0	
6	0	1	1	0	0	
7	0	1	1	1	1	$\bar{a} \cdot b \cdot c \cdot d$
8	1	0	0	0	0	
9	1	0	0	1	0	
10	1	0	1	0	0	
11	1	0	1	1	1	$a \cdot \bar{b} \cdot c \cdot d$
12	1	1	0	0	1	$a \cdot b \cdot \bar{c} \cdot \bar{d}$
13	1	1	0	1	1	$a \cdot b \cdot \bar{c} \cdot d$
14	1	1	1	0	1	$a \cdot b \cdot c \cdot \bar{d}$
15	1	1	1	1	1	$a \cdot b \cdot c \cdot d$

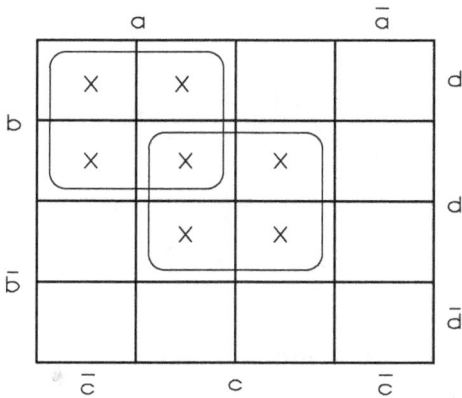

$$X = ab + cd$$

Abb. 4.24: Karnaugh-Diagramm

Mithilfe des Karnaugh-Diagramms lässt sich die Gleichung minimalisieren. Abb. 4.24 zeigt das Karnaugh-Diagramm.

Die Gleichung des Karnaugh-Diagramms lautet:

$$x = ab + cd \, .$$

Die minimalisierte Gleichung ist in Abb. 4.25 dargestellt. Der Logikwandler führt diese Funktion selbstständig nach „Quine-McCluskey"-Verfahren durch.

Die Ausgangsvariable in Abb. 4.26 ist erfüllt, wenn $(a \cdot b)$ oder $(c \cdot d)$ jeweils 1-Signale am Ausgang erzeugen. Für die Realisierung benötigt man einen 7408 (vier UND-Gatter mit je zwei Eingängen) und einen 7432 (vier ODER-Gatter mit je zwei Eingängen).

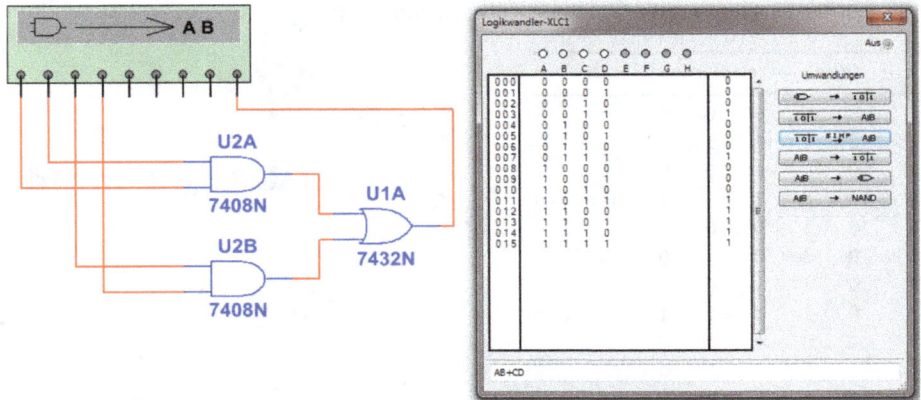

Abb. 4.25: Aufbau der minimalisierten Gleichung

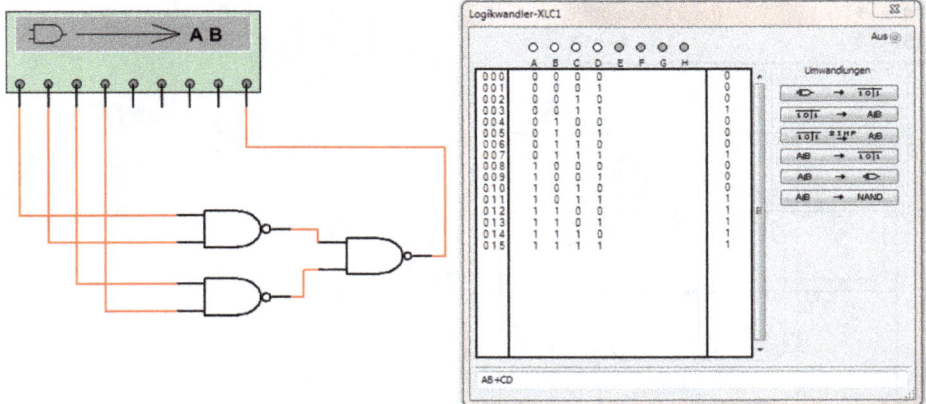

Abb. 4.26: Realisierung der Schaltung von Abb. 4.24 mittels NAND-Gatter

Verwendet man den TTL-Baustein 7400, muss man die Gleichung umformen.

$$x = ab + cd$$

$$\overline{x} = \overline{a\,b + c\,d} \quad \text{(beide Seiten negieren)}$$

$$\overline{x} = \overline{a\,b} \cdot \overline{c\,d} \quad \text{(Teilung des Negationsbalkens, aus ODER wird UND)}$$

$$\overline{\overline{x}} = \overline{\overline{a\,b} \cdot \overline{c\,d}} \quad \text{(beide Seiten negieren)}$$

$$x = ab + cd \quad \text{(Teilung des Negationsbalkens, aus ODER wird UND)}.$$

Aus der letzten Gleichung kann man die Schaltung aufbauen, wie Abb. 4.23 zeigt. Die Gleichung des Logikwandlers zeigt $x = ab + cd$.

4.3.2 Inhibition und Implikation

Die beiden Funktionen von Inhibition (Sperrgatter) und Implikation (Subjunktion) setzt man für Steuerungszwecke ein. Abb. 4.27 zeigt die Simulation.

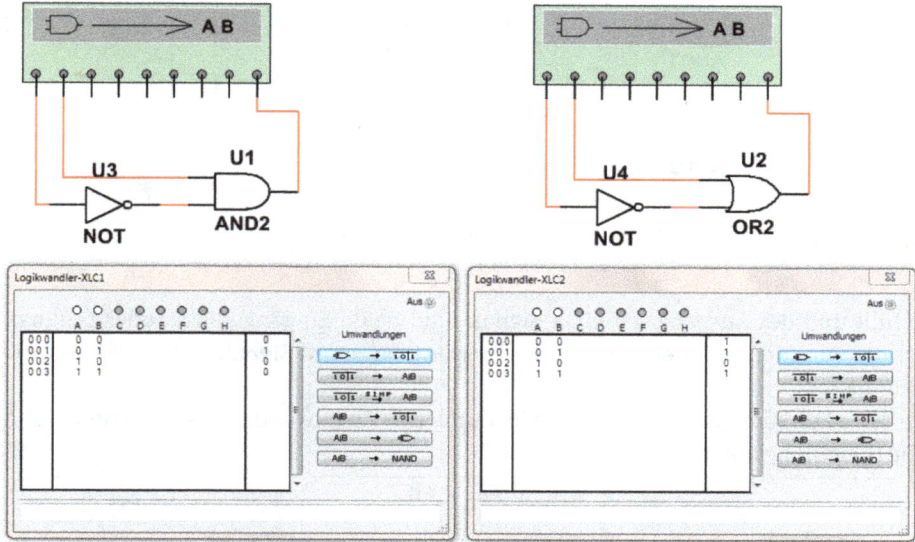

Abb. 4.27: Simulation von Inhibition und Implikation

Die Gleichung für die Inhibition lautet

$$x = \overline{a} \cdot b \, .$$

Die Funktionstabelle in Abb. 4.27 zeigt a'b. Hat der Eingang a ein 0-Signal, wird dieser durch das NICHT-Gatter invertiert. Die Gleichung bzw. die UND-Bedingung ist erfüllt, wenn der Eingang b ein 1-Signal hat.

Die Gleichung für die Implikation lautet

$$x = \overline{a} + b \, .$$

Verwendet man ein ODER-Gatter und ist der Eingang a invertiert, hat man die Wirkungsweise einer Implikation. Das ODER-Gatter hat ein 0-Signal, wenn a = 1 und b = 0 ist.

4.3.3 Aufbau einer Antivalenz- bzw. Exklusiv-ODER-Funktion

Eine Antivalenz- bzw. Exklusiv-ODER-Funktion hat zwei Eingänge und einen Ausgang. Weisen die beiden Eingänge unterschiedliche 0- oder 1-Signale auf, ist die Funktion

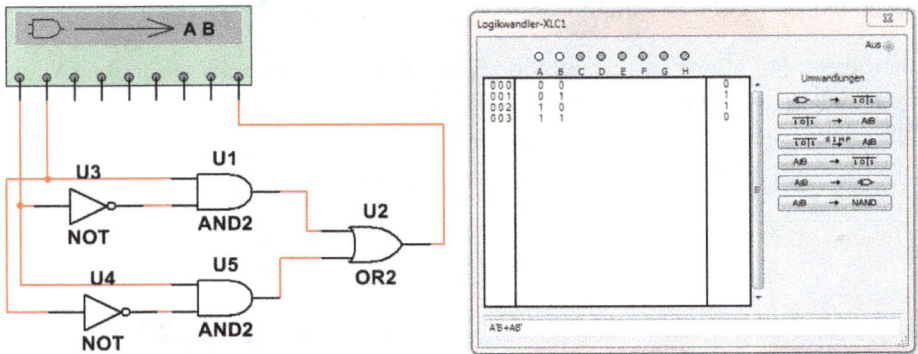

Abb. 4.28: Simulation einer Antivalenz- bzw. Exklusiv-ODER-Funktion

erfüllt und der Ausgang hat ein 1-Signal. Sind beide Eingänge an 0- oder 1-Signal, ist die Funktion nicht erfüllt und der Ausgang hat ein 0-Signal. Abb. 4.28 zeigt die Simulation.

Die Funktionsgleichung ist bereits durch den Logikwandler erstellt worden und die Gleichung lautet:

$$x = \overline{a}b + a\overline{b}\,.$$

Vor jedem UND-Gatter befindet sich eine NICHT-Funktion. Dadurch entsteht an jedem UND-Gatter eine invertierende Funktion. Die Ausgangsvariablen der beiden UND-Gatter sind über ein ODER-Gatter zusammengefasst.

4.3.4 Aufbau einer Äquivalenz- bzw. Inklusiv-ODER-Funktion

Eine Äquivalenz (Bijunktion, Äquijunktion) hat zwei Eingänge und einen Ausgang. Weisen die beiden Eingänge gemeinsam 0- oder 1-Signale auf, ist die Funktion erfüllt und der Ausgang hat ein 1-Signal. Sind beide Eingänge auf unterschiedlichen 0- oder 1-Signal, ist die Funktion nicht erfüllt und der Ausgang hat ein 0-Signal. Abb. 4.29 zeigt die Simulation.

Die Funktionsgleichung ist bereits durch den Logikwandler erstellt worden und die Gleichung lautet:

minimalisierte Gleichung

$$x = \overline{a}\,\overline{b} + ab\,.$$

Vor einem UND-Gatter befinden sich zwei NICHT-Funktionen. Dadurch entsteht an dem UND-Gatter eine invertierende Funktion. Die Ausgangsvariablen der beiden UND-Gatter sind über ein ODER-Gatter zusammengefasst.

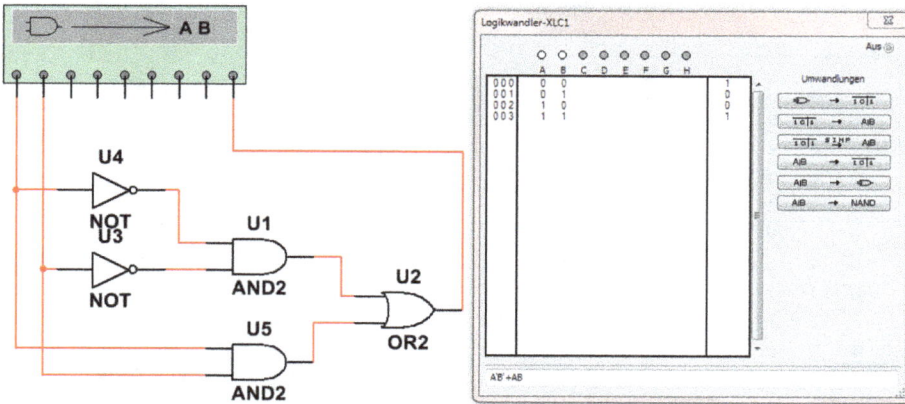

Abb. 4.29: Simulation einer Äquivalenz- bzw. Inklusiv-ODER-Funktion

4.3.5 UND/ODER/NICHT-Gatter

UND/ODER/NICHT-Gatter sind TTL-Bausteine mit einer einfachen Logikfunktion.

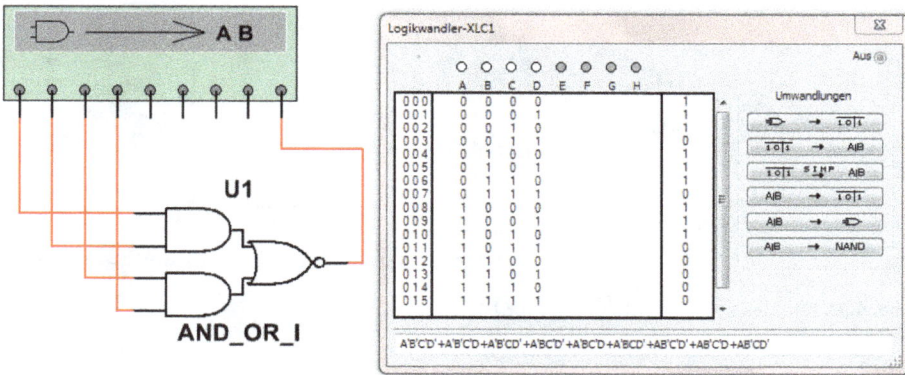

Abb. 4.30: Simulation eines UND/ODER/NICHT-Gatters mit je 2 × 2-Eingängen

Abb. 4.30 zeigt die Simulation eines UND/ODER/NICHT-Gatters mit je 2×2-Eingängen. Die Funktionstabelle 4.4 ist in der Schaltung des Logikwandlers ausgegeben worden, soll aber nochmals definiert werden.

Die Funktionsgleichung lautet:

$$x = \bar{a} \cdot \bar{b} \cdot \bar{c} \cdot \bar{d} + \bar{a} \cdot \bar{b} \cdot \bar{c} \cdot d + \bar{a} \cdot \bar{b} \cdot c \cdot \bar{d} + \bar{a} \cdot b \cdot \bar{c} \cdot \bar{d} + \bar{a} \cdot b \cdot \bar{c} \cdot \bar{d} + \bar{a} \cdot b \cdot c \cdot \bar{d} + a \cdot \bar{b} \cdot \bar{c} \cdot \bar{d} + a \cdot \bar{b} \cdot \bar{c} \cdot d + a \cdot \bar{b} \cdot c \cdot \bar{d}.$$

Funktionstab. 4.4: UND/ODER/NICHT-Gatter

	a	b	c	d	x	
0	0	0	0	0	1	$\overline{a} \cdot \overline{b} \cdot \overline{c} \cdot \overline{d}$
1	0	0	0	1	1	$\overline{a} \cdot \overline{b} \cdot \overline{c} \cdot d$
2	0	0	1	0	1	$\overline{a} \cdot \overline{b} \cdot c \cdot \overline{d}$
3	0	0	1	1	0	
4	0	1	0	0	1	$\overline{a} \cdot b \cdot \overline{c} \cdot \overline{d}$
5	0	1	0	1	1	$\overline{a} \cdot b \cdot \overline{c} \cdot d$
6	0	1	1	0	1	$\overline{a} \cdot b \cdot c \cdot \overline{d}$
7	0	1	1	1	0	
8	1	0	0	0	1	$a \cdot \overline{b} \cdot \overline{c} \cdot \overline{d}$
9	1	0	0	1	1	$a \cdot \overline{b} \cdot \overline{c} \cdot d$
10	1	0	1	0	1	$a \cdot \overline{b} \cdot c \cdot \overline{d}$
11	1	0	1	1	0	
12	1	1	0	0	0	
13	1	1	0	1	0	
14	1	1	1	0	0	
15	1	1	1	1	0	

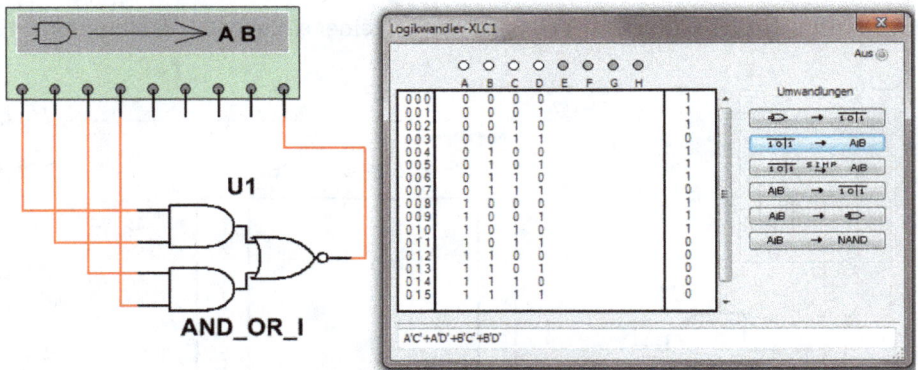

Abb. 4.31: Simulation eines UND/ODER/NICHT-Gatters

Mithilfe des Karnaugh-Diagramms lässt sich diese Gleichung minimalisieren und Abb. 4.31 zeigt die Simulation.

Die Gleichung lautet:

$$x = \overline{a} \cdot \overline{c} + \overline{a} \cdot \overline{d} + \overline{b} \cdot \overline{c} + \overline{b} \cdot \overline{d} \,.$$

Wenn Sie die Schaltung in Multisim aufbauen und mit dem Logikwandler messen, kommt man auf dieses Ergebnis.

4.3.6 Digitaler Komparator

Aufgabe eines digitalen Komparators ist der Vergleich auf eine gerade und eine ungerade Quersumme.

Für die Schaltung von Abb. 4.32 verwendet man drei Exklusiv-ODER-Gatter und kann so vier Leitungen auf eine ungerade Quersumme prüfen. Die Funktionstabelle 4.5 zeigt die Wirkungsweise.

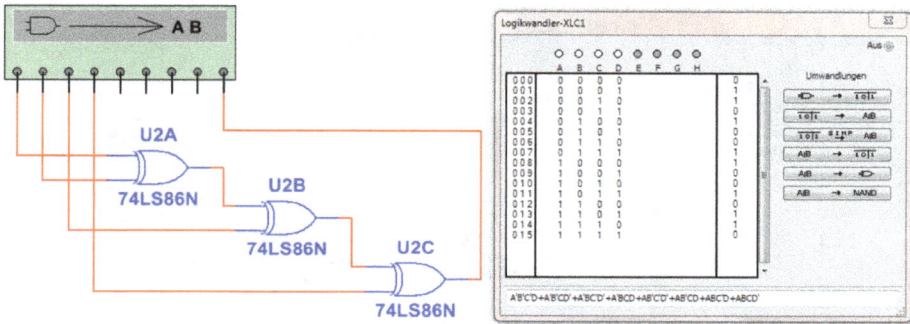

Abb. 4.32: Digitaler Komparator mit einer ungeraden Quersumme

Funktionstab. 4.5: Digitaler Komparator für ungerade Quersummen

	a	b	c	d	x	
0	0	0	0	0	0	
1	0	0	0	1	1	$\bar{a}\cdot\bar{b}\cdot\bar{c}\cdot d$
2	0	0	1	0	1	$\bar{a}\cdot\bar{b}\cdot c\cdot\bar{d}$
3	0	0	1	1	0	
4	0	1	0	0	1	$\bar{a}\cdot b\cdot\bar{c}\cdot\bar{d}$
5	0	1	0	1	0	
6	0	1	1	0	0	
7	0	1	1	1	1	$\bar{a}\cdot b\cdot c\cdot d$
8	1	0	0	0	1	$a\cdot\bar{b}\cdot\bar{c}\cdot\bar{d}$
9	1	0	0	1	0	
10	1	0	1	0	0	
11	1	0	1	1	1	$a\cdot\bar{b}\cdot c\cdot d$
12	1	1	0	0	0	
13	1	1	0	1	1	$a\cdot\bar{b}\cdot\bar{c}\cdot d$
14	1	1	1	0	1	$a\cdot b\cdot c\cdot\bar{d}$
15	1	1	1	1	0	

Die Funktionsgleichung lautet:

$$x = \bar{a} \cdot \bar{b} \cdot \bar{c} \cdot d + \bar{a} \cdot \bar{b} \cdot c \cdot \bar{d} + \bar{a} \cdot b \cdot \bar{c} \cdot \bar{d} + \bar{a} \cdot b \cdot c \cdot d + a \cdot \bar{b} \cdot \bar{c} \cdot \bar{d} + a \cdot \bar{b} \cdot c \cdot d + a \cdot \bar{b} \cdot \bar{c} \cdot d + a \cdot b \cdot c \cdot \bar{d}.$$

Für die Schaltung von Abb. 4.33 verwendet man drei Inklusiv-ODER-Gatter und kann so vier Leitungen auf eine gerade Quersumme prüfen. Funktionstabelle 4.6 zeigt die Wirkungsweise.

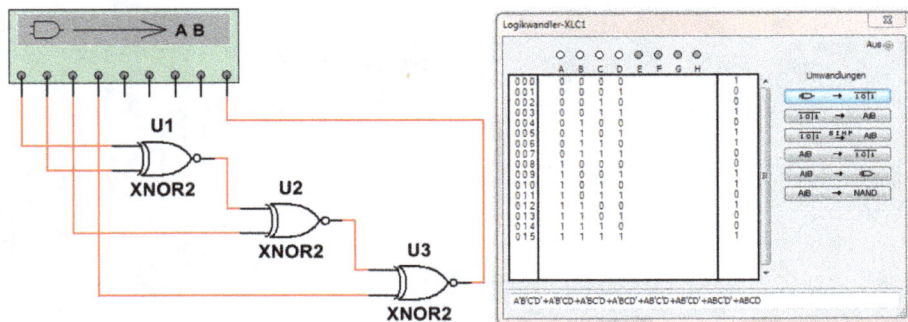

Abb. 4.33: Digitaler Komparator mit einer geraden Quersumme

Funktionstab. 4.6: Digitaler Komparator für gerade Quersummen

	a	b	c	d	x	
0	0	0	0	0	1	$\bar{a} \cdot \bar{b} \cdot \bar{c} \cdot \bar{d}$
1	0	0	0	1	0	
2	0	0	1	0	0	
3	0	0	1	1	1	$\bar{a} \cdot \bar{b} \cdot c \cdot d$
4	0	1	0	0	0	
5	0	1	0	1	1	$\bar{a} \cdot b \cdot \bar{c} \cdot d$
6	0	1	1	0	1	$\bar{a} \cdot b \cdot c \cdot \bar{d}$
7	0	1	1	1	0	
8	1	0	0	0	0	
9	1	0	0	1	1	$a \cdot \bar{b} \cdot \bar{c} \cdot d$
10	1	0	1	0	1	$a \cdot \bar{b} \cdot c \cdot \bar{d}$
11	1	0	1	1	0	
12	1	1	0	0	1	$a \cdot b \cdot \bar{c} \cdot \bar{d}$
13	1	1	0	1	0	
14	1	1	1	0	0	
15	1	1	1	1	1	$a \cdot b \cdot c \cdot d$

Die Funktionsgleichung lautet:

$$x = \bar{a} \cdot \bar{b} \cdot \bar{c} \cdot \bar{d} + \bar{a} \cdot \bar{b} \cdot c \cdot d + \bar{a} \cdot b \cdot \bar{c} \cdot d + \bar{a} \cdot b \cdot c \cdot \bar{d} + a \cdot \bar{b} \cdot \bar{c} \cdot d + a \cdot \bar{b} \cdot c \cdot \bar{d} + a \cdot b \cdot \bar{c} \cdot \bar{d} + a \cdot b \cdot c \cdot d$$

4.3.7 Größer-Gleich-Kleiner-Vergleicher

Für folgende Bedingung ist eine Schaltung zu entwerfen:

$$x = a > b$$
$$x = a = b$$
$$x = a < b \,.$$

Aus diesen Bedingungen können die Funktionen von Tabelle 4.7 erstellt werden.

Tab. 4.7: Bedingung für einen Größer-Gleich-Kleiner-Vergleicher

a	b	x	y	z	
0	0	0	1	0	a = b
0	1	1	0	0	a < b
1	0	0	0	1	a > b
1	1	0	1	0	a = b

Da man drei Ausgangsvariable bei diesem Vergleicher hat, müssen auch drei Funktionsgleichungen erstellt werden. Sie lauten:

$$x = a \cdot \overline{b}$$
$$x = \overline{a} \cdot \overline{b} + a \cdot b$$
$$x = \overline{a} \cdot b \,.$$

Aus diesen drei Funktionsgleichungen lässt sich die Schaltung von Abb. 4.34 erstellen.

Sind beide Eingänge a und b auf 0- oder 1-Signal, leuchtet die LED X2 auf. Das Inklusiv-ODER-Gatter erzeugt das 1-Signal für die LED X2. Für diese Funktion sind zwei UND-Gatter, zwei NICHT-Gatter und ein ODER-Gatter erforderlich.

Hat die Leitung a ein 0-Signal und Leitung b ein 1-Signal, also ist b größer als a, ist die UND-Bedingung erfüllt und die LED X1 signalisiert diesen Zustand. Hat die Leitung a 1-Signal und Leitung b 0-Signal, also ist a größer als b, ist die UND-Bedingung erfüllt und LED X3 signalisiert diesen Zustand.

4.3.8 Halbaddierer

Mit dem Halbaddierer können folgende Additionen durchgeführt werden und Tabelle 4.8 zeigt vier Möglichkeiten.

Aus dieser Funktionstabelle kann man die beiden Ausgangsgleichungen erstellen:

$$\Sigma = \overline{a} \cdot b + a \cdot \overline{b}$$
$$\ddot{U} = a \cdot b \,.$$

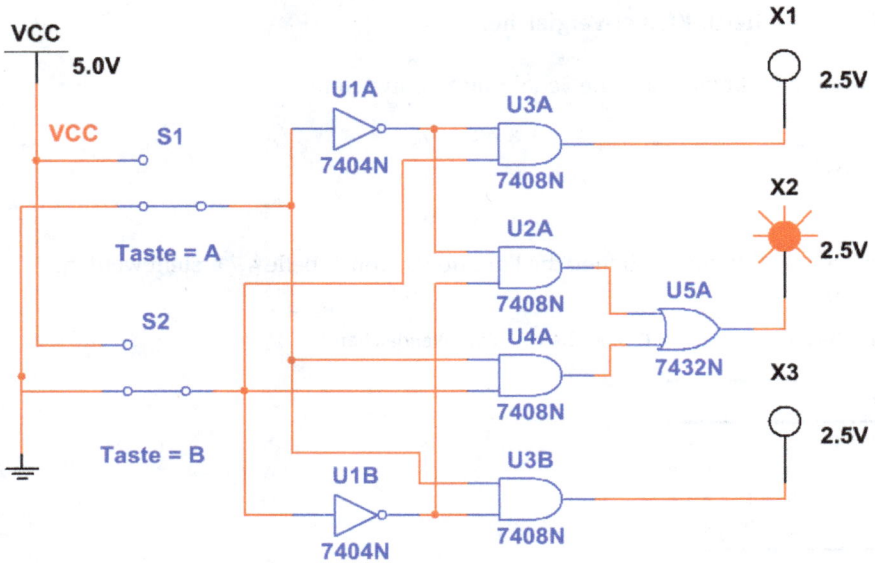

Abb. 4.34: Schaltung für einen Größer-Gleich-Kleiner-Vergleicher

Tab. 4.8: Funktionen für einen Halbaddierer

a	b	Σ	Ü
0	0	0	0
0	1	1	0
1	0	1	0
1	1	0	1

Dies ergibt vier Additionsmöglichkeiten, die mittels Dezimalzahlen nochmals erklärt werden sollen:

$$
\begin{array}{rrrr}
0 & 1 & 0 & 1 \\
+0 & +0 & +1 & +1 \\
\hline
0 & 1 & 1 & 10
\end{array}
$$

Σ (Summe)
Ü (Übertrag)

Für die Bildung der Summe benötigt man ein Exklusiv-ODER-Gatter. Sind die beiden Leitungen a und b ungleich, tritt eine Summe auf und LED X2 signalisiert den Zustand. Sind die beiden Leitungen auf 0-Signal, tritt weder eine Summe noch ein Übertrag auf. Liegen beide Leitungen auf 1-Signal, ist die UND-Bedingung erfüllt, es tritt ein Übertrag auf, und LED X1 signalisiert diesen Zustand. Abb. 4.35 zeigt die Schaltung eines Halbaddierers.

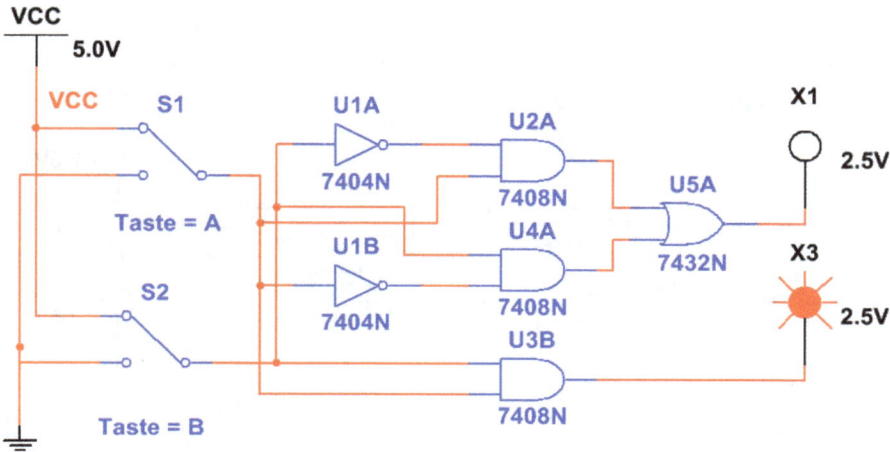

Abb. 4.35: Schaltung eines Halbaddierers

4.3.9 Halbsubtrahierer

Ein Halbsubtrahierer bildet aus zwei Eingangsvariablen eine Differenz Δ und einen Borger B:

$$
\begin{array}{ccccc}
a & 0 & 1 & 0 & 1 \\
b & -0 & -0 & -1 & -1 \\
\hline
& 0 & 1 & 11 & 0
\end{array}
$$

→ Δ (Differenz)

→ B (Borger)

Aus diesen Überlegungen kann man die Funktionstabelle 4.9 erstellen.

Tab. 4.9: Funktionen für einen Halbsubtrahierer

a	b	Δ	B
0	0	0	0
0	1	1	1
1	0	1	1
1	1	0	0

Aus der Funktionstabelle kann man die beiden Ausgangsgleichungen erstellen:

$$\Delta = \overline{a} \cdot b + a \cdot \overline{b}$$

$$B = a \cdot b \, .$$

Abb. 4.36 zeigt die Schaltung für einen Halbsubtrahierer.

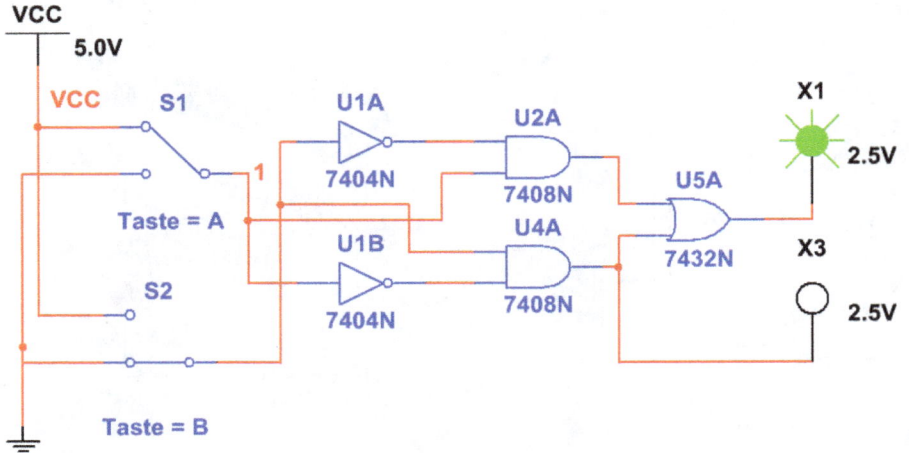

Abb. 4.36: Schaltung für einen Halbsubtrahierer

4.3.10 Volladdierer

Der Volladdierer besteht aus zwei Halbaddierern und die Schaltung ist in Abb. 4.37 gezeigt.

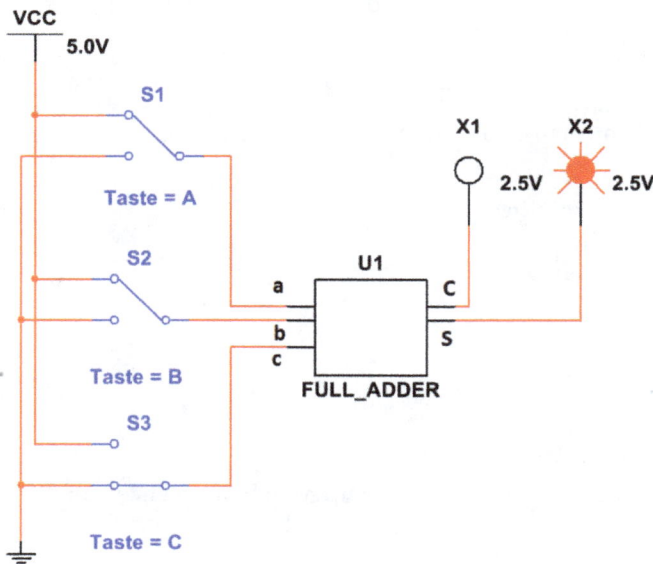

Abb. 4.37: Schaltung eines 1-Bit-Volladdierers

Eingang a und b wird von den Schaltern A und B angesteuert. Eingang CIN ist der Carry-Eingang (Übertragseingang). Die Arbeitsweise eines Volladdierers lautet:

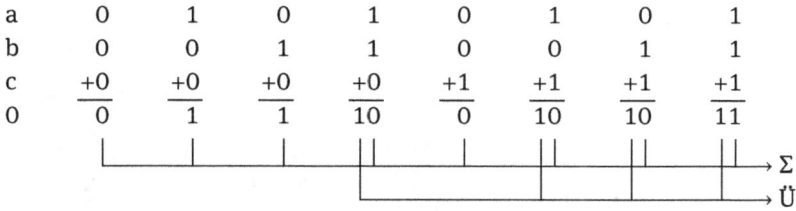

a	0	1	0	1	0	1	0	1
b	0	0	1	1	0	0	1	1
c	+0	+0	+0	+0	+1	+1	+1	+1
0	0	1	1	10	0	10	10	11

Die Wertigkeiten lassen sich über drei Schalter einstellen und zwei Leuchtdioden signalisieren die Funktion. Es ergibt sich Funktionstabelle 4.10.

Tab. 4.10: Funktionen für einen 1-Bit-Volladdierer

a	b	c	Σ	Ü
0	0	0	0	0
0	0	1	1	0
0	1	0	1	0
0	1	1	0	1
1	0	0	1	0
1	0	1	0	1
1	1	0	0	1
1	1	1	1	1

Die Gleichungen lauten:

$$\Sigma = \overline{a} \cdot \overline{b} \cdot c + \overline{a} \cdot b \cdot \overline{c} + a \cdot \overline{b} \cdot \overline{c} + a \cdot b \cdot c$$
$$\ddot{U} = \overline{a} \cdot b \cdot c + a \cdot \overline{b} \cdot c + a \cdot b \cdot \overline{c} + a \cdot b \cdot c.$$

Abb. 4.38 zeigt die Schaltung eines 2-Bit-Volladdierers, aufgebaut mit zwei Volladdierern. Funktionstabelle 4.11 zeigt die Arbeitsweise.

4.3.11 Elektronische Weiche

Mit einer elektronischen Weiche kann man zwischen zwei Frequenzen umschalten. Abb. 4.39 zeigt die Schaltung für eine elektronische Weiche.

Für die Schaltung sind drei Rechteckgeneratoren erforderlich. Der Rechteckgenerator V1 mit einer Taktfrequenz von 1 kHz steuert das UND-Gatter U2 direkt und das UND-Gatter U1 über ein NICHT-Gatter an. Der Rechteckgenerator V2 erzeugt eine Frequenz von 10 kHz und V3 eine Frequenz von 20 kHz. Die Frequenz von 10 kHz ist mit

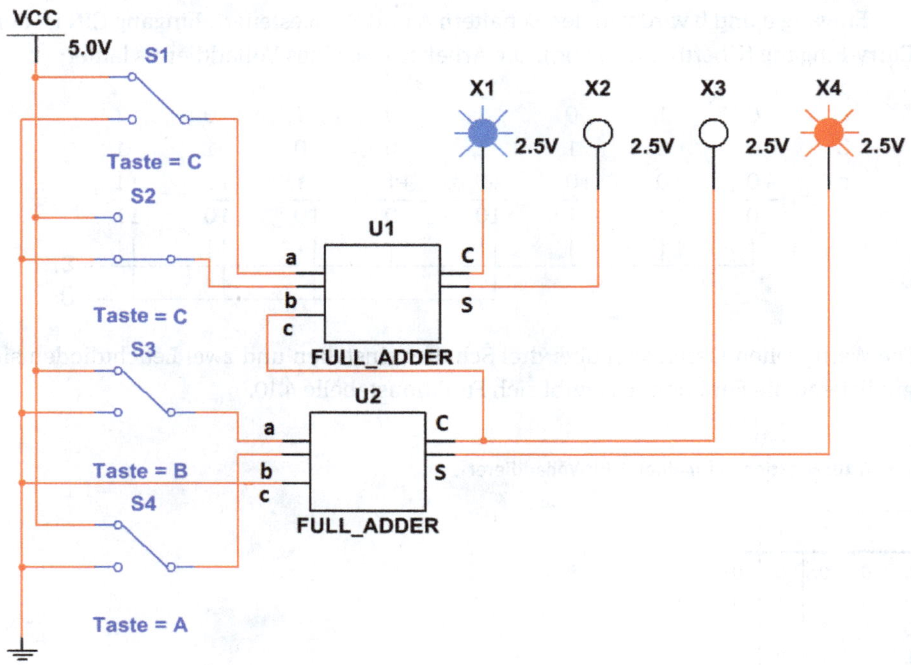

VCC
5.0V S1

X1   X2   X3   X4

2.5V   2.5V   2.5V   2.5V

Taste = C

S2

U1

a   C

b   S

c

Taste = C

S3   FULL_ADDER

U2

a   C

Taste = B   b   S

S4   c

FULL_ADDER

Taste = A

Abb. 4.38: Schaltung eines 2-Bit-Volladdierers

Tab. 4.11: Funktionen eines 2-Bit-Volladdierers

	d	c	b	a	Σ_1 (X1)	$\ddot{U}_1$ (X2)	Σ_2 (X3)	$\ddot{U}_2$ (X4)
0	0	0	0	0	0	0	0	0
1	0	0	0	1	1	0	0	0
2	0	0	1	0	1	0	0	0
3	0	0	1	1	0	1	1	0
4	0	1	0	0	0	0	1	0
5	0	1	0	1	1	0	1	0
6	0	1	1	0	1	0	1	0
7	0	1	1	1	0	1	0	1
8	1	0	0	0	0	0	1	0
9	1	0	0	1	1	0	1	0
10	1	0	1	0	1	0	1	0
11	1	0	1	1	0	1	0	1
12	1	1	0	0	0	0	0	1
13	1	1	0	1	1	0	0	1
14	1	1	1	0	1	0	0	1
15	1	1	1	1	1	1	1	0

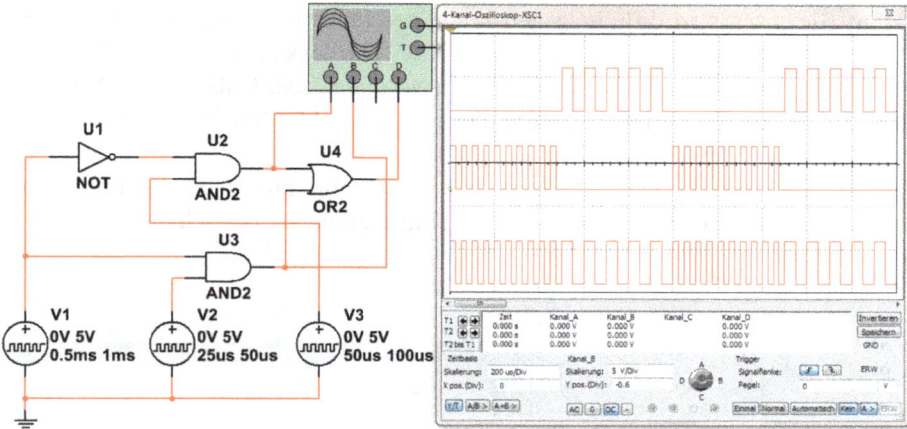

Abb. 4.39: Schaltung für eine elektronische Weiche

dem UND-Gatter U1 verbunden, die 20 kHz mit dem UND-Gatter U2. Beide UND-Gatter sind über ein ODER-Gatter verknüpft und mit dem Oszilloskop verbunden.

Hat der Rechteckgenerator V1 0-Signal, wird dieses Signal invertiert und das UND-Gatter U1 freigeschaltet. Am Ausgang steht die Frequenz von 10 kHz zur Verfügung. Hat V1 ein 1-Signal, wird U2 freigegeben und der Ausgang hat eine Frequenz von 20 kHz. Man sieht im Bildschirm des Oszilloskops deutlich, wie sich die Ausgangsfrequenz verändert.

Diese Schaltung von Abb. 4.39 ist nur für TTL-Signale geeignet. Wenn man analoge Signale schalten muss, verwendet man den CMOS-Baustein 4066. Die Anwendung des 4066 wird noch gezeigt.

4.3.12 Digitaler Polumschalter

Wenn man die Schaltung für eine elektronische Weiche erweitert, lässt sich ein digitaler Polumschalter realisieren. Der digitale Polumschalter hat zwei Ausgänge, die folgendermaßen festgelegt sind:

$$0\text{-Signal:} \quad U_{a1} = +5\,\text{V}$$
$$U_{a2} = 0\,\text{V}$$
$$1\text{-Signal:} \quad U_{a1} = 0\,\text{V}$$
$$U_{a2} = +5\,\text{V}\,.$$

Hat Rechteckgenerator V1 0-Signal, wird dieses von dem NICHT-Gatter invertiert und U1 und U6 freigegeben. Über UND-Gatter U1 kann der Takt von 10 kHz das Gatter passieren. Gleichzeitig wird U6 freigegeben und der Takt von 20 kHz liegt am Ausgang. Die beiden Ausgänge sind mit Kanal A und B des Oszilloskops verbunden. Hat Rechteckgenerator V1 1-Signal, wird U2 und U5 freigegeben. Über UND-Gatter U2 kann der Takt von 10 kHz das Gatter passieren. Gleichzeitig wird U5 freigegeben und der Takt von 20 kHz liegt am Ausgang.

Abb. 4.40 zeigt die Schaltung eines digitalen Polumschalters mit drei Rechteckgeneratoren. Mit dieser Schaltung lassen sich nur digitale Signale schalten, keine analogen Größen.

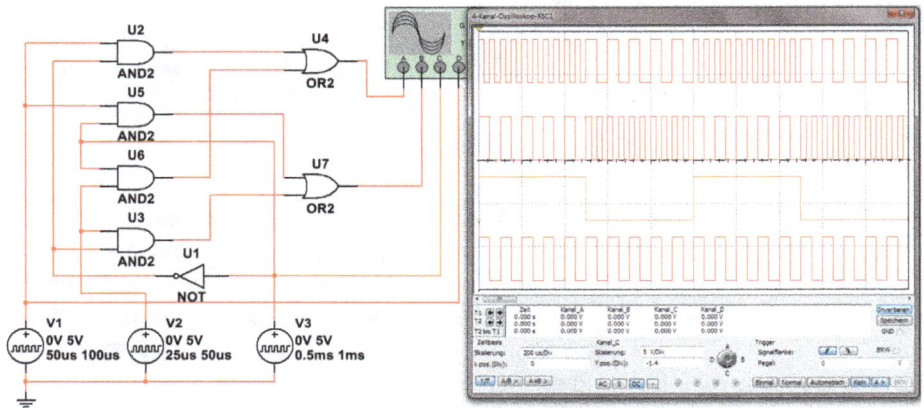

Abb. 4.40: Schaltung eines digitalen Polumschalters

4.3.13 Digitaler Drehschalter

Bei den digitalen Drehschaltern unterscheidet man zwischen Demultiplexer und Multiplexer. Ein Demultiplexer hat die Aufgabe, ein Eingangssignal in mehrere Ausgangssignale umzusetzen, aber die Ausgangssignale müssen sinngemäß zugeordnet sein.

Abb. 4.41 zeigt die Schaltung eines Demultiplexers mit einem Eingang und vier Ausgängen. Über zwei Schalter bestimmt man, welches Gatter freigegeben wird. Tabelle 4.12 zeigt die Funktion.

Rechteckgenerator V1 erzeugt eine Frequenz von 1 kHz, die an allen vier UND-Gattern anliegt. Mit den Schaltern A und B bestimmt man eine der vier Wertigkeiten für den Demultiplexer.

Die Aufgabe eines Multiplexers ist es, mehrere Eingänge zu einem gemeinsamen Ausgang zusammenzufassen. In Abb. 4.42 ist die Schaltung eines Multiplexers gezeigt.

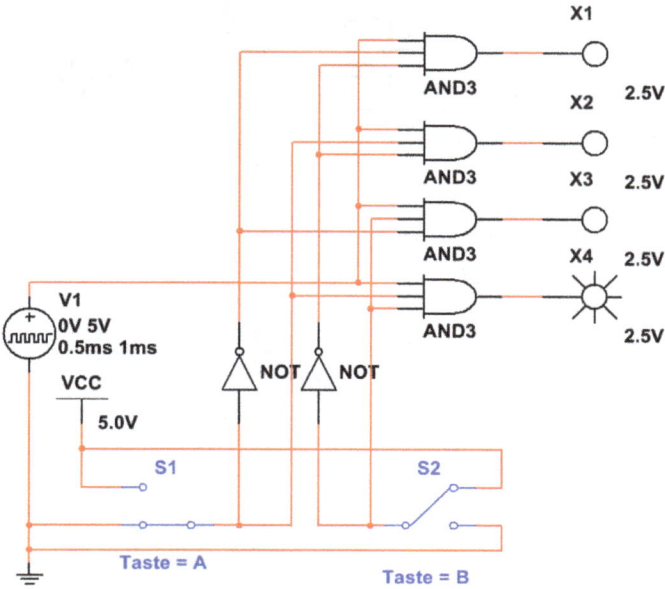

Abb. 4.41: Schaltung eines Demultiplexers

Tab. 4.12: Freigabe eines Demultiplexers

Stellung	a	b	
0	0	0	X1
1	0	1	X2
2	1	0	X3
3	1	1	X4

Es sind vier Eingänge vorhanden, die zu einem Ausgang zusammengefasst werden. Wird die Zusammenfassung mittels eines mechanischen Drehschalters durchgeführt, ergibt sich folgende Gleichung:

$$x = a_1 + a_2 + a_3 + a_{4.}.$$

Die Verteilung der Eingangsinformation wird von den einzelnen Schalterstellungen festgelegt und die Freigabe eines Multiplexers ist in Tabelle 4.13 gezeigt.

In den meisten praktischen Fällen erfolgt die Ansteuerung der Gatter jedoch im Dualcode über sogenannte Adresseneingänge, wenn vier Freigabeleitungen separat herausgeführt sind. Hierzu besitzt jedes der m-Gatter noch n-Adresseneingänge ($m \leq 2^n$). Außerdem können über einen zusätzlichen gemeinsamen Strobe-Eingang (Sperreingang) alle Eingangsleitungen unabhängig von den Adresseneingängen vom

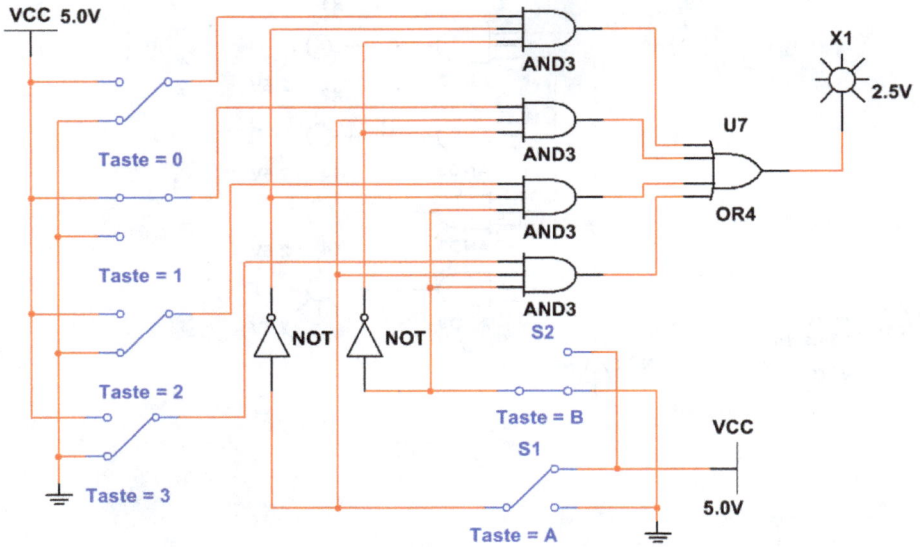

Abb. 4.42: Schaltung eines Multiplexers

Tab. 4.13: Freigabe eines Multiplexers

Stellung	a	b	
0	0	0	0
1	0	1	1
2	1	0	2
3	1	1	3

Ausgang getrennt, d. h. gesperrt werden. Multiplexer (data selectors) weisen somit die Funktion von Auswahlschaltern auf.

Mit ihrer Hilfe ist es möglich, m verschiedene Signale, die in paralleler Form auf m-Leitungen liegen, zeitmultiplex, d. h. zeitlich nacheinander auf eine Ausgangs-leitung zu schalten (Zeitvielfach). Die Reihenfolge der Durchschaltung ist zunächst beliebig. Meist liegt der Multiplexer als integrierter Schaltkreis mit fest verdrahte-ten Adressenleitungen vor. Jedem n-stelligen Codewort als Adresse ist dann ein be-stimmter Multiplexer-Dateneingang fest zugeordnet. Wenn dieses Codewort an dem Adresseneingang liegt, ist der betreffende Eingang auf den Ausgang durchgeschaltet. Erfolgt die Ansteuerung der Adresseneingänge mit einer Impulsfolge über einen Zäh-ler, der im selben Code arbeitet, so werden die Dateneingänge nacheinander zyklisch auf den Ausgang geschaltet. Auf diese Weise lassen sich z. B. Abtastschaltungen oder eine Serien-Parallel-Umwandlung von Codewörtern (Dualzahlen) realisieren.

Man kann den Multiplexer auch als einstufigen Decoder betrachten, bei dem über jedes Decodiergatter (als UND-Gatter) noch eine Datenleitung geführt ist und bei dem alle Decodierausgänge über ein ODER-Gatter zu einem Ausgang zusammengefasst sind.

Der Demultiplexer löst die umgekehrte Aufgabe, indem er die zeitseriell ankommenden Daten einer Leitung auf mehrere Ausgangsleitungen bzw. Kanäle verteilt. Jeder Decoder kann auch als Demultiplexer arbeiten, falls jedes der Decodiergatter noch einen weiteren gemeinsamen Eingang (für die Datenleitung) hat. Die Ansteuerung von Multiplexern und Demultiplexern muss synchron erfolgen.

Mit den beiden Schaltungen können nur digitale Signale verarbeitet werden.

4.4 Digitaler Analogschalter

In der gesamten Elektronik werden nach Möglichkeit keine mechanischen Schalter, sondern Analogschalter integrierter Halbleitertechnik verwendet. Trotzdem befinden sich an den Ausgängen einer Steuerschaltung immer noch Relais, wenn es gilt, hohe Spannungen und große Ströme sicher zu schalten.

Der wesentliche Unterschied zwischen Relais und Analogschalter ist die Isolation zwischen der Signalansteuerung (Relaisspule zum Gateanschluss) und dem zu steuernden Signal (Kontakt zum Kanalwiderstand). Bei den Halbleiterschaltern hängt das maximale Analogsignal von der Charakteristik der FET- bzw. MOSFET-Transistoren, und von der Betriebsspannung ab. Wird ein Analogschalter mit einem N-Kanal-J-FET verwendet und es liegt keine Ansteuerung des Gates vor, ist der Schalter offen. Dies gilt auch, wenn man das Gate mit einer negativen Spannung ansteuert. Die Spannung zwischen Gate und Drain bzw. Source ist die „Pinch-off"-Spannung. Dieses Verhalten gilt auch für die MOSFET-Technik. Das analoge Signal wird vom Gate angesteuert und so ein Kanal aufgebaut (Schalter geschlossen) oder der Kanal abgeschnürt (Schalter offen).

Die Übergangswiderstände bei den Kontakten sind bei Relais wesentlich geringer als bei typischen Analogschaltern. Jedoch spielen Übergangswiderstände bei hohen Eingangsimpedanzen von Operationsverstärkern keine wesentliche Rolle, da das Verhältnis sehr groß ausfällt. Bei vielen Schaltungen mit Analogschaltern verursachen Übergangswiderstände von $0,1\,\Omega$ bis $1\,k\Omega$ keine gravierenden Fehler in einer elektronischen Schaltung, da diese Werte klein sind gegenüber den hohen Eingangsimpedanzen von Operationsverstärkern.

Seit der Einführung der CMOS-Technologie gibt es praktisch nur noch integrierte Analogschalter. Während früher noch zwischen „virtuellen Erdschaltern" und positiven Signalschaltern unterschieden werden musste, gibt es heute praktisch nur noch die universellen Signalschalter. Die Herstellung von CMOS-Analogschaltern ist fast identisch, da für diese Schaltertypen praktisch immer die gleichen Parameter gelten. Die CMOS-Schalter können Spannungen, die um 1 V geringer sind als die Betriebsspannung, ohne Weiteres schalten. Der CMOS-Querstrom im mA-Bereich ist dadurch bedingt, dass auch der Betriebsstrom des kompletten Bausteins nur im mA-Bereich liegt. Die Steuereingänge des CMOS-Bausteins sind kompatibel mit der TTL-Technik.

4.4.1 Bilateraler Schalter (Analogschalter)

Mit der Vorstellung des Bausteins 4016 und jetzigen 4066 aus der CMOS-Standardserie hatte der Anwender einen Schalter zum Schalten analoger und digitaler Signale bis zu ±10 V zur Verfügung. Abb. 4.43 zeigt den Aufbau eines Analogschalters in CMOS-Technik.

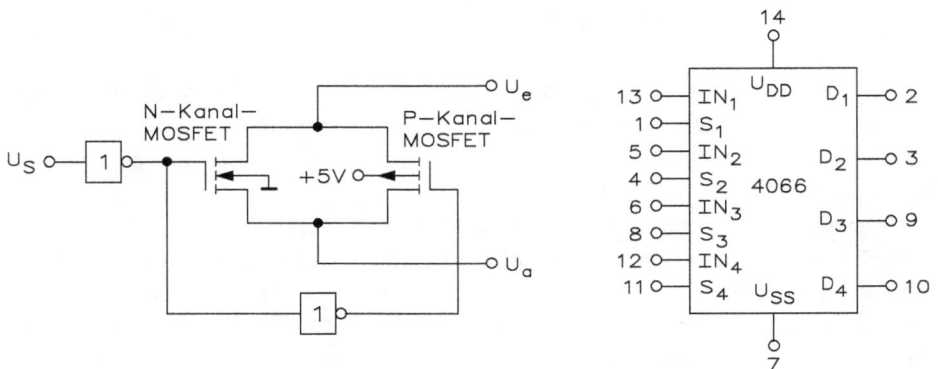

Abb. 4.43: Interner Aufbau eines bilateralen Schalters (Analogschalter) vom Typ 4066 mit Anschlussschema

In der Praxis bezeichnet man den Analogschalter als bilateralen Schalter, da Schutzmaßnahmen intern vorhanden sind. Die in diesem Analogschalter verwendete Technologie hat sich seit 1970 nicht geändert: Jeder Kanal besteht aus einem N- und einem P-Kanal-MOSFET, die auf einem Siliziumsubstrat parallel angeordnet sind und von der Gate-Treiberspannung entgegengesetzter Polarität angesteuert werden. Die Schaltung des CMOS-Bausteins 4066 bietet einen symmetrischen Signalweg durch die beiden parallelen Widerstände von Source und Drain. Die Polarität jedes Schaltelements stellt sicher, dass mindestens einer der beiden MOSFET bei jeder beliebigen Spannung innerhalb des Betriebsspannungsbereichs leitet. Somit kann der Schalter jede positive bzw. negative Signalamplitude verarbeiten, die innerhalb der Betriebsspannung liegt.

Bei hohen Frequenzen am Eingang kommt es zu einer Ladungsüberkopplung vom Steuereingang über den Gate-Kanal bzw. die Gate-/Drain- und Gate-Source-Kapazität auf den Eingang und/oder Ausgang dieses Schalters. Die Überkopplung ist in zahlreichen Anwendungen unangenehm, z. B. wenn ein Kondensator in einer Sample&Hold- bzw. in einer Track&Hold-Anwendung aufgeladen oder entladen werden muss. Dieses

Verhalten führt zu störenden Offset-Spannungen. Beim 4066 liegt die überkoppelte Spannung im Bereich von 30 pC (C = Coulomb, 1 C = 1 A · s) bis 50 pC, entsprechend 30 mV bis 50 mV an einem Kondensator von 1 nF. Dieser Offset lässt sich zwar durch ein Signal gleicher Größe, aber umgekehrter Polarität kompensieren, aber diese Schaltung ist recht aufwendig. Wenn es in einer Anwendung dazu kommen kann, dass eine Signalspannung anliegt, ohne dass die Betriebsspannung des 4066 ordnungsgemäß vorhanden ist, werden die beiden internen MOSFET-Transistoren zerstört.

Die meisten heute verwendeten Analogschalter arbeiten nach diesem Prinzip. Ein CMOS-Treiber steuert die beiden MOSFET-Transistoren an, wobei für den P-Kanal-Typ ein zusätzliches CMOS-Gatter erforderlich ist. Beide MOSFET-Transistoren im CMOS-Baustein 4066 schalten gleichzeitig, wobei die Parallelschaltung für einen relativ gleichmäßigen Einschalt- oder Übergangswiderstand für den gewünschten Eingangsbereich sorgt. Der resultierende Widerstand zwischen U_e und U_a bewegt sich in der Größenordnung von 300 Ω im eingeschalteten Zustand und bis zu 10 MΩ im ausgeschalteten Zustand.

Aufgrund des Kanalwiderstands ist es allgemein üblich, einen Analogschalter in Verbindung mit einem relativ hochohmigen Lastwiderstand zu betreiben. In der Praxis wird dem Analogschalter ein Impedanzwandler nachgeschaltet. Der Lastwiderstand muss im Vergleich zum Einschaltwiderstand und weiteren Serienwiderständen sehr hochohmig sein, um eine hohe Übertragungsgenauigkeit zu erreichen. Der Übertragungsfehler (transfer error) ist der Eingangs- und Ausgangsfehler des mit der Last und dem Innenwiderstand der Spannungsquelle beschalteten Analogschalters. Der Fehler wird in Prozent der Eingangsspannung definiert.

Setzt man Analogschalter in der Datenerfassung ein, benötigt man Übertragungsfehler von 0,1 % bis 0,01 % oder weniger. Dies lässt sich vergleichsweise einfach durch die Verwendung von Buffer-Verstärkern mit Eingangsimpedanzen von $10^{12}\,\Omega$ erreichen. Einige Schaltkreise, die unmittelbar an einem Analogschalter betrieben werden, sind bereits mit Buffer-Verstärkern ausgerüstet.

Wichtig in der Messtechnik ist das Übersprechen (cross talk). Hierbei handelt es sich um das Verhältnis von Ausgangs- zur Eingangsspannung, wobei alle Analogkanäle parallel und ausgeschaltet sein müssen. Der Wert des Übersprechens wird gewöhnlich als Ausgangs- zur Eingangsdämpfung in dB ausgedrückt.

In der Praxis ist es wichtig, dass fehlergeschützte Analogschalter in der Systemelektronik eingesetzt werden. Fällt beispielsweise die interne oder externe Spannungsversorgung aus, schalten beide MOSFET-Transistoren im Analogschalter durch. Über die zwei Transistoren fließt ein Ausgangsstrom, wobei beide im ungünstigsten Fall zerstört werden können.

Überspannungen an den Eingängen der Analogschalter verursachen einen ähnlichen Effekt wie der Zusammenbruch der Spannungsversorgung. Die Überspannung kann einen gesperrten Analogschalter in den Ein-Zustand bringen, indem sie den Source-Anschluss des internen MOSFET auf ein höheres Potential als das an die Spannungsversorgung angeschlossene Gate legt. Als Resultat belastet die Überspannung nicht nur die angeschlossenen Sensoren am Eingang der Messdatenerfassung, sondern auch die Bausteine nach dem Analogschalter.

Deshalb sind Systemkonfigurationen, bei denen Sensoren und die Steuerung nicht an die gleiche Spannungsversorgung angeschlossen sind, besonders durch Stromausfall oder Überspannung gefährdet. Um eine solche Konfiguration zu schützen, konzentrierten sich die Entwickler auf den Analogschalter, also auf die Stelle, an der die Eingangssignale zum ersten Mal mit der Steuerlogik in Berührung kommen. Erste Fehlerschutzschaltungen enthielten noch diskret aufgebaute Widerstands- und Diodennetzwerke.

Bei den ersten Analogschaltern, die um 1970 vorgestellt wurden, waren noch keine internen Schutzschaltungen vorhanden. Seit 1975 gibt es die sog. „fehlergeschützten" Analogschalter mit diskreten Schutzschaltungen, bei denen sich aber dadurch der Durchlasswiderstand eines Kanals geringfügig erhöht. Mit dieser Schaltungsvariante entstand aber eine weitere Schwachstelle, denn außer der Strombegrenzung bietet diese Maßnahme keine weitere Schutzvorrichtung. Fällt z. B. die Stromversorgung aus oder tritt eine Überspannung auf, erwärmen sich die Widerstände erheblich. Sind mehrere Analogschalter betroffen und tritt der Fehler über längere Zeit auf, so kann die dadurch entstehende Übertemperatur nicht nur den Analogschalter, sondern auch Sensoren und nachfolgende Schaltungen zerstören. Abb. 4.44 zeigt den Aufruf des CMOS-Analogschalters 4066.

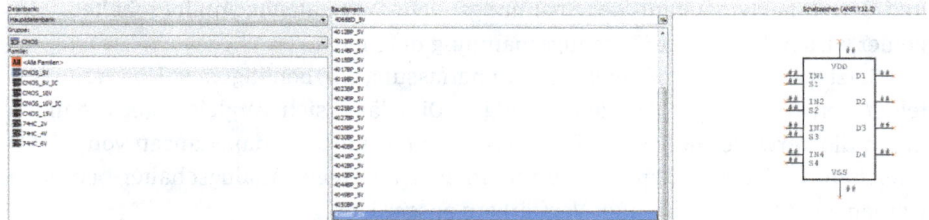

Abb. 4.44: Pinbelegung des CMOS-Analogschalters 4066

Wenn die Signalspannung jedoch eine der beiden Betriebsspannungsgrenzen übersteigt, kann der Analogschalter als Schalter nicht mehr arbeiten. Jeder Schalter beinhaltet zwei parasitäre Dioden, die ein wesentlicher Bestandteil der Source- und Drain-Struktur des MOSFET sind, und einen Strompfad zu den beiden Betriebsspannungsgrenzen liefern. Beide Dioden weisen im Betrieb eine rückwärts gerichtete Vorspannung auf. Wird jedoch an eine der beiden Dioden eine vorwärts gerichtete Vorspannung angelegt, wann immer das Signal eine der Betriebsspannungsgrenzen überschreitet, wird das Signal auf eine Spannung von 0,6 V unterhalb der Betriebsspannung begrenzt. Da die Dioden auch im ausgeschalteten Zustand wirksam sind, begrenzen sie die Spannung dann auf ±0,6 V, wenn die Betriebsspannung bei 0 V liegt.

Parasitäre Dioden bieten eine geeignete Begrenzung, jedoch bringen sie auch Probleme mit sich. Ein hoher Strom durch die Dioden kann eine Überhitzung und damit eine Beschädigung der Signalquelle und des Analogschalters bewirken. Parasitäre Dioden bilden einen Weg für den Fehlerstrom, wenn eine Überspannung an den Eingängen anliegt. Etwas geringere Ströme unterhalb der Überhitzungs- und Schadensgrenze können immer noch ein Durchschalten (Latch-up-Effekt) des Analogschalters bewirken. Wenn der Fehlerstrom erst einmal eine Diodensperre durchbricht, wird er zu einem Minoritätsträgerstrom, der in das Siliziumsubstrat „eingesprüht" wird. Dieser Strom lässt sich von anderen Schaltelementen auffangen und kann eine Fehlerspannung in jedem Kanal erzeugen.

Das Einschalten einer parasitären Diode klemmt den Ausgang des Multiplexers auf eine Betriebsspannung, wodurch externe Schaltungen, die an diesen Ausgang angeschlossen sind, beschädigt werden. Die Ursache dieses Schadens ist sehr gering, jedoch kann ein Transient (gegenüber der Betriebsspannung), der durch eine am Multiplexer anliegende, momentane Überspannung erzeugt wird, den Eingang eines AD-Wandlers zerstören oder eine differentielle Überlastung mit langen Einschwingzeiten in einem Operationsverstärker erzeugen.

Mehrere Konstruktionsmaßnahmen bieten einen optimalen Schutz für einen CMOS-Analogschalter und seine zugehörigen externen Schaltungen. Diese Maßnahmen beinhalten unter anderem das Einfügen eines Widerstands in Reihe mit dem Eingang jedes Kanals, das Anschließen von Dioden-Widerstands-Netzwerken, um die Fehlereffekte zu begrenzen, oder die Wahl eines Halbleiterschalters, deren Aufbau und Verarbeitungstechnik eine Fehlertoleranz bietet.

Leckströme in einem Analogschalter fließen ebenfalls durch diese Widerstände, wodurch eine Fehlerspannung erzeugt wird. Diese Fehlerspannung verhält sich mit zunehmender Temperatur immer ungünstiger, da sich der Leckstrom pro 8 °C-Schritt gegenüber der Umgebungstemperatur verdoppelt. Geringere Widerstandswerte können diesen Fehler auf ein erträgliches Niveau zwar reduzieren, jedoch erlauben diese geringeren Werte einen höheren Diodenstrom, der den Analogschalter im Durchlassbetrieb hält. Falls das Datenblatt keine Maximalwerte vorschreibt, sollte man den Diodenstrom in der Regel auf 20 mA im Normalbetrieb oder auf Spitzenwerte von 40 mA begrenzen.

Geringe Leckströme können diesen Nachteil hochohmiger Schutzwiderstände ausgleichen. Neue Analogschalter mit ihren extrem geringen Leckströmen weisen aber die Grenzen in der Entwicklung von Widerstandsschutznetzwerken über die frühere Generation von Analogschaltern auf. Der geringe Leckstrom der Bausteine erreicht Werte von ±1 pA bei 25 °C und ±20 nA bei 125 °C, wodurch Schutzwiderstände mit hochohmigen Werten möglich sind. Bei einem Widerstand mit 150 kΩ und bei einer Eingangsspannung von ±150 V fließt ein Fehlerstrom von 1 mA zu. Bei einer Spannung von ±1500 V entsteht dann ein Fehlerstrom von ±10 mA. Die Widerstände erzeugen dabei einen zusätzlichen Fehler von nur ±3 mV bei 125 °C.

Man beachte, dass die Schutzwiderstände für Spannungen von $\pm1500\,V$ und für eine Dauerbelastung von $15\,W$ geeignet sein müssen. Jedoch kann in den meisten Fällen eine wesentlich geringere thermische Belastbarkeit gewählt werden, da die Überspannung eine viel geringere Leistung umsetzt. Externe Widerstände bieten daher mehr Flexibilität, wobei nach Bedarf verschiedene Widerstandswerte mit entsprechend angepasster Belastbarkeit für die verschiedenen Kanäle des gleichen Bausteins gewählt werden können. Integrierte Widerstände sind dagegen durch die zulässige Belastbarkeit ihres Gehäuses eingeschränkt, wodurch die Anzahl der Kanäle, die gleichzeitig einer Überspannung widerstehen können, begrenzt ist.

Die Verwendung von Reihenwiderständen schützt den Analogschalter, aber sie verhindert nicht die Verfälschung der Signale in den Kanälen. Diese Signale werden von vorhandenen Überspannungen in nicht gewählten Kanälen beeinträchtigt. Die direkte Ursache ist jedoch nicht die Überspannung, sondern der Fehlerstrom (Minoritätsträgerstrom), der durch eine oder mehrere Schutzdioden in das Substrat einfließt. Durch das Eliminieren dieses Substratstroms verhindert man grobe Signalfehler.

Eine Möglichkeit diese Fehlerströme zu vermeiden, besteht darin, diese in ein externes Netz abzuleiten. Zwei Z-Dioden erzeugen eine Klemmspannung von $\pm12\,V$, die zwischen der Betriebsspannung von $\pm15\,V$ des Analogschalters zentriert liegt. Der durch Überspannung in einem der Kanäle erzeugte Fehlerstrom fließt dann anstatt durch eine interne Schutzdiode, durch eine der beiden externen Schutzdioden für diesen Kanal ab.

Obwohl diese Technik einen ausgezeichneten Schutz bietet, erfordert sie viele externe Bauteile. Außerdem erzeugen diese externen Dioden einen zusätzlichen Leckstrom, der den Einsatz der bereits besprochenen hochohmigen Reihenwiderstände verhindert. Die externen Bauteile bedeuten zusätzlichen Platzbedarf auf der Leiterplatte und zusätzliche Kosten.

Fehlertolerante Analogschalter erfordern keine externen Bauteile und sind dennoch in der Lage, hohen Überspannungen zu widerstehen, ohne entsprechend hohe Fehlerströme zu erzeugen. Sie bieten diesen Schutz durch eine interne Architektur, die wesentlich von der eines herkömmlichen Analogschalters abweicht.

4.4.2 Arbeitsweise von Analogschaltern

Jeder Analogschalter kann wie ein mechanischer Schalter Signale in zwei Richtungen verarbeiten, da diese keine Arbeitsrichtung aufweisen wie ein digitales Gatter. Abhängig von der Ansteuerlogik sind diese Schalter im Ruhezustand geschlossen (normally closed = NC) oder geöffnet (normally open = NO). Allgemein wird noch nach Anzahl der umschaltbaren Kontakte (single pole = SP, double pole = DP) und Kontaktart (signale throw = ST) und Umschalter (double throw = DT) unterschieden. Ein Umschalter mit einem Kontakt wird demnach als „SPDT" bezeichnet.

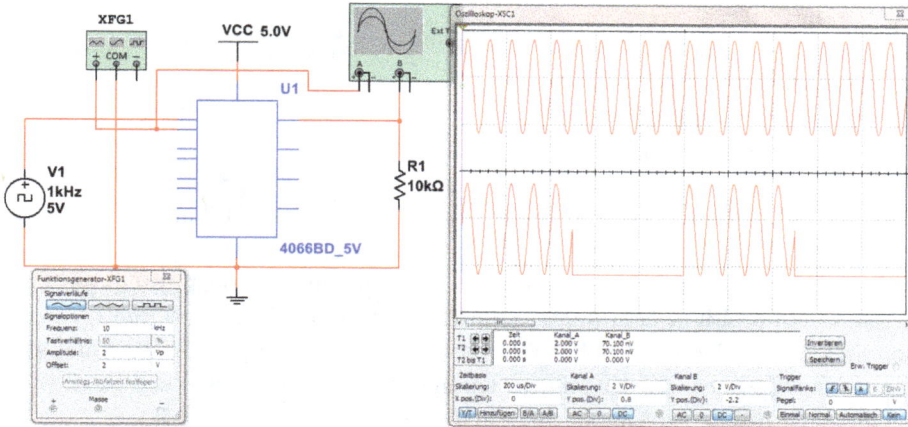

Abb. 4.45: Testschaltung für einen CMOS-Baustein 4066

Die Testschaltung (Abb. 4.45) zeigt die Funktionsweise eines einkanaligen Analogschalters. Der Funktionsgenerator erzeugt eine Sinusspannung, die am S1-Eingang anliegt. Der Ausgang D1 ist mit dem Oszilloskop verbunden und für die Ausgangsspannung ist ein Pull-down-Widerstand von 1 kΩ bis 10 kΩ erforderlich.

Der Funktionsgenerator ist eine ideale Spannungsquelle für die Simulation, da er Sinus-, Dreieck- und Rechtecksignale erzeugen kann. Mit diesem Generator werden die Schaltungen einfach und praxisgerecht mit einer Signalspannung versorgt. Die Signalform kann geändert und Frequenz, Amplitude und Tastverhältnis eingestellt werden. Der Frequenzbereich des Funktionsgenerators ist so groß, dass nicht nur normale Signalspannungen und -ströme, sondern auch Audio- und Fernsehfrequenzen sowie Signale für alle elektronischen Schaltungen erzeugt werden können.

Der Funktionsgenerator besitzt drei Anschlüsse, über die er Signale in eine Schaltung einspeisen kann. Der linke Anschluss ist der positive und der rechte der negative Ausgang. In der Mitte befindet sich der Masseanschluss und dieser stellt den Bezugspegel für das Signal bereit. Wenn Masse den Bezug für ein Signal bilden soll, verbinden Sie diesen Anschluss mit dem Bauteil „Masse". Der positive Anschluss (+) speist eine bezogen auf den Bezugsanschluss in positiver Richtung verlaufende Kurvenform ein. Der negative Anschluss (–) speist eine entsprechend in negativer Richtung verlaufende Kurvenform ein.

Um eine Kurvenform zu wählen, klickt man auf die entsprechende Sinus-, Dreieck- oder Rechteckschaltfläche. Das Pop-Up-Menü in dem Funktionsgenerator zeigt den einstellbaren Frequenzbereich:
- pHz: Picohertz oder 10^{-12} Hz
- nHz: Nanohertz oder 10^{-9} Hz
- µHz: Mikrohertz oder 10^{-6} Hz
- mHz: Millihertz oder 10^{-3} Hz

- Hz: Hertz
- kHz: Kilohertz oder 10^3 Hz
- MHz: Megahertz oder 10^6 Hz
- GHz: Gigahertz oder 10^9 Hz
- THz: Terahertz oder 10^{12} Hz

Die Ausgangsspannung wird in U_S oder U_{SS} ausgegeben. Mit der Amplitude (1 mV bis 999 kV) stellen Sie den Betrag der Signalspannung vom Nulldurchgang bis zum Spitzenwert ein. Wenn die Einspeisungspunkte der Schaltung mit dem Anschluss „Masse" und dem positiven oder negativen Anschluss des Funktionsgenerators verbunden sind, beträgt der Spitze-Spitze-Wert das Zweifache der Amplitude. Wenn das Ausgangssignal dagegen über den negativen und positiven Anschluss eingespeist wird, beträgt der Spitze-Spitze-Wert das Vierfache der Amplitude.

Mit dem Offset verschieben Sie den Gleichspannungspegel, der den Nulldurchgang für das Signal bildet. Bei einem Offset von 0 alterniert die Signalkurve um die X-Achse des Oszilloskops (vorausgesetzt, dessen Y-Position ist auf AC eingestellt). Ein positiver Offsetwert verschiebt die Kurve nach oben, ein negativer nach unten. Der Offsetwert besitzt die Einheit, die für die Amplitude eingestellt wurde.

Wenn man das linke Feld anklickt, erzeugt der Funktionsgenerator eine rechteckförmige Ausgangsspannung. Auch hier wird die Ausgangsspannung in U_S oder U_{SS} ausgegeben. Mit dem „Duty Cycle" können Sie das Tastverhältnis von 1 % bis 99 % ändern. Über diese Schaltfläche stellt man sich das Verhältnis aus ansteigendem zum abfallenden Kurvenanteil (Dreiecksignal) vor. Die Einstellungen für das Tastverhältnis wirken sich nicht auf die sinusförmige Wechselspannung aus. Für eine symmetrische Rechteckspannung gelten die Formeln:

$$U = u_S \qquad U_{\text{arith}} = 0\,\text{V} \qquad u = u_S \quad \text{oder} \quad u = -u_S$$

$$T = \frac{1}{f} \qquad T = t_i + t_p \qquad t_i = t_p \qquad g = \frac{t_i}{T} = 0{,}5 \ .$$

Für eine unsymmetrische Rechteckspannung gelten die Formeln:

$$U = u_S \cdot \sqrt{\frac{t_i}{T}} \qquad U_{\text{arith}} = u_s \cdot \frac{t_i}{T} \qquad u = u_S \quad \text{oder} \quad u = 0\,\text{V}$$

$$T = \frac{1}{f} \qquad T = t_i + t_p \qquad t_i = t_p \qquad g = \frac{t_i}{T} \ .$$

Mit dem Funktionsgenerator können rechteckförmige Ausgangsspannungen mit Verzögerungszeiten der ansteigenden und abfallenden Impulsflanken eingestellt werden. Die Flanken des Impulses werden folgendermaßen definiert:

0 % bis 10 %: t_d = Verzögerungszeit (delay-time)

10 % bis 90 %: t_r = Anstiegszeit (rise-time)

50 % bis 50 %: t_s = Speicherzeit (storage-time)

90 % bis 10 %: t_f = Abfallzeit (fall-time)

100 % bis 0 %: t_d = Verzögerungszeit (delay-time)

Wenn man Schaltfläche „Set Rise/Fall Time" (setze Anstiegszeit/Abfallzeit) anklickt, öffnet sich ein Pop-Up-Menü und man stellt die Zeiten in „ns" oder „ps" ein.

Der Funktionsgenerator erzeugt auch eine symmetrische dreieckförmige Ausgangsspannung. Das Tastverhältnis ist auf 50 % eingestellt. Die Formeln für die Berechnung lauten:

$$U = u_S \cdot \frac{1}{\sqrt{3}} \qquad U_{arith} = 0\,V \qquad u = u_S \cdot \frac{t}{t_{an}} \qquad u = -u_S \cdot \frac{t}{t_{ab}}$$

$$T = \frac{1}{f} \qquad T = t_{an} + t_{ab} \qquad t_{an} = t_{ab}\,.$$

Mit dem Funktionsgenerator lässt sich auch eine unsymmetrische dreieckförmige Ausgangsspannung erzeugen und man spricht von einer Sägezahnspannung. Die Formeln für die Berechnung lauten:

$$U = u_S \cdot \frac{1}{\sqrt{3}} \qquad U_{arith} = 0\,V \qquad u = u_S \cdot \frac{t}{t_{an}}$$

$$T = \frac{1}{f} \qquad T = t_{an} + t_{ab}\,.$$

Wenn man sich die Schaltung betrachtet, arbeitet noch ein TTL-Generator (PULSE), der eine rechteckförmige Ausgangsspannung erzeugt. Mit dieser Spannung steuert man den Analogschalter an dem Eingang IN1 an. Hat der TTL-Generator ein 1-Signal, schaltet der Analogschalter seine sinusförmige Eingangsspannung durch, bei einem 0-Signal sperrt er sie. Die Ausgangskurve hat eine Spannung von 0 V.

4.4.3 Analoge Frequenzweiche

Erweitert man die Schaltung von Abb. 4.45, lässt sich eine Frequenzweiche realisieren, wie die Schaltung von Abb. 4.46 zeigt.

Der Funktionsgenerator XFG1 hat eine sinusförmige Ausgangsfrequenz von 4 kHz und der XFG2 von 8 kHz. Der TTL-Rechteckgenerator übernimmt die Umschaltung zwischen den beiden Analogeingängen. Hat der Ausgang des TTL-Rechteckgenerators ein 0-Signal, wird es von dem NICHT-Gatter invertiert und damit liegt am Steuereingang IN2 ein 1-Signal. Damit ist Kanal 2 leitend und die sinusförmige Wechselspannung wird am Ausgang D2 ausgegeben. Im Gegensatz zur TTL-Technik dürfen beim CMOS-Baustein 4066 die Ausgänge direkt verbunden werden, denn es ergibt sich kein Kurzschluss.

In dem Oszillogramm erkennt man deutlich die Umschaltung zwischen den beiden sinusförmigen Signalen. Der Kanal A des Oszilloskops ist mit dem Ausgang des TTL-Rechteckgenerators direkt verbunden. Hat diese Leitung ein 1-Signal, hat der Ausgang des 4066 eine Frequenz von 1 kHz und bei einem 0-Signal von 2 kHz.

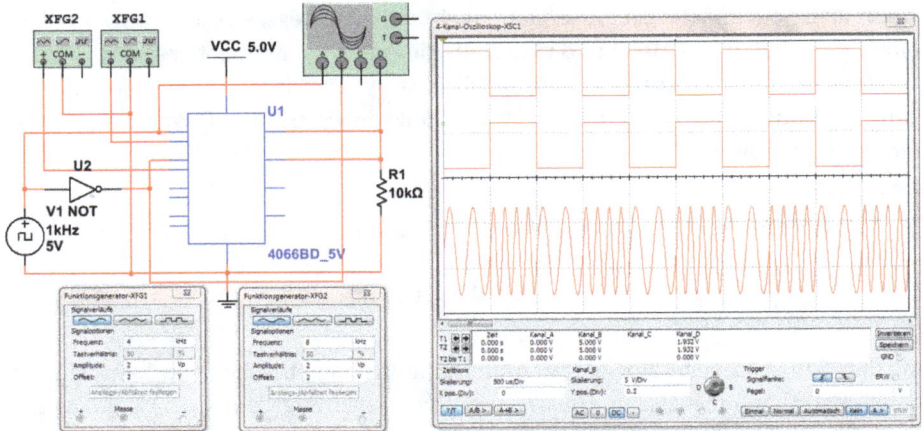

Abb. 4.46: Analoge Frequenzweiche, die mit dem TTL-Takt von 1 kHz zwischen 4 kHz und 8 kHz umschaltet

4.4.4 Programmierbare Eingangsstufen

Die einfachste Schaltung für einen Verstärker mit digital einstellbarer Verstärkung ist in Abb. 4.47 gezeigt. In dem Analogschalter-Baustein befinden sich vier separate Schalter, die über vier Eingänge IN angesteuert werden. Jeder Schalter hat zwei Anschlüsse, die an keine Polarität gebunden sind, d. h. die Anschlüsse S lassen sich als Ein- oder Ausgänge betreiben und entsprechend muss man Anschluss D betrachten.

Gibt man auf Pin 1 ein 1-Signal, schaltet der Analogschalter zwischen Pin 2 und Pin 3 durch. Da der Eingangswiderstand einen Wert von 10 kΩ hat, ergibt sich eine Verstärkung von $V = 1$. Die Ausgangsspannung entspricht der Eingangsspannung, aber mit einer Phasendrehung von $\varphi = 180°$. Die Ansteuerung des Analogschalters erfolgt über TTL-Signale, wodurch man Eingangsspannungen bis zu +10 V schalten kann.

In der Praxis wird von Anwendern diese Schaltung (Abb. 4.47) eingesetzt. Die Verstärkung errechnet sich aus dem jeweiligen Gegenkopplungswiderstand und dem Eingangswiderstand. Über U-Anschlüsse erfolgt die Ansteuerung der Stufen, wobei sich die Verstärkung nach dem binären Zahlensystem einstellen lässt. Die Verstärkung errechnet sich aus

$$V = \frac{R_e}{R_r} \, .$$

Der Widerstand R_e ist der Eingangswiderstand und in der Schaltung wird dieser mit R_5 bezeichnet. Die Rückkopplungswiderstände R_r sind R_1, R_2, R_3 und R_4. Mit vier Schaltern steuern wir den CMOS-Baustein 4066 an. Der einpolige Umschalter wird durch Drücken einer Tastaturtaste geschlossen oder geöffnet (ein- oder ausgeschaltet). Die zum Umschalten verwendete Taste legen Sie fest, indem Sie deren Namen im Register „Wert" des Dialogfelds „Schaltung" und „Bauteileigenschaften" eingeben. Wenn der

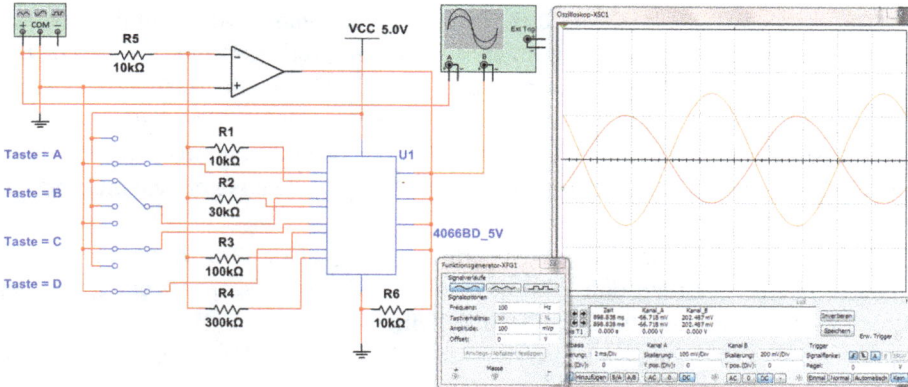

Abb. 4.47: Schaltung mit digital einstellbarer Verstärkung von $V = 1$, $V = 3$, $V = 10$ und $V = 30$

Schalter durch Drücken beispielsweise der Leertaste geschlossen oder geöffnet werden soll, geben Sie im Register „Wert" Leertaste ein, und klicken anschließend auf „OK". Sie können folgende Tastennamen verwenden:

Für die Taste…	geben Sie ein…
Buchstaben a bis z	den Buchstaben (z. B. a)
Ziffern 0 bis 9	die Ziffer (z. B. 1)
Eingabe	enter
Leertaste	Leertaste

In Abb. 4.47 sind dies die Buchstaben a, b, c und d. Da Schalter „a" geschlossen ist, ergibt sich eine Verstärkung von $V = 1$.

Soll die Verstärkung eines Mikroprozessors oder Mikrocontrollers eingestellt werden, muss vor jedem Schalter ein D-Flipflop-Baustein (Registerbaustein) zwischengeschaltet werden, der den Wert für den Verstärkungsfaktor aufnehmen kann. Die Verstärkung bleibt so lange gespeichert, bis über den Datenbus ein neues 4-Bit-Datenwort eingeschrieben wird.

Die Schaltung lässt sich auf ein 8-Bit-Format erweitern, wenn weitere Analogschalter eingesetzt werden. Statt 15 Verstärkereinstellungen bei vier Schaltern, erhält man nun 255 Möglichkeiten zur Programmierung der Verstärkung.

4.5 Schaltung mit CMOS-Bausteinen

CMOS-Schaltkreise entwickelten sich zur Konkurrenz der TTL-Schaltkreise. Ihr zunehmender Einsatz in allen Bereichen der Digitaltechnik, vor allem bei Impulsfrequenzen unter 10 MHz, ist jedoch weniger eine Ablösung von TTL-Bausteinen als vielmehr die Erschließung neuer Anwendungsgebiete aufgrund ihrer vorteilhaften Eigenschaften.

Die erste CMOS-Reihe CD4000 (RCA 1968) für allgemeine Anwendungen wurde bereits nach wenigen Jahren in großen Stückzahlen produziert und eingesetzt. Bezeichnung, Schaltkreisfunktion und Pinbelegung sind bis heute unverändert geblieben und Maßstab für alle weiteren CMOS-Baureihen geworden. Sie existiert seit 1976 als CD4000A-Reihe ohne und als CD4000B-Reihe mit gepufferten Ausgängen. Es folgten die CMOS-Reihen MC14000 und MC14500 (Motorola), letztere mit vorwiegend höher integrierten MSI-Schaltkreisen.

Die weiterentwickelte CMOS-Reihe HEF4000B (Valvo, 1976) hatte verbesserte elektrische Eigenschaften (kürzere Schaltzeiten, größere Ausgangsströme), ist aber funktions- und pinkompatibel zur CD4000-Reihe.

Der Valvo-CMOS-Prozess beruht auf einer Weiterentwicklung des CMOS-Verfahrens und arbeitet mit einem speziellen Oxidationsverfahren (local oxidation of silicon). Hauptvorteil dieses Verfahrens ist weniger Platzbedarf auf der Chipfläche. Daraus ergaben sich zwei weitere Vorteile:
- Mit der gleichen Kristallfläche können höhere Integrationsgrade erzielt werden.
- Durch den kleineren Aufbau und kürzere interne Verbindungsleitungen ergeben sich kleinere parasitäre Kapazitäten.

Damit entstehen weniger Umladeverluste bei Impulsbetrieb. Die Impulsflanken und Verzögerungszeiten werden somit kürzer, und es kann bei gleicher Verlustleistung wie bei CMOS-Schaltkreisen mit einer höheren Impulsfrequenz gearbeitet werden. Diese höhere Impulsfrequenz ist neben einer geringfügig kürzeren Schaltzeit und kleineren Leistungsaufnahme der praktische Vorzug von HEF4000B gegenüber den CMOS-Schaltkreisen (CD4000-Reihe).

Die High-speed-CMOS-Reihe 74HC wird auch QMOS- oder Quick-MOS-Reihe bezeichnet. Mit ihr gelang 1981 ein entscheidender Durchbruch bei der Verbesserung der CMOS-Reihen (Motorola, RCA, Valvo und NS). Die Verbesserungen sind höhere Schaltgeschwindigkeiten und übliche Ausgangsströme der 74LS-Baureihe (TTL) und diese Reihe ist voll funktions- und pinkompatibel (als erste CMOS-Reihe). Innerhalb von zwei Jahren erschienen 160 verschiedene 74HC-Schaltkreistypen, vorwiegend solche mit mittlerem Integrationsgrad, die es bisher nur als TTL-Typen in der LS-, ALS- oder S-Baureihe gab, aber auch 20 Typen der bisherigen 4000er Reihe.

4.5.1 Invertierender CMOS-Buffer 4049

Der Typ CD4049A ist ein invertierender Sechsfach-Buffer zur Logikpegelumsetzung bei Verwendung einer einfachen Betriebsspannung. Dabei kann der hohe Pegel des Eingangssignals U_{IH} den der Betriebsspannung überschreiten. Der 4049 ist für Anwendungen als Konverter vorgesehen und ist für Ausgangsströme bis 3 mA zulässig.

In der Schaltung von Abb. 4.48 wird das Schaltverhalten des invertierenden CMOS-Buffers 4049 untersucht. Die Betriebsspannung des Bausteins 4049 beträgt

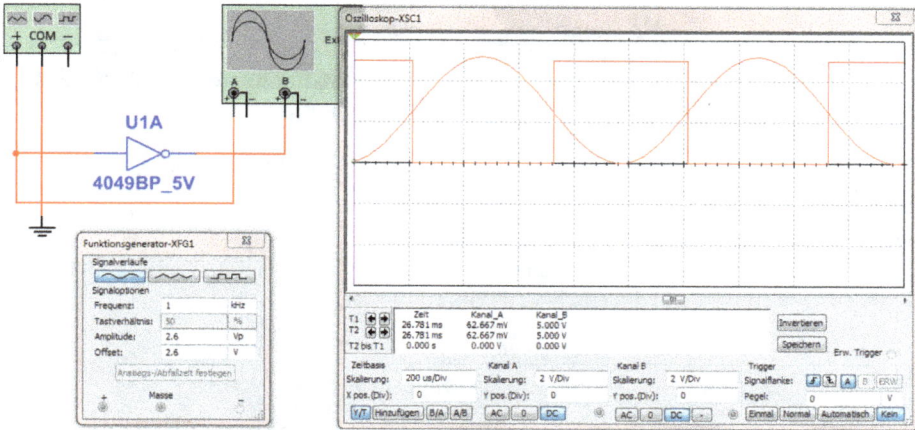

Abb. 4.48: Schaltung zur Untersuchung des invertierenden CMOS-Buffers 4049

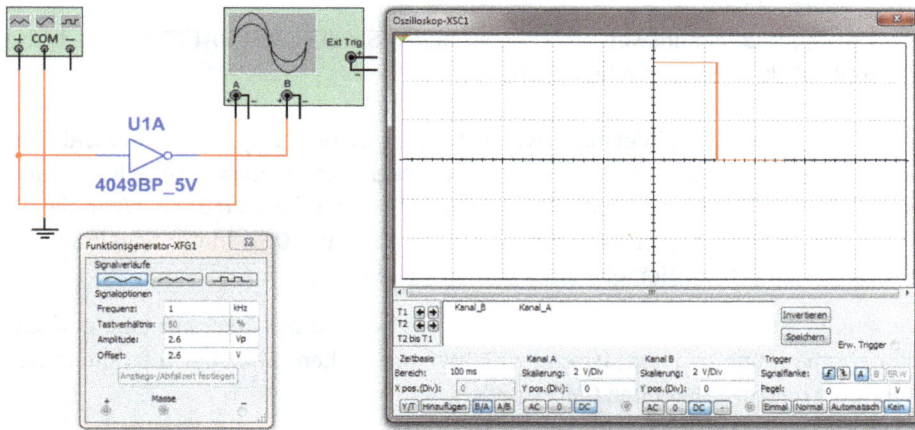

Abb. 4.49: Dynamische Messung der Hysterese beim invertierenden CMOS-Buffer 4049

5 V und daher liegt die Umschaltschwelle bei etwa 2,5 V. Schaltet man das Oszilloskop auf den B/A-Betrieb um, ergibt sich Abb. 4.49.

Die Messung der Hysterese beträgt ca. 0,4 V. Mit der statischen Messung von Abb. 4.50 kann man auch das typische Schaltverhalten feststellen.

Das Potentiometer am Eingang verhält sich wie ein regulärer Widerstand, außer dass man diesen Widerstand durch einen einzelnen Tastendruck einstellen kann. Im Register „Wert" im Dialogfeld „Schaltung/Bauteileigenschaften" geben Sie den Widerstand, die Voreinstellung (in Prozent) und die Schrittweite des Potentiometers ein. Hierzu verwenden Sie auch Taste („A" bis „Z") für die Potentiometereinstellung.

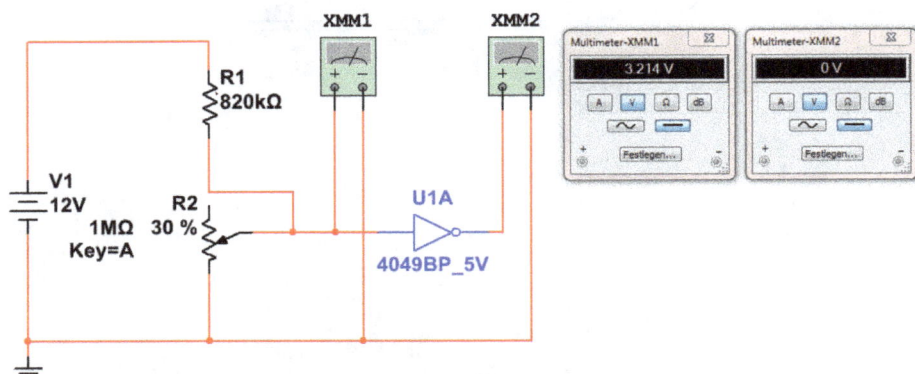

Abb. 4.50: Statische Messung der Hysterese beim invertierenden CMOS-Buffer 4049

– Um den Widerstandswert des Potentiometers zu verringern, drücken Sie die angegebene Taste.
– Um den Widerstandswert zu erhöhen, halten Sie die UMSCHALTTASTE gedrückt und drücken die angegebene Taste.

Beispiel: Der aktuelle Widerstandswert beträgt 45 %, die Schrittweite 5 % und als Taste wurde „A" angegeben. Wenn Sie nun „A" drücken, verringert sich der Widerstandswert auf 40 %. Nach erneutem Drücken von „A" beträgt der Wert 35 %. Wenn Sie die UMSCHALTTASTE und „A" drücken, steigt der Wert auf 40 %. In der Schaltung von Abb. 4.50 ist das Potentiometer auf 1 % einzustellen.

Der 4049A ist als Ersatz für den 4009A vorgesehen. Da der 4049 nur eine einfache Betriebsspannung benötigt, ist er dem 4009 vorzuziehen. Abb. 4.51 zeigt die Innenschaltung des invertierenden CMOS-Buffers 4049.

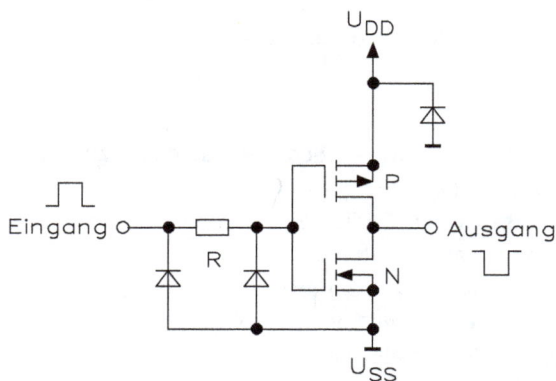

Abb. 4.51: Innenschaltung des invertierenden CMOS-Buffers 4049

Die Innenschaltung des 4049 besteht aus der Reihenschaltung eines P-Kanal- und eines N-Kanal-MOSFET. Liegt am Eingang ein 1-Signal an, erhalten die beiden Gates ein positives Signal. Im N-Kanal-MOSFET bildet sich ein Kanal aus und der Ausgang der Schaltung wird auf Masse heruntergezogen, während der P-Kanal-MOSFET sperrt. Am Ausgang des invertierenden CMOS-Buffers ist ein 0-Signal vorhanden. Liegt am Eingang ein 0-Signal an, erhalten die beiden Gates ein negatives Signal. Im P-Kanal-MOSFET bildet sich ein Kanal aus und der Ausgang der Schaltung wird auf die positive Betriebsspannung gezogen, während der N-Kanal-MOSFET sperrt. Am Ausgang des invertierenden CMOS-Buffers ist ein 1-Signal vorhanden.

Eine Änderung des logischen Zustands am Eingang lässt das Ausgangspotential entweder auf den Wert in positiver oder negativer Richtung der Betriebsspannungsquelle ändern. Die Leistungsaufnahme der MOSFET-Bauelemente ist gering, denn es fließt kein Eingangsstrom. Im Normalfall liegt die Leistungsaufnahme je nach Widerstandswerten und Betriebsspannung zwischen einigen Mikrowatt und im unteren Bereich von Milliwatt. Um den Einfluss des Schaltwiderstands auf ein Minimum zu begrenzen, können hochohmige Widerstände eingesetzt werden.

CMOS-Eingänge sind sehr hochohmig (mit Eingangsschutzschaltungsdioden nach Masse und U_{CC}) besteht die Hochohmigkeit nur im Bereich $U_I = 0\,\text{V}$ bis U_{CC}. Die Gleichstromwiderstände betragen 10^{12} bis $10^{15}\,\Omega$. Eine größere Anzahl von Eingängen bedeutet deshalb für den treibenden Ausgang keine Gleichstrombelastung.

Der hohe Widerstand und die sehr kleine Eingangskapazität im pF-Bereich bringt jedoch die Gefahr der elektrostatischen Aufladung und des elektrischen Durchschlags mit sich.

- Die Gateelektroden sind vom Substrat durch eine hochisolierende SiO_2-Schicht getrennt. Sie ist das Dielektrikum der Gate-Substrat-Kapazität, aber so dünn (0,1 µm bis 0,2 µm), dass bereits Spannungen von 50 bis 100 V infolge der hohen Feldstärke zum Gate-Substrat-Durchbruch führen und den CMOS-Schaltkreis zerstören können.
- Zum Vergleich: Bei trockener Luft und nicht leitendem Fußboden kann die statische Aufladung einer Person ohne Weiteres 5 kV bis 10 kV betragen.
- Die durch die großen Gatewiderstände hervorgerufenen Eingangsströme bei 0-Signal und 1-Signal sind unter 1 pA verschwindend gering gegenüber den tatsächlich vorhandenen Eingangsströmen von 10 µA bis 100 µA, die von den Restströmen der Eingangsschutzdioden nach Abb. 4.51 hervorgerufen werden. Diese Restströme sind sehr temperaturabhängig und sie vergrößern sich bei Anstieg der Temperatur von 20 °C auf 100 °C auf das 30fache.

Um statische Aufladungen zu vermeiden (wie sie durch Hantieren mit Schaltkreisen, durch Berühren oder Einstecken in Fassungen auftreten), besitzt jeder CMOS-Eingang grundsätzlich interne Schutzdioden. Dadurch werden CMOS-Eingänge für Spannungen $U_1 < 0\,\text{V}$ und $U_1 > U_{CC}$ wieder niederohmig.

Zu Abb. 4.51:

- Die Dioden schützen den CMOS-Eingang vor positiven und negativen statischen Aufladungen durch Begrenzung der Spannung (Durchlassspannung 0,9 V bei 1 mA, Durchbruchspannung 20 V bis 30 V).
- Der mitintegrierte Vorwiderstand von 400 Ω (bei anderen CMOS-Reihen 0,2 kΩ bis 1 kΩ) dient zum Schutz der Diode vor zu großen Strömen, wenn am CMOS-Eingang eine energiereiche niederohmige Störquelle liegt.
- Die obere Diode ist im Betrieb normalerweise mit U_{CC} vorgespannt und von $U_I = 0$ V bis U_{CC} hochohmig. Die Vorspannung geht verloren, wenn $U_1 > U_{CC}$ ist oder wenn die Betriebsspannung U_{CC} abgeschaltet wird und der Eingang noch an einem treibenden Ausgang liegt. Die Diode wird dann leitend und kann durch einen zu großen Strom zerstört werden. Der Vorwiderstand soll deshalb den Eingangsstrom auf ≤ 10 mA begrenzen.
- Die Schutzdioden können bei verschiedenen Störquellen sowohl strommäßig in Durchlassrichtung als auch spannungsmäßig in Sperrrichtung beansprucht werden. Neben dem Fall, bei dem U_{CC} und Masse anliegen (deren Innenwiderstand im Vergleich zu den Gate-Isolationswiderständen einen Kurzschluss darstellen), sind auch die Fälle mit offenem U_{CC}- und Masseanschluss einzubeziehen.
- Ob ein ungeschützter CMOS-Eingang durch Berührung mit einer aufgeladenen Person zerstört wird, hängt auch vom Übergangswiderstand am Berührungspunkt ab. Für ihn sind Werte zwischen 100 Ω und 1 kΩ gemessen worden.

Mit den Schutzdioden verringert sich der Eingangsgleichstromwiderstand auf 0,1 bis 0,01. Von den Herstellern wird für jeden CMOS-Eingang (d. h. für die einzelne Schutzdiode) ein Maximalstrom von 10 mA als absoluter Grenzwert angegeben (der auch kurzzeitig, z. B. bei Stromspitzen, nicht überschritten werden darf). Aus diesem Grund dürfen die Schutzdioden nicht schaltungstechnisch ausgenutzt werden. Wenn in extremen Fällen der integrierte Schutzwiderstand von 400 Ω nicht ausreicht, schaltet man zum Schutz der Dioden vor Überlastung vor jeden Eingang noch einen äußeren Serienwiderstand von 10 Ω bis 100 kΩ (wobei sich die Verzögerungszeit erhöht).

Für alle CMOS-Eingänge beträgt die maximale Eingangsspannung (absoluter Grenzwert) $-0,5$ V bis $U_{CC} + 0,5$ V. Wenn an einem Anschluss des CMOS-Schaltkreises der 4000er Reihe

- die Spannung den Bereich $-0,5$ V bis $U_{CC} + 0,5$ V oder
- der Strom den Bereich ≤ 10 mA

übersteigt, entsteht die Gefahr der Schaltkreiszerstörung durch den sog. Latch-up-Effekt, auch als zweiter Durchbruch bezeichnet. Dieser Effekt wird durch parasitäre bipolare NPN- und PNP-Sperrschichten hervorgerufen, die technologisch bedingt bei CMOS-Schaltkreisen auftreten und eine Thyristorstruktur bilden. Das unter ungünstigen Umständen mögliche Zünden dieses Thyristors wird als Latch-up-Effekt bezeichnet. Es entsteht dabei ein hoher Kurzschlussstrom, der den Schaltkreis thermisch überlastet und zerstört. Die Umstände, die zum Zünden des Thyristors führen, (wobei der sich ausbildende Querstrom den Haltestrom überschreiten muss), hängen vom Schaltkreistyp sowie von Größe und Ort der auftretenden Störung ab (z. B. Störspannungsspitzen am Eingangs-, Ausgangs-, U_{CC}- oder Masseanschluss). Man kann nun dafür sorgen, dass entweder die Zündbedingungen vermieden werden oder der Thyristorhaltestrom nicht erreicht wird. Wenn durch Schaltungsmaßnahmen an allen Schaltkreisanschlüssen für eine Strombegrenzung $\leq 10\,\mathrm{mA}$ gesorgt wird, kann nach Herstellerangaben der Effekt mit Sicherheit nicht auftreten.

Die praktisch wirksame Eingangskapazität eines CMOS-Eingangs der CD4000B-Reihe (nach Masse) setzt sich aus
- der Kapazität der Gehäuseanschlüsse,
- der Kapazität der Eingangsschutzschaltung,
- der Gate-Substrat-Kapazität des Eingangstransistors

zusammen und beträgt etwa 5 pF (typ.) bzw. 7,5 pF (max). In der Praxis rechnet man unter Einbeziehung der Verdrahtungskapazität für den treibenden Ausgang rund 8 pF (typ.). Die Kapazität variiert bei den verschiedenen CMOS-Baureihen, ist von der Betriebsspannung U_{CC} abhängig und sie verändert sich auch zeitlich mit dem anliegenden Eingangspotential. In den Datenblättern wird für C_I ein Maximalwert von 7,5 pF angegeben. Die Eingangskapazität verringert sich auf etwa die Hälfte, wenn jeder Eingang zur Entkopplung über ein NICHT-Gatter geführt ist (z. B. bei allen Gattern der CD4000-Reihe).

Die statisch messbare Eingangskapazität hängt von der Eingangsspannung U_I ab und verändert sich zeitlich im Verlauf einer Impulsflanke. Sie erreicht dabei Werte bis 10 pF und darüber.

Eine der wichtigsten Entwurfsregeln für CMOS-Schaltkreise lautet: Unbenutzte Eingänge dürfen niemals offengelassen, sondern müssen immer beschaltet werden. Sie sind entweder direkt an die Speisespannung U_{CC} (z. B. NAND-Eingänge) oder an Masse (z. B. NOR-Eingänge) zu legen oder mit einem benutzten Eingang des gleichen Gatters zu verbinden. (Die höhere Lastkapazität wird nur bei hohen Impulsfrequenzen, großer Betriebsspannung oder bei kleinsten Verzögerungszeiten kritisch). Offene CMOS-Eingänge verursachen erhöhte Leistungsaufnahme und bringen die Gefahr von Fehlschaltungen mit sich.
- Während offene TTL-Eingänge 1-Signal führen, weisen offene CMOS-Eingänge infolge ihres hohen Eingangswiderstands (als Gateanschlüsse) ein zwischen 0 V und U_{CC} frei schwebendes undefiniertes Spannungspotential auf.
- Hoher Eingangswiderstand und parasitäre Eingangskapazität von 5 pF führen dabei meist zu einer Aufladung des Eingangs bis zur Schwellspannung (Umschaltpunkt) von $0,5 \cdot U_{CC}$. Die CMOS-Schaltung bringt sich dadurch von selbst in den aktiven Bereich, in dem beide Ausgangstransistoren leitend sind und ein hoher Querstrom fließt. Die Folgen sind höhere Leistungsaufnahme und höhere Betriebstemperatur, die die Zuverlässigkeit des Schaltkreises rapide verringern (bis zum sofortigen Ausfall durch thermische Überlastung).

- Ein weiterer Nachteil des offenen CMOS-Eingangs besteht darin, dass das in der Nähe des Umschaltpunktes schwebende Gatepotential den Störabstand reduziert und praktisch 0 werden lässt, bereits kleinste eingekoppelte Störimpulse führen dann zu Fehlschaltungen.

4.5.2 Nicht invertierender CMOS-Buffer 4050

Der Typ 4050A ist ein nicht invertierender Sechsfach-Buffer zur Logikpegelumsetzung bei Verwendung einer einfachen Betriebsspannung. Dabei kann der hohe Pegel des Eingangssignals U_{IH} den der Betriebsspannung überschreiten. Der 4050 ist für Anwendungen als Konverter vorgesehen und ist für Ausgangsströme bis 3 mA zulässig.

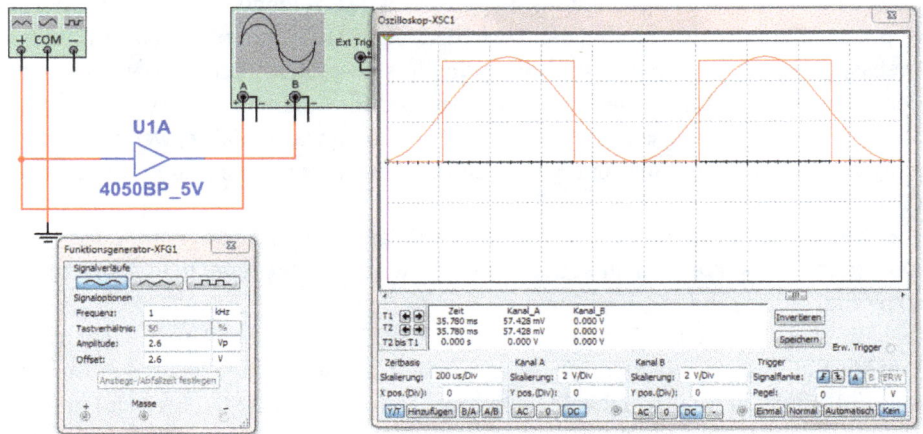

Abb. 4.52: Schaltung zur Untersuchung des nicht invertierenden CMOS-Buffers 4050

In der Schaltung von Abb. 4.52 wird das Schaltverhalten des nicht invertierenden CMOS-Buffers 4050 untersucht. Merkmal ist hierbei, dass keine Phasenverschiebung zwischen Ein- und Ausgang auftritt. Die Betriebsspannung des Bausteins 4050 beträgt 5 V und daher liegt die Umschaltschwelle bei etwa 2,5 V. Schaltet man das Oszilloskop auf den B/A-Betrieb um, lässt sich die Hysterese dynamisch untersuchen.

Die Innenschaltung des nicht invertierenden CMOS-Buffers 4050 von Abb. 4.53 zeigt die Hintereinanderschaltung von zwei CMOS-NICHT-Gattern. Legt man an den Eingang ein 0-Signal, erfolgt die Negation mittels der ersten CMOS-Stufe und dann ergibt sich durch die zweite CMOS-Stufe wieder ein 0-Signal. Das Gleiche gilt auch für ein 1-Signal am Eingang.

Die Anzahl der Transistoren in Abb. 4.53 reicht für die logische Funktion völlig aus. Die ersten CMOS-Schaltkreise waren bis etwa 1980 in dieser Weise aufgebaut, hatten

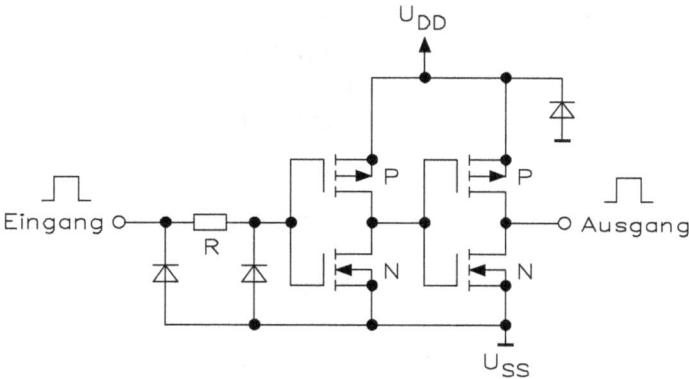

Abb. 4.53: Innenschaltung des nicht invertierenden CMOS-Buffers 4050

aber u. a. den Nachteil, dass zwischen Ausgang und Eingang eine starke Rückwirkung bestand. Deshalb besitzen CMOS-Schaltkreise heute (bis auf wenige Ausnahmen) vor jedem Ausgang eine zusätzliche Ausgangspufferstufe (Ausgangspuffer bzw. gepufferter Ausgang) aus einer oder zwei (meistens) Negationen. Durch diese Ausgangsstufe werden nicht nur die Verzögerungszeiten und Impulsflanken kleiner und unabhängiger von der Lastkapazität, sondern die Übertragungskennlinie nimmt auch eine beinahe ideale rechteckige Form an und verbessert damit zusätzlich den Störabstand.

Nach dem CMOS-Standard sind alle CMOS-Schaltkreise der Serie 4000 und 4500, die einen Ausgangsbuffer haben, durch den nachfolgenden Buchstaben B (buffered) und die wenigen Typen ohne Buffer durch die Buchstaben UB (unbuffered) gekennzeichnet.

Vorteile der Ausgangsstufe sind
– steile, nahezu rechteckförmige Übertragungskennlinie und somit größerer Störabstand und größere Störsicherheit,
– steilere und gleiche Impulsflanken, die von der Eingangsimpulsflanke nahezu unabhängig sind,
– kürzere und für beide Flanken gleiche Verzögerungszeiten,
– vollständige Entkopplung zwischen Ein- und Ausgang (d. h. zwischen Logikstufe und Ausgang),
– für beide Impulsflanken gleiche und von der Eingangsbeschaltung unabhängige Ausgangsimpedanz.

Der Ausgangspuffer besteht aus zwei hintereinandergeschalteten Transistorstufen, die die Gesamtverzögerungszeit zunächst vergrößern. Die Logikstufe kann aber, wenn kein Ausgangstreiberstrom verlangt wird, mit wesentlich kleineren Transistoren aufgebaut werden, sodass nur der nachfolgende Buffer mit den für die Treiberströme notwendigen größeren Transistoren aufgebaut ist. Es ergibt sich ein wesentlicher

Vorteil, denn die kleinflächigen Transistoren des Logikteils weisen infolge geringerer Schaltungskapazitäten kürzere Schaltzeiten auf. Deshalb sind Schaltzeit und benötigte Chipfläche z. B. sind die Gatter mit Ausgangsbuffer der Serie 4000B immer noch wesentlich kleiner als bei einer CMOS-Schaltung ohne Puffer der Serie 4000UB.

4.5.3 Nicht invertierender und invertierender CMOS-Buffer 4041

Der CMOS-Buffer 4041 hat zwei Ausgänge, einen nicht invertierenden und einen invertierenden.

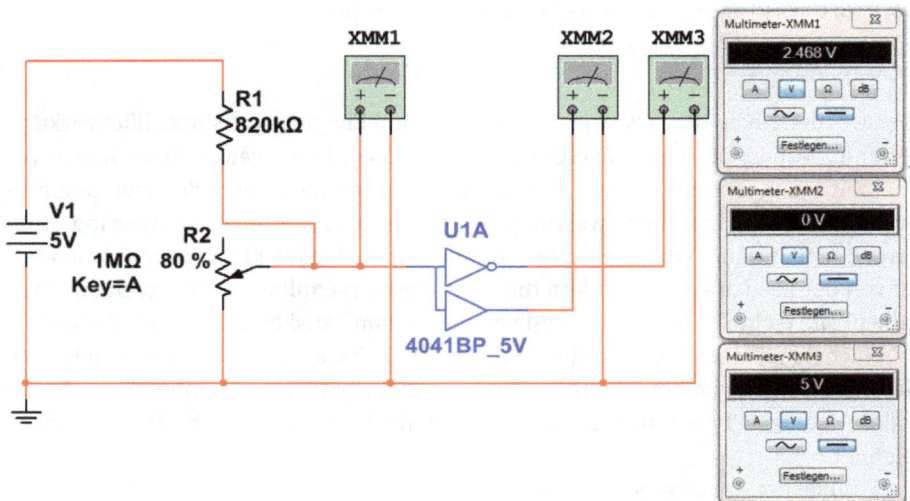

Abb. 4.54: Schaltung zur Untersuchung des nicht invertierenden und invertierenden CMOS-Buffers 4041

Der CMOS-Baustein beinhaltet vier Buffer, wobei in Abb. 4.54 nur ein Buffer mittels drei Multimeter untersucht wird. Selbstverständlich lassen sich auch die anderen Untersuchungen einfach durchführen. Die Innenschaltung von Abb. 4.55 zeigt die Stufen.

In dem CMOS-Baustein 4041 sind zwei Eingangsstufen parallel geschaltet. Der untere CMOS-Inverter stellt den invertierenden Ausgang zur Verfügung, den man mit 3 mA belasten kann. Der obere CMOS-Inverter steuert eine weitere Stufe an und diese bildet dann den Ausgang.

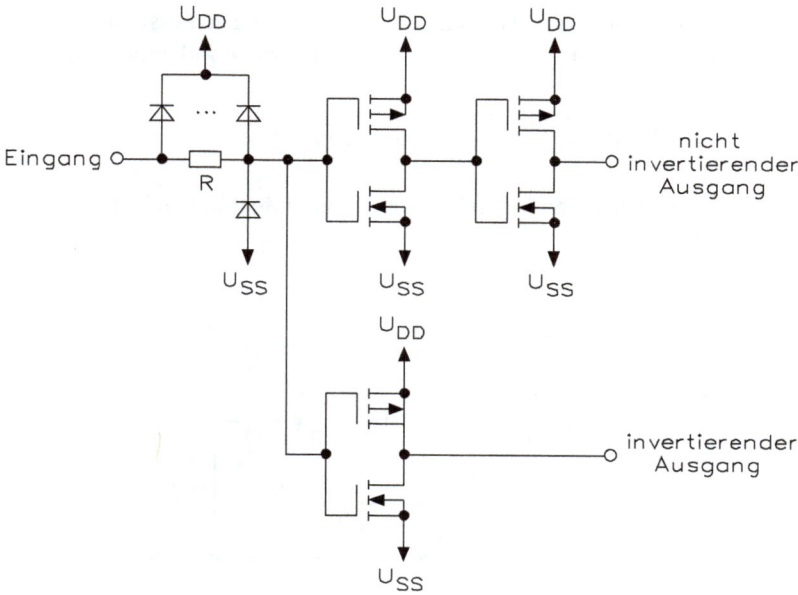

Abb. 4.55: Innenschaltung des nicht invertierenden und invertierenden CMOS-Buffers 4041

4.5.4 CMOS-NAND-Gatter 4011

Der CMOS-Baustein 4011 beinhaltet vier NAND-Gatter mit zwei Eingängen. Der 4011 ist für den mittelschnellen Betrieb bis zu 10 MHz geeignet und die typischen Verzögerungszeiten sind $t_{PHL} = t_{PLH} = 25$ ns bei einer kapazitiven Belastung von $C_L = 15$ pF. Abb. 4.56 zeigt eine Schaltung zur statischen Untersuchung des 4011.

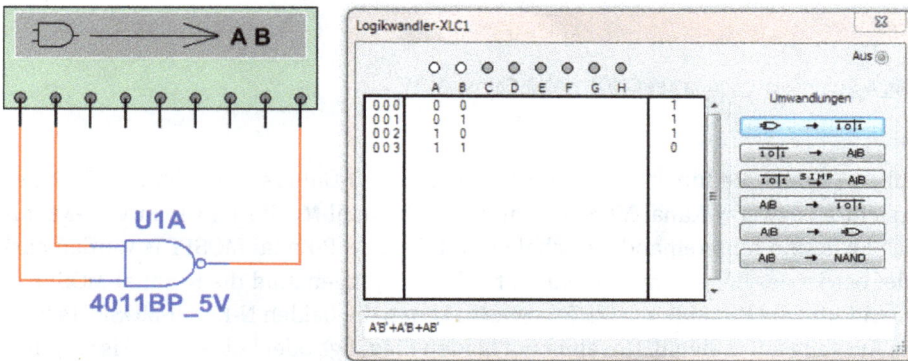

Abb. 4.56: Logische Untersuchung des CMOS-NAND-Gatters 4011

In der Schaltung wird der Eingangsstrom bei einem 1-Signal gemessen und es ergibt sich 888,178 nA. Aus dem Stromwert lässt sich der Eingangswiderstand berechnen mit

$$R = \frac{U}{I} = \frac{5\,\text{V}}{888\,\text{nA}} = 5,6\,\text{M}\Omega\,.$$

Der niederohmige Ausgangswiderstand bei 0- und 1-Signal liegt bei typischen $R_{Q0} \approx 800\,\Omega$ bzw. $R_{Q1} \approx 400\,\Omega$.

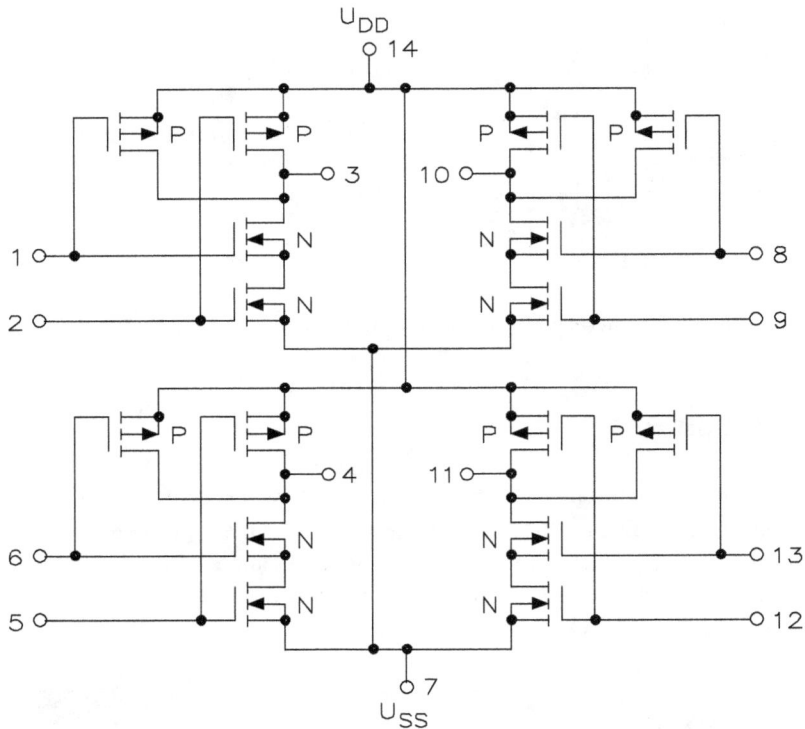

Abb. 4.57: Innenschaltung des CMOS-NAND-Gatters 4011

Abb. 4.57 zeigt die Innenschaltung des CMOS-NAND-Gatters 4011. Ein NAND-Gatter besteht aus zwei N-Kanal-MOSFETs und zwei P-Kanal-MOSFETs. Die zwei N-Kanal-MOSFETs sind hintereinandergeschaltet und die zwei P-Kanal-MOSFETs werden parallel betrieben. Bei einem 1-Signal an beiden Eingängen sind die N-Kanal-MOSFETs leitend und die P-Kanal-MOSFETs gesperrt. Durch die beiden N-Kanal-MOSFETs liegt der Ausgang auf 0-Signal. Hat einer der beiden Eingänge oder beide ein 0-Signal, sind die oberen P-Kanal-MOSFETs leitend und die unteren gesperrt. Damit ergibt sich am Ausgang ein 1-Signal.

Im Gegensatz zu der bipolaren Technik in den TTL-Bausteinen kann man CMOS-Gatter parallel betreiben, d. h. der Lastfaktor oder der Innenwiderstand verringern sich. Das gilt auch für die Eingänge von CMOS-Bausteinen. Die Gefahr thermischer Instabilität oder Überlastung besteht nicht, weil bei MOSFETs der Drainstrom mit steigender Temperatur sinkt. Damit überwiegt der Temperatureinfluss auf die Beweglichkeit der Ladungsträger, die mit steigender Temperatur abnimmt. Hierin unterscheiden sich die unipolaren Transistoren in den TTL-Schaltkreisen grundsätzlich von der CMOS-Technik.

4.5.5 CMOS-NOR-Gatter 4001

Der CMOS-Baustein 4001 enthält vier NOR-Gatter mit je zwei Eingängen. Der 4001 ist für den mittelschnellen Betrieb geeignet und die typischen Verzögerungszeiten sind $t_{PHL} = t_{PLH} = 25$ ns bei einer kapazitiven Belastung von $C_L = 15$ pF. In Abb. 4.58 ist die Versuchsschaltung gezeigt.

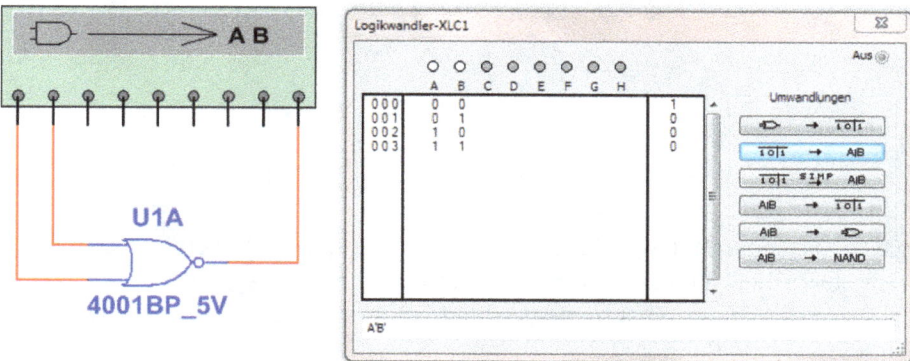

Abb. 4.58: Logische Untersuchung des CMOS-NOR-Gatters 4001

Der Logikwandler übernimmt die einzelnen Funktionen und es werden einzelne Logikwerte getestet, die dann die Ausgangswertigkeiten und die Gleichung ergeben. In Abb. 4.59 ist die Innenschaltung gezeigt.

Bei der NOR-Funktion sind P-Kanal-MOSFETs hintereinander und N-Kanal-MOSFETs parallel geschaltet. Liegt an den Eingängen je ein 0-Signal an, sind die P-Kanal-MOSFETs leitend und die N-Kanal-MOSFETs gesperrt, d. h. am Ausgang ergibt sich ein 1-Signal. Ändert sich der oder die Eingangswertigkeiten zu einem 1-Signal, sind die beiden P-Kanal-MOSFETs in der Reihenschaltung entsprechend gesperrt und es kann kein Strom mehr von der Betriebsspannung zum Ausgang fließen. Für einen N-Kanal-

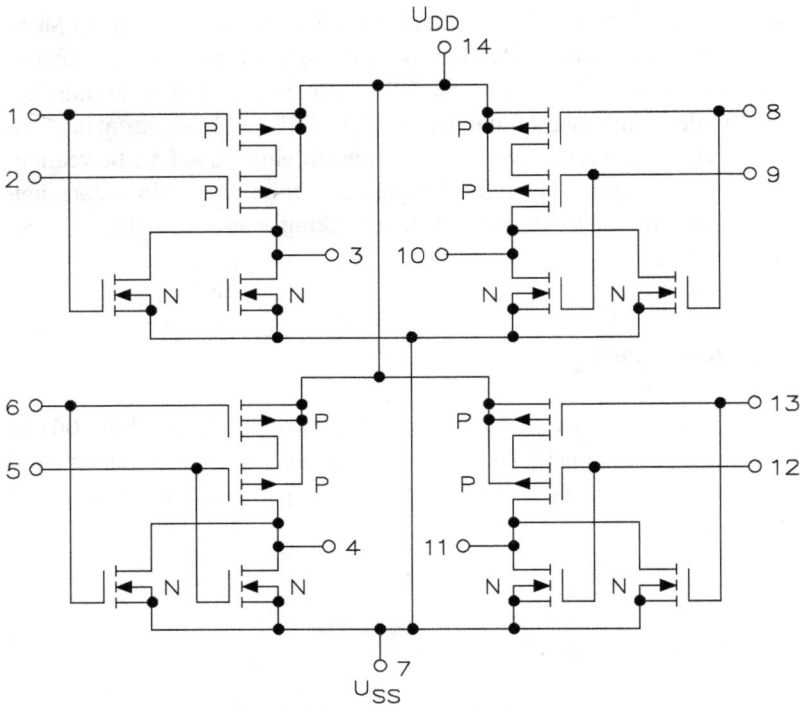

Abb. 4.59: Innenschaltung des CMOS-NOR-Gatters 4001

MOSFET bedeutet ein 1-Signal am Gate, dass er leitend ist und über einen oder beide Transistoren fließt ein Drainstrom gegen Masse ab.

Der niederohmige Ausgangswiderstand bei 0- und 1-Signal liegt bei typischen $R_{Q0} \approx 500\,\Omega$ bzw. $R_{Q1} \approx 200\,\Omega$.

Bei CMOS-Schaltkreisen muss man Betriebsspannung, Lastkapazität, maximale Impulsfrequenz und Verzögerungszeit beachten und diese dürfen nicht unabhängig voneinander gewählt oder verändert werden.

Das für die Wahl aller übrigen Parameter entscheidende Kriterium ist die im Schaltkreis verbleibende Verlustleistung, die mit der Frequenz, Lastkapazität und Betriebsspannung anwächst. Wenn der zulässige Grenzwert überschritten wird (erkennbar an starker Erwärmung des Schaltkreises), sinkt die Zuverlässigkeit rapide, und die Gefahr eines Ausfalls durch Zerstörung steigt an.

Bei einem CMOS-Schaltkreis fließt im Ruhezustand (und wenn der Ausgang lediglich mit CMOS-Eingängen belastet ist) als Betriebsstrom nur der Rest- oder Leckstrom der Metall-Oxid-Feldeffekttransistoren. CMOS-Schaltkreise haben deshalb eine sehr geringe statische Leistungsaufnahme, die im Vergleich zur dynamischen fast immer vernachlässigbar ist.

Bei Impulsbetrieb tritt zum statischen noch ein dynamischer Betriebsstrom, der aus einzelnen Stromspitzen zu der Zeit jeder Impulsflanke besteht und eine dynamische Leistungsaufnahme bewirkt. Die dynamische Leistungsaufnahme erhöht sich bei größerer Lastkapazität, bei größerer Impulsfrequenz, und bei größerer Betriebsspannung. Die Differenz zwischen aufgenommener Leistung P_{auf} und abgegebener Leistung P_{ab} ist die im Schaltkreis verbleibende Verlustleistung P_v ($P_{auf} - P_{ab}$). Sie erwärmt den Schaltkreis und wird als Verlustwärme abgeführt.

Aufgenommene und abgegebene Leistung des CMOS-Schaltkreises bestehen aus einzelnen Anteilen, die durch folgende Ströme hervorgerufen werden:

– Betriebsstromspitze zur Aufladung der kapazitiven Last C_L (dieser Leistungsanteil steigt linear mit C_L und der Frequenz f sowie quadratisch mit U_{CC} an),
– Entladestromspitze der kapazitiven Last C_L,
– Betriebsstromspitze als interner Querstrom, wenn beide Transistoren kurzzeitig leitend sind (dieser Leistungsanteil steigt linear mit der Frequenz f und der Impulsflankendauer sowie quadratisch mit U_{CC} an),
– Aufladung der Kapazitäten an den Schaltkreiseingängen.

Bei Aufladung einer Kapazität C_L auf die Spannung U_{CC} wird (unabhängig vom ohmschen Widerstand des Stromkreises) ein Energiebetrag in Wärme umgesetzt, der gleich der in der Kapazität gespeicherten Energie $0,5 \cdot C_L \cdot U_{CC}^2$ ist. Aufzubringen ist deshalb die Energie $C_L \cdot U_{CC}^2$. Wenn das zyklisch mit der Frequenz f geschieht, ergibt das eine Leistung $f \cdot C_L \cdot U_{CC}^2$, die vom Schaltkreis aus der Stromversorgung zunächst entnommen (und an die kapazitive Last C_L weitergegeben) wird.

Bei jeder 01-Flanke (positiver Wechsel am Ausgang) wird die angeschlossene Lastkapazität C_L (Größenordnung 5 pF je CMOS-Eingang, Schaltkapazität bei Verdrahtung auf Leiterplatten 10 pF bis 20 pF) über den oberen Ausgangstransistor von 0 V auf U_{CC} aufgeladen und bei jeder 10-Flanke (negativer Wechsel) über den unteren Transistor entladen. Da der jeweils leitende Transistor einen ohmschen Widerstand von 50 Ω bis 500 Ω hat, verursachen Auflade- und Entladespitzen über diese Kanalwiderstände eine Verlustleistung im Schaltkreis, die linear mit der kapazitive Last C_L und der Frequenz f und quadratisch mit U_{CC} zunimmt.

Die zeitlichen Abläufe des leitend werdenden und des zu sperrenden Transistors überschneiden sich derart, dass für kurze Zeit beide leitend sind. Bei jeder Impulsflanke entsteht eine Betriebsstromspitze durch die Kanalwiderstände, die einen weiteren Verlustleistungsanteil ergibt. Diese Verlustleistung tritt auch bei unbeschaltetem Ausgang auf und hängt nur von Frequenz, Flankendauer und Betriebsspannung ab. Hohe Impulsfrequenzen, lange Flanken und größere Betriebsspannung vergrößern diesen Anteil. Beispiel: Eine 100-ms-Flanke ergibt bei $U_{CC} = 10$ V eine I_{CC}-Spitze von $\approx 3,5$ mA (CMOS-Gatter 4001) und 50 ns Dauer. Bei $U_{CC} = 5$ V verringert sich die Stromspitze auf ≈ 1 mA.

So wie z. B. das CMOS-Gatter 4001 eine Leistung an den folgenden Eingang abgibt, nimmt es durch Umladung seiner Eingangskapazität eine Leistung vom davorliegenden Gatterausgang auf, der ebenfalls eine Verlustleistung hat. Jeder Schaltkreiseingang hat eine Kapazität von etwa $C_E = 5$ pF. Bei jeder Aufladung wird die Energie $C_E \cdot U_{CC}^2$ vom Eingang aufgenommen und bei jeder Entladung die Energie $0,5 \cdot C_E \cdot U_{CC}^2$ abgegeben (an den Treiber). Geschieht das periodisch mit der Frequenz f, so verbleibt im Schaltkreiseingang der Leistungsanteil $0,5 \cdot C_E \cdot U_{CC}^2$ der als Verlustleistung in Wärme umgesetzt wird.

Hinweise zur Wahl der Betriebsspannung:

– Während Lastkapazität C_L mit der Anzahl anzuschaltender Eingänge und die Impulsfrequenz durch die Systembedingungen meist fest vorgegeben sind, ist die Betriebsspannung U_{CC} meistens frei wählbar.

Gründe für eine möglichst niedrige Betriebsspannung ($U_{CC} = 5$ V) sind
  – niedrige Verlustleistung
  – TTL-Kompatibilität (direkte Zusammenschaltung von TTL-CMOS-Bausteinen in beiden Richtungen)

Gründe für eine möglichst große Betriebsspannung ($U_{CC} = 15$ V) sind
  – kleinere Verzögerungszeiten
  – kurze Impulsflanken
  – niedrigere Ausgangswiderstände (geringere Lastabhängigkeit)
  – größerer Störabstand

– Hohe Impulsfrequenzen benötigen kurze Verzögerungszeiten und damit eine größere Betriebsspannung. Beim Übergang der Betriebsspannung von 10 V auf 5 V steigt die Verzögerungszeit auf mehr als das Doppelte an. Demgegenüber steht, dass die Verlustleistung mit dem Quadrat der Betriebsspannung zunimmt.

– Wenn Impulsfrequenz und Schaltzeit eine große Betriebsspannung benötigen, lässt sich die Verlustleistung nur noch durch die Lastkapazität verringern. Daher gilt für die Entwurfsregel, bei hohen Frequenzen CMOS-Ausgänge von großen Lastkapazitäten zu befreien. Bei großen Lastkapazitäten (und hoher Frequenz und großer Betriebsspannung U_{CC}) ist es deshalb oft günstiger, einen CMOS-Treiber zwischenzuschalten oder auf einen TTL-Treiber (mit entsprechendem Interface zur Pegelanpassung) überzugehen.

– Betriebsspannungen < 5 V sind zwar zulässig (4000-Reihe bei $U_{CC} = 3$ V, 74HC-Reihe bei $U_{CC} = 2$ V), aber nicht zu empfehlen, weil niedriger Störabstand, hoher Ausgangswiderstand und lange Impulsflanken die Störsicherheit erheblich vermindern. Betriebsspannungen > 15 V sind, obwohl bis 18 V zulässig, ebenfalls kritisch, weil sie mit großer Verlustleistung und erhöhter Gefahr des Latch-up-Effekts (durch Störspitzen auf der U_{CC}-Leitung) verbunden sind. In der Praxis führt folgender Kompromiss zum Erfolg: Mit Rücksicht auf die begrenzte Verlustleistung und unter der Voraussetzung einer für die meisten Fälle ausreichenden Impulsfrequenz bis 10 MHz wird für CMOS-Schaltkreise aller 4000er Reihen als optimaler U_{CC}-Bereich von den Herstellern 9 V bis 12 V empfohlen. Dagegen werden CMOS-Schaltkreise der Highspeed-Reihe 74HC (U_{CC}-Bereich 2 V bis 6 V) fast immer bei einer Betriebsspannung von +5 V betrieben.

Bei Frequenzen unterhalb 100 kHz sind Betriebsstrom und Verlustleistung des einzelnen praktisch vernachlässigbar klein. Unterhalb 2 MHz ist die Verlustleistung noch so gering, dass keine besondere Abschätzung notwendig ist (der größte Leistungsanteil geht in die Peripherie). Erst bei Frequenzen oberhalb 2 MHz bis 5 MHz erreichen CMOS-Schaltkreise die gleiche Verlustleistung wie vergleichbare TTL-Schaltkreise.

Beim Übergang von U_{CC} = 5 V auf U_{CC} = 10 V erhöht sich der Betriebsstrom auf das 3- bis 4fache.

Niedriger Betriebsstrom und Leistungsverbrauch der CMOS-Schaltkreise machen sich vor allem bei der Systembetrachtung ganzer Baugruppen (und weniger am Einzelbauelement) bemerkbar, wo meist nur wenige Stufen ständig bei hoher Impulsfrequenz arbeiten. Dadurch, dass die meisten Stufen pausieren oder bei niedrigen Frequenzen betrieben werden, liegt der mittlere Betriebsstromverbrauch (unterhalb 2 MHz) meist nur bei 1 % bis 10 % des Stroms von LS-TTL-Schaltkreisen.

Trotz großem Betriebsspannungsbereich und verschwindend geringer Ruhestromaufnahme benötigen auch CMOS-Schaltkreise, um zuverlässig funktionieren zu können, eine niederohmige und gut funktionierende Betriebsspannung. Der Betriebsstrombedarf ist großen Belastungsschwankungen unterworfen. Jede Impulsflanke ruft eine Betriebsstromspitze hervor, die sich bei hochohmiger oder schlecht stabilisierter Stromquelle als Spannungseinbruch bzw. -spitze auch auf alle übrigen angeschlossenen Schaltkreise auswirkt. Um solche Spannungsspitzen (spikes) und Verkopplungen auf der U_{CC}- und Masseleitung zu vermeiden, werden induktivitätsarme Stütz- und Entkopplungskondensatoren benutzt. Sie wirken im Moment der Stromspitze als Speicher (Buffer) und übernehmen die Stromspitzen, sodass sie von der weiteren Zuleitung ferngehalten werden. Die Stützkondensatoren sollen sich am U_{CC}- und Masseanschluss des Schaltkreises befinden.

Um von außen wirkende Brumm- und Störspannungen fernzuhalten, soll außerdem auf jeder Leiterplatte ein größerer Kondensator liegen. Die Hersteller machen zu Größe und Anzahl der Stütz-, Entkopplungs- bzw. Entstörkondensatoren unterschiedliche und spärliche Angaben. Letztlich sind solche Angaben Erfahrungswerte bzw. eine Ermessensfrage unter den speziellen Bedingungen des einzelnen Anwenders und können nur sinngemäß auf andere Einsatzfälle übertragen werden.

In Tabelle 4.14 wird nur ein Entkopplungskondensator je Leiterplatte und nur ein Stützkondensator für ein oder zwei Schaltkreise empfohlen. Nach den Unterlagen der Hersteller soll außerdem je Schaltkreis mit Decoder und Treiber je ein Kondensator mit 3,3 µF angeschaltet werden. Die Amplitude der Betriebsstromspitze wächst mit U_{CC} und U_L. Große Betriebsspannungen und Lastkapazitäten verlangen im Prinzip auch größere Stütz- und Entkopplungskondensatoren.

Tab. 4.14: Größe und Anzahl bei CMOS-Schaltkreisen der empfohlenen Stütz- und Entstörkondensatoren

Kondensator	Größe	Einsatz (CMOS-Schaltkreise)
Stützkondensator (induktivitätsarm)	20 pF...100 nF und 10 nF	Ein Stück je Schaltkreis mit Flipflops, z. B. Zähler Schieberegister usw. Ein Stück je ein oder zwei Schaltkreise (ohne Flipflops)
Entkopplungs- kondensator	3,3 μF	Ein Stück je Leiterplatte je zehn Schaltkreise
Stützkondensator	100 nF	Ein Stück je sechs Schaltkreise
Entstörkondensator	1000 μF	Bei Batteriebetrieb je Batterie

4.5.6 Elektronische Schalter mit mechanischer Auslösung

Mechanische Schalter verursachen undefinierbare Prellungen beim Schaltvorgang. Abhilfe schaffen TTL- und CMOS-Bausteine. Abb. 4.60 zeigt zwei Schaltungen, die linke mit Speicherverhalten und die rechte wird nur zum Entprellen verwendet.

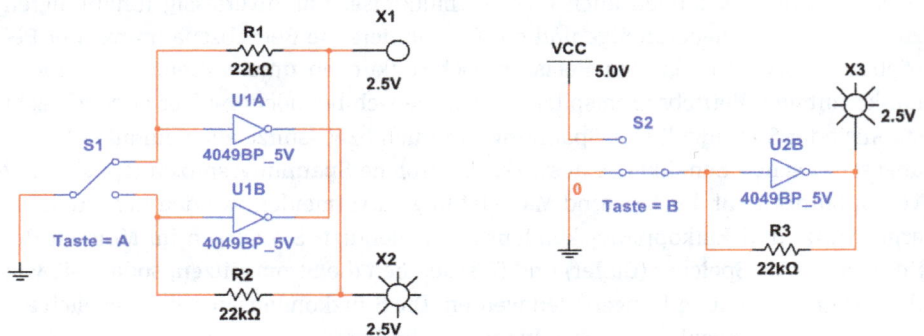

Abb. 4.60: Zwei Schaltungen zur Unterdrückung mechanischer Prellungen

In der linken Schaltung sind zwei NICHT-Gatter vom Typ 4069 eingesetzt und zwei Widerstände mit 22 kΩ stabilisieren das Schaltverhalten. Der Schalter S_1 hat ein SPDT-Verhalten (Single Pole, Double Throw) und entspricht einem mechanischen Umschalter. Durch die „A"-Taste erfolgt die Umschaltung. In diesem Fall liegt das obere NICHT-Gatter an 0-Signal und damit ergibt sich am Ausgang ein 1-Signal. Der Testpunkt X1 leuchtet auf und es fließt ein Strom über Widerstand R_1 zum NICHT-Gatter. Dadurch hat der Eingang des unteren NICHT-Gatters ein 1-Signal und der Ausgang von dem unteren NICHT-Gatter befindet sich auf 0-Signal.

Mittels des Umschalters wird auf das untere NICHT-Gatter ein 0-Signal gegeben. Das NICHT-Gatter schaltet seinen Ausgang auf 1-Signal und der Testpunkt X2 gibt ein Licht aus. Über Widerstand R_2 fließt ein Strom und das obere NICHT-Gatter liegt auf 1-Signal. Das NICHT-Gatter hat 0-Signal am Ausgang und Textpunkt X1 erlischt. Gleichzeitig fließt über Widerstand R_1 kein Strom mehr und der Eingang des unteren NICHT-Gatters liegt stabil auf 0-Signal, falls der Schalter prellt und der Eingang keine exakt definierte Spannung hat.

Bei der rechten Schaltung wird mit einem nicht invertierenden Buffer gearbeitet. Bei einem 1-Signal des Umschalters hat man 1-Signal und am Ausgang ebenfalls 1-Signal. Der Testpunkt leuchtet auf. Über Widerstand R_3 fließt ein Strom und hält den Eingang ebenfalls auf 1-Signal. Bewegt sich der mechanische Schalter in die untere Richtung, bleibt das 1-Signal stabil auf 1-Signal. Trifft der mechanische Umschalter das 0-Signal, schaltet das NICHT-Gatter am Ausgang auf 0-Signal. Über Widerstand R_3 fließt kein Strom und prellt der Schalter nach, bleibt dieses 0-Signal am Eingang.

4.5.7 NOR- und NAND-Flipflops

Erweitert man die Schaltung von Abb. 4.60, erhält man die einfachste Form der NOR- und NAND-Flipflops. Abb. 4.61 zeigt das NOR-Flipflop, wobei die obere Schaltung positiv und die untere negativ flankengetriggert ist.

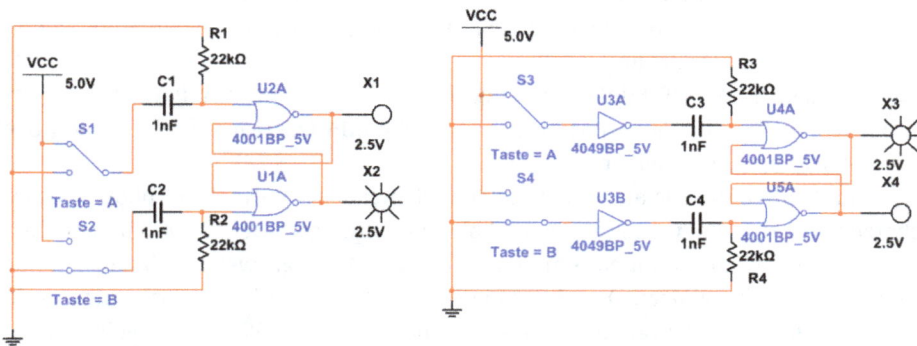

Abb. 4.61: Positiv und negativ flankengetriggertes NOR-Flipflop

Widerstände und Kondensatoren bilden ein Differenzierglied. Tritt am Eingang eine positive Flanke auf, differenziert das RC-Glied und die Ausgangsspannung kann sich über den Kondensator entladen. Bleibt der Eingang auf 1-Signal und tritt eine negative Flanke auf, wird die Ausgangsspannung negativ. Da es sich bei der oberen Schaltung um ein positiv flankengetriggertes NOR-Flipflop handelt, ist die 01-Flanke (positiv) wirksam.

Das NOR-Flipflop besteht aus zwei NOR-Gattern und die beiden Ausgänge werden kreuzweise verbunden und Tabelle 4.15 zeigt die Funktionen.

Tab. 4.15: Funktionen zur Untersuchung eines RS-NOR-Flipflops

S	R	Q	Q'	
0	0	Q_m	Q'_m	Speicherzustand
0	1	1	0	
1	0	0	1	
1	1	0	0	irregulärer Zustand

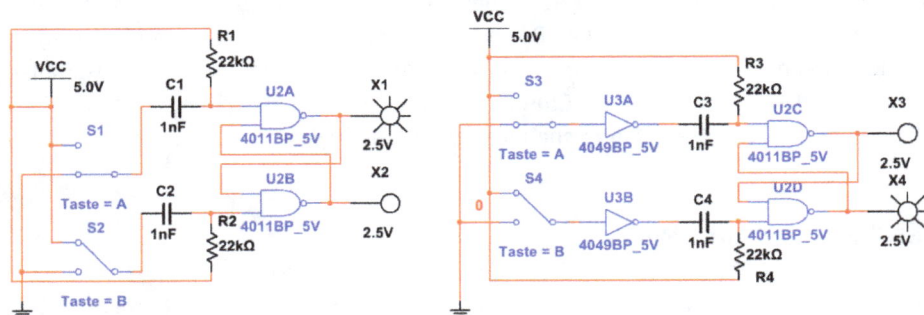

Abb. 4.62: Positiv und negativ flankengetriggertes NAND-Flipflop

Sind beide Eingänge auf 0-Signal, befindet sich das RS-NOR-Flipflop im Speicherzustand, d. h. der vorherige Zustand bleibt solange gespeichert, bis einer der beiden Eingänge wieder 1-Signal annimmt.

Im Gegensatz zum NOR-Flipflop arbeitet das positiv und negativ flankengetriggerte NAND-Flipflop von Abb. 4.62. Anhand Tabelle 4.16 lässt sich das Verhalten des R'S'-NAND-Flipflops untersuchen.

Sind beide Eingänge auf 1-Signal, befindet sich das R'S'-NAND-Flipflop im Speicherzustand, d. h. der vorherige Zustand bleibt so lange gespeichert, bis einer der beiden Eingänge wieder 0-Signal annimmt. Tabelle 4.16 zeigt, welche Signalzustände sich an beiden Ausgängen Q und Q' bei den verschiedenen Eingangssignalen an R' und S' einstellen, und zwar zu einem bestimmten Zeitpunkt Q_m. Die Bezeichnung Q_m bedeutet, dass bei der dazugehörigen Eingangskombination die Ausgangssignale so verbleiben, wie diese zum Zeitpunkt an den Eingängen vorhanden waren. Dieser „Memory"-Zustand ist die eigentliche Speicherfunktion des Flipflops.

Tab. 4.16: Funktionen zur Untersuchung eines R'S'-NAND-Flipflops

S'	R'	Q	Q'	
0	0	1	1	irregulärer Zustand
0	1	0	1	
1	0	1	0	
1	1	Q_m	Q'_m	Speicherzustand

5 Codierer, Decodierer und Umcodierer

Im allgemeinen Sinn bei den Grundlagen für die Kommunikation, Informatik, Mechatronik und Messtechnik versteht man unter der Codierung die Darstellung einer Nachricht in irgendeiner willkürlich gewählten Form, z. B. als Schriftsatz, moduliertes Hochfrequenzsignal usw. Mit der Einschränkung auf die Digitaltechnik sowie die damit verbundenen Probleme der Darstellung von Ziffern und Buchstaben kann man die Codierung wesentlich enger fassen. Codierung ist die Darstellung eines Nachrichtenelements n_i ($1 \leq i \leq M$) aus einer großen Menge M von Nachrichtenelementen durch eine Kombination von k Zeichen zu z_j ($1 \leq j \leq m$) aus einer zumeist kleineren Zeichenmenge m.

Zur Verdeutlichung dieser allgemeinen Definition sollen einige der z. Z. in der Technik gebräuchlichen Formen der Nachrichtendarstellungen mittels Schriftzeichen näher untersucht werden. Die schriftliche Nachrichtendarstellung dient u. a. der Übermittlung aller in einer Sprache vorhandenen Worte und Begriffe. Im Extremfall kann man für jeden möglichen Begriff, d. h. für jedes Nachrichtenelement n_i, ein entsprechendes Zeichen z_j verwenden. Für diesen Fall wird $k = 1$ und die Menge der Nachrichtenelemente gleich der Zeichenmenge ($M = m$). Diese Verhältnisse sind praktisch bei der chinesischen Bilder- und Symbolschrift gegeben. Jedem Begriff ist ein zumeist sehr kompliziertes Schriftzeichen zugeordnet. Dadurch werden die zur Nachrichtendarstellung erforderlichen Zeichenmengen sehr groß. Für einen einfachen Zeitungsdruck in der normalen Umgangssprache sind etwa 3000 bis 4000, für literarische und wissenschaftliche Veröffentlichungen etwa 8000 bis 9000 Zeichen nötig. Man erkennt daraus, dass der Vorteil, keine Zeichen zu Begriffen kombinieren zu müssen, durch eine umfangreiche und schwer zu speichernde Zeichenmenge erkauft wird. Zeitungs- und Buchdruck werden dadurch sehr schwierig und eine einfache Schreibmaschine lässt sich für diese Schriftart nicht konstruieren.

In einem gegenteiligen Extrem kann man zur Codierung nur noch zwei Zeichen verwenden ($m = 2$) und die Menge von M Nachrichtenelementen durch eine Kombination von $k = \mathrm{lb}(M)$ ($\mathrm{lb} = \log_2$ = Zweierlogarithmus) dieser Zeichen durchführen. Hier ist die Anzahl der erforderlichen Zeichen klein, aber die Kombinationsregeln für diese Zeichen werden kompliziert und die Zeichenverbände (Wörter) sehr lang. Ist z. B. $M = 8000$, so wird die Wortlänge

$$k = \mathrm{lb}(8000) \approx 13 \ .$$

Diese Form der Codierung ist für Menschen und für die Kommunikation deshalb wenig brauchbar, jedoch für die maschinelle Nachrichtenübermittlung wegen der kleinen Zeichenmenge von $i_n = 2$ sehr gut geeignet, wie später noch gezeigt wird.

Zwischen diesen Extremen liegen die heute in der Welt gebräuchlichen alphabetischen Darstellungen. Das darzustellende Nachrichtenelement (das Wort, der Begriff) wird dabei in Unterelemente (die Sprachlaute) unterteilt. Jedem Laut wird ein entsprechendes Zeichen zugeordnet. Die Anzahl der in einer Sprache vorkommenden Lau-

https://doi.org/10.1515/9783110583670-005

te und der damit erforderlichen Schriftzeichen ist hinreichend klein gegenüber der darzustellenden Menge von Nachrichtenelementen. So umfasst beispielsweise das Alphabet 26, das griechische 24, das kyrillische 30 und das arabische 54 Zeichen.

Die Begriffe werden jetzt durch Kombinationen dieser Zeichen in einem Zeichenverband (Wort) dargestellt, wobei die Länge dieser Zeichenverbände im Allgemeinen überschaubar klein bleibt. Die Kombinationsregeln für die Zeichen ergeben sich durch die verwendete Sprache und die dazugehörende Grammatik und Orthografie, die man als Codierungsvorschrift auffassen kann. Der Begriffsinhalt eines Codeworts wird also durch die Art der verwendeten Symbole sowie ihrer Anzahl und Stellung im Wort festgelegt. Beispielsweise lässt sich der größte Fluss in Deutschland mittels des lateinischen Alphabets durch das Wort „RHEIN" kennzeichnen. Hier ist der zur Verfügung stehende Zeichenvorrat $m = 26$, die Wortlänge $k = 5$ und die Anzahl der benötigten verschiedenen Zeichen $j = 4$. Die alphabetische Schrift ist also ein Anordnungscode, wie auch aus den beiden Wörtern „REIN" und „RHEIN" zu ersehen ist. Beide Wörter, die etwas völlig Verschiedenes bedeuten, unterscheiden sich nur in der Anordnung der Zeichen.

Die Codierung über Lautzeichen ist ein Kompromiss aus den beiden eingangs geschilderten Extremen. Sie hat sich als am leistungsfähigsten für die schriftliche Verständigung erwiesen, da Zeichenmenge i_n und Wortlänge k genügend klein sind. Die Kombinationsregeln bleiben für das menschliche Gehirn relativ leicht fassbar, weil sie sich im Wesentlichen auf die Phonetik der Sprache stützen.

Zur Darstellung von Zahlen werden meistens nicht die erwähnten Alphabete, sondern die arabischen Ziffern 0 bis 9 verwendet. Man hat hier speziell für den Zahlenbegriff eine besondere Codierungsvorschrift mit eigenem Zeichenvorrat und Kombinationsregeln geschaffen. Natürlich könnte man die Menge der ganzen Zahlen auch durch den Zeichenvorrat, z. B. des lateinischen Alphabets, darstellen (251 = ZWEIHUNDERTEINUNDFÜNFZIG) und für arithmetische Operationen wäre diese Form jedoch unbrauchbar.

Wesentlich wichtiger als der Vorgang des Codierens, also des Darstellens eines Nachrichtenelements, erweist sich in der Praxis das Problem des Übertragens von einer Darstellungsform in eine andere. Man spricht dann vom Umcodieren oder von der Codeumsetzung. Hierfür ein Beispiel: Der Begriff „BERG" lässt sich u. a. durch englische, französische, italienische usw. Wörter und Zeichen darstellen. Will man nun den Begriff „BERG" von der Darstellungsform „deutsch" in die von „italienisch" übertragen, so muss man die Zeichenmenge des lateinischen mit der des binären Alphabets über bestimmte Umsetzungsvorschriften (Tabellen oder mathematische Bildungsgesetze) zueinander in Beziehung setzen. Diese Vorschriften bezeichnet man als Code. In den meisten Fällen ist der Code umkehrbar eindeutig. Dies ist jedoch nicht unbedingt erforderlich und wird z. B. bei Geheimcodes sogar absichtlich vermieden. Allgemein ist ein Code eine zumeist (jedoch nicht immer notwendig) umkehrbar eindeutige Zuordnung zweier Mengen von Zeichen und Symbolen. Die Untersuchung und Erzeugung solcher Zeichenstrukturen bilden den Kern der Codierungstheorie.

Eine Weiterführung der einfachen Umcodierung ist die Codeschachtelung oder Untercodierung. Der Unterschied zwischen den beiden Begriffen lässt sich folgendermaßen erklären. Wird eine Ausgangskombination von Zeichen mithilfe eines Codes C_1 als Ganzes zu einer neuen Zeichenkombination verarbeitet, so spricht man von einer Umcodierung oder Codeumsetzung. Schließt man nun einen weiteren Umcodierungsvorgang in der Weise an den ersten an, dass man die Elemente bzw. Zeichen dieser neu gewonnenen Zeichenkombination einzeln mittels eines zweiten Codes C_2 zu einer wiederum neuen Zeichenkombination umsetzt, so liegt eine Codeschachtelung vor. Code C_1 ist der Obercode und Code C_2 wird als Untercode bezeichnet.

Um nach der einleitenden Definition der Begriffe Codierung, Codeumsetzung und Codeschachtelung zur praktischen Durchführung von Codekonstruktionen übergehen zu können, sollen zuvor noch einige Bezeichnungen und Begriffe aus dem Bereich der Informationsverarbeitung eingeführt werden.

Zur Codierung verwendet man, wie schon erwähnt, die Definition „Zeichen". Bislang wurde der Begriff „Zeichen" nur im Sinne von Schriftzeichen gebraucht. Für den technischen Bereich lassen sich Zeichen aber auch durch Impulsfolgen, Lochkombinationen, verschiedene Frequenzen, Magnetisierungszustände von Metallen usw. bilden. Allgemein ist ein Zeichen als ein Element aus einer vereinbarten endlichen Menge von Elementen aufzufassen. Diese Menge wird als Zeichenvorrat oder Alphabet bezeichnet. Ein Alphabet im Sinne der Informationsverarbeitung ist also nicht nur die Menge der in der jeweiligen Schriftart verwendeten Buchstaben, sondern jeder geordnete, zur Nachrichtendarstellung geeignete Zeichenvorrat. Beispiele für Zeichen, aus denen sich Alphabete bilden lassen, sind Buchstaben, Interpunktionszeichen, mathematische Zeichen, Ziffern usw. Die am meisten verwendeten Alphabete sind

das binäre Alphabet mit den Zeichen	0, 1
das denäre Alphabet mit den Zeichen	0, 1, ... 8, 9
das alphaische Alphabet mit den Zeichen	A, B, ... Y, Z
das alphanumerische Alphabet mit den Zeichen	A, B, ... Y, Z und 0, 1, ... 8, 9

Mithilfe dieser Zeichen werden zur Darstellung eines Nachrichtenelements die Zeichenverbände gebildet, die man als Wörter bezeichnet. Ein Wort ist also eine Folge von Zeichen, die in einem bestimmten Zusammenhang eine Einheit bilden, z. B. der Begriff „DIGITALTECHNIK" oder das Wort „1001", das der Zahl 9 im reinen Binärcode entspricht.

Als Redundanz bezeichnet man überschüssige Zeichen oder Worte, die sinnlose, gar keine oder keine neuen Informationen liefern. Ein Beispiel hierfür sind die drei verschiedenen F-Lautzeichen in der deutschen Sprache (F, V und PH), die phonetisch keinen Unterschied aufweisen. Ein einziges Schriftzeichen würde zur Kennzeichnung des F-Lautes vollauf genügen. Redundant sind auch phonetisch nicht bedingte Lautzeichen in einem Wort (z. B. schreibt man „Orthographie" und spricht „Ortografi"), ferner das Codewort 1110 im 8-4-2-1-Code, da es eine Ziffer angibt, die laut Bildungsgesetz des Codes größer als 9 wäre und stellt eine Pseudotetrade dar. Alle diese Zeichen oder Wörter sind zwar in den betreffenden Alphabeten bzw. Codes enthalten, aber überflüssig und entbehrlich. Aus Gründen der Wirtschaftlichkeit ist deshalb eine möglichst geringe Redundanz für ein Alphabet oder für einen Code anzustreben. Für die Absicherung gegen Übertragungsfehler codierter Nachrichten ist jedoch eine Redundanz unentbehrlich.

Was verbirgt sich eigentlich hinter der Verschlüsselung? Der Wunsch, geheimzuhaltende Texte zu verschlüsseln, ist ziemlich alt. Nur die Personen, für die die Information bestimmt ist, sollen diese auch lesen können, d. h. sie muss über einen Schlüssel für die Decodierung verfügen.

Eines der ältesten Verschlüsselungsverfahren geht auf den römischen Kaiser und Feldherrn Julius Cäsar zurück. Er hat an seine Feldherren die Anweisungen so übermittelt, dass seine Feinde diese nicht erraten konnten. Das Verfahren, welches von Cäsar benutzt wurde, war sehr einfach, aber wirkungsvoll. Er transformierte das Alphabet, in dem seine Nachricht geschrieben war, in ein anderes. Es wurden zwar die gleichen Symbole benutzt, aber jeder Buchstabe ging durch eine Verschiebung aus seinem Original hervor. Dies kann man sich etwa so vorstellen.

ABCDEFGHIJKLMNOPQRSTUVWXYZ

DEFGHIJKLMNOPQRSTUVWXYZABC .

Das bedeutet, dass zu jedem Buchstaben, wenn man ihn als Zahl nach seiner Ordnung im Alphabet betrachtet einfach 3 hinzugezählt wird. Die letzten drei Buchstaben X, Y und Z werden, da sich bei ihnen ein Überlauf einstellen würde, einfach wieder auf die ersten drei Buchstaben des Alphabets abgebildet. Dieses Verfahren kann dadurch kompliziert werden, indem man eine andere Sortierung für die Buchstaben des Geheimalphabets wählt. Der Algorithmus, der hinter diesem Verfahren der Verschlüsselung steht, bei dem jeder Buchstabe des Alphabets immer auf denselben (Geheimtext-) Buchstaben abgebildet wird, wird als monoalphabetische Chiffrierung bezeichnet.

Obwohl Julius Cäsar damit einigermaßen erfolgreich gewesen zu sein scheint, ist dieses Verfahren ziemlich leicht zu entschlüsseln. Die einzige Voraussetzung ist, man weiß, dass es sich bei dem Geheimtext um einen deutschen Text handelt. Die Häufigkeit, mit denen die einzelnen Buchstaben auftreten sollten, ist bekannt. Zählt man also die Häufigkeiten der Buchstaben im verschlüsselten Text aus, kann man sie leicht den Buchstaben des Alphabets zuordnen, denn bei Verschiebung des Alphabets werden die Häufigkeiten auf andere Buchstaben reproduziert.

Diesen Nachteil kann man relativ leicht beseitigen, indem man nach einem Verfahren sucht, bei dem die relativen Häufigkeiten nicht notwendigerweise mit abgebildet werden, wenn also nicht automatisch ein Buchstabe des Klartextes immer auf denselben Buchstaben des Geheimtextes verschlüsselt wird. Dies kann man beispielsweise dadurch erreichen, dass man sich eines Schlüsselwortes bedient, dessen Buchstaben für jede neue Position im Klartext eine neue Verschiebung des Alphabets angeben.

Beispiel: Nimmt man an, das Schlüsselwort sei das Wort „GEHEIM". Dann verschlüsseln wir den ersten Buchstaben des Klartextes mit der Cäsar-Methode so, als ob bei dem verschobenen Alphabet das A in ein G verwandelt würde. Beginnt der Klartext also beispielsweise mit einem P, so wird dies in ein V verwandelt. Das nächste Zeichen des Klartextes wird so verschlüsselt, als ob beim Verschiebealphabet das A in ein E verwandelt würde, usw.

Wer diesen Geheimtext entschlüsseln will, hat es schon bedeutend schwerer. Mit ein wenig Fingerspitzengefühl und durch Auszählen von gleichen Folgen im Geheimtext kann man aber unter Umständen auf die Länge, also auf die Anzahl der Buchstaben des Schlüsselwortes zurückschließen. Das funktioniert nur, wenn der Geheimtext hinreichend lang ist. Ist das Schlüsselwort relativ kurz, so ist die Entschlüsselung sogar ziemlich einfach. Das naheliegendste Mittel gegen die Entschlüsselung besteht also in der Verlängerung des Schlüsselwortes. Im Idealfall sollte das Schlüsselwort genauso lang sein wie der zu verschlüsselnde Text. Allerdings besteht hier auch das Problem, dass sich statische Eigenschaften des Schlüsselwortes auf den Geheimtext in gewisser Weise fortpflanzen, natürlich nur, wenn es sich bei dem Schlüsseltext um einen lesbaren deutschen Text handelt. Man bezeichnet dieses Verfahren auch als polyalphabetische Chiffrierung.

Nach diesen praktischen Beispielen ein etwas abstrakterer Standpunkt zu diesem Verfahren. Es sollte geklärt werden, was man unter einem „sicheren" Verschlüsselungssystem verstehen könnte und wie so etwas aussieht. Rein intuitiv kann man sich klarmachen, dass ein System dann sicher ist, wenn jemand, der einen Geheimtext zu entschlüsseln versucht, keine Chance hat, auch wenn er alle Rechnerkapazitäten aller Rechner der Welt zur Analyse des Systems einsetzen würde. Keine Chance zu haben bedeutet, dass er nach jeder noch so sorgfältigen Analyse des Systems nicht mehr weiß, als er ohnehin schon wusste. Wenn in einem System alle Schlüssel mit der gleichen Wahrscheinlichkeit vorkommen und es für jeden Klartext m und jeden Geheimtext c genau einen Schlüssel gibt, mit dem m in c überführt wird, dann ist das System perfekt.

Das bekannteste System, welches sich dieses Verfahrens bedient, ist 1926 von Vernam erfunden worden. Grafisch kann man sich das Verfahren folgendermaßen vorstellen:

$$
\begin{array}{l}
\text{Klartext} \\
m_1, m_2, \dots m_n \quad \searrow \\
\qquad\qquad\qquad \oplus \;\rightarrow\; \text{Geheimschrift} \\
\text{Schlüssel} \qquad \nearrow \qquad c_1, c_2, \dots c_n \\
s_1, s_2, \dots s_n
\end{array}
$$

Dieses System, es wird auch als „one time pad" bezeichnet, ist perfekt. Dies kann man sich leicht klarmachen: Erstens, es besteht sowohl der Klartext als auch der Geheimtext, aber auch der Schlüssel aus gleich langen Buchstabenfolgen, und weiterhin gibt es zu jedem Klartext und zu jedem Geheimtext genau einen Schlüssel. Das System ist unknackbar.

Bei Anwendung des Verfahrens in einem Rechner bestehen die einzelnen Zeichen nur noch aus Nullen und Einsen (binären Ziffern). Das hat einige wesentliche Vorteile. Erstens kann man sich klarmachen, dass die Addition von zwei binären Ziffern sehr einfach ist, wenn man nämlich das Übertragungsbit vernachlässigt, entspricht die Addition der logischen Operation XOR, die sich aus digitalen Bausteinen oder mithilfe von Prozessoren überaus leicht realisieren lässt. Zwischen einer Addition und der Subtraktion von binären Ziffern besteht in diesem Fall überhaupt kein Unterschied. Das bedeutet, dass die Verschlüsselung und die Entschlüsselung genau der gleiche Vorgang sind.

Das Problem des Vernamschen Systems besteht nicht in der Verknüpfungsoperation von Schlüssel und Klartext, sondern in Verwaltung und Aufbau des Schlüssels. Die Hauptforderung an den Schlüssel ist nämlich, dass seine Zeichen zufällig aufeinanderfolgen müssen. Üblicherweise wird das Vernamsche System so implementiert, dass man den Schlüssel nicht als ganzen definiert, sondern ihn aus einem (Pseudo-) Zufallsgenerator bestimmt, der durch gewisse wenige Daten bestimmt wird. Diese Zufallsgeneratoren sind so aufgebaut, dass sie insofern deterministisch sind, als sich in Kenntnis der wenigen beschreibenden Daten die Zufallsfolge bestimmen lässt, andererseits die so erzeugte (Pseudo-) Zufallsfolge alle statistischen Anforderungen an Zufallsfolgen erfüllt. Der unschätzbare Vorteil ist dann, dass relativ wenige Daten im Gegensatz zu einem unvertretbar langen Schlüssel genügen, um eine Entschlüsselung zu ermöglichen. Andererseits werden auch alle Anforderungen an die Sicherheit eines Vernamschen Systems erfüllt.

5.1 Codierer

Bei den Codierern unterscheidet man zwischen zahlreichen technischen Möglichkeiten. In der Elektronik werden für die Eingabe von Informationen verschiedene Codierer benötigt, d. h. Aufgabe eines Codierers ist eine direkte Umsetzung des Quellcodes in einen Zielcode. In der digitalen Schaltungstechnik kennt man folgende vier Möglichkeiten:

- Parallel-zu-Parallel-Codierer: Dieser Codierer übersetzt eine bestimmte Anzahl von parallelen Eingangsinformationen in parallele Ausgangsinformationen.
- Parallel-zu-Seriell-Codierer: In diesem Fall wird ein paralleles Datenwort in einen seriellen Datenstrom umgesetzt und dieser Codierer arbeitet als Sender. Für diese Codierer gibt es den USART (Universal Synchron/Asynchron Receiver/Transmitter), den MUART (Multifunction UART), den ACIA (Asynchron Communications Interface Adapter) oder den PCI (Programmable Communications Interface). Diese Bausteine werden so programmiert, dass sie als Sender für eine serielle Da-

tenübertragung arbeiten. Bei den PCs findet man noch den UART und hier fehlt die Möglichkeit für den synchronen Sendebetrieb. Für diese Art von Codierer ist immer ein Schieberegister mit aufwendiger Steuerelektronik erforderlich.

- Seriell-zu-Parallel-Codierer: Dieser Codierer übersetzt einen seriellen Datenstrom am Eingang in ein paralleles Datenwort am Ausgang für den Mikroprozessor und dieser Codierer arbeitet immer als Empfänger. Hierzu hat man einen USART, MU-ART, ACIA oder PCI. Bei den PCs findet man noch den UART und hier fehlt die Möglichkeit für den synchronen Betrieb. Auch hier ist ein Schieberegister mit einer aufwendigen Steuerelektronik erforderlich.

- Seriell-zu-Seriell-Codierer: Mit diesem Codierer setzt man einen seriellen Datenstrom wieder in einen seriellen Datenstrom um. Diese Codierer befinden sich in Schnittstellen zwischen zwei Computernetzwerken und bilden einen Repeater oder eine Bridge. Während ein Repeater als einfacher Leitungsverstärker arbeitet, lassen sich mit einer Bridge bereits Datenströme filtern. Diese Codierer arbeiten in Verbindung mit Mikroprozessor oder Mikrocontroller und stellt eine hochkomplexe Digitalschaltung mit aufwendiger Software dar.

5.1.1 Dezimal- zu BCD-Codierer mit ODER-Gatter

Für die Realisierung eines Dezimal-zu-BCD-Codierers sind zehn Tasten erforderlich, wenn man eine vollständige Codierung durchführen muss. Ein Dezimal-zu-BCD-Codierer ist die Schaltung eines typischen Parallel-zu-Parallel-Codierers. In der Schaltung von Abb. 5.1 wurde jedoch auf den Anschluss der Taste 0 verzichtet.

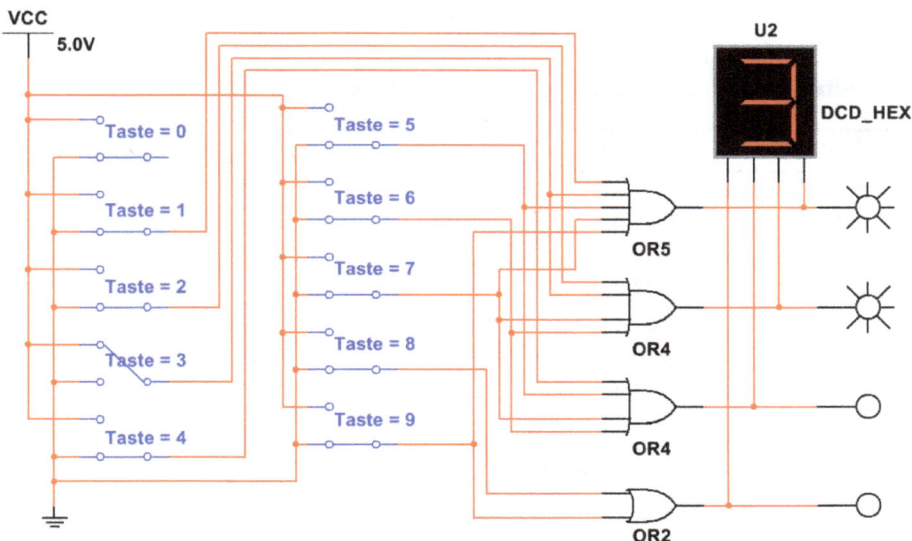

Abb. 5.1: Schaltung eines Dezimal-zu-BCD-Codierers

Tab. 5.1: Funktionen eines Dezimal-zu-BCD-Codierers, wobei der Schalter 0 in diesem Beispiel nicht in die Schaltung einbezogen wurde. Bei „g" ist der Schalter geschlossen, bei „o" offen.

Schalter	BCD-Code 2^3 2^2 2^1 2^0	Dezimal 10^0
0 1 2 3 4 5 6 7 8 9		
g o o o o o o o o o	0 0 0 0	0
o g o o o o o o o o	0 0 0 1	1
o o g o o o o o o o	0 0 1 0	2
o o o g o o o o o o	0 0 1 1	3
o o o o g o o o o o	0 1 0 0	4
o o o o o g o o o o	0 1 0 1	5
o o o o o o g o o o	0 1 1 0	6
o o o o o o o g o o	0 1 1 1	7
o o o o o o o o g o	1 0 0 0	8
o o o o o o o o o g	1 0 0 1	9

Aus der Schaltung von Abb. 5.1 lässt sich Funktionstabelle 5.1 aufstellen.

Bei der Schaltung von Abb. 5.1 handelt es sich um einen einfachen Parallel-zu-Parallel-Codierer. Betätigt man eine PC-Taste, wird diese Eingangsinformation durch die ODER-Gatter sofort in den entsprechenden Ausgangscode umgesetzt. Da die Eingabe im dezimalen Zahlensystem und die Ausgabe im BCD-Code erfolgt, hat man die Funktion eines Dezimal-zu-BCD-Codierers. Es können bei dieser Eingabe keine Pseudotetraden PT auftreten.

Da die zehn Tasten an den vier ODER-Gattern angeschlossen sind, lässt sich die Funktionstabelle 5.2 für die Verknüpfungen erstellen.

Der Anschluss der vier ODER-Gatter erfolgt gemäß der Tabelle 5.2.

Funktionstab. 5.2: Verknüpfungen für den Dezimal-zu-BCD-Codierer

Taste	ODER-Gatter	Wertigkeit
0	kein Anschluss	0 0 0 0
1	G1	0 0 0 1
2	G2	0 0 1 0
3	G1 + G2	0 0 1 1
4	G3	0 1 0 0
5	G3 + G1	0 1 0 1
6	G3 + G2	0 1 1 0
7	G3 + G2 + G1	0 1 1 1
8	G4	1 0 0 0
9	G4 + G1	1 0 0 1

5.1.2 Dezimal- zu BCD-Codierer 74147

Der TTL-Baustein 74147 ist ein Prioritätsdecoder. Werden bei einem Prioritätsdecoder mehrere Eingänge gleichzeitig aktiviert, erscheint am Ausgang die negierte Tretrade der höchsten Dezimalziffer. Ist dagegen kein Eingang aktiviert, erscheint am Ausgang die Tetrade 1111. Die Anwendung dient als Tastaturfeld und zur Meldung des jeweils wichtigsten Fehleralarms.

Es handelt sich hier um einen speziellen Baustein, mit dem man zehn Eingangssignale in der Reihenfolge ihrer Wichtigkeit (Priorität) anordnen kann. Er dient auch als Tastaturcodierer oder sonstiger 1-aus-10-Codierer. Es gibt neun Eingänge (1 bis 9) und vier binär gewichtete Ausgänge (A bis D). Die TTL-Ein- und Ausgänge sind aktiv 0-Signal. Liegt kein Eingangssignal vor, verbleiben alle Eingänge auf 1-Signal (entspricht der dezimalen 0). Wenn nur einer der Eingänge auf 0-Signal liegt, nehmen die Ausgänge den Binärcode für diesen Eingang an, z. B. wird ein 0-Signal auf der Leitung 6 (Pin 3) folgenden Ausgang ergeben: A = 1, B = 0, C = 0, D = 1 (6 in BCD = 0110, mit aktiv 0-Signal dann 1001).

Wenn zwei oder mehrere Eingänge gleichzeitig auf 0-Signal liegen, wird der eine mit der höchsten Zahl (der höchsten Priorität) als Ausgangssignal codiert, und die anderen Eingänge werden ignoriert, z. B. geben die Eingänge 4 und 6 gleichzeitig auf 0-Signal ein 1001 aus, während 4 und 7 ein 1000 ausgeben. Wenn Eingänge mit höherer Priorität auf 1-Signal schalten, so stellt sich der Ausgangscode zurück zum Eingang mit der nächstniedrigeren Priorität, bis schließlich alle Ausgänge auf 1-Signal schalten. Der Betrieb erfolgt ungetaktet und der Baustein besitzt keinen internen Speicher. Zu jedem Zeitpunkt erscheint der als höchst bewertete Eingang mit seinem binären Äquivalent (aktiv 0-Signal) an den Ausgängen.

Abb. 5.2 zeigt die Schaltung zur Untersuchung des TTL-Bausteins 74147. Es ergibt sich Funktionstabelle 5.3.

Tab. 5.3: Wertigkeiten für den TTL-Baustein 74147 (Prioritätsdecoder)

Schalter	BCD-Code			
0 1 2 3 4 5 6 7 8 9	2^3	2^2	2^1	2^0
1 1 1 1 1 1 1 1 1 1	1	1	1	1
X 0 1 1 1 1 1 1 1 1	0	0	0	1
X X 0 1 1 1 1 1 1 1	0	0	1	0
X X X 0 1 1 1 1 1 1	0	0	1	1
X X X X 0 1 1 1 1 1	0	1	0	0
X X X X X 0 1 1 1 1	0	1	0	1
X X X X X X 0 1 1 1	0	1	1	0
X X X X X X X 0 1 1	0	1	1	1
X X X X X X X X 0 1	1	0	0	0
X X X X X X X X X 0	1	0	0	1

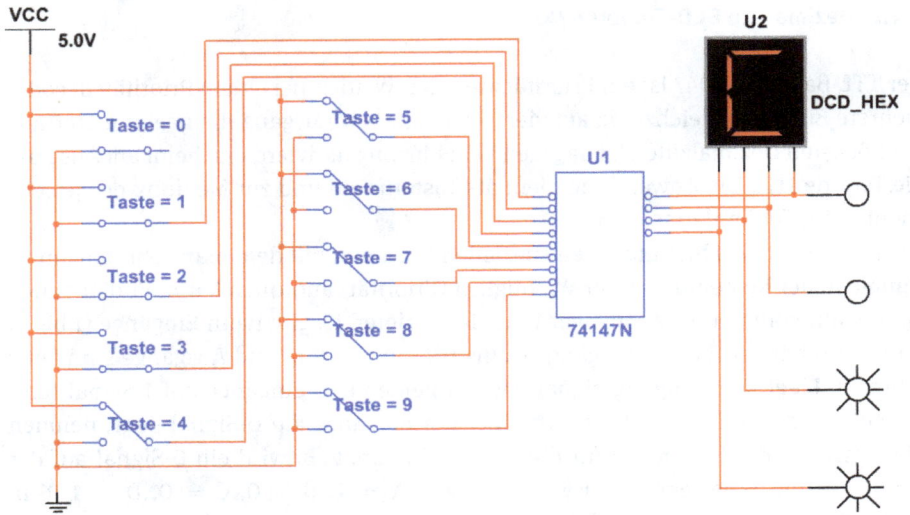

Abb. 5.2: Schaltung zur Untersuchung des TTL-Bausteins 74147 (Prioritätsdecoder)

5.1.3 Dezimal-zu-Aiken-Codierer

Für die Realisierung eines Dezimal-zu-Aiken-Codierers sind wieder prinzipiell zehn Tasten erforderlich, wenn man eine vollständige Codierung durchführen muss. In diesem Fall soll aber auf die Taste 0 verzichtet werden. Zuerst muss man die Funktionstabelle 5.4 aufstellen.

Der Schalter 0 ist in diesem Beispiel vorhanden ist, wird aber nicht angeschlossen.

Tab. 5.4: Funktionen eines Dezimal-zu-Aiken-Codierers

Schalter	Aiken-Code				Dezimal
0 1 2 3 4 5 6 7 8 9	2^1	2^2	2^1	2^0	10^0
g o o o o o o o o o	0	0	0	0	0
o g o o o o o o o o	0	0	0	1	1
o o g o o o o o o o	0	0	1	0	2
o o o g o o o o o o	0	0	1	1	3
o o o o g o o o o o	0	1	0	0	4 ____Symmetrielinie
o o o o o g o o o o	1	0	1	1	5
o o o o o o g o o o	1	1	0	0	6
o o o o o o o g o o	1	1	0	1	7
o o o o o o o o g o	1	1	1	0	8
o o o o o o o o o g	1	1	1	1	9

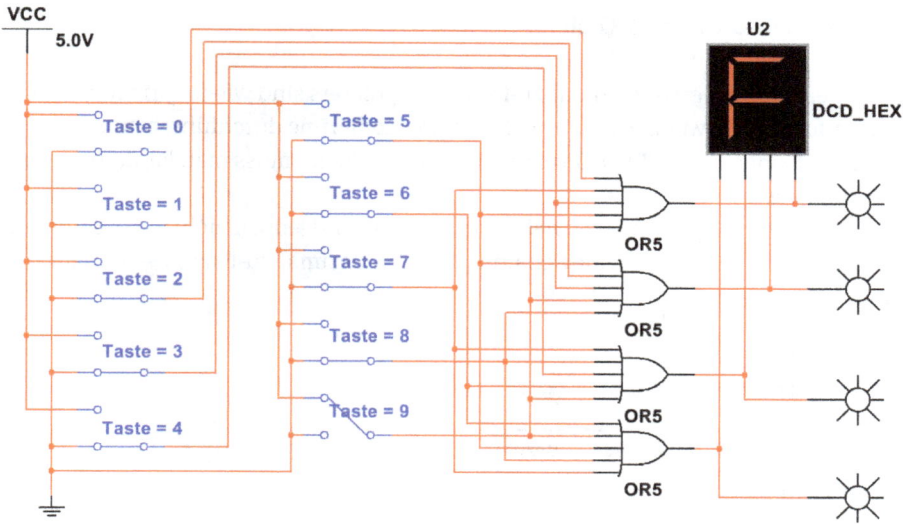

Abb. 5.3: Schaltung eines Dezimal-zu-Aiken-Codierers

Aus Tabelle 5.4 lässt sich die Schaltung für den Dezimal-zu-Aiken-Codierer von Abb. 5.3 aufstellen.

Die Schaltung kann man durch Tabelle 5.5 aufbauen.

Tab. 5.5: Ausgangswertigkeiten für einen Dezimal-zu-Aiken-Codierer

Aiken-Code 2^1 2^2 2^1 2^0	Wertigkeit
0 0 0 0	$\bar{a}\,\bar{b}\,\bar{c}\,\bar{d}$
0 0 0 1	$\bar{a}\,\bar{b}\,\bar{c}\,d$
0 0 1 0	$\bar{a}\,\bar{b}\,c\,\bar{d}$
0 0 1 1	$\bar{a}\,\bar{b}\,c\,d$
0 1 0 0	$\bar{a}\,b\,\bar{c}\,\bar{d}$ ___Symmetrielinie
1 0 1 1	$a\,\bar{b}\,c\,d$
1 1 0 0	$a\,b\,\bar{c}\,\bar{d}$
1 1 0 1	$a\,b\,\bar{c}\,d$
1 1 1 0	$a\,b\,c\,\bar{d}$
1 1 1 1	$a\,b\,c\,d$

Die fünf ODER-Gatter sind auf den Ausgängen mit der 7-Segment-Anzeige und den Testleuchtpunkten verbunden.

Das Besondere an dem Aiken-Code ist die Stellenbewertung und das symmetrische Komplement. Der Aiken-Code hat heute seine Bedeutung verloren.

5.1.4 Dezimal-zu-Exzess-3-Codierer

Für die Realisierung eines Dezimal-zu-Exzess-3-Codierers sind wieder prinzipiell zehn Tasten erforderlich, wenn man eine vollständige Codierung durchführen muss. In diesem Fall soll aber auf die Taste 0 verzichtet werden. Zuerst muss man Funktionstabelle 5.6 aufstellen.

Der Schalter 0 in diesem Beispiel ist vorhanden, wird jedoch nicht angeschlossen.

Aus Tabelle 5.6 lässt sich die Schaltung für den Dezimal-zu-Exzess-3-Codierer von Abb. 5.4 aufstellen.

Tab. 5.6: Funktionen eines Dezimal-zu-Exzess-3-Codierers

Schalter	Exzess-3-Code	Dezimal
0 1 2 3 4 5 6 7 8 9		10^0
g o o o o o o o o o	0 0 1 1	0
o g o o o o o o o o	0 1 0 0	1
o o g o o o o o o o	0 1 0 1	2
o o o g o o o o o o	0 1 1 0	3
o o o o g o o o o o	0 1 1 1	4 ___ Symmetrielinie
o o o o o g o o o o	1 0 0 0	5
o o o o o o g o o o	1 0 0 1	6
o o o o o o o g o o	1 0 1 0	7
o o o o o o o o g o	1 0 1 1	8
o o o o o o o o o g	1 1 0 0	9

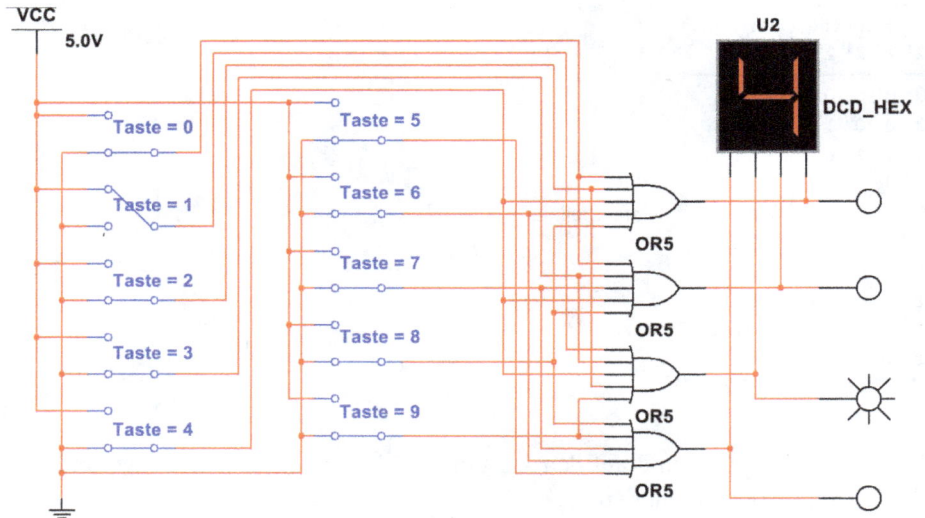

Abb. 5.4: Schaltung eines Dezimal-zu-Exzess-3-Codierers

Tab. 5.7: Ausgangswertigkeiten für einen Dezimal-zu-Exzess-3-Codierer

Exzess-3-Code	
0 0 1 1	$\bar{a}\,\bar{b}\,c\,d$
0 1 0 0	$\bar{a}\,b\,\bar{c}\,\bar{d}$
0 1 0 1	$\bar{a}\,b\,\bar{c}\,d$
0 1 1 0	$\bar{a}\,b\,\bar{c}\,d$
0 1 1 1	$\bar{a}\,b\,c\,d$
1 0 0 0	$a\,\bar{b}\,\bar{c}\,\bar{d}$
1 0 0 1	$a\,\bar{b}\,\bar{c}\,d$
1 0 1 0	$a\,\bar{b}\,c\,\bar{d}$
1 0 1 1	$a\,\bar{b}\,c\,d$
1 1 0 0	$a\,b\,\bar{c}\,\bar{d}$

Die Schaltung kann man durch Tabelle 5.7 aufbauen.

Die fünf ODER-Gatter sind auf den Ausgängen mit der 7-Segment-Anzeige und den Testleuchtpunkten verbunden. Das Besondere an dem Exzess-3-Code ist, dass keine Stellenbewertung, aber das symmetrische Komplement vorhanden ist. Der Exzess-3-Code hat heute seine Bedeutung verloren.

5.1.5 BCD-zu-Dezimal-Decoder 7442

Der TTL-Baustein 7442 setzt den BCD-Code in einen Dezimalcode um. Dieser Baustein ist ein Standard-BCD-Decodierer, der vier Eingangsbits in eine Dezimalzahl von 0 bis 9 umsetzt. Er kann auch jeden 3-Bit-Code in 1-aus-8-Ausgänge umwandeln.

Der BCD-Code wird an den Anschlüssen A, B, C und D eingegeben, mit dem niedrigstwertigen Bit zuerst, nämlich 2^0 = A, 2^1 = B, 2^2 = C und 2^3 = D. Für ein gegebenes Eingangssignal geht der entsprechende Ausgang auf 0-Signal, die anderen Ausgänge verbleiben auf 1-Signal. Der auf 0-Signal gezogene Ausgang kann maximal 16 mA aufnehmen. Für höhere Ströme (bis 80 mA) verwendet man den TTL-Baustein 7445. Wenn beispielsweise A = 1, B = 1, C = 1 und D = 0 ist, geht der Ausgang 7 (Pin 9) auf 0-Signal und die anderen Ausgänge verbleiben auf 1-Signal. Alle Ausgänge verbleiben auf 1-Signal, wenn ein ungültiger BCD-Code (größer als 1001, d. h. eine Pseudotetrade) anliegt. Wird der Baustein als 1-aus-8-Decoder verwendet, so wird Eingang D (Pin 12) auf Masse gelegt.

Die Schaltung von Abb. 5.5 beinhaltet einige Besonderheiten. Durch vier Schalter steuert man den Baustein an und wird ein Schalter geschlossen, liegt an dem betreffenden Eingang ein 1-Signal. Die zehn Ausgänge steuern die Baranzeige an. Wenn die Baranzeige nicht aufleuchtet, ist sie falsch angeschlossen. Der Ausgang des TTL-Bausteins ist aktiv, wenn er ein 0-Signal hat. Der Strom fließt von +5 V über die Baranzeige in den Baustein 7442 hinein. Ist der Ausgang nicht aktiv, also 1-Signal, fließt kein Strom. Tabelle 5.8 zeigt die Arbeitsweise.

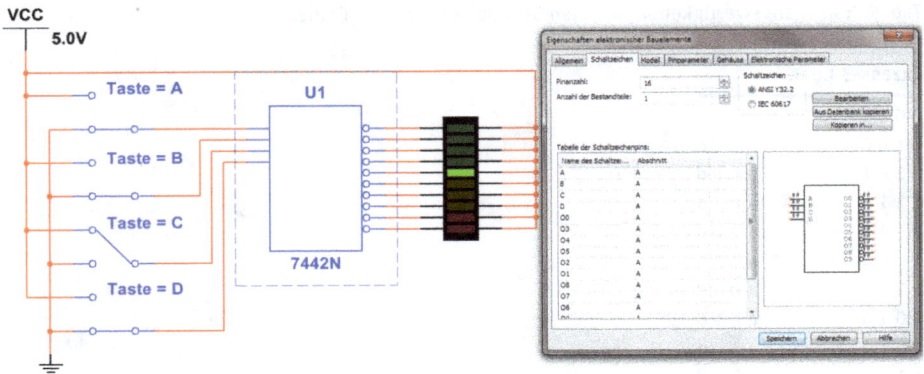

Abb. 5.5: Ansteuerung des TTL-Bausteins 7442 und Ausgabe über eine Baranzeige

Tab. 5.8: Arbeitsweise des TTL-Bausteins 7442

BCD-Eingänge	Dezimal-Ausgänge
D C B A	0 1 2 3 4 5 6 7 8 9
0 0 0 0	0 1 1 1 1 1 1 1 1 1
0 0 0 1	1 0 1 1 1 1 1 1 1 1
0 0 1 0	1 1 0 1 1 1 1 1 1 1
0 0 1 1	1 1 1 0 1 1 1 1 1 1
0 1 0 0	1 1 1 1 0 1 1 1 1 1
0 1 0 1	1 1 1 1 1 0 1 1 1 1
0 1 1 0	1 1 1 1 1 1 0 1 1 1
0 1 1 1	1 1 1 1 1 1 1 0 1 1
1 0 0 0	1 1 1 1 1 1 1 1 0 1
1 0 0 1	1 1 1 1 1 1 1 1 1 0
1 0 1 0	1 1 1 1 1 1 1 1 1 1
1 0 1 1	1 1 1 1 1 1 1 1 1 1
1 1 0 0	1 1 1 1 1 1 1 1 1 1
1 1 0 1	1 1 1 1 1 1 1 1 1 1
1 1 1 0	1 1 1 1 1 1 1 1 1 1
1 1 1 1	1 1 1 1 1 1 1 1 1 1

Mittels dieser Gleichungen lässt sich nun die Schaltung für einen 1-aus-10-Decodierer in Abb. 5.6 erstellen.

Der TTL-Baustein 7442 reagiert nur auf Echttetraden und die in Tabelle 5.8 vorhandenen Pseudotetraden (10 bis 15 bzw. A bis F) werden automatisch unterdrückt. Wenn man das Innenleben des TTL-Bausteins in diskreter Logik realisieren möchte, sind einige Kenntnisse notwendig. Da die Pseudotetraden nicht auftreten können, können sie als „don't-care"-Felder verwendet werden, wie Tabelle 5.9 zeigt.

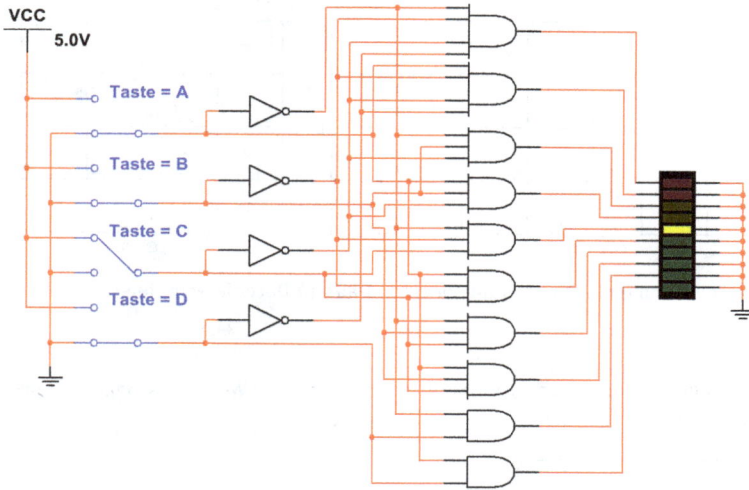

Abb. 5.6: Schaltung eines 1-aus-10-Decodierers

Tab. 5.9: „don't-care"-Felder für Pseudotetraden

BCD-Eingänge	
D C B A	
1 0 1 0	A'B C'D
1 0 1 1	A B C'D
1 1 0 0	A'B'C D
1 1 0 1	A B C'D
1 1 1 0	A B C D'
1 1 1 1	A B C D

Bei dem 1-aus-10-Decodierer liegen vier Eingänge im BCD-Code an und es soll eine Reihe von zehn Lampen angesteuert werden. Für die Entwicklung der Schaltung muss man zuerst die „don't-care"-Felder bestimmen, denn der BCD-Code benötigt Ziffern von 0 bis 9 und Werte von A bis F können nicht auftreten. Diese sechs redundanten Felder sind zuerst in das Karnaugh-Diagramm einzutragen.

Die drei Felder von Abb. 5.7 zeigen links die Einträge der sechs don't-care-Felder von A (10) bis F (15), die in dieser Schaltung nicht auftreten können:

A (10) A'BC'D	D (13) AB'CD
B (11) ABC'D	E (14) A'BCD
C (12) A'B'CD	F (15) ABCD

Diese sechs Felder sind in dem mittleren Karnaugh-Diagramm mit einem X gekennzeichnet. Aus Tabelle 5.10 erhält man Werte für die Ausgänge.

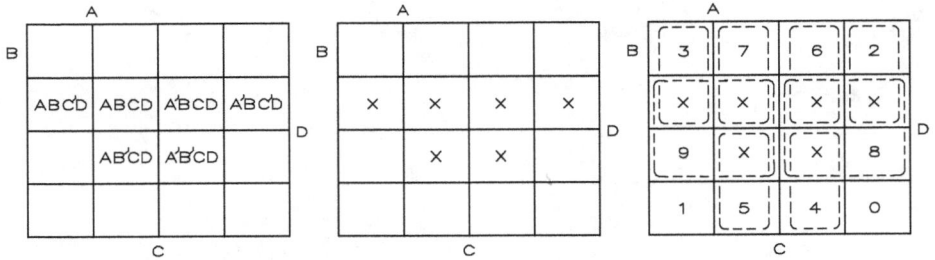

Abb. 5.7: „don't-care-Felder" und die Minimierung für einen 1-aus-10-Decodierer mittels Karnaugh-Diagramms

Tab. 5.10: Funktionstabelle für einen 1-aus-10-Decoder, wobei die binären Werte zwischen A (10) und F (15) nicht auftreten dürfen

Eingänge	Ausgänge	
$2^3 2^2 2^1 2^0$	0 1 2 3 4 5 6 7 8 9	
0 0 0 0	1 0 0 0 0 0 0 0 0 0	A'B'C'D'
0 0 0 1	0 1 0 0 0 0 0 0 0 0	A'B'C'D
0 0 1 0	0 0 1 0 0 0 0 0 0 0	A'B'C D'
0 0 1 1	0 0 0 1 0 0 0 0 0 0	A'B'C D
0 1 0 0	0 0 0 0 1 0 0 0 0 0	A'B C'D'
0 1 0 1	0 0 0 0 0 1 0 0 0 0	A'B C'D
0 1 1 0	0 0 0 0 0 0 1 0 0 0	A'B C D'
0 1 1 1	0 0 0 0 0 0 0 1 0 0	A'B C D
1 0 0 0	0 0 0 0 0 0 0 0 1 0	A B'C'D'
1 0 0 1	0 0 0 0 0 0 0 0 0 1	A B'C'D

Die don't-care-Felder kann man beliebig oft bei der Minimierung verwenden. Aus dem rechten Karnaugh-Diagramm lassen sich zehn Ausgangsgleichungen erstellen:

$0 = $ A'B'C'D' (keine Minimierung möglich)
$1 = $ AB'C'D' (keine Minimierung möglich)
$2 = $ A'BC' (D' entfällt, da ein don't-care-Feld vorhanden ist)
$3 = $ ABC' (D' entfällt, da ein don't-care-Feld vorhanden ist)
$4 = $ A'B'C (D' entfällt, da ein don't-care-Feld vorhanden ist)
$5 = $ AB'C (D' entfällt, da ein don't-care-Feld vorhanden ist)
$6 = $ A'BC (D' entfällt, da ein don't-care-Feld vorhanden ist)
$7 = $ ABC (D' entfällt, da ein don't-care-Feld vorhanden ist)
$8 = $ A'D (B' und C' entfallen, da ein don't-care-Feld vorhanden ist)
$9 = $ AD (B und C entfallen, da ein don't-care-Feld vorhanden ist)

Mit den Schaltern A bis D bestimmt man die Wertigkeiten. Auf die UND-Eingänge sind direkte und negierte Leitungen angeschaltet.

In Multisim sind zwei Baranzeigen vorhanden. Diese hier verwendete Anzeige besteht aus einem Array mit zehn nebeneinanderliegenden LEDs. Mit diesem Bauteil können Spannungsanstieg- und -abfall visuell angezeigt werden. Die zu messende Spannung muss mithilfe von Komparatoren in Stufen decodiert werden, die auch zur Ansteuerung der einzelnen LED verwendet werden. In der digitalen Schaltung hat man UND-Gatter.

Die Anschlüsse auf der linken Anzeigenseite sind Anoden und die auf den rechten Katoden. Eine LED leuchtet, wenn der Einschaltstrom I_{ein} durch die LED fließt. Im Register „Wert" des Dialogfelds „Schaltung-Bauteileigenschaften" können Sie den Spannungsfall einstellen.

Die decodierte Balkenanzeige besteht wie die normale Balkenanzeige aus einem Array mit zehn nebeneinanderliegenden LEDs. Im Gegensatz zur normalen Balkenanzeige ist in der decodierten Balkenanzeige bereits ein Decodierer-Schaltkreis integriert, sodass nur noch die zu messende Spannung an die Anzeigeanschlüsse gelegt werden muss. Der integrierte Schaltkreis decodiert die Spannung und steuert die dem Spannungspegel entsprechende LED-Anzahl an. Die decodierte Balkenanzeige stellt für die Eingangsspannung einen sehr hohen Widerstand dar. Die für die unterste und oberste LED erforderliche Spannung können Sie im Register „Wert" des Dialogfelds „Schaltung-Bauteileigenschaften" einstellen. Die Spannung, bei der die jeweilige LED (von der untersten bis zur obersten) leuchtet, wird durch folgende Gleichung bestimmt:

$$U_{ein} = U_l + \frac{U_h - U_l}{9} \cdot (n - 1)$$

wobei $n = 1, 2, \ldots, 10$ (die Anzahl der LEDs).

5.2 Anzeigeeinheiten mit Decoder

Multisim bietet mehrere Anzeigen an. Es handelt sich um eine 7-Segment-Anzeige, wobei alle sieben Segmente herausgeführt sind, und um eine binärcodierte 7-Segment-Anzeige mit internem Decoder. Abb. 5.8 zeigt die Schaltung zur Untersuchung der verschiedenen Anzeigen.

Der Taktgenerator erzeugt ein TTL-Signal mit einer Frequenz von 1 kHz und steuert den 7490, einen Dezimalzähler an. Der Dezimalzähler arbeitet von 0 bis 9 und setzt sich dann wieder auf 0 zurück. Die vier Ausgänge sind mit der 7-Segment-Anzeige mit einem internen Decoder verbunden und mit dem 7-Segment-Decoder 7447. Aus den vier Zuständen A bis D am TTL-Baustein erzeugen sieben Leitungen die Ausgangsbedingungen „aktiv 0" für die Segmente. Für den Betrieb sind noch sieben Widerstände für die Strombegrenzung erforderlich.

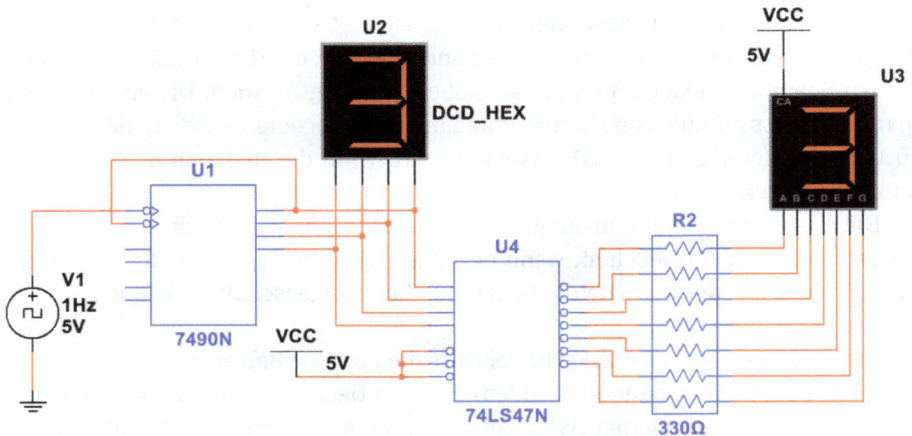

Abb. 5.8: 7-Segment-Anzeige ohne und mit 7-Segment-Decoder 7447

5.2.1 7-Segment-Anzeige ohne und mit 7-Segment-Decoder

Der Status der 7-Segment-Anzeige wird während des Schaltungsbetriebs angezeigt. Die sieben Anschlüsse steuern (von links nach rechts betrachtet) die Segmente a bis g. Durch die Ansteuerung der Segmente mit der entsprechenden Binärziffernfolge a bis g können Sie Ziffern 0 bis 9 und Buchstaben A bis F anzeigen, wenn der Zählerbaustein 7493 verwendet wird.

Dieser Baustein 7447 decodiert BCD-Eingangsdaten und wandelt diese in Steuersignale für 7-Segment-Anzeigen um. Die Ausgänge sind mit offenem Kollektor ausgestattet. Die den Anschlüssen A bis D zugeführten BCD-Daten können nach ihrer Decodierung im Baustein maximal 40 mA an eine 7-Segment-Anzeige (a bis f) liefern. Der Baustein enthält keinen Zwischenspeicher. Beim Betrieb mit LED-Anzeigen müssen Strombegrenzungswiderstände, typisch 330 Ω, vorgesehen werden.

Bei der Anzeige einer „6" wird der obere (a) und bei einer „9" der untere Querbalken (d) nicht dargestellt. Im Normalbetrieb liegen die Anschlüsse LT (Lamp Test, Pin 3) und BI/RBQ (Blanking Input/Ripple Blanking Output, Pin 4) auf 1-Signal (RBI = Ripple Blanking Input beliebig). Eine Überprüfung aller sieben Segmente erfolgt, indem man LT auf 0-Signal legt. Dann müssen alle Segmente eingeschaltet sein, d. h. es sollte eine 8 angezeigt werden. Eine Unterdrückung führender Nullen in mehrstelligen Anzeigen erhält man, indem der Ausgang BI/RBQ einer Stelle mit dem Eingang RBI der nächstniedrigen Stufe verbunden wird. RBI der höchstwertigen Stufe sollte hierbei an Masse gelegt werden. Da im Allgemeinen eine automatische Nullunterdrückung in der niedrigstwertigen Stufe nicht gewünscht wird, lässt man den Steuereingang RBI dieser Stufe offen. Ähnlich kann man nachlaufende Nullen in gebrochenen Dezimalzahlen unterdrücken. Da mit BI/RBQ auf 0-Signal alle Segmente dunkel ge-

Tab. 5.11: Ansteuerung der Einzelsegmente innerhalb einer 7-Segment-Anzeige

a	b	c	d	e	f	g	Dargestellte Ziffer
0	0	0	0	0	0	0	Keine
1	1	1	1	1	1	0	0
0	1	1	0	0	0	0	1
1	1	0	1	1	0	1	2
1	1	1	1	0	0	1	3
0	i	1	0	0	1	1	4
1	0	1	1	0	1	1	5
1	0	1	1	1	1	1	6
1	1	1	0	0	0	0	7
1	1	1	1	1	1	1	8
1	1	1	1	0	1	1	9
1	1	1	0	1	1	1	A
0	0	1	1	1	1	1	B
1	0	0	1	1	1	0	C
0	1	1	1	1	0	1	D
1	0	0	1	1	1	1	E
1	0	0	0	1	1	1	F

steuert werden, kann man über diesen Anschluss eine Helligkeitssteuerung über eine Impulsdauermodulation ausführen. Tabelle 5.11 zeigt die Ansteuerung der Segmente.

Die binärcodierte 7-Segment-Anzeige kann Ziffern 1 bis 9 und Buchstaben A bis F anzeigen. Die Verwendung dieser Anzeige ist einfacher als bei der normalen 7-Segment-Anzeige, da nur vier Anschlüsse angesteuert werden müssen. Durch die Ansteuerung mit den 4-Bit-codierten Werten erhalten Sie die Ziffernanzeige entsprechend Tabelle 5.12.

Bei den 7-Segment-Anzeigen muss man zwischen CC- und CA-Typen unterscheiden. Abb. 5.9 zeigt beide Typen.

Wenn man mit dem Baustein 7447 arbeitet, setzt man CA-Typen (Common Anode) ein, den CC-Typ (Common Cathode) verwendet man dagegen in Verbindung mit dem TTL-Baustein 7448. Die 7-Segment-Anzeigen gibt es in den Größen von 7 mm bis 180 mm. In der praktischen Elektronik verwendet man entweder den statischen oder dynamischen Anzeigenbetrieb. Für einfache Anwendungen bevorzugt man den statischen Betrieb, da dieser wesentlich einfacher ist als der aufwendige dynamische Betrieb, den man meistens in Verbindung mit integrierten Schaltkreisen einsetzt.

Für den statischen Betrieb verwendet man den TTL-Baustein 7447, einen BCD zu 7-Segment-Decoder/Anzeigentreiber mit offenen Kollektorausgängen. Legt man ein BCD-Datenwort (binär codierte Dezimalzahl) an die Eingänge, leuchten die entsprechenden Leuchtdioden am Ausgang auf und man erkennt in der Anzeige eine bestimmte Zahl, die das BCD-Wort wiedergibt. Tabelle 5.13 zeigt die Ansteuerung für den 7447.

Tab. 5.12: Wertigkeiten für eine binärcodierte 7-Segment-Anzeige

a	b	c	d	Dargestellte Ziffer
0	0	0	0	0
0	0	0	1	1
0	0	1	0	2
0	0	1	1	3
0	1	0	0	4
0	1	0	1	5
0	1	1	0	6
0	1	1	1	7
1	0	0	0	8
1	0	0	1	9
1	0	1	0	A
1	0	1	1	B
1	1	0	1	C
1	1	0	0	D
1	1	1	0	E
1	1	1	1	F

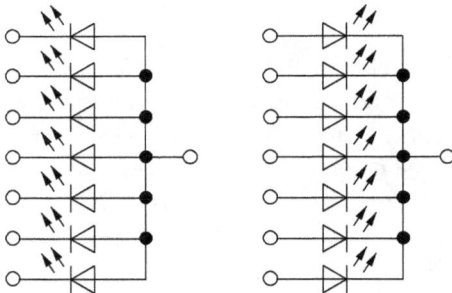

Abb. 5.9: Unterschied bei 7-Segment-Anzeigen zwischen CC- und CA-Typen

Wichtig für den Einsatz sind die Eingänge LT, RBI und BI/RBQ, die nun näher betrachtet werden sollen. Legt man an Eingang LT ein 0-Signal, schalten alle Ausgänge auf 0-Signal, d. h. alle Leuchtsegmente in der Anzeige leuchten auf. Damit kontrolliert man, ob alle Leuchtsegmente in Ordnung sind. Der Lampentest ist besonders wichtig, wenn ein Fehler in der Elektronik auftritt. Damit lässt sich sofort feststellen, ob der Fehler in der Anzeige oder Elektronik zu suchen ist.

Durch den Übertragungseingang zur Nullausblendung RBI wird bei einem 0-Signal die Nullanzeige unterdrückt. Bei mehrstelligen Zahlen wird durch den Übertragungsausgang zur Nullausblendung RBQ (mit dem Eingang BI intern verbunden) eine automatische Nullaustastung über mehrere Dekaden ermöglicht. Durch den Eingang Ausblendung BI erfolgt eine generelle Dunkeltastung.

Tab. 5.13: Betriebsarten des TTL-Bausteins 7447

Funktion	LT	RBI	D C B A	BI/RBQ	a b c d e f g
0*	1	1	0 0 0 0	1	0 0 0 0 0 0 1
1	1	X	0 0 0 1	1	1 0 0 1 1 1 1
2	1	X	0 0 1 0	1	0 0 1 0 0 1 0
3	1	X	0 0 1 1	1	0 0 0 0 1 1 0
4	1	X	0 1 0 0	1	1 0 0 1 1 0 0
5	1	X	0 1 0 1	1	0 1 0 0 1 0 0
6	1	X	0 1 1 0	1	0 1 0 0 0 0 0
7	1	X	0 1 1 1	1	0 0 0 1 1 1 1
8	1	X	1 0 0 0	1	0 0 0 0 0 0 0
9	1	X	1 0 0 1	1	0 0 0 0 0 1 0
10	1	X	1 0 1 0	1	1 1 1 0 0 1 0
11	1	X	1 0 1 1	1	1 1 0 0 1 1 0
12	1	X	1 1 0 0	1	1 0 1 1 1 0 0
13	1	X	1 1 0 1	1	0 1 1 0 1 0 0
14	1	X	1 1 1 0	1	1 1 1 0 0 0 0
15	1	X	1 1 1 1	1	1 1 1 1 1 1 1
BI[†]	X	X	X X X X	0	1 1 1 1 1 1 1
RBI[‡]	1	0	0 0 0 0	0	1 1 1 1 1 1 1
LT[§]	0	X	X X X X	1	0 0 0 0 0 0 0

X = 0- oder 1-Signal.

* Bei der Null-Anzeige muss am Übertragungseingang zur Nullausblendung an RBI (Ripple Blanking Input) 1-Signal liegen.

† Wenn ein 0-Signal am Eingang BI (Blanking Input) für eine Ausblendung liegt, erhalten die Segment-Ausgänge ein 1-Signal, unabhängig von den Eingängen.

‡ Wenn ein 0-Signal am Übertragungseingang zur Nullausblendung RBI liegt, erhalten die Segment-ausgänge ein 1-Signal und am Übertragungsausgang zur Nullausblendung RBQ (Ripple Blanking Output) entsteht ein 0-Signal, vorausgesetzt die Dateneingänge A, B, C und D liegen an 0-Signal (Nullbedingung oder Nullwort).

§ Wenn 0-Signal am Eingang Lampentest liegt, erhalten die Segmentausgänge alle 0-Signal (Helltastung), vorausgesetzt an BI/RBQ (Blanking Input, Ripple Blanking Output) liegt ein 1-Signal, unabhängig von den Eingängen A, B, C und D und RBI.

Bei Bestellung dieses 7-Segment-Decoders muss man unbedingt darauf achten, dass hinter 7447 ein A steht. Andernfalls erhält man bei der Ziffer 6 und 9 eine etwas andere Darstellung. Richtig ist: 7447A.

Für einfache Anwendungen verwendet man die Schaltung in Abb. 5.13. Mit dem TTL-Baustein 7447A steuert man die LED-7-Segment-Anzeige an. Hierzu muss man aber noch Strombegrenzungswiderstände einschalten.

Der ohmsche Wert der Widerstände berechnet sich aus

$$R = \frac{U_b - U_F}{I_F} \, .$$

In der Regel verwendet man die TTL-Spannung von U_b = +5 V für die Schaltung. Die internen Transistoren des offenen Kollektorausgangs des 7447A sind jedoch für

Spannungen bis zu 15 V zugelassen. Entweder verbindet man die gemeinsame Katode mit einer unstabilisierten Spannung oder mit der stabilisierten Betriebsspannung von U_b = +5 V.

Spannung U_F und Strom I_F sind von dem Halbleitermaterial der Leuchtdiode abhängig. Für die Durchlassspannung verwendet man U_F = 1,7 V und für den Strom I_F = 20 mA. Damit erhält man eine Leuchtstärke zwischen 1 mcd und 5 mcd (= Millicandela). Schaltet ein Ausgangstransistor durch, fließt ein Strom von $+U_b$ über das Leuchtsegment, dem Vor- oder Strombegrenzungswiderstand, dem Transistor nach Masse ab. Das Segment leuchtet auf. Andernfalls ist der Transistor gesperrt, es fließt kein Strom und die LED ist dunkel.

Die Ansteuerung einer 7-Segment-Anzeige ist kein Problem, wenn man die einzelnen Bedingungen einhält. Verwendet man die Steuereingänge richtig, ergeben sich zahlreiche Schaltungsmöglichkeiten.

Man hat drei Möglichkeiten für den statischen Anzeigenbetrieb in der Praxis. Im ersten Fall sind die Steuereingänge RBI und BI/RBQ nicht angeschlossen und liegen daher in der TTL-Technik auf 1-Signal. In einer achtstelligen Anzeigeeinheit sollen alle acht Anzeigen leuchten entsprechend der angelegten Datenwörter. Man erhält die Anzeige 007.50500. Durch eine automatische Nullunterdrückung erhält man über die Anzeige den Wert 07.5050. Die Nullanzeige für die 100er-Stelle links vom Komma oder Punkt erlischt, da der RBI mit Masse verbunden ist. Dies gilt auch für die 100 000ste-Stelle rechts vom Komma. Verbindet man die BI/RBQ-Eingänge mit den RBI-Eingängen werden alle vor- und nacheilenden Nullen automatisch unterdrückt. Man beachte den Aufbau der Schaltung. Bei den voreilenden Nullen sind dies immer die Stellen links vom Komma oder Dezimalpunkt. Man schließt den höchstwertigen Decoder mit RBI auf Masse. Danach BI/RBQ mit dem nächstniederen Decoder usw. Damit wird jede voreilende Null unterdrückt. Für nacheilende Nullen hat man die Stellen rechts vom Komma oder von dem Dezimalpunkt. Hier legt man den niederwertigen Decoder mit RBI auf Masse und steuert von rechts nach links. Der Eingang BI/RBQ steuert den nächsthöherliegenden Eingang RBI an. Die günstigste Darstellung ist 7.505. Die Null in der 100stel-Anzeige wird nicht unterdrückt, da der wertniedrigere Decoder ein entsprechendes Signal an seinen höherwertigen Nachbar-Decoder abgibt.

Bei den statischen Anzeigen kann man die Helligkeit einfach modulieren, bei der Simulation ist dieser Vorgang nicht möglich. Der Modulator erzeugt eine Frequenz, mit der die BI-Eingänge angesteuert werden. Wählt man eine bestimmte Tastfrequenz für den Modulator, so lässt sich die Helligkeit der Anzeige einstellen.

5.2.2 7-Segment-Decoder

Für eine 7-Segment-Anzeige soll ein Decoder aufgebaut werden. Bei einer 7-Segment-Anzeige lassen sich Zahlen von 0 bis 9 stilisiert, aber sehr übersichtlich darstellen. Eine Darstellung von Buchstaben ist auch möglich, aber nicht für das gesamte Alpha-

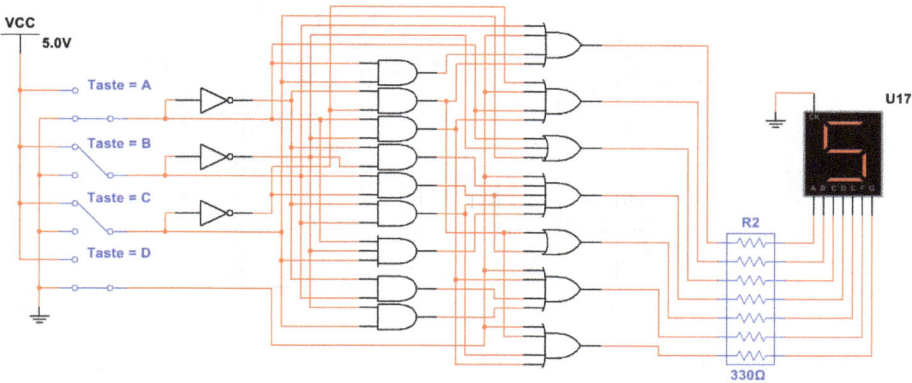

Abb. 5.10: Schaltung zur Untersuchung einer 7-Segment-Anzeige mit Decodierer

bet. Der Zeichenvorrat einer 7-Segment-Anzeige ist sehr eingeschränkt und man hat etwa 20 ablesbare Charakter für die Darstellung.

Steuert man die 7-Segment-Anzeige von Abb. 5.10 an, lassen sich Zahlen von 0 bis 9 und Buchstaben von A bis F ausgeben. Hierbei handelt es sich um einen dualcodierten Treiberbaustein mit anschließender 7-Segment-Anzeige. Treten die Buchstaben nicht oder verstümmelt in der 7-Segment-Anzeige auf, handelt es sich um einen BCD-codierten Treiberbaustein.

Aus Segmentidentifizierung und Zifferndarstellung lässt sich Funktionstabelle 5.14 für die Entwicklung eines 7-Segment-Decodierers aufstellen.

Für jedes Segment aus Tabelle 5.14 ist ein eigenes Karnaugh-Diagramm zu erstellen. Da dieTabelle nur Echttetraden beinhaltet, müssen sechs Pseudotetraden

Tab. 5.14: Funktionstabelle für einen 7-Segment-Decodierer

Wertigkeit	Eingänge	Ausgänge
	D C B A	a b c d e f g
0	0 0 0 0	1 1 1 1 1 1 0
1	0 0 0 1	0 1 1 0 0 0 0
2	0 0 1 0	1 1 0 1 1 0 1
3	0 0 1 1	1 1 1 1 0 0 1
4	0 1 0 0	0 1 1 0 0 1 1
5	0 1 0 1	1 0 1 1 0 1 1
6	0 1 1 0	1 0 1 1 1 1 1
7	0 1 1 1	1 1 1 0 0 0 0
8	1 0 0 0	1 1 1 1 1 1 1
9	1 0 0 1	1 1 1 1 0 1 1

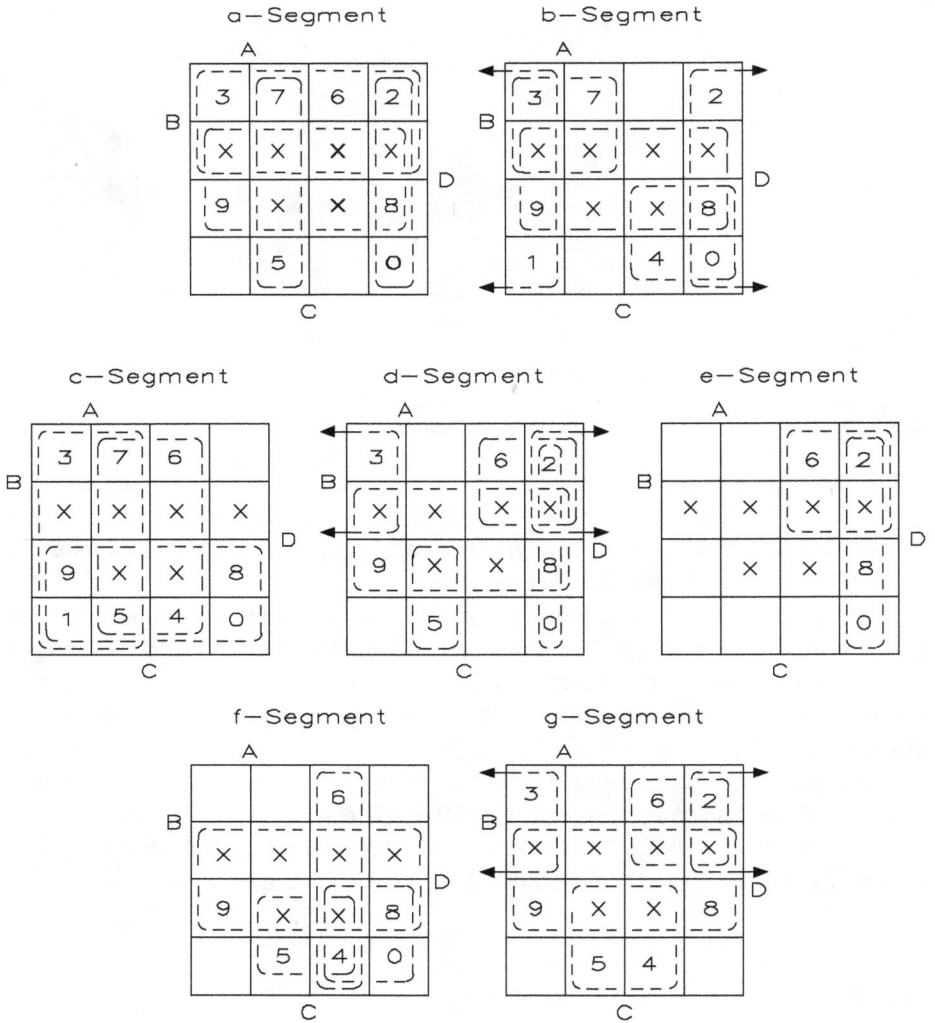

Abb. 5.11: Karnaugh-Diagramme für einen 7-Segment-Decodierer mit don't-care-Feldern für die Minimalisierung der digitalen Schaltung

als don't-care-Felder eingezeichnet werden. Abb. 5.11 zeigt Karnaugh-Diagramme für einen 7-Segment-Decodierer mit don't-care-Feldern und grafische Zusammenfassungen.

Die sechs Pseudotetraden sind in sieben Karnaugh-Diagrammen mit einem X gekennzeichnet und müssen in jede Zusammenfassung eingebunden sein, um die minimale Form für die Verknüpfungen zu erreichen. Aus Tabelle 5.14 sind die Gleichungen zu entnehmen, wenn am Ausgang ein 1-Signal vorhanden ist. Anhand des a-Segments soll dieser Vorgang im Detail gezeigt werden:

a-Segment: $\quad$ a = A'B'C'D' + A'BC'D' + ABC'D' + AB'CD' + A'BCD' + ABCD'

$\qquad\qquad$ + A'B'C'D + AB'C'D .

Diese Gleichung ist mit den Zahlen im Karnaugh-Diagramm direkt gekennzeichnet. Aus sieben Karnaugh-Diagrammen von Abb. 5.14 lassen sich durch grafische Zusammenfassung folgende Gleichungen für jedes Segment erstellen:

$$a = B + D + AC + A'C'$$
$$b = C' + D + AB + A'B'$$
$$c = A + B' + C$$
$$d = D + BC' + A'B + A'C' + AB'C$$
$$e = A'C' + A'B$$
$$f = D + A'C + B'C + A'B'$$
$$g = D + BC' + A'B + B'C .$$

Aus diesen sieben Gleichungen lässt sich die Schaltung von Abb. 5.14 für einen 7-Segment-Decodierer realisieren.

Verwendet man einen CA-Typ für diesen 7-Segment-Decodierer, bleibt die Anzeige dunkel, da die Leuchtdioden in der Anzeige in Sperrrichtung betrieben werden. Der Widerstand dient zur Strombegrenzung und es sind sieben Widerstände erforderlich, d. h. zwischen jedem UND-Gatterausgang und dem Segmentanschluss befindet sich immer ein Widerstand.

5.2.3 Pegel- und Signalauswertung mit 7-Segment-Anzeige

Um eine Schaltung für die Pegel- und Signalauswertung mit 7-Segment-Anzeige zu realisieren, benötigt man eine entsprechende Ansteuerung der Anzeige.

Die Schaltung für eine Pegelauswertung ist in Abb. 5.12 gezeigt. Die Anzeige kann nur L- oder H-Pegel ausgeben. Die Segmente E und F sind über einen Widerstand mit Masse verbunden und leuchten immer. Die Gleichungen lauten:

$$\text{L-Darstellung:} \quad L = d \cdot e \cdot f$$
$$\text{H-Darstellung:} \quad H = b \cdot c \cdot e \cdot f \cdot g .$$

Aus diesen Gleichungen wird sichtbar, dass Segment E und F immer leuchten müssen.

Am Eingang der Schaltung liegt ein NICHT-Gatter. Der Ausgang des Gatters steuert ein NICHT-Gatter für die drei weiteren NICHT-Funktionen an und ein NICHT-Gatter, das am Segment D liegt. Liegt an dem Eingang ein L-Pegel, hat der Ausgang des NICHT-Gatters einen H-Pegel und das NICHT U4 schaltet durch. Segment D leuchtet auf. Es leuchten die Segmente D, E und F.

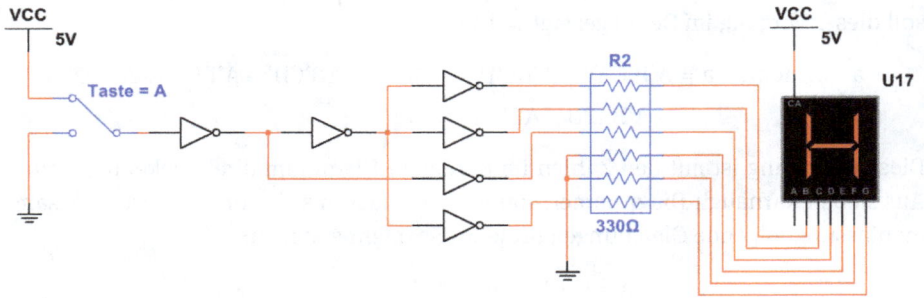

Abb. 5.12: Pegelauswertung mit 7-Segment-Anzeige

Bei einem H-Pegel am Eingang der Schaltung wird dieser Pegel negiert und am NICHT-Gatter U7 liegt ein L-Pegel. Das NICHT-Gatter U4 hat am Ausgang H-Pegel und Segment D kann nicht leuchten. Der L-Pegel wird von U6 negiert und erzeugt einen H-Pegel für U2, U3 und U5. Die Ausgänge schalten auf L-Pegel und die Segmente B, C und G leuchten auf. Es wird ein H dargestellt.

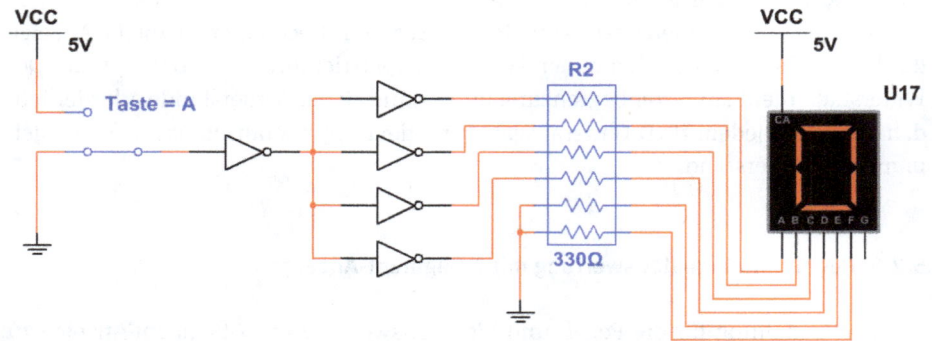

Abb. 5.13: Signalauswertung mit 7-Segment-Anzeige

In Abb. 5.13 ist eine andere Möglichkeit für die Signalanzeige dargestellt. Hierbei werden Signale 0 und 1 ausgegeben. Es lassen sich zwei Gleichungen aufstellen:

$$0 = a \cdot b \cdot c \cdot d \cdot e \cdot f$$
$$1 = b \cdot c \,.$$

Die beiden Gleichungen bilden den Ausgang für die Schaltung. Die beiden Segmente B und C leuchten immer und können so direkt angeschlossen werden. Leuchtsegment G ist nicht angeschlossen.

Liegt an dem Eingang der Schaltung ein 0-Signal, hat der Ausgang des Gatters U6 ein 1-Signal. Damit steuern die Ausgangstransistoren der vier nachgeschalteten Gatter durch und die Leuchtsegmente A, B, C und D geben ein Licht ab. In der Anzeige steht der Wert „0". Bei einem 1-Signal am Eingang sind die Ausgangstransistoren der vier Gatter gesperrt und es können nur die beiden Leuchtsegmente E und F aufleuchten.

5.2.4 Dezimal-zu-Gray-Codierer

Der Gray-Code ist der wichtigste Code bei der mechanischen und optoelektronischen Abtastung. Für die Realisierung eines Dezimal-zu-Gray-Codierers sind wieder prinzipiell zehn Tasten erforderlich, wenn man eine vollständige Codierung durchführen muss. In diesem Fall soll aber auf Taste 0 verzichtet werden. Zuerst stellt man Funktionstabelle 5.15 auf.

Tab. 5.15: Funktionstabelle für den Dezimal-zu-Gray-Codierer, wobei der Schalter 0 in diesem Beispiel nicht vorhanden ist. Der Gray-Code hat keine Wertigkeit

Schalter	Gray-Code	Dezimal
0 1 2 3 4 5 6 7 8 9	keine	10^0
g o o o o o o o o o	0 0 0 0	0
o g o o o o o o o o	0 0 0 1	1
o o g o o o o o o o	0 0 1 1	2
o o o g o o o o o o	0 0 1 0	3
o o o o g o o o o o	0 1 1 0	4
o o o o o g o o o o	0 1 1 1	5
o o o o o o g o o o	0 1 0 1	6
o o o o o o o g o o	0 1 0 0	7
o o o o o o o o g o	1 1 0 0	8
o o o o o o o o o g	1 1 0 1	9

Aus Tabelle 5.15 lässt sich die Schaltung für den Dezimal-zu-Gray-Codierer von Abb. 5.14 aufstellen.

Wenn man die Funktionen der Abb. 5.14 mit denen von Tabelle 5.15 vergleicht, erkennt man, dass beide in ihren Funktionen identisch sind.

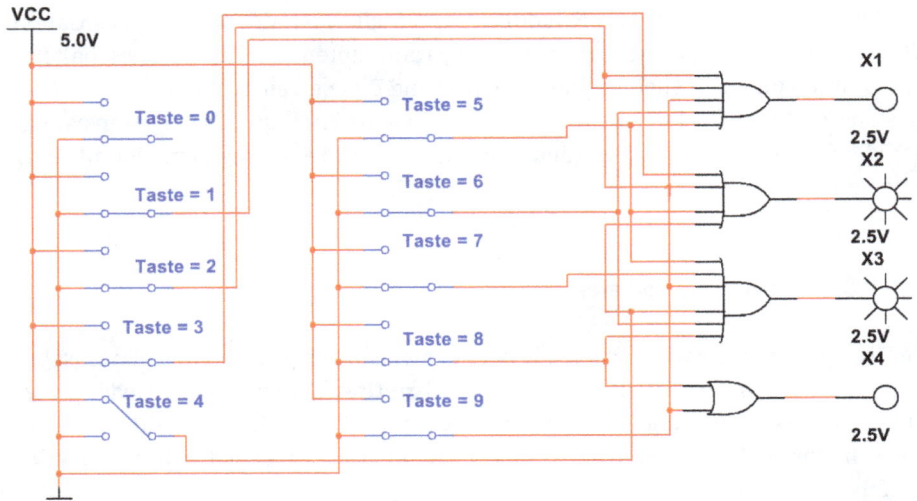

Abb. 5.14: Schaltung eines Dezimal-zu-Gray-Codierers. Die Eingabe der Dezimalzahlen erfolgt über die PC-Tastatur und die Ausgabe übernimmt vier Signalanzeigen

5.3 Schaltkreise in TTL-Technik

In TTL-Technik gibt es verschiedene Schaltkreise für Codierer, Decodierer und Umcodierer, die nun untersucht werden sollen.

5.3.1 BCD-zu-Dezimal-Decoder/Anzeigentreiber (o.C., 30 V, 80 mA) 7445

Der TTL-Baustein 7445 wandelt den Standard-BCD-Code mit einem vier Bitformat in eine Dezimalzahl von 0 bis 9 um. Er kann auch jeden 3-Bit-Code in 1-aus-8-Ausgänge umwandeln. Der BCD-Code wird an den Anschlüssen A, B, C und D eingegeben, mit dem niedrigwertigen Bit zuerst, nämlich $2^0 = A$, $2^1 = B$, $2^2 = C$ und $2^3 = D$. Für ein gegebenes Eingangssignal geht der entsprechende Ausgang auf 0-Signal, die anderen Ausgänge verbleiben auf 1-Signal. Der auf 0-Signal gezogene Ausgang kann maximal 80 mA aufnehmen. Wenn beispielsweise A = 1, B = 1, C = 1 und D = 0 ist, geht Ausgang 7 (Pin 9) auf 0-Signal und die anderen Ausgänge verbleiben auf 1-Signal. Alle Ausgänge verbleiben auf 1-Signal, wenn ein ungültiger BCD-Code (größer als 1001, d. h. eine Pseudotetrade) anliegt. Wird der Baustein als 1-aus-8-Decoder verwendet, so wird Eingang D (Pin 12) auf Masse gelegt. Der Baustein 7445 ist pinkompatibel zum 74145, jedoch mit einer maximalen Ausgangsspannung von +15 V.

Aus der Schaltung von Abb. 5.15 lässt sich Funktionstabelle 5.16 aufstellen.

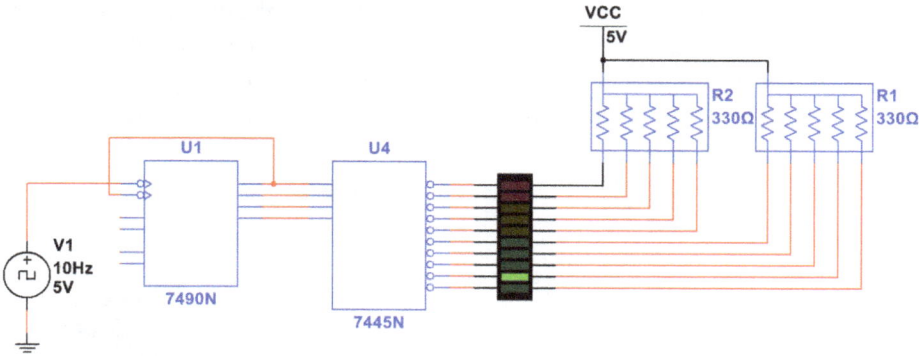

Abb. 5.15: Untersuchung des TTL-Bausteins 7445 (BCD-zu-Dezimal-Decoder/Anzeigentreiber)

Tab. 5.16: Wirkungsweise des TTL-Bausteins 7445 (BCD-zu-Dezimal-Decoder/Anzeigentreiber)

	Eingänge D C B A	Ausgänge 0 1 2 3 4 5 6 7 8 9
0	0 0 0 0	0 1 1 1 1 1 1 1 1 1
1	0 0 0 1	1 0 1 1 1 1 1 1 1 1
2	0 0 1 0	1 1 0 1 1 1 1 1 1 1
3	0 0 1 1	1 1 1 0 1 1 1 1 1 1
4	0 1 0 0	1 1 1 1 0 1 1 1 1 1
5	0 1 0 1	1 1 1 1 1 0 1 1 1 1
6	0 1 1 0	1 1 1 1 1 1 0 1 1 1
7	0 1 1 1	1 1 1 1 1 1 1 0 1 1
8	1 0 0 0	1 1 1 1 1 1 1 1 0 1
9	1 0 0 1	1 1 1 1 1 1 1 1 1 0
A	1 0 1 0	1 1 1 1 1 1 1 1 1 1
B	1 0 1 1	1 1 1 1 1 1 1 1 1 1
C	1 1 0 0	1 1 1 1 1 1 1 1 1 1
D	1 1 0 1	1 1 1 1 1 1 1 1 1 1
E	1 1 1 0	1 1 1 1 1 1 1 1 1 1
F	1 1 1 1	1 1 1 1 1 1 1 1 1 1

Ein Kollektorstrom von 80 mA bei $U_{0(on)}$ = 0,9 V und ein Kollektorstrom von 20 mA bei $U_{0(on)}$ = 0,4 V ist zulässig. Die Anschlussbelegung ist identisch mit dem 7442 und 74145.

5.3.2 BCD-zu-7-Segment-Decoder/Anzeigentreiber (o.C., 30 V) 7446

Dieser Baustein decodiert BCD-Eingangsdaten und wandelt diese in Steuersignale für 7-Segment-Anzeigen um. Die Ausgänge sind mit offenem Kollektor ausgestattet. Die den Anschlüssen A bis D zugeführten BCD-Daten können nach ihrer Decodierung im Baustein maximal 40 mA an eine 7-Segment-Anzeige (a bis f) liefern. Der Baustein enthält keinen Zwischenspeicher. Beim Betrieb mit LED-Anzeigen müssen Strombegrenzungswiderstände, typisch 330 Ω, vorgesehen werden.

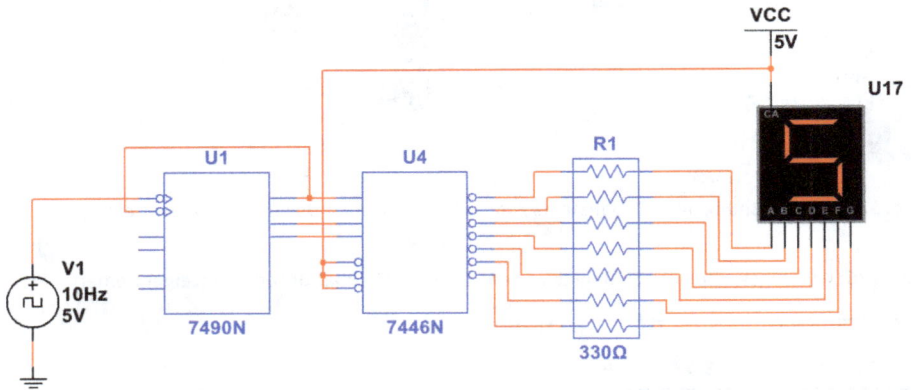

Abb. 5.16: Schaltung zur Untersuchung des BCD-zu-7-Segment-Decoders/Anzeigentreibers 7446

Die Schaltung von Abb. 5.16 zeigt den TTL-Baustein 7446 in einem Versuchsaufbau. Der Taktgenerator liefert eine Frequenz von 1 kHz, die dann der Dezimalzähler 7490 herunterteilt. Die Ausgänge des 7490 sind mit den Eingängen A, B, C und D vom 7446 verbunden. Der 7446 erzeugt aus dem Binärcode den 7-Segment-Code und ist die logische Bedingung erfüllt, schaltet der Ausgangstransistor durch. Damit fließt ein Strom von +5 V über das Segment, dem Strombegrenzungswiderstand über den Transistor ab. Das Segment in der Anzeige leuchtet auf.

Bei der Anzeige einer „6" wird der obere (a) und bei einer „9" der untere Querbalken (d) nicht dargestellt. Im Normalbetrieb liegen die Anschlüsse LT (Lamp Test, Pin 3) und BI/RBQ (Ripple Blanking Output, Pin 4) auf 1-Signal (RBI = Ripple Blanking Input beliebig). Eine Überprüfung aller sieben Segmente erfolgt, indem man LT auf 0-Signal legt. Dann müssen alle Segmente eingeschaltet sein, d. h. es sollte eine 8 angezeigt werden. Eine Unterdrückung führender Nullen in mehrstelligen Anzeigen erhält man, indem der Ausgang BI/RBQ einer Stelle mit dem Eingang RBI der nächstniedrigen Stufe verbunden wird. RBI der höchstwertigen Stufe sollte hierbei an Masse gelegt werden. Da im Allgemeinen eine automatische Nullunterdrückung in der niedrigstwertigen Stufe nicht gewünscht wird, lässt man den Steuereingang RBI dieser Stufe offen. Ähnlich kann man nachlaufende Nullen in gebrochenen Dezimalzahlen unterdrücken. Da mit BI/RBQ auf 0-Signal alle Segmente dunkel gesteuert werden, kann man über diesen Anschluss eine Helligkeitssteuerung über eine Impulsdauermodulation ausführen.

5.3.3 3-Bit-Binärdecoder/Demultiplexer (3 zu 8) 74138

Der TTL-Baustein 74138 enthält einen schnellen 3-zu-8-Decoder/Multiplexer mit drei Freigabeeingängen. Wenn den drei binären Eingängen A, B und C ein 3-Bit-Code von Dezimalzähler 7490 zugeführt wird, geht der diesem Code entsprechende Ausgang auf 0-Signal, während die übrigen Ausgänge auf 1-Signal bleiben. Dies trifft jedoch nur zu, wenn die Freigabe-(Enable)-Eingänge G_{2A} und G_{2B} auf 0-Signal sind und G_1 auf 1-Signal liegt. Diese mehrfache Freigabemöglichkeit gestattet eine einfache parallele Erweiterung des Bausteins auf einen 1-aus-32-Decoder mit nur vier derartigen Bausteinen (74138) und einem Inverter.

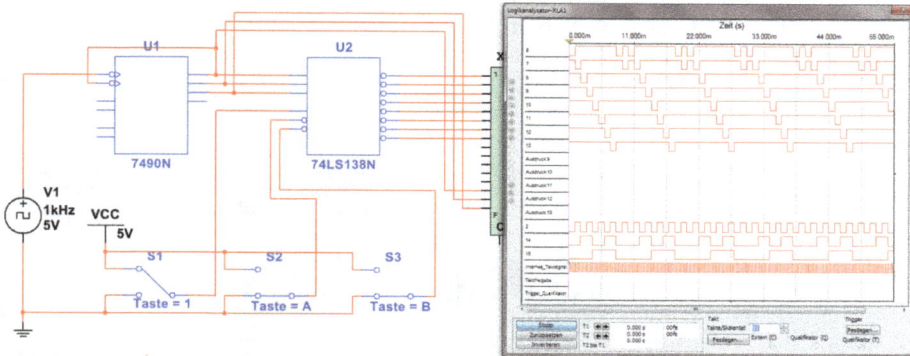

Abb. 5.17: Schaltung zur Untersuchung des 3-Bit-Binärdecoders/Demultiplexers 74138

Abb. 5.17 zeigt eine Schaltung zur Untersuchung des 3-Bit-Binärdecoders/Demultiplexers 74138. Dieser Baustein kann auch als Demultiplexer mit acht Ausgängen arbeiten, indem einer der G_1- oder G_2-Eingänge (aktiv 0-Signal) als Dateneingang und die anderen Freigabeeingänge als Austast-(Strobe)-Eingänge verwendet werden. Die nicht verwendeten Freigabeeingänge müssen hierbei ständig an ihre entsprechenden Pegel auf 1- oder 0-Signal gelegt werden.

Die Steuereingänge werden durch drei Schalter bestimmt. Mit diesen Schaltern können Sie den Baustein 74138 unterschiedlich ansteuern. Der Bildschirm des Logikanalysators zeigt die typischen Ausgangsfunktionen eines 3-Bit-Binärdecoders/Demultiplexers. Jeder Ausgang hat ein 0-Signal, wenn seine UND-Bedingung erfüllt ist. Aus der Schaltung von Abb. 5.17 lässt sich Funktionstabelle 5.17 erstellen.

Bei der Schaltung in Abb. 5.18 muss ein Zähler vom Typ 7493 verwendet werden, der von 0 bis F zählt. Bleibt der Zähler 7490 in der Schaltung, schalten nur zehn Ausgänge auf 0-Signal. Die Ausgänge Q_A, Q_B, Q_C und Q_D des Bausteins 7493 sind mit den Eingängen A, B und C der beiden 3-Bit-Binärdecoder/Demultiplexer 74138 verbunden. Die Freischaltung der Bausteine 74138 erfolgt über die Eingänge G1. Beim oberen 74138 ist ein NICHT-Gatter vorgeschaltet und hat Zählerausgang Q_D ein 0-Signal, erhält der

Tab. 5.17: Funktionen des 3-Bit-Binärdecoders/Demultiplexers 74138

Eingänge		Ausgänge								
Enable	Select									
G_1 G_2*	C B A	Y_0	Y_1	Y_2	Y_3	Y_4	Y_5	Y_6	Y_7	
X 1	X X X	1	1	1	1	1	1	1	1	
0 0	X X X	1	1	1	1	1	1	1	1	
1 0	0 0 0	0	1	1	1	1	1	1	1	
1 0	0 0 1	1	0	1	1	1	1	1	1	
1 0	0 1 0	1	1	0	1	1	1	1	1	
1 0	0 1 1	1	1	1	0	1	1	1	1	
1 0	1 0 0	1	1	1	1	0	1	1	1	
1 0	1 0 1	1	1	1	1	1	0	1	1	
1 0	1 1 0	1	1	1	1	1	1	0	1	
1 0	1 1 1	1	1	1	1	1	1	1	0	

* $G_2 = G_{2A} + G_{2B}$.

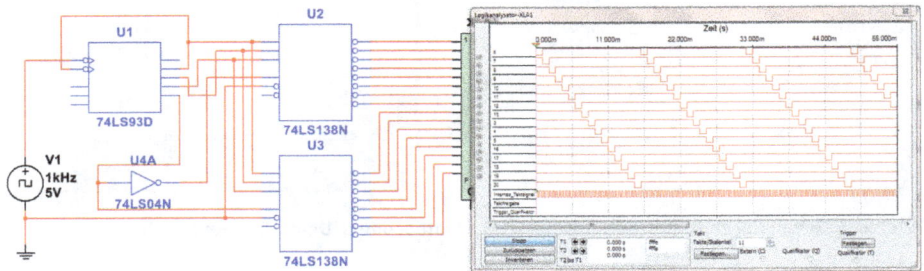

Abb. 5.18: Schaltung zur Untersuchung des 4-Bit-Binärdecoders/Demultiplexers mit zwei 74138

Eingang G_1 ein 1-Signal und kann arbeiten. Zur gleichen Zeit ist der untere Baustein 74138 gesperrt. Hat Zählerausgang Q_D ein 1-Signal, erhält Eingang G_1 vom unteren Baustein 74138 ein 1-Signal und kann arbeiten. Zur gleichen Zeit ist der obere Baustein 74138 gesperrt.

5.3.4 Zwei 2-Bit-Binärdecoder/Demultiplexer 74139

Der Baustein 74139 enthält zwei getrennte 1-aus-4- (oder 2-zu-4-) Decoder, die entweder als Decoder oder Demultiplexer verwendet werden können. Mit einem externen NICHT-Gatter können sie auch als ein 1-aus-8-Decoder oder Demultiplexer eingesetzt werden. Im Normalbetrieb liegen die Pins 1 und 15 (G = Enable, Freigabe) auf Masse. Wenn ein Auswahlcode, gewichtet mit A = 1 und B = 2 den Eingängen zugeführt wird, geht der zugehörige Ausgang auf 0-Signal, die übrigen Ausgänge bleiben auf 1-Signal.

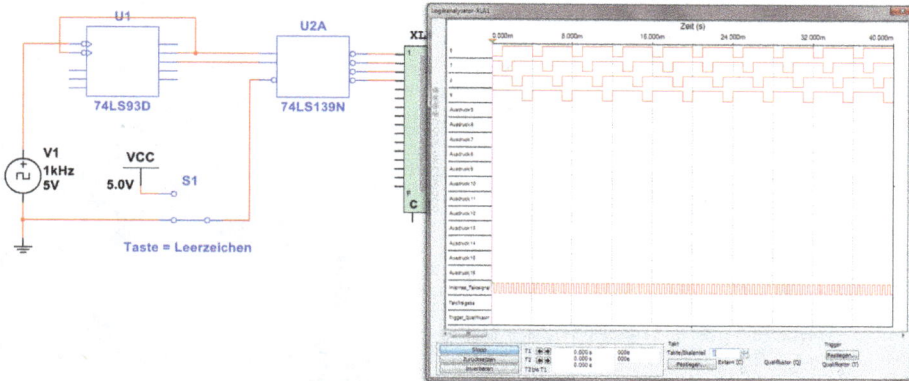

Abb. 5.19: Schaltung zur Untersuchung des 2-Bit-Binärdecoders/Demultiplexers 74139

Beispielsweise geht mit A = 1 und B = 0 der Ausgang Y_0 auf 0-Signal. Man beachte, dass beide Schaltungshälften getrennte Auswahl- und Freigabeeingänge besitzen.

Die Schaltung von Abb. 5.19 zeigt die Untersuchung des 2-Bit-Binärdecoders/Demultiplexers 74139. Liegt am Freigabeeingang G ein 1-Signal, gehen alle zugehörigen Ausgänge auf 1-Signal, unabhängig vom Zustand der Auswahl-Eingänge A und B. Der Freigabeeingang kann auch als Dateneingang für Demultiplexerzwecke verwendet werden. Ein 1-Signal am Freigabeeingang liefert eine „1" am gewählten Ausgang und umgekehrt. Der Freigabeeingang kann auch verwendet werden, um einen 1-aus-8-Verteiler oder Decoder zu bilden, indem eine Seite von einem neuen Eingang C (gewichtet C = 4) gesteuert wird und die andere von seinem Komplement. Tabelle 5.18 zeigt die Funktionen des 2-Bit-Binärdecoders/Demultiplexers 74139.

Abb. 5.19 zeigt die Schaltung eines 2-Bit-Binärdecoders/Demultiplexers 74139, der von dem Zählerbaustein 7493 angesteuert wird. Der Bildschirm zeigt die Arbeitsweise. Durch den internen Decoder kann jeder der vier Ausgänge Y nur ein 1-Signal erzeugen. Der Baustein 74139 beinhaltet zwei 2-Bit-Binärdecoder/Demultiplexer und damit kann man einen 1-aus-8-Binärdecoder realisieren, wie Abb. 5.20 zeigt.

Tab. 5.18: Funktionen des 2-Bit-Binärdecoders/Demultiplexers 74139

Eingänge		Ausgänge			
Enable	Select				
G	B A	Y_0	Y_1	Y_2	Y_3
1	X X	1	1	1	1
0	0 0	0	1	1	1
0	0 1	1	0	1	1
0	1 0	1	1	0	1
0	1 1	1	1	1	0

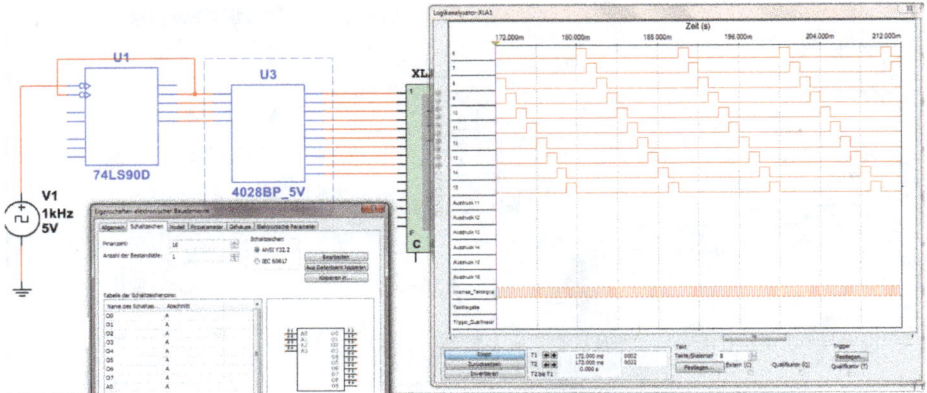

Abb. 5.20: Schaltung des 1-aus-8-Binärdecoders mit einem TTL-Baustein 74139

Da der TTL-Baustein 74139 zwei 2-Bit-Binärdecoder/Demultiplexer beinhaltet, lässt sich ein 1-aus-8-Binärdecoder realisieren und Abb. 5.20 zeigt die Schaltung. Der TTL-Baustein 7493 zählt von 0 bis 7 und setzt sich dann wieder auf 0 zurück. Die Ausgänge Q_A und Q_B des Zählers steuern direkt die beiden Eingänge A und B parallel an. Der Ausgang Q_C dagegen ist mit dem oberen 2-Bit-Binärdecoder direkt angeschlossen und über den unteren über ein NICHT-Gatter. Damit wird unter dem Zählerstand 4 der obere Binärdecoder eingeschaltet und über den Zählerstand der untere.

5.4 Schaltkreise in CMOS-Technik

In CMOS-Technik gibt es zwei Bausteintypen 4028 und 4532.

5.4.1 BCD-zu-Dezimal-Decoder 4028

Der CMOS-Baustein 4028 ist ein BCD-zu-Dezimal-Decoder oder ein Binär-zu-Oktal-Decoder, der an allen vier Eingängen mit Impulsformerstufen ausgerüstet ist, die Decodierungslogik beinhaltet und zehn Ausgangs-Bufferstufen aufweist. Abb. 5.21 zeigt die Schaltung zur dynamischen Untersuchung des 4028.

Der Taktgenerator steuert mit 1 kHz den Zählerbaustein 7490 an und dieser erzeugt vier Leitungssignale für den BCD-zu-Dezimal-Decoder 4028. Wird an vier Eingänge ein BCD-Code gelegt, dann zeigt der durch diesen Code bestimmte Dezimalausgang ein 1-Signal. Sämtliche Ausgänge sind für Ströme von 8 mA ausgelegt, um statische und dynamische Eigenschaften bei Anwendungen mit hohem Fan-Out

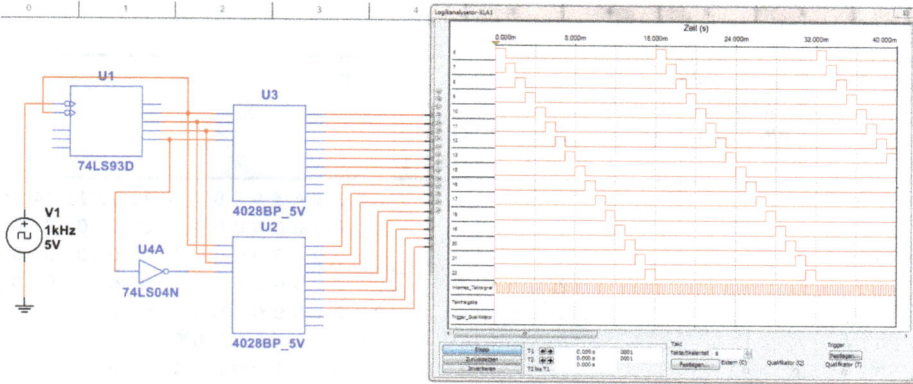

Abb. 5.21: Schaltung zur dynamischen Untersuchung des BCD-zu-Dezimal-Decoders 4028

Tab. 5.19: Ansteuerung des BCD-zu-Dezimal-Decoders 4028

BCD-Eingänge A_3 A_2 A_1 A_0	Dezimalausgänge 0 1 2 3 4 5 6 7 8 9
0 0 0 0	1 0 0 0 0 0 0 0 0 0
0 0 0 1	0 1 0 0 0 0 0 0 0 0
0 0 1 0	0 0 1 0 0 0 0 0 0 0
0 0 1 1	0 0 0 1 0 0 0 0 0 0
0 1 0 0	0 0 0 0 1 0 0 0 0 0
0 1 0 1	0 0 0 0 0 1 0 0 0 0
0 1 1 0	0 0 0 0 0 0 1 0 0 0
0 1 1 1	0 0 0 0 0 0 0 1 0 0
1 0 0 0	0 0 0 0 0 0 0 0 1 0
1 0 0 1	0 0 0 0 0 0 0 0 0 1

zu gewährleisten. Alle Ein- und Ausgänge sind gegen elektrostatische Aufladungen geschützt. Tabelle 5.19 zeigt die Ansteuerung.

In ähnlicher Weise liefert ein an die Eingänge A_0, A_1 und A_2 gelegter 3-Bit-Binärcode einen Oktalcode an den Ausgängen Q_0 bis Q_7. Ein 1-Signal am Eingang A_3 unterbindet die Oktal-Decodierung und veranlasst die Ausgänge Q_0 bis Q_7, ein 0-Signal anzunehmen. Bei Nichtbenutzung muss der Anschluss A_3 auf Masse gelegt werden.

Die Schaltung setzt einen beliebigen 4-Bit-Code in einen Dezimal- oder Hexadezimal-Code um. Tabelle 5.20 zeigt eine Reihe von Eingangscodes sowie die Dezimal- oder Hexadezimalzahl, die in diesen Codes an die Eingänge des 4028 gelegt werden müssen, um ein gewünschtes Ausgangssignal zu erhalten. Als Beispiel: Will man am Ausgang 8 ein 1-Signal erhalten, dann muss man im 4-Bit-Binärcode eine „8", im 4-Bit-Gray-Code eine „15" oder im Exzess-3-Code eine „5" an die Eingänge legen.

Tab. 5.20: Umcodierung für die Schaltung von Abb. 5.21

Eingänge DCBA	Hexadezimal 4-Bit-Binär	Hexadezimal 4-Bit-Gray	Dezimal Excess-3-	Excess-3-Gray	Aiken 4-2-2-1	0	1	2	3	4	5	6	7	8	9	10	11	12	13	14	15
0000 0	0			0	0	1	0	0	0	0	0	0	0	0	0	0	0	0	0	0	0
0001 1	2			1	1	0	1	0	0	0	0	0	0	0	0	0	0	0	0	0	0
0010 2	3		0	2	2	0	0	1	0	0	0	0	0	0	0	0	0	0	0	0	0
0011 3	2	0	3	3	3	0	0	0	1	0	0	0	0	0	0	0	0	0	0	0	0
0100 4	7	1	4	4	4	0	0	0	0	1	0	0	0	0	0	0	0	0	0	0	0
0101 5	6	2			3	0	0	0	0	0	1	0	0	0	0	0	0	0	0	0	0
0110 6	4	3	1		4	0	0	0	0	0	0	1	0	0	0	0	0	0	0	0	0
0111 7	5	4	2	3		0	0	0	0	0	0	0	1	0	0	0	0	0	0	0	0
1000 8	15	5				0	0	0	0	0	0	0	0	1	0	0	0	0	0	0	0
1001 9	14	6			5	0	0	0	0	0	0	0	0	0	1	0	0	0	0	0	0
1010 10	12	7	9		6	0	0	0	0	0	0	0	0	0	0	1	0	0	0	0	0
1011 11	13	8		5		0	0	0	0	0	0	0	0	0	0	0	1	0	0	0	0
1100 12	8	9	5	6		0	0	0	0	0	0	0	0	0	0	0	0	1	0	0	0
1101 13	9		6	7	7	0	0	0	0	0	0	0	0	0	0	0	0	0	1	0	0
1110 14	11		8	8	8	0	0	0	0	0	0	0	0	0	0	0	0	0	0	1	0
1111 15	10		7	9	9	0	0	0	0	0	0	0	0	0	0	0	0	0	0	0	1

5.4.2 8-zu-3-Prioritätscodierer 4532

Bei dem Prioritätscodierer handelt sich hier um einen speziellen Baustein, mit dem man acht Eingangssignale in der Reihenfolge ihrer Wichtigkeit (Priorität) anordnen kann. Es sind mehrere Bausteine kaskadierbar. Abb. 5.22 zeigt eine statische Schaltung zur Untersuchung des binären 8-zu-3-Prioritätscodierers 4532.

Es gibt acht Signaleingänge (I_0 bis I_7) und drei binär gewichtete Ausgänge (Q_0 bis Q_2). Die Ein- und Ausgänge sind aktiv 0-Signal. Liegt kein Eingangssignal vor, oder ein 0-Signal am Eingang 0 (Pin 10), verbleiben alle Ausgänge auf 1-Signal. Wenn nur einer der Eingänge I_0 bis I_7 zu 0-Signal wird, nehmen die Ausgänge den Binärcode für diesen Eingang an, z. B. wird ein 0-Signal auf der Leitung 6 (Pin 3) folgenden Ausgang ergeben: A = 1, B = 0, C = 0 (6 in binär = 110 mit aktiv 0-Signal = 001). Tabelle 5.21 zeigt Funktionen des binären 8-zu-3-Prioritätscodierers 4532

Wenn zwei oder mehrere Eingänge gleichzeitig auf 0-Signal schalten, wird der eine mit der höchsten Zahl (der höchsten Priorität) als Ausgangssignal codiert, und die anderen Eingänge werden ignoriert, z. B. gehen die Eingänge 4 und 6 gleichzeitig auf 0-Signal, ergibt sich ein 001, während bei 4 und 7 ein 000 ausgegeben wird. Wenn Eingänge mit höherer Priorität auf 1-Signal zurückschalten, so stellt sich

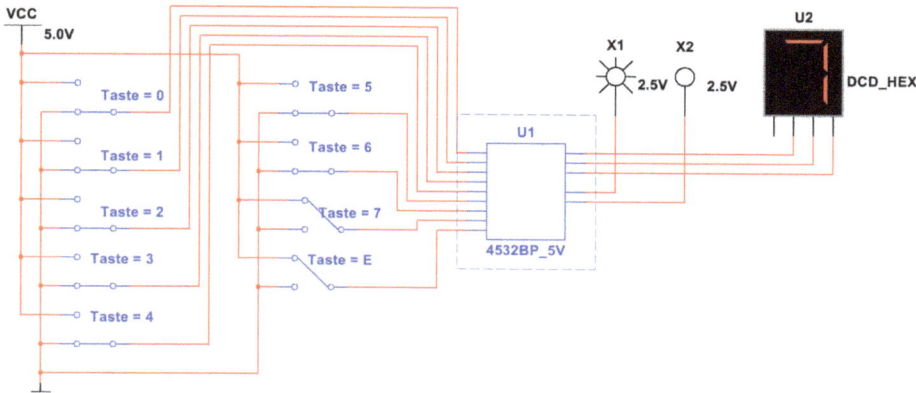

Abb. 5.22: Schaltung zur Untersuchung des binären 8-zu-3-Prioritätscodierers 4532

Tab. 5.21: Funktionen des binären 8-zu-3-Prioritätscodierers 4532

Eingänge									Ausgänge				
E_I	0	1	2	3	4	5	6	7	Q_2	Q_1	Q_0	G_S	E_0
1	X	X	X	X	X	X	X	X	1	1	1	1	1
0	1	1	1	1	1	1	1	1	1	1	1	1	0
0	X	X	X	X	X	X	X	0	0	0	0	0	1
0	X	X	X	X	X	X	0	1	0	0	1	0	1
0	X	X	X	X	X	0	1	1	0	1	0	0	1
0	X	X	X	X	0	1	1	1	0	1	1	0	1
0	X	X	X	0	1	1	1	1	1	0	0	0	1
0	X	X	0	1	1	1	1	1	1	0	1	0	1
0	X	0	1	1	1	1	1	1	1	1	0	0	1
0	0	1	1	1	1	1	1	1	1	1	1	0	1

der Ausgangscode zurück zum Eingang mit der nächstniedrigeren Priorität, bis schließlich alle Ausgänge auf 1-Signal schalten.

Außer den drei Datenausgängen gibt es noch einen Gruppensignalausgang (G_S) und einen Freigabeausgang (E_0). G_S ist aktiv 0-Signal, wenn irgendein Eingang auf 0-Signal ist. Dies zeigt an, dass ein Eingang aktiv ist. Der Ausgang E_0 ist aktiv 0-Signal, wenn alle Eingänge 1-Signal haben.

Durch die Verwendung der Freigabeein- und Ausgänge ist eine Kaskadierung von n Eingangssignalen möglich. Sowohl E_0 und G_S sind auf 1-Signal, wenn der Freigabeeingang auf 1-Signal ist. In diesem Fall befinden sich die Ausgänge A, B und C im hochohmigen Zustand. A, B und C werden ferner hochohmig, wenn alle Eingänge von 0 bis 7 auf 1-Signal sind. E_I muss im Normalbetrieb auf 0-Signal liegen. Der Betrieb erfolgt ungetaktet und der Baustein besitzt keinen internen Speicher.

6 Speicherschaltungen und spezielle Schaltfunktionen

Zur Gruppe der Speicher- und Kippelemente zählt man alle Schaltungen, die am Ausgang zwei Schaltzustände annehmen können, nämlich den Zustand von 0 oder 1. Der Übergang zwischen diesen beiden Zuständen erfolgt sprunghaft und wird als Kippvorgang bezeichnet. Der Kippvorgang wird immer von den entsprechenden Eingangsbedingungen bestimmt, während die Ausgangsbedingungen direkt vom statischen, dynamischen und zeitlichen Verhalten des Schaltelements abhängig sind.

In der einfachsten Form besteht eine digitale Speicher- und Kippschaltung aus zwei NAND- oder zwei NOR-Gattern, von denen immer ein Gatter leitend, während das andere gesperrt ist. Kippt man diese Schaltung durch ein entsprechendes Eingangssignal, ändert sich der Ausgangszustand theoretisch sofort, aber in der Praxis nach einer gewissen Laufzeitverzögerung. Je nach Art der Ansteuerung am Eingang unterscheidet man zwischen der zeitlichen Verzögerung zwischen Ein- und Ausgang und der Ausgangsfunktion:

Bistabile Kippschaltung (bistabiler Multivibrator oder Flipflop): Durch das Anlegen eines 0- oder 1-Signals erfolgt die Änderung des Ausgangszustands. In der Praxis unterscheidet man zwischen der statischen Ansteuerung mittels Gleichspannung oder der dynamischen Ansteuerung mittels einer kurzen Impulsflanke. Ändert eine Impulsflanke ihren Zustand von 0 nach 1, spricht man von einer positiven Triggerung, bei einer Signaländerung von 1 nach 0 dagegen von einer negativen Triggerung. An den Ausgängen hat man eine stabile Ruhelage, wenn die Kippschaltung zurückgesetzt worden ist, und ebenfalls eine stabile Arbeitslage, wenn die Kippschaltung gesetzt wurde. Zwischen dem Ein- und Ausgang tritt eine Zeitverzögerung auf und man muss nur die Laufzeiten der internen Gatter berücksichtigen. Nach dem Einschalten der Betriebsspannung hat diese Kippschaltung immer einen definierten Ausgangszustand mit $Q = 0$ und $Q' = 1$.

Monostabile Kippschaltung (monostabiler Multivibrator oder Monoflop): Im Ruhezustand oder nach dem Einschalten der Betriebsspannung befindet sich die Kippschaltung in ihrer stabilen Ausgangslage, d. h. $Q = 0$ und $Q' = 1$. Nach einer positiven oder negativen Triggerung am Eingang, die statisch oder dynamisch erfolgen kann, befindet sich die Kippschaltung für einen bestimmten Zeitabschnitt (metastabile oder monostabile Arbeitslage) in keinem stabilen Ausgangszustand. Nach einer bestimmten Zeit kippt das Monoflop zurück und nimmt wieder seine stabile Lage ein. Zwischen dem Ein- und Ausgang tritt eine Zeitverzögerung auf, die sich durch einen externen Widerstand und Kondensator bestimmen lässt. Wichtig bei den Monoflops sind die Möglichkeiten zur Nachtriggerung. Ein Monoflop ohne Nachtriggerung erkennt nach der Triggerung keine Impulsflanken mehr am Eingang und die monostabile Zeit wird nur von der ersten Triggerflanke bestimmt. Bei einem nachtriggerbaren Monoflop ist immer die letzte Triggerflanke maßgebend für die Beendigung der monostabilen Zeit.

https://doi.org/10.1515/9783110583670-006

Nach dem Einschalten der Betriebsspannung hat diese Kippschaltung immer einen definierten Ausgangszustand mit $Q = 0$ und $Q' = 1$.

Astabile Kippschaltung (astabiler Multivibrator oder Rechteckgenerator): Nach dem Einschalten der Betriebsspannung beginnt diese Schaltung zu schwingen und die Arbeitslagen der Ausgänge sind nicht stabil. Der Schwingvorgang lässt sich durch eine Stoppschaltung einfach unterbrechen und erneut starten. Die Ausgangsfrequenz ist von der Schaltungsdimensionierung der externen Widerstände und Kondensatoren abhängig. Interessant sind bei einem Rechteckgenerator die Ansteuerungsmöglichkeiten. Einfache Rechteckgeneratoren schwingen kontinuierlich und können weder gestartet noch gestoppt werden, außer mit dem Ein- und Ausschalten der Betriebsspannung. Hat man einen Steuereingang, muss man zwischen dem synchronen Anlauf oder dem synchronen Anhalten unterscheiden. Auch ein kombinierter Betrieb für einen synchronen Start-/Stoppbetrieb ist möglich.

6.1 Bistabile Kippschaltungen bzw. Flipflops

Flipflops sind bistabile Kippschaltungen mit einem Speicherverhalten. Für den schaltungstechnischen Aufbau verwendet man überwiegend eine symmetrische Struktur, sodass die beiden Schaltzustände am Ausgang prinzipiell gleichwertig sind. In der Praxis hat man Flipflops, Latches und Register. Das Flipflop ist die einfachste Art der Speicherung, ein Latch enthält z. B. vier Flipflops und dient als einfacher Zwischenspeicher für Informationen. Ein Register besteht aus mehreren Flipflops und Gatterfunktionen und kann zusätzlich angesteuert werden.

Die heute bekannten Typen an Flipflops lassen sich in zwei Grundklassen einteilen. Man unterscheidet prinzipiell zwischen den asynchronen und den synchronen Flipflops. Die asynchronen Flipflops arbeiten nicht taktimpulsgesteuert, d. h. es muss kein Taktsignal anliegen, damit sich der Ausgangszustand ändert. Bei diesen Typen kennt man die Zustands- und die Flankensteuerung. Arbeitet ein Flipflop mit der Zustandssteuerung an den beiden Eingängen, reagiert das Flipflop auf einen bestimmten Spannungspegel, d. h. überschreitet die Spannung einen definierten Wert, erkennt das Flipflop ein 1-Signal an und ändert sofort seinen Schaltzustand am Ausgang. Unterschreitet die Spannung einen definierten Wert, erkennt das Flipflop ein 0-Signal und reagiert auf diesen Spannungswert entsprechend. Hat man dagegen eine Flankensteuerung, reagiert das Flipflop auf positive Signaländerungen (0 nach 1) oder auf negative (1 nach 0) und ändert dann seinen Ausgangszustand.

Die asynchronen Flipflops sind die sogenannten „Speicherflipflops", die man auch als Basisflipflops bezeichnet. Diese Typen verwenden einen einzigen Informationsspeicher und arbeiten ohne Taktimpulseingang. In der Praxis kennt man nur die zustandsgesteuerten Speicherflipflops.

Bei den synchronen Flipflops hat man einen Takteingang T. In den Datenblättern findet man auch die Bezeichnungen C, C1 oder CLK für „Clock". Hier muss zwischen den Ein- und Zweispeicherflipflops unterschieden werden. Für zahlreiche Anwendungen in der Zähltechnik oder bei den Zwischenspeichern setzt man die Einspeicherflipflops ein, wobei man hier noch zwischen den zustands- und den flankengesteuerten Typen unterscheiden muss. In der Praxis verwendet man meistens die Zweispeicherflipflops, die auch als Master-Slave-Flipflops bezeichnet werden. Der Master, das Eingangsflipflop, nimmt nach einem Taktsignal die Information auf, speichert sie zwischen und gibt diese beim nächsten Takt an den Slave (Ausgangsflipflop) weiter. Ein Master-Slave-Flipflop hat zwei komplette Einspeicherflipflops, aber nur einen Takteingang.

Wenn man die Symbole zwischen einem Ein- und einem Zweispeicherflipflop vergleicht, erkennt man bei dem Master-Slave-Flipflop die zusätzlichen Striche am Ausgang. Damit wird der Unterschied zwischen den beiden Typen gekennzeichnet.

6.1.1 NAND- und NOR-Flipflop

Mittels zweier NAND- oder NOR-Gatter lässt sich ein einfaches Speicherflipflop realisieren, das man auch als RS-Flipflop (Reset für Rückstellen und Set für Setzen) bezeichnet.

Das R'S'-NAND-Flipflop von Abb. 6.1 hat zwei Eingänge, die man mit R' (Rückstelleingang) und S' (Setzeingang) bezeichnet. Die beiden Eingänge dürfen nicht gleichzeitig auf 0-Signal liegen, da sonst der Zustand des Flipflops undefiniert wird. Das

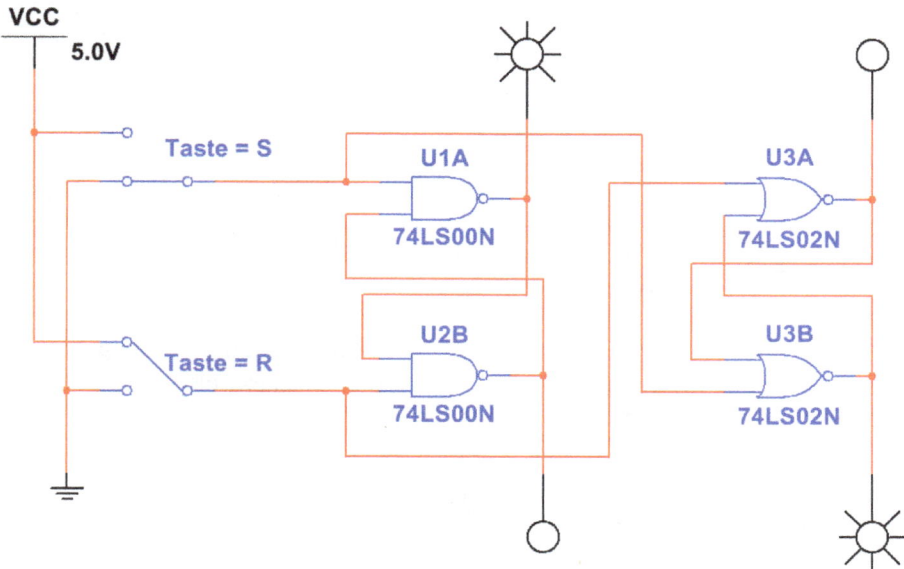

Abb. 6.1: Schaltung zur Untersuchung eines NAND- (links) und eines NOR-Flipflops (rechts)

bedeutet, dass der Zustand der beiden Ausgänge nicht mehr mit Sicherheit voraussehbar ist, denn dieser Zustand ist nicht definierbar und gilt als „verboten". Anhand Tabelle 6.1 lässt sich das Verhalten des R'S'-NAND-Flipflops untersuchen.

Tab. 6.1: Funktionen zur Untersuchung eines R'S'-NAND-Flipflops

S'	R'	Q	Q'	
0	0	1	1	irregulärer Zustand
0	1	0	1	
1	0	1	0	
1	1	Q_m	Q'_m	Speicherzustand

Sind beide Eingänge auf 1-Signal, befindet sich das R'S'-NAND-Flipflop im Speicherzustand, d. h. der vorherige Zustand bleibt so lange gespeichert, bis einer der beiden Eingänge wieder ein 0-Signal annimmt. Tabelle 6.1 zeigt, welche Signalzustände sich an den beiden Ausgängen Q und Q' bei den verschiedenen Eingangssignalen an R' und S' einstellen, und zwar zu einem bestimmten Zeitpunkt Q_m. Die Bezeichnung Q_m bedeutet, dass bei der dazugehörigen Eingangskombination die Ausgangssignale so verbleiben, wie diese zum Zeitpunkt an den Eingängen vorhanden waren. Dieser „Memory"-Zustand ist die eigentliche Speicherfunktion des Flipflops.

Durch die Verwendung von NOR-Gattern in einem RS-Flipflop ändert sich die Ansteuerung am Eingang deutlich, wie Tabelle 6.2 zeigt.

Tab. 6.2: Funktionen zur Untersuchung eines RS-NOR-Flipflops

S	R	Q	Q'	
0	0	Q_m	Q'_m	Speicherzustand
0	1	1	0	
1	0	0	1	
1	1	0	0	irregulärer Zustand

Sind beide Eingänge auf 0-Signal, befindet sich das RS-NOR-Flipflop im Speicherzustand, d. h. der vorherige Zustand bleibt so lange gespeichert, bis einer der beiden Eingänge wieder ein 1-Signal annimmt.

6.1.2 NAND- und NOR-Speicherflipflop

Das NAND- und NOR-Speicher-Flipflop gehört zur Gruppe der taktimpulsgesteuerten oder triggerbaren Flipflops. Diese Art des Flipflops kann man sehr einfach aus einem

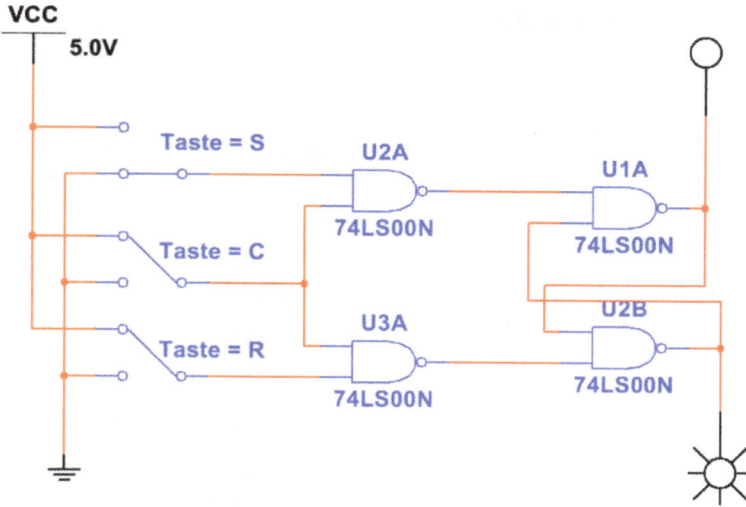

Abb. 6.2: Schaltung zur Untersuchung eines R'S'-NAND-Speicherflipflops

R'S'-NAND- oder RS-NOR-Flipflop entwickeln. Durch die beiden NAND- oder UND-Gatter am Eingang ergibt sich eine Ansteuerschaltung für das eigentliche Flipflop.

Die Schaltung in Abb. 6.2 besteht aus einer Ansteuerschaltung, die aus zwei NAND-Gattern realisiert wurde, und dem Grundflipflop, das aus einem R'S'-NAND-Flipflop besteht. Durch die Ansteuerschaltung liegen die beiden Setz- und Rücksetzeingänge nicht mehr direkt an dem R'S'-NAND-Flipflop, sondern lassen sich über den C-Eingang (Clock) ansteuern.

Liegt der C-Eingang auf 0-Signal, befinden sich die beiden Ausgänge der NAND-Gatter der Ansteuerschaltung auf 1-Signal und damit erreicht man beim R'S'-NAND-Flipflop den Speicherzustand. Während dieser Phase können sich an den S'- und R'-Eingängen die Signalzustände laufend ändern, ohne dass der Ausgangszustand wechselt. Der Ausgangszustand ändert sich nur, wenn der C-Eingang kurzzeitig auf 1-Signal schaltet und dann wieder auf 0-Signal zurückkippt. Wegen dieser Wirkung des Takt- oder Clock-Eingangs bezeichnet man dieses Flipflop als taktzustandsgesteuertes R'S'-NAND-Speicherflipflop oder R'S'-NAND-Auffangflipflop. Tabelle 6.3 zeigt die Funktionen eines R'S'-NAND-Speicherflipflops.

Vergleicht man die Funktionstabelle des R'S'-NAND-Speicherflipflops hinsichtlich der Eingänge R' und S', so bleiben die Funktionen unverändert. Der Takt wird nur als zusätzliche Funktion für die Informationsübernahme betrachtet.

In der Schaltung von Abb. 6.3 erhält das RS-NOR-Flipflop ebenfalls eine Ansteuerschaltung vorgeschaltet, um die Funktionen eines NOR-Speicherflipflops mit Takteingang C zu erhalten. Damit können die beiden Eingänge R und S nicht mehr das eigentliche Flipflop beeinflussen, sondern nur wenn Eingang C ein 1-Signal hat. Bei 0-Signal sind beide UND-Gatter gesperrt. Wegen dieser Wirkung des Takt- oder Clock-Eingangs

Tab. 6.3: Funktionen eines R'S'-NAND-Speicherflipflops

S'	R'	C	Q	Q'	
0	0	0	Q_m	Q'_m	
0	1	0	Q_m	Q'_m	
1	0	0	Q_m	Q'_m	
1	1	0	Q_m	Q'_m	
0	0	1	Q_m	Q'_m	Speicherzustand
0	1	1	1	0	
1	0	1	0	1	
1	1	1	1	1	irregulärer Zustand

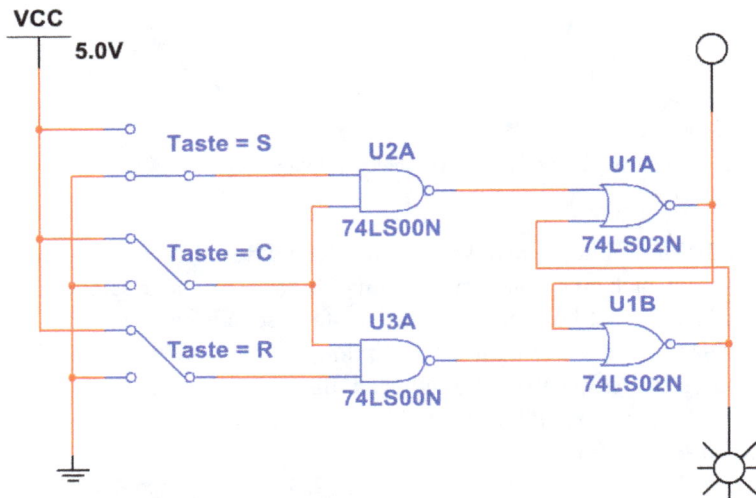

Abb. 6.3: Schaltung zur Untersuchung eines RS-NOR-Speicherflipflops

auf das nachgeschaltete Flipflop bezeichnet man diese Schaltung als taktzustandsgesteuertes NOR-Speicherflipflop oder NOR-Auffangflipflop.

Wie Tabelle 6.4 zeigt, reagiert das RS-NOR-Flipflop nur dann, wenn Eingang C ein 1-Signal hat. Die Funktionstabelle hinsichtlich der Eingänge R und S bleibt unverändert und der Takt wird nur als zusätzliche Erweiterung betrachtet.

6.1.3 D-Flipflop

Das D-Flipflop (delay = verzögern) stellt eine Sonderform für die Funktionsweise eines Flipflops dar. Durch die besondere Verschaltung der eigentlichen Ansteuerschaltung kann es zu keinem irregulären Zustand an den Ausgängen kommen. Für ein D-Flipflop lassen sich zwei Schaltungsvarianten einsetzen, wie Abb. 6.4 zeigt.

Tab. 6.4: Funktionen eines NOR-Speicherflipflops

S	R	C	Q	Q'	
0	0	0	Q_m	Q'_m	
0	1	0	Q_m	Q'_m	
1	0	0	Q_m	Q'_m	
1	1	0	Q_m	Q'_m	
0	0	1	Q_m	Q'_m	Speicherzustand
0	1	1	0	1	
1	0	1	1	0	
1	1	1	0	0	irregulärer Zustand

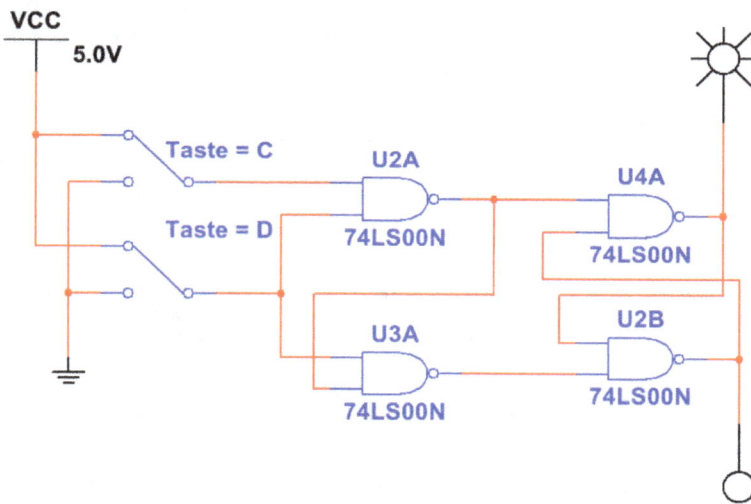

Abb. 6.4: Schaltung eines D-Flipflops

In der Praxis setzt man die Schaltung von Abb. 6.4 ein. Durch das erste NAND-Gatter in der Ansteuerschaltung ergibt sich eine Negation für das obere NAND-Gatter des R'S'-NAND-Flipflops. Durch das zweite NAND-Gatter erhält man eine weitere Negation und damit das direkte Eingangssignal für das untere NAND-Gatter des eigentlichen R'S'-NAND-Flipflops. Tabelle 6.5 zeigt die Betriebsarten.

Tab. 6.5: Betriebsarten des D-Flipflops

D	Q	Q'
0	0	1
1	1	0

Die einfache Funktionsweise des D-Flipflops findet in der Elektronik einen breiten Anwendungsbereich, denn es können keine Fehlfunktionen auftreten, wie dies bei den einfachen Flipflops der Fall sein kann. D-Flipflops bilden auch die Grundlage für Schieberegister oder arbeiten als schneller Zwischenspeicher in Zählschaltungen zwischen dem Zähler und der 7-Segment-Anzeige.

6.1.4 JK-Flipflop

Das JK-Flipflop unterscheidet sich vom RS-Flipflop durch die zusätzlichen Rückkopplungen der beiden Ausgänge auf die Ansteuerschaltung. Die Bezeichnung „J" (Jump) und „K" (Kill) für die beiden Eingänge wurde willkürlich gewählt und hat keinen Bezug auf die Funktionsweise des Flipflops. Bei diesen Flipflops muss man zwischen Speicher- und Auffangflipflops unterscheiden.

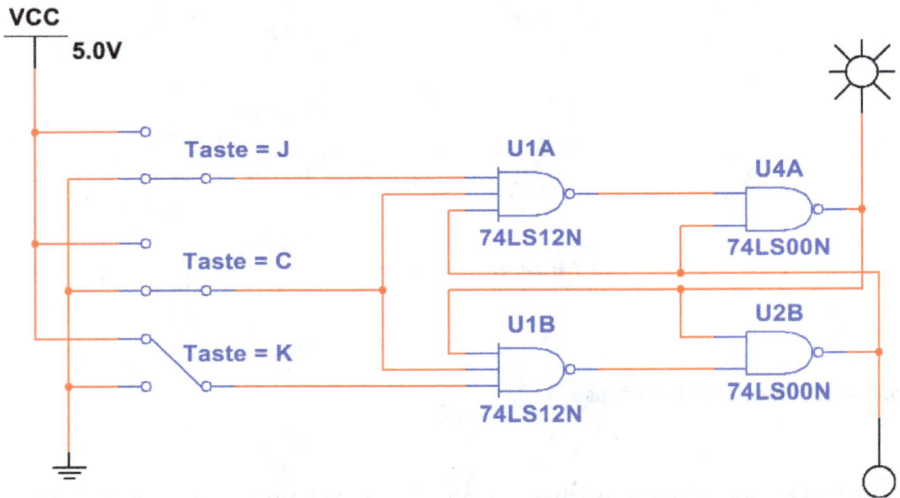

Abb. 6.5: Schaltungen zur Untersuchung eines JK-Speicherflipflops mit NAND-Gattern

Die Grundschaltung eines JK-Speicherflipflops ist in Abb. 6.5 gezeigt. Die NAND-Bedingung von U1 und U2 ist gegeben, wenn alle drei Eingänge 1-Signal aufweisen. Das Flipflop selbst besteht aus den beiden NAND-Gattern U3 und U4 und bildet das bekannte NAND-Flipflop mit der Funktionstabelle 6.6.

Durch die Verknüpfung von Q und Q' auf den Eingang, kann kein irregulärer Zustand auftreten. Es ergibt sich Funktionstabelle 6.7.

Das RS-NOR-Flipflop besteht aus zwei NOR-Gattern, deren Ausgänge kreuzweise das Flipflop und die Ansteuerschaltung verbinden. Im Ruhezustand liegen beide Ein-

Tab. 6.6: NAND-Flipflop

S'	R'	Q	Q'	
0	0	1	1	irregulärer Zustand
0	1	0	1	
1	0	1	0	
1	1	Q_m	Q'_m	Speicherzustand

Tab. 6.7: Arbeitsweise des JK-Flipflops

J	K	Q	Q'
0	0	Q_m	Q'_m
0	1	0	1
1	0	1	0
1	1	Q_m	Q'_m

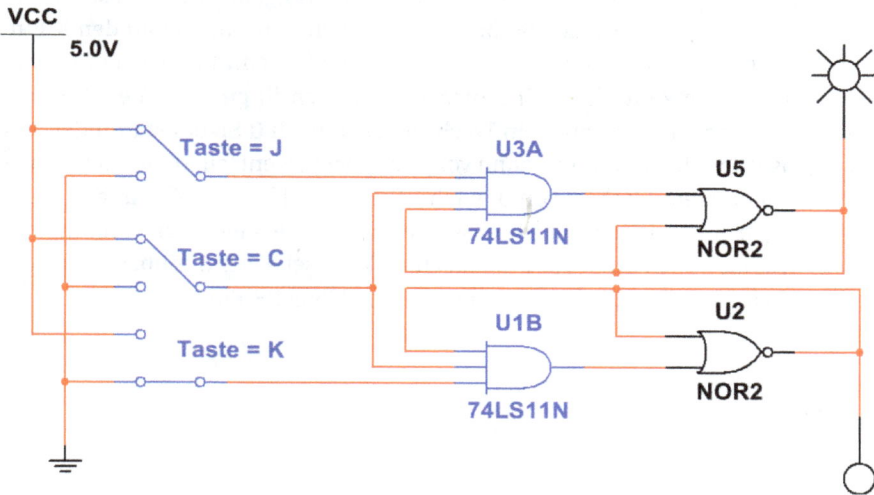

Abb. 6.6: Schaltungen zur Untersuchung eines JK-Speicherflipflops

gänge auf 1-Signal und betätigt man den Schalter J oder K, kippt das JK-Flipflop, aber nur in den entgegengesetzten Zustand, d. h. ist das Flipflop gesetzt und der J-Eingang wird auf 0-Signal gelegt, bleibt dieser Zustand erhalten. Das JK-Flipflop lässt sich nur über den K-Schalter mit einem 0-Signal zurücksetzen. Tabelle 6.8 gilt für die Schaltungen in Abb. 6.5 und 6.6.

Aus dieser Tabelle kann man die Arbeitsweise eines JK-Flipflops ableiten. Liegt als Ergebnis des zur Zeit t_m stattgefundenen Signalwechsels am Ausgang Q ein 0-Signal und soll dieses 0-Signal durch den nächsten Signalwechsel t_{m+1} nicht geändert werden, so muss entsprechend Tabelle 6.8 am J-Eingang ein 0-Signal liegen. Der K-Ein-

Tab. 6.8: Funktionsweise eines JK-Auffangflipflops, wie sie in Abb. 6.5 und 6.6 gezeigt wurden

J	K	C	Q	Q'
0	0	0	Q_m	Q'_m
0	1	0	Q_m	Q'_m
1	0	0	Q_m	Q'_m
1	1	0	Q_m	Q'_m
0	0	1	Q_m	Q'_m
0	1	1	1	0
1	0	1	0	1
1	1	1	Q_m	Q'_m

gang kann während dieser Zeit mit einem 0- oder 1-Signal verbunden sein. Soll ein 1-Signal am Ausgang beinhaltet werden, so muss der K-Eingang auf 0-Signal geschaltet sein. Soll dagegen ein Wechsel von 0- nach 1-Signal erfolgen, muss man ein 1-Signal an den J-Eingang legen, wobei der K-Eingang ein 0- oder 1-Signal aufweisen kann. Soll ein Wechsel von 1- nach 0-Signal stattfinden, muss man ein 1-Signal an den K-Eingang anlegen und der J-Eingang darf auf 0- oder 1-Signal sein. Daraus geht hervor, dass für den K-Eingang nur dann eine zwingende Vorschrift gilt, wenn ein 1-Signal beibehalten werden soll oder aber ein Wechsel von 1- nach 0-Signal stattfindet. Für den J-Eingang ist der Logikwert nur dann vorgeschrieben, wenn ein 0-Signal beinhaltet werden soll oder ein Wechsel von 0- nach 1-Signal stattfinden soll. Für den Wert, der vorgeschrieben ist, definiert man, dass ein 0-Signal stets eine Beibehaltung des Ausgangszustands bewirkt und ein 1-Signal einen Wechsel bewirkt. Abb. 6.7 zeigt die Schaltung eines JK-Auffangflipflops mit nachgeschaltetem RS-Flipflop.

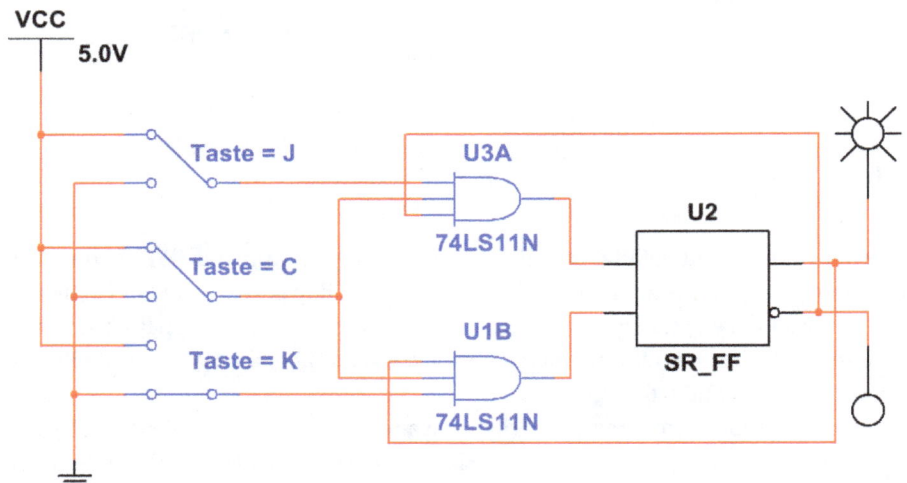

Abb. 6.7: Schaltung zur Untersuchung eines JK-Auffangflipflops mit RS-Flipflop

Der Zustand am Ausgang des JK-Auffangflipflops ändert sich nur, wenn der C-Eingang ein 1-Signal hat und an den J- und K-Eingängen jeweils ein Signal anliegt, das um 180° zum Ausgangszustand phasenverschoben ist. Ein gesetzter oder rückgesetzter Zustand des Flipflops kann nur mit einem entgegengesetzten Signal an dem J- oder K-Signal beeinflusst werden.

In der Praxis unterscheidet man zwischen dynamischer und statischer Ansteuerung von JK-Flipflops. Hat man eine dynamische Ansteuerung, reagieren die Eingänge auf schnelle Impulsänderungen von 0 nach 1 (positiv) oder 1 nach 0 (negativ). Man spricht hier von positiver oder negativer Flankensteuerung und die Flanke muss sich innerhalb von 200 ns ändern.

Bei einer statischen Ansteuerung reagiert der Eingang des Flipflops auf einen bestimmten Spannungspegel. Vergrößert sich die Spannung am Eingang und das Flipflop reagiert ab einer bestimmten Amplitude, spricht man von einer positiven Zustandssteuerung. Verringert sich dagegen die Amplitude gegen 0 V und der Eingang reagiert, ergibt sich eine negative Zustandssteuerung.

Der TTL-Baustein 7476 beinhaltet zwei JK-Flipflops mit getrennten S- und R-Eingängen. Der 7476 ist positiv pulsgetriggert und der 7474 ist negativ flankengetriggert. Die beiden JK-Flipflops arbeiten getrennt mit Voreinstellung und Löschen. Beide Flipflops lassen sich unabhängig voneinander betreiben. Der Ablauf der Vorgänge ist folgender: Bei steigender Spannung um Takteingang ($\approx 1{,}6$ V) wird der Slave vom

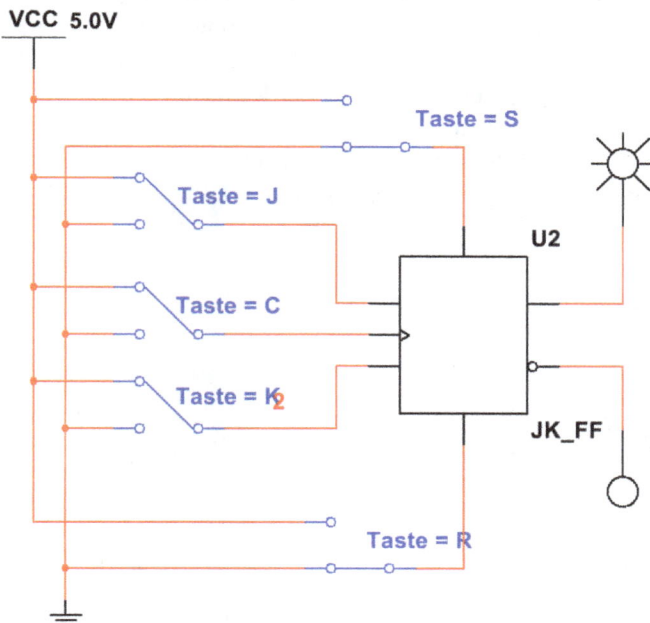

Abb. 6.8: Statische Untersuchung des TTL-Bausteins 7476

Master getrennt und bei einer Spannung ($\approx$ 3 V) des Taktimpulses gelangen die Informationen an den J- und K-Eingängen in den Master. Verringert sich die Taktspannung ($\approx$ 3 V), werden die J- und K-Eingänge abgetrennt und sinkt die Taktspannung ($\approx$ 1,6 V), werden die Informationen vom Master zum Slave transferiert.

Bei der 74LS76-Ausführung, bei der eine Triggerung mit der negativen Flanke des Taktes erfolgt, kann eine Änderung des logischen Zustands der Eingänge erfolgen, während das Taktsignal auf 1-Signal ist. Dies ist bei den pulsgetriggerten Ausführungen nicht der Fall. Wenn der J-Eingang auf 1-Signal und der K-Eingang auf 0-Signal liegt, geht Q beim Takten auf 1-Signal und Q' auf 0-Signal. Wenn der J-Eingang auf 0-Signal und der K-Eingang auf 1-Signal liegt, geht Q beim Takten auf 0-Signal und Q' auf 1-Signal. Liegt sowohl der J-Eingang wie der K-Eingang auf 1-Signal, wechselt jeder Takt die Zustände von Q und Q', womit eine binäre Teilung möglich ist.

Liegen J- und K-Eingänge gleichzeitig auf 0-Signal, bewirkt der Takt keine Änderung der Ausgänge. Die Eingänge Preset und Reset sollten für den Normalbetrieb offengelassen oder auf +5 V gelegt werden. Wird der Reset-Eingang auf Masse gelegt, geht das Flipflop sofort in einen Zustand mit Q auf 0 und Q' auf 1. Wird der Preset-Eingang auf 0 gelegt, so geht sofort Q auf 1 und Q' auf 0. Beide Eingänge sollten niemals gleichzeitig auf 0 gelegt werden, da sich sonst ein nicht stabiler Zustand ergibt, der nicht erhalten bleibt, wenn Preset und/oder Reset inaktiv (1-Signal) werden. Tabelle 6.9 zeigt die Arbeitsweise des 7476 und Tabelle 6.10 des 74LS76.

In der Schaltung von Abb. 6.9 wird ein Rechteckgenerator mit 10 MHz verwendet. Da die Flankensteilheit für die Rechteckfrequenz einstellbar ist, wurden für die steigende und fallende Flanke eine Zeit von 10 ns gewählt. Der S-Eingang (PR = Preset) und der R-Eingang (CLR = Clear Reset) ist jeweils mit +5 V verbunden. Der J-Eingang wird kreuzweise mit dem Ausgang Q' verbunden und der K-Eingang mit Q. Damit kann die Schaltung ordnungsgemäß arbeiten.

Kanal A des Oszilloskops zeigt die Eingangsfrequenz und Kanal B den Ausgang.

Laut Oszilloskop ergibt sich für den simulierten Baustein 74LS76 eine Impulsverzögerungszeit von 20 ns.

Tab. 6.9: Arbeitsweise des TTL-Standard-Bausteins 7476

S	R	C	J	K	Q	Q'
0	1	X	X	X	1	0
1	0	X	X	X	0	1
0	0	X	X	X	1^*	1^*
1	1	⎍	0	0	Q_m	Q'_m
1	1	⎍	1	0	1	0
1	1	⎍	0	1	0	1
⎍	1	1			taktet	

* Dieser Zustand ist nicht stabil, d. h. er bleibt nicht erhalten, wenn S- und/oder R-Eingang inaktiv (1-Signal) werden.

Tab. 6.10: Arbeitsweise des TTL-Bausteins 74LS76

S	R	C	J	K	Q	Q'
0	1	X	X	X	1	0
1	0	X	X	X	0	1
0	0	X	X	X	1^*	1^*
1	1	↓	0	0	Q_m	Q'_m
1	1	↓	1	0	1	0
1	1	↓	0	1	0	1
1	1	↓	1	1	taktet	
1	1	1	X	X	Q_m	Q'_m

* Dieser Zustand ist nicht stabil, d. h. er bleibt nicht erhalten, wenn S- und/oder R-Eingang inaktiv (1-Signal) werden.

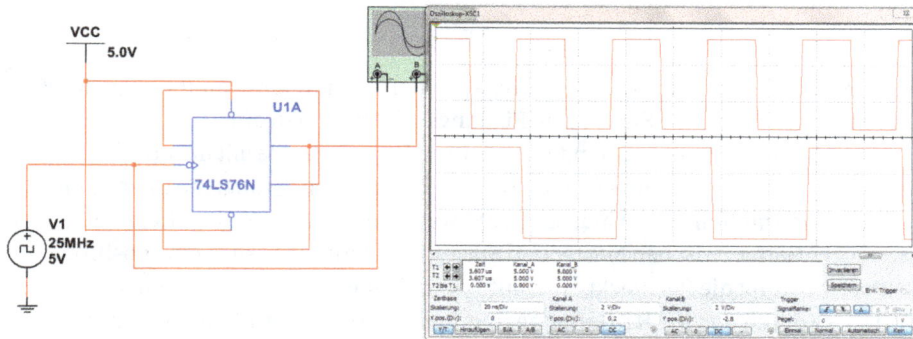

Abb. 6.9: Dynamische Untersuchung des TTL-Bausteins 74LS76

6.1.5 Master-Slave-Flipflop

In vielen Anwendungsbeispielen der digitalen Schaltungstechnik mit Flipflops darf die Übernahme der Eingangsinformation nicht direkt mit der Weitergabe der Ausgangsinformation zeitlich zusammenfallen. Die Informationsweitergabe am Ausgang muss verzögert gegenüber der Informationsaufnahme am Eingang erfolgen. Man muss also die Eingangsinformation zwischenspeichern.

In der Praxis verwendet man zum Zwischenspeichern das Master-Slave- oder Zweispeicher-Prinzip. Der Master (Meister) nimmt die Eingangsinformation entgegen und gibt diese zeitlich verzögert an den Slave (Sklave) weiter. Der Slave speichert diese Information so lange zwischen, bis er vom Master die neue, aber entgegengesetzte Information erhält.

Das einfachste RS-Master-Slave-Flipflop ist in der Schaltung von Abb. 6.10 gezeigt. Dieses MS-Flipflop besteht aus zwei einzelnen JK-Flipflops. Das erste oder Eingangsflipflop ist der Master, der die Eingangsinformation an den J- und K-Eingängen entgegennimmt. Dieses Flipflop bildet den Eingangsspeicher und die Ausgänge sind direkt

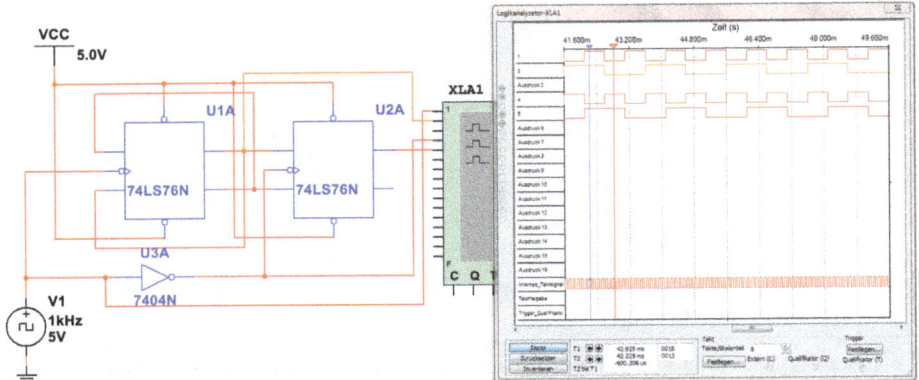

Abb. 6.10: Aufbau eines JK-Master-Slave-Flipflops

mit den J- und K-Eingängen des Ausgangsspeichers verbunden. Damit zwingt der Master dem nachgeordneten Slave seine Eingangsinformationen auf.

Bei den beiden Flipflops handelt es sich um Bausteine, die mit negativen Taktflanken schalten. Mit der negativen Flanke des Rechtecksignals erfolgt die Übernahme der Eingangsinformation in den Master. Der Slave kann zu dieser Zeit nicht reagieren, da das NICHT-Gatter zwischen Master und Slave die negative Flanke in eine positive Flanke umsetzt. Kippt die Rechteckflanke auf 1-Signal, damit eine positive Flanke entsteht, wird diese durch das NICHT-Gatter negiert und der Slave übernimmt die Ausgangsinformationen vom Master.

In der Schaltung sind zwei JK-Flipflops zusammengeschaltet. Durch das NICHT-Gatter ergibt sich eine Negation zwischen dem Eingangstakt für den Master und den Slave. Mithilfe des Logikanalysators erkennt man die Arbeitsweise. Mit jeder negativen Flanke am Takteingang nimmt der Master die am J- bzw. K-Eingang anstehende Information auf. Nimmt der Master mit einer negativen Flanke die Eingangsinformation auf, reagiert der Slave noch nicht, da durch das NICHT-Gatter eine positive Taktflanke am C-Eingang auftritt. Erst nach einer positiven Flanke des Rechteckgenerators entsteht am Slave eine negative Flanke und man erkennt im Logikanalysator die zeitliche Verzögerung von 20 ns.

6.1.6 JK-Master-Slave-Flipflop 7472

Im Unterschied zum Latch (NAND- oder NOR-Flipflop) kann das JK-Flipflop nicht direkt über die Informations- bzw. Vorbereitungseingänge J und K, sondern nur vom Taktsignal und vom Signal an den Stelleingängen (unabhängig vom Takt) gestellt werden. Die Signale an den J- und K-Eingängen legen die Lage fest („bereiten sie vor"), in die das Flipflop mit der nächsten schaltenden Taktflanke gekippt wird. Über die Setz-

oder Rücksetzeingänge S und R kann das Flipflop unabhängig von dem Taktsignal und den J- und K-Eingängen direkt gestellt (gesetzt, gekippt) werden. Im Unterschied zum RS-Flipflop sind die Eingangssignale J = K = 1 ohne Einschränkung erlaubt.

Abb. 6.11 zeigt eine Schaltung zur dynamischen Untersuchung des TTL-Bausteins 7472. Es ergibt sich Tabelle 6.11.

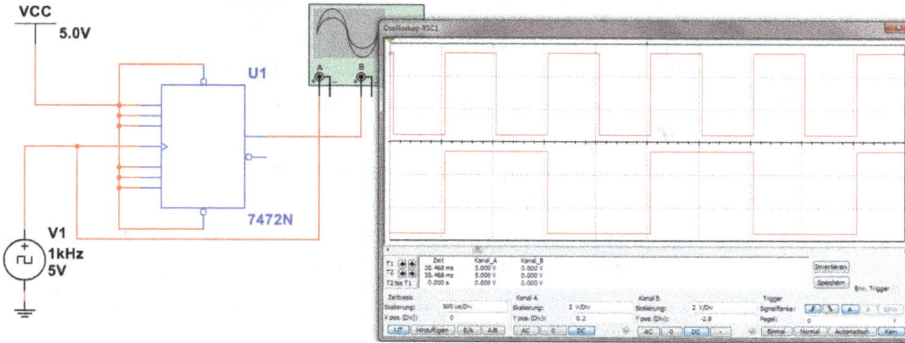

Abb. 6.11: Dynamische Untersuchung des TTL-Bausteins 7472

Tab. 6.11: Arbeitsweise des TTL-Bausteins 7472, wobei die Vorbereitungseingänge J = J1 · J2 · J3 und K = K1 · K2 · K3 verbunden sind

Preset	Clear	Clock	J	K	Q	Q'
0	1	X	X	X	1	0
1	0	X	X	X	0	1
0	0	X	X	X	1^*	1^*
1	1	⊓	0	0	Q_m	Q'_m
1	1	⊓	1	0	1	0
1	1	⊓	0	1	0	1
1	1	⊓	1	1	taktet	

* Dieser Zustand ist nicht stabil, d. h. er bleibt nicht erhalten, wenn S- und/oder R-Eingang inaktiv (1-Signal) werden.

Die drei J-Eingänge (Vorbereitungseingänge) sind intern durch ein UND miteinander verknüpft, ebenso die drei K-Eingänge. Das bedeutet, dass unbeschaltete, offene J- und K-Eingänge unwirksam sind. Bei der zeichnerischen Darstellung sind die drei J-Eingänge dem oberen Ausgang Q (obere Hälfte des Rechtecks) zugeordnet. In diesem Fall gilt die einfache Regel, dass mit der nächsten Schaltflanke des Taktes bei J = 0 (und K = 1) auch Q = 0 wird.

Für das JK-Flipflop ist charakteristisch, dass es bei J = K = 0 vom Takt nicht weitergeschaltet wird und in der gerade eingenommenen Lage verbleibt, sodass es bei

J = K = 1 von jeder Schaltflanke des Taktes gekippt wird. Im zweiten Fall tritt am Q-Ausgang eine Impulsfolge mit dem Tastverhältnis 1 : 1 von der halben Taktfrequenz auf. Ergebnis: Das JK-Flipflop arbeitet bei offenen JK-Eingängen als Binärteiler, Frequenzteiler 2 : 1 oder Zähler.

In der Funktionstabelle bedeuten t_m und t_{m+1} die Zeitpunkte vor und nach dem Eintreffen der schaltenden Taktflanke. Q_m ist der Zustand des Ausgangs zum Zeitpunkt t_m. Die Arbeitsweise des JK-Flipflops geht auch aus dem Impulsdiagramm hervor. Darin bedeuten:

- Das Flipflop arbeitet bei offenen oder an 1-Signal liegenden JK-Eingängen als Binärteiler (d h. Teiler 2 : 1) und mit jeder Schaltflanke (in diesem Fall die negativen bzw. 10-Flanke) wird der Q-Ausgang in die entgegengesetzte Lage gestellt.
- Bei J = 0 und K = 0 verbleibt das Flipflop in der gerade eingenommenen Lage und kann vom Takt nicht weiter verändert werden.
- Bei J = 0 und K = 1 wird Q mit der folgenden negativen Schaltflanke auf Q = 0 gestellt und verbleibt in dieser Lage, solange sich J und K nicht ändern.
- Bei J = 1 und K = 0 wird Q mit der negativen folgenden Schaltflanke auf Q = 1 gestellt und verbleibt ebenfalls in dieser Lage.

Der Master- und Slaveteil wird beim TTL-Schaltkreis 7472 mit zueinander negierten Takten betrieben, wobei die Negation über ein internes NICHT-Gatter im Schaltkreis erfolgt. Da der Ablauf der Umschaltvorgänge im Flipflop (Öffnen und Schließen von Gattern in bestimmter Reihenfolge) nur von der Höhe des Taktpotentials abhängt, bezeichnet man den Schaltkreis 7472 auch als taktzustands- oder taktniveaugesteuertes Flipflop. Alle Master-Slave-Flipflops sind grundsätzlich taktzustandsgesteuert. An die Steilheit der Taktflanke werden deshalb (im Gegensatz zum taktflankengesteuerten D-Flipflop 7474) keine besonderen Anforderungen gestellt. Um sicherzustellen, dass Master und Slave mit jeder Taktflanke exakt getrennt werden, wird jedoch eine Mindeststeilheit von ≤ 150 ns (zwischen 0,7 und 2,7 V) empfohlen.

Obwohl die Ausgänge Q und Q' von der negativen Taktflanke gestellt werden, nimmt der Master bereits mit der positiven Taktflanke oder während der Zeit, in der der Takt das 1-Potential hat, die Information über J- und K-Eingänge in das Masterflipflop auf und speichert sie. Die positive Taktflanke öffnet also den Master und sperrt den Slave, sodass die aufgenommene Information noch nicht zum Slave gelangen kann. Mit der positiven Taktflanke wird der Mastereingang gesperrt und der Slaveeingang geöffnet. Die Potentiale am Ausgang werden im Slave aufgenommen sowie negiert und stellen das Flipflop. Man bezeichnet deshalb den Baustein 7472 wie alle Master-Slave-Flipflops auch als Zweiflankenflipflop.

Nachteil ist, dass bei dem H-Potential der Mastereingang geöffnet ist und kann über den J- und K-Eingang unmittelbar gestellt werden bzw. falsche Information aufnehmen. Das Master-Slave-Flipflop ist deshalb bei H-Potential gegen Störimpulse an den JK-Eingängen äußerst empfindlich. Die Taktimpulsbreite mit einem 1-Signal sollte deshalb immer so klein wie möglich gehalten werden.

Von Vorteil ist, dass durch die Trennung von Master und Slave bei diesem Flipflop gleichzeitig am Eingang eine neue Information angeboten (und aufgenommen), während am Ausgang die alte Information noch abgefragt wird.

Hinweise zum Störverhalten des JK-Master-Slave-Flipflops:

- Positive Störimpulse an den JK-Eingängen: Von außen gesehen wirkt die negative Taktflanke als Schaltflanke. Es ist aber wichtig zu wissen, dass die Informationsaufnahme bereits mit der positiven Taktflanke und während der ganzen Zeit erfolgt, in der das 1-Taktsignal aktiv ist, und im Master nicht wieder durch einen Störimpuls bzw. Rauschanteil gelöscht wird.
- Das Flipflop befindet sich beispielsweise in Stellung $Q = 1$, und an J liegt zur Zeit der positiven Taktflanke das 0-Signal. Mit der positiven Taktflanke wird also keine neue Information in den Master übernommen. Bleibt der J-Eingang bis zur nächsten negativen Taktflanke auf 0-Signal, so wird der Ausgang des Flipflops nicht verändert. Kommt aber, während der Takt auf 1-Signal ist, ein positiver Störimpuls $\geq 1{,}5$ V auf den J-Eingang, dann kann dieser Impuls das Masterflipflop verändern, und die folgende negative Taktflanke kippt den Slave in Stellung $Q = 1$. Entsprechendes gilt für den Ausgang mit $Q' = 1$, wenn die K-Eingänge vorbereitet werden.
- Das JK-Master-Slave-Flipflop ist also für positive Störimpulse an einem auf 0-Signal liegenden J- oder K-Eingang (sie werden auch Vorbereitungseingänge genannt) sehr empfindlich. Deshalb wird empfohlen, die Taktimpulsbreite des 1-Signals immer so klein wie möglich zu halten (Mindestbreite jedoch 20 ns).
- Die Störempfindlichkeit besteht nur bei 0-Signal (und damit nur für positive Störspitzen) an den J- oder K-Eingängen. Bei $J = 1$ und einem 1-Signaltakt ist das Flipflop für negative Störspitzen unempfindlich.
- Die Auswirkung der positiven Störspitzen ist besonders in der Praxis unangenehm, weil sie im Zeitraum des H-Potentials am Takt nicht mehr rückgängig sind und dies zu einer Fehlschaltung führt.
- Bei negativen Störimpulsen am Takteingang kann das Flipflop durch negative Impulse oder durch negatives Überschwingen bei 0-Signal auf der Taktleitung fehlgeschaltet werden. Ursache hierfür sind die internen Transistoren. Durch eine negative Störspannung auf der Taktleitung, die am Emitter des internen Transistors liegt, wird das Basispotential im Vergleich zum Emitter plötzlich positiv. Der Transistor wird damit leitend und bewirkt eine negative Störspitze an dem auf 1-Signal liegenden Kollektor. Wenn diese Störspitze bis unter $-0{,}7$ V reicht, werden während der Zeitdauer der Störspitze die Ausgänge $Q = 1$ und $Q' = 1$. Negative Stör- und Überspannungen auf den Taktleitungen der Bausteine 7472 müssen deshalb vermieden werden.

Wie praktische Untersuchungen zeigten, können Flipflops auch durch Störimpulse an den Ausgängen Q und Q' fälschlicherweise gestellt werden. An Flipflopausgängen sollten deshalb niemals elektrisch lange Leitungen direkt angeschlossen werden.

6.1.7 D-Flipflop mit Preset und Clear

Bei den Flipflops mit „data lockout" tritt der oben genannte Nachteil nicht auf, denn sie sind bei einem H-Potential am Takteingang gegenüber Potentialänderungen an den JK-Eingängen unempfindlich. Eine eingebaute Sperre in den JK-Eingängen bewirkt, dass der Master bei 1-Signal nicht mehr über die JK-Eingänge direkt, sondern nur noch von der positiven Taktflanke gestellt werden kann. Damit wird nur die zum Zeitpunkt der positiven Taktflanke (einschließlich Vorbereitungs-(Setz-) und Haltezeit $t_{set up}$ und t_{hold}) an J- bzw. K-Eingang liegende Information in den Master übernommen und mit der folgenden negativen Taktflanke an den Slave und den Ausgang Q weitergegeben. Beispiele hierfür sind die TTL-Flipflop-Schaltkreise 7474, 74110 und 74115, die auch „Clock-skewed-Flipflops" genannt werden.

TTL-Baustein 7474: Zwei D-Flipflops mit Preset und Clear

TTL-Baustein 74110: JK-Master-Slave-Flipflop mit je drei Eingängen, Preset, Clear und „Data Lockout"

TTL-Baustein 74115: Zwei JK-Master-Slave-Flipflops mit je drei Eingängen, Preset, Clear und „Data Lockout"

D-Flipflops gibt es außer den D-Latches nur als taktflankengetriggerte D-Flipflops. Das D-Flipflop hat neben dem Takteingang und ein oder zwei Stelleingängen (Clear und Preset) nur einen mit D bezeichneten Informationseingang. Bekanntestes D-Flipflop ist der Schaltkreis 7474 mit zwei D-Flipflops. In Abb. 6.12 ist eine Versuchsschaltung mit dem 7474 gezeigt.

Mit jeder Schaltflanke des Taktes (beim 7474 die positive Flanke) übernimmt das Flipflop die zu diesem Zeitpunkt am D-Eingang liegende Information in den Ausgang Q (und zwar unabhängig davon, welche Signale zuvor vorhanden waren) und speichert sie bis zur nächsten Schaltflanke. Zwischenzeitliche Änderungen am D-Eingang bleiben ohne Wirkung. Ein zum Zeitpunkt t_m an D gegebenes bleibendes Signal erscheint am Ausgang Q erst zum Zeitpunkt t_{m+1} der nächsten positiven Taktflanke. Daher wird das D-Flipflop auch Verzögerungsflipflop genannt. „D" ist die Abkürzung

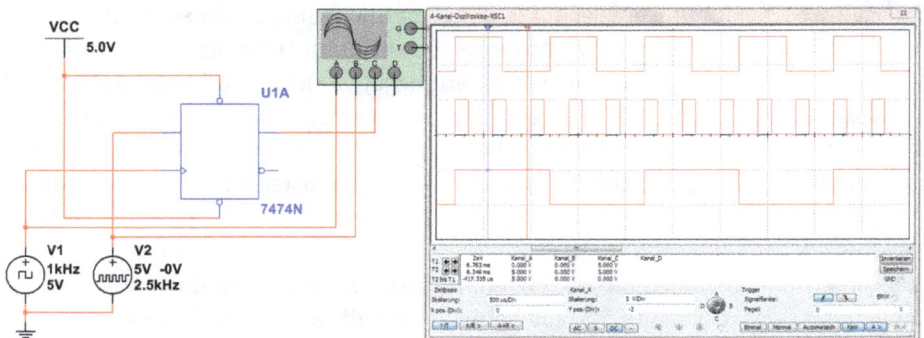

Abb. 6.12: Dynamische Untersuchung des TTL-Bausteins 7474

von „delay" (Verzögerung). Es eignet sich besonders zum Synchronisieren von Vorgängen und für den Aufbau von Ringzählern und Schieberegistern. Da der Q-Ausgang auf das Potential gestellt wird, das der D-Eingang in dem schmalen Änderungsbereich von etwa 20 ns zur Zeit der Schaltflanke hat, ist das D-Flipflop gegenüber Störimpulsen am D-Eingang unempfindlicher als das JK-Flipflop 7472. Diesem Vorteil steht der als geringer zu bewertende Nachteil gegenüber, dass die positive Taktflanke eine Mindeststeilheit von etwa $\leq 250\,\text{ns}$ (0,7 V bis 2,7 V) aufweisen muss. Die Mindestimpulsbreiten für den Taktimpuls (1-Signal) und den Stellimpuls (0-Signal) betragen jeweils 30 ns (von 1,5 V an der steigenden zu 1,5 V fallenden Flanke). Die Funktion des taktflankengesteuerten Flipflops beruht auf der internen Verzögerung der Schaltflanke im Flipflop. Mit der Schaltflanke wird der Weg D-Eingang-Ausgang für die Zeit von mindestens zwei Gatterlaufzeiten freigegeben und anschließend durch eine Rückführung der verzögerten Schaltflanke wieder gesperrt.

Tabelle 6.12 zeigt die Daten über den TTL-Baustein 7474, der in drei Technologien hergestellt wird. Dieser Baustein enthält zwei getrennte D-Flipflops mit Triggerung an der positiven Flanke des Taktes und separaten Stell- und Rückstelleingängen. Beide Flipflops können unabhängig voneinander verwendet werden. Die am D-Eingang liegende Information wird jedesmal zum Ausgang Q (und invertiert zum Ausgang Q') weitergeleitet, wenn sich der Pegel am Takteingang von 0- auf 1-Signal ändert. Ohne diese positive Anstiegsflanke am Takteingang werden keinerlei Änderungen am D-Eingang zum Ausgang weitergeleitet. Wenn der D-Eingang auf 1-Signal ist, geht beim Takten der Ausgang Q auf 1-Signal und Q' auf 0. Ist der Eingang D auf 0-Signal, geht der Ausgang Q beim Takten auf 0 und Q' auf 1.

Die Informationen am D-Eingang können zu jeder Zeit geändert werden. Was zählt, ist nur sein Wert in dem Moment, in dem der Takt von 0 auf 1 schaltet. Dieser Wert wird in das Flipflop übertragen und gespeichert. Bei normalem Betrieb sollte der Set- und der Reset-Eingang auf 1-Signal gehalten werden. Wird der Set-Eingang auf 0-Signal gelegt, geht das Flipflop sofort mit Q auf 0 und Q' auf 1, unabhängig vom Taktsignal. Wird der Set-Eingang auf 0 gelegt, geht sofort Q auf 1 und Q' auf 0. Diese beiden Eingänge sollten niemals gleichzeitig auf 0-Signal liegen, da sich sonst kein stabiler Zustand ergibt, der nicht erhalten bleibt, wenn Set und/oder Reset inaktiv (1-Signal) werden. Tabelle 6.12 zeigt die Wahrheitstabelle.

Tab. 6.12: Arbeitsweise des TTL-Bausteins 7474

Preset	Clear	Clock	D	Q	Q'
0	1	X	X	1	0
1	0	X	X	0	1
0	0	X	X	1^*	1^*
1	1	↑	1	1	0
1	1	↑	0	0	1
1	1	1	X	Q_m	Q'_m

* Dieser Zustand ist nicht stabil, d. h. er bleibt nicht erhalten, wenn PRESET und/oder CLEAR inaktiv (1-Signal) werden.

6.1.8 Untersuchung und Anwendungen des TTL-Bausteins 7475 (Latch-Funktion)

Der Baustein 7475 beinhaltet zwei 2-Bit-D-Latches mit Enable und die Schaltung von Abb. 6.13 zeigt eine Simulation für die Untersuchung.

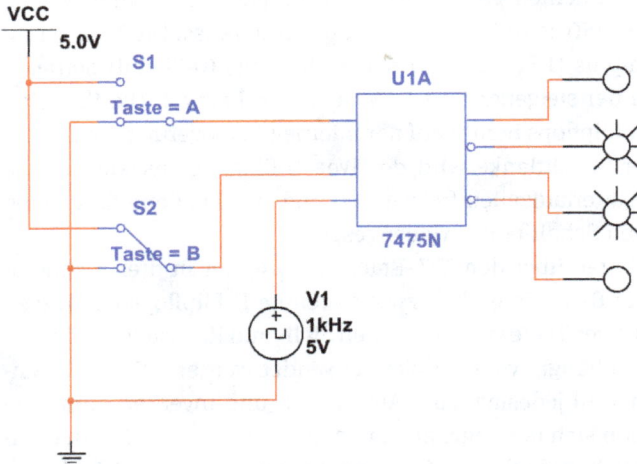

Abb. 6.13: Untersuchung des TTL-Bausteins 7475 (Latch-Funktion)

Bei einer Schaltung ist der Takteingang EN mit dem Rechteckgenerator verbunden. Dieser Rechteckgenerator erzeugt eine Ausgangsspannung von 0 V und +5 V bei einer Frequenz von 1 kHz. Die D-Eingänge werden mit Tasten angesteuert und die Ausgänge liegen an den Testpunkten. Der Schalter A liegt auf 0-Signal und damit wird mit der positiven Taktflanke das D-Flipflop zurückgesetzt und der Ausgang 1Q' hat 1-Signal. Der Testpunkt X2 leuchtet auf. Schalter B liegt an 1-Signal und mit der positiven Taktflanke übernimmt das zweite Flipflop die Information. Ausgang 2Q hat ein 1-Signal. Es gilt für die Funktionen die Tabelle 6.13.

Tab. 6.13: Funktionen des Latch-Bausteins 7475

D	G	Q	Q'
0	1	0	1
1	1	1	0
X	0	Q_m	Q'_m

Der Baustein 7475 beinhaltet vier D-Flipflops mit zwei separaten EN- und vier D-Eingängen.

6.1.9 Untersuchung und Anwendungen des TTL-Bausteins 74116 (Latch-Funktion)

Der TTL-Baustein beinhaltet zwei 4-Bit-D-Latches mit Enable und Clear. Für die Untersuchung der Funktionen verwendet man ein 4-Bit-D-Latch, wie Abb. 6.14 zeigt.

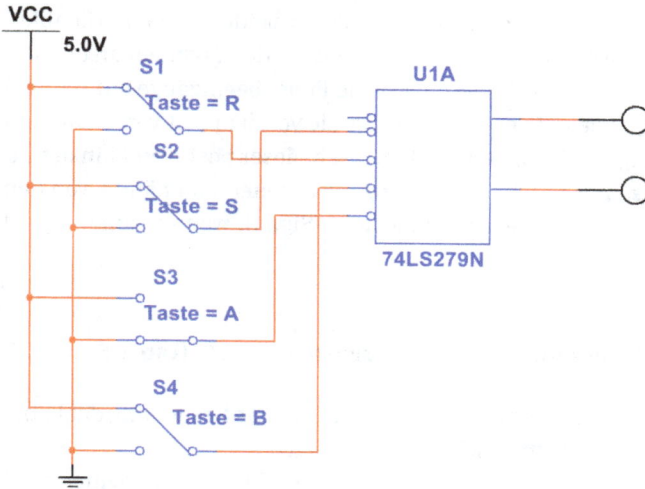

Abb. 6.14: Untersuchung des TTL-Bausteins 74116 (Latch-Funktion)

Der Zählerbaustein 7493 erzeugt für den 74116 die Wertigkeiten für die Latch-Funktion. Er zählt von 0 bis 15 und stellt sich danach automatisch wieder auf 0 zurück. Der Rechteckgenerator liefert für den Zähler den Takt und wichtig ist die Verbindung von Q_A nach IN_B. Ohne diese Verbindung arbeitet nur das interne Flipflop A. Die vier Ausgänge des 7493 sind mit den D-Eingängen verbunden. Es gilt Tabelle 6.14.

Tab. 6.14: Funktionen des 74116 (Latch)

Clear	Enable G_1^1	G_2^1	D	Q
1	0	0	0	0
1	0	0	1	1
1	X	1	X	Q_m
1	1	X	X	Q_m
0	X	X	X	0

Wichtig sind die Signale an den gepufferten Clear- und Enable-Eingängen. Hat der Clear-Eingang ein 1-Signal, kann der Baustein arbeiten. Diese Funktion ist unabhängig von den anderen Eingängen und schaltet dieser Clear-Eingang auf 0-Signal, werden die internen Flipflops zurückgesetzt und die Q-Ausgänge weisen ein 0-Signal auf. Die Enable-Eingänge G1'und G2' sperren den Baustein mit einem 0-Signal. Liegt einer der Enable-Eingänge auf 1-Signal, wird die Speicherfunktion freigegeben.

Dieser Baustein enthält zwei getrennte 4-Bit-D-Einheiten mit Freigabe und Löschen. Jeder der beiden 4-Bit-Latches besitzt einen asynchronen Lösch (Clear)-Eingang und eine Freigabemöglichkeit mit zwei Eingängen. Wenn beide Freigabe- (Enable)-Eingänge auf 0-Signal sind, werden die Ausgänge Q_1 bis Q_4 den Signalen an den Dateneingängen D_1 bis D_4 folgen. Wenn einer oder beide Freigabeeingänge auf 1-Signal liegen, verbleiben die Ausgänge auf den Signalen, die sie vor der positiven Flanke am Freigabeeingang (oder Freigabeeingängen) hatten. Nach dieser positiven Flanke sind die Dateneingänge gesperrt. Der Lösch- (Clear)-Eingang arbeitet unabhängig von den übrigen Eingängen und bringt alle vier Ausgänge auf 0-Signal, wenn er auf 0-Signal gelegt wird.

6.1.10 Untersuchung und Anwendungen des TTL-Bausteins 74279 (Latch-Funktion)

Der TTL-Baustein 74279 beinhaltet vier R'-S'-Flipflops. Für die Untersuchung der Funktionen verwenden wir ein 2-Bit-Latches, wie Abb. 6.15 zeigt.

Das Besondere an dem Baustein 74279 ist das obere RS-Flipflop mit seinen zwei S-Eingängen, Es ergibt sich Tabelle 6.15 für die Funktionen.

Mit den Schaltern R und S bestimmt man die Reset- und Set-Bedingungen.

Dieser Baustein enthält vier RS-Zwischenspeicher (Latches). Zwei der RS-Zwischenspeicher besitzen je zwei S-Eingänge. Die Setz- (S'-) und Rückstell- (R'-) Eingänge dieses nicht getakteten Bausteins arbeiten invertiert. Legt man einen der S-Eingänge kurzzeitig auf 0-Signal (während R' auf 1-Signal bleibt), geht der zugehörige Q-Ausgang auf 1-Signal. Bringt man den R'-Eingang auf 0-Signal, geht der zugehörige Q-Ausgang ebenfalls auf 0-Signal. Wenn sowohl S' als auch R' eines Flipflops gleich-

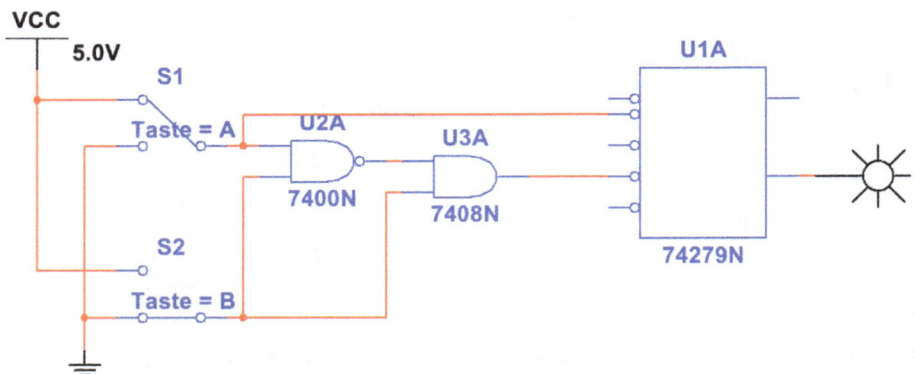

Abb. 6.15: Untersuchung des TTL-Bausteins 74279 (Latch-Funktion)

Tab. 6.15: Funktionen des Latch-Bausteins 74279

S'*	R'	Q
1	1	Q_m
0	1	1
1	0	0
0	0	1[†]

* Für Latches mit zwei S'-Eingängen:
1 = beide S'-Eingänge sind auf 1-Signal
0 = einer oder beide S'-Eingänge sind auf 0-Signal.
[†] Dieser Zustand ist nicht stabil, d. h. er bleibt nicht erhalten, wenn S' und/oder R' inaktiv (1-Signal) werden.

zeitig 0-Signal haben, geht der zugehörige Ausgang auf 1-Signal. Dies ist jedoch kein stabiler Zustand, d. h., er bleibt nicht erhalten, wenn S' und/oder R' wieder inaktiv (1-Signal) werden. Sind S' und R' gleichzeitig auf 1-Signal, so verbleibt der zugehörige Q-Ausgang auf jenem Signal, den er vor Erreichen dieses Zustandes hatte. Für beide Zwischenspeicher 1 und 3 mit den doppelten S-Eingängen gilt:

$$1 = \text{beide S'-Eingänge} = 1\text{-Signal}$$

$$0 = \text{einer oder beide S'-Eingänge} = 0\text{-Signal} .$$

Mit Flipflop 74279 können zwei wichtige Funktionen realisiert werden:

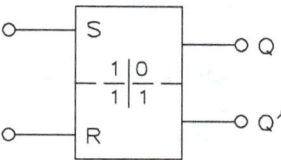

Abb. 6.16: RS-Latch mit dominierendem R-Eingang

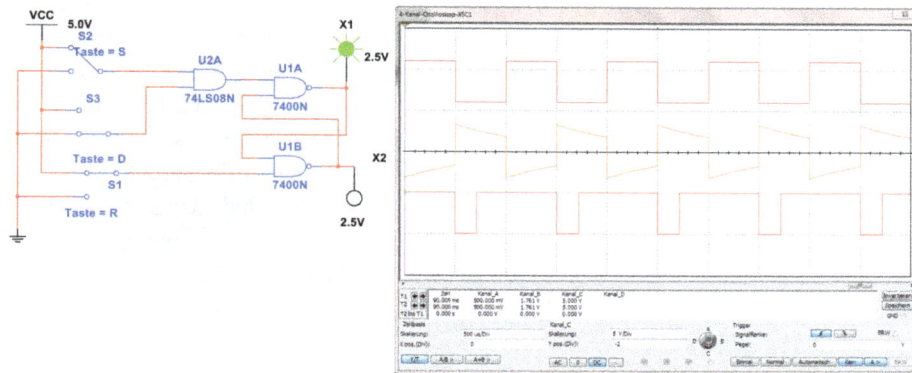

Abb. 6.17: RS-Latch mit dominierendem S-Eingang

Tab. 6.16: RS-Flipflop mit dominierendem R-Eingang

S'	R'	Q
1	1	0
0	1	1
1	0	0
0	0	0

Tab. 6.17: RS-Flipflop mit dominierendem S-Eingang

S'	R'	Q
1	1	1
0	1	1
1	0	0
0	0	0

Betrachtet man die Wahrheitstabelle eines RS-Flipflops, ist der Zustand nicht stabil, d. h. er bleibt nicht erhalten, wenn S' und/oder R' inaktiv (1-Signal) werden. Besonders für die SPS-Technik (speicherprogrammierbare Steuerungen) sind diese Flipflops ungeeignet. Durch die Vorschaltung von zwei Logikgattern erhält man ein dominierendes Verhalten. Für die RS-Flipflops mit dominierendem R-Eingang (Abb. 6.16) ergibt sich Tabelle 6.16.

Für die RS-Flipflops (Abb. 6.17) mit dominierendem S-Eingang ergibt sich Tabelle 6.17.

Diese RS-Flipflops benötigt man in der Steuerungstechnik, wenn die Schaltungen sicher funktionieren müssen.

6.1.11 Untersuchung und Anwendungen des TTL-Bausteins 74373 (Latch-Funktion)

Der Baustein 74373 beinhaltet acht D-Flipflops mit Enable und Tri-State-Ausgängen. Wenn der Anschluss Speicherfreigabe LE (Latch Enable) auf 1-Signal liegt, sind die Speicher „transparent", d. h. die Daten an den Eingängen D erscheinen unmittelbar an den Ausgängen Q. Voraussetzung hierfür ist jedoch, dass der Anschluss OE (Output Enable) auf 0-Signal liegt. Befindet sich dieser Anschluss auf 1-Signal, gehen alle Ausgänge in den hochohmigen Zustand, unabhängig vom Inhalt der Speicher. Wird der Eingang LE auf 0-Signal gelegt, werden die unmittelbar vorher an den D-Eingängen liegenden Daten in dem Flipflop gespeichert. Der Eingang LE besitzt eine Schmitt-Trigger-Funktion. Für die Untersuchung der Funktionen verwendet man die Schaltung von Abb. 6.18.

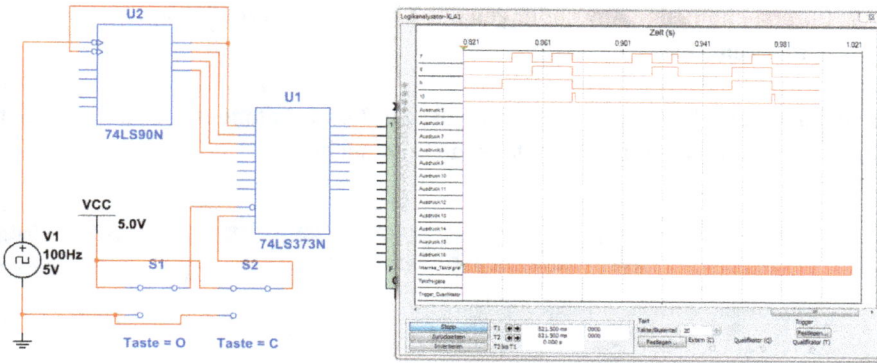

Abb. 6.18: Untersuchung des TTL-Bausteins 74373 (Latch-Funktion)

Das Besondere an dem Baustein 74373, man kann mit ihm eine 8-Bit-Busschnitt-stelle realisieren. Es ergibt sich Tabelle 6.18 für die Funktionen.

Bei Z-Zustand ist der Ausgang hochohmig, d. h. er floatet (schwebt) in positiver Richtung, wenn Arbeitswiderstand („pull-up") auf 1-Signal liegt, floatet er in negativer Richtung, wenn der Arbeitswiderstand („pull-down") auf 0-Signal liegt.

Der Baustein 74373 ist in einem platzssparenden 20-poligen DIL-Gehäuse unterge-bracht. Die Eingänge sind mit je einem PNP-Transistor gepuffert und der Enable-Ein-gang ist mit einem Schmitt-Trigger versehen.

Bei der Untersuchung wird mit dem Bitmustergenerator und dem Logikanalysa-tor gearbeitet. Der Bitmustergenerator zählt von 0 bis 400 und gibt an seinen acht Ausgängen unterschiedliche Wertigkeiten aus. Diese zeichnet der Logikanalysator auf und man sieht im Bildschirm acht Kanäle. Ist der OC-Eingang (Output Control) auf 1-Signal, ist der Baustein an seinen Ausgängen hochohmig. Erst wenn dieser Ein-gang ein 0-Signal aufweist, kann der Baustein arbeiten. Hat der Enable-Eingang ein 0-Signal, befinden sich die acht Flipflops im Speicherzustand und die Eingangsinfor-mationen können sich beliebig ändern.

Tab. 6.18: Funktionen des Latch-Bausteins 74373

OC	G	D	Q
0	1	1	1
0	1	0	0
0	0	X	Q_m
1	X	X	Z

6.1.12 Untersuchung und Anwendungen des TTL-Bausteins 74LS375 (Latch-Funktion)

Bei dem Baustein 74LS375 handelt es sich um zwei 2-Bit-D-Latches mit Enable. Mit der Schaltung von Abb. 6.19 erfolgt die statische Untersuchung.

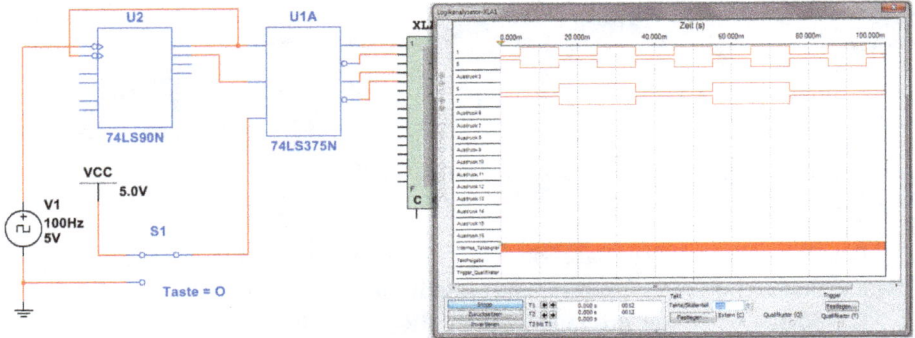

Abb. 6.19: Statische Untersuchung des TTL-Bausteins 74LS375

Mit den Schaltern 1 und 2 stellt man die Informationen für die D-Eingänge ein. Die vier Speicher werden paarweise mit den entsprechenden Freigabe- (Enable)-Eingängen gesteuert. Wenn diese Anschlüsse (Pin 4 und 12) auf 1-Signal liegen, folgen die Ausgänge Q (und deren Komplement Q') den Signalen an den Eingängen, d. h., ein 0-Signal am D-Eingang erscheint als ein 0-Signal an Q und als ein 1-Signal an Q'. Werden die Freigabeanschlüsse auf 0-Signal gelegt, wird der vorhergehende Wert an D im entsprechenden Flipflop gespeichert, und zwar so lange, bis die Enable-Anschlüsse wieder auf 1-Signal schalten. Beachten Sie, dass es sich nicht um ein getaktetes System handelt und daher der Baustein nicht als Schieberegisterelement verwendet werden kann. Die Stufen können nicht kaskadiert werden. Dieser Baustein ist mit dem 7475 funktionsmäßig identisch, besitzt jedoch eine andere Anschlussbelegung.

Der Takteingang EN in der Schaltung von Abb. 6.19 ist mit dem Rechteckgenerator verbunden. Es ergibt sich die Wahrheitstabelle 6.19.

Tab. 6.19: Funktionen des TTL-Bausteins 74LS375 (zwei 2-Bit-D-Latches mit Enable)

D	G	Q	Q'
0	1	0	1
1	1	1	0
X	0	Q_m	Q'_m

6.1.13 Untersuchung des TTL-Bausteins 74173 (Registerfunktion)

Der TTL-Baustein 74173 ist ein 4-Bit-Register mit Enable, Clear und Tri-State-Ausgang. Er ist positiv flankengetriggert mit gepuffertem Takt- und Clear-Eingang. Die Eingabe der parallelen Daten erfolgt über die Eingänge D1 bis D4. Die Übernahme der Daten in die Register erfolgt bei der positiven Flanke des Taktes am Clock-Anschluss. Hierzu müssen beide Freigabeeingänge IE1 und IE2 (Input Enable) auf 0-Signal liegen. Bringt man einen dieser Freigabeeingänge auf 1-Signal, so bleiben die eingeschriebenen Daten bei weiteren Taktimpulsen gespeichert. Die gespeicherten Daten stehen an den Ausgängen Q1 bis Q4, vorausgesetzt, die beiden Ausgangs-Freigabe-Anschlüsse OE1 und OE2 (Output Enable) liegen auf 0-Signal. Wird einer dieser Pins auf 1-Signal geschaltet, so gehen die Ausgänge in einen hochohmigen Zustand (Tri-State-Verhalten). Der Anschluss für Löschen (Clear) liegt normalerweise auf 0-Signal. Bringt man ihn kurzzeitig auf 1-Signal, gehen alle Ausgänge der Flipflops auf 0-Signal. Abb. 6.20 zeigt eine Schaltung zur statischen Untersuchung.

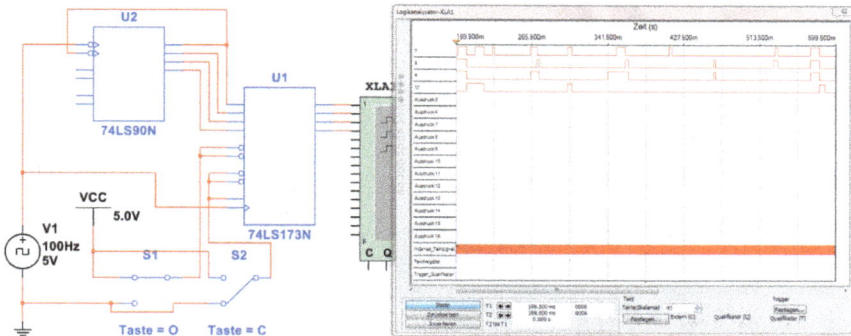

Abb. 6.20: Statische Untersuchung des TTL-Bausteins 74173

Für die Funktionen eines Registers sind neben den Flipflops auch zahlreiche Steuereingänge vorhanden. Mit dem CLR-Eingang (CLEAR) können durch ein 1-Signal die vier Flipflops zurückgestellt werden. Mit den Steuereingängen M und N wird der Ausgang kontrolliert und sind diese auf 1-Signal, sind die vier Ausgänge hochohmig. Es ergibt sich folgende Funktionstabelle 6.20.

Wenn die Steuereingänge M und/oder N auf 1-Signal liegen, sind die Ausgänge Q im Z-Zustand, also hochohmig, ohne die Funktionen der vier Flipflops zu beeinträchtigen.

Tab. 6.20: Funktionen des TTL-Bausteins 74173

CLR	CLK	G1	G2	D	Q
1	X	X	X	X	L
0	0	X	X	X	Q_m
0	↑	1	1	X	Q_m
0	↑	1	X	1	Q_m
0	↑	0	0	0	0
0	↑	0	0	1	1

6.1.14 Untersuchung des TTL-Bausteins 74174 (Registerfunktion)

Der TTL-Baustein 74174 beinhaltet ein 6-Bit-Register (Flipflops) mit Clear. Abb. 6.21 zeigt die statische Untersuchung.

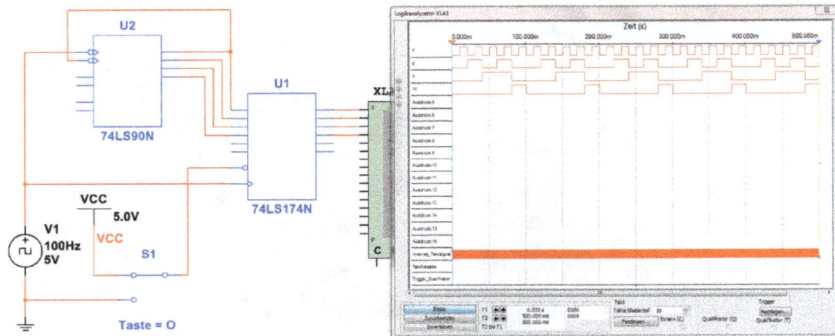

Abb. 6.21: Statische Untersuchung des TTL-Bausteins 74174

Der Takteingang des TTL-Bausteins ist positiv flankengetriggert und die D-Eingänge sind gepuffert. Es ergibt sich Funktionstabelle 6.21.

Tab. 6.21: Funktionen des TTL-Bausteins 74174

CLR	CLK	D	Q
0	X	X	0
1	↑	1	1
1	↑	0	0
1	0	X	Q_m

6.1.15 Untersuchung des TTL-Bausteins 74LS273 (Registerfunktion)

Der TTL-Baustein 74LS273 dient in der Digitaltechnik als Schnittstelle zum Zwischen-speichern im 8-Bit-Format. Abb. 6.22 zeigt den 74LS273 in einer dynamischen Schal-tung.

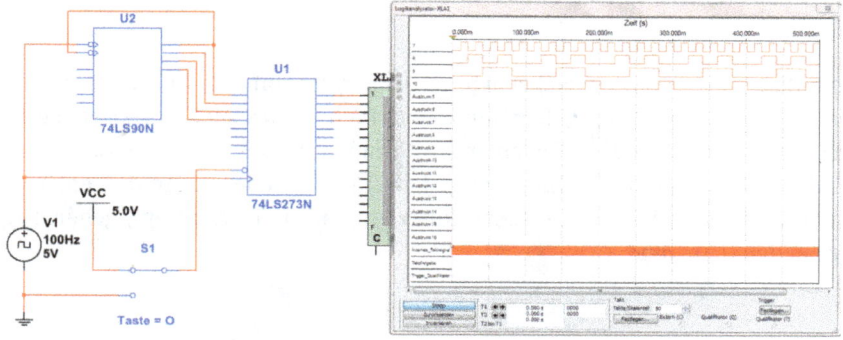

Abb. 6.22: Dynamische Untersuchung des TTL-Bausteins 74LS273

Die acht Dateneingänge sind mit den Ausgängen des Zählerbausteins 74LS393 ver-bunden und werden von dem Rechteckgenerator V2 mit einer Frequenz von f = 4 kHz angesteuert. Eine Frequenz von 4 kHz hat eine Impulsdauer von 250 μs und die Im-pulslänge beträgt 25 μs. Die Ausgänge des Zählers steuern acht Eingänge des 74LS273 an und acht Ausgänge sind mit einer 10-stelligen Baranzeige verbunden.

Über das NAND-Gatter wird der Taktgenerator mit dem CLK-Eingang verbunden. Das NAND-Gatter stellt die Adressierung dar, wie dies bei Mikroprozessoren bzw. Mi-krocontrollern benötigt wird. An dem NAND-Gatter liegt die Adresse an. Die Schnitt-stelle 74LS273 soll mit der Adresse 100D in einem Adressbereich von 0 bis 255D freige-geben werden:

$$100D = ?D \quad 100 : 2 = 50 \, R \, 0$$
$$50 : 2 = 25 \, R \, 0$$
$$25 : 2 = 12 \, R \, 1$$
$$12 : 2 = 6 \, R \, 0$$
$$6 : 2 = 3 \, R \, 0 \qquad \text{Leserichtung}$$
$$3 : 2 = 1 \, R \, 1$$
$$1 : 2 = 0 \, R \, 1$$

$$1 \quad 1 \quad 0 \quad 0 \quad 1 \quad 0 \quad 0$$
$$64 + 32 \quad + \quad 4 \qquad = 100$$

An das NAND-Gatter müssen die Adressleitungen direkt und in negierter Form anlie-gen. Insgesamt sind 8, 16, 20, 24 oder 32 Adressleitungen anzulegen, je nach Mikro-prozessor bzw. Mikrocontroller. Für die Schaltung in Abb. 6.22 ergibt sich Funktions-tabelle 6.22.

Tab. 6.22: Funktionen des TTL-Bausteins 74LS273

CLR	CLK	D	Q
0	X	X	0
1	↑	1	1
1	↑	0	0
1	0	X	Q_m

Dieser Baustein dient zur gleichzeitigen Speicherung von acht Informationsbits. Bei normalem Betrieb wird Pin 1 (Clear) auf 1-Signal gelegt. Zu speichernde Daten werden den 0-Eingängen zugeführt. Bei einer positiven Flanke des Taktes am Clock-Eingang werden die Informationen intern gespeichert und erscheinen an den entsprechenden Q-Ausgängen. Wird Pin 1 (Clear) kurzzeitig auf 0-Signal gelegt, gehen alle Ausgänge in den 0-Zustand.

6.1.16 Untersuchung des TTL-Bausteins 74LS374 (Registerfunktion)

Der Baustein 74LS374 arbeitet mit 8-D-Flipflops und Tri-State-Ausgängen, ist also für ein Bussystem geeignet. Die an den Eingängen D_0 bis D_7 liegenden Daten werden beim 01-Übergang (positive Flanke) des Taktes am Clock-Anschluss in den acht D-Flipflops gespeichert. Der Takteingang besitzt eine Schmitt-Trigger-Funktion. Die gespeicherten Daten erscheinen an den Ausgängen Q, wenn der Freigabeeingang OE (Output Enable) auf 0-Signal liegt. Legt man diesen Anschluss auf 1-Signal, gehen alle Ausgänge in den hochohmigen Zustand. Der 74534 ist ein ähnlicher Baustein mit invertierten Ausgängen. Abb. 6.23 zeigt die dynamische Untersuchung.

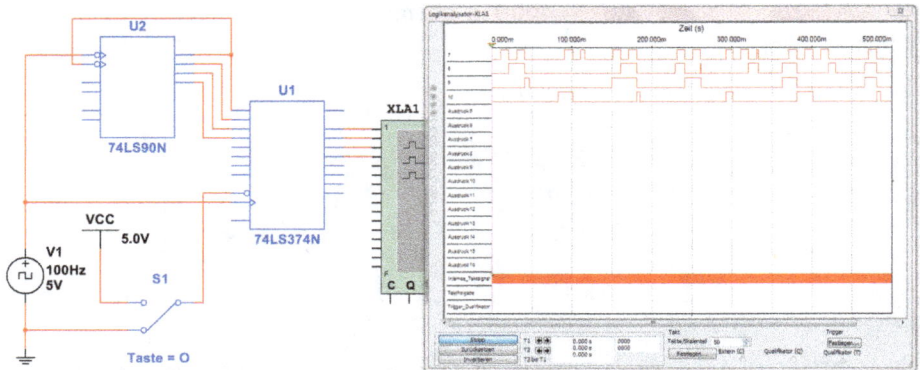

Abb. 6.23: Dynamische Untersuchung des TTL-Bausteins 74LS374

Die acht Eingänge des 74LS374 sind mit dem Bitmustergenerator verbunden und dieser arbeitet als Vorwärtszähler. Die acht Ausgänge sind über „Pull-up"-Widerstände mit der Betriebsspannung von $+U_b$ und mit dem Logikanalysator verbunden. Der Logikanalysator ist auf einer Taktrate mit 10 kHz eingestellt. Umschalter 0 steuert den „Output Control"-Eingang an und Umschalter C den Takt. Es ergibt sich Funktionstabelle 6.23.

Tab. 6.23: Funktionen des TTL-Bausteins 74LS374

OC	Clock	D	Output
0	↑	1	1
0	↑	0	0
0	0	X	Q_m
1	X	X	Z

Der 74LS374 ist im platzsparenden 20-poligen DIL-Gehäuse untergebracht. Der Baustein hat gepufferte PNP-Eingänge und der Takteingang ist mit einer Schmitt-Trigger-Funktion ausgestattet.

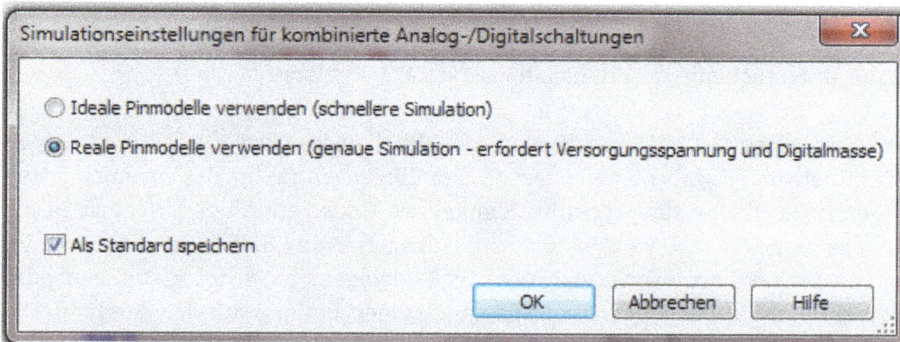

Abb. 6.24: Fehlermeldung, wenn die Simulation gestartet wird

Abb. 6.24 zeigt eine Fehlermeldung, wenn die Simulation über den TTL-Baustein 74LS373 gestartet wird. Normalerweise ist die Einstellung für die Simulation digitaler Bauelemente auf „Real" eingestellt, aber häufig führt diese Einstellung zu Fehlern. Tritt eine Fehlermeldung auf, schalten Sie auf „Ideal" um.

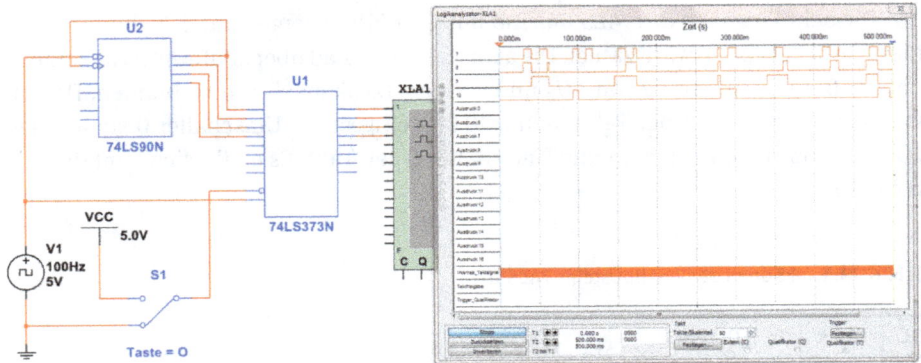

Abb. 6.25: Simulation des TTL-Bausteins 74LS373

Abb. 6.25 zeigt die Simulation des TTL-Bausteins 74LS373 mit dem Bitmustergenerator und dem Logikanalysator. Der Bitmustergenerator taktet mit 1 kHz die Impulsfolge eines Vorwärtszählers und zwar von 0 bis 400. Der Logikanalysator zeigt die Arbeitsweise. Sind die Ausgänge hochohmig, liegen die Ausgänge stabil über „Pull-up"-Widerstände auf 1-Signal. Wird das Tri-State-Verhalten aufgehoben, nehmen die acht Leitungen 1- oder 0-Signale an, wie der Logikanalysator zeigt. An die Ausgänge kann ein Bussystem angeschlossen werden.

6.1.17 Untersuchung des TTL-Bausteins 74LS377 (Registerfunktion)

Der TTL-Baustein 74LS377 enthält acht schnelle flankengetriggerte D-Zwischenspeicher mit einem Freigabeeingang. Die an den Eingängen D_0 bis D_7 liegenden Daten werden beim 01-Übergang (positive Flanke) des Taktes am Clock-Anschluss in die Flipflops gespeichert. Der Triggervorgang ist pegelsensitiv und daher nicht von der Steilheit der Taktflanke abhängig. Wenn der Takteingang entweder auf 0-Signal oder 1-Signal liegt, hat das D-Signal am Eingang keinen Einfluss auf den Ausgang. Die Schaltung ist ferner so ausgelegt, dass kein falsches Taktsignal durch Spannungssprünge am Freigabeeingang entstehen kann. Die gespeicherten Daten erscheinen an den Ausgängen Q beim 01-Übergang des Taktes nur dann, wenn der Freigabeeingang E' auf 0-Signal liegt. Legt man diesen Eingang auf 1-Signal, bleiben die ursprünglichen im Register enthaltenen Daten unverändert. Der Baustein ist pinkompatibel mit dem 74LS374, nur dass der 74LS374 statt Gegentaktendstufen die Tri-State-Ausgänge hat.

Die D-Eingänge des TTL-Bausteins 74LS377 sind mit dem Bitmustergenerator und die Q-Ausgänge mit dem Logikanalysator verbunden. Da der 74LS377 kein Tri-State-Verhalten hat, benötigt man an den Q-Ausgängen keine „Pull up"- oder „Pull down"-Widerstände. Für das Verhalten gilt Tabelle 6.24.

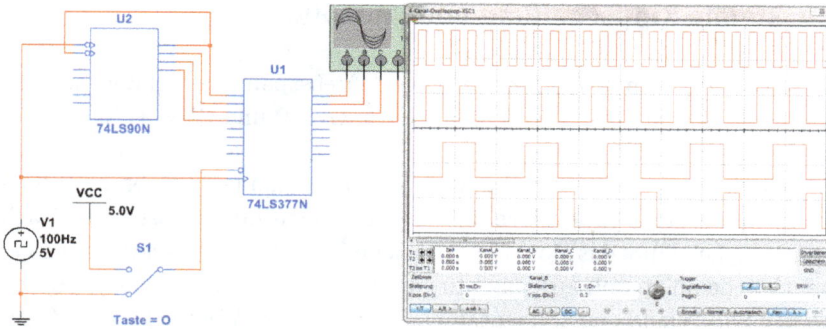

Abb. 6.26: Schaltung zur dynamischen Untersuchung des TTL-Bausteins 74LS377

Tab. 6.24: Funktionen des TTL-Bausteins 74LS377

EN	CL	D	Q
1	X	X	Q_m
0	↑	1	1
0	↑	0	0
0	0	X	Q_m

Mit dem Schalter C wird der Takteingang angesteuert und bei einer positiven Flanke übernehmen die internen Flipflops die Informationen an den D-Eingängen. Mit dem Schalter 0 wird der EN-Eingang angesteuert und mit einem 1-Signal hat der Baustein eine Speicherfunktion.

Bei der Simulation in Abb. 6.27 erkennt man, wenn die internen D-Flipflops nicht gesetzt sind, weisen die Ausgänge ein eindeutiges 0-Signal auf. Da der Bitmustergenerator von 0 bis 400 abwärts zählt, ändert sich die Impulsfolge.

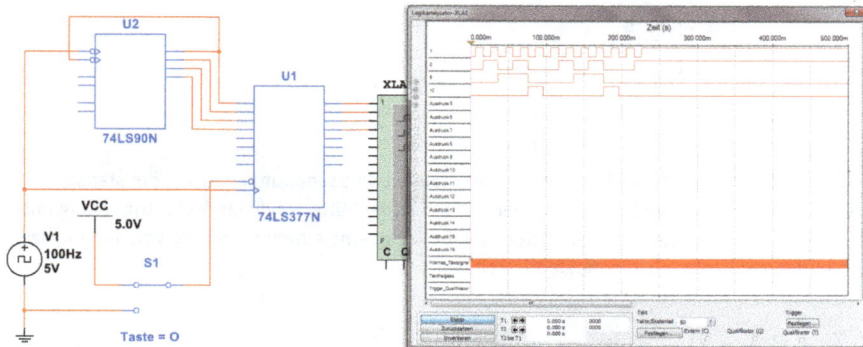

Abb. 6.27: Simulation des TTL-Bausteins 74LS377

6.2 Monostabile Kippschaltung oder Monoflop

Im Ruhezustand oder nach dem Einschalten der Betriebsspannung befindet sich die Kippschaltung in ihrer stabilen Ausgangslage, d. h. Q = 0 und Q' = 1. Nach einer positiven oder negativen Triggerung am Eingang, die statisch oder dynamisch erfolgen kann, befindet sich die Kippschaltung für einen bestimmten Zeitabschnitt (metastabile oder monostabile Arbeitslage) in keinem stabilen Ausgangszustand. Nach einer bestimmten Zeit kippt das Monoflop zurück und nimmt wieder seine stabile Lage ein. Zwischen dem Ein- und Ausgang tritt eine Zeitverzögerung auf, die sich durch einen externen Widerstand und Kondensator bestimmen lässt. Wichtig bei den Monoflops sind die Möglichkeiten zur Nachtriggerung. Ein Monoflop ohne Nachtriggerung erkennt nach der Triggerung keine Impulsflanken mehr am Eingang an und die monostabile Zeit wird nur von der ersten Triggerflanke bestimmt. Bei einem nachtriggerbaren Monoflop ist immer die letzte Triggerflanke maßgebend für die Beendigung der monostabilen Zeit. Nach dem Einschalten der Betriebsspannung hat diese Kippschaltung einen definierten Ausgangszustand mit Q = 0 und Q' = 1. Typische Anwendung für ein nachtriggerbares Monoflop ist die Rolltreppe. Der letzte Fahrgast löst die Nachtriggerung für die monostabile Funktion aus.

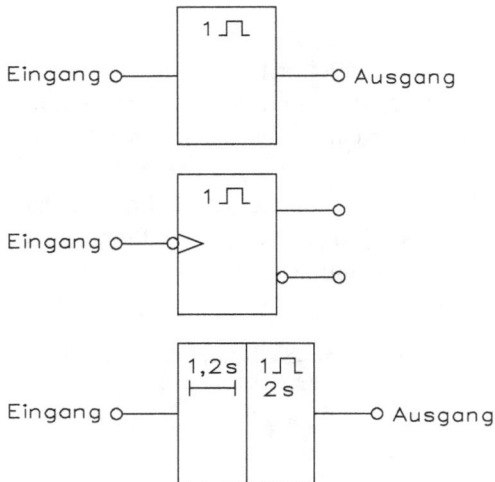

Abb. 6.28: Symbole für die Realisierung von monostabilen Kippschaltungen. Oben die statische Triggerung mit einer positiven Zustandssteuerung und in der Mitte die dynamische Triggerung mit einer negativen Flankensteuerung. Das untere Symbol zeigt eine eingangsmäßige Verzögerungszeit von 0,5 s und danach folgt eine monostabile Zeit von 1 s.

Bei den Monoflops unterscheidet man prinzipiell zwischen der statischen und dynamischen Ansteuerung, wie dies bereits beim Flipflop der Fall ist. In Abb. 6.28 oben ist die statische Triggerung mit einer positiven Zustandssteuerung gezeigt und in der Mitte die dynamische Triggerung mit einer negativen Flankensteuerung. Der Ausgang Q nimmt ein 1-Signal an, wenn der Eingang richtig angesteuert wird. Der Ausgang behält diesen Zustand für eine bestimmte Zeit bei, unabhängig vom Eingangssignal. Die Zeitdauer wird durch eine Widerstands-Kondensator-Kombination am Monoflop bestimmt. Verwendet man das rechte Symbol, reagiert das Monoflop mit einer eingangsseitigen Verzögerungszeit von z. B. 0,5 s und erst dann beginnt die eigentliche monostabile Zeit von 1 s.

6.2.1 Monoflops mit NAND- und NOR-Gattern

Bei den Monoflops lässt sich die Zeitverzögerung durch die Auf- oder Entladung eines Kondensators über einen Widerstand realisieren. Den zeitbestimmenden Lade- oder Entladevorgang gibt man auf ein NAND- oder NOR-Gatter und der Eingang erkennt, ob eine bestimmte Spannungsschwelle unter- oder überschritten wird. Anhand dieser Schwelle reagiert der Schaltkreis entsprechend.

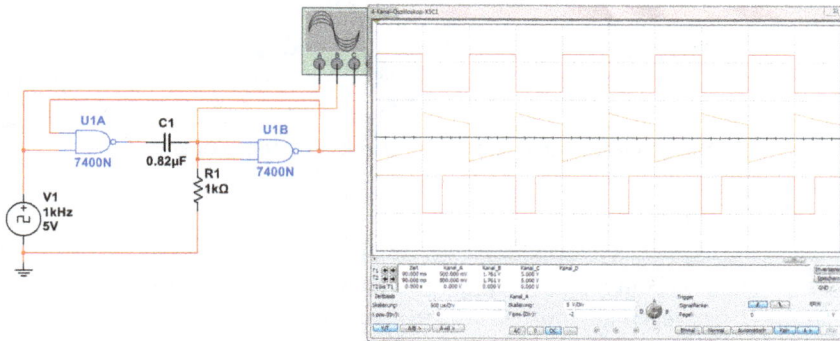

Abb. 6.29: Aufbau eines rückgekoppelten Monoflops mit TTL-NAND-Gatter vom Typ 7400 und die Triggerung erfolgt mittels einer negativen Zustandssteuerung

Bei der Schaltung in Abb. 6.29 bestimmen Widerstand und Kondensator die monostabile Zeit nach der Triggerung. Im Ruhezustand liegt an dem rechten NAND-Gatter ein 0-Signal, da dieser Eingang über den Widerstand mit Masse verbunden ist. Dadurch hat der Ausgang des rechten NAND-Gatters ein 1-Signal und die rechte NAND-Bedingung ist nicht erfüllt, weil im Ruhezustand der Triggereingang ein 0-Signal aufweisen muss. Damit hat auch der Ausgang des linken NAND-Gatters ein 1-Signal und am Kondensator entsteht eine Spannungsdifferenz. Die differenzierende Arbeitsweise kann man messen, wenn das Oszilloskop direkt an den Kondensator angeschlossen wird.

Durch die Triggerung schaltet das linke NAND-Gatter kurzzeitig auf 1-Signal und damit ist die logische Bedingung des NAND-Gatters erfüllt. Der Ausgang schaltet auf 0-Signal und der Kondensator differenziert, d. h. an dem Eingang des linken NAND-Gatters liegt eine negative Spannung. Über den Widerstand R_1 fließt nun ein Ladestrom für den Kondensator und die Spannung steigt nach einer e-Funktion an. Erkennt der Eingang des linken NAND-Gatters ein 1-Signal, ist die monostabile Zeit beendet. Diese Zeit errechnet sich aus

$$\tau \approx R \cdot C \approx 1\,\text{k}\Omega \cdot 820\,\text{nF} = 820\,\mu\text{s} \, .$$

Durch die Dimensionierung des Widerstands und Kondensators erreicht man eine monostabile Zeit von 820 µs. Wichtig bei dieser Schaltungsvariante ist, dass das Triggersignal immer kürzer sein muss als die monostabile Zeit. Treten am Triggereingang weitere Impulse auf, deren 0-Signal länger ist als die monostabile Zeit, hat die Rückkopplung keine Funktion, d. h. der Kondensator C_1 lädt sich über den Widerstand R_1 so langsam auf, dass keine Wirkung mehr vorhanden ist. Das Oszilloskop ist auf 500 µs/Div eingestellt und man kann eine monostabile Zeit von 820 µs ablesen.

In Abb. 6.30 verwendet man das CMOS-NAND-Gatter vom Typ 4011. CMOS-Schaltkreise weisen im Vergleich zu TTL-Schaltkreisen (vor allem zur 74LS-Reihe) folgende Vorteile auf:
– nahezu rechteckförmige symmetrische Übertragungskennlinie
– größeren statischen Störabstand (der mit U_{CC} anwächst, typisch 35 % bis 45 % von U_{CC})
– größere Störsicherheit gegenüber induktiv eingekoppelten Störungen
– symmetrische Impulsflanken ($t_{LH} = t_{HL}$)
– gleiche Verzögerungszeiten ($t_{PLH} = t_{PHL}$)
– größerer Betriebsspannungsbereich (3 V … 15 V)
– extrem niedriger Leistungsbedarf im Ruhezustand (µW- oder nW-Bereich)
– unempfindlicher gegen ungeregelte oder verbrummte Betriebsspannung

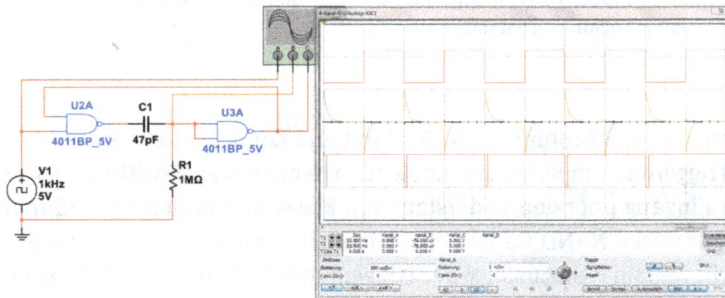

Abb. 6.30: Aufbau eines rückgekoppelten Monoflops mit CMOS-NAND-Gatter vom Typ 4011 und die Triggerung erfolgt mittels einer negativen Zustandssteuerung

- geringerer Leistungsbedarf bei Frequenzen bis 2 MHz
- durch hochohmigere Eingänge (MΩ-Bereich) höherer Lastfaktor möglich
- geringere Temperaturabhängigkeit der Kennwerte
- größerer Umgebungstemperaturbereich
- Eingangsschutzdioden nach U_{CC} und Masse
- Reduzierung der Leistungsaufnahme durch optimale Wahl von Betriebsspannung U_{CC}, Frequenz und kapazitive Belastung durch C_L möglich
- relativ lange Impulsflanken bei Übertragung auf Leitungen bis in den m-Bereich ohne spezielle Maßnahmen möglich (entfällt bei der 74HC-Serie)

Diesen Vorteilen stehen folgende Nachteile gegenüber:
- größerer Ausgangswiderstand (R_i = 500 Ω bis 1 kΩ)
- größerer Einfluss von C_L und Impulsfrequenz auf Verzögerungszeit, Impulsflanken und Leistungsaufnahme (infolge des Innenwiderstands R_i von der Ausgangsstufe)
- größere Verzögerungszeiten und längere Impulsflanken
- größerer Streubereich für alle Kennwerte

Bis etwa 1975 war eine Verwendung von CMOS-Schaltkreisen verschiedener Hersteller nicht ohne Weiteres möglich, da die Datenblätter unterschiedlich definierte Kennwerte (mit unterschiedlichen Messbedingungen) enthielten, die einen direkten Vergleich unmöglich machten. 1976 wurden deshalb von der EIA/JEDEC (Electronic Industries Association/Joint Electron Devices Council), einem Zusammenschluss aller CMOS-Hersteller, gemeinsame Rahmenbedingungen für CMOS-Datenblätter und -kennwerte in Form des sog. JEDEC-Standards geschaffen. Der Standard enthält Empfehlungen für einheitliche Mess- und Betriebsbedingungen sowie für Maximal- und Minimalwerte von statischen Parametern der 4000er-Reihe. Insbesondere sind darin Ruhestrom, Eingangs- und Ausgangsströme und verschiedenen Betriebsspannungen bei U_{CC} = +5 V, +10 V, +15 V und bei unterschiedlichen Temperaturen ϑ = −40 °C, +25 °C, +85 °C einheitlich festgelegt.

Von großer praktischer Bedeutung ist außerdem, dass der JEDEC-Standard für jeden CMOS-Ausgang eine Ausgangspufferstufe vorschreibt, die die Übertragungskurve, die Ausgangsbelastbarkeit (Treiberstrom) und die Schaltzeiten wesentlich verbessert (bzw. die Einhaltung der vorgeschriebenen Kennwerte überhaupt erst ermöglicht).

Jeder CMOS-Schaltkreis mit Ausgangspuffer, dessen Kennwerte dem JEDEC-Standard entsprechen, trägt hinter der Typenbezeichnung den Buchstaben B (buffered). Für die wenigen CMOS-Schaltkreise ohne Ausgangspuffer sieht der Standard als Ausnahme die Bezeichnung „UB" (unbuffered) vor und lässt auch entsprechende Abweichungen in den Parametern zu. Diese enthält auch die für die CMOS-Reihe 4000-B vorgeschriebenen statischen Kennwerte.

Als absolute Grenzwerte gelten nach JEDEC-Standard:
- max. Betriebsspannungsbereich $U_{CC} = -0,5\,\text{V}$ bis $+18\,\text{V}$
- max. Eingangsspannungsbereich $U_I = -0,5\,\text{V}$ bis $(U_{CC} + 0,5\,\text{V})$, jedoch $\leq 18\,\text{V}$
- max. Eingangsströme $I_I = 10\,\text{mA}$ (sink und source)
- max. Umgebungstemperaturen $-40\,°\text{C}$ bis $+85\,°\text{C}$
- max. Lagerungstemperaturen $-65\,°\text{C}$ bis $+150\,°\text{C}$

Die seit 1981 existierende High-speed-CMOS-Reihe 74HC ist in diesem JEDEC-Standard nicht enthalten. Die von den Herstellern für diese Reihe angewendete Bezeichnung und Darstellung von Messbedingungen und Eigenschaften entspricht jedoch diesem Standard.

Die in den Abb. 6.29 und 6.30 gezeigten Schaltungen zeichnen sich ebenfalls durch äußerste Sparsamkeit an Bauteilen aus. Auch diese Variante hat zwei große Nachteile, die in der Praxis stören. Durch die relativ niederohmigen Werte des Lastwiderstands R, wenn man TTL-Bausteine verwendet, muss man bei längeren Verzögerungszeiten gepolte Kondensatoren mit sehr hohen Kapazitäten einsetzen. Bei TTL-Bausteinen hat man ohmsche Werte zwischen $100\,\Omega$ und $3,3\,\text{k}\Omega$ (abhängig von der TTL-Familie) oder es treten „logische" Fehler auf, die zu einem schaltungstechnischen Fehlverhalten führen. Hat man CMOS-Bausteine, lassen sich für den Lastwiderstand R jedoch Werte zwischen $1\,\text{k}\Omega$ bis $1\,\text{M}\Omega$ verwenden. Bei der Erzeugung längerer Verzögerungszeiten muss man große Kapazitätswerte für den Kondensator einsetzen.

6.2.2 Einfache Monoflops mit NAND- und NOR-Gattern

Einfache Monoflops sind keine rückgekoppelten Schaltungen, sondern steuern direkt ein RC-Glied an. Am Eingang der Schaltung befindet sich ein NICHT-Gatter, das das nachfolgende RC-Glied mit seinem Ausgang ansteuert. Das RC-Glied ist entweder mit einem NAND- oder einem NOR-Gatter verbunden und entsprechend dieser logischen Funktion ergibt sich eine Ansteuerung.
Abb. 6.31 zeigt die Schaltung eines einfachen Monoflops mit RC-Glied und NOR-Gatter. Befindet sich der Eingang auf 1-Signal, hat der Ausgang des Monoflops ein 0-Signal, denn die NOR-Bedingung ist erfüllt. Das NICHT-Gatter invertiert das 1-Signal vom Eingang und dadurch ist der Kondensator entladen.

Schaltet der Triggerimpuls von 1 nach 0, ist die NOR-Bedingung nicht mehr erfüllt und der Ausgang des Monoflops hat 1-Signal. Das 0-Signal vom Eingang wird durch das NICHT-Gatter invertiert und hat 1-Signal. Der Kondensator C kann sich über den Widerstand nach einer e-Funktion aufladen. Die Ladezeit berechnet sich aus

$$\tau \approx R \cdot C \approx 1\,\text{k}\Omega \cdot 470\,\text{nF} = 470\,\mu\text{s}\,.$$

Erreicht diese Spannung einen bestimmten Schwellwert, erkennt das NOR-Gatter ein 1-Signal an und die NOR-Bedingung ist erfüllt. Der Ausgang des Monoflops schaltet

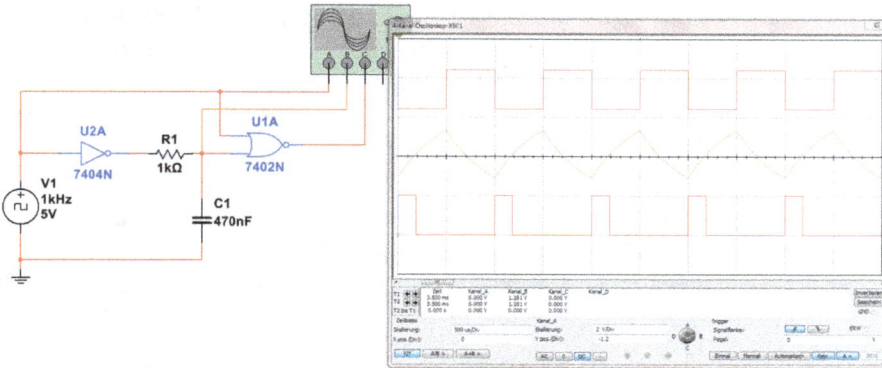

Abb. 6.31: Aufbau eines NOR-Monoflops mit einem RC-Glied

wieder auf 0-Signal zurück. Die Länge des 1-Signals am Ausgang des Monoflops ist von der Ladezeit des Kondensators C über den Widerstand R abhängig. Wenn man einen Eingang des Oszilloskops an den Kondensator anschließt, erkennt man deutlich die Spannung für den Ladevorgang und für das Kippmoment der Schaltung am Ausgang.

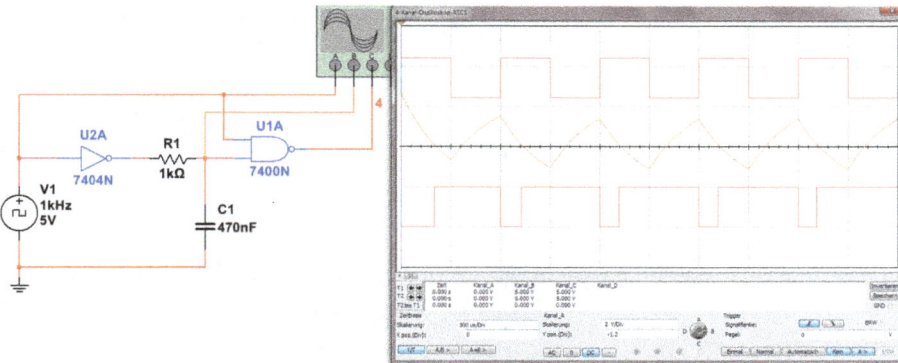

Abb. 6.32: Aufbau eines NAND-Monoflops mit einem RC-Glied

Verwendet man statt des NOR- ein NAND-Gatter, erhält man die Schaltung von Abb. 6.32. Die Spannungsverhältnisse sind um 180° phasenverschoben, d. h. im Ruhezustand muss der Eingang auf 0-Signal liegen. Die NAND-Bedingung ist nicht erfüllt und der Ausgang des Monoflops hat ein 1-Signal. Durch das 0-Signal am Eingang hat der Ausgang des NICHT-Gatters ein 1-Signal und Kondensator C ist aufgeladen. Der Eingang des NAND-Gatters hat daher im Ruhezustand ein 1-Signal.

Die Triggerung erfolgt, wenn der Eingang von 0- auf 1-Signal schaltet. Da der Kondensator aufgeladen ist, ist die NAND-Bedingung erfüllt und der Ausgang des Monoflops schaltet auf 0-Signal. Durch das 1-Signal am Eingang wird der Ausgang des NICHT-Gatters auf 0-Signal geschaltet und der Kondensator C entlädt sich über den Widerstand R nach einer e-Funktion. Unterschreitet die Spannung am Kondensator einen bestimmten Wert, reagiert das NAND-Gatter und die NAND-Bedingung ist nicht mehr erfüllt. Der Ausgang des Monoflops hat wieder ein 1-Signal. Die Länge des 0-Signals am Ausgang des Monoflops ist von der Entladezeit des Kondensators C über den Widerstand R abhängig. Wenn man einen Eingang des Oszilloskops an den Kondensator anschließt, erkennt man deutlich die Spannung für den Entladevorgang und das Kippmoment der Schaltung am Ausgang.

Abb. 6.33 zeigt den Aufbau eines NOR-Monoflops mit einem RC-Glied.

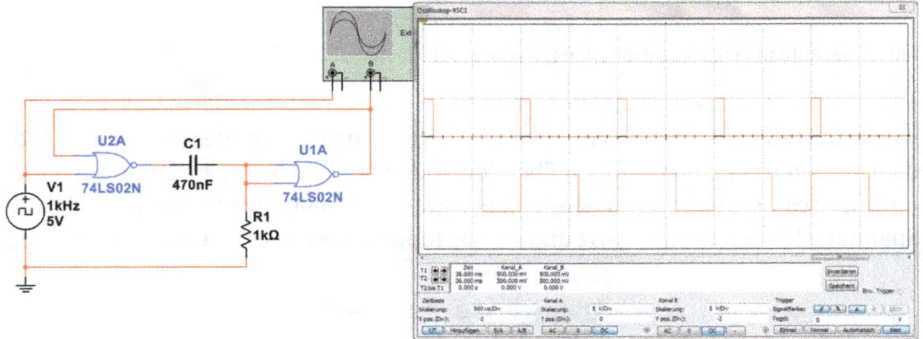

Abb. 6.33: Aufbau eines NOR-Monoflops mit einem RC-Glied

6.2.3 Integriertes Monoflop 74121

Der Baustein 74121 enthält ein nicht retriggerbares Monoflop und die Dauer des abgegebenen Impulses ist von den Zeitkonstanten abhängig:

$$\tau = 0{,}7 \cdot R \cdot C \,.$$

Der Widerstand R kann einen Wert zwischen $2\,\text{k}\Omega$ und $40\,\text{k}\Omega$ aufweisen und für den Kondensator C lassen sich Werte von 10 pF bis 1000 µF verwenden. Damit sind metastabile Zeiten zwischen 15 ns und 28 s möglich. Bei geringen Genauigkeitsanforderungen kann ohne externe Zeitkomponenten gearbeitet werden. Dabei wird nur der interne Widerstand von $2\,\text{k}\Omega$ verwendet, wenn man Pin 9 und 10 miteinander verbindet und Pin 10 und 11 offen bleiben. Es ergibt sich eine Verzögerungszeit von ca. 30 ns.

Die Simulation des Monoflops in Multisim basiert auf dem TTL-Baustein 74121 und daher gelten die gleichen Berechnungen für diesen Baustein. Der simulierte Monoflop hat aber nur den Eingang A1, der mit einer positiven Flanke, und Eingang A2, der mit einer negativen Flanke getriggert wird. Auch müssen die Bedingungen nicht einge-

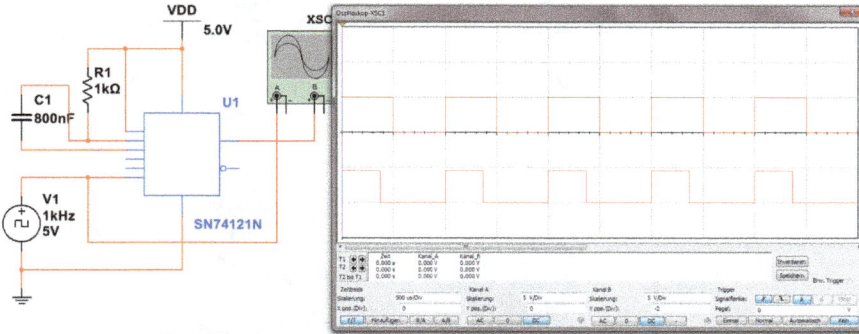

Abb. 6.34: Schaltung zur Untersuchung des simulierten Monoflops, das auf dem TTL-Baustein 74121 basiert

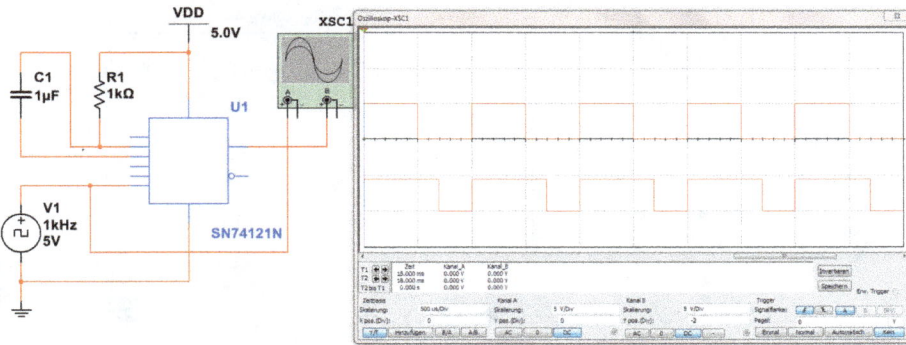

Abb. 6.35: Negative Triggerung des TTL-Bausteins 74121

halten werden, d. h. man muss den unbenützten Triggereingang nicht mit Masse oder +5 V verbinden.

Durch die Schaltung von Abb. 6.34 kann man die beiden Triggerfunktionen untersuchen und die Zeitkonstante ermitteln. Schließt man den Funktionsgenerator an Eingang A1 an, erkennt man durch das Oszillogramm die positive Triggerung, und am Eingang A2 die negative Triggerung. Die Verzögerungszeit errechnet sich aus

$$\tau \approx 0{,}7 \cdot R \cdot C \approx 0{,}7 \cdot 1\,k\Omega \cdot 1\,\mu F = 700\,\mu s \ .$$

Vergleicht man das Rechenergebnis mit dem Oszillogramm, ergibt sich eine exakte Übereinstimmung. Abb. 6.34 zeigt die positive Triggerung des Bausteins 74121 und Abb. 6.35 die negative Triggerung.

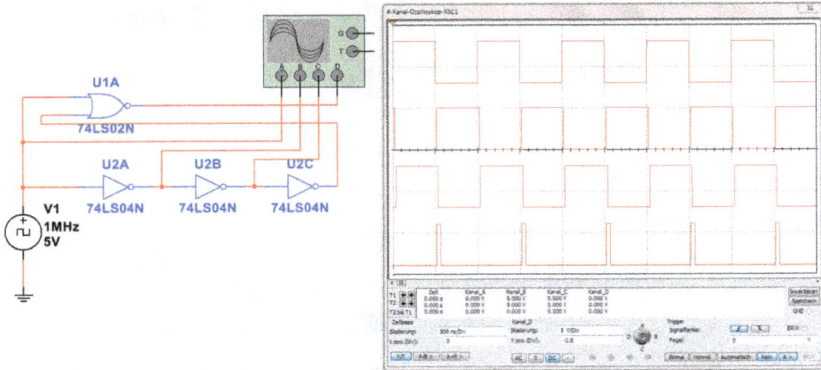

Abb. 6.36: Aufbau eines NOR-Monoflops für extrem kurze Verzögerungszeiten

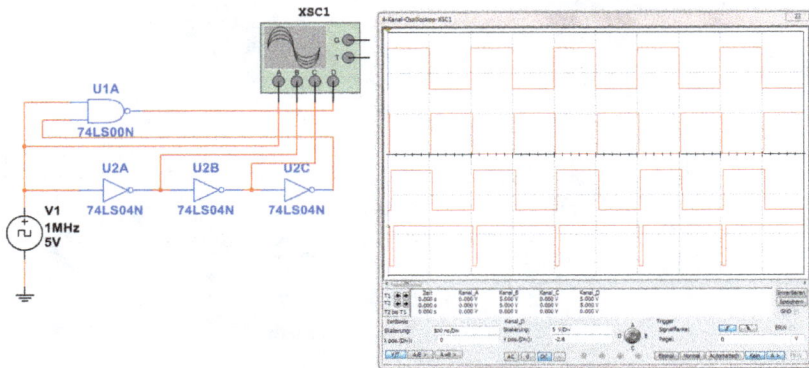

Abb. 6.37: Aufbau eines NAND-Monoflops für extrem kurze Verzögerungszeiten

6.2.4 Monoflops für extrem kurze Verzögerungszeiten

Bei den Schaltungen von Abb. 6.36 und Abb. 6.37 wird die Verzögerungszeit über die Lade- oder Entladezeit eines Kondensators durch einen Widerstand erzeugt. Setzt man statt des RC-Gliedes nur ein NICHT-Gatter ein, so lässt sich durch die Laufzeit in dem Gatter eine extrem kurze Verzögerungszeit erzeugen.

Bei der Schaltung von Abb. 6.36 befinden sich zwischen Eingang und NOR-Gatter drei NICHT-Gatter. Diese Reihenschaltung erzeugt eine bestimmte Laufzeit, die vom Typ des NICHT-Gatters abhängig ist.

Jede TTL-Familie hat bestimmte dynamische Eigenschaften und hier sind besonders für den Anwender die Laufzeiten und die Übergangszeiten wichtig. Die Laufzeit t_P gibt die zeitliche Verschiebung zwischen dem Eingangs- und dem Ausgangssignal an. Die Übergangszeit t_T ist dagegen die Zeit, die die Ausgangsspannung für den Übergang von einem Pegelbereich in den anderen benötigt. Beide Zeiten sind von der Betriebstemperatur, von der Betriebsspannung, von der Eingangsbeschaltung und der Ausgangsbelastung abhängig. Bei den TTL-Familien arbeitet man mit Laufzeiten zwischen 7 ns (schnelle TTL-Bausteine) und 40 ns (Standard-TTL-Serie). Wenn man bei der Schaltung drei NICHT-Gatter aus der Standard-TTL-Serie in Reihe schaltet, ergibt sich eine Verzögerungszeit von 120 ns.

Solange am Eingang ein 1-Signal liegt, hat der Ausgang des Monoflops ein 0-Signal, da die NOR-Bedingung erfüllt ist. Die drei NICHT-Gatter invertieren das Signal so, dass am dritten NICHT-Gatterausgang ein 0-Signal anliegt. Wenn das Eingangssignal auf 0 schaltet, geht der Ausgang des NOR-Gatters sofort auf 1-Signal. Die drei NICHT-Gatter verzögern das 0-Signal so, dass nach etwa 120 ns ein 1-Signal am NOR-Gatter anliegt und damit die monostabile Zeit beendet ist. Wenn man eine längere monostabile Zeit benötigt, schaltet man weitere zwei NICHT-Gatter hintereinander und erreicht damit eine Verzögerungszeit von ca. 200 ns.

Bei dem NAND-Monoflop von Abb. 6.37 gelten die gleichen Bedingungen für die Laufzeitverzögerung in den NICHT-Gattern. Im Ruhezustand hat der Eingang des Monoflops ein 0-Signal und damit der Ausgang des NAND-Gatters ein 1-Signal. Durch die drei NICHT-Gatter wird ein 1-Signal an dem NAND-Gatter erzeugt. Bei der Triggerung schaltet der Eingang des Monoflops auf 1-Signal und dadurch ist die NAND-Bedingung erfüllt, d. h. der Ausgang des Monoflops schaltet auf 0-Signal. Nach einer Laufzeit von 120 ns ist die metastabile Lage beendet, da durch die drei NICHT-Gatter ein 0-Signal am NAND-Gatter auftritt und der Ausgang schaltet wieder auf 1-Signal. Wenn man eine längere monostabile Zeit benötigt, schaltet man weitere zwei NICHT-Gatter hintereinander und erreicht so 200 ns. Bei der geraden Anzahl von NICHT-, NAND- und NOR-Gattern ergibt sich eine ordnungsgemäße Funktion für diese Monoflops.

6.2.5 Monoflops mit dem Baustein 555

Der Baustein 555 besteht aus zwei Operationsverstärkern, die als Komparatoren arbeiten. Die Leerlaufverstärkung liegt in der Größenordnung von $v_0 \approx 10^5$. Die beiden Komparatorausgänge sind mit einem Flipflop verbunden, das die Eingangsinformationen speichern kann. Dieses Flipflop hat eine Vorzugslage, d.h., wenn man die Betriebsspannung einschaltet, hat der Ausgang Q des Flipflops ein 0-Signal. Dieses Signal wird durch den nachfolgenden Inverter mit einem Leistungstransistor am Ausgang negiert. Der Ausgang hat also nach dem Einschalten der Betriebsspannung immer ein 1-Signal.

Die beiden Komparatoren, das Flipflop und der invertierende Ausgangsverstärker sind in dem Zeitgeberbaustein 555 vorhanden. Das Flipflop steuert außerdem direkt einen internen Transistor für die Entladefunktion des externen Kondensators an, der einen offenen Kollektorausgang hat. Ist das Flipflop gesetzt, ist dieser Transistor durchgeschaltet und der Eingang „DIS" (Entladung) befindet sich auf 0 V. Wurde das

Flipflop zurückgesetzt, ist der Transistor gesperrt. Mit einem 0-Signal an dem Reset-Eingang lässt sich das Flipflop direkt zurücksetzen. Im Ruhezustand ist dieser Eingang immer mit $+U_b$ zu verbinden.

Wichtig im Baustein 555 ist der Spannungsteiler, der aus drei gleichgroßen Widerständen mit $R = 5\,k\Omega$ mit einer Toleranz von 1 % besteht. Durch den internen Spannungsteiler ergeben sich folgende Verhältnisse an den beiden Komparatoren:

Komparator I: Schaltpunkt bei 2/3 der Betriebsspannung

Komparator II: Schaltpunkt bei 1/3 der Betriebsspannung

Aus diesen Spannungsverhältnissen lassen sich die einzelnen Funktionen des 555 ableiten. Die Betriebsspannung darf zwischen 4 V und 18 V schwanken, ohne dass sich die Funktionsweise ändert, denn der interne Spannungsteiler ist direkt mit der Betriebsspannung verbunden.

Der invertierende Eingang des Komparators I ist mit dem Eingang „CON" (Kontrollspannung) verbunden. Über diesen Eingang kann man den Spannungsteiler in seinen Verhältnissen geringfügig ändern. Wird dieser Eingang nicht benötigt, verbindet man ihn mittels eines Kondensators von 10 nF bis 100 nF mit Masse. Andernfalls kann es im Betrieb unangenehme Störungen geben, besonders bei elektromagnetischen Impulsen.

Die Vergleichsspannung von 2/3 der Betriebsspannung liegt an dem invertierenden Eingang des Komparators I. Legt man an den Eingang „THR" (Schwelle) eine Spannung, vergleicht der Komparator I diese mit der Vergleichsspannung und der Eingangsspannung. Ist die Spannung kleiner als 2/3 der Betriebsspannung, hat der Ausgang des Komparators ein 1-Signal. Überschreitet die Spannung den Wert 2/3, kippt der Ausgang des Komparators auf 0-Signal. Da eine sehr hohe Leerlaufverstärkung vorhanden ist, erfolgt der negative Ausgangssprung im µs-Bereich. Mit dieser negativen Flanke wird das nachgeschaltete Flipflop getriggert und setzt sich. Der Ausgang Q des Flipflops hat 1-Signal und der Ausgang des 555 dagegen 0-Signal. Unterschreitet die Spannung an dem Eingang „THR" wieder den Wert 2/3 der Betriebsspannung, kippt der Ausgang des Komparators I von 0- nach 1-Signal zurück. Diese positive Flanke wird aber von dem Flipflop nicht verarbeitet und der Zustand des Flipflops bleibt erhalten.

Die Vergleichsspannung von 1/3 der Betriebsspannung liegt an dem nicht invertierenden Eingang des Komparators II. Legt man an den Eingang „TRI" (Trigger) eine Spannung an, erfolgt ein Vergleich zwischen interner und externer Spannung. Ist die Triggerspannung größer als 1/3 der Betriebsspannung, hat der Ausgang des Komparators ein 1-Signal. Unterschreitet die Triggerspannung den Wert 1/3, schaltet der Komparator an seinem Ausgang auf 0-Signal um und es entsteht eine negative Triggerflanke, die das Flipflop zurücksetzt. Vergrößert sich die Triggerspannung wieder und überschreitet 1/3 der Betriebsspannung, schaltet der Komparator von 0- auf 1-Signal. Die dadurch entstehende positive Flanke hat aber keinen Einfluss auf das Flipflop und

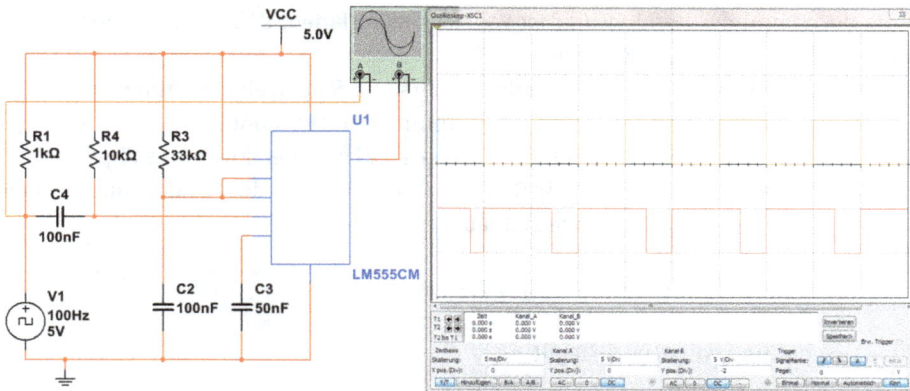

Abb. 6.38: Zeitgeberbaustein 555 als Monoflop

es bleibt in seinem stabilen Zustand. Der Ausgang des 555 hat während dieser Zeit immer ein 1-Signal.

Für den 555 ergeben sich daher folgende Trigger-Bedingungen:
Eingang „THR" (Schwelle):   positiver Triggerimpuls bei 2/3 der Betriebsspannung
Eingang „TRI" (Trigger):   negativer Triggerimpuls bei 1/3 der Betriebsspannung.

Die beiden Triggerimpulse müssen an ihren Flanken keine Steilheit aufweisen. Selbst langsame Analogspannungen werden durch die beiden internen Komparatoren digitalisiert und von dem nachgeschalteten Flipflop weiterverarbeitet. Durch seine stabile Funktionsweise ist der Baustein universell in der Praxis verwendbar.

Ein Monoflop oder ein monostabiles Kippglied verfügen über einen stabilen und einen unstabilen Zustand. Durch einen Triggervorgang verlässt das Monoflop seine stabile Lage und nach einer bestimmten Zeit in einer unstabilen Lage ist wieder ein stabiler Zustand vorhanden. Der unstabile Zustand ist von der Zeitkonstante eines Widerstands und eines Kondensators abhängig. Für die monostabile Funktion des 555 benötigt man nur einen Widerstand und einen Kondensator. Die Auslösung der monostabilen Funktion erfolgt über den Triggereingang. Die Schaltung von Abb. 6.38 zeigt den Baustein 555 in seiner monostabilen Funktion.

Beim Einschalten der Betriebsspannung kippt das interne Flipflop des 555 sofort in die Vorzugslage und der Ausgang hat ein 0-Signal. Durch einen negativen, aber kurzen Triggerimpuls aus dem Funktionsgenerator wird der Komparator II angesteuert und damit beginnt die monostabile Phase. Der Ausgang hat während dieser Zeit ein 1-Signal. Wichtig bei dem 555 ist das Differenzierglied für den Triggereingang. Ohne diese externe Beschaltung funktioniert diese Schaltung nicht. Unterschreitet der Triggerimpuls 1/3 der Betriebsspannung, kippt das Flipflop zurück und der Ausgang hat kurzzeitig ein 0-Signal. Damit schaltet auch der interne Transistor für die Entladung durch und der Kondensator ist vollständig entladen, d. h. es herrschen immer die gleichen Anfangsbedingungen.

Der Kondensator C lädt sich über den Widerstand R nach einer e-Funktion auf. Die Entladung ist abgeschlossen, wenn die Spannung an dem Kondensator den Wert 2/3 der Betriebsspannung erreicht hat. Der Komparator I schaltet durch, das Flipflop setzt sich zurück und der Ausgang hat ein 0-Signal. Da die Ladung des Kondensators immer bei 0 V beginnt, errechnet sich die Zeitdauer nach

$$t_m = 1,1 \cdot R \cdot C.$$

Für die Schaltung von Abb. 6.38 gilt

$$t_m = 1,1 \cdot 33\,k\Omega \cdot 100\,nF = 3,63\,ms.$$

Da die Triggerung alle 10 ms erfolgt und die monostabile Zeit 3,63 ms dauert, erhält man das Oszillogramm von Abb. 6.38.

Hat man einen Baustein 555 in Transistorstandardtechnologie, dürfen Widerstandswerte zwischen 1 kΩ und 1 MΩ verwendet werden. Hat man dagegen einen 555 in CMOS-Technologie, sind Widerstände bis zu 22 MΩ erlaubt. Für den Kondensator eignen sich Kapazitätswerte zwischen 1 nF und 1000 μF für die Standardtechnologie und bis zu 10000 μF für die CMOS-Technik. Setzt man einen Standard-555 ein, lassen sich Verzögerungszeiten bis zu 1000 Sekunden und in CMOS-Technik bis zu 220000 Sekunden oder 61 Stunden erzeugen. Dabei sind dann aber die Toleranzen der passiven Bauelemente zu beachten.

6.2.6 Nachtriggerbares Monoflop mit dem 555

Wurde ein Monoflop getriggert, bleibt der gesetzte Zustand so lange erhalten, bis die metastabile Zeit beendet ist. Während dieser Zeit werden alle weiteren Triggerimpulse unterdrückt. Im Gegensatz hierzu arbeitet das nachtriggerbare Monoflop, bei dem immer der letzte Triggerimpuls die metastabile Zeit bestimmt. Aus diesem Grund findet man diese nachtriggerbaren Monoflops z. B. für die Rolltreppensteuerung.

Für die Realisierung der Schaltung von Abb. 6.39 ist ein externer Transistor BC107 erforderlich, der im Ruhezustand an der Basis immer ein 1-Signal hat. Damit ist der Transistor durchgeschaltet und Kondensator C entladen. Bei einer Triggerung bekommt die Basis ein 0-Signal, der Transistor sperrt und Kondensator C kann sich über den Widerstand R aufladen. Erhält der Transistor vor Ablauf der metastabilen Zeit 1-Signal, schaltet der Transistor durch und der Kondensator wird entladen.

Der Ausgang des Timers hat während der metastabilen Zeit ein 1-Signal. Diese Zeit lässt sich errechnen

$$t_m = 1,1 \cdot R \cdot C.$$

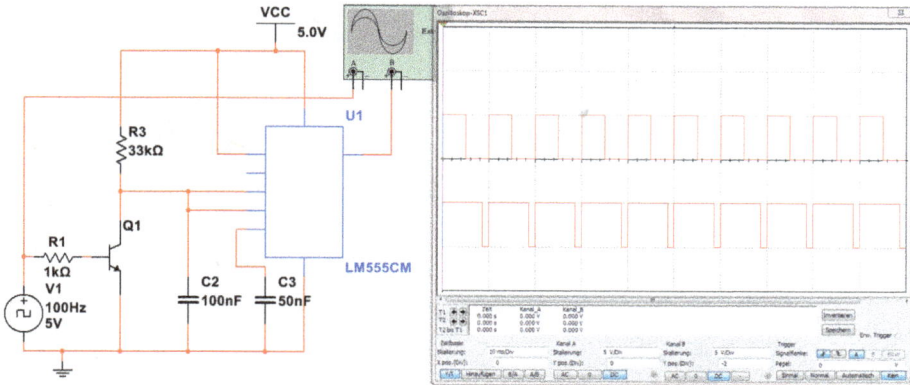

Abb. 6.39: Schaltung eines nachtriggerbaren Monoflops mit dem 555

Die Nachtriggerung kann keinen direkten Einfluss auf die Aufladezeit des Kondensators nehmen, da durch die Entladung immer der gleiche Zeitpunkt für die Aufladung des Kondensators vorliegt.

6.2.7 Verzögerungen von Impulsflanken durch ein Monoflop

Durch ein Monoflop kann man Vorder- oder Rückflanke eines Impulses verzögern. Wenn man beide Flanken verzögert, handelt es sich um eine Impulsverzögerung. Bei Verzögerung der Vorderflanke lässt sich eine Einschaltverzögerung realisieren, bei Verzögerung der Rückflanke dagegen eine Ausschaltverzögerung. In der Praxis ergeben sich fünf Möglichkeiten, wobei man die Zeiten von t_1 (Einschaltverzögerung), t_2 (Ausschaltverzögerung) und T (Gesamtverzögerungszeit) auch durch die tatsächlichen Verzögerungszeiten ersetzen kann.

Bei der Schaltung von Abb. 6.40 ist Ausgang Q' des Monoflops mit dem UND-Gatter verbunden. Das UND-Gatter verknüpft Ausgang Q mit dem Eingang. Die Triggerung des Monoflops erfolgt über eine positive Flanke und damit hat Ausgang Q' ein 0-Signal. Der Ausgang der Schaltung hat ein 0-Signal. Erst wenn die monostabile Zeit beendet ist, hat Ausgang Q' wieder ein 1-Signal. Damit ist die UND-Bedingung erfüllt und der Ausgang der Schaltung hat ein 1-Signal. Kippt die Triggerung auf 0 zurück, geht auch der Ausgang der Schaltung auf 0. Durch die negative Flanke kann aber das Monoflop nicht getriggert werden. Bei der Schaltung handelt es sich um eine Einschaltverzögerung, die sich universell einsetzen lässt.

Im Logikanalysator erkennt man deutlich den Übergang, wenn der Eingang auf 1-Signal schaltet. Durch das Monoflop ergibt sich eine Laufzeitverzögerung, bis sich der Ausgang zurückgesetzt hat. In der Praxis erkennt man im Oszilloskop diesen Spike

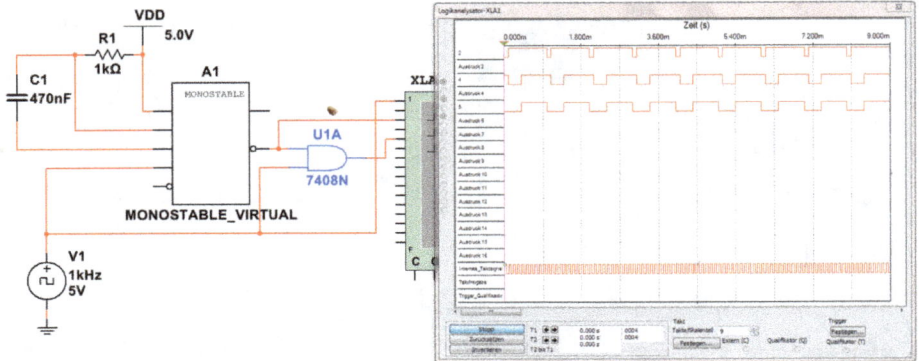

Abb. 6.40: Schaltung zur Verzögerung der Vorderflanke eines 1-Signals

nicht, außer man hat ein Speicheroszilloskop. Dieser Spike führt aber in der Praxis zu unerwünschten Nebeneffekten.

Betrachtet man die Schaltung Abb. 6.40, erkennt man die Impulslänge von 0,9 ms und die Impulsdauer von 1 ms. Mit der positiven Flanke wird das Monoflop getriggert und erzeugt für eine metastabile Zeit von

$$\tau \approx 0,7 \cdot R \cdot C \approx 0,7 \cdot 1\,\mathrm{k\Omega} \cdot 470\,\mathrm{nF} = 330\,\mathrm{\mu s}\ .$$

Diese Zeit kann man im Kanal des Logikanalysators ablesen. Da an Q' gemessen wird, hat der Ausgang für 330 µs ein 0-Signal. Damit ist die UND-Bedingung nicht erfüllt und der Ausgang schaltet auf 0-Signal. Erst wenn diese Zeit beendet ist, ergibt sich wieder an Q' ein 1-Signal und die UND-Bedingung ist erfüllt.

Bei der Schaltung von Abb. 6.41 wird das Monoflop mit einer negativen Eingangsflanke getriggert. Der Ausgang Q des Monoflops ist mit dem ODER-Gatter und dem Impulseingang verbunden. Tritt am Eingang eine positive Flanke auf, erhält man durch die ODER-Bedingung am Ausgang ein 1-Signal, aber das Monoflop reagiert nicht auf diese Impulsflanke. Erst wenn der Eingang auf 0-Signal zurückkippt, wird das Monoflop gesetzt und der Ausgang Q hat ein 1-Signal. Um dieses 1-Signal verlängert man den Ausgangsimpuls. Bei der Schaltung handelt es sich um eine Ausschaltverzögerung, die sich in der Praxis recht universell einsetzen lässt, auch in Verbindung mit Relais.

Im Logikanalysator erkennt man deutlich den Übergang, wenn der Eingang auf 0-Signal schaltet. Durch das Monoflop ergibt sich eine Laufzeitverzögerung, bis sich der Ausgang gesetzt hat. In der Praxis erkennt man diesen Spike nicht im Oszilloskop, außer man hat ein Speicheroszilloskop. Dieser Spike kann in der Praxis unerwünschte Nebeneffekte verursachen.

Entsprechende Schaltungen lassen sich ähnlich für die Verzögerung einer Flanke bei einem 0-Signal realisieren.

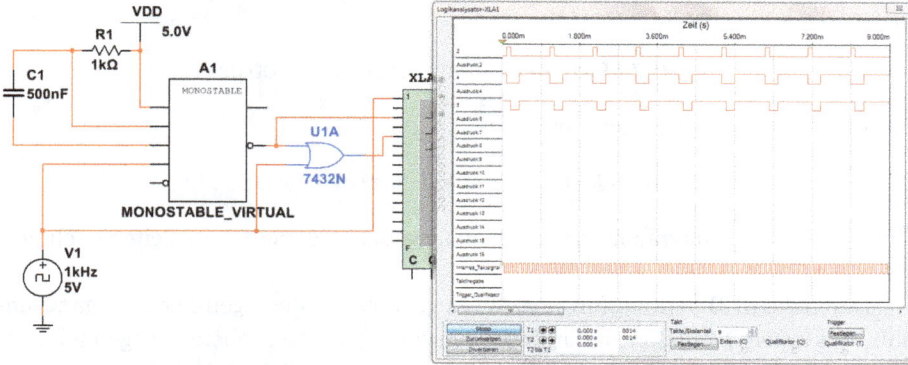

Abb. 6.41: Schaltung zur Verzögerung der Rückflanke eines 1-Signals

6.2.8 Impulsverzögerungen durch zwei Monoflops

Verzögert man Vorder- und Rückflanke eines Impulses und setzt hierzu Monoflops ein, arbeiten die Monoflops immer unabhängig von der Impulsbreite.

Bei der Schaltung von Abb. 6.42 muss man an die Eingangsimpulse bestimmte Forderungen stellen, damit ein ordnungsgemäßer Ablauf erreicht wird. Das untere Monoflop wird mit dem positiven Eingangsimpuls getriggert und verzögert damit die Vorderflanke. Das obere Monoflop triggert dagegen mit dem negativen Eingangsimpuls und daher erreicht man die Verzögerung der Ausgangsflanke. Die Ausgänge der beiden Monoflops sind über ein UND-Gatter entsprechend verknüpft.

Wenn man sich die beiden Kondensatoren betrachtet, ergeben sich unterschiedliche Verzögerungszeiten. Sind beide Werte gleich, erhält man eine identische Verzögerung der Vorder- und Rückflanke. In Abb. 6.42 sind diese Werte unterschiedlich und

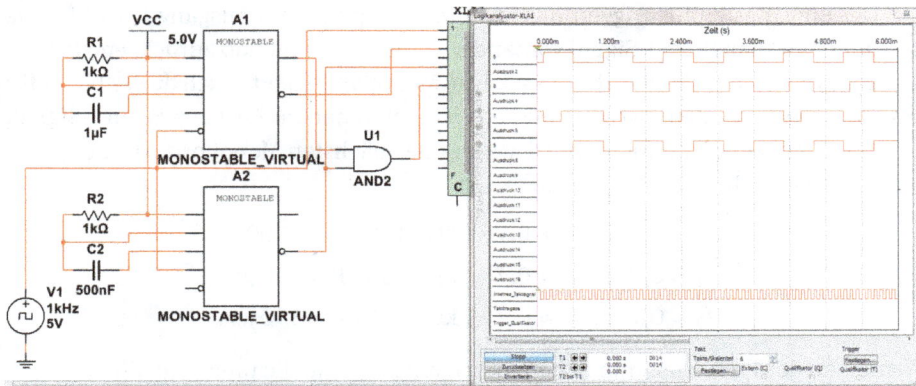

Abb. 6.42: Schaltung zur Impulsverzögerung durch zwei parallel geschaltete Monoflops

es wird die Vorderflanke verzögert

$$\tau \approx 0,7 \cdot R \cdot C \approx 0,7 \cdot 1\,\text{k}\Omega \cdot 1000\,\text{nF} = 700\,\mu\text{s}\,.$$

Die Rückflanke wird verzögert um

$$\tau \approx 0,7 \cdot R \cdot C \approx 0,7 \cdot 1\,\text{k}\Omega \cdot 500\,\text{nF} = 350\,\mu\text{s}\,.$$

Mittels des Impulsdiagramms des Logikanalysators kann man diese Zeiten nachmessen.

Durch die UND-Verknüpfung der Ausgänge entsteht der eigentliche Ausgangsimpuls. Das untere Monoflop ist durch den Ausgang Q' und das obere dagegen mit dem Ausgang Q über das UND-Gatter verbunden. Damit lässt sich die Arbeitsweise dieser Schaltung erklären: Wird das untere Monoflop getriggert, kippt es nach 35 ms zurück und hat am Ausgang Q' wieder ein 1-Signal. Mit der negativen Flanke setzt sich das obere Monoflop und hat für 70 ms sein 1-Signal am Ausgang Q. Die UND-Bedingung ist nach 35 ms erfüllt, vorausgesetzt, die negative Triggerflanke hat das obere Monoflop gesetzt.

Wenn man diese Schaltung für andere Eingangsimpulse verwenden muss, sind die Verzögerungszeiten der beiden Monoflops entsprechend abzustimmen. Mittels des Simulationsprogramms kann man alle wichtigen Faktoren ändern, sodass sich zahlreiche Abstimmungsversuche durchführen lassen.

6.2.9 Sequentielle Laufzeitschaltung

Mit einer sequentiellen Laufzeitschaltung lässt sich eine einfache Zeitsteuerung realisieren, bei der man jeden Zeitabschnitt individuell bestimmen kann. Durch die Hintereinanderschaltung von mehreren Monoflops ergibt sich eine Kettenschaltung, wie Abb. 6.43 zeigt.

Der Eingangsimpuls triggert das linke Monoflop und am Ausgang Q ist für eine bestimmte Zeitdauer ein 1-Signal vorhanden. Kippt das Monoflop zurück, entsteht eine negative Ausgangsflanke, die das nächste Monoflop triggert. Auch dieses bleibt für eine bestimmte Zeitdauer gesetzt und das Monoflop hat am Ausgang Q ein 1-Signal. Ist diese Zeit beendet, erfolgt die Triggerung des nächsten Monoflops. Die Zeiten errechnen sich nach

$$t_1 \approx 0,7 \cdot R \cdot C \approx 0,7 \cdot 1\,\text{k}\Omega \cdot 1000\,\text{nF} = 700\,\mu\text{s}$$
$$t_2 \approx 0,7 \cdot R \cdot C \approx 0,7 \cdot 1\,\text{k}\Omega \cdot 500\,\text{nF} = 350\,\mu\text{s}$$
$$t_3 \approx 0,7 \cdot R \cdot C \approx 0,7 \cdot 1\,\text{k}\Omega \cdot 500\,\text{nF} = 350\,\mu\text{s}\,.$$

Wenn man das Impulsdiagramm betrachtet, erkennt man die unterschiedlichen Ausgangssignale. Wenn das rechte Monoflop gesetzt ist, wird in diesem Beispiel bereits das linke wieder getriggert und kann keinen Einfluss auf das rechte nehmen. Durch die

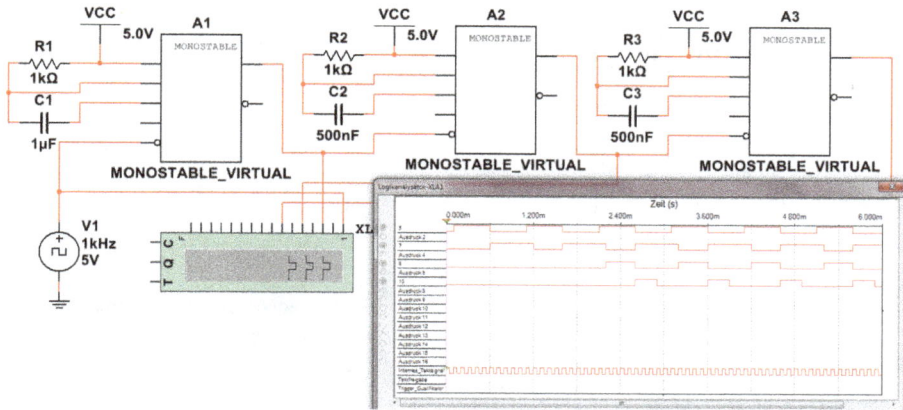

Abb. 6.43: Sequentielle Laufzeitschaltung durch drei Monoflops

sequentielle Laufzeitschaltung lassen sich einfache Steuerketten für die Praxis realisieren, da keine Grenzen für den Ausbau und die Einstellung der einzelnen Verzögerungszeiten gegeben sind.

6.3 Rechteckgeneratoren

Durch den Einsatz von digitalen Schaltkreisen in TTL- oder CMOS-Technik lassen sich unterschiedliche Rechteckgeneratoren realisieren. Mit zwei NICHT-Gattern, einem Widerstand und einem Kondensator ergibt sich ein einfacher Rechteckgenerator, der eine Ausgangsfrequenz zwischen 0,01 Hz und 20 MHz erzeugen kann. Die minimale Ausgangsfrequenz ist abhängig vom Wert des Widerstands und des Kondensators, während die maximale Ausgangsfrequenz nur von den Familien der TTL- oder CMOS-Bausteine abhängig ist.

Ein einfacher Rechteckgenerator hat keinen Start-Stopp-Eingang, wie Abb. 6.44 zeigt. Wenn man einen Start-Stopp-Eingang realisiert, muss man zwischen drei Funktionen unterscheiden. Ein synchroner Anlauf bedeutet: Liegt Eingang C auf 1-Signal, beginnt die Impulsfolge der Ausgangsfrequenz immer mit einem 1-Signal. Das Zeichen „!" befindet sich daher vor dem G. Soll der Rechteckgenerator synchron angehalten werden, gibt man auf den Eingang S ein 0-Signal. Damit wird der Ausgang erst dann angehalten, wenn der Impuls seine volle Dauer abgeschlossen hat. Das Zeichen „!" befindet sich nach dem G. Hat man einen Generator mit synchronem Anlauf- und Stoppbetrieb, kennzeichnet man dies mit zwei Zeichen z. B. „!G!".

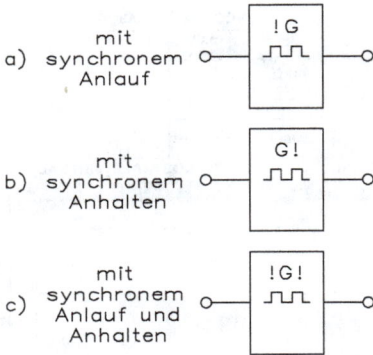

a) mit synchronem Anlauf — !G

b) mit synchronem Anhalten — G!

c) mit synchronem Anlauf und Anhalten — !G!

Abb. 6.44: Symbol von Rechteckgeneratoren mit den einzelnen Ansteuerungsmöglichkeiten

6.3.1 Grundschaltungen eines Rechteckgenerators

Die Realisierung eines Rechteckgenerators mit TTL- oder CMOS-Bausteinen erfolgt entweder mit der symmetrischen Schaltung von Abb. 6.45 oder mit der unsymmetrischen Schaltung von Abb. 6.46.

Der Aufbau der symmetrischen Schaltung von Abb. 6.45 ist konventionell, wenn man einen Vergleich zu einem Rechteckgenerator mit Transistoren durchführt. Die beiden RC-Glieder bestimmen die Ausgangsfrequenz, da eine entsprechende Auf- und Entladung erfolgt:

$$f \approx \frac{1}{R_1 \cdot C_1 + R_2 \cdot C_2} \, .$$

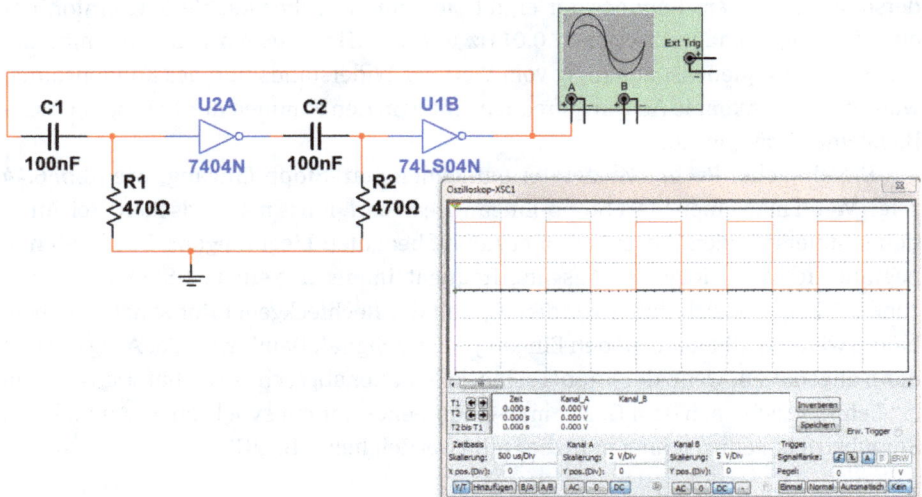

Abb. 6.45: Symmetrische Schaltung eines Rechteckgenerators ohne Steuereingang

Bei der Bindung $R = R_1 = R_2$ und $C = C_1 = C_2$ gilt:

$$f \approx \frac{1}{2 \cdot R \cdot C}.$$

Der Widerstand R muss so gewählt werden, dass bei Entfernung der Kondensatoren jeder der beiden NICHT-Gatter seinen Arbeitspunkt in der Nähe des Umschaltpunktes im steilen Übergangsbereich der Übertragungskennlinie hat. Dadurch bleiben für den Widerstand R keine großen Variationsmöglichkeiten, wenn man TTL-Bausteine einsetzt. Verwendet man dagegen CMOS-Bausteine, ergibt sich ein Widerstandsbereich zwischen 1 kΩ und 100 kΩ.

Verwendet man in der Schaltung gleiche Werte für Widerstände und Kondensatoren, ergibt sich ein symmetrisches Verhalten der Ausgangsfrequenz. Der Rechteckgenerator arbeitet mit einem Tastverhältnis von 1 : 1. Setzt man keine identischen Bauelemente ein, lässt sich das Tastverhältnis entsprechend ändern. Hat man CMOS-Bausteine, lässt sich hier ein Spannungs-Frequenz-Wandler realisieren. Bei einem Spannungs-Frequenz-Wandler bestimmt der veränderbare Widerstand die Ausgangsfrequenz, d. h. die Ausgangsfrequenz ist weitgehend proportional zur Widerstandsänderung.

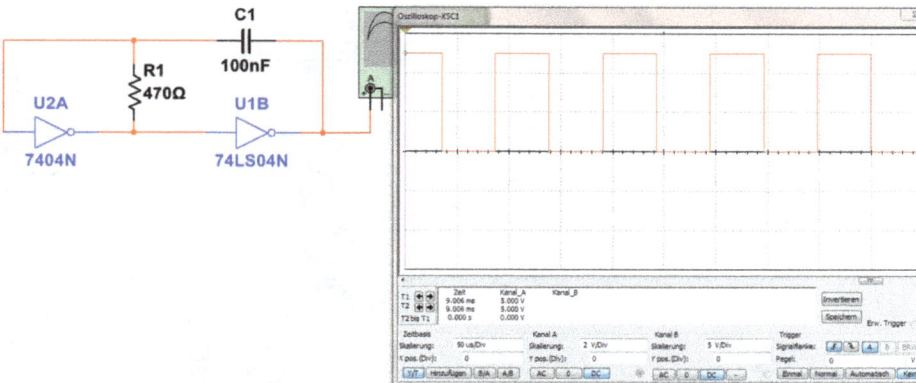

Abb. 6.46: Unsymmetrische Schaltung eines Rechteckgenerators ohne Steuereingang

Bei der unsymmetrischen Schaltung von Abb. 6.46 hat man nur einen Widerstand und einen Kondensator. Für die Erklärung soll das rechte NICHT-Gatter am Ausgang ein 1-Signal aufweisen, d. h. der Kondensator ist entladen und am Eingang des rechten NICHT-Gatters liegt ein 0-Signal an. Schaltet man die Betriebsspannung ein, setzt ein Ladestrom über den Kondensator C und den Widerstand R ein. Durch die Verschaltung von Kondensator und Widerstand sinkt das Eingangspotential an dem linken NICHT-Gatter ab. Erkennt dieser Eingang ein 0-Signal an, schaltet der Ausgang auf 1-Signal und damit erhält der Eingang des rechten NICHT-Gatters ein 0-Signal. Dieses

0-Signal wird invertiert und an dem Ausgang ist ein 1-Signal vorhanden. Der Kondensator differenziert, der Eingang des linken NICHT-Gatters erkennt ein 1-Signal an und der Ausgang hat ein 0-Signal. Der Kondensator kann sich über den Widerstand entladen, bis das linke NICHT-Gatter wieder ein 0-Signal erkennt. Die Ausgangsfrequenz errechnet sich aus

$$f \approx \frac{1}{R \cdot C} \, .$$

Da der Kondensator über den Widerstand entladen wird, ergibt sich trotz asymmetrischem Aufbau eine symmetrische Ausgangsspannung. Hat man NICHT-Gatter aus der TTL-Familie, muss man den Widerstandswert entsprechend niederohmig halten. Setzt man CMOS-NICHT-Gatter ein, ergeben sich dagegen keine Probleme. U/f-Wandler realisiert man daher immer mit CMOS-Bausteinen, da die schaltungstechnischen Fehlerquellen sehr gering sind.

6.3.2 Rechteckgenerator mit Start-Stopp-Eingang

Verwendet man statt des NICHT-Gatters von Abb. 6.46 ein NAND-Gatter, lässt sich ein Rechteckgenerator realisieren, wie die Schaltung von Abb. 6.47 zeigt.

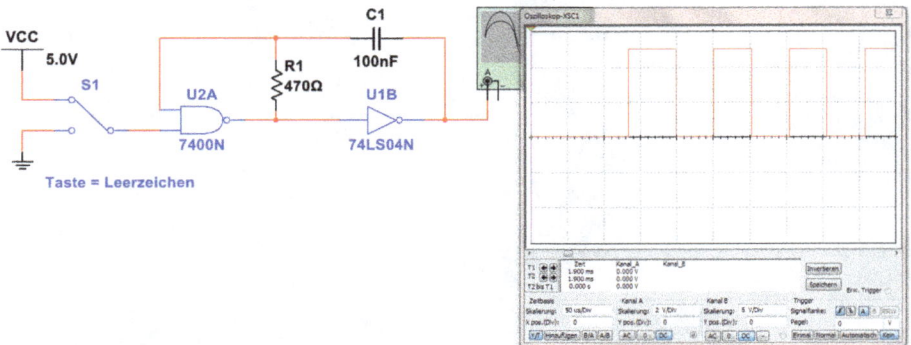

Abb. 6.47: Rechteckgenerator mit Start-Stopp-Eingang

Dieser Rechteckgenerator enthält nur eine RC-Kombination. Das NAND-Gatter sorgt dafür, dass die RC-Kombination entsprechend an einer Spannung liegt, die der Differenz der beiden Logikpotentiale entspricht. Dieser Betrag der Spannung ist weitgehend konstant, die Richtung wird aber bei jedem Umschaltvorgang dieses NAND-Gatters umgepolt. Die Umpolung wird über die Rückkopplung vom Zeitglied selbst gesteuert. Die Einstellbarkeit des Tastverhältnisses durch den Widerstand R beruht hier auf dem je nach Schaltzustand unterschiedlichen Ausgangswiderstand in dem NICHT-Gatter.

Bei aufgetrennter Zuleitung zum Kondensator bilden die drei Logikbausteine eine Negation, deren Übertragungskennlinie ähnlich der des einzelnen Gatters verläuft. Der Widerstand R ist bei den TTL- und CMOS-Bausteinen so zu wählen, dass der Arbeitspunkt dieser Kette im steilen Übergangsbereich ihrer Übertragungskennlinie liegt. Bei TTL-Bausteinen wählt man den Widerstand zwischen 270 Ω und 1,8 kΩ, bei CMOS-Bausteinen ergeben sich dagegen keine Probleme, wenn man Werte zwischen 1 kΩ und 1 MΩ verwendet. Bei Widerstandswerten über 1 MΩ treten andere Effekte auf, die die Schaltung negativ beeinflussen.

Hat der Eingang 0-Signal, ist die NAND-Bedingung nicht erfüllt und der Rechteckgenerator hat am Ausgang ein konstantes 1-Signal, Gibt man ein 1-Signal auf den Eingang, setzt der Schwingvorgang ein. Zur Überprüfung der Schwingbedingung nimmt man das NICHT-Gatter aus der Schaltung. Damit hat der Ausgang ein 0-Signal, aber der Einschwingvorgang kann ein Problem verursachen, wenn man die Schaltung per Hardware aufbaut.

6.3.3 Rechteckgenerator mit Monoflop

Durch die Reihenschaltung von zwei Monoflops lassen sich drei unterschiedliche Rechteckgeneratoren realisieren, wobei man das Impuls-Pausen-Verhältnis für die Ausgangsfrequenz entsprechend einstellen kann.

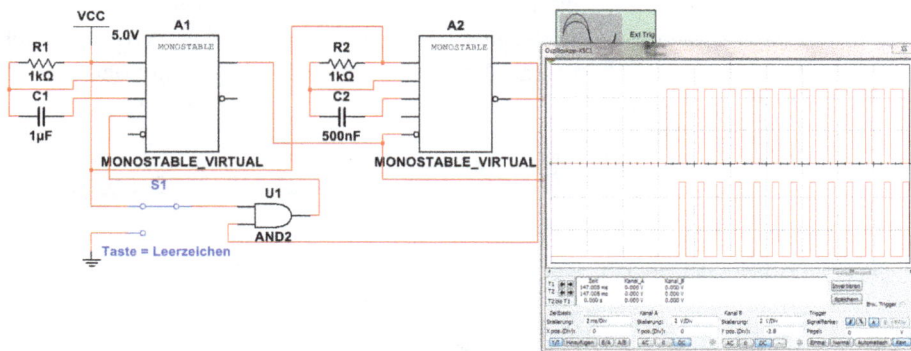

Abb. 6.48: Rechteckgenerator mit zwei Monoflops nach Typ I

Bei der Schaltung von Abb. 6.48 arbeiten die beiden Monoflops als sequentielle Steuerschaltung. Das linke Monoflop wird mit einer positiven, das rechte mit einer negativen Flanke getriggert. Der Ausgang des rechten Monoflops ist über ein UND-Gatter mit dem linken Monoflop verbunden. Befindet sich der Steuereingang des UND-Gatters auf 1-Signal, ist die UND-Bedingung erfüllt, da auch der Ausgang Q' des rechten Monoflops ein 1-Signal hat. Das linke Monoflop erhält eine positive Flanke und setzt

sich für

$$t_m \approx 0.7 \cdot R \cdot C \approx 0.7 \cdot 1\,\text{k}\Omega \cdot 1000\,\text{nF} = 700\,\mu\text{s}\;.$$

Nimmt man an diesem Ausgang die Frequenz ab, ergibt sich ein 1-Signal für 700 µs. Kippt das linke Monoflop nach 0,7 ms zurück, erhält das rechte Monoflop eine negative Triggerflanke und kann sich setzen für

$$t_m \approx 0.7 \cdot R \cdot C \approx 0.7 \cdot 1\,\text{k}\Omega \cdot 500\,\text{nF} = 350\,\mu\text{s}\;.$$

Nach 350 µs kippt das Monoflop zurück und triggert mit einer positiven Flanke das linke Monoflop. Setzt man den Ausgang Q des linken Monoflops ein, gilt

$$t_i = 700\,\mu\text{s} \quad \text{und} \quad t_p = 350\,\mu\text{s}\;.$$

Verwendet man den Ausgang Q des rechten Monoflops, gilt

$$t_i = 350\,\mu\text{s} \quad \text{und} \quad t_p = 700\,\mu\text{s}\;.$$

Die Frequenz ist bei der Schaltung und Dimensionierung immer

$$f = \frac{1}{t_i + t_p} = \frac{1}{700\,\mu\text{s} + 350\,\mu\text{s}} = \frac{1}{1.05\,\text{ms}} \approx 1\,\text{kHz}\;.$$

Je nach Impulsdauer und Impulspause ergeben sich die unterschiedlichen Tastverhältnisse. Wichtig bei dieser Schaltung ist der synchrone Anlauf und das synchrone Anhalten, wenn man den Schalter von 1- oder 0-Signal umschaltet.

Die Ausgangsfrequenz und das Tastverhältnis werden von beiden Monoflops bestimmt. Ändert man bei einem Monoflop das RC-Verhältnis, muss man die unterschiedliche Impulsdauer und Impulspause beachten. Dies ist bei dem Typ II nicht der Fall. Abb. 6.49 zeigt die Schaltung eines Rechteckgenerators mit zwei Monoflops nach Typ II.

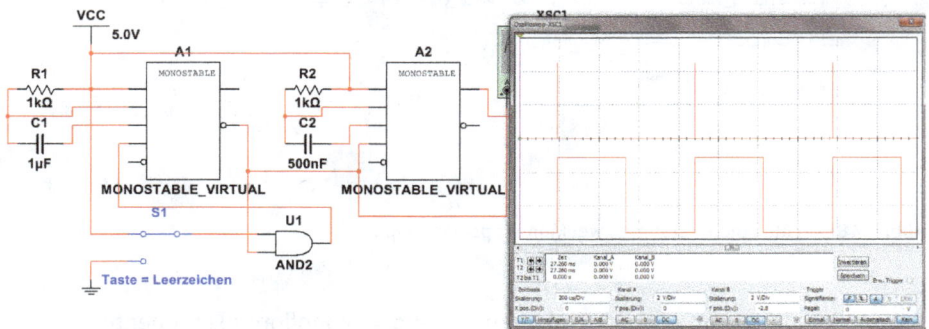

Abb. 6.49: Rechteckgenerator mit zwei Monoflops nach Typ II mit der simulierten Startphase

Bei dem Rechteckgenerator nach Typ II arbeitet das linke Monoflop als Taktgenerator. Ausgang Q' ist über das UND-Gatter mit dem Triggereingang verbunden. Erhält der

Steuereingang ein 1-Signal, ist die UND-Bedingung erfüllt und das Monoflop erzeugt eine positive Triggerflanke. Das Monoflop setzt sich für

$$t_m \approx 0,7 \cdot R \cdot C \approx 0,7 \cdot 1\,k\Omega \cdot 1000\,nF = 700\,\mu s\,.$$

Nach dieser Zeit kippt das Monoflop zurück und erzeugt für das rechte Monoflop einen positiven Triggerimpuls und für sich selbst ebenfalls einen positiven Triggerimpuls. Das 1-Signal an dem Ausgang Q' des linken Monoflops dauert je nach TTL-Familie zwischen 5 ns und 20 ns. Danach misst man wieder ein 0-Signal. Das rechte Monoflop hat für das 1-Signal eine Zeit von

$$t_m \approx 0,7 \cdot R \cdot C \approx 0,7 \cdot 1\,k\Omega \cdot 500\,nF = 350\,\mu s\,.$$

Bedingt durch das rechte Monoflop für das 0-Signal ergibt sich eine Zeit von

$$t_p = T - t_i = 700\mu s - 350\mu s = 350\mu s\,.$$

Durch das linke Monoflop bestimmt man die Grundfrequenz und durch das rechte Monoflop die Impulsdauer bzw. Impulspause.

Beim Rechteckgenerator von Abb. 6.50 hat man eine freilaufende Schaltung. Das linke Monoflop erzeugt wieder die Grundfrequenz und Ausgang Q' ist mit dem positiven Triggereingang verbunden. Die monostabile Zeit errechnet sich aus

$$t_m \approx 0,7 \cdot R \cdot C \approx 0,7 \cdot 1\,k\Omega \cdot 1000\,nF = 700\,\mu s\,.$$

Nach dieser Zeit hat der Ausgang Q für 5 bis 20 ns ein 0-Signal. Dieser Ausgang triggert das rechte Monoflop an dem positiven Eingang. Dieses Monoflop hat dann für den Ausgang Q ein 1-Signal von

$$t_m \approx 0,7 \cdot R \cdot C \approx 0,7 \cdot 1\,k\Omega \cdot 500\,nF = 350\,\mu s\,.$$

Danach setzt sich dieser Monoflop zurück und wird wieder nach 350 μs gesetzt. Damit errechnet sich die Impulspause aus

$$t_p = T - t_i = 700\mu s - 350\mu s = 350\mu s\,.$$

Berechnungen und Messungen sind weitgehend identisch.

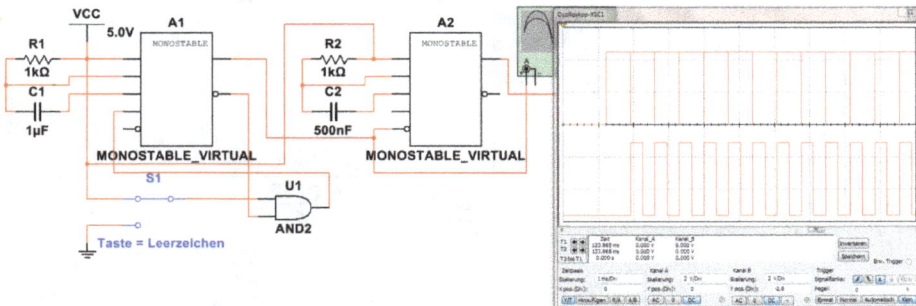

Abb. 6.50: Rechteckgenerator mit zwei Monoflops nach Typ III

6.3.4 Rechteckgenerator mit Schmitt-Trigger

Schmitt-Trigger sind Schwellwertschalter, die z. B. ein analoges Eingangssignal in ein digitales Ausgangssignal umwandeln. Überschreitet die Eingangsspannung die Triggerschwelle U_{T1}, so kippt der Trigger um. Das Zurückkippen erfolgt, wenn die Eingangsspannung die Triggerschwelle U_{T2} unterschreitet, wobei sich immer ein Wert ergibt von

$$U_{T1} > U_{T2} \, .$$

Die Differenz beider Schwellspannungen $(U_{T1} - U_{T2})$ bezeichnet man als Schalthysterese. Sie ergibt als Übertragungskennlinie die bekannte Rechteckkurve, die auch in dem NICHT-Gatter als Schaltsymbol für Schmitt-Trigger verwendet wird. Die Schalthysterese, d. h. die Tatsache, dass das Zurückkippen bei einer kleineren Spannung als das Umkippen erfolgt, ist aus Stabilitätsgründen erforderlich. Ist sie zu klein, erfolgt ein Hin- und Zurückkippen des Schmitt-Triggers bereits ungewollt durch Störsignale, die dem Nutzsignal überlagert sind. Andererseits soll die Schalthysterese nicht zu groß sein, weil dann die Ausgangsimpulslänge zu stark beeinflusst wird.

Durch die Schalthysterese eines Schmitt-Triggers lassen sich in Verbindung mit TTL- und CMOS-Bausteinen einfache, aber sehr sicher arbeitende Rechteckgeneratoren realisieren.

Bei der Schaltung von Abb. 6.51 soll das NICHT-Gatter am Ausgang ein 1-Signal aufweisen. Über den Widerstand kann sich der Kondensator nach einer e-Funktion aufladen. Erreicht die Spannung den Kippwert von $U \approx 1{,}7$ V, erkennt das NICHT-Gatter ein 1-Signal und setzt den Ausgang auf 0-Signal. Damit kann sich der Kondensator über den Widerstand nach einer e-Funktion entladen, bis die Spannung den Kippwert von $U \approx 0{,}7$ V unterschreitet. Das NICHT-Gatter erkennt ein 0-Signal und setzt den Ausgang auf 1-Signal. Damit lädt sich der Kondensator C über den Widerstand R auf.

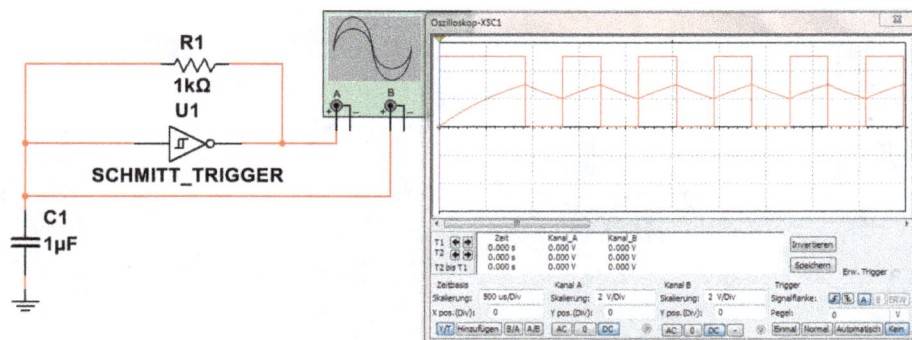

Abb. 6.51: Rechteckgenerator mit Schmitt-Trigger

Lädt sich der Kondensator auf, hat der Ausgang ein 1-Signal (Impulsdauer t_i) und bei der Entladung ein 0-Signal (Impulspause t_p). Es ergeben sich folgende Formeln:

$$t_i = R \cdot C \cdot \ln \frac{U_{Q1} - U_{Haus}}{U_{Q1} - U_{Hein}} \qquad t_p = R \cdot C \cdot \ln \frac{U_{Q0} - U_{Hein}}{U_{Q0} - U_{Haus}} \qquad f = \frac{1}{t_i + t_p} \, .$$

Hat der Ausgang des TTL-Bausteins ein 1-Signal, misst man an den Ausgängen eine Spannung von $U_{Q1} \approx 3{,}3\,V$ und bei $U_{Q0} \approx 0{,}2\,V$. Die beiden Schwellwerte betragen $U_{Hein} \approx 1{,}7\,V$ und $U_{Haus} \approx 0{,}9\,V$ und man erhält für die Schaltung von Abb. 6.51 folgende Werte:

$$t_i = 1\,k\Omega \cdot 1\,\mu F \cdot \ln \frac{3{,}3\,V - 0{,}9\,V}{3{,}3\,V - 1{,}7\,V} \approx 1\,k\Omega \cdot 1\,\mu F \cdot 0{,}4 \approx 0{,}4\,ms$$

$$t_p = 1\,k\Omega \cdot 1\,\mu F \cdot \ln \frac{0{,}2\,V - 1{,}7\,V}{0{,}2\,V - 0{,}9\,V} \approx 1\,k\Omega \cdot 1\,\mu F \cdot 0{,}78 \approx 0{,}78\,ms$$

$$f = \frac{1}{0{,}4\,ms + 0{,}78\,ms} \approx 850\,Hz \qquad \frac{t_i}{t_p} = \frac{0{,}4\,ms}{0{,}78\,ms} = 0{,}5 \, .$$

Bei dieser Schaltung wurde ein NICHT-Gatter mit Schmitt-Trigger-Eingang verwendet. Setzt man dagegen ein NAND-Gatter mit Schmitt-Trigger-Eingang ein, lässt sich der zweite Eingang als Start-Stopp-Eingang verwenden.

6.3.5 Rechteckgenerator mit simulierten CMOS-NICHT-Gattern

Die wesentlichen Vorteile bei CMOS-Bausteinen liegen in dem Bereich der Betriebsspannung, die von 3 V bis 15 V reicht. Arbeitet man mit einem CMOS-NICHT-Gatter besteht dies aus einem N- und einem P-Kanal-MOSFET. Hat der Eingang ein 1-Signal, ist der obere MOSFET geschlossen, während der untere MOSFET leitend ist. Am Ausgang hat man ein 0-Signal. Gibt man auf den Eingang ein 0-Signal, ist der obere MOSFET leitend, der untere MOSFET gesperrt. Am Ausgang wird ein 1-Signal erzeugt. Betrachtet man sich die Übertragungscharakteristik eines CMOS-NICHT-Gatters, ergibt sich bei etwa $+U_b/2$ der Umschaltmoment.

Die Funktionsweise des Rechteckgenerators von Abb. 6.52 ist folgendermaßen: Im Einschaltmoment liegt die Ausgangsspannung des rechten NICHT-Gatters auf 1-Signal. Das 1-Signal ist in seiner Größe von der Betriebsspannung $+U_b$ abhängig. Wenn der Ausgang des rechten NICHT-Gatters auf 1-Signal liegt, muss der Eingang ein 0-Signal aufweisen. Dadurch kann sich der Kondensator C über den Widerstand R nach einer e-Funktion entladen. Die Spannung zwischen dem Kondensator C und dem Widerstand R ist mit dem Eingang des linken NICHT-Gatters verbunden und stellt damit einen Spannungsteiler dar.

Erreicht die Spannung zwischen dem Kondensator und dem Widerstand den Wert von ca. $+U_b/2$, kippt das linke NICHT-Gatter und der Ausgang befindet sich auf 1-Signal. Damit schaltet das rechte NICHT-Gatter am Ausgang auf 0-Signal. Ab diesem

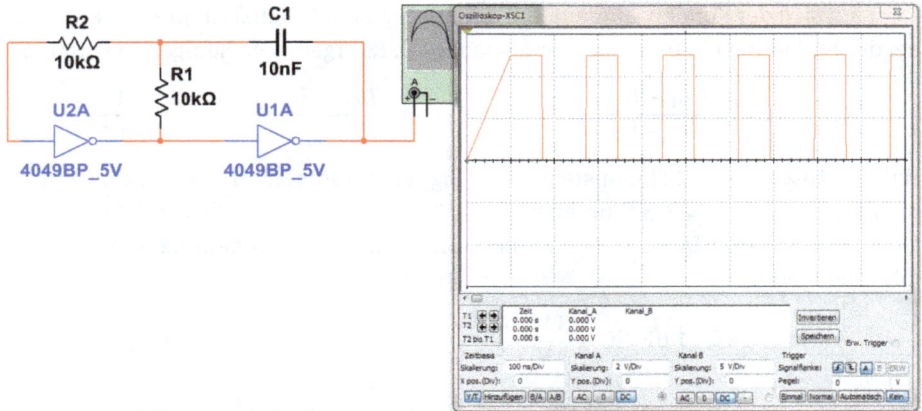

Abb. 6.52: Rechteckgenerator mit CMOS-NICHT-Gatter 4049

Moment kann sich der Kondensator über den Widerstand aufladen, bis der Schwellwert des linken NICHT-Gatters wieder erreicht wird. Die Ausgangsfrequenz errechnet sich aus

$$f = \frac{0{,}721}{R \cdot C} \;.$$

Der Widerstand zum linken NICHT-Gatter hat keinen Einfluss auf die Frequenzberechnung.

Bei der CMOS-Serie 4000B gibt es mehrere Bausteine, die als NICHT-Funktion arbeiten, aber nicht für einen Rechteckgenerator geeignet sind.

- 4009: Dieser CMOS-Baustein hat am Ausgang einen offenen Sourceanschluss und daher ist ein „Pull-down"-Widerstand erforderlich, um den Sourcestrom gegen Masse ableiten zu können. Der Ausgang kann aber einen Strom von 8 mA aus dem CMOS-Baustein fließen lassen.
- 4041: Dieser CMOS-Baustein beinhaltet vier NICHT-Gatter und vier nicht invertierende Buffer, aber die Eingänge des NICHT-Gatters und nicht invertierenden Buffers sind zusammengeschaltet. Im Gegensatz zum 4009 sind die Ausgänge mit einer Gegentaktendstufe ausgerüstet.
- 4049: Dieser CMOS-Baustein hat den 4009 abgelöst und am Ausgang ist er mit einer Gegentaktendstufe ausgerüstet. Da der Baustein nur eine einfache Betriebsspannung von 3 V bis 15 V benötigt, lässt er sich als Inverter, Stromtreiber oder Logikpegelkonverter einsetzen. Für Anwendungen sind der 4009 und der 4049 inkompatibel. Eine äußere Beschaltung hat deshalb einen Einfluss auf die Funktionen einer Schaltung.

CMOS-Schaltkreise sind (ebenso wie alle digitalen MOS-Schaltungen) ausschließlich mit MOSFET-Transistoren (MOS-Feldeffekttransistoren) vom Anreicherungstyp

(Enhancement) aufgebaut, d. h. sind selbstsperrend (bei einer Gatespannung von $U_{GS} = 0\,V$) und ergeben dadurch den geringsten Stromverbrauch.

Ein NICHT-Gatter besteht aus einem N- und P-Kanal-MOS-Transistor. Jeder der beiden Transistoren vom N- und P-Kanaltyp ist im Prinzip ein spannungsgesteuerter Schalter mit hochohmigem, rein kapazitivem Eingang.

Die Drain-Source-Strecke bildet einen ohmschen Widerstand, der im gesperrten Zustand hochohmig ($\approx 10\,M\Omega$) und im leitenden Zustand niederohmig ($\approx 500\,\Omega$) ist. Im Prinzip ist der Kanalwiderstand des leitenden Transistors unabhängig von der Stromrichtung. Deshalb werden viele MOSFETs auch symmetrisch, d. h. in umgekehrter Stromrichtung betrieben. Die vom bipolaren Transistor bekannte Sättigungserscheinung und die damit verbundenen Probleme gibt es bei MOSFETs nicht. Die Verwendung von zwei zueinander komplementären Transistoren (P-Kanal- und N-Kanal) hat dieser Art von Schaltungsaufbau den Namen CMOS (Complementary-MOS) gegeben.

Im Gegensatz zu den üblichen Bezeichnungen bei vielen unipolaren Schaltkreisen sind die positive Betriebsspannung mit U_{DD} und die negativere mit U_{SS} zu bezeichnen. Außerdem werden für CMOS-Bausteine ebenso wie für TTL-Schaltkreise die einheitlichen Bezeichnungen U_{CC} ($= U_{DD}$) und Masse ($= U_{SS}$) verwendet. Bei einem H-Potential am Eingang, d. h. $U_I > U_{CC}/2$, ist der untere Transistor (N-Kanal) leitend und der obere (P-Kanal) gesperrt. Der Ausgang des NICHT-Gatters ist über den Drainkanal mit ca. 500 Ω mit Masse verbunden und hat L-Potential.

Bei L-Potential am Eingang, d. h. $U_I < U_{CC}/2$, ist der obere Transistor leitend und der untere gesperrt. Der gesperrte Transistor ist immer der Lastwiderstand für den leitenden Transistor. Infolge der Serienschaltung beider Drain-Source-Strecken kann als Speisestrom im Ruhezustand in beiden logischen Zuständen immer nur der Rest- oder Leckstrom (µA- bis nA-Bereich) fließen. Bei diesen geringen Strömen beträgt die Kanalspannung (Drain-Source-Strecke des leitenden Transistors) nur etwa 1 mV. Der Spannungshub der CMOS-Schaltung ist damit praktisch gleich der Betriebsspannung, d. h. $U_{OL} \approx 0\,V$ und $U_{OH} \approx U_{CC}$. H- und L-Pegel sind nahezu unabhängig vom Lastfaktor, d. h. von der Anzahl der angeschalteten CMOS-Eingänge.

Das NICHT-Gatter arbeitet nach dem gleichen Gegentaktprinzip wie ein Totempole-Ausgang der TTL-Familie, aber ohne Kollektorwiderstand. Der Ausgang wird entweder vom oberen Transistor mit U_{CC} (pull up) oder vom unteren Transistor mit Masse (pull down) verbunden. Bei dem NICHT-Gatter der 4000B-Reihe erreicht der Querstrom I_D (Drainstrom) Werte bis 2,2 mA ($U_{CC} = 10\,V$) und 6,6 mA ($U_{CC} = 15\,V$).

6.3.6 Quarzstabilisierter Rechteckgenerator

Bei der Realisierung eines quarzstabilisierten Rechteckgenerators in Verbindung mit digitalen Schaltkreisen muss man zwischen TTL- und CMOS-Bausteinen unterscheiden. In der Praxis setzt man CMOS-Bausteine ein, da die Leistungsverluste erheblich geringer sind.

Für die Erzeugung von hochstabilen Frequenzen werden quarzstabilisierte Oszillatoren eingesetzt. Während sich bei RC- und LC-Schaltungen die Ausgangsfrequenz ändern kann, bleibt diese bei Schwingungserzeugern mit Quarz weitgehend stabil. Die Ausgangsfrequenz ist die Eigenresonanzfrequenz des Quarzes.

Ein Quarz ist ein SiO_2-Kristall, an dessen Oberflächen elektrische Kontakte aufgebracht sind. Unter Einfluss einer angelegten elektrischen Spannung verformt sich der Quarz (sog. inverser piezoelektrischer Effekt). Durch Spannungsimpulse lässt sich somit ein Quarz in mechanische Schwingungen versetzen. Diese Schwingungen des Quarzes bewirken, dass an den Kontaktflächen eine elektrische Wechselspannung entsteht, deren Frequenz genau mit der stabilen Eigenresonanzfrequenz des Quarzes übereinstimmt. Im Prinzip verhält sich ein Quarz wie ein Schwingkreis mit sehr hoher Güte.

Durch den entsprechenden Quarz in der Schaltung wird eine bestimmte Ausgangsfrequenz festgelegt. Im Resonanzfall wirkt der Quarz wie ein rein ohmscher Widerstand und hat einen bestimmten Wert. Da die Resonanzfrequenz sehr ausgeprägt ist, kann man durch den Drehkondensator, der in Reihe mit dem Quarz geschaltet ist, das Frequenzverhalten nur geringfügig ändern. Im Resonanzfall fließt über den Quarz ein bestimmter Strom vom Ausgang des Verstärkers zu seinem nicht invertierenden Eingang. Der Quarz und der Einsteller bilden einen Spannungsteiler, wodurch nur ein bestimmter Teil der Ausgangsspannung auf den Eingang mitgekoppelt wird.

Die Schwingfrequenz eines Quarzkristalls ist eines der präzisesten Bauelemente in der Elektronik. Die Toleranzen erreichen Werte bis zu 10 ppm und ein Temperaturverhalten deutlich unter 1 ppm/K lassen sich auch mit industriellen Standardquarzen unter 0,5 € erreichen. Bei diesen Gegebenheiten empfiehlt es sich natürlich, die Genauigkeit einer Schaltung mit der Frequenzkonstanz eines Quarzes zu verbinden, wo immer dies möglich ist. Für die Berechnung der Parameterdefinitionen gelten folgende Gleichungen:

Serienresonanzfrequenz:
$$f_S = \frac{1}{2 \cdot \pi \cdot \sqrt{C \cdot L}}$$

Antiresonanzfrequenz:
$$f_a = \frac{1}{2 \cdot \pi} \cdot \sqrt{\frac{C + C_0}{L \cdot C \cdot C_0}}$$

Frequenzveränderung:
$$\Delta f = \frac{f_S \cdot C}{2(C_0 + C_L)}$$

Dynamische Kapazität:
$$C = \frac{2 \cdot \Delta f \cdot (C_L + C_0)}{f_S}$$

Dynamische Induktivität:
$$L = \frac{1}{(2 \cdot \pi \cdot f_S)^2 \cdot C}$$

Effektiver Serienwiderstand:
$$R = \frac{2 \cdot \pi \cdot f_S \cdot L}{Q}$$

Kapazitätsverhältnis:
$$C_r = \frac{C_0}{C}$$

Gütefaktor:
$$Q = \frac{2 \cdot \pi \cdot f_S \cdot L}{R}$$

Wirkwiderstand:
$$R_W = \left(\frac{C_L + C_0}{R_L} \right)^2 \cdot R_S$$

Parallelkapazität: C_0

Lastkapazität: C_L .

Betrachtet man sich diese Gleichungen, ergibt sich näherungsweise das Verhalten eines Schwingkreises. Für einen 1-MHz-Quarz gelten z. B. für $L = 0,025$ H, $C = 0,01$ pF und $R = 70\,\Omega$ für die Elemente der inneren Ersatzschaltung und mit $C_0 = 5$ pF für die interne Elektrodenkapazität. Die Frequenzpunkte für einen Quarz lassen sich mit folgenden Gleichungen berechnen:

$$f_S = \frac{1}{2 \cdot \pi \cdot \sqrt{C \cdot L}}$$

$$f_R \approx f_S \cdot \sqrt{1 + \frac{R^2 \cdot C_0}{L}} \quad \text{bei} \quad \Delta f \approx 10^{-6}$$

$$f_P \approx f_S \cdot \sqrt{1 + \frac{C}{C_0} - \frac{R^2 \cdot C_0}{L}} \quad \text{bei} \quad \Delta f \approx 10^{-6} \ .$$

Hierbei ist der Frequenzpunkt f_S die Serienresonanzfrequenz der Spule L und des Kondensators C, bei dem sich der Quarz wegen C_0 etwas kapazitiv verhält. Bei nur geringfügig größerem Frequenzgang f_R ist die Wirkung von C_0 kompensiert und das Verhalten ist jetzt ein geringfügig bedämpfter Reihenschwingkreis in Resonanz. Zwischen den beiden Anschlüssen eines Quarzes erscheint ein rein ohmscher Widerstand mit einem Wert von ungefähr R.

Bei dem Punkt f_P liegt eine Serienresonanz von L und der Reihenschaltung von C und C_0 vor. Der Quarz hat jetzt die Wirkung eines stark bedämpften Reihenschwingkreises in Resonanz zwischen den Anschlüssen eines Quarzes. Es ergibt sich ein sehr hoher Wert für den Widerstand R.

Der Phasenwinkel des komplexen Widerstands hat bei den beiden Punkten f_R und f_P einen Wert von null, besitzt hier aber zugleich eine sehr hohe Steilheit. Daraus folgt weiter, dass sich der Quarz unterhalb des Frequenzpunktes f_R und oberhalb des Frequenzpunktes f_P nahezu rein kapazitiv und im Bereich zwischen diesen Frequenzen nahezu rein induktiv verhält. Die Voraussetzung für eine Schwingungserzeugung hat Barkhausen formuliert: Bei einem rückgekoppelten Verstärker muss eine Frequenz vorhanden sein, bei der in der geschlossenen Schleife die Verstärkung zu eins und die Phasenverschiebung zu null wird.

Bei einem Referenzoszillator für die Taktsteuerung eines Computersystems oder eines Messgeräts lassen sich zwei Tendenzen erkennen:
- Beim klassischen ofengeheizten Oszillator (OCXO) zeigt sich ein Trend zur Miniaturisierung durch neue Technologien, z. B. durch die Hybridschaltungen. Dadurch kann man auch wesentlich kürzere Zeiten bis zum Erreichen der erforderlichen Frequenzgenauigkeit erzielen, was sich z. B. durch kürzere Servicezeiten bei der Inbetriebnahme und Wartung in den Basisstationen für GSM und DCS1800 kostengünstig bemerkbar macht. Moderne Fertigungsverfahren in der Resonatorherstellung wie der SC-Schnitt sind hierzu Grundvoraussetzung, um die durch die Systemspezifikation vorgeschriebenen Werte bezüglich Frequenzstabilität und Phasenrauschen zu erreichen.
- Oszillatoren, die auf der Basis von atomphysikalischen Vorgängen bisher nur sehr aufwendig realisierbar waren, lassen sich nun auch herstellen. Mittlerweile sind industriell gefertigte Rubidium-Oszillatoren erhältlich, die auch in preislicher Hinsicht für den Anwender attraktiv werden.

Mit solchen Oszillatoren stößt man in Bereiche vor, die bisher nur von Zeitnormalen auf der Basis von Cäsium vorbehalten waren. Die erhältlichen Oszillatoren auf der Basis von Rubidium sind pinkompatibel zum klassischen OCXO-Gehäuse (Abmessungen 67 mm × 60 mm × 40 mm).

Die Basis für die Frequenzstabilität des Oszillators wird durch die Stabilität des Quarzresonators geprägt. Um das Verständnis für die Problematik in der Entwicklung und der Fertigung von ultrastabilen Oszillatoren zu erleichtern, werden im Folgenden die Grundlagen des Resonators beschrieben. Der Quarzresonator ist ein elektromechanischer Resonator, der auf dem piezoelektrischen Effekt beruht: Über aufgedampfte Elektroden wird eine Hf-Spannung angelegt, die mechanische Deformationen am Quarz erzeugt. Stimmt die Frequenz der angelegten Spannung mit der Schwingfrequenz des Quarzes überein, tritt der Resonanzfall auf, und der Quarz stellt einen Resonator hoher Präzision dar. Der Quarz ist ein extrem stark anisotropes Material, d. h. die Eigenschaften variieren sehr stark mit der kristallografischen Richtung.

Der ideale Quarz bildet ein hexagonales Prisma mit sechs Oberflächen. Die zur Definition des Schnittes erforderlichen Kristallachsen werden mit dem Röntgengoniometer bestimmt und als X-, Y- und Z-Achsen bezeichnet. Die Z-Achse ist die Achse mit dreifacher Symmetrie (optische Achse), d. h. bei Drehung um die Z-Achse wiederholen sich die Eigenschaften alle 120°. Die X-Achse halbiert die Winkel zwischen zwei nebeneinanderliegenden Prismenflächen. Diese Achse wird als elektrische Achse bezeichnet, da bei mechanischer Verformung die elektrische Polarisation entlang dieser Achse entsteht. Die Y-Richtung wird als mechanische Achse bezeichnet und bildet einen rechten Winkel mit der Prismenfläche bzw. mit der X-Richtung.

Quarzresonatoren arbeiten meistens als Sperrschwinger (Thickness Shear Mode) wie z. B. der AT- oder BT-Schnitt bei den Standard-Quarzen. Die hervorragenden physikalischen Eigenschaften des AT-Schnittes zu einem handelsüblichen Quarzschnitt bei der Schwingquarzherstellung sind in diesem Fall kostengünstig. Zur exakten mathematischen Beschreibung müssen die mechanischen Bewegungsgleichungen und die maxwellschen Gleichungen mit den exakten mechanischen und elektrischen Randbedingungen in einem anisotropen Medium gelöst werden. Eine exakte Berechnung ist noch nicht möglich, denn alle theoretischen Arbeiten beruhen auf Näherungsgleichungen.

Der Quarzresonator ist eine kreisrunde Scheibe, wobei die Dicke der Scheibe frequenzbestimmend ist mit

$$f = \frac{N}{d_Q} .$$

Arbeitet man mit dieser Gleichung, erhält man die Frequenz f in kHz, wenn man Dicke d_Q in mm einsetzt. Der Faktor N wird bestimmt durch den Quarzschnitt und es gilt

$$N = 1670 \, \text{kHz} \cdot \text{mm} \quad \text{beim AT-Schnitt}$$

$$N = 2560 \, \text{kHz} \cdot \text{mm} \quad \text{beim BT-Schnitt} .$$

Bei höheren Frequenzen werden die Quarzplatten sehr dünn und mechanisch anfällig. In diesem Fall ist es sinnvoller, den Quarz z. B. in der dritten Oberwelle zu betreiben, da man dann die Platte dreimal dicker ausführen kann. Bei Obertonschwingungen lassen sich nur ungeradzahlige Harmonische erregen, da bei geradzahligen Oberwellen die Elektroden gleiche Polarität aufweisen.

Grundsätzlich werden bei der Herstellung die Quarze so auseinander gesägt, dass diese eine niedrigere Resonanzfrequenz erzeugen, also etwas dicker sind. Die Dicke der Quarzscheibe wird dann während des weiteren Herstellungsprozesses der gewünschten Frequenz angepasst.

Bei Wahl des Schnittwinkels entstehen in Abhängigkeit der Temperatur ϑ_m zwei Umkehrpunkte und zwar unterhalb des ersten Umkehrpunktes ein Maximum und oberhalb des zweiten Umkehrpunktes ein Minimum. Zwischen den Umkehrpunkten ϑ_m hat der Temperaturkoeffizient den Wert null. Für die Messung und durch die Bestimmung des Temperaturgangs für einen temperaturkompensierten Oszillator TCXO (Temperature Compensated Crystal Oszillator) ist es ausreichend, die Frequenz bei drei verschiedenen Temperaturen zu messen. Ein entsprechend ausgelegtes Netzwerk mit temperaturabhängigen Widerständen beeinflusst über einen Varaktor die Kapazität des Quarzes und korrigiert so die Temperaturabhängigkeit des Quarzes. Für höhere Anforderungen sind fünf Messpunkte erforderlich.

Der SC-Schnitt (Stress Compensated) eignet sich für besonders hohe Anforderungen. Dieser wird auch als „Double Totated Cut" bezeichnet, da zwei Schnittwinkel beachtet werden müssen. Unter Stress sind in diesem Zusammenhang mechanische Spannungen zu verstehen, die durch den Alterungsprozess auftreten. Die Fertigung von Quarzen mit SC-Schnitt ist wesentlich aufwendiger als die bisherigen Verfahren. Zudem müssen Quarze mit SC-Schnitt in einem Allglasgehäuse untergebracht sein. Mittlerweile wird die chemische Winkelkorrektur bis zu einer Genauigkeit von 15 Winkelsekunden beherrscht, sodass auch der SC-Schnitt in höheren Stückzahlen herstellbar ist.

Die TK-Kurve des SC-Schnittes verläuft in der Nähe des Umkehrpunktes wesentlich flacher als die des AT-Schnittes. Außerdem ist er unempfindlicher gegenüber großen Temperaturschwankungen und erlaubt so ein wesentlich schnelleres Aufheizen im Thermostaten. Der SC-Quarz ist erheblich unempfindlicher gegenüber Beschleunigungen. Unter dem Begriff „Beschleunigung" kann man in diesem Zusammenhang eine konstante Beschleunigung in einer Rakete, Vibrationen, Schock oder Drehung des Gehäuses verstehen.

Der temperaturstabilisierte Oszillator OCXO (Oven Controlled Crystal Oszillator) besteht aus einem Präzisionsresonator, einem Thermostaten und einem Temperatursensor zusammen mit einem Heizelement. Über die Temperaturkontrolle wird die Temperatur in Thermostaten so eingestellt, dass der Quarzresonator bei seiner Umkehrtemperatur betrieben wird, wo der Temperaturkoeffizient nahezu null ist. Diesen Wert erhält man aus dem Datenblatt und bei einem SC-Schnitt-Quarz beträgt die Temperatur in Thermostaten ca. 80 °C.

Der große Vorteil von OCXO besteht in der sehr guten Stabilität der Ausgangsfrequenz in Abhängigkeit von der Außentemperatur (je nach Temperaturbereich zwischen $1 \cdot 10^{-7}$ bis zu $5 \cdot 10^{-9}$) und in der Langzeitstabilität (je nach Temperaturbereich zwischen $1 \cdot 10^{-7}$ bis zu $1 \cdot 10^{-8}$ im Jahr). Ein weiterer Vorteil des OCXO besteht beim Phasenrauschen. Die Nachteile sind erhöhte Stromaufnahme, besonders in der Aufwärmphase und ein größeres Gehäuse.

Digitale Schaltkreise eignen sich nur bedingt für die Realisierung eines quarzstabilisierten Rechteckgenerators mit CMOS- oder TTL-Bausteinen, da diese nur bedingt für die analoge Schaltungstechnik geeignet sind. Digitale Schaltungsglieder werden normalerweise nicht im aktiven Bereich der Transistoren und Operationsverstärker betrieben und daher muss man mit einem äußeren Widerstand den Arbeitspunkt für den Oszillator einstellen. Setzt man einen CMOS-Baustein ein, kann man für den Rückkopplungswiderstand einen sehr hochohmigen Wert wählen, bei TTL-Bausteinen darf der Wert nicht größer als $4{,}7 \text{ k}\Omega$ sein, da sonst kein Anschwingen möglich ist. Wich-

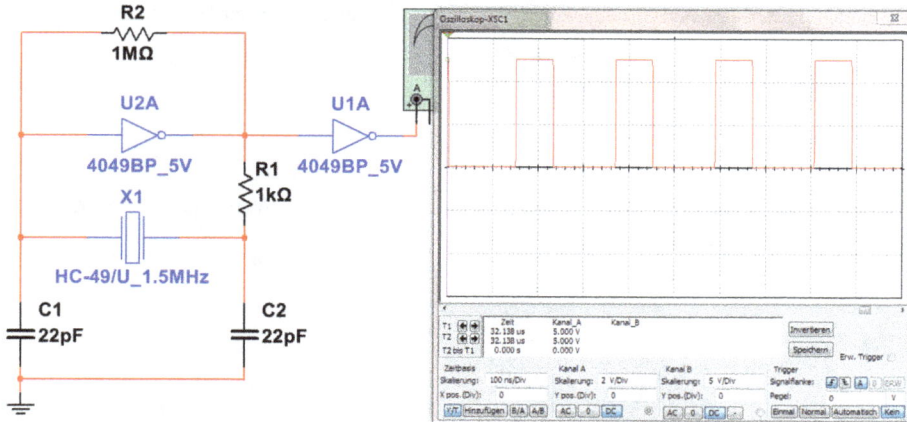

Abb. 6.53: Realisierung eines quarzstabilisierten Rechteckgenerators mit CMOS-Bausteinen

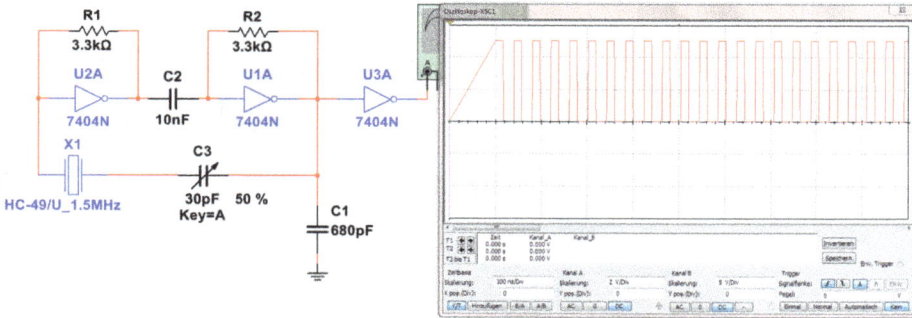

Abb. 6.54: Realisierung eines quarzstabilisierten Rechteckgenerators mit TTL-Bausteinen

tig ist auch noch die Auskopplung über ein weiteres Gatter, damit man die internen Funktionen des Rechteckgenerators nicht zu stark belastet.

Bei der Realisierung eines quarzstabilisierten Rechteckgenerators lassen sich zwei Schaltungsvarianten einsetzen. Die Schaltung von Abb. 6.53 verwendet man in Verbindung mit CMOS-Bausteinen. Hauptmerkmal bei einem Oszillator ist der hochohmige Widerstand in der Rückkopplung, denn diese ist nur in Verbindung mit einem CMOS-Baustein oder einem Operationsverstärker möglich. Die Schwingbedingung wird dadurch erreicht, dass der Quarz im Resonanzfall eine Phasendrehung von 180° erzeugt, die dann vom NICHT-Gatter invertiert wird.

Arbeitet man mit TTL-Bausteinen, muss die Schaltung von Abb. 6.54 verwendet werden. Dies erkennt man sofort an den niederohmigen Widerständen in der Rückkopplung der NICHT-Gatter. Die Schaltung arbeitet unproblematisch, nur der Kondensator ist nach Masse geschaltet und muss je nach Frequenz entsprechend dimensioniert werden, wie die Tabelle 6.25 zeigt.

Tab. 6.25: Kondensatorwerte für quarzstabilisierte Rechteckgeneratoren mit TTL-Bausteinen

f	200 kHz	500 kHz	1 MHz	2 MHz	5 MHz
C	3,3 nF	1,2 nF	680 pF	330 pF	120 pF

Wenn man die Schaltung von Abb. 6.54 aufbaut, ergeben sich sehr gute Ergebnisse im Bereich von 100 kHz bis 10 MHz.

6.3.7 Rechteckgenerator mit dem 555

Der Frequenzbereich des 555 liegt zwischen 10^{-3} und 10^6 Hz. Die Frequenz wird von zwei externen Widerständen und einem Kondensator bestimmt. Dabei ergibt sich eine hohe Frequenzstabilität, denn die Temperaturdrift des 555 liegt nur bei 50 ppm/K (Prozent pro Million/Kelvin).

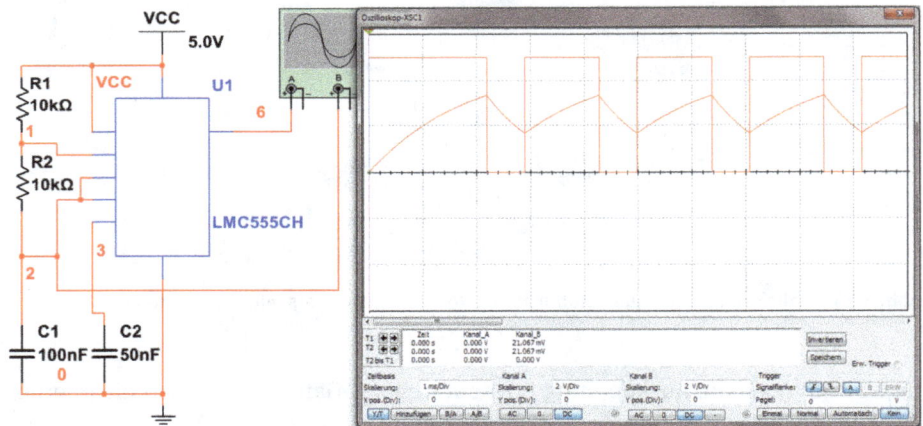

Abb. 6.55: Schaltung eines Rechteckgenerators mit dem 555

Die Schaltung von Abb. 6.55 zeigt den 555 in seiner Funktion als Rechteckgenerator. Schaltet man die Betriebsspannung ein, kann sich der Kondensator C über die beiden Widerstände R_1 und R_2 nach einer e-Funktion aufladen. Erreicht die Spannung an dem Kondensator den Wert 2/3 der Betriebsspannung, schaltet der interne Komparator I das Flipflop. Der Ausgang des 555 kippt auf 0-Signal und gleichzeitig schaltet der interne Transistor durch. Dadurch kann sich der Kondensator nur über den Widerstand R_2 nach einer e-Funktion entladen. Die Spannung am Kondensator sinkt und unterschreitet die Spannung den Wert 1/3 der Betriebsspannung, schaltet der Komparator das Flipflop wieder zurück. Der Ausgang des 555 hat nun ein 1-Signal und der interne Transistor für die Entladung sperrt. Jetzt kann sich Kondensator C wieder über die beiden Widerstände aufladen.

Die Ladezeit für Kondensator C berechnet sich aus

$$t_1 = 0{,}7 \cdot (R_1 + R_2) \cdot C \, .$$

Die Entladezeit für Kondensator C ist

$$t_2 = 0{,}7 \cdot R_2 \cdot C \, .$$

Die Periodendauer ist die Addition von t_1 und t_2 mit

$$T = 0{,}7 \cdot (R_1 + R_2) \cdot C + 0{,}7 \cdot R_2 \cdot C$$
$$T = 0{,}7 \cdot (R_1 + 2 \cdot R_2) \cdot C \, .$$

Die Periodendauer und daher die Frequenz des Rechteckgenerators mit dem 555 wird durch die beiden Widerstände und den Kondensator bestimmt mit

$$f = \frac{1}{0{,}7 \cdot (R_1 + 2 \cdot R_2) \cdot C} \, .$$

In der Schaltung von Abb. 6.55 hat man folgende Werte: $R_1 = R_2 = 10\,\mathrm{k\Omega}$ und $C = 0{,}1\,\mu\mathrm{F}$. Für die Dauer des 1-Signals gilt

$$t_1 = 0{,}7 \cdot (R_1 + R_2) \cdot C = 0{,}7 \cdot (10\,\mathrm{k\Omega} + 10\,\mathrm{k\Omega}) \cdot 0{,}1\mu\mathrm{F} = 1{,}4\,\mathrm{ms} \, .$$

Für die Dauer des 0-Signals gilt

$$t_1 = 0{,}7 \cdot R_1 \cdot C = 0{,}7 \cdot 10\,\mathrm{k\Omega} \cdot 0{,}1\mu\mathrm{F} = 0{,}7\,\mathrm{ms} \, .$$

Die Periodendauer errechnet sich

$$T = 0{,}7 \cdot (R_1 + 2 \cdot R_2) \cdot C = 0{,}7 \cdot (10\,\mathrm{k\Omega} + 2 \cdot 10\,\mathrm{k\Omega}) \cdot 0{,}1\mu\mathrm{F} = 2{,}1\,\mathrm{ms} \, .$$

Dies ergibt ein Tastverhältnis von

$$V = \frac{T}{t_1} = \frac{2{,}1\,\mathrm{ms}}{1{,}4\,\mathrm{ms}} = 1{,}5 \quad \text{oder ein Tastgrad von} \quad G = 1/V = 0{,}666 \, .$$

Die Frequenz errechnet sich aus

$$f = \frac{1}{0{,}7 \cdot (R_1 + 2 \cdot R_2) \cdot C} = \frac{1}{0{,}7 \cdot 30\,\mathrm{k\Omega} \cdot 0{,}1\,\mu\mathrm{F}} = 476\,\mathrm{Hz} \, .$$

Die Frequenz lässt sich durch das Widerstandsverhältnis einfach ändern. Hat man einen Baustein 555 in Transistorstandardtechnologie, dürfen Widerstandswerte zwischen 1 kΩ und 1 MΩ verwendet werden. Hat man dagegen einen 555 in CMOS-Technologie, sind Widerstände bis zu 22 MΩ erlaubt. Für den Kondensator eignen sich Kapazitätswerte zwischen 1 nF und 1000 µF für die Standardtechnologie und bis zu 10000 µF für die CMOS-Technik.

6.3.8 Schmitt-Trigger mit dem 555

Aufgabe des Schmitt-Triggers ist das Umwandeln von Wechselspannungen beliebiger Kurvenform in definierte Rechteckimpulse, dessen Impulsdauer von der Amplitude der Wechselspannung abhängig ist. Erreicht die Eingangsspannung den Wert der Einschaltschwelle, ändert sich die Ausgangsspannung sprunghaft. Unterschreitet die Eingangsspannung dagegen die Ausschaltschwelle des Schmitt-Triggers, ändert sich ebenfalls die Ausgangsspannung wieder sprunghaft. Da das Kippen der Ausgangsspannung nur vom Über- und Unterschreiten der beiden Schwellwerte abhängig ist, wandelt der Schmitt-Trigger eine undefinierte Eingangsspannung in eine definierte Ausgangsgröße mit nur zwei Schaltzuständen (0- und 1-Signal) um. Durch die beiden Komparatoren und dem Flipflop lässt sich ein Schmitt-Trigger mit dem 555 einfach realisieren. Die Ein- und Ausschaltschwelle liegt bei 1/3 und 2/3 der Betriebsspannung.

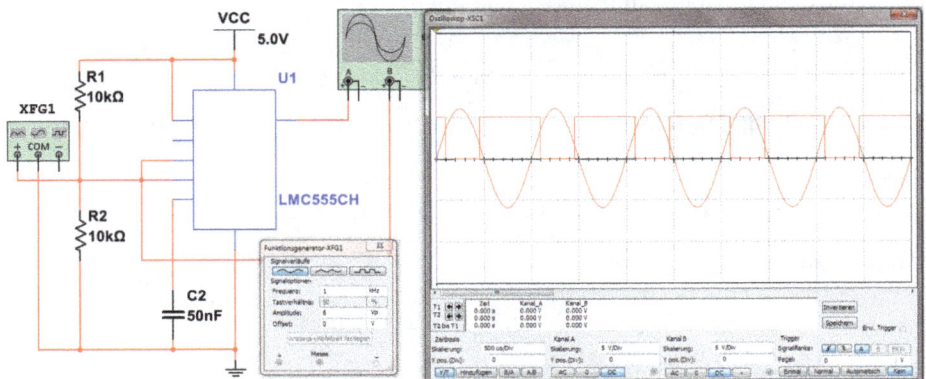

Abb. 6.56: Schmitt-Trigger mit dem 555, wobei die Eingangsspannung direkt auf den Spannungsteiler des Schaltkreises wirkt

Die beiden Eingänge „Trigger" (Pin 2) und „Schwelle" (Pin 6) sind in Abb. 6.56 miteinander verbunden und erhalten direkt die sinusförmige Eingangsspannung vom Wechselspannungsgenerator. Die beiden Widerstände bilden einen Spannungsteiler und in Verbindung mit der Eingangsspannung ergibt sich eine entsprechende Verschiebung innerhalb des Spannungsteilers. Ist die Eingangsspannung kleiner als 2/3 der Betriebsspannung, hat der Ausgang des 555 ein 1-Signal, da das interne Flipflop zurückgesetzt ist. Erreicht die Eingangsspannung den Schwellwert von 2/3, reagiert der Komparator I und setzt das Flipflop. Der Ausgang des 555 hat ein 0-Signal. Dieses 0-Signal bleibt am Ausgang solange vorhanden, bis die Eingangsspannung den Schwellwert von 1/3 der Betriebsspannung unterschritten hat. In diesem Fall reagiert der Komparator II und setzt das Flipflop zurück.

6.3.9 Spannungsgesteuerter Frequenzgenerator

Durch die spannungsgesteuerten Frequenzgeneratoren kommt man zur Pulsmodulation. Früher war dieses Gebiet eine Domäne von HF-Spezialisten, aber durch den Einsatz von integrierten Schaltungen lässt sich diese Technik einfach mit einem 555 realisieren und simulieren. Bei der Pulsmodulation unterscheidet man zwischen

- PAM (Pulsamplitudenmodulation): Hier wird die Pulsamplitude proportional zum Augenblickswert der Modulationsamplitude geändert.
- PPM (Pulsphasenmodulation): Die Pulsphase wird proportional zum Augenblickswert der Modulationsamplitude geändert.
- PDM (Pulsdauermodulation): Die Pulsdauer wird proportional zum Augenblickswert der Modulationsamplitude geändert.
- PFM (Pulsfrequenzmodulation): Die Pulsfrequenz wird proportional zum Augenblickswert der Modulationsamplitude geändert.
- PCM (Pulscodemodulation): Die Pulsamplitude wird proportional zum Augenblickswert der Modulationsamplitude geändert. Die so entstandene PAM wird dann quantisiert und anschließend codiert.

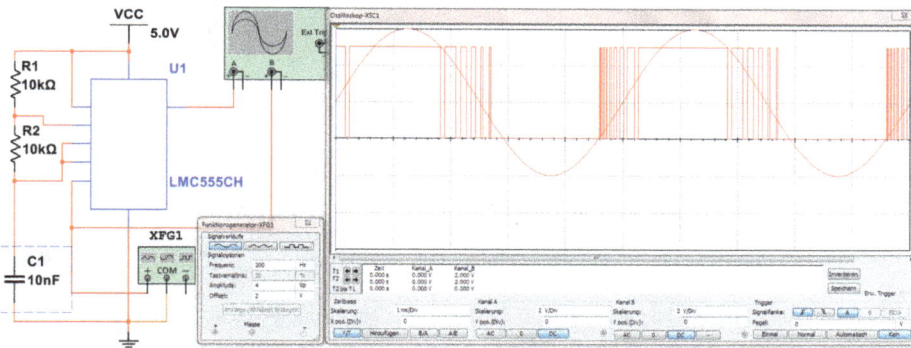

Abb. 6.57: Spannungsgesteuerter Frequenzgenerator mit dem 555, der nach dem PFM-Prinzip (Pulsfrequenzmodulation) arbeitet

Zur Erzeugung eines spannungsgesteuerten Frequenzgenerators der nach dem PFM-Prinzip (Pulsfrequenzmodulation) arbeitet, verwendet man die Schaltung von Abb. 6.57. Der Zeitgeber 555 arbeitet in seiner astabilen Grundschaltung und erzeugt eine bestimmte Frequenz. Durch die Wechselspannung an dem Eingang „Kontrollspannung" verändert sich aber die Ausgangsfrequenz, wobei die Pulsfrequenz proportional zur Spannung des sinusförmigen Wechselsignals ist.

6.3.10 Astabiler Betrieb des 555 mit symmetrischem Tastverhältnis

Durch seinen internen Aufbau des 555 benötigt man nur vier externe Bauelemente, wobei man mit zwei Widerständen und einem Kondensator das gesamte Frequenz- und Schaltverhalten ändern kann. Die Ausgangsfrequenz lässt sich berechnen mit

$$f = \frac{1}{0,7 \cdot (R_1 + 2 \cdot R_2) \cdot C} = \frac{1,448}{(R_1 + 2 \cdot R_2) \cdot C} \, .$$

Das Tastverhältnis wird bestimmt durch

$$V = \frac{T}{t_1} = \frac{R_1 + 2 \cdot R_2}{R_1 + R_2} \, .$$

Durch die Besonderheit des Ladens und Entladens des Kondensators während des Betriebszustandes beim 555 ist ein symmetrisches Tastverhältnis nur schwierig zu erreichen.

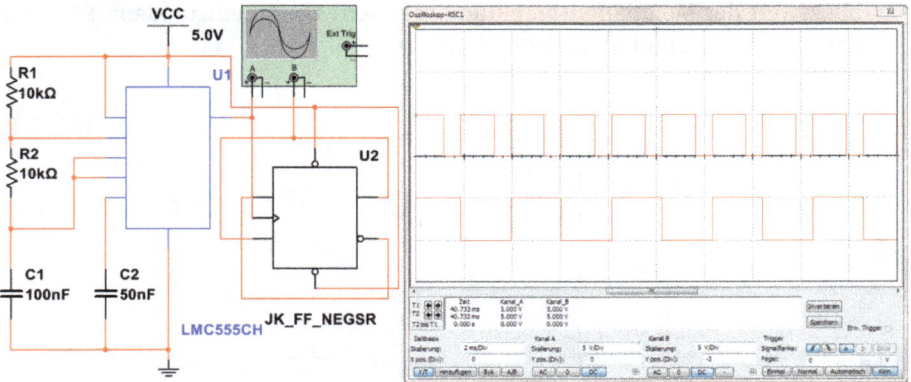

Abb. 6.58: Symmetrisches Tastverhältnis für den 555 durch ein nachgeschaltetes Flipflop

Schaltet man ein JK-Flipflop nach dem 555 ein, wie Abb. 6.58 zeigt, erhält man ein symmetrisches Tastverhältnis, aber die Ausgangsfrequenz verringert sich, denn das Flipflop stellt einen 2-zu-1-Frequenzteiler dar, d. h. erzeugt der 555 eine Frequenz von 1 kHz mit einem unsymmetrischen Tastverhältnis, steht am Ausgang des Flipflops eine Frequenz von 500 Hz mit einem symmetrischen Tastverhältnis zur Verfügung.

Bei diesem JK-Flipflop handelt es sich um ein flankengesteuertes Flipflop, das auf negative Eingangsflanken reagiert. Erzeugt der 555 an seinem Ausgang eine negative Flanke, setzt sich das Flipflop. Bei der nachfolgenden positiven Flanke reagiert das Flipflop nicht und der Ausgangszustand bleibt erhalten. Erst mit der darauffolgenden negativen Flanke kippt das Flipflop zurück. Da die beiden Eingänge J und K mit Q und Q' verbunden sind, ergibt sich die Arbeitsweise eines T-Flipflops (Takt-Flipflop), d. h. das Flipflop reagiert nur auf einen Flankenwechsel an einem C-Eingang (Clock oder

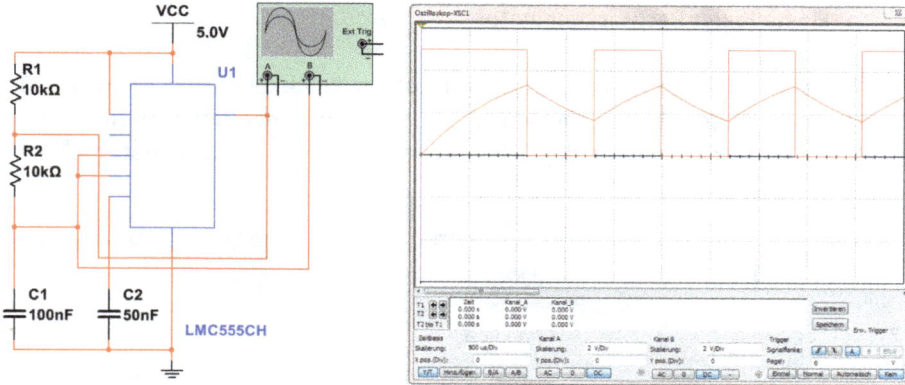

Abb. 6.59: Symmetrisches Tastverhältnis für den 555 durch eine spezielle Verschaltung der Ausgangsfunktion

Takt). Die Eingänge S (SET) und R (RESET) müssen auf +5 V liegen oder das Flipflop kann nicht arbeiten.

Wenn man bei der Schaltung von Abb. 6.59 die Betriebsspannung einschaltet, hat der Ausgang des 555 ein 1-Signal. Über Widerstand R kann sich Kondensator C nach einer e-Funktion aufladen. Überschreitet die Spannung an Kondensator C den Wert 2/3 der Betriebsspannung, reagiert Komparator I im 555 und setzt den Ausgang auf 0-Signal zurück. Damit kann sich der Kondensator C über den Widerstand entladen, bis die Spannung den Wert 2/3 der Betriebsspannung unterschreitet. Der Komparator II reagiert und schaltet den Ausgang wieder auf 1-Signal. Ab diesem Zeitpunkt beginnt die Ladephase.

Lade- und Entladezeit errechnet sich aus

$$t_1 = t_2 = 0{,}7 \cdot R \cdot C \,.$$

Die Periodendauer am Ausgang des 555 ist dann

$$T = t_1 + t_2 = 1{,}4 \cdot R \cdot C \,.$$

Die Frequenz berechnet sich aus

$$f = \frac{1}{T} = \frac{1}{1{,}4 \cdot R \cdot C} = \frac{0{,}714}{R \cdot C} \,.$$

Durch die gleichmäßige Auf- und Entladephase des 555 erhält man eine symmetrische Ausgangsfrequenz.

6.3.11 Einstellbarer Rechteckgenerator

Das Problem bei dem Baustein 555 sind die Einstellmöglichkeiten über die Widerstände. Wenn man diese Schaltung mit einem Transistor und einer Diode erweitert, erhält man einen Rechteckgenerator, der sich in weiten Grenzen einstellen lässt.

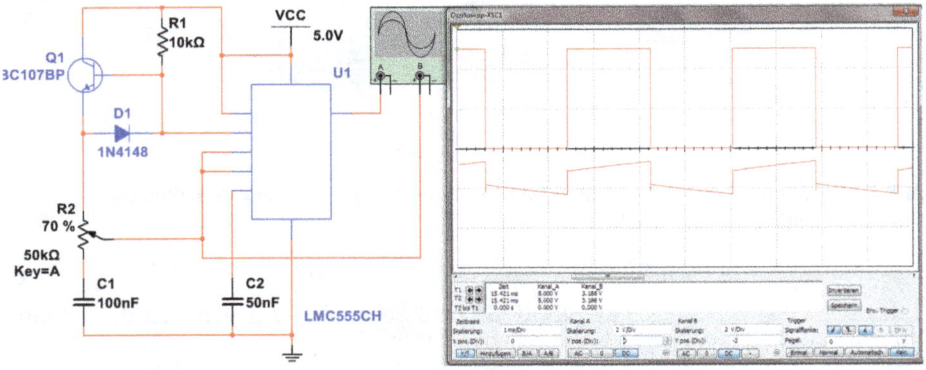

Abb. 6.60: Einstellbarer Rechteckgenerator mit konstantem Tastverhältnis

Schaltet man die Betriebsspannung für die Schaltung von Abb. 6.60 ein, ist der interne Entladetransistor gesperrt. Über Transistor BC107 und Einsteller (Potentiometer) fließt der Ladestrom für den Kondensator. Der Ladestrom ist weitgehend von Widerstand R abhängig, da der Transistor als Schalter betrieben wird.

Der Kondensator lädt sich nach einer e-Funktion auf und erreicht den Wert 2/3 der Betriebsspannung. Der Komparator I des 555 spricht an und damit setzt sich das interne Flipflop. Der Entladetransistor schaltet durch und damit sperrt der Transistor BC107 voll. Der Kondensator kann sich nun über den Widerstand und über die Diode entladen. Die Entladung ist beendet, wenn die Spannung am Kondensator den Wert 1/3 unterschritten hat. Der Komparator II spricht an und setzt das Flipflop zurück. Der Entladetransistor sperrt und der Transistor BC107 lässt einen Ladestrom für den Kondensator über den Widerstand fließen. Damit erhält man ein weitgehend symmetrisches Tastverhältnis und die Frequenz errechnet sich aus

$$f = \frac{1}{T} = \frac{1}{1,4 \cdot R \cdot C} = \frac{0,714}{R \cdot C} \, .$$

Die Durchlassspannung der Diode 1N4148 wird bei der Berechnung vernachlässigt.

6.3.12 Rechteckgenerator mit einstellbarem Tastverhältnis

Eine Diode kann in Durchlass- oder in Sperrrichtung betrieben werden. Diese Eigenschaft als einfacher Schalter lässt sich für eine separate Steuerung des Lade- bzw. Entladevorganges einsetzen.

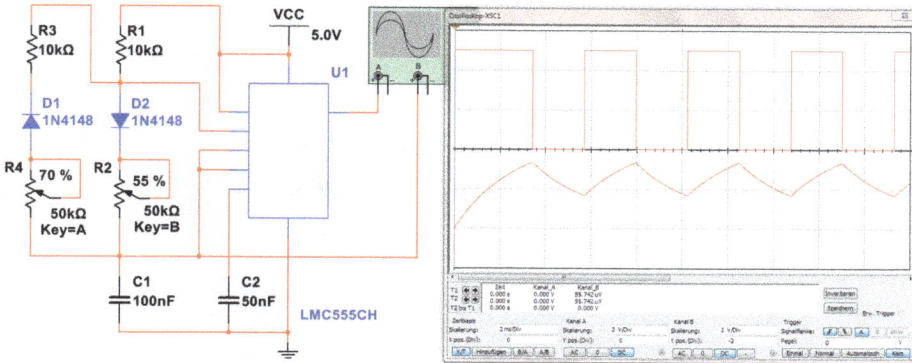

Abb. 6.61: Rechteckgenerator mit separat einstellbarem Tastverhältnis

Der Zeitgeberbaustein 555 arbeitet in der Schaltung von Abb. 6.61 in astabiler Funktion. Durch den Einsatz der beiden Dioden ergibt sich eine Trennung zwischen Lade- und Entladestrom. Die Aufladung des Kondensators C erfolgt nur über die linke Diode und damit ist auch nur der linke Einsteller mit der Bezeichnung „L" von $10\,\text{k}\Omega$ wirksam. Die Ladezeit errechnet sich aus

$$t_1 = (R_1 + R_2) \cdot C \cdot \ln(2/3 \cdot U_b - 0{,}6\,\text{V})\,.$$

Die Entladung des Kondensators erfolgt über den rechten Einsteller mit der Bezeichnung „R" und der rechten Diode. Die Entladezeit berechnet sich aus

$$t_2 = (R_3 + R_4) \cdot C \cdot \ln(1/3 \cdot U_b - 0{,}6\,\text{V})\,.$$

Für die Simulation wurden die Werte der Widerstände relativ niederohmig gewählt. In der Praxis kann man für die beiden Einsteller je nach Bedarf Werte von $1\,\text{k}\Omega$ bis $10\,\text{M}\Omega$ und für den Kondensator eine Kapazität zwischen $1\,\text{nF}$ und $1000\,\mu\text{F}$ verwenden, ohne dass es Probleme gibt.

Während man bei der Schaltung von Abb. 6.61 mit zwei separaten Einstellern arbeitet, erfolgt die Änderung in Abb. 6.62 mit einem einzigen Einsteller. Über die linke Diode fließt der Ladestrom für den Kondensator und über die rechte Diode der Entladestrom. Je nach Stellung des Potentiometers erhält man eine Änderung im Tastverhältnis.

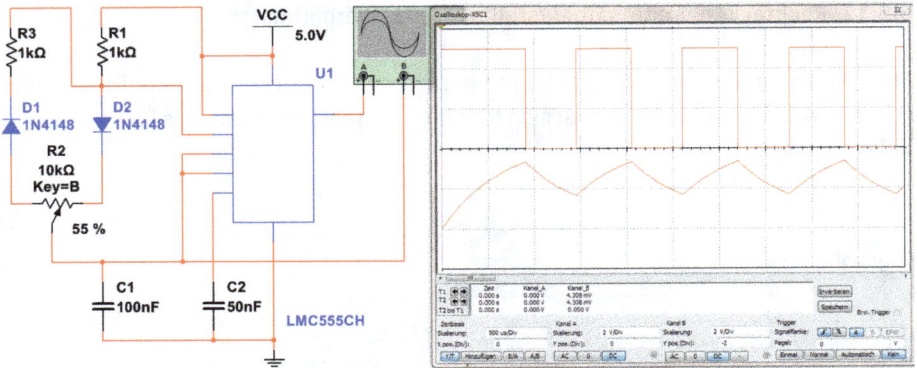

Abb. 6.62: Rechteckgenerator mit direkt einstellbarem Tastverhältnis

7 Synchrone und asynchrone Zähler und Frequenzteiler

Bei den Frequenzteilern und Zählern muss man zwischen folgenden Typen unterscheiden:
- Asynchrone Frequenzteiler und Zähler
- Synchrone Frequenzteiler und Zähler
- Umschaltbare Vor- und Rückwärtszähler
- Programmierbare Universalzähler
- Komplexe Zähler mit Zwischenspeicher, 7-Segment-Decodierer, Treiberausgänge zur direkten Ansteuerung von Anzeigeeinheiten (LED oder LCD) und einer aufwendigen Steuerlogik für zahlreiche Funktionen.

Die Aufgabe von Frequenzteilern ist die Verringerung einer bestimmten Eingangsfrequenz auf eine gewünschte Ausgangsfrequenz, d. h. durch Hintereinanderschalten von beliebig vielen Flipflops lässt sich eine vorhandene Frequenz beliebig oft halbieren. So wird z. B. die quarzstabile Uhrenfrequenz von 32,768 kHz durch 15 Flipflops auf die Sekundenanzeige heruntergeteilt. Frequenzteiler bestehen aus einer beliebigen Anzahl von hintereinandergeschalteten Flipflops, die man durch entsprechende Rücksetzbedingungen beeinflussen kann, sodass man nicht mehr an eine direkte Frequenzhalbierung durch einzelne Flipflops gebunden ist. Frequenzteiler arbeiten fast immer asynchron und dadurch ergibt sich ein sehr einfacher Aufbau.

Unter dem Begriff „Zählen" versteht man eine fortlaufende Addition und Zwischenspeicherung von Eingangsimpulsen, die z. B. von einem Sensor innerhalb einer Abfüllanlage geliefert werden. Jede Flasche, die den Sensor passiert, erzeugt ein Signal, das dann den Zählerstand um +1 erhöht. Gleichzeitig wird dieser Zählerstand bis zum nächsten Zählerimpuls zwischengespeichert. Bei den Zählern kann man zwischen asynchroner und synchroner Betriebsart wählen. Normalerweise setzt man asynchrone Zähler ein, die unkompliziert aufzubauen sind, da die Flipflops wie bei den Frequenzteilern einfach hintereinander betrieben werden. Arbeitet ein Zähler in synchroner Betriebsart, werden alle Flipflops mit dem gleichen Taktsignal betrieben und damit treten keine Verzögerungszeiten zwischen den einzelnen Flipflops auf, wie dies bei der asynchronen Betriebsart der Fall ist. Die Realisierung von synchronen Zählereinheiten bedeutet für den Anwender wesentlich mehr theoretischen Aufwand bei der Berechnung der Schaltung.

Mit einem Zähler kann man entweder vor- oder rückwärts zählen, d. h. der Zählerstand wird um +1 erhöht oder um −1 verringert. Diese Zähler werden z. B. in Parkgaragen eingesetzt. Fährt ein Auto hinein, arbeitet der Zähler im Vorwärtsbetrieb, fährt ein Auto heraus, zählt er rückwärts. Damit erkennt man, wie viele Plätze in der Parkgarage noch nicht besetzt sind. Setzt man einen Vorwärts-Rückwärts-Zähler ein, kann man

https://doi.org/10.1515/9783110583670-007

zwischen den beiden Betriebsarten umschalten. Auch hier ist wieder ein asynchroner oder ein synchroner Betrieb möglich.

Programmierbare Zähler sind Universalzähler und können im Vorwärts- und Rückwärtsbetrieb arbeiten. Durch das Anlegen einer externen Information geben diese Zähler ein Signal ab, wenn der betreffende Zählerstand erreicht wurde. In diesem Fall hat man einen Vorwahlzähler. Bei einigen Universalzählern hat man die Möglichkeit, ein Signal zu erhalten, wenn im Rückwärtsbetrieb der Zählerstand den Wert 0 erreicht hat.

Komplexe Zähler sind erweiterte Universalzähler, die dem Anwender zahlreiche Programmiermöglichkeiten bieten. Ein typisches Beispiel ist die Übernahme eines bestimmten Wertes und dann arbeitet der Zähler im Rückwärtsbetrieb. Erreicht der Zählerstand den Wert 0, gibt die Zählereinheit einen Alarm frei. In diesem Fall spricht man von einem programmierbaren Vorwahlzähler. Die eigentlichen komplexen Zähler beinhalten eine komplette Steuerlogik, die mehrere Betriebsarten zulassen. Der Baustein ICM7226 ist ein Universalzähler zur Messung von Frequenzen, Periodendauer, zeitlichen Ereignissen, Frequenzverhältnisse und Zeitintervallen. Durch die internen Zählereinheiten lassen sich Frequenzmessungen von 0 bis 10 MHz, oder eine Periodendauermessung von $0,5\,\mu s$ bis 10 s durchführen. In dem Baustein sind alle Zwischenspeicher, die 7-Segment-Decoder und die Ausgangstreiber für die entsprechenden Anzeigestellen (Digits) und den einzelnen Segmenten vorhanden, sodass fast keine externen Bauelemente erforderlich sind außer den acht 7-Segmentanzeigen und einem Quarz, der als Steuer- und als Frequenznormal dient.

7.1 Unterschiede zwischen Zähler und Teiler

Ein Frequenzteiler weist m Zustände auf, die, ebenso wie beim Zähler, zyklisch durchlaufen werden. Jeder Zustand wiederholt sich nach m Taktimpulsen. Der normale Teiler ist so aufgebaut, dass er nach jeweils m Taktimpulsen einen Ausgangsimpuls abgibt. Wenn die Impulse periodisch, in gleichmäßigen Abständen eintreffen, ist die Frequenz der Ausgangsimpulsfolge dann um den Faktor m kleiner als die der Eingangsimpulse, d. h.

$$\frac{f_{Ausgang}}{f_{Eingang}} = \frac{1}{m}\,.$$

Man definiert, der Teiler teilt oder untersetzt im Verhältnis $m : 1$. In der Praxis wird das Teilungsverhältnis auch umgekehrt mit $1 : m$ angegeben.

Es gibt aber auch Teiler, die im Verlauf eines Zyklus von m Eingangsimpulsen nicht nur einen, sondern mehrere Impulse abgeben, deren Zahl fest einstellbar bzw. programmierbar ist. Der programmierbare Binärteiler 7497 hat z. B. 64 Zustände ($m = 64$) und kann auf jeweils 64 Eingangsimpulse wahlweise 1 bis 63 Ausgangsimpulse abgeben. Das Teilungsverhältnis lautet dann 64 : 1 bis 64 : 63 und kennzeichnet (da die Impulsabstände innerhalb des Zyklus unregelmäßig sind) nur noch ein Impulszahlenverhältnis (statt eines Frequenzverhältnisses). Ähnlich aufgebaut ist der programmierbare Dezimalteiler 74167 mit $m = 10$ und dem wahlweisen Teilungsverhältnis $10:1$ bis $10:9$.

Zähler und Teiler verwenden den gleichen Aufbau und im Prinzip lässt sich jeder Zähler auch als Teiler betreiben (aber nicht jeder Teiler als Zähler, bzw. nur dann, wenn die Ausgänge aller Stufen zugänglich sind). Die Hauptunterschiede sind:
- Teiler verwenden einen Takteingang und haben meistens nur einen Ausgang, während der Zähler ebenso viele Ausgänge wie Flipflops (Stufen) hat und von jedem Flipflop ein Ausgang nach außen geführt sein muss.
- Beim Teiler spielt die Wahl des Codes keine entscheidende Rolle (beim Zähler dagegen eine ausschlaggebende), da es für die Abgabe des einen Ausgangsimpulses gleichgültig ist, welcher Zählerzustand innerhalb des Zyklus nach wie viel Impulsen erreicht wird.

Beim Zähler soll nach jedem Eingangsimpuls anhand des Zählerzustandes erkennbar sein, wie viele Impulse bisher am Takteingang aufgetreten sind. Dagegen kommt es beim Teiler nur darauf an, dass nach jeweils m Eingangsimpulsen nur ein Ausgangsimpuls abgegeben wird. Alle in den folgenden Abschnitten aufgeführten Zähler lassen sich grundsätzlich auch als Teiler benutzen.

7.1.1 Codes von Zählern

In der Digitaltechnik entsprechen die Symbole „logisch 1" und „logisch 0" den Spannungspegeln „H" und „L". Die Binärzeichen und 0 bzw. 1 werden als Binär- oder Dualziffern bezeichnet.

    $1 = H$ und $0 = L$:   Diese Zuordnung bezeichnet man als positive Logik

    $1 = L$ und $0 = H$:   Diese Zuordnung definiert man als negative Logik .

Um von dieser Zuordnung unabhängig zu sein, verzichtet man auf die Dualziffern 1 und 0 und verwendet bei digitalen Schaltkreisen nur die Binärzeichen H und L. Dabei ist H immer dem näher an $+\infty$ liegenden Potential und L dem näher an $-\infty$ liegenden Potential zugeordnet.
- Der Ersatz von 1 und 0 durch H und L ist nicht korrekt, hat aber den Vorteil, dass mit H und L ein gewisser physikalischer Hintergrund erhalten bleibt. Streng genommen dürften Dualzahlen nur aus den Dualziffern 1 und 0 bestehen und nicht aus den Potentialen H und L.
- Obwohl die Bedeutung der Begriffe „binär" und „dual" fast identisch ist, hat sich „binär" eingebürgert, immer im Zusammenhang mit den einzelnen Binärzeichen und „dual" für die aus mehreren Binärzeichen bestehende Dualzahl (Codewort) sowie für die daraus gebildeten Zahlensysteme (Dualsystem im Gegensatz zum Dezimalsystem) zu verwenden.

Jeder digitale Zähler arbeitet nach einem bestimmten Code. Dieser ergibt sich aus der Reihenfolge, in der die Zählerzustände durchlaufen werden. Die feste Zuordnung zwischen Zählerzustand und der bis dahin eingelaufenen Impulsanzahl wird Code genannt. Der Zählercode besteht somit aus einer Tabelle, die, von null beginnend, jeder Dezimalzahl eine Dualzahl zuordnet und umgekehrt. Dabei bedeutet Dezimalzahl = Impulsanzahl und Dualzahl = Zählerzustand (oder Codewort).

Der Hauptvorteil dieses Dualsystems besteht darin, dass man nur die beiden Binärzeichen H bzw. 1 und L bzw. 0 benötigt, die sich elektrisch sehr einfach und störsicher realisieren lassen. Beim Dezimalsystem sind dagegen zehn verschiedene Zeichen bzw. Ziffern erforderlich. Die dem Dualsystem entsprechende Technik ist die Digitaltechnik und sie kommt für alle Funktionen, Schalt- und Speicherglieder mit den beiden Potentialen H und L aus. Ein Nachteil des Dualsystems ist, dass zur Darstellung einer Zahl wesentlich mehr Stellen als beim Dezimalsystem nötig sind. Dies ist eine Folge der niedrigen Stellenwertigkeit (Zweier- statt Zehnerpotenzen).

Beispiel: Die Zahl 35 benötigt im Dezimalsystem nur zwei Stellen, als Codewort im Dualsystem dagegen sechs Stellen (6 Bit).

Durch den Aufbau des Zählers, d. h. die Art und Weise, wie Flipflopausgänge verknüpft und auf Flipflopeingänge zurückgeführt sind, werden Zählkapazität und Code festgelegt. Die Gesichtspunkte, nach denen man sich für einen bestimmten Zählercode entscheidet, können sehr verschieden sein. Beispiele aus der Praxis zeigen eine
- einfache Ausführung von Rechenoperationen (Addieren, Subtrahieren, Multiplizieren usw.),
- schnelles Erkennen von Fehlern,
- bestimmte Wertigkeit der einzelnen Stellen,
- optimale Ausnutzung des Nachrichtenkanals,
- Sicherheit gegen zu leichtes unbefugtes Decodieren.

Für spezielle Zwecke lassen sich auch zeitlich variable Codes verwenden. Wenn dagegen auf einfachsten Zähleraufbau mit wenig Zwischenverbindungen und Verknüpfungen oder auf möglichst schnell ablaufende interne Schaltvorgänge und damit maximale Zählfrequenz größerer Wert gelegt wird, dann spielt der sich dabei ergebende Code eine untergeordnete Rolle. In den meisten praktischen Fällen müssen Kompromisslösungen für mehrere Anforderungen gefunden werden.

Ein 4-Bit-Codewort ist eine vierstellige Dualzahl und heißt Tetrade. Deshalb nennt man vierstellige Codes auch tetradische Codes. Sie werden meist zur Codierung von Dezimalziffern und -zahlen verwendet. Ein 8-Bit-Codewort ist eine achtstellige Dualzahl und heißt Byte.

Codes, die nur zur Codierung der Dezimalziffern 0 bis 9 benutzt werden, bezeichnet man als dekadische oder BCD-Codes (Binär Codierte Dezimalziffer). Der 8-4-2-1-Code ist der am häufigsten verwendete BCD-Code, d. h. unter dem BCD-Code wird meistens der 8-4-2-1-Code verstanden (Binärcode für 0 bis 9).

Beim Dualcode (wird auch als Binärcode bezeichnet) verwenden die einzelnen Stellen des Codewortes, von rechts beginnend, die Wertigkeit von Zweierpotenzen:

$$
\begin{array}{lcccccc}
\text{Codewort} & \rightarrow & 1 & 1 & 1 & 1 & 1 \\
\text{Wertigkeit} & \rightarrow & 16 & 8 & 4 & 2 & 1 \\
& & 2^4 & 2^3 & 2^2 & 2^1 & 2^0
\end{array}
$$

Für das Codewort selbst haben 0 und 1 die Bedeutung:

$$1 \rightarrow \text{die Stellenwertigkeit ist zu zählen}$$
$$0 \rightarrow \text{der Stellenwert ist null}$$

Damit kann aus jedem Codewort die zugehörige Dezimalzahl leicht gebildet werden. Beispiele aus der Praxis sind:

Codewort	1 0 1 1 1		Codewort	1 1 0 0 1	
		1			1
		2			0
		4			0
		0			8
		16			16
Dezimalzahl		23	Dezimalzahl		25

Der Dualcode nach Tabelle 7.1 ist der einfachste Code. Er benötigt im Vergleich zu anderen Codes die geringste Anzahl von Stellen. Zähler im Dualcode enthalten deshalb immer die kleinstmögliche Anzahl von Flipflops.

Für den Dualcode ist charakteristisch, dass das Binärzeichen der ersten Stelle 2^0 mit jedem Impuls wechselt, dasjenige der zweiten Stelle 2^1 mit jedem 2. Impuls, der dritten Stelle 2^2 mit jedem 4. Impuls, der vierten Stelle 2^3 mit jedem 8. Impuls usw. Die Zustandstabelle des Dualcodes lässt sich somit ohne Auszählung der einzelnen Stellenwertigkeiten für jeden Zählumfang sofort niederschreiben. Es ist üblich, in den Zustandstabellen die Binärzeichen der Codewörter mit steigender Wertigkeit von rechts nach links anzuordnen, während die zugehörigen Flipflopausgänge der Zählschaltung von links beginnend nach rechts angeordnet sind. In diesem Buch wird teilweise zwischen den Teilern und Zählern mit Flipflop und integrierten Bauteilen (Teiler bzw. Zähler) unterschieden, da der Aufbau unterschiedlich ist.

Wenn beim 8-4-2-1-Code die Pseudotetraden für die Ziffern 10 bis 15 nicht ungenutzt bleiben, sondern mit den sechs Buchstaben A bis F belegt werden, definiert man als Hexadezimalcode. Da bei einer 7-Segmentanzeige die Buchstaben B und D von den Ziffern 8 und 0 nicht zu unterscheiden sind, benutzt man dafür die Kleinbuchstaben b und d (oder geht zur Punkt- bzw. Matrixanzeige über).

Tab. 7.1: Dezimalsystem, Dualcode (Binärcode) und Hexadezimalsystem

Dezimal	Hexadezimal	2^4	2^3	2^2	2^1	2^0
0	0	0	0	0	0	0
1	1	0	0	0	0	1
2	2	0	0	0	1	0
3	3	0	0	0	1	1
4	4	0	0	1	0	0
5	5	0	0	1	0	1
6	6	0	0	1	1	0
7	7	0	0	1	1	1
8	8	0	1	0	0	0
9	9	0	1	0	0	1
10	A	0	1	0	1	0
11	B	0	1	0	1	1
12	C	0	1	1	0	0
13	D	0	1	1	0	1
14	E	0	1	1	1	0
15	F	0	1	1	1	1
16	10	1	0	0	0	0
17	11	1	0	0	0	1

7.1.2 Dekadische Codes

Der 8-4-2-1-Code ist ein dekadischer Code und dient zur Codierung der Dezimalziffern 0 bis 9. Er stimmt bis zur Zahl 9 mit dem Dualcode überein und ist der am häufigsten anzutreffende Code. Oft wird er als BCD-Code bezeichnet (obwohl zu den BCD-Codes noch andere dekadische Codes gehören). Von den 16 möglichen Codewörtern bleiben sechs Codewörter ungenutzt und werden als Pseudotetraden bezeichnet. In der Praxis bezeichnet man den 8-4-2-1-Code auch BCD- oder NBCD-Code (natürlich binär codierte Dezimalzahl) oder 1-2-4-8-Code. Der 8-4-2-1-Code ist für das Rechnen mit Dualzahlen ungeeignet, da Additionen mit einer Summe > 9 auf Pseudotetraden führen (und keinen Übertrag) und daher eine Korrekturvorschrift benötigen.

Mit dem Dualcode (d. h. bei der Wortcodierung) sind dagegen Additionen und Subtraktionen von Dualzahlen wieder einfach möglich, da sich der Übertrag zur nächsten Dualstelle ohne Weiteres ergibt.

Beispiel: $1 + 1 = 0$ (Summe) + Übertrag zur nächsten Stelle.

Die besondere Bedeutung des 8-4-2-1-Codes zeigt sich erst bei der Codierung und dem Umgang mit mehrstelligen Dezimalzahlen.

Beispiel: Die Zahl 35 lässt sich auf zweierlei Weise wie folgt codieren.
- Codierung im Dualcode: Die Codierung der ganzen Dezimalzahl auf einmal (sog. Wortcode) liefert nach dem Dualcode das 6-Bit-Codewort 100011.

– Codierung im 8-4-2-1-Code (BCD-Code): Die getrennte Codierung der einzelnen Dezimalziffern 3 und 5 liefert die zwei Tetraden 3 → 0011 und 5 → 0101, wobei der Tetrade 0011 die Wertigkeit 10 und der Tetrade 1010 die Wertigkeit 1 zukommt.

Der erste Fall benötigt die geringste Anzahl von Bits. Größere mehrstellige Dualzahlen ergeben aber sehr lange Codewörter, die bei der rechnerischen Handhabung unübersichtlich sind und eine Fehlersuche erschweren. Hauptnachteil: Die Decodierung des Dualcodes erfordert bei längeren Codewörtern großen Schaltungsaufwand. Es ist deshalb vorteilhaft und üblich, Dezimalzahlen nicht als Ganzes, sondern die einzelnen Dezimalstellen getrennt im BCD-Code zu codieren und jeder so gewonnenen Tetrade die Wertigkeit der entsprechenden Dezimalstelle (Zehnerpotenz) zuzuordnen. Auf diese Weise ist der Dualcode an das Dezimalsystem angepasst.

Mit der Codierung im zweiten Fall arbeiten die meisten Impulszähler und sind aus einzelnen, hintereinander geschalteten Zähldekaden aufgebaut. Jede volle Dekade liefert einen Impuls (Übertrag) an die nächsthöhere Dekade. Bei allen Zählvorgängen kommt deshalb dekadischen Zählern besondere Bedeutung zu. Tabelle 7.2 zeigt den Aufbau der dekadischen Codes.

Tab. 7.2: Dekadische Codes

Dezimalzahl	BCD-Code 8-4-2-1-Code	Gray-Code	Aiken-Code (X-3)	Exzess-3-Code
	D C B A	D C B A	D C B A	D C B A
0	0 0 0 0	0 0 0 0	0 0 0 0	0 0 1 1
1	0 0 0 1	0 0 0 1	0 0 0 1	0 1 0 0
2	0 0 1 0	0 0 1 1	0 0 1 0	0 1 0 1
3	0 0 1 1	0 0 1 0	0 0 1 1	0 1 1 0
4	0 1 0 0	0 1 1 0	0 1 0 0	0 1 1 1
5	0 1 0 1	0 1 1 1	1 0 1 1	1 0 0 0
6	0 1 1 0	0 1 0 1	1 1 0 0	1 0 0 1
7	0 1 1 1	0 1 0 0	1 1 0 1	1 0 1 0
8	1 0 0 0	1 1 0 0	1 1 1 0	1 0 1 1
9	1 0 0 1	1 1 0 1	1 1 1 1	1 1 0 0

7.1.3 Tetradische Codes

Beim Gray-Code unterscheiden sich zwei aufeinanderfolgende Codewörter jeweils nur in einem Bit. In einem Zähler, der nach dem Gray-Code arbeitet, wird mit jedem Zählimpuls immer nur ein Flipflop geschaltet. Solche Codes bezeichnet man als einschrittige oder progressive Codes. Der Gray-Code ist nicht auf Tetraden beschränkt, sondern auf beliebig lange Codewörter erweiterbar. In Tabelle 7.3 ist er bis zu einer Stellenwer-

Tab. 7.3: Die wichtigsten tetradischen Codes (nach Tetraden geordnet)

Dualcode (symmetrisch)	8-4-2-1-Code	Gray-Code (einschrittig)	Aiken-Code (symmetrisch)	Exzess-3-Code (symmetrisch)	Unsymmetrischer 2-4-2-1-Code	2-4-2-1-Code
0 0000	0 0000	0 0000	0 0000		0 0000	0 0000
1 0001	1 0001	1 0001	1 0001		1 0001	1 0001
2 0010	2 0010	3 0010	2 0011		2 0010	2 0010
3 0011	3 0011	2 0011	3 0011	0 0011	3 0011	3 0011
4 0100	4 0100	7 0100	4 0100	1 0100		4 0100
5 0101	5 0101	6 0101		2 0101		5 0101
6 0110	6 0110	4 0110		3 0110		6 0110
7 0111	7 0111	5 0111		4 0111		7 0111
8 1000	8 1000	15 1000		5 1000		
9 1001	9 1001	14 1001		6 1001		
10 1010		12 1010		7 1010	4 1010	
11 1011		13 1011	5 1011	8 1011	5 1110	
12 1100		8 1100	6 1100	9 1100	6 1100	
13 1101		9 1101	7 1101		7 1101	
14 1110		11 1110	8 1110		8 1110	8 1110
15 1111		10 1111	9 1111		9 1111	9 1111
Stellenwertigkeit 8 4 2 1	8 4 2 1	ohne	2 4 2 1	ohne	2 4 2 1	2 4 2 1

tigkeit von 16 angegeben. Bei ihm besteht eine sog. variable Stellenwertigkeit. Tabelle 7.3 zeigt den Aufbau der wichtigsten tetradischen Codes.

Nach seiner Stellenwertigkeit wird der Aiken-Code auch als 2-4-2-1-Code bezeichnet. Er existiert nur als tetradischer Code zur Codierung der Ziffern 0 bis 9 und ist symmetrisch. Darunter wird folgende Eigenschaft verstanden: Das Codewort für Ziffer 9 ergibt sich aus demjenigen der 0 durch Inversion (Negation) der einzelnen Bits. Dasselbe gilt für die Ziffern 1 und 8, 2 und 7 usw. Die Codewörter sind also, von 0 und 9 beginnend, invers zueinander (d. h., das Neunerkomplement ergibt sich durch einfache Inversion).

Man bezeichnet bei dekadischer Codierung
- 9 als das Neunerkomplement zu 0
- 8 als das Neunerkomplement zu 1
- 7 als das Neunerkomplement zu 2
- usw.

Beispiel: Der Dezimalzahl 7 entspricht im Aiken-Code die Tetrade 1 1 0 1. Die Negation jedes Bits liefert die Tetrade 0 0 1 0, der im Aiken-Code der Zahl 2 entspricht. 2 ist damit das Neunerkomplement zu 7.

Damit ist der Aiken-Code und der Exzess-3-Code symmetrisch aufgebaut und liefern das Neunerkomplement durch Negierung der einzelnen Bits. Das Neunerkomplement ist die Ergänzung einer Zahl zur 9. Seine Anwendung bringt bei der Addition und Subtraktion von Zahlen im dekadischen Code große rechen- und schaltungstechnische Vorteile.

Nachteilig beim Aiken-Code ist, dass den Ziffern 0 und 9 die Codewörter 0 0 0 0 und 1 1 1 1 zugeordnet sind. Diese Zählerzustände können leicht bei Störungen auftreten (Stromausfall) und damit unerkannt zu Fehlschaltungen führen. Auch der Aiken-Code ist für das Rechnen mit Dualzahlen ungeeignet und benötigt eine komplizierte Korrekturvorschrift.

Neben dem Aiken-Code als symmetrischer 2-4-2-1-Code gibt es noch einen sog. unsymmetrischen 2-4-2-1-Code, der sich vom Aiken-Code nur im Codewort für die Zahl 4 unterscheidet.

Wie Tabelle 7.3 zeigt, sind mehrere Codes mit der Stellenwertigkeit 2-4-2-1 möglich. Neben dem Aiken-Code und dem unsymmetrischen 2-4-2-1-Code hat man noch einen speziellen 2-4-2-1-Code (oder 1-2-4-2-Code). Bei den Codes mit der Wertigkeit 2-4-2-1 ist dies unbedingt zu beachten, um Verwechslungen zwischen den Codes zu vermeiden.

Der Exzess-3-Code (auch Stibitz-Code genannt) ist ein symmetrischer dekadischer Code ohne Wertigkeit der einzelnen Stellen und ergibt sich durch Addition der dualen 3 (0 0 1 1) zur jeweiligen Dualzahl im Dualcode. Er liefert, ebenso wie der Aiken-Code, das Neunerkomplement durch Negation der einzelnen Bitstellen und wird infolge der dadurch wesentlich erleichterten Addition und Subtraktion von Dualzahlen meist in Recheneinheiten verwendet. Tabelle 7.4 zeigt den Aufbau höherstelliger dekadischer Codes.

Der 2-aus-5-Code ist ein dekadischer, fünfstelliger und einschrittiger Code ohne Stellenwertigkeit. Jedes Codewort enthält zweimal das Binärzeichen 1 (deshalb 2-aus-5). Mit dieser Regelmäßigkeit lassen sich vor allem Codierungsfehler leicht erkennen.

Tab. 7.4: Höherstellige dekadische Codes

Dezimalzahl	2-aus-5-Code	1-aus-10-Code	Johnson-Code (Libaw-Craig)	Fernschreibcode
0	1 1 0 0 0	0 0 0 0 0 0 0 0 0 1	0 0 0 0 0	1 0 1 1 0
1	1 0 1 0 0	0 0 0 0 0 0 0 0 1 0	0 0 0 0 1	1 0 1 1 0
2	0 1 1 0 0	0 0 0 0 0 0 0 1 0 0	0 0 0 1 1	1 0 0 1 1
3	1 1 0 1 0	0 0 0 0 0 0 1 0 0 0	0 0 1 1 1	0 0 0 0 1
4	0 1 0 1 0	0 0 0 0 0 1 0 0 0 0	0 1 1 1 1	0 1 0 1 1
5	0 0 1 1 0	0 0 0 0 1 0 0 0 0 0	1 1 1 1 1	1 0 0 0 0
6	1 0 0 0 1	0 0 0 1 0 0 0 0 0 0	1 1 1 1 0	1 0 1 0 1
7	0 1 0 0 1	0 0 1 0 0 0 0 0 0 0	1 1 1 0 0	0 0 1 1 1
8	0 0 1 0 1	0 1 0 0 0 0 0 0 0 0	1 1 0 0 0	0 0 1 1 0
9	0 0 0 1 1	1 0 0 0 0 0 0 0 0 0	1 0 0 0 0	1 1 0 0 0
Bemerkung		zweischrittig	einschrittig	–

Bei diesem 1-aus-10-Code enthält jedes Codewort nur einmal das Binärzeichen 1. Von Dezimalzahl zu Dezimalzahl rückt das 1-Signal um eine Stelle weiter. Der Code ist damit zweischrittig. Er kann beliebig auf 1-aus-m erweitert werden und erfordert keine Decodierung. Der 1-aus-10-Code entspricht einer Ringzählkette, in der immer nur ein Flipflop ein 1-Signal aufweist, das zyklisch umläuft. Eine solche Zählerstruktur (Synchronzähler) ist sehr einfach im Aufbau und lässt sich beliebig erweitern, erfordert aber großen schaltungstechnischen Aufwand, da die Anzahl der Zustände gleich der Anzahl der Flipflops ist.

Der 1-aus-10-Code und der Johnson-Code werden mitunter auch in seitenverkehrter Form angegeben und verwendet. Der Vorteil ist, dass man keine Decodierung benötigt und eine hohe Zählgeschwindigkeit gegeben ist.

Der Johnson-Code (auch als Libaw-Craig-Code bezeichnet) ist einschrittig, da sich zwei aufeinanderfolgende Codewörter nur in einem Bit unterscheiden. Die Zustandstabelle entspricht einem Schieberegister, in das mit jedem Taktimpuls (beginnend vom Ausgangszustand, wo alle Flipflops ein 0-Signal haben) ein 1-Signal eingeschrieben wird. Nach der halben Impulsanzahl weisen alle Flipflops ein 1-Signal auf. Mit den nächsten fünf Impulsen wird wieder ein 0-Signal eingeschrieben. Nach dem 10. Impuls hat das Schieberegister (bzw. der Zähler) wieder den Ausgangszustand 0 0 0 0 0 erreicht. Ein n-stelliges Codewort ergibt 2^n-Zustände ($m = 2^n$), wenn n die Anzahl der Flipflops ist. Mit dem Johnson-Code kann deshalb nur eine geradzahlige Dezimalzahl codiert werden.

Der Biquinärcode in Tabelle 7.5 ist ein redundanter BCD-Code (und damit ein dekadischer Code) mit 7 statt 4 Bit. Jedes Codewort enthält fünfmal ein 0-Signal und zweimal ein 1-Signal. Damit ist es möglich, einzelne Bitfehler zu erkennen (Vorteil des Biquinärcodes).

Als redundant wird ein Code bezeichnet, wenn er mehr Bitstellen enthält, als nach dem Dualcode nötig wären.

Tab. 7.5: Aufbau der 0- und 1-Signale bei dem Biquinärcode (siebenstelliger dekadischer Code)

Dezimalzahl	Biquinärcode						
	G	F	E	D	C	B	A
0	0	1	0	0	0	0	0
1	0	1	0	0	0	1	0
2	0	1	0	0	1	0	0
3	0	1	0	1	0	0	0
4	0	1	1	0	0	0	0
5	1	0	0	0	0	0	1
6	1	0	0	0	0	1	0
7	1	0	0	0	1	0	0
8	1	0	0	1	0	0	0
9	1	0	1	0	0	0	0
Stellenwertigkeit	5	0	4	3	2	1	0

Es sind auch redundante Codes entwickelt worden, die Fehler nicht nur erkennen, sondern auch korrigieren können. Wie Tabelle 7.5 zeigt, weisen die einzelnen Bitstellen des Biquinärcodes auch ein bestimmtes Gewicht (Stellenwertigkeit) auf.

7.2 Frequenzteiler

Der einfachste Frequenzteiler besteht aus einem JK-Flipflop. Der C-Eingang dieses Flipflops wird mit einer positiven oder einer negativen Flanke geschaltet. Da immer nur mit einer Flanke geschaltet werden kann, ist der Ausgangsimpuls immer doppelt so breit wie der Eingangsimpuls. Man spricht in diesem Fall von einer Frequenzteilung im Verhältnis 1 : 2. Normalerweise arbeiten die JK-Flipflops nach dem Master-Slave-Verfahren. Mit der positiven Taktflanke erhält der Master eine Information und mit der negativen übergibt er diese zwischengespeicherte Information. Die Information bleibt so lange gespeichert, bis vom Master wieder eine neue in den Slave eingeschrieben wird.

Verwendet man nun den Ausgangsimpuls dieses Flipflops zur Ansteuerung eines zweiten Flipflops, so ist dessen Ausgangsimpuls wieder im Verhältnis 1 : 2 gegenüber seinem Eingangsimpuls unterteilt. Vergleicht man aber die Impulsfolge am Eingang vom Flipflop FF_A mit der Impulsfolge am Ausgang des Flipflops FF_B, ergibt sich ein Teilerverhältnis von 1 : 4. Durch Hintereinanderschalten von beliebig vielen Flipflops lässt sich so eine vorhandene Impulsfolge in ihrer Frequenz beliebig oft halbieren. Die Ausgänge der einzelnen Flipflops ergeben dann die Frequenzverhältnisse, bezogen auf den Takt, von $1 : 2^1$, $1 : 2^2$, $1 : 2^3$, $1 : 2^4$ bis $1 : 2^n$. Verwendet man den Ausgang Q eines Flipflops und verbindet diesen mit dem Takteingang des nächsten Flipflops, kann es zu einem Verhalten eines Vorwärts- oder Rückwärtszählers kommen.

7.2.1 Flipflop und ihre Symbole

In diesem Abschnitt sollen die Schaltfunktionen bistabiler Kippschaltungen untersucht werden. So, wie im Kapitel 6 zwischen Verknüpfungsschaltungen und Verknüpfungsgliedern unterschieden wurde, ist auch hier unter dem Begriff Flipflop die technische Realisierung in Form einer Schaltung, die die gewünschte Schaltfunktion ausführt, und unter dem Begriff Flipflop das Funktionssymbol für eine bestimmte Kippfunktion zu verstehen.

Zur Beschreibung der Arbeitsweise von Kippschaltungen bedient man sich der Pegelwerte L und H. Für die Beschreibung der Schaltfunktion von Flipflops verwendet man – wie bei den Verknüpfungsgliedern auch – die Binärwerte 0 und 1, die meist in Wahrheitstabellen zusammengestellt sind.

In umfangreichen Schaltungen werden Flipflops meist durch einfache Symbole dargestellt. Das gleiche Symbol kann sowohl als Schaltzeichen (Symbol einer Kippschaltung mit zusätzlichen Pegelangaben, z. B. in Arbeitstabellen) oder als Funktionssymbol (Symbol eines Flipflops) benötigt werden. In diesem Abschnitt werden die Symbole nur als Funktionssymbole verwendet.

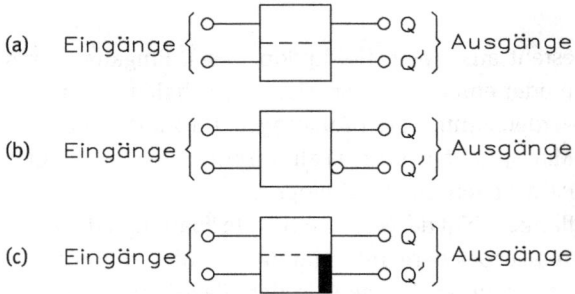

Abb. 7.1: Symbole des bistabilen Flipflops (Grundformen)

Das Symbol ist ein rechteckiger Kasten, der durch eine gestrichelte Linie in zwei Felder aufgeteilt wird. Der Informationsfluss verläuft im Symbol längs der gestrichelten Linie. Deshalb werden alle Eingänge an der einen Seite, an der die gestrichelte Linie auftrifft, und die Ausgänge an der zweiten Seite, an der die gestrichelte Linie endet, dargestellt (Abb. 7.1a). Es ist auch zulässig, die gestrichelte Trennungslinie wegzulassen. In diesem Fall ist jedoch ein Ausgang mit dem Negationssymbol zu versehen, womit das typische Merkmal des Flipflops – ein Ausgang liefert den negierten Wert des anderen Ausgangs – dargestellt wird (Abb. 7.1b). Soll für ein bistabiles Verhalten eine bestimmte Grundstellung besonders gekennzeichnet werden, so ist dazu im Symbol an dem Ausgang, der in der zu kennzeichnenden Stellung den Binärwert 1 hat, ein ausgefülltes Rechteck anzugeben (Abb. 7.1c).

Die Ausgänge sind mit den Buchstaben Q und Q' gekennzeichnet. In einem der beiden stabilen Zustände, dem Setzzustand oder Zustand 1 und im zweiten stabilen Zustand, dem Rücksetzzustand oder Zustand 0 (Ruhelage), ist

$$Q = 1 \quad \text{und} \quad Q' = 0$$

und im zweiten stabilen Zustand, dem Rücksetzzustand oder Zustand 0 (Ruhelage), ist

$$Q = 0 \quad \text{und} \quad Q' = 1 \, .$$

Für beide stabile Zustände gilt also:

$$\overline{Q} = Q' \, .$$

Es ist auch statthaft, die Bezeichnungen Q und Q' wegzulassen oder durch andere, dem Einsatz des Flipflops entsprechende Symbole zu ersetzen, z. B.: 2 und 2', wenn das betreffende Flipflop als zweites in einer Reihe angeordnet ist.

Die Eingänge von Flipflop werden unterschieden nach
- der Art der auslösenden Ansteuerung und
- ihrer Wirkung auf den Ausgang.

Als auslösende Ansteuerung sind die Binärzustände 0 oder 1 bei statischen Eingängen (hierzu zählen auch die Vorbereitungseingänge) und Zustandswechsel $0 \rightarrow 1$ (positiv) oder $1 \rightarrow 0$ (negativ) bei dynamischen Eingängen möglich. In Abb. 7.2 sind für alle auslösenden Anregungen die in der Norm festgelegten Eingangsdarstellungen zusammengefasst.

Bezeichnung	auslösende Anregung	Symbol
Eingang für Zustands—steuerung	1	—⊣ S
	0	—◁ S
Eingang für Flanken—steuerung	$0 \rightarrow 1$	—▷ C
	$1 \rightarrow 0$	—◁▷ C

Abb. 7.2: Eingangsfunktionen bei Flipflops

Nach der Wirkung unterscheidet man Eingänge, über die das Flipflop in den Setzzustand gekippt wird und sie erhalten z. B. den Buchstaben S (Set) und die Eingänge zum Rücksetzen erhalten den Buchstaben R (Reset).

Im Symbol werden die Eingänge immer auf der Seite des Flipflops angeordnet, auf der sie bei einer auslösenden Änderung ein 1-Signal am Ausgang erzielen.

Ein Flipflop hat die beiden Ausgänge Q und Q' und zwei statische Eingänge S und R, die durch ein 1-Signal gesetzt werden. Bei Erreichen des Setzzustandes muss am Eingang S ein 1-Signal angelegt werden. Im Setzzustand ist Q = 1 und Q' = 0. Folglich wird der Eingang S auf der Seite mit dem Ausgang Q und damit R auf der Seite mit 0' angeordnet (Abb. 7.3).

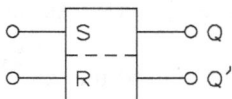

Abb. 7.3: Statisches RS-Flipflop für auslösende Ansteuerung mit 1-Signal

Das im Beispiel dargestellte Flipflop wird als statisches RS-Flipflop bezeichnet. Für ein RS-Flipflop ist das folgend beschriebene Verhalten typisch.

– Zustände: Die Ausgangswerte an Q und Q' sind komplementär, d. h. der eine hat ein 0- und der andere ein 1-Signal, wenn kein Eingang oder ein Eingang auslösend angeregt sind. Das gilt für beide stabile Zustände des Flipflops. Werden jedoch beide Eingänge angesteuert, nehmen beide Ausgänge gleiche Werte an (Q = Q'). Dieser Zustand wird als pseudostabiler Zustand bezeichnet. Fällt die auslösende Ansteuerung an beiden Eingängen gleichzeitig weg, wird der pseudostabile Zustand abgebrochen und die Ausgangswerte werden wieder komplementär. Es ist aber nicht vorher bestimmbar, wie 0 und 1 den Ausgängen zugeordnet sind.

– Zustandssteuerung: An beiden Eingängen ist kein Signal zum Setzen oder Rücksetzen vorhanden und dann ändert ein Eingang sein Potential, ist der Wert 1 am Ausgang auf der gleichen Seite die Folge. Die auslösende Ansteuerung an S führt zu einem 1-Signal an Q und eine auslösende Ansteuerung an R führt zu einem 1-Signal an Q'. Die Ausgangsvariablen ändern sich nicht, wenn zunächst ein Eingang und danach kein Eingang auslösend getriggert sind, wenn also die Eingangsvariable vom anregenden in den inaktiven Zustand zurückgeht.

Das beschriebene Verhalten gilt für alle RS-Flipflops. Eine andere Variante eines statischen RS-Flipflops kennzeichnet das Symbol nach Abb. 7.4. Die Eingänge werden dabei durch den Binärzustand 0 auslösend getriggert und sind nicht wirksam, wenn eine 1 anliegt.

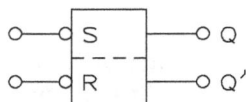

Abb. 7.4: Statisches RS-Flipflop mit 0-Signalen

Die Symbole der RS-Flipflops gelten auch als Schaltzeichen für die statisch angesteuerten Kippschaltungen.

Bei Kippschaltungen mit Vorbereitungseingängen liegt nur dann eine wirksame Ansteuerung vor, wenn beim Eintreffen des auslösenden Taktimpulses am zugehörigen Vorbereitungseingang das betreffende Vorbereitungspotential anliegt. Diese Steuerabhängigkeit zwischen mehreren Eingängen wird im Symbol des Flipflops durch die Kennzeichnung des steuernden Takteingangs durch C angegeben. Die gesteuerten Eingänge (Vorbereitungseingänge) erhalten z. B. die Kennbuchstaben S und R, weil sie zum Setzen bzw. Rücksetzen vorbereitet sein müssen.

Ein Flipflop hat die Ausgänge Q und Q', einen Takteingang C (Clock) und zwei Informationseingänge S und R. Zum Setzen ist der Takteingang C und der Informationseingang S, zum Rücksetzen der Takteingang C und der Informationseingang R auslösend anzuregen. In Abb. 7.5 sind die Symbole für dieses Flipflop dargestellt.

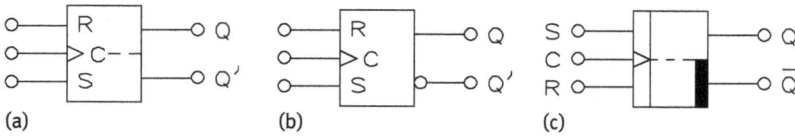

Abb. 7.5: Symbole für getaktetes RS-Flipflop

Im Flipflop nach Abb. 7.5 ist entsprechend der Eingangsdarstellungen die auslösende Ansteuerung
- zum Setzen ein 1-Signal an S und eine Flanke $0 \to 1$ (positiv) an C,
- zum Rücksetzen ein 1-Signal an R und eine Flanke $0 \to 1$ (negativ) an C.

Flipflop mit den Informationseingängen S bzw. R und einem Takteingang T oder C (Clock) werden als getaktete RS-Flipflops bezeichnet. Das für statische RS-Flipflops beschriebene Verhalten gilt auch für die getakteten. Eine auslösende Triggerung ist hier jedoch erst dann gegeben, wenn ein Informationseingang und gleichzeitig der Takteingang angeregt werden. Neben den beiden stabilen Zuständen ist auch bei getakteten RS-Flipflops der pseudostabile Zustand nicht auszuschließen. Dies ergibt sich an beiden Informationseingängen und an dem Takteingang, wenn diese angesteuert werden. Fällt die auslösende Funktion für beide Seiten gleichzeitig weg (hierzu genügt bereits der Wegfall der Anregung am Takteingang, da dieser beide Informationseingänge steuert), nimmt das Flipflop einen vorher nicht bestimmbaren stabilen Zustand an.

Andere Abhängigkeiten zwischen zwei Eingängen können einfache ODER- oder UND-Verknüpfungen sein. Ein Flipflop kann z. B. neben Takt-und Informationseingängen zusätzlich selbstständige statische Eingänge besitzen (Abb. 7.6).

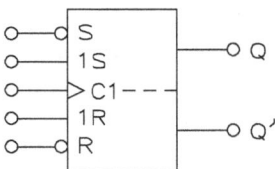

Abb. 7.6: RS-Flipflop mit Taktsteuerung und zusätzlichen statischen Eingängen

Für das RS-Flipflop nach Abb. 7.6 ist eine auslösende Anregung gegeben
- zum Setzen durch 0-Signal an S oder durch 1-Signal an S und $0 \to 1$ an C,
- zum Rücksetzen durch 0 an R oder durch 1 an R und $0 \to 1$ an C.

Die statischen Eingänge S bzw. R sind also mit der übrigen Eingangsschaltung ODER-verknüpft. Eine ODER-Verknüpfung von Eingängen bedarf im Symbol keiner besonderen Kennzeichnung.

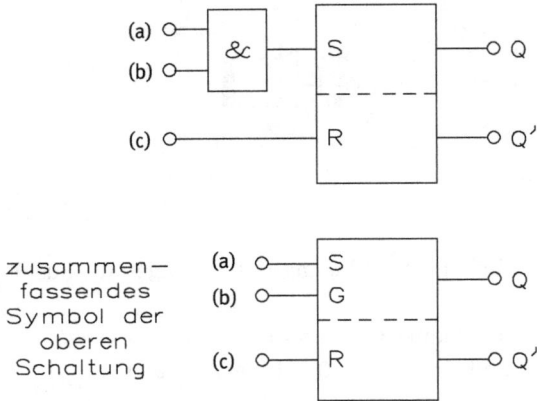

Abb. 7.7: RS-Flipflop mit UND-verknüpftem Setzeingang

Besteht jedoch zwischen zwei Eingängen eine UND-Verknüpfung, so ist diese besonders hervorzuheben. Der zusätzliche Eingang, der mit einem vorhandenen UND-verknüpft wird, erhält den Buchstaben G (Gate). Abb. 7.7 zeigt ein RS-Flipflop mit UND-verknüpftem Setzeingang.

Die einfache UND-Verknüpfung zwischen mehreren gleichartigen Eingängen kann auch durch das Symbol für das UND-Glied im Symbol des Flipflops dargestellt werden, wie später noch in Abb. 7.10 gezeigt wird.

So wie die Schaltfunktionen von Verknüpfungsgliedern in Wahrheitstabellen dargestellt werden, lässt sich auch das Schaltverhalten der Flipflops durch Tabellen darstellen. Es werden zwei verschiedene Möglichkeiten betrachtet:
- Darstellung des Schaltverhaltens durch eine Wahrheitstabelle
- Darstellung des Schaltverhaltens durch eine Zustandsfolgetabelle.

In der Wahrheitstabelle eines Flipflops muss im Ansatz zu den Wahrheitstabellen für Verknüpfer der zeitliche Versatz zwischen Ansteuerung und erzieltem Ausgangszustand berücksichtigt werden. Die Begründung hierfür liegt im Speicherverhalten der Flipflops: Der durch eine auslösende Anregung erzielte Zustand wird auch dann erhalten, wenn die Anregung wieder entfällt (Ausnahme: pseudostabiler Zustand). Für das getaktete RS-Flipflop nach Abb. 7.7 gilt die Wahrheitstabelle 7.6.

a) Ist S = 0 und R = 0 (1. Zeile in Tabelle 7.6), so ist das Flipflop weder zum Setzen noch zum Rücksetzen vorbereitet. Das Flipflop behält also bei einem Taktimpuls seinen ursprünglichen Zustand bei. Da dieser Setz- wie auch Rücksetzzustand sein kann, ist es nicht möglich, die Ausgangsvariablen genau zu definieren. Man schreibt daher in der Tabelle durch die Angabe Q_n für Q und Q'_n für Q', dass die Variablen den Zustand zum Zeitpunkt t_n behalten.

b) Ist S = 0 und R = 1 (2. Zeile), ist das Flipflop zum Rücksetzen vorbereitet. Nach dem Taktimpuls nimmt es mit Sicherheit den Rücksetzzustand ein, unabhängig

Tab. 7.6: Wahrheitstabelle für das RS-Flipflop

t_n		t_{n+1}	
S	R	Q	Q'
0	0	Q_n	Q'_n
0	1	0	1
1	0	1	0
1	1	undefiniert	

t_n = Zeitpunkt vor dem Taktimpuls. Die angegebenen Zustände der Informationseingänge gelten
        für diesen Zeitpunkt.

t_{n+1} = Zeitpunkt nach dem Taktimpuls. Die angegebenen Ausgangszustände gelten für diesen
        Zeitpunkt. Sie sind die Folge der jeweils angegebenen Eingangswerte.

davon, ob es vorher im Setz- oder Rücksetzzustand war. Am Ausgang Q entsteht
also eine 0 und an 0' eine 1.

c) Ist S = 1 und R = 0 (3. Zeile), so ist das Flipflop zum Setzen vorbereitet. Nach dem
    Taktimpuls entsteht also an Q eine 1 und an Q' eine 0.

d) Ist S = 1 und R = 1 (4. Zeile), so entsteht für die Dauer des Taktes der pseudostabi-
    le Zustand. Danach nimmt das Flipflop einen nicht vorhersagbaren Zustand ein.

Die Wahrheitstabelle ist so gestaltet, dass für jede Eingangskonfiguration die daraus
folgenden Ausgangswerte abgelesen werden können. In einer Zustandsfolgetabelle ist
der umgekehrte Weg gezeigt. Für eine gewünschte Zustandsfolge kann die erforderliche Vorbereitung abgelesen werden. Unter Zustandsfolge versteht man die Folge der
Zustände vor und nach einem Taktimpuls. Folgende Zustandsfolgen sind bei Flipflops
zu unterscheiden:

– Rücksetzzustand (0) vor und nach dem Takt,
– Rücksetzzustand (0) vor und Setzzustand (1) nach dem Takt,
– Setzzustand (1) vor und nach dem Takt und
– Setzzustand (1) vor und Rücksetzzustand (0) nach dem Takt.

Für das getaktete RS-Flipflop nach Abb. 7.7 gilt die Zustandsfolgetabelle 7.7.

Tab. 7.7: Zustandsfolgetabelle für das RS-Flipflop nach Abb. 7.7

Zustandsfolge	S	R
0 → 0	0	X
0 → 1	1	0
1 → 0	0	1
1 → 1	X	0

In der ersten Zeile der Tabelle bedeutet z. B. R = X, dass der Eingang R für die gewünschte Zustandsfolge (Beibehaltung des Rücksetzzustands) sowohl mit einer 0 als auch mit einer 1 belegt werden darf (beliebiger Signalwert). Nimmt das Flipflop den Rücksetzzustand ein und soll diesen beibehalten, so ist es gleichgültig, ob es durch R = 1 und S = 0 zum Rücksetzen oder durch R = 0 und S = 0 nicht vorbereitet wird. Entsprechend ist auch die vierte Zeile der Tabelle zu lesen. In der zweiten und dritten Zeile ist dargestellt, dass das Flipflop seinen Zustand ändert. Hierzu ist die erforderliche Vorbereitung durch die angegebenen Zustandswerte für S und R dargestellt.

Wie gezeigt wurde, besteht der Nachteil bei RS-Flipflops darin, dass bei einer auslösenden Anregung auf beiden Seiten ein pseudostabiler Zustand entsteht, der außerdem auch noch in einen undefinierten Zustand übergehen kann. Dieser Nachteil kann durch besondere Schaltungsmaßnahmen vermieden werden. Man entwickelte das JK-Flipflop.

Für die folgenden Betrachtungen wird von einem getakteten RS-Flipflop nach Abb. 7.7 ausgegangen. Vor den Eingängen S und R werden UND-Glieder so angeordnet, dass ein gleichzeitiges Entstehen eines 1-Signals an S und R ausgeschlossen ist (Abb. 7.8). Die neuen durch diese Schaltungsmaßnahme entstehenden Eingänge werden J und K bezeichnet, wobei die Bezeichnungen J und K willkürlich gewählt wurden.

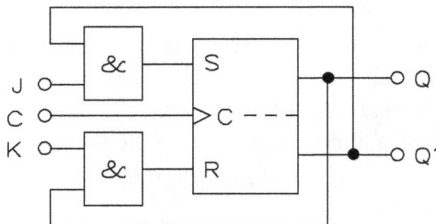

Abb. 7.8: Bildung eines JK-Flipflops aus einem RS-Flipflop

JK-Flipflops beinhalten das Schaltnetz für die gegenseitige Verriegelung der Informationseingänge. Ihr Symbol ist in Abb. 7.9 dargestellt. J ist der Setzeingang, K der Rücksetzeingang und beide verursachen nur zusammen mit einem Takt an C eine auslösende Wirkung.

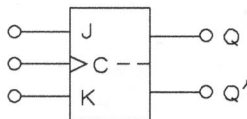

Abb. 7.9: Getaktetes JK-Flipflop

Steuerung des JK-Flipflops nach Abb. 7.9:
a) Ist J = 0 und K = 0, dann werden auch die Eingänge S = 0 und R = 0. Das Flipflop ändert seinen Zustand nicht.

b) Ist J = 1 und K = 0 und das Flipflop im Rücksetzzustand (Q = 0 und Q' = 1), erhält das UND-Glied mit dem Eingang J auch am zweiten Eingang eine 1 vom Ausgang Q'. Damit wird S = 1 und R = 0, da K = 0 ist. Das Flipflop kippt in den Setzzustand, wenn ein Takt wirksam wird. Nimmt das Flipflop aber schon den Setzzustand ein, so behält es diesen bei, da S = 0 (verursacht durch Q' = 0) und R = 0 (verursacht durch K = 0) ist.

c) Bei J = 0 und K = 1 sind die Steuervorgänge entsprechend, da die Schaltung symmetrisch ist.

d) Bei J = 1 und K = 1 kann immer nur ein UND-Glied eine 1 liefern, da immer nur ein Ausgang des Flipflops eine 1 bringt. Im Setzzustand des Flipflops (0 = 1) liefert das UND-Glied an R ein 1-Signal und das Flipflop kippt bei einem Takt in den Rücksetzzustand. Im Rücksetzzustand (Q' = 1) liegt an S ein 1-Signal, das Flipflop nimmt also bei einem Takt den Setzzustand ein.

Daraus ist abzuleiten, dass sich das JK-Flipflop für die drei Eingangskonfigurationen (J/K) 0/0, 1/0 und 0/1 wie ein RS-Flipflop verhält. Für die vierte Eingangskonfiguration 1/1 kommt die gegenseitige Verriegelung der Informationseingänge zur Wirkung. Das JK-Flipflop ändert hier bei jedem Takt seinen Zustand und dies zeigt auch die Wahrheitstabelle 7.8.

Tab. 7.8: Wahrheitstabelle für das JK-Flipflop nach Abb. 7.9

t_n		t_{n+1}	
J	K	Q	Q'
0	0	Q_n	Q'_n
0	1	0	1
1	0	1	0
1	1	Q'_n	Q_n

In der Zustandsfolgetabelle 7.9 für das JK-Flipflop erscheint X, das Kennzeichen für einen beliebigen Funktionswert, häufiger als in der Tabelle für RS-Flipflops. Daraus kann man schließen, dass JK-Flipflops weniger Aufwand in den Steuernetzwerken erfordern und deshalb universeller einsetzbar sind. Dies ist ein weiterer Vorteil – der

Tab. 7.9: Zustandsfolgetabelle für das JK-Flipflop nach Abb. 7.9

Zustandsfolge	J	K
0 → 0	0	X
0 → 1	1	X
1 → 0	X	1
1 → 1	X	0

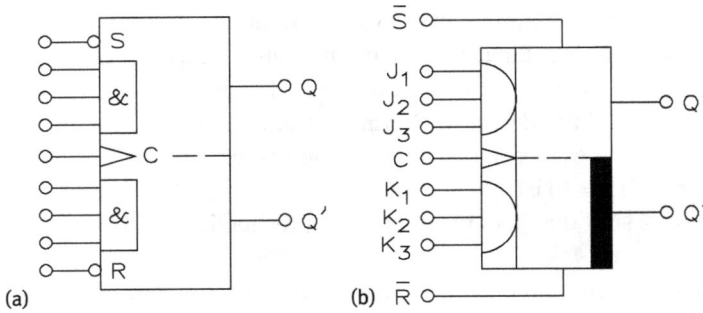

Abb. 7.10: JK-Flipflop mit statischen Setz- und Rücksetzeingängen

ausgeschlossene pseudostabile Zustand – wird das getaktete JK-Flipflop zum meist-angewendeten Flipflop bei der Realisierung von Schaltwerken. In Abb. 7.10 ist das Symbol für ein JK-Flipflop mit Takteingang, je drei UND-verknüpften J- bzw. K-Ein-gängen und zusätzlichen statischen Setz- und Rücksetzeingängen, die selbstständig arbeiten, dargestellt. Flipflops mit mehreren UND-verknüpften J- und K-Eingängen vereinfachen durch ihre vielfältigen Steuerungsmöglichkeiten erheblich die Struktur komplexerer Schaltwerke.

Als Flipflop kennt man das positiv flankengetriggerte oder negativ flankengetrig-gerte JK-Flipflop.

7.2.2 Frequenzteiler 1:2

Für die einzelnen Frequenzteiler verwendet man die Symbole aus der Bibliothek TIL von Multisim und für die Simulation verwendet man das positiv getriggerte JK-Flip-flop. Wichtig ist die Verbindung von Q' mit dem nächsten Takteingang. Hat man einen Rückwärtszähler, muss die Verbindung von Q zum nächsten Takteingang vorhanden sein.

Ein positiv getriggertes JK-Flipflop teilt eine Eingangsfrequenz im Verhältnis 1:2 herunter. Abb. 7.11 zeigt ein JK-Flipflop in einer 1:2-Teilerschaltung und das Impuls-diagramm zeigt die Arbeitsweise. Wichtig, die beiden Eingänge J und K sind mit den Ausgängen Q und Q' richtig zu verbinden. Der Set- und Reset-Eingang muss mit Masse verbunden sein, damit das JK-Flipflop als T-Flipflop arbeiten kann.

Durch den Taktgenerator kann man das Tastverhältnis für die Eingangsspannung beliebig ändern. Verändert man das Tastverhältnis am Eingang von 1:99 oder 99:1 durch den Rechteckgenerator, tritt diese Veränderung am Eingang für das Tastverhält-nis auf, bleibt aber am Ausgang ohne jegliche Auswirkung, da das Flipflop immer nur auf positive Flanken am Takteingang reagiert.

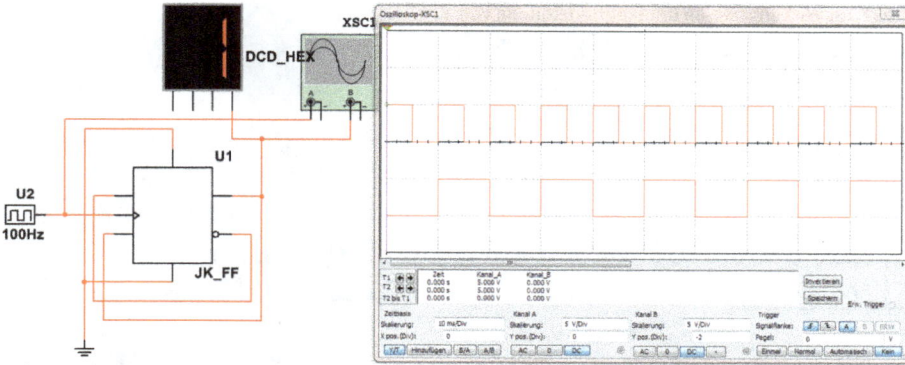

Abb. 7.11: Frequenzteiler 1 : 2 mit 7-Segmentanzeige und Impulsdiagramm im 2-Kanal-Oszilloskop

7.2.3 Frequenzteiler 1 : 4

Für einen Frequenzteiler von 1 : 4 benötigt man zwei positiv getriggerte JK-Flipflops. Abb. 7.12 zeigt die Schaltung und das Impulsdiagramm. Aus der 7-Segmentanzeige und Impulsdiagramm kann man bereits das asynchrone Zählverhalten erkennen, denn es treten immer Zwischenzählerstände auf. Die asynchrone Zählweise ist gekennzeichnet durch die Zwischenzählerstände, die Fehler verursachen können.

Die obere Zeile in dem Oszilloskop zeigt die Eingangsfrequenz mit 100 Hz. Diese wird durch das erste JK-Flipflop im Verhältnis 1 : 2 geteilt und die Messung ergibt 50 Hz. Der Ausgang Q' des ersten JK-Flipflops ist mit dem Takteingang des zweiten JK-Flipflops verbunden. Auch hier wird die Frequenz um 1 : 2 geteilt und damit entsteht

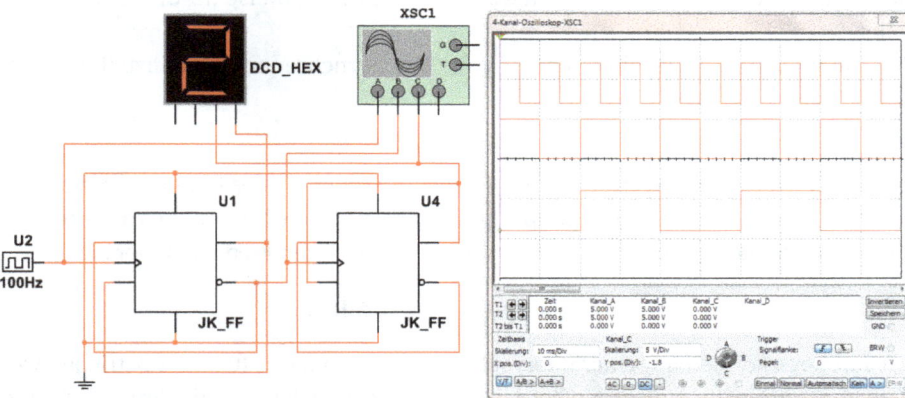

Abb. 7.12: Frequenzteiler 1 : 4 mit 7-Segmentanzeige und Impulsdiagramm im 4-Kanal-Oszilloskop

Tab. 7.10: Wirkungsweise der Frequenzteilung von 1 : 4

Zeit		2^1	2^0
0	t_n	0	0
1	t_{n+1}	0	1
2	t_{n+2}	1	0
3	t_{n+3}	1	1
0	t_{n+4}	0	0
1	t_{n+5}	0	1
2	t_{n+6}	1	0

am Ausgang Q eine Frequenz von 25 Hz, wie auch die dritte Zeile im Oszilloskop zeigt. Die Funktionstabelle 7.10 erklärt die Wirkungsweise der Frequenzteilung.

Zum Zeitpunkt t_n sind beide Ausgänge auf 0-Signal. Nach dem ersten Taktimpuls t_{n+1} setzt sich das erste Flipflop und der Ausgang Q hat ein 1-Signal. Nach dem zweiten Taktimpuls t_{n+2} kippt das erste Flipflop zurück und erzeugt an seinem Ausgang Q' eine 0-1-Änderung, also eine positive Flanke. Mit dieser Flanke wird das zweite Flipflop gesetzt. Beim dritten Taktimpuls t_{n+3} setzt sich das erste Flipflop und der Ausgang Q hat wieder ein 1-Signal, d. h. es entsteht eine negative Flanke, aber der Eingang des zweiten Flipflops reagiert nicht auf diese Flanke. Ab diesem Zeitpunkt sind beide Ausgänge Q auf 1-Signal.

Das Zurücksetzen beider Flipflops erfolgt zum Zeitpunkt t_{n+4}. Mit der positiven Flanke des Taktgenerators setzt sich das erste Flipflop zurück und damit entsteht am Ausgang Q' eine positive Flanke. Mit dieser Flanke setzt sich das zweite Flipflop zurück, sodass beide Ausgänge jetzt auf 0-Signal liegen.

Das erste Flipflop erhält den direkten Taktimpuls vom Rechteckgenerator, während das zweite Flipflop seinen Taktimpuls vom Ausgang Q' des ersten Flipflops erhält. Aus diesem Grund hat man eine asynchrone Arbeitsweise für diesen Frequenzteiler.

Die maximale Arbeitsfrequenz $f_{\max}$ für den asynchronen Frequenzteiler errechnet sich aus

$$f_{\max} \approx \frac{1}{n \cdot t_{FF}} \, .$$

Wichtig bei dieser Berechnung ist die Verzögerungszeit t_{FF} des Flipflops und die Anzahl n der Flipflops. Hat ein Flipflop eine Verzögerungszeit von $t_{FF} = 10\,\text{ns}$, errechnet sich die maximale Arbeitsfrequenz für diesen zweistufigen Frequenzteiler aus

$$f_{\max} \approx \frac{1}{2 \cdot 10\,\text{ns}} \approx 50\,\text{MHz} \, .$$

Die Flipflops können mit einer maximalen Taktfrequenz von 100 MHz betrieben werden, aber durch die asynchrone Betriebsart des Frequenzteilers reduziert sich die Frequenz auf 50 MHz. Ohne Zwischenauswertung der einzelnen Teilfrequenzen ist die Eingangsfrequenz jedoch gleich der maximalen Arbeitsfrequenz am Eingang des Frequenzteilers.

7.2.4 Frequenzteiler 1 : 8

Für einen Frequenzteiler von 1 : 8 benötigt man drei JK-Flipflops, die hintereinandergeschaltet sind. Abb. 7.13 zeigt die Schaltung und das Impulsdiagramm.

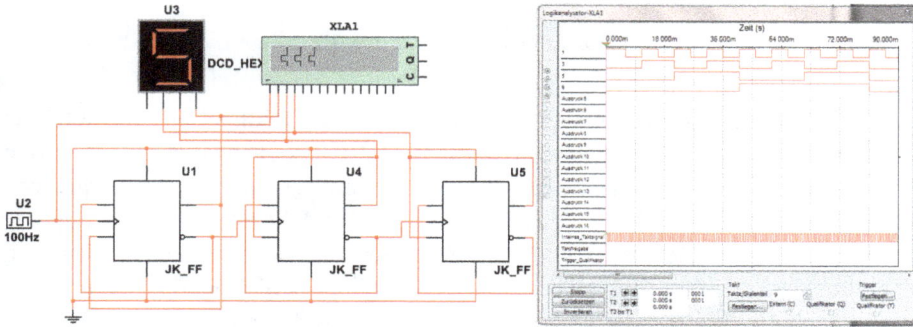

Abb. 7.13: Frequenzteiler 1 : 8 mit 7-Segmentanzeige und Impulsdiagramm mit Logikanalysator

Die obere Zeile in dem Logikanalysator zeigt die Eingangsfrequenz mit 100 Hz. Diese wird durch das erste JK-Flipflop im Verhältnis 1 : 2 geteilt und die Messung ergibt 50 Hz. Der Ausgang Q' des ersten JK-Flipflops ist mit dem Takteingang des zweiten JK-Flipflops verbunden. Auch hier wird die Frequenz um 1 : 2 geteilt und damit entsteht am Ausgang Q eine Frequenz von 25 Hz, wie auch die dritte Zeile im Logikanalysator zeigt. Durch das dritte Flipflop erhält man am Ausgang Q dann eine Frequenz von 12,5 Hz. Funktionstabelle 7.11 zeigt die Wirkungsweise der Frequenzteilung.

Nach dem siebten Taktimpuls sind alle drei Flipflops gesetzt, d. h. die Ausgänge Q befinden sich auf 1-Signal. Mit dem achten Taktimpuls wird zuerst das erste Flipflop zurückgesetzt und an dem Ausgang Q' entsteht eine positive Ausgangsflanke. Mit

Tab. 7.11: Wirkungsweise der Frequenzteilung von 1 : 8

Zeit		2^2	2^1	2^0
0	t_n	0	0	0
1	t_{n+1}	0	0	1
2	t_{n+2}	0	1	0
3	t_{n+3}	0	1	1
4	t_{n+4}	1	0	0
5	t_{n+5}	1	0	1
6	t_{n+6}	1	1	0
7	t_{n+7}	1	1	1
0	t_{n+8}	0	0	0
1	t_{n+9}	0	0	1

dieser wird das zweite Flipflop zurückgesetzt und an dem Ausgang Q' entsteht wieder eine Flanke, mit der das dritte Flipflop zurückgesetzt wird. Hier erkennt man die asynchrone Arbeitsweise des Frequenzteilers.

Hat ein Flipflop eine Verzögerungszeit von $t_{FF} = 10\,\text{ns}$, errechnet sich die maximale Arbeitsfrequenz aus

$$f_{\max} \approx \frac{1}{3 \cdot 10\,\text{ns}} \approx 33{,}33\,\text{MHz}\,.$$

Die einzelnen Flipflops lassen sich mit einer maximalen Taktfrequenz von 100 MHz betreiben, aber durch die asynchrone Betriebsart des Frequenzteilers reduziert sich die Frequenz auf 33,33 MHz. Ohne Zwischenauswertung der einzelnen Teilfrequenzen ist die Eingangsfrequenz jedoch gleich der maximalen Arbeitsfrequenz am Eingang des Frequenzteilers. Diese Art der Berechnung ist aber nicht korrekt, denn man müsste eigentlich die Taktimpulsbreiten der einzelnen Flipflops berücksichtigen, aber in der Praxis spielt dies bei Frequenzteilern keine große Rolle. Aus diesem Grund kann die maximale Arbeitsfrequenz für diese Schaltung etwas unter 100 MHz liegen.

7.2.5 Frequenzteiler 1:16

Für einen Frequenzteiler von 1 : 16 benötigt man vier JK-Flipflops, die hintereinandergeschaltet sind. Abb. 7.14 zeigt die Schaltung und das Impulsdiagramm.

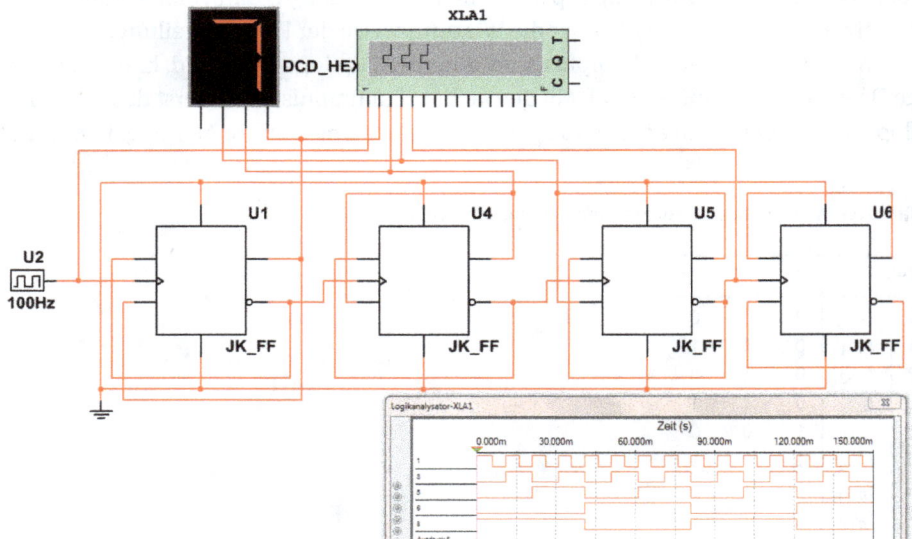

Abb. 7.14: Frequenzteiler 1 : 16 mit 7-Segmentanzeige und Impulsdiagramm mit Logikanalysator

Die obere Zeile in dem Logikanalysator zeigt die Eingangsfrequenz mit 100 Hz. Diese wird durch das erste JK-Flipflop im Verhältnis 1 : 2 geteilt und die Messung ergibt 50 Hz. Der Ausgang Q' des ersten JK-Flipflops ist mit dem Takteingang des zweiten JK-Flipflops verbunden. Auch hier wird die Frequenz um 1 : 2 geteilt und damit entsteht am Ausgang Q' eine Frequenz von 25 Hz, wie auch die dritte Zeile im Logikanalysator zeigt. Durch das dritte Flipflop erhält man am Ausgang Q' eine Frequenz von 12,5 Hz, die durch das vierte Flipflop noch auf 6,25 Hz heruntergeteilt wird. Funktionstabelle 7.12 zeigt die Wirkungsweise der Frequenzteilung.

Tab. 7.12: Wirkungsweise der Frequenzteilung von 1 : 16

Zeit		2^3	2^2	2^1	2^0
0	t_n	0	0	0	0
1	t_{n+1}	0	0	0	1
2	t_{n+2}	0	0	1	0
3	t_{n+3}	0	0	1	1
4	t_{n+4}	0	1	0	0
5	t_{n+5}	0	1	0	1
6	t_{n+6}	0	1	1	0
7	t_{n+7}	0	1	1	1
8	t_{n+8}	1	0	0	0
9	t_{n+9}	1	0	0	1
10	t_{n+10}	1	0	1	0
11	t_{n+11}	1	0	1	1
12	t_{n+12}	1	1	0	0
13	t_{n+13}	1	1	0	1
14	t_{n+14}	1	1	1	0
15	t_{n+15}	1	1	1	1
0	t_{n+16}	0	0	0	0
1	t_{n+17}	0	0	0	1

Nach dem 15. Taktimpuls sind alle vier Flipflops gesetzt, d. h. alle Ausgänge Q befinden sich auf 1-Signal. Mit dem 16. Taktimpuls wird zuerst das erste Flipflop zurückgesetzt und an dem Ausgang Q entsteht eine positive Ausgangsflanke. Mit dieser wird das zweite Flipflop zurückgesetzt und an dem Ausgang Q entsteht wieder eine Flanke, mit der sich das dritte Flipflop zurücksetzt. Das vierte Flipflop wird entsprechend durch das dritte Flipflop zurückgesetzt. Hier erkennt man die asynchrone Arbeitsweise des Frequenzteilers.

Hat ein Flipflop eine Verzögerungszeit von $t_{FF} = 10\,\text{ns}$, errechnet sich die maximale Arbeitsfrequenz aus

$$f_{max} \approx \frac{1}{3 \cdot 10\,\text{ns}} \approx 33{,}33\,\text{MHz} \, .$$

Die einzelnen Flipflops lassen sich mit einer maximalen Taktfrequenz von 100 MHz betreiben, aber durch die asynchrone Betriebsart des Frequenzteilers reduziert sich die Frequenz auf 25 MHz. Ohne Zwischenauswertung der einzelnen Teilfrequenzen ist die Eingangsfrequenz jedoch gleich der maximalen Arbeitsfrequenz am Eingang des Frequenzteilers. Diese Art der Berechnung ist aber nicht korrekt, denn man müsste eigentlich die Taktimpulsbreiten der einzelnen Flipflops berücksichtigen, aber in der Praxis spielt dies bei Frequenzteilern keine große Rolle. Aus diesem Grund kann die maximale Arbeitsfrequenz für diese Schaltung etwas unter 100 MHz liegen.

7.2.6 Vor- und Rückwärtszähler

Bei positiv-flankengetriggerten JK-Flipflops wird der Ausgang Q' mit dem C-Eingang (Clock) verbunden. Kippt das Flipflop an diesem Ausgang von 0 nach 1, entsteht eine positive Flanke und das JK-Flipflop wird gesetzt oder rückgesetzt. Man hat einen Vorwärtszähler. Verbindet man dagegen den Ausgang Q mit dem Takteingang, arbeitet der Zähler im Rückwärtsbetrieb. Bei der Schaltung in Abb. 7.15 befindet sich ein Umschalter zwischen dem ersten und zweiten Flipflop und damit ist ein Umschalten zwischen Vor- und Rückwärtszähler möglich.

Mit der Schaltung kann man entweder Vorwärtszählen von 0 bis 3 und dann beginnt der Vorgang wieder bei 0. Dies gilt für den Umschalter, wenn er den Ausgang Q' mit dem Takteingang verbindet. Legt man den Schalter um, sodass der Ausgang Q

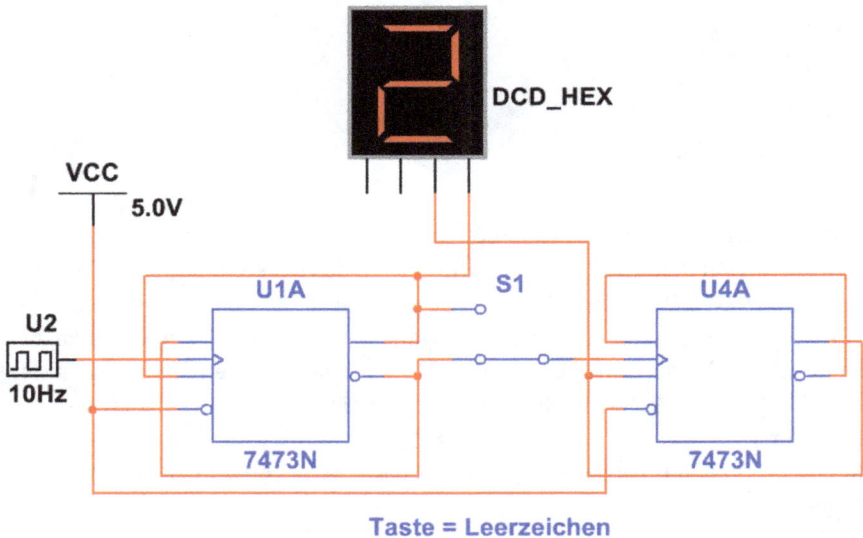

Abb. 7.15: Einfacher Vor- und Rückwärtszähler mit Schalter

mit dem Takteingang verbunden wird, hat man einen Rückwärtszähler von 3 bis 0. Diesen Vorgang kann man in der 7-Segmentanzeige erkennen. Misst man mit einem Logikanalysator und einer Frequenz von 20 MHz, erkennt man das asynchrone Zählverhalten, denn es treten immer Zwischenzählerstände auf.

Der mechanische Umschalter wird bei Vor- und Rückwärtszählern mit einer elektronischen Weiche bestimmt, wie Abb. 7.16 zeigt.

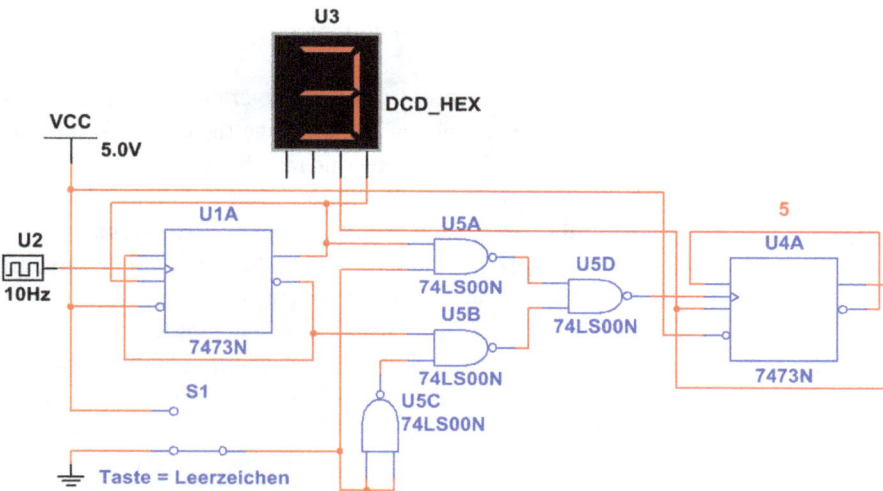

Abb. 7.16: Vor- und Rückwärtszähler mit elektronischer Weiche

In den Schaltungen von Abb. 7.15 und Abb. 7.16 wird das Flipflop 7473 verwendet. Der Baustein 7473 enthält zwei JK-Master-Slave-Flipflops mit separatem Takt- und Löscheingang. Beide Flipflops können unabhängig voneinander verwendet werden.

Die Ausführungen der Standard-TTL sind positiv-pulsgetriggert, das LS ist negativ flankengetriggert.

Bei den positiv-pulsgetriggerten Ausführungen werden die Informationen an den J- und K-Eingängen beim HL-Übergang (negative Flanke) des positiven Taktimpulses transferiert. Der Ablauf der Vorgänge ist folgender: Bei positiver Taktflanke wird der Slave vom Master getrennt und danach gelangen die Informationen an den J- und K-Eingängen in den Master. Anschließend werden die J- und K-Eingänge abgetrennt und die Informationen vom Master zum Slave transferiert.

Bei der LS-Ausführung, bei der eine Triggerung mit der negativen Flanke des Taktes erfolgt, kann eine Änderung des logischen Zustandes der Eingänge erfolgen, während das Taktsignal H ist. Dies ist bei den pulsgetriggerten Ausführungen nicht der Fall. Wenn J auf H und K auf L liegt, geht Q beim Takten auf H und Q' auf L. Wenn J auf

L und K auf H liegt, geht Q beim Takten auf L und Q' auf H. Liegt sowohl J wie K auf H, wechselt jeder die Zustände von Q und Q', womit eine binäre Teilung möglich ist.

Liegt J und K gleichzeitig auf L, bewirkt das Takten keine Änderung des Ausganges. Der Reset-Eingang sollte im normalen Betrieb auf H liegen. Wird dieser Eingang auf L gelegt, so geht der Ausgang Q sofort auf L und Q' auf H, unabhängig vom Zustand der übrigen Eingänge.

7.2.7 Teiler mit negativ-flankengetriggerten JK-Flipflops

Der Unterschied zwischen positiv und negativ flankengetriggerten JK-Flipflops wird besonders in der Zähltechnik erkennbar. Bei positiv-flankengetriggerten JK-Flipflops verbindet man den Q'-Ausgang mit dem Takteingang und man hat einen Vorwärtszähler. Verwendet man negativ flankengetriggerte JK-Flipflops, verbindet man den Ausgang Q mit dem Takteingang und es ergibt sich ebenfalls ein Vorwärtszähler.

Der Baustein 7476 enthält zwei getrennte JK-Master-Slave-Flipflops mit Setzen und Löschen. Beide Flipflops können unabhängig voneinander verwendet werden und Standard-TTL und H sind pulsgetriggert, LS ist negativ flankengetriggert.

Bei den pulsgetriggerten Ausführungen werden die Informationen an den J- und K-Eingängen beim HL-Übergang (negative Flanke) des positiven Taktimpulses transferiert. Der Ablauf der Vorgänge ist folgender: Bei einer positiven Flanke wird der Slave vom Master getrennt, danach gelangen die Informationen an den J- und K-Eingängen in den Master. Bei der negativen Taktflanke werden die J- und K-Eingänge abgetrennt und anschließend die Informationen vom Master zum Slave transferiert.

Bei der LS-Ausführung, bei der eine Triggerung mit der negativen Flanke des Taktes wirksam ist, kann eine Änderung des logischen Zustandes der Eingänge erfolgen, während das Taktsignal H ist. Dies ist bei den pulsgetriggerten Ausführungen nicht der Fall.

Wenn J auf H und K auf L liegt, geht Q beim Takten auf H und Q' auf L. Wenn J auf L und K auf H liegt, geht Q beim Takten auf L und Q' auf H. Liegt sowohl J wie K auf H, wechselt jeder Takt die Zustände von Q und Q', womit eine binäre Teilung möglich ist.

Liegt J und K gleichzeitig auf L (0-Signal), bewirkt der Takt keine Änderung der Ausgänge. Die Eingänge Preset und Reset sollten für den Normalbetrieb offengelassen oder auf +5 V gelegt werden. Wird der Preset-Eingang auf L (0-Signal) gelegt, so geht das Flipflop sofort in einen Zustand mit Q = L und Q' = H. Wird der Preset-Eingang auf L (0-Signal) gelegt, so geht sofort Q auf H und Q' auf L (0-Signal). Beide Eingänge sollten niemals gleichzeitig auf L gelegt werden, da sich sonst ein nicht stabiler Zustand ergibt, der nicht erhalten bleibt, wenn Preset und/oder Reset inaktiv (H) werden.

In der Schaltung von Abb. 7.17 hat man einen typischen Teiler oder Vorwärtszähler. Es ergibt sich Tabelle 7.13.

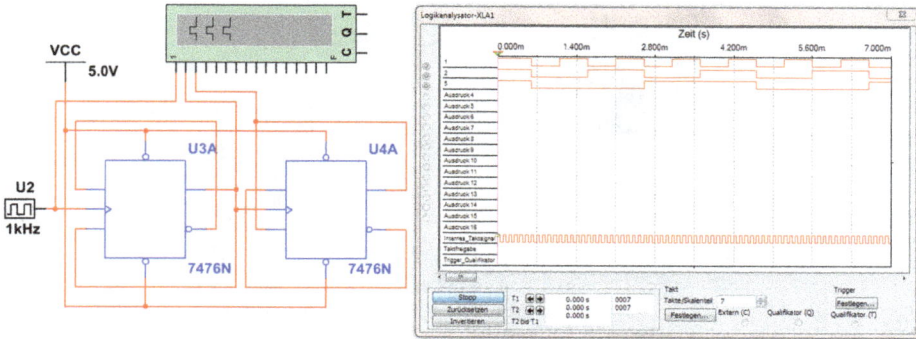

Abb. 7.17: Teiler oder Vorwärtszähler mit negativ flankengetriggerten JK-Flipflops vom Typ 7476

Tab. 7.13: Wirkungsweise der Frequenzteilung von 1 : 4

Zeit		2^1	2^0
0	t_n	0	0
1	t_{n+1}	0	1
2	t_{n+2}	1	0
3	t_{n+3}	1	1
0	t_{n+4}	0	0
1	t_{n+5}	0	1
2	t_{n+6}	1	0

7.2.8 Frequenzteiler 1 : 3

Die Frequenzteiler von 1 : 2, 1 : 4, 1 : 8, 1 : 16 usw. bezeichnet man als geradzahlige Teiler. Man zerlegt das Teilungsverhältnis in die Faktoren von 2 und schaltet so viele Flipflops hintereinander, wie der Faktor 2 vorhanden ist. Für eine Frequenzteilung 1 : 32 benötigt man

$$32 = 2 \cdot 2 \cdot 2 \cdot 2 \cdot 2 = 2^5 \,.$$

Für den Frequenzteiler sind fünf Flipflops erforderlich. Ist aber eine Aufspaltung des Teilungsverhältnisses in Faktoren von 2 nicht möglich, hat man ein ungerades Teilungsverhältnis für die Realisierung eines Frequenzteilers. Wenn man einen Frequenzteiler 1 : 3 benötigt, setzt man zwei Flipflops und ein NAND-Gatter für die automatische Rückstellung ein.

Die beiden Flipflops von Abb. 7.18 arbeiten von 0 bis 2 und damit ist die NAND-Bedingung für die automatische Rückstellung nicht erfüllt. Erst wenn der Teilerstand 3 erreicht ist, ist die NAND-Bedingung erfüllt und die beiden Flipflops werden auf 0 zurückgesetzt. Um die Arbeitsweise noch besser erklären zu können, sollte man Tabelle 7.14 betrachten.

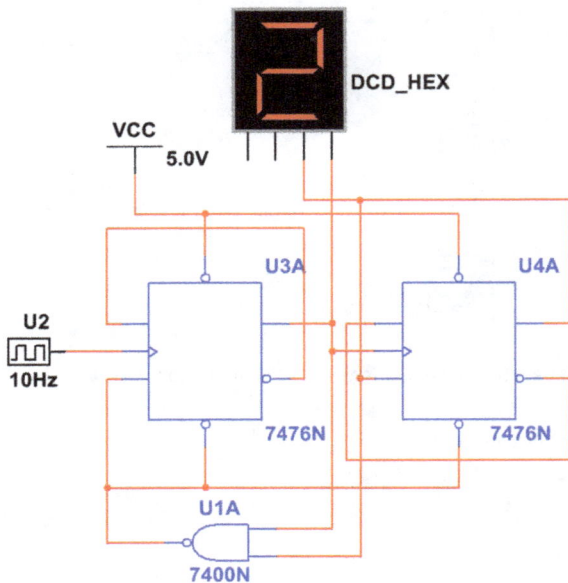

Abb. 7.18: Frequenzteiler 1 : 3 mit 7-Segmentanzeige

Tab. 7.14: Arbeitsweise eines Frequenzteilers 1 : 3. Die NAND-Bedingung und Zustand 3 sind nur kurzzeitig vorhanden

Zeit		2^1	2^0	
0	t_n	0	0	
1	t_{n+1}	0	1	
2	t_{n+2}	1	0	
3	t_{n+3}	1	1	← NAND-Bedingung erfüllt (≈ 5 ns)
0	t_{n+4}	0	0	
1	t_{n+5}	0	1	
2	t_{n+6}	1	0	

Der Frequenzteiler arbeitet ähnlich der 1 : 4-Schaltung, aber durch die NAND-Bedingung erfolgt die gewünschte Rückstellung auf 0.

Wenn man die maximale Teilerfrequenz berechnen muss, müssen in der Formel alle Laufzeiten berücksichtigt werden:

$$f_{max} \approx \frac{1}{n \cdot t_{FF} + T_I + t_G}$$

mit n = Anzahl der Flipflops

   t_{FF} = Verzögerungszeit eines Flipflops

   T_I = Taktimpulsbreite

   t_G = Verzögerungszeit des NAND-Gatters

Wenn man mit den Werten $n = 2$, $t_{FF} = 10\,\text{ns}$, $T_I = 5\,\text{ns}$ und $t_G = 3\,\text{ns}$ arbeitet, errechnet sich eine maximale Teilerfrequenz von

$$f_{max} \approx \frac{1}{n \cdot t_{FF} + T_I + t_G} \approx \frac{1}{2 \cdot 10\,\text{ns} + 5\,\text{ns} + 3\,\text{ns}} \approx 35{,}7\,\text{MHz} \,.$$

Bei diesen Werten hat man relativ schnelle TTL-Bausteine der LS-Serie.

7.2.9 Frequenzteiler 1 : 5

Wenn man einen Frequenzteiler 1 : 5 benötigt, setzt man drei Flipflops und ein NAND-Gatter für die automatische Rückstellung ein.

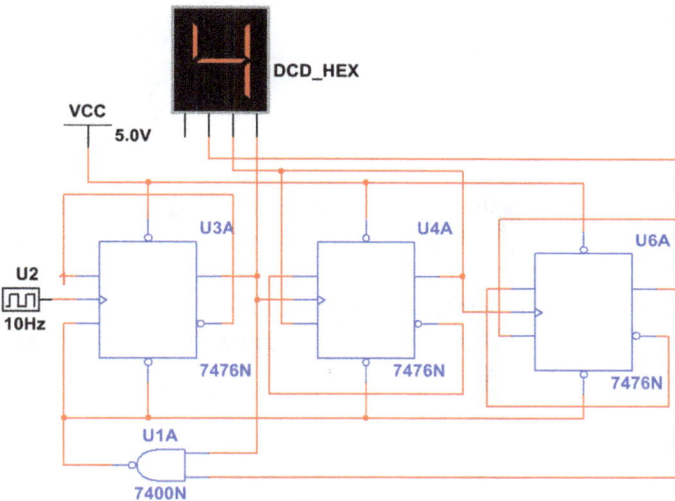

Abb. 7.19: Frequenzteiler 1 : 5 mit 7-Segmentanzeige

Die drei Flipflops von Abb. 7.19 arbeiten von 0 bis 4 und damit ist die NAND-Bedingung für eine automatische Rückstellung nicht erfüllt. Erst wenn der Teilerstand 5 erreicht ist, ist die NAND-Bedingung erfüllt und die drei Flipflops werden auf 0 zurückgesetzt. Das NAND-Gatter ist mit den beiden Ausgängen Q des ersten und dritten Flipflops verbunden, denn $2^0 + 2^2 = 5$. Um die Arbeitsweise noch besser erklären zu können, soll Tabelle 7.15 betrachtet werden.

Wenn man die maximale Teilerfrequenz benötigt, müssen in der Formel alle Laufzeiten berücksichtigt werden. Arbeitet man mit den Werten $n = 3$, $t_{FF} = 10\,\text{ns}$, $T_I = 5\,\text{ns}$ und $t_G = 3\,\text{ns}$, errechnet sich eine maximale Teilerfrequenz von

$$f_{max} \approx \frac{1}{n \cdot t_{FF} + T_I + t_G} \approx \frac{1}{3 \cdot 10\,\text{ns} + 5\,\text{ns} + 3\,\text{ns}} \approx 26{,}3\,\text{MHz} \,.$$

Bei diesen Werten hat man relativ schnelle TTL-Bausteine der LS-Serie.

Tab. 7.15: Arbeitsweise eines Frequenzteilers 1 : 5. Die NAND-Bedingung und damit Zustand 5 sind nur kurzzeitig vorhanden

Zeit		2^2	2^1	2^0	
0	t_n	0	0	0	
1	t_{n+1}	0	0	1	
2	t_{n+2}	0	1	0	
3	t_{n+3}	0	1	1	
4	t_{n+4}	1	0	0	
5	t_{n+5}	1	0	1	← NAND-Bedingung erfüllt ($\approx$ 5 ns)
0	t_{n+6}	0	0	0	
1	t_{n+7}	0	0	1	
2	t_{n+8}	0	1	0	

7.2.10 Frequenzteiler 1 : 6

Wenn man einen Frequenzteiler 1 : 6 benötigt, setzt man drei Flipflops und ein NAND-Gatter für die automatische Rückstellung ein.

Die drei Flipflops von Abb. 7.20 arbeiten von 0 bis 5 und damit ist die NAND-Bedingung für die automatische Rückstellung nicht erfüllt. Erst wenn der Teilerstand 6 erreicht ist, ist die NAND-Bedingung erfüllt und die drei Flipflops werden auf 0 zurückgesetzt. Das NAND-Gatter ist mit den beiden Ausgängen Q des zweiten und dritten Flipflops verbunden, denn $2^1 + 2^2 = 6$. Um die Arbeitsweise noch besser erklären zu können, soll Tabelle 7.16 betrachtet werden.

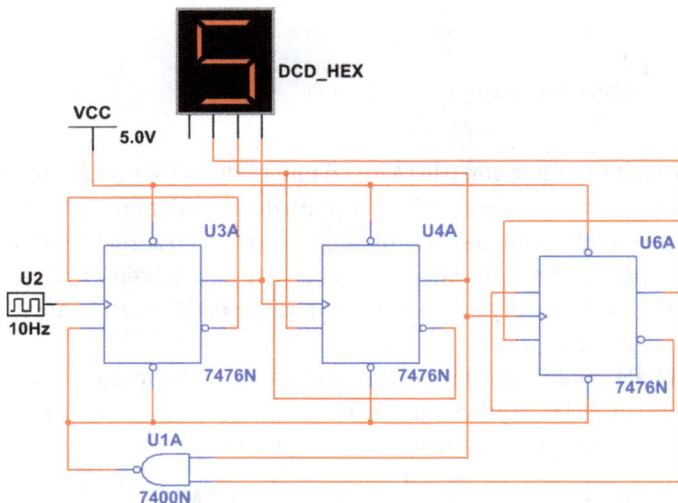

Abb. 7.20: Frequenzteiler 1 : 6 mit 7-Segmentanzeige

Tab. 7.16: Arbeitsweise eines Frequenzteilers 1 : 6. Die NAND-Bedingung und damit der Zustand 6 sind nur kurzzeitig vorhanden

Zeit		2^2	2^1	2^0	
0	t_n	0	0	0	
1	t_{n+1}	0	0	1	
2	t_{n+2}	0	1	0	
3	t_{n+3}	0	1	1	
4	t_{n+4}	1	0	0	
5	t_{n+5}	1	0	1	
6	t_{n+6}	1	1	0	← NAND-Bedingung erfüllt (≈ 5 ns)
0	t_{n+7}	0	0	0	
1	t_{n+8}	0	0	1	
2	t_{n+9}	0	1	0	

Der Frequenzteiler arbeitet ähnlich der 1 : 8-Schaltung, aber durch die NAND-Bedingung erfolgt die Rückstellung nach dem Teilerstand 6.

7.2.11 Frequenzteiler 1 : 7

Wenn man einen Frequenzteiler 1 : 7 benötigt, setzt man drei Flipflops und ein UND-Gatter für die automatische Rückstellung ein.

Die drei Flipflops von Abb. 7.21 arbeiten von 0 bis 6 und damit ist die NAND-Bedingung für die automatische Rückstellung nicht erfüllt. Erst wenn der Teilerstand 7 er-

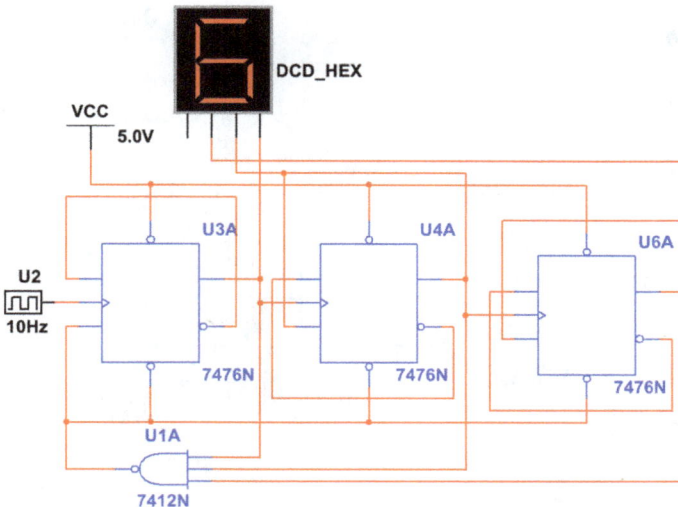

Abb. 7.21: Frequenzteiler 1 : 7 mit 7-Segmentanzeige

Tab. 7.17: Arbeitsweise eines Frequenzteilers 1 : 7. Die NAND-Bedingung und damit der Zustand 7 sind nur kurzzeitig vorhanden

Zeit		2^2	2^1	2^0	
0	t_n	0	0	0	
1	t_{n+1}	0	0	1	
2	t_{n+2}	0	1	0	
3	t_{n+3}	0	1	1	
4	t_{n+4}	1	0	0	
5	t_{n+5}	1	0	1	
6	t_{n+6}	1	1	0	
7	t_{n+7}	1	1	1	← NAND-Bedingung erfüllt (≈ 5 ns)
0	t_{n+8}	0	0	0	
1	t_{n+9}	0	0	1	

reicht ist, ist die NAND-Bedingung erfüllt und die drei Flipflops werden auf 0 zurückgesetzt. Das NAND-Gatter ist mit den drei Ausgängen Q des ersten, zweiten und dritten Flipflops verbunden, denn $2^0 + 2^1 + 2^2 = 7$. Um die Arbeitsweise noch besser erklären zu können, soll Tabelle 7.17 betrachtet werden.

7.2.12 Frequenzteiler 1 : 10

Wenn man einen Frequenzteiler 1 : 10 benötigt, setzt man vier Flipflops und ein NAND-Gatter für die automatische Rückstellung ein. Im Prinzip hat man einen Dezimalteiler oder -zähler.

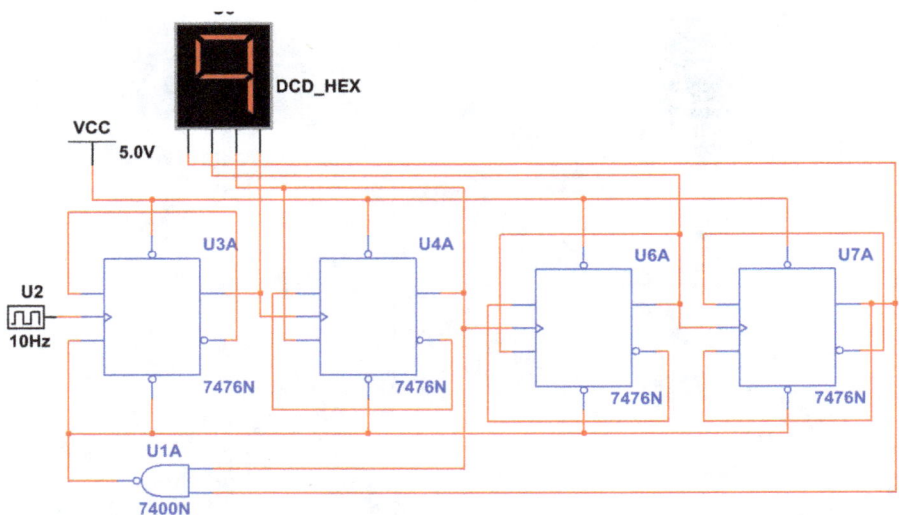

Abb. 7.22: Frequenzteiler 1 : 10 mit 7-Segmentanzeige

Die vier Flipflops von Abb. 7.22 arbeiten von 0 bis 9 und damit ist die NAND-Bedingung für die automatische Rückstellung nicht erfüllt. Erst wenn Teilerstand 10 erreicht ist, ist die NAND-Bedingung erfüllt und vier Flipflops werden auf 0 zurückgesetzt. Das NAND-Gatter ist mit den beiden Ausgängen Q des ersten und vierten Flipflops verbunden, denn $2^1 + 2^3 = 10$ oder $2 + 8 = 10$. Um die Arbeitsweise noch besser erklären zu können, soll Tabelle 7.18 betrachtet werden.

Tab. 7.18: Arbeitsweise eines Frequenzteilers 1 : 10. Die NAND-Bedingung und damit der Zustand 10 sind nur kurzzeitig vorhanden

Zeit		2^3	2^2	2^1	2^0	
0	t_n	0	0	0	0	
1	t_{n+1}	0	0	0	1	
2	t_{n+2}	0	0	1	0	
3	t_{n+3}	0	0	1	1	
4	t_{n+4}	0	1	0	0	
5	t_{n+5}	0	1	0	1	
6	t_{n+6}	0	1	1	0	
7	t_{n+7}	0	1	1	1	
8	t_{n+8}	1	0	0	0	
9	t_{n+9}	1	0	0	1	
10	t_{n+10}	1	0	1	0	← NAND-Bedingung erfüllt ($\approx$ 5 ns)
0	t_{n+11}	0	0	0	0	
1	t_{n+12}	0	0	0	1	

7.3 Integrierte Binärteiler und Binärzähler

Statt mit einzelnen Flipflops zu arbeiten, setzt man integrierte Binärteiler und Zähler ein, wie den 7492 (Teiler oder Zähler bis 12), 7493 (4-Bit-Teiler oder -Zähler) und den 74393 (zwei 4-Bit-Teiler oder -Zähler).

7.3.1 TTL-Baustein 7492

Der Baustein 7492 besteht aus vier Flipflops, die intern so verbunden sind, dass ein Teiler von 2 und ein Teiler von 6 vorhanden sind. Die vier Flipflops sind über eine gemeinsame Reset-Leitung miteinander verbunden und der Zählerstand lässt sich jederzeit löschen, wenn an $R_{0(1)}$ oder $R_{0(2)}$ kurzzeitig ein 1-Signal angelegt wird. Für den normalen Betrieb verbindet man einen der beiden Reset-Eingänge mit Masse, damit keine externen Störungen den internen Betriebsablauf beeinflussen können. Tabelle 7.19 zeigt Reset- und Zählbedingungen des 7492.

Tab. 7.19: Reset- und Zählbedingungen des 7492

$R_{0(1)}$	$R_{0(2)}$	Q_D	Q_C	Q_B	Q_A
1	1	0	0	0	0
0	X	Zählerbetrieb			
X	0	Zählerbetrieb			

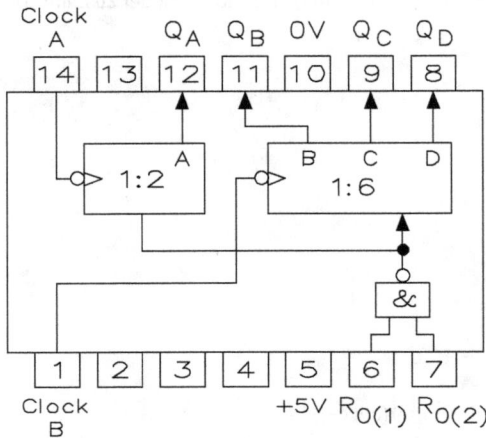

Abb. 7.23: Anschlussschema und interne Blockschaltung des Frequenzteilers 7492

In dem Anschlussschema und der internen Blockschaltung von Abb. 7.23 erkennt man die beiden Flipflopeinheiten. Flipflop A ist intern nicht mit den übrigen Flipflopeinheiten verbunden, wodurch verschiedene Betriebsarten möglich sind:

– Teilen bis 12: Hierfür wird Ausgang Q_A mit Takteingang C_B verbunden. Das Taktsignal wird mit Eingang C_A verbunden und die symmetrische Ausgangsspannung an Q_D abgenommen. Die Teilung erfolgt im 1-2-4-6-Code, denn nach 5 (0101) werden die Ausgänge der vier Flipflops auf 1000 (6) gesetzt. In diesem Fall darf man nicht mit $2^3 = 8$, sondern mit dem Stellenwert 6 rechnen.

– Teilen bis 2 und bis 6: Hierbei arbeitet Flipflop A unabhängig von den anderen drei Flipflops. Das Flipflop A teilt im Verhältnis 1 : 2 und die Flipflops A, B und C teilen dagegen im Verhältnis 1 : 6.

– An den Ausgängen Q_B und Q_C erhält man eine Ausgangsfrequenz von 1 : 3, wenn der Takt an C_B angeschlossen wird.

Das Anschlussschema für den 7492 stammt noch aus der Frühzeit der TTL-Technik und daher liegt die Betriebsspannung an Pin 5 und Masse an Pin 10.

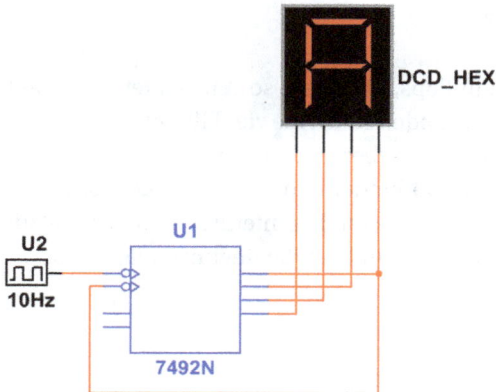

Abb. 7.24: Frequenzteiler 1 : 12 mit TTL-Baustein 7492 und Impulsdiagramm

Tab. 7.20: Arbeitsweise eines Frequenzteilers 1 : 12 mit dem 7492

Zeit		2^3	2^2	2^1	2^0	
0	t_n	0	0	0	0	
1	t_{n+1}	0	0	0	1	
2	t_{n+2}	0	0	1	0	
3	t_{n+3}	0	0	1	1	
4	t_{n+4}	0	1	0	0	
5	t_{n+5}	0	1	0	1	
6	t_{n+6}	0	1	1	0	
7	t_{n+7}	0	1	1	1	
8	t_{n+8}	1	0	0	0	
9	t_{n+9}	1	0	0	1	
10	t_{n+10}	1	0	1	0	
11	t_{n+11}	1	0	1	1	← interne UND-Bedingung erfüllt ($\approx$ 5 ns)
0	t_{n+12}	0	0	0	0	
1	t_{n+13}	0	0	0	1	

Diese Arbeitsweise für den TTL-Baustein 7492 kann man deutlich im Logikanalysator von Abb. 7.24 erkennen. Um die Arbeitsweise noch besser für den 1246-Teiler erklären zu können, soll Tabelle 7.20 betrachtet werden.

Die Ausgangswertigkeiten der vier Flipflop-Ausgänge sind unbedingt zu beachten, denn es handelt sich um einen 1-2-4-6-Teiler. Die Rückstellbedingung und damit der Zustand 12 sind nur kurzzeitig vorhanden. Die Rückstellung lässt sich in diesem Fall nicht messen, da der 7492 keine Messmöglichkeit bietet.

Mit dem 7492 können alle Teiler- und Zählstufen von 2 bis 11 realisiert werden. In der Praxis verwendet man jedoch den 7493.

7.3.2 Frequenzteiler 1 : 16 mit dem 7493

Der TTL-Baustein 7493 besteht aus vier Flipflops, die intern so verschaltet sind, dass ein Teiler mit 1 : 2 und ein Teiler mit 1 : 8 vorhanden sind. Alle vier Flipflops lassen sich über eine gemeinsame Reset-Leitung jederzeit löschen, wenn man an $R_{0(1)}$ oder $R_{0(2)}$ ein 1-Signal legt. Für den normalen Betrieb verbindet man einen der beiden Reset-Eingänge mit Masse, damit keine externen Störungen den internen Funktionsablauf beeinflussen können. Tabelle 7.21 zeigt die Reset- und Zählbedingungen des 7493.

Tab. 7.21: Reset- und Zählbedingungen des 7493

$R_{0(1)}$	$R_{0(2)}$	Q_D	Q_C	Q_B	Q_A
1	1	0	0	0	0
0	X	Zählerbetrieb			
X	0	Zählerbetrieb			

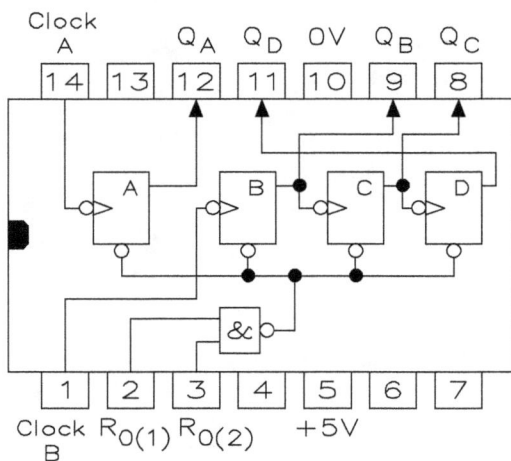

Abb. 7.25: Anschlussschema und interne Blockschaltung des Frequenzteilers 7493

In dem Anschlussschema und der internen Blockschaltung von Abb. 7.25 erkennt man die beiden Flipflopeinheiten. Flipflop A ist intern nicht mit den übrigen Flipflopeinheiten verbunden. Wenn man die unterschiedlichen Verschaltungen von Tabelle 7.22 berücksichtigt, sind verschiedene Betriebsarten möglich, wobei man kein externes Gatter benötigt.

Diese Arbeitsweise des TTL-Bausteins 7493 kann man mit der 7-Segmentanzeige von Abb. 7.26 erkennen.

Tab. 7.22: Teilerverhältnisse, die sich mit dem 7493 realisieren lassen. Die anderen Teilerverhältnisse, die nicht in der Tabelle gezeigt sind, lassen sich aber durch eine externe Gatterfunktion einfach lösen

Teiler n	Eingang Pin	Ausgang Pin	zusätzliche Verbindungen
2	C_A	Q_A	$R_{0(1)}$ auf Masse
3	C_B	Q_C	Q_C mit $R_{0(1)}$
4	C_B	Q_D	Q_D mit $R_{0(1)}$ und Q_B mit $R_{0(2)}$
5	C_B	Q_D	Q_D mit $R_{0(1)}$ und Q_C mit $R_{0(2)}$
7	C_B	Q_D	$R_{0(1)}$ auf Masse
8	C_A	Q_D	Q_A mit C_B, Q_D mit $R_{0(1)}$ und Q_A mit $R_{0(2)}$
9	C_A	Q_D	Q_A mit C_B, Q_D mit $R_{0(1)}$ und Q_B mit $R_{0(2)}$
11	C_A	Q_D	Q_A mit C_B, Q_D mit $R_{0(1)}$ und Q_C mit $R_{0(2)}$
15	C_A	Q_D	Q_A mit C_B und $R_{0(1)}$ auf Masse

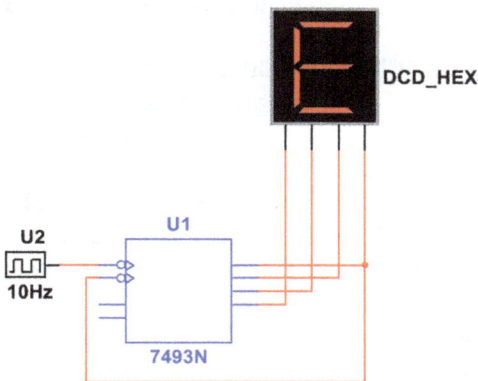

Abb. 7.26: Frequenzteiler 1 : 16 des TTL-Bausteins 7493 mit 7-Segmentanzeige

7.3.3 Frequenzteiler 1 : 256 mit dem 74393

Der TTL-Baustein 74393 beinhaltet zwei vollkommen getrennte 4-Bit-Binärzähler mit Rückstelleingang. Bei jedem der beiden 4-Bit-Binärzähler ist nicht wie beim 74293 ein separater B-Eingang vorhanden, den man mit Q_A verbinden muss. Da jedoch alle Ausgänge herausgeführt sind, lassen sich mit beiden Zählern vielfältige Teilermöglichkeiten realisieren und zwar 2 : 1, 4 : 1, 8 : 1, 16 : 1, 32 : 1, 64 : 1, 128 : 1 und 256 : 1. Jeder Teiler besteht aus vier Flipflops und triggert bei der negativen Flanke am Takteingang. Jeder Teiler arbeitet im 4-Bit-Binärcode. Außerdem kann jeder Teiler mit einem eigenen Reset-Eingang asynchron auf null gesetzt werden, indem dieser Eingang kurzzeitig auf 1-Signal gelegt wird. Für normalen Zählerbetrieb muss dieser Eingang mit 0-Signal verbunden sein.

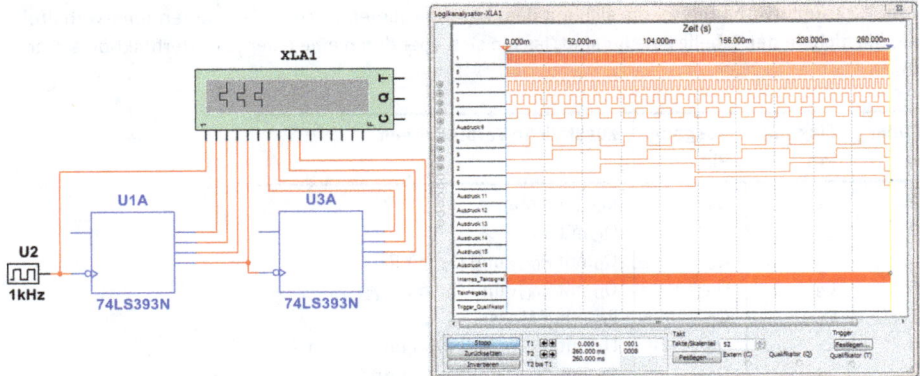

Abb. 7.27: Zwei hintereinandergeschaltete TTL-Bausteine 74393

Die Hintereinanderschaltung der Bausteine 74393 erreicht einen Teiler/Zähler von 1 : 256, wie Abb. 7.27 zeigt.

Ein Frequenzteiler 1 : 50 wird in der Praxis häufig benötigt, wenn man z. B. die Netzfrequenz von 50 Hz auf 1 Hz herunterteilt. Am Ausgang des Frequenzteilers erhält man eine hochkonstante Frequenz von 1 Hz. Ein Netztransformator erzeugt eine Ausgangsspannung von 5 V, die dann mit einer Diode gleichgerichtet wird, d. h. man hat eine Einweggleichrichtung. Wenn man keinen Ladekondensator an der Diode betreibt, ergibt sich eine Ausgangsspannung von 5 V und diese Spannung wird an ein TTL-Gatter gelegt, wobei die Eingangsspannung über eine Diode mit $+U_b$ verbunden ist. Damit kann die Eingangsspannung nicht größer als +5,6 V werden.

Der Entwurf des Frequenzteilers basiert auf einer Zerlegung des Teilerverhältnisses. Ist das Teilerverhältnis eine gerade Zahl, so kann man durch 2 dividieren. Wenn das Teilerverhältnis eine ungerade Zahl ist, kann man die Summe aus einer geraden Zahl und 1 aufspalten. Der gerade Anteil ist wieder durch 2 teilbar. Nach der Division durch 2 verbleibt eine Zahl, die wiederum gerade oder ungerade sein kann und in gleicher Weise aufzutrennen ist, z. B.:

$$
\begin{aligned}
50 &= 2 \cdot 25 \\
&= 2 \cdot (24 + 1) \\
&= 2 \cdot (2 \cdot 12 + 1) \\
&= 2 \cdot (2 \cdot 2 \cdot 6 + 1) \\
&= 2 \cdot (2 \cdot 2 \cdot 2 \cdot 3 + 1) \\
&= 2 \cdot [2 \cdot 2 \cdot 2 \cdot (2 + 1) + 1] \, .
\end{aligned}
$$

Eine Teilung durch 2 bedeutet technisch immer eine Frequenzteilung mittels eines Flipflops, an dessen Ausgang ein Signal erscheint, dessen Ausgangsfrequenz immer die Hälfte der Eingangsfrequenz ist. Die Zerlegung einer ungeraden Zahl ($2^n + 1$) in

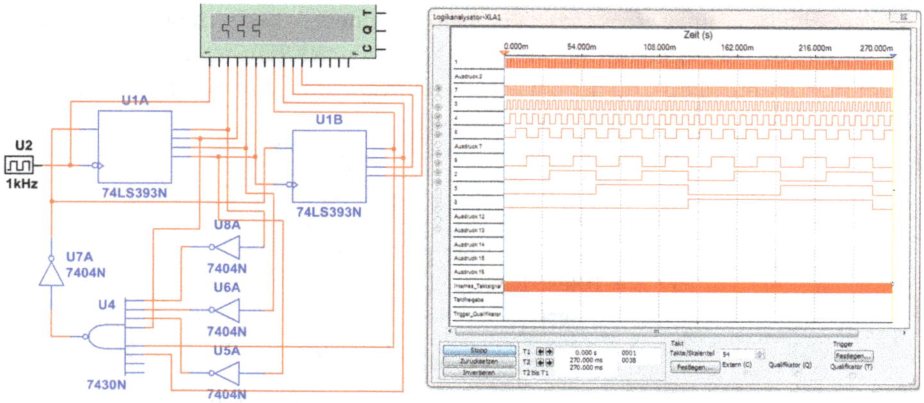

Abb. 7.28: Frequenzteiler 1 : 50 mit dem 74393

eine Gerade 2^n und die 1 bedeutet eine spezielle Anordnung der Flipflops, die bei den asynchronen und synchronen Zählern noch ausführlich beschrieben wird.

Den Frequenzteiler von Abb. 7.28 kann man ohne Probleme realisieren, denn die in den vorangegangenen Abschnitten beschriebene Methode der Synthese eines Frequenzteilers lässt sich hier optimal anwenden. Ist das Teilverhältnis exakt eine Zweierpotenz oder liegt diese nur knapp über einer Zweierpotenz, ergeben sich keine Probleme mit der Synthese. Dies ändert sich aber, wenn das Teilerverhältnis knapp unter einer Zweierpotenz liegt. In diesem Fall ist die Methode etwas ungünstig in der praktischen Anwendung.

Hat man ein Teilverhältnis von 1 : 15, 1 : 31, 1 : 63 usw. treten bei der Synthese nur ungerade Zahlen auf, sodass neben den Flipflops auch ein UND- oder NAND-Gatter mit mehreren Eingängen für die Rückstellung erforderlich ist. Wo dies möglich ist, weicht man in solchen Fällen auf eine Faktorenzerlegung des Teilerverhältnisses aus, z. B. 15 = 3 · 5, und man schaltet zwei Teiler mit 1 : 3 und 1 : 5 hintereinander. Diese Art der Synthese wurde bereits in Abb. 7.28 verwendet.

Bei einem Teiler nach der Faktorenzerlegung bestimmt immer der letzte Teilerblock mit seinem Ausgang das Tastverhältnis, während der erste Teilerblock mit dem Eingang im Allgemeinen nur für die maximale Eingangsfrequenz interessant ist. Es ist daher immer wichtig, welcher Teilerblock eingangsseitig vorhanden ist und welchen man ausgangsseitig einsetzt. Bei geradzahligen Teilerverhältnissen lässt sich stets das Tastverhältnis 1 : 1 erzeugen, wenn das letzte Flipflop eine Teilung mit 1 : 2 durchführt und hier der Ausgang abgegriffen wird.

In der Praxis setzt man beide Verfahren für die Analyse ein. Zunächst versucht man mit dem Zerlegungsverfahren den Aufbau zu realisieren, andernfalls versucht man das Problem mit der Faktorenzerlegung zu lösen. Dies empfiehlt sich besonders bei größeren Primzahlen, die zunächst nicht in Faktoren zerlegbar sind.

Die Schaltung eines Frequenzteilers 1 : 50 mit einem 74393 ist in Abb. 7.28 gezeigt. Die einzelnen Ausgangsleitungen sind direkt und über NICHT-Gatter mit einem UND-Gatter verbunden. Man kann auch die Rückstellbedingungen anders formulieren:

$$50H = ?B \quad \begin{array}{l} 50 : 2 = 25 \text{ Rest } 0 \\ 25 : 2 = 12 \text{ Rest } 1 \\ 12 : 2 = 6 \text{ Rest } 0 \\ 6 : 2 = 3 \text{ Rest } 0 \\ 3 : 2 = 1 \text{ Rest } 1 \\ 1 : 2 = 0 \text{ Rest } 1 \end{array}$$

Leserichtung

```
          ↑
          └── 1   1   0   0   1   0
             32 + 16     +   2       = 50
```

Jedes 0-Signal erhält ein NICHT-Gatter und jedes 1-Signal wird direkt mit dem UND-Gatter verbunden. Der Ausgang des UND-Gatters ist mit den beiden Rücksetzeingängen verbunden. Der Teiler oder Zähler beginnt bei 0 und zählt bis 49. Ist der Teiler- oder Zählerstand 50 nach einem weiteren Taktimpuls vorhanden, weisen die Ausgänge die Wertigkeit von 100100 auf und die UND-Bedingung ist erfüllt. Mit einem 1-Signal an den beiden Rücksetzeingängen wird Reset eingeleitet und die Flipflops werden zurückgestellt. An den Ausgängen der beiden Zähler ist der Wert „0" vorhanden.

Die Schaltung eines Frequenzteilers 1 : 100 mit einem 74393 ist in Abb. 7.29 gezeigt. Die einzelnen Ausgangsleitungen sind direkt und über NICHT-Gatter mit einem UND-Gatter verbunden. Man kann auch die Rückstellbedingungen anders formulieren:

$$100H = ?B \quad \begin{array}{l} 100 : 2 = 50 \text{ Rest } 0 \\ 50 : 2 = 25 \text{ Rest } 0 \\ 25 : 2 = 12 \text{ Rest } 1 \\ 12 : 2 = 6 \text{ Rest } 0 \\ 6 : 2 = 3 \text{ Rest } 0 \\ 3 : 2 = 1 \text{ Rest } 1 \\ 1 : 2 = 0 \text{ Rest } 1 \end{array}$$

Leserichtung

```
          ↑
          └── 1   1   0   0   1   0   0
             64 + 32     +   4           = 100
```

Jedes 0-Signal erhält ein NICHT-Gatter und jedes 1-Signal wird direkt mit dem UND-Gatter verbunden. Der Ausgang des UND-Gatters ist mit den beiden Rücksetzeingängen verbunden. Der Teiler oder Zähler beginnt bei 0 und zählt bis 99. Ist der Teiler- oder Zählerstand 100 nach einem weiteren Taktimpuls vorhanden, weisen die Ausgänge die Wertigkeit von 1100100 auf und die UND-Bedingung ist erfüllt. Mit einem 1-Signal an beiden Rücksetzeingängen wird Reset eingeleitet und die Flipflops werden zurückgestellt. An den Ausgängen der beiden Zähler ist der Wert „0" vorhanden.

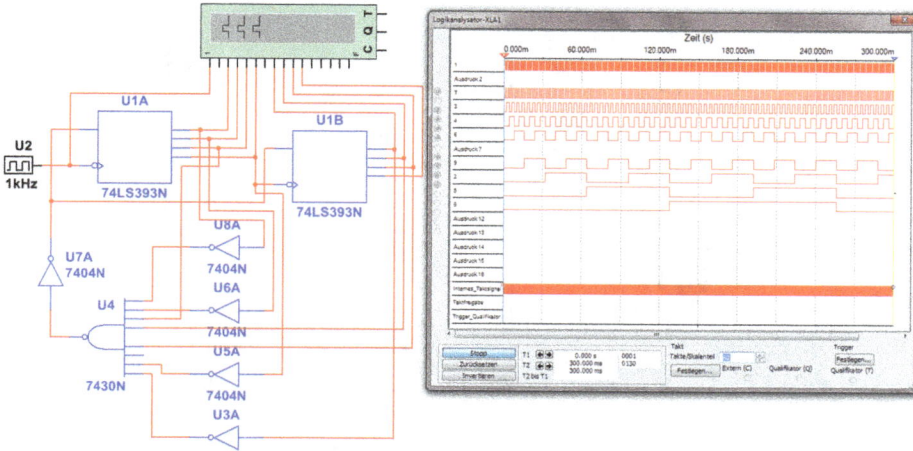

Abb. 7.29: Frequenzteiler 1 : 100 mit einem 74393

7.3.4 Dezimalzähler 7490 und 74290

Der TTL-Baustein 74290 beinhaltet vier Flipflops und zwei NAND-Gatter. Der 74290 wurde aus dem 7490 weiterentwickelt, d. h. seit 1990 sollte man statt des Zählerbausteins 7490 immer den 74290 für Neuentwicklungen verwenden. Die beiden Dezimalzähler sind nicht pinkompatibel, denn das Anschlussschema des 74290 wurde den anderen TTL-Bausteinen angepasst. Beide Bausteine sind aber funktionskompatibel.

Der TTL-Baustein kann als Frequenzteiler oder Dezimalzähler arbeiten, je nachdem, wie man seine Arbeitsweise betrachtet. In Abb. 7.30 sind das Anschlussschema und die interne Blockschaltung des TTL-Bausteins 74290 gezeigt. Der Baustein besteht aus vier Flipflops, die intern so verbunden sind, dass ein Zähler bis 2 und ein Zähler bis 5 vorhanden sind. Alle Flipflops sind durch eine gemeinsame Reset-Leitung verbunden, über die man vier Flipflops jederzeit auf 0 zurücksetzen kann. Für den normalen Betrieb verbindet man jeweils einen der Reset-Eingänge $R_{0(1)}$ oder $R_{0(2)}$ und $R_{9(1)}$ oder $R_{9(2)}$ mit Masse, damit keine externen Störungen über diese Eingänge die internen Funktionseinheiten beeinflussen können. Das Flipflop A ist intern nicht mit den anderen drei Flipflops verbunden, wodurch verschiedene Teilerfolgen möglich sind:

- Teilen bis 10: Hierfür wird Ausgang Q_A mit Takteingang „Clock B" verbunden. Der Eingangstakt liegt an Pin „Clock A" und der Ausgangsimpuls wird am Ausgang Q_D abgenommen. Der Baustein arbeitet im Dualcode von 0 bis 9 und setzt sich nach dem 10. Impuls auf 0 zurück. Die Pins 1, 3, 12 und 13 müssen hierbei mit Masse verbunden sein.

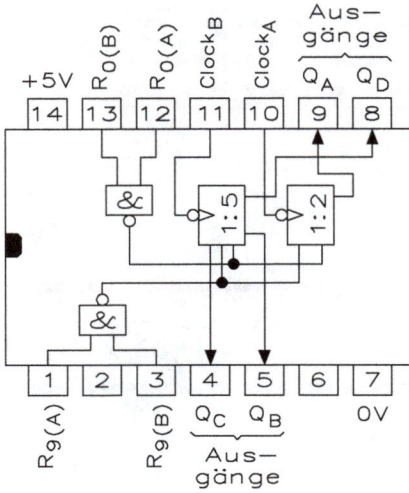

Abb. 7.30: Anschlussschema und interne Block-schaltung des Dezimalteilers bzw. Dezimalzählers 74290

- Teilen bis 2 und Teilen bis 5: Hierbei arbeiten die beiden Einheiten getrennt voneinander. Das Flipflop A wird als Teiler $1:2$ und die Flipflops B, C, D werden als Teiler $1:5$ eingesetzt.
- Symmetrischer Teiler $1:10$: Der Ausgang Q_D wird mit dem Eingang „Clock A" verbunden. Als Takteingang verwendet man „Clock B". Am Ausgang Q_A erscheint eine symmetrische Rechteckspannung mit 1/10 der Eingangsfrequenz.

Diese Arbeitsweise für den TTL-Baustein 7490 kann man deutlich in der 7-Segment-anzeige von Abb. 7.31 erkennen. Um die Arbeitsweise noch besser erklären zu können, soll Tabelle 7.23 betrachtet werden.

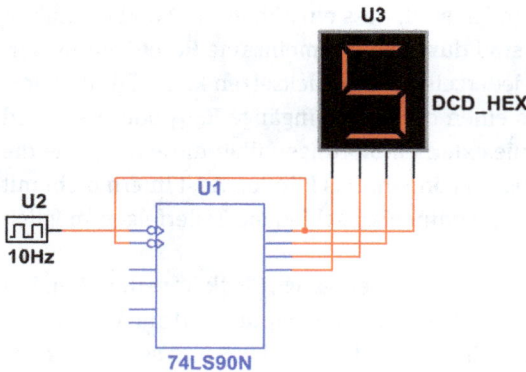

Abb. 7.31: Frequenzteiler $1:10$ mit dem TTL-Baustein 7490 oder 74290

Tab. 7.23: Arbeitsweise des 7490 und 74290 als Frequenzteiler 1 : 10. Die Rückstellbedingung und damit Zustand 10 ist nur kurzzeitig vorhanden. Die Rückstellung lässt sich in diesem Fall nicht messen, da der 7490 keine Messmöglichkeit bietet

Zeit		2^3	2^2	2^1	2^0	
0	t_n	0	0	0	0	
1	t_{n+1}	0	0	0	1	
2	t_{n+2}	0	0	1	0	
3	t_{n+3}	0	0	1	1	
4	t_{n+4}	0	1	0	0	
5	t_{n+5}	0	1	0	1	
6	t_{n+6}	0	1	1	0	
7	t_{n+7}	0	1	1	1	
8	t_{n+8}	1	0	0	0	
9	t_{n+9}	1	0	0	1	← interne UND-Bedingung erfüllt ($\approx$ 5 ns)
0	t_{n+10}	0	0	0	0	
1	t_{n+11}	0	0	0	0	

Tab. 7.24: Teilerverhältnisse, die sich in Verbindung mit dem 7490 und 74290 realisieren lassen

Teiler n	Eingang Pin	Ausgang Pin	zusätzliche Verbindungen
2	C_A	Q_A	$R_{0(1)}$ oder $R_{0(2)}$ auf Masse
3	C_B	Q_C	Q_C mit $R_{0(1)}$ und Q_B mit $R_{0(2)}$
4	C_B	Q_C	Q_D mit $R_{0(1)}$ und $R_{0(2)}$
5	C_B	Q_D	$R_{0(1)}$ oder $R_{0(2)}$ auf Masse
6	C_B	Q_C	Q_A mit C_B, Q_B mit $R_{0(1)}$ und Q_C mit $R_{0(2)}$
7	C_B	Q_A	QD mit C_A, Q_A mit $R_{0(1)}$ und Q_B mit $R_{0(2)}$
8	C_A	Q_C	Q_A mit C_B, Q_D mit $R_{0(1)}$ und $R_{0(2)}$
9	C_A	Q_D	Q_A mit C_B und $R_{0(1)}$
10	C_A	Q_D	Q_A mit C_B, $R_{0(1)}$ oder $R_{0(2)}$ auf Masse

Mit dem Baustein 7490 und 74290 lassen sich folgende Teilerverhältnisse durchführen, die in Tabelle 7.24 gezeigt sind.

Wenn man den Takteingang C_B verwendet und Ausgang Q_D mit dem Takteingang C_A verbindet, arbeitet der Zähler in einem symmetrischen Code. Tabelle 7.25 zeigt Reset- und Zählbedingungen des 7490 und 74290.

Die Zählkapazität eines Dualzählers steht in direktem Zusammenhang mit den Gesetzmäßigkeiten des dualen Zahlensystems. So springt, jeweils von der Nullstellung ausgehend, ein zweistufiger Zähler beim 4. Zählimpuls, ein dreistufiger Zähler beim 8. Zählimpuls und ein vierstufiger Zähler beim 16. Zählimpuls automatisch wieder in seine Nullstellung zurück. Die Zählkapazität ist immer dann voll ausgeschöpft, wenn

Tab. 7.25: Reset- und Zählbedingungen des TTL-Bausteins 7490 und 74290

$R_{0(1)}$	$R_{0(2)}$	$R_{9(1)}$	$R_{9(2)}$	Q_D	Q_C	Q_B	Q_A
1	1	0	X	0	0	0	0
1	1	X	1	0	0	0	0
X	X	1	1	1	0	0	1
X	0	X	1	Zählerbetrieb			
0	X	0	X	Zählerbetrieb			
0	X	X	0	Zählerbetrieb			
X	0	0	X	Zählerbetrieb			

Tab. 7.26: Zählkapazität von Dualzählern

Anzahl der Zählstufen	Anzahl der Zählzustände	Stellenwert der Ausgänge	Zähl-kapazität
1	$2^1 = 2$	1	1
2	$2^2 = 4$	1, 2	3
3	$2^3 = 8$	1, 2, 4	7
4	$2^4 = 16$	1, 2, 4, 8	15
–	–	–	–
n	2^n	$1, 2, 4, 8 \ldots 2^n$	$2^n - 1$

sich alle Zählstufen, also alle Flipflops, in ihrer Arbeitsstellung befinden. Der Zusammenhang zwischen Anzahl der Zählstufen und der Zählkapazität ist in Tabelle 7.26 gezeigt.

In der Digitaltechnik werden aber meistens Zähler mit einer Zählkapazität benötigt, die nicht mit der sich aufgrund der Anzahl der Zählstufen ergebenden Zählkapazität übereinstimmt. So kann man durch eine Rückstellung erzwingen, dass ein Zähler z. B. bis 7, bis 10, bis 12, bis 24 oder jeder beliebigen anderen Zahl zählt, danach wieder in seine Nullstellung springt und mit einem neuen Zählvorgang beginnt.

7.3.5 Modulo-6-Zähler

Mithilfe einer recht einfachen zusätzlichen Gatterschaltung ist es jedoch möglich, den Zählvorgang bei jeder beliebigen Zahl abzubrechen und den Zähler in seine Nullstellung zurückzusetzen. Dieses Rücksetzen erfolgt in der Regel über die Rückstelleingänge R_0, wie Abb. 7.32 zeigt.

In Abb. 7.32 ist ein Modulo-6-Zähler mit dem Baustein 7490 gezeigt, der intern vier Flipflops hat. Bei einem Modulo-6-Zähler wird durch den 6. Zählimpuls der Baustein in seine Nullstellung zurückgestellt, also hat er eine Zählkapazität von fünf Ereignissen. Man spricht dann von einem Modulo-6-Zähler.

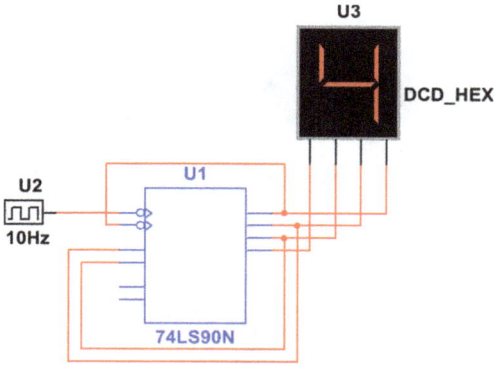

Abb. 7.32: Modulo-6-Zähler

Solange an den Ausgängen Q_B und Q_C nicht gleichzeitig ein 1-Signal auftritt, liegt am Ausgang des internen NAND-Gatters ein 1-Signal. Mit $Q = R_0' = 1$ ist aber die normale Betriebsbedingung für die internen JK-Flipflops erfüllt. Von seiner Nullstellung ausgehend kann der Zähler wie üblich die nächsten fünf Impulse zählen. Beim 6. Zählimpuls wird jedoch $Q_B = 1$ und $Q_C = 1$, und damit $R_0' = 0$. Die drei Zählstufen lassen sich dadurch in Nullstellung zurücksetzen, dann ist wieder $Q = R_0' = 1$ und ein neuer Zählvorgang kann beginnen.

Wenn von einem Zähler eine bestimmte Zählkapazität benötigt wird, lassen sich die für die Schaltung erforderlichen Informationen aus der Modulo-Zahl ermitteln, wenn sie als Dualzahl aufgeschrieben wird. So lässt sich aus der Anzahl der Ziffern der Dualzahl die Zahl der erforderlichen Zählstufen ablesen. Bei richtiger Zuordnung der Stellenwerte zu den Ausgängen Q_n des Zählers ist dann auch sofort erkennbar, an welchen Ausgängen das Rücksetzgatter angeschlossen werden muss, damit der Zähler bei der vorgegebenen Zahl den Zählvorgang abbricht. So werden z. B. für einen Modulo-6-Zähler drei Zählstufen benötigt. Der Baustein 7490 bzw. 74290 hat aber vier Flipflops und das Rücksetzgatter muss an die Ausgänge Q_C und Q_B angeschlossen werden.

$$6D = 0101B = 0 \quad 1 \quad 1 \quad 0 \quad \rightarrow \quad \text{vier Flipflops}$$

$$Q_C \quad Q_B$$

$$\llcorner \quad \llcorner \longrightarrow \quad \text{Rückstellbedingung}$$

7.3.6 Modulo-100-Zähler mit zweistelliger Anzeige

Hat man zwei Dezimalzähler vom Typ 7490 oder 74290, lässt sich ein Modulo-100-Zähler realisieren, wie Abb. 7.33 zeigt.

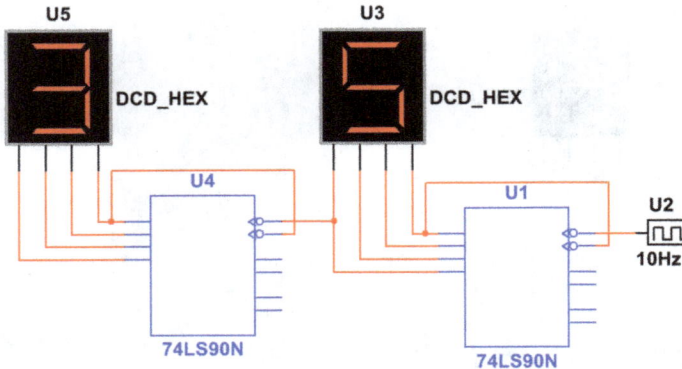

Abb. 7.33: Modulo-100-Zähler mit zwei Dezimalzählern vom Typ 7490 oder 74290

Im Gegensatz zu den bisherigen Zähler- und Teilerschaltungen ist das Beispiel von Abb. 7.33 von rechts zu betrachten, d. h. die Einerstelle wird mit der rechten 7-Segmentanzeige dargestellt, die Zehnerstelle dagegen mit der linken. Der Taktgenerator ist auf 1 kHz eingestellt und steuert den ersten Zähler an. Dieser Zähler arbeitet von 0 bis 9 und setzt sich automatisch auf 0 zurück. Bei der Rückstellung tritt eine negative Flanke am Ausgang Q_D auf. Dieser Ausgang ist nicht nur mit Pin 4 von der 7-Segmentanzeige verbunden, sondern mit dem Takteingang des werthöheren Zählers. Dieser Dezimalzähler wird nur alle zehn Impulse des rechten Zählers gesetzt und dient für das Zählen der Zehnerstelle.

Wichtig bei den Bausteinen 7490 und 74290 ist die Verbindung von Q_A mit dem Takteingang I_{NB}. Fehlt diese Verbindung, arbeitet der Baustein nicht als Dezimalzähler.

7.3.7 Modulo-60-Zähler mit zweistelliger Anzeige

Hat man zwei Dezimalzähler vom Typ 7490 oder 74290, lässt sich ein Modulo-60-Zähler realisieren, wie Abb. 7.34 zeigt. Damit kann man eine Sekunden- oder Minutendarstellung von jeweils 0 bis 59 anzeigen.

Im Gegensatz zu den bisherigen Zähler- und Teilerschaltungen ist das Beispiel von Abb. 7.34 von rechts zu betrachten, d. h. die Einerstelle wird mit der rechten 7-Segmentanzeige dargestellt, die Zehnerstelle dagegen mit der linken. Der Taktgenerator ist auf 1 kHz eingestellt und steuert den ersten Zähler an. Dieser Zähler arbeitet von 0 bis 9 und setzt sich automatisch auf 0 zurück. Bei der Rückstellung tritt eine negative Flanke am Ausgang Q_D auf. Dieser Ausgang ist nicht nur mit Pin 4 von der 7-Segmentanzeige verbunden, sondern mit dem Takteingang des werthöheren Zählers. Dieses Verdrahtungsschema entspricht einem Modulo-60-Zähler.

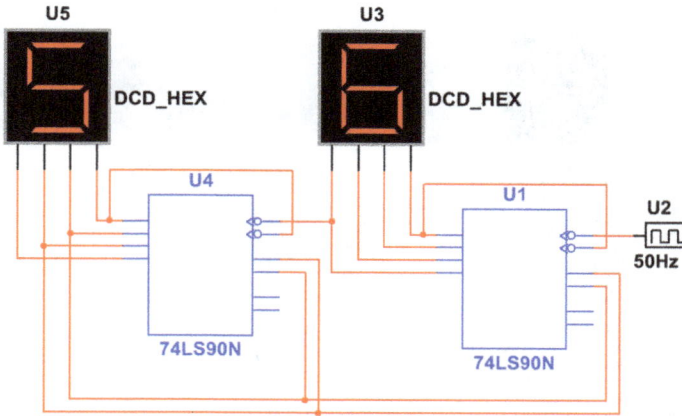

Abb. 7.34: Modulo-60-Zähler mit zwei Dezimalzählern vom Typ 7490 oder 74290

Tab. 7.27: Rückstellbedingung für einen Modulo-60-Zähler

Zählerstand	Zehnerstelle	Einerstelle	
57	0 1 0 1	0 1 1 1	
58	0 1 0 1	1 0 0 0	
59	0 1 0 0	1 0 0 1	
60	0 1 1 0	0 0 0 0	← Rückstellbedingung
0	0 0 0 0	0 0 0 0	

Um einen Modulo-60-Zähler zu realisieren, benötigt man die Rückstelleingänge R_0. Diese Eingänge sind mit bestimmten Leitungen verbunden und es ergibt sich die Bedingung für eine Rückstellung, wie Tabelle 7.27 zeigt.

Die beiden Ausgänge Q_B und Q_C der Zehnerstelle sind Auslöser für die Rückstellbedingung. Tritt die „6" in der Zehnerstelle auf, sind beide Leitungen auf 1-Signal und können die Rückstellbedingungen an den Eingängen $R_{0(1)}$ und $R_{0(2)}$ ansteuern.

Wichtig bei den Bausteinen 7490 und 74290 ist die Verbindung Q_A mit dem Takteingang I_{NB}. Fehlt diese Verbindung, arbeitet der Baustein nicht als Dezimalzähler.

7.3.8 Modulo-50-Zähler mit zweistelliger Anzeige

Hat man zwei Dezimalzähler vom Typ 7490 oder 74290, lässt sich ein Modulo-50-Zähler realisieren, wie Abb. 7.35 zeigt. Damit kann man aus einer sinusförmigen Netzfrequenz von 50 Hz eine Referenzfrequenz erzeugen. Man benötigt die Einweggleichrichtung, Begrenzung der Eingangsspannung auf +5 V und einen Schmitt-Trigger, damit die sinusförmige Frequenz rechteckförmig wird.

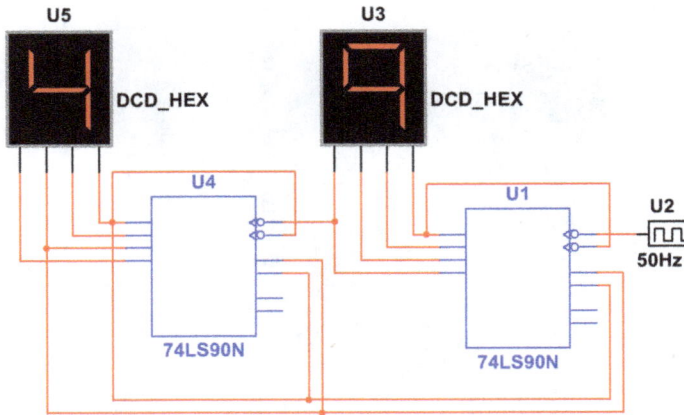

Abb. 7.35: Modulo-50-Zähler mit zwei Dezimalzählern vom Typ 7490 oder 74290

Der Taktgenerator ist auf 1 kHz eingestellt und steuert den ersten Zähler an. Dieser Zähler arbeitet von 0 bis 9 und setzt sich automatisch auf 0 zurück. Bei der Rückstellung tritt eine negative Flanke am Ausgang Q_D auf. Dieser Ausgang ist nicht nur mit Pin 4 der 7-Segmentanzeige verbunden, sondern mit dem Takteingang des werthöheren Zählers. Dieses Verdrahtungsschema entspricht einem Modulo-50-Zähler.

Um einen Modulo-50-Zähler zu realisieren, benötigt man die Rückstelleingänge R_0. Diese Eingänge sind mit bestimmten Leitungen verbunden und es ergibt sich die Bedingung für die Rückstellung von Tabelle 7.28.

Tab. 7.28: Rückstellbedingung für einen Modulo-50-Zähler

Zählerstand	Zehnerstelle	Einerstelle	
47	0 1 0 0	0 1 1 1	
48	0 1 0 0	1 0 0 0	
49	0 1 0 0	1 0 0 1	
50	0 1 0 1	0 0 0 0	← Rückstellbedingung
0	0 0 0 0	0 0 0 0	

Die beiden Ausgänge Q_A und Q_C der Zehnerstelle sind die Auslöser für die Rückstellbedingung. Tritt „5" in der Zehnerstelle auf, sind beide Leitungen auf 1-Signal und können die Rückstelleingänge $R_{0(1)}$ und $R_{0(2)}$ ansteuern.

Wichtig bei den Bausteinen 7490 und 74290 ist die Verbindung von Q_A mit dem Takteingang I_{NB}. Fehlt diese Verbindung, arbeitet der Baustein nicht als Dezimalzähler.

7.3.9 Modulo-24-Zähler mit zweistelliger Anzeige

Hat man zwei Dezimalzähler vom Typ 7490 oder 74290, lässt sich ein Modulo-24-Zähler realisieren, wie Abb. 7.36 zeigt. Bei einer Stundenanzeige werden Einerstunden von 0 bis 9 und Zehnerstunden von 0 bis 2 angezeigt. Die Anzeige zählt von 0 bis 23 und setzt sich dann wieder zurück.

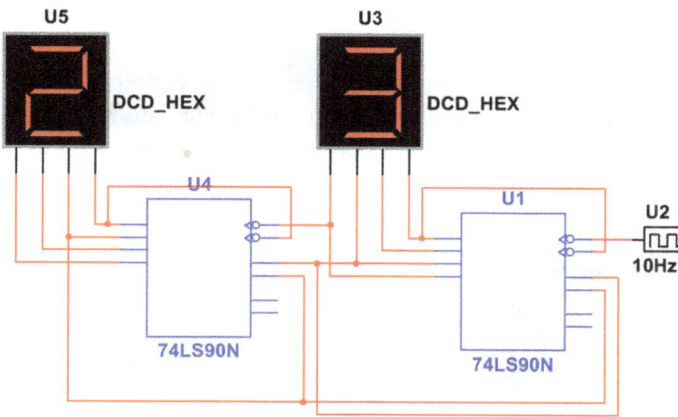

Abb. 7.36: Modulo-24-Zähler mit zwei Dezimalzählern vom Typ 7490 oder 74290

Der Taktgenerator ist auf 1 kHz eingestellt und steuert den ersten Zähler an. Dieser Zähler arbeitet von 0 bis 9 und setzt sich automatisch auf 0 zurück. Bei der Rückstellung tritt eine negative Flanke am Ausgang Q_D auf. Dieser Ausgang ist nicht nur mit Pin 4 der 7-Segmentanzeige verbunden, sondern mit dem Takteingang des werthöheren Zählers. Dieses Verdrahtungsschema entspricht einem Modulo-24-Zähler.

Um einen Modulo-24-Zähler zu realisieren, benötigt man die Rückstelleingänge R_0. Diese Eingänge sind mit bestimmten Leitungen verbunden und es ergibt sich die Rückstellbedingung von Tabelle 7.29.

Für die Rückstellbedingung ist Ausgang Q_C der Einerstelle und Q_B der Zehnerstelle verbunden und damit ist die Rückstellbedingung erfüllt. Tritt „2" in der Zehnerstel-

Tab. 7.29: Rückstellbedingung für einen Modulo-24-Zähler

Zählerstand	Zehnerstelle	Einerstelle
21	0 0 1 0	0 0 0 1
22	0 0 1 0	0 0 1 0
23	0 0 1 0	0 0 1 1
24	0 0 1 0	0 1 0 0 ← Rückstellbedingung
0	0 0 0 0	0 0 0 0

le und „4" in der Einerstelle auf, sind beide Leitungen auf 1-Signal und können die Rückstelleingänge $R_{0(1)}$ und $R_{0(2)}$ ansteuern.

Wichtig bei den Bausteinen 7490 und 74290 ist die Verbindung von Q_A mit dem Takteingang I_{NB}. Fehlt diese Verbindung, arbeitet der Baustein nicht als Dezimalzähler.

7.3.10 Modulo-12-Zähler mit zweistelliger Anzeige

Hat man zwei Dezimalzähler vom Typ 7490 oder 74290, lässt sich ein Modulo-12-Zähler realisieren, wie Abb. 7.37 zeigt. Bei einer Stundenanzeige werden Einerstunden von 0 bis 9 und Zehnerstunden von 0 bis 1 angezeigt. Die Anzeige zählt von 0 bis 12 und setzt sich dann wieder zurück.

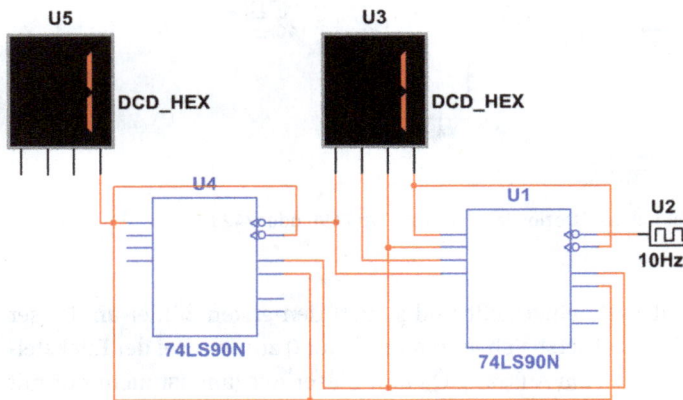

Abb. 7.37: Modulo-12-Zähler mit zwei Dezimalzählern vom Typ 7490 oder 74290

Der Taktgenerator ist auf 10 Hz eingestellt und steuert den ersten Zähler an. Dieser Zähler arbeitet von 0 bis 9 und setzt sich automatisch auf 0 zurück. Bei der Rückstellung tritt eine negative Flanke am Ausgang Q_D auf. Dieser Ausgang ist nicht nur mit Pin 4 der 7-Segmentanzeige verbunden, sondern mit dem Takteingang des werthöheren Zählers. Dieses Verdrahtungsschema entspricht einem Modulo-12-Zähler.

Um einen Modulo-12-Zähler zu realisieren, benötigt man die Rückstelleingänge R_0. Diese Eingänge sind mit bestimmten Leitungen verbunden.

Wichtig bei den Bausteinen 7490 und 74290 ist die Verbindung von Q_A mit dem Takteingang I_{NB}. Fehlt diese Verbindung, arbeitet der Baustein nicht als Dezimalzähler.

7.4 Synchrone Zähler

Die synchronen Zähler arbeiten ohne Zwischencodierung, da an allen Flipflops immer der gemeinsame Taktimpuls gleichzeitig liegt. Dieser Vorteil muss aber durch einen erheblich größeren Konstruktionsaufwand erkauft werden, denn man muss die einzelnen Flipflops in der Zählstufe für den nächsten Zähltakt vorbereiten. Diese Zähler lassen sich im Wesentlichen nur in Verbindung mit dem Karnaugh-Diagramm und einer Funktionstabelle realisieren. Nur die geradzahligen Zähler kann man mit einigen Überlegungen direkt realisieren.

Bei den asynchronen Dualzählern wird das zu zählende Signal stets nur auf den Eingang der ersten Stufe des Zählers gegeben. Alle weiteren Zählstufen werden dann nur noch von der jeweils vorhergehenden Stufe angesteuert. Beides gilt als das charakteristische Merkmal asynchroner Dualzähler. Bei der Simulation erscheinen die Zwischenstände der Zähler bzw. Teiler. Um dies zu verhindern, hat man synchrone Zähler.

Im Gegensatz dazu arbeitet der synchrone Dualzähler, bei dem keine Zwischenstände auftreten. Hierbei wird das zu zählende Eingangssignal allen Stufen des Zählers gemeinsam und gleichzeitig zugeführt. Durch eine entsprechende, meistens recht aufwendige Schaltungstechnik mit zusätzlichen Verknüpfungsgliedern muss dann jedoch sichergestellt sein, dass der Zähl- und Speichervorgang trotz gleichzeitiger Ansteuerung aller Zählstufen ordnungsgemäß abläuft.

Asynchronzähler und Synchronzähler erfüllen den gleichen Zweck und das Ergebnis von beiden, das Zählen von Impulsen, ist bei beiden Zählerarten das gleiche. Jeder der beiden Zählerarten hat jedoch ihre besonderen Vor- und Nachteile.

Ein Vorteil des Asynchronzählers liegt in seinem einfachen Aufbau. Es werden nur Bausteine der gleichen Art benötigt, die dann durch wenige Verbindungen zu einem Zähler zusammengeschaltet werden können. Asynchrone Zähler lassen sich daher relativ einfach auch noch aus einzelnen Flipflops aufbauen. Jedes Flipflop hat jedoch eine Signallaufzeit. Sie liegt bei den JK-Master-Slave-Flipflops in der Größenordnung von etwa 10 ns bis 50 ns, je nach Technologie. Da beim asynchronen Zähler die einzelnen Flipflops nacheinander angesteuert werden, ergibt sich als Nachteil, dass sich die Signallaufzeiten der hintereinandergeschalteten Flipflops zu einer Gesamtsignallaufzeit addieren. Der Zählvorgang ist nämlich erst abgeschlossen, wenn das Steuersignal auch die letzte Stufe erreicht und diese gegebenenfalls beeinflusst hat. Erst danach stehen an den Ausgängen aller Stufen die zusammengehörigen richtigen Informationen an. Während der Gesamtsignallaufzeit können dabei auch kurzfristig falsche Informationen an den Ausgängen anstehen.

Falschinformationen im Zählerstand können aber auch zusätzlich auftreten, wenn die Zählimpulse in einem zu geringen zeitlichen Abstand aufeinanderfolgen. Dann kann z. B. der Fall eintreten, dass die letzten Zählstufen noch nicht umgeschaltet haben, während in den ersten Stufen bereits der nächste Zählimpuls verarbeitet wird. Je mehr Zählstufen hintereinandergeschaltet sind, desto größer wird die Gesamtsignallaufzeit. Bei einem Zähler wird daher als charakteristisches Merkmal die maximale Zählfrequenz angegeben. Für den Asynchronzähler gilt die Beziehung

$$f_{max} \approx \frac{1}{n \cdot t_p}$$

mit n = Anzahl der Zählstufen und t_p = Signallaufzeit eines Flipflops. Für einen aus vier JK-Master-Slave-Flipflops aufgebauten Asynchronzähler ergibt sich dann im ungünstigsten Fall z. B. eine maximale Zählfrequenz von etwa 5 MHz. Typische Werte liegen jedoch bei 10 MHz bis 15 MHz.

Bei einem Synchronzähler werden alle Zählstufen gleichzeitig angesteuert und schalten daher auch gleichzeitig. Aus diesem Grund tritt als Gesamtsignallaufzeit nur noch die Laufzeit eines einzelnen Flipflops auf und es gilt

$$f_{max} \approx \frac{1}{t_p} \; .$$

Die maximale Zählfrequenz von Synchronzählern liegt daher höher als bei Asynchronzählern gleicher Zählkapazität. Falschinformationen während des Zählvorganges können nur bei Asynchronzählern, nicht aber beim Synchronzähler auftreten. Der weitaus größere Schaltungsaufwand beim Synchronzähler gegenüber dem Asynchronzähler ist durch die integrierte Schaltungstechnik inzwischen jedoch ohne wesentliche Bedeutung.

7.4.1 Synchroner Modulo-4-Vorwärtszähler

Bei den Synchronzählern werden alle vorhandenen Zählstufen von jedem Zählimpuls gleichzeitig angesteuert. Durch zusätzliche logische Schaltungen und bzw. oder eine entsprechende Ansteuerung der J- und K-Eingänge muss dann aber erreicht werden, dass nur jeweils diejenigen Zählstufen ihren Zustand ändern, an deren Ausgang aufgrund des Fortzählens eine Zustandsänderung erforderlich ist. Abb. 7.38 zeigt als Beispiel einen synchronen Modulo-4-Zähler, bei dem die J- und K-Eingänge so beschaltet sind, dass ein Zählen im Dualcode erfolgt und der Zähler durch jeden dritten Impuls, jeweils von der Nullstellung ausgehend, wieder in seine Nullstellung zurückspringt.

Bei der Zählerschaltung nach Abb. 7.38 sind die JK-Eingänge der 1. Zählstufe zusammengeschaltet und werden vom Ausgang Q der 2. Zählstufe angesteuert. Der J-Eingang der 2. Stufe wird vom Q_A-Ausgang der 1. Stufe und der K-Eingang der 2. Stufe vom Q_B-Ausgang der 2. Stufe angesteuert. Das zu zählende Eingangssignal wird beiden Zählstufen gleichzeitig zugeführt. Die Betrachtung des Wirkungsablaufes beginnt bei Nullstellung des Zählers. Dann liegt Q_A und Q_B auf 0-Signal und damit wird auch $J_B = 0$ und $K_B = 0$. Die zweite Zählstufe reagiert also auf keinen positiven Taktimpuls.

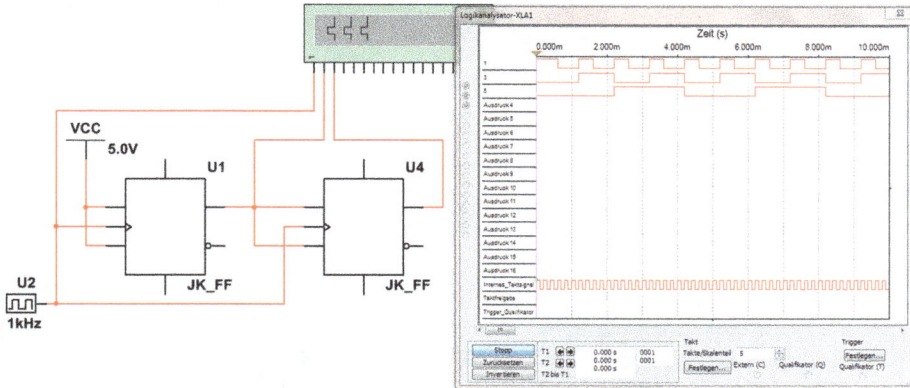

Abb. 7.38: Synchroner Modulo-4-Vorwärtszähler

Da $Q_B^b = 1$ ist, liegt an den Eingängen der 1. Zählstufe $J_A = 1$ und $K_A = 1$. Diese Stufe wird also durch den nächsten Zählimpuls in Arbeitsstellung springen, wodurch dann ein Zählerstand 01, wie gewünscht, auftritt.

Der Synchronzähler umgeht also die Nachteile, die durch die Impulsverzögerung in den einzelnen Flipflops entstehen. Beim Synchronzähler werden alle Flipflops gleichzeitig, d. h. synchron über die gemeinsame Taktleitung angesteuert. Die Verzögerungszeit der einzelnen Flipflops zwischen dem Eingangstakt und dem neuen Zustand am Ausgang wird nicht addiert, sondern tritt nur einmal auf. Wenn man die maximale Zählfrequenz berechnet, muss man die Laufzeit der einzelnen Flipflops berücksichtigen.

Um aber eine bestimmte Zählfolge im Dualcode oder in einem anderen Zählcode zu erreichen, benötigt man bei dem Synchronzähler neben den Flipflops noch UND-Gatter. Diese UND-Gatter können bereits in den J- und K-Eingängen der Flipflops vorhanden sein. Über die Ausgänge der einzelnen Flipflops bereitet man die entsprechenden J- und K-Eingänge der Flipflops für den nächsten Taktimpuls vor.

Die Schaltung von Abb. 7.38 zeigt zwei JK-Flipflops mit der gemeinsamen Taktleitung, die vom Taktgenerator abgenommen wird. Bei dem linken Flipflop müssen der J- und der K-Eingang mit +5 V verbunden sein, damit das Flipflop als T-Flipflop arbeiten kann. Beginnt man beim Zählerstand 0, kann sich das linke Flipflop mit einer negativen Flanke setzen. Der Zustand des rechten Flipflops bleibt dagegen erhalten, da Ausgang Q mit dem J-Eingang verbunden ist und ein 0-Signal hat. Erst wenn sich das linke Flipflop gesetzt hat, befindet sich Ausgang Q auf 1-Signal und der J-Eingang vom nächsten Flipflop wird nun vorbereitet. Tritt an der Taktleitung eine negative Flanke auf, setzt sich das rechte Flipflop, während sich das linke zurücksetzt. Das Impulsdiagramm von Abb. 7.39 zeigt die Arbeitsweise für den synchronen Vorwärtszähler an 20 MHz.

Die Arbeitsweise lässt sich folgendermaßen nach Tabelle 7.30 erklären.

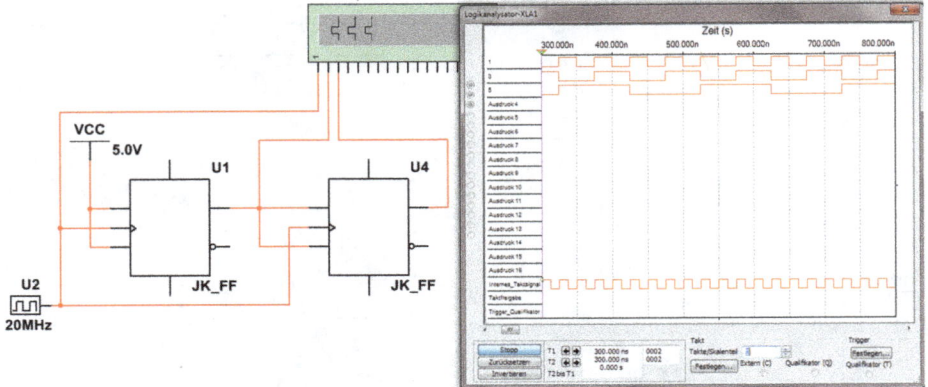

Abb. 7.39: Synchroner Vorwärtszähler an 20 MHz

Tab. 7.30: Wirkungsablauf für einen synchronen Modulo-4-Vorwärtszähler

	Zählstufe 1 (2^0)			Zählstufe 2 (2^1)						
	J_A	K_A	Q_A	Q'_A	J_B	K_B	Q_B	Q'_B		
Nullstellung			0	1			0	1	Nullstellung	
	1	1	→ 0	0 ←					JK-Vorbereitung für	01
1. Impuls			1	0			0	1	Zählerstand	01
	1	1	→ 1	0 ←					JK-Vorbereitung für	10
2. Impuls			0	1			1	0	Zählerstand	10
	0	0	→ 0	1 ←					JK-Vorbereitung für	01
3. Impuls			0	1			0	1	Nullstellung	01
	1	1	→ 0	0 ←					JK-Vorbereitung für	00

7.4.2 Synchroner Modulo-8-Vorwärtszähler

Für den synchronen Vorwärtszähler von 0 bis 7 benötigt man, neben den drei Flip-flops, ein UND-Gatter oder man hat an den J- und K-Eingängen bereits eine UND-Ver-knüpfung. Dieses UND-Gatter verknüpft die Ausgänge Q des linken mit dem mittleren Flipflop. Damit wird die Bedingung für die Vorbereitung an dem J- und K-Eingang des rechten Flipflops erzeugt.

Die Arbeitsweise des synchronen Vorwärtszählers in Abb. 7.40 erkennt man aus dem Impulsdiagramm. Die beiden ersten Flipflops müssen gesetzt sein, damit die J- und K-Bedingungen des rechten Flipflops erfüllt sind. Ändert sich der Zählerstand von 3 (011) auf 4 (100), setzen sich die beiden linken Flipflops zurück, während sich das rechte auf 1-Signal setzt. Damit erkennt man die synchrone Arbeitsweise für diesen Zählerbetrieb.

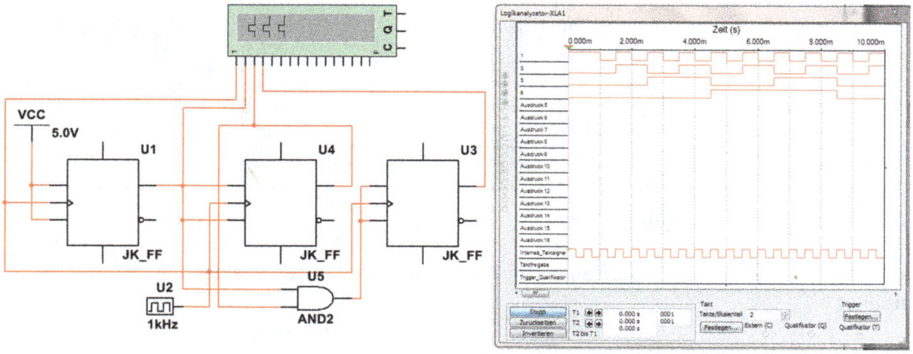

Abb. 7.40: Schaltung eines synchronen Vorwärtszählers von 0 bis 7

7.4.3 Synchroner Modulo-16-Vorwärtszähler

Diesen synchronen Vorwärtszähler kann man mithilfe der Funktionstabelle entwerfen. Tabelle 7.31 zeigt den Dualcode, jedoch wird für die Berechnung von synchronen (sequentiellen) Zählern aber nicht die momentane Grundschaltung der Flipflops benötigt, sondern der Zustand des Flipflops nach dem Taktimpuls. Diese Flipflop-Stellungen sind daher mit „n + 1" gekennzeichnet, d. h. zu der Grundstellung addiert man den Wert von 1.

Tab. 7.31: Zählerzustände für die Berechnung eines synchronen (sequentiellen) Zählers im Dualcode

	2^3	2^2	2^1	2^0	2^3_{n+1}	2^2_{n+1}	2^1_{n+1}	2^0_{n+1}
0	0	0	0	0	0	0	0	1
1	0	0	0	1	0	0	1	0
2	0	0	1	0	0	0	1	1
3	0	0	1	1	0	1	0	0
4	0	1	0	0	0	1	0	1
5	0	1	0	1	0	1	1	0
6	0	1	1	0	0	1	1	1
7	0	1	1	1	1	0	0	0
8	1	0	0	0	1	0	0	1
9	1	0	0	1	1	0	1	0
10	1	0	1	0	1	0	1	1
11	1	0	1	1	1	1	0	0
12	1	1	0	0	1	1	0	1
13	1	1	0	1	1	1	1	0
14	1	1	1	0	1	1	1	1
15	1	1	1	1	0	0	0	0
0	0	0	0	0	0	0	0	1

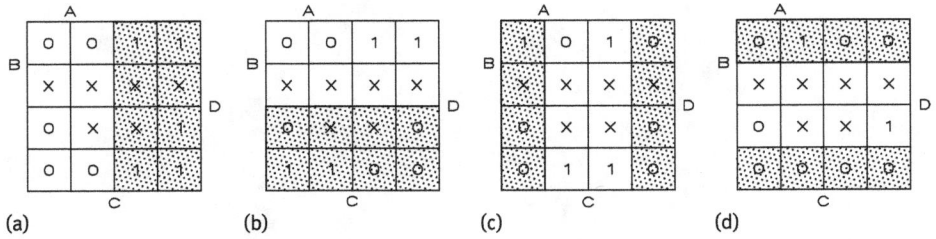

Abb. 7.41: „$n + 1$"-Karnaugh-Diagramme für einen synchronen Vorwärtszähler, der im Dualcode arbeitet

Aus den Funktionen der Tabelle 7.31 unter „2_{n+1}^x" lassen sich vier Karnaugh-Diagramme erstellen, wie Abb. 7.41 zeigt.

Die Karnaugh-Diagramme von Abb. 7.41 werden spaltenweise erstellt. Ein 1-Signal in der Spalte „$n + 1$" wird mit einem 1-Signal im Karnaugh-Diagramm gekennzeichnet und zwar an der Stelle von Spalte n. Für die drei ersten Zählerbedingungen soll das Beispiel in Tabelle 7.32 dienen.

Tab. 7.32: Wirkungsablauf für einen synchronen Modulo-16-Vorwärtszähler

	2^3	2^2	2^1	2^0	2_{n+1}^3	2_{n+1}^2	2_{n+1}^1	2_{n+1}^0
0	0	0	0	0	0	0	0	1
								↓
			A'B'C'D'					1
1	0	0	0	1	0	0	1	0
							↓	
			AB'C'D'				1	
2	0	0	1	0	0	0	1	1
							↓	↓
			A'BC'D'				1	1

Bei der Dezimalzahl 0 liegt das 1-Signal in A_{n+1}. Dieses 1-Signal wird in das Karnaugh-Diagramm a von Abb. 7.41 in das Feld A'B'C'D' eingetragen. Bei der Dezimalzahl 1 liegt das 1-Signal in B_{n+1} und dieses 1-Signal wird in das Karnaugh-Diagramm b in das Feld AB'C'D' eingetragen.

Ein JK-Flipflop hat die Vorbereitungseingänge J und K. Da die J-Eingänge bei den Flipflops oben liegen, erhalten diese die Bezeichnung a, b, c und d. Die K-Eingänge liegen unten und werden mit a', b', c' und d' gekennzeichnet. Aus diesen Festlegungen lassen sich nun die Gleichungen für die J- und K-Eingänge aufstellen. Da vier J- und vier K-Eingänge bei einem Dualcode-Zähler vorhanden sind, muss man acht separate Karnaugh-Diagramme entwickeln, wie Abb. 7.42 zeigt.

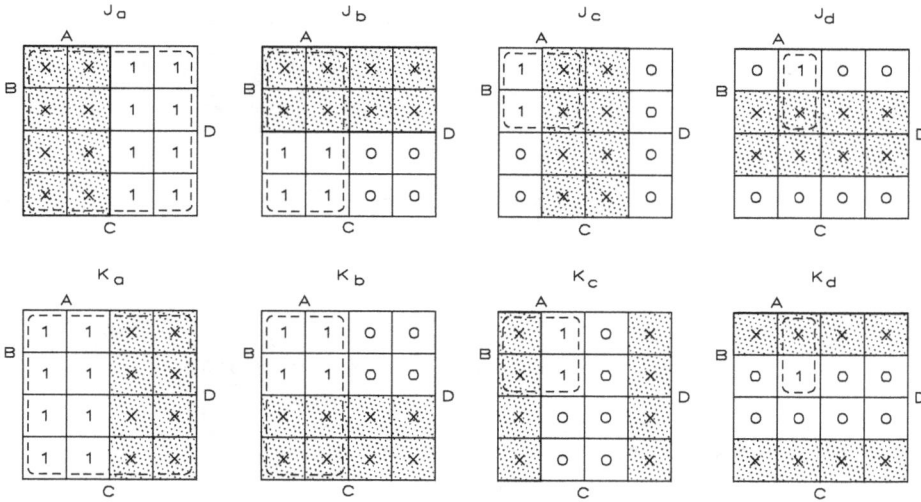

Abb. 7.42: Karnaugh-Diagramme für die Vorbereitungseingänge J und K der Flipflops innerhalb eines synchronen Zählers für den Dualcode von 0 bis 15

Die Eingänge J_a, J_b, J_c und J_d sind in den Feldern a, b, c und d der Karnaugh-Diagramme mit einem X gekennzeichnet. Hierbei handelt es sich um redundante Kombinationen, die man beliebig oft in die grafische Zusammenfassung miteinbeziehen kann. Die vier Karnaugh-Diagramme K_a, K_b, K_c und K_d sind in den Feldern a', b', c' und d' mit einem X gekennzeichnet. Die 1-Signale der Felder für 2^3_{n+1}, 2^2_{n+1}, 2^1_{n+1} und 2^0_{n+1} lassen sich direkt in die J-Diagramme übernehmen und bei den K-Diagrammen trägt man die Negationen ein. Aus den acht Karnaugh-Diagrammen kann man folgende Verknüpfungsgleichungen der J- und K-Eingänge aufstellen:

$$J_a = 1 \quad J_b = A \quad J_c = AB \quad J_d = ABC$$
$$K_a = 1 \quad K_b = A \quad K_c = AB \quad K_d = ABC .$$

Die beiden 1-Signale bedeuten bei dem FFA-Flipflop (links), dass man beide Eingänge mit +5 V verbinden muss. In diesem Fall arbeitet das JK-Flipflop als T-Flipflop.

Bei der Schaltung von Abb. 7.43 erkennt man die Verschaltung der J- und K-Eingänge. Der J- und K-Eingang des linken Flipflops ist mit +5 V verbunden. Mit dem Ausgang Q steuert dieses Flipflop den J- und K-Eingang des nächsten Flipflops an, gemäß den Verknüpfungsgleichungen. Vor dem dritten Flipflop benötigt man ein UND-Gatter mit zwei Eingängen, da die beiden Ausgänge Q von FF$_A$ und FF$_B$ verknüpft werden müssen. Beim vierten Flipflop ist ein UND-Gatter mit drei Eingängen erforderlich, da die Bedingung lautet: ABC.

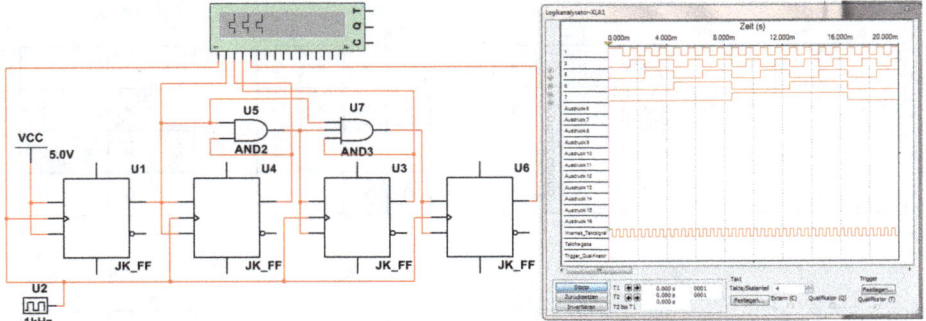

Abb. 7.43: Schaltung eines synchronen Vorwärtszählers für den Dualcode von 0 bis 15

7.4.4 Synchroner Vorwärtszähler für den BCD-Code

Bei der Entwicklung eines synchronen Vorwärtszählers für den BCD-Code muss man die Pseudotetraden als don't-care-Felder in den Karnaugh-Diagrammen berücksichtigen, da der Zählerstand von A (10) bis F (15) nicht auftreten kann. Die Konstruktion des Zählers beginnt mit dem Aufstellen der Funktionstabelle 7.33.

Tab. 7.33: Zählerstände für die Berechnung eines synchronen (sequentiellen) Zählers im BCD-Code. Es wird aber nicht die momentane Grundschaltung der Flipflops benötigt, sondern der Zustand des Flipflops nach dem Taktimpuls

	2^3	2^2	2^1	2^0	2^3_{n+1}	2^2_{n+1}	2^1_{n+1}	2^0_{n+1}
0	0	0	0	0	0	0	0	1
1	0	0	0	1	0	0	1	0
2	0	0	1	0	0	0	1	1
3	0	0	1	1	0	1	0	0
4	0	1	0	0	0	1	0	1
5	0	1	0	1	0	1	1	0
6	0	1	1	0	0	1	1	1
7	0	1	1	1	1	0	0	0
8	1	0	0	0	1	0	0	1
9	1	0	0	1	0	0	0	0
0	0	0	0	0	0	0	0	1
1	0	0	0	1	0	0	1	0

Da der BCD-Zähler von 0 bis 9 zählt, sind sechs Pseudotetraden als don't-care-Felder zu definieren und diese lassen sich direkt in die Karnaugh-Diagramme eintragen. Dieser Vorgang wurde bereits behandelt. Nach dieser Erstellung des Karnaugh-Diagramms für Pseudotetraden kann man die „$n - 1$"-Karnaugh-Diagramme aufstellen, wie Abb. 7.44 zeigt.

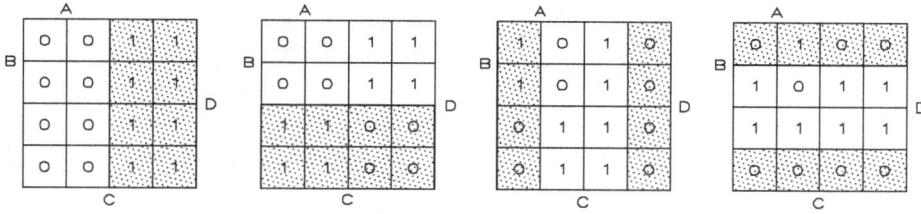

Abb. 7.44: „$n - 1$"-Karnaugh-Diagramme für einen synchronen BCD-Zähler

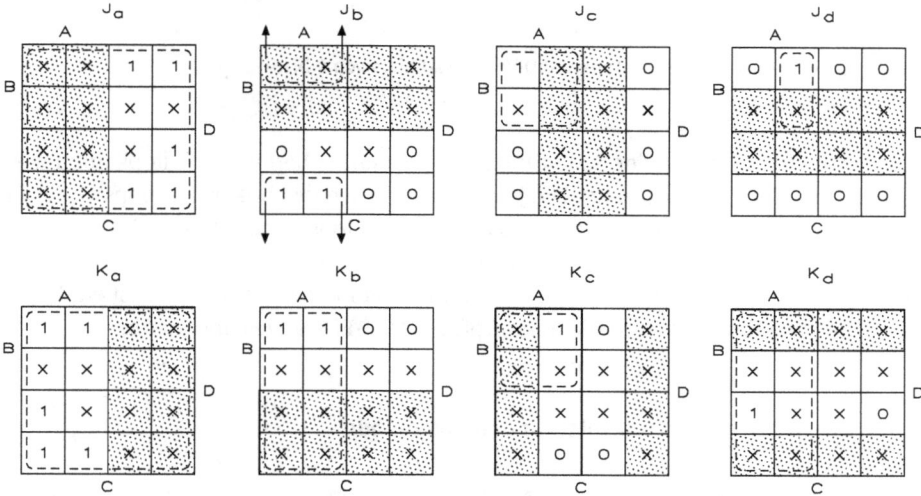

Abb. 7.45: Karnaugh-Diagramme für die Vorbereitungseingänge J und K eines synchronen BCD-Zählers von 0 bis 9

Zuerst erfolgt die Eintragung der don't-care-Felder in vier Karnaugh-Diagramme. Danach werden 1-Signale spaltenweise aus der Funktionstabelle in Abb. 7.45 übertragen.

In Abb. 7.45 sind acht Karnaugh-Diagramme für die Vorbereitungseingänge J und K der einzelnen Flipflops gezeigt. Bevor mit dem Eintragen der einzelnen Signale begonnen wird, trägt man die Pseudotetraden mit einem X ein. Dies gilt auch für Felder von a bis d und von a' bis d'. Aus der grafischen Zusammenfassung ergeben sich folgende Funktionsgleichungen:

$$J_a = 1 \quad J_b = AD' \quad J_c = AB \quad J_d = ABC$$
$$K_a = 1 \quad K_b = A \quad K_c = AB \quad K_d = A .$$

Die beiden 1-Signale bedeuten für das FF_A-Flipflop (links), dass man beide Eingänge mit +5 V verbinden muss. In diesem Fall arbeitet ein JK-Flipflop als T-Flipflop.

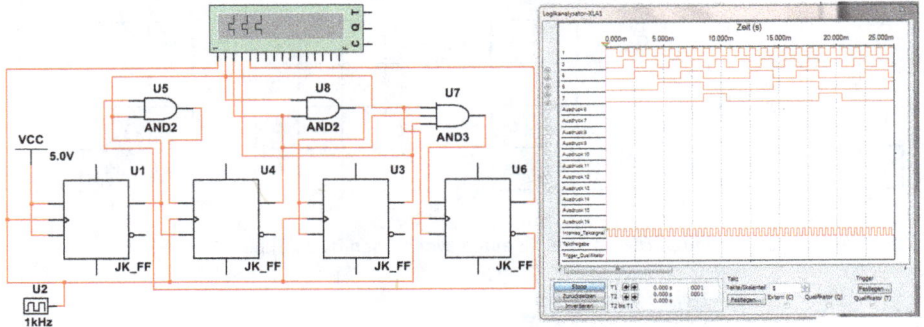

Abb. 7.46: Schaltung eines synchronen BCD-Vorwärtszählers von 0 bis 9

Für die Realisierung der Schaltung benötigt man neben vier Flipflops noch drei UND-Gatter, wie Abb. 7.46 zeigt. Die J- und K-Eingänge des linken Flipflops sind mit +5 V verbunden. Für den J-Eingang des zweiten Flipflops benötigt man ein UND-Gatter, denn hier wird Ausgang Q des FF_A mit Ausgang Q' des FF_D verknüpft. Das dritte Flipflop hat ein UND-Gatter für J- und K-Eingang. Für das vierte Flipflop ist ein UND-Gatter mit drei Eingängen für die Verknüpfung des J-Einganges notwendig.

7.4.5 Synchroner Vorwärtszähler für den Aiken-Code

Für die Realisierung eines synchronen Aiken-Code-Vorwärtszählers setzt man die bekannten Verfahren ein. Tabelle 7.34 zeigt den Aufbau des Aiken-Codes.

Tab. 7.34: Aufbau des Aiken-Codes

	(2-4-2-1)
0	0 0 0 0
1	0 0 0 1
2	0 0 1 0
3	0 0 1 1
4	0 1 0 0
	Bereich der sechs Pseudotetraden
5	1 0 1 1
6	1 1 0 0
7	1 1 0 1
8	1 1 1 0
9	1 1 1 1

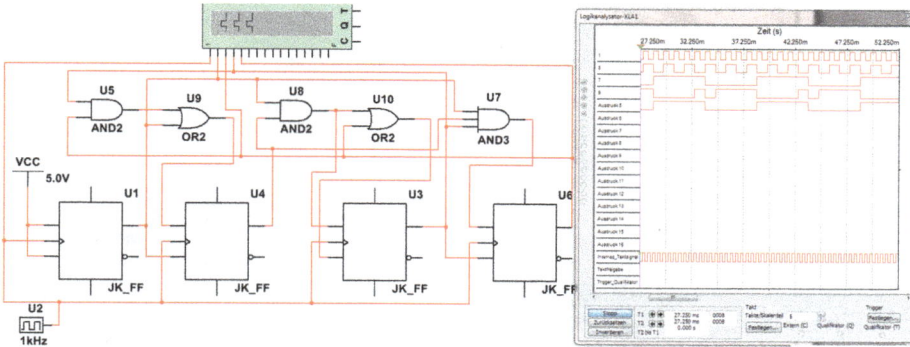

Abb. 7.47: Schaltung eines synchronen Vorwärtszählers für den Aiken-Code

Es ergeben sich folgende Gleichungen für die Vorbereitungseingänge:

$$J_a = 1 \quad J_b = CD' + A \quad J_c = AB \quad\quad J_d = C$$
$$K_a = 1 \quad K_b = A \quad\quad K_c = AB + D' \quad K_d = ABC \,.$$

Aus diesen Gleichungen kann man dann die Schaltung für Abb. 7.47 entwerfen.

Die Arbeitsweise dieses Zählers kann man aus der 7-Segmentanzeige und dem Impulsdiagramm erkennen. Die Anzeige beginnt bei 0 und zählt bis 4. Danach sind die sechs Pseudotetraden vorhanden. Der Zähler überspringt die Pseudotetraden und beginnt ordnungsgemäß bei 5, aber in der Anzeige erscheint B. Der Zähler arbeitet bis 9 (F) und setzt sich dann auf 0 zurück.

7.4.6 Synchroner Vorwärtszähler für den Exzess-3-Code

Für die Realisierung eines synchronen Exzess-3-Code-Vorwärtszählers setzt man die bekannten Verfahren ein. Tabelle 7.35 zeigt den Aufbau des Exzess-3-Codes.

Es ergeben sich folgende Gleichungen für die Vorbereitungseingänge:

$$J_a = 1 \quad J_b = CD + A \quad J_c = AB \quad\quad J_d = ABC$$
$$K_a = 1 \quad K_b = A \quad\quad K_c = AB + D \quad K_d = C \,.$$

Aus diesen Gleichungen kann man dann die Schaltung für Abb. 7.48 entwerfen.

Die Arbeitsweise dieses Zählers kann man aus der 7-Segmentanzeige und dem Impulsdiagramm erkennen. Die Anzeige beginnt bei 3 und zählt bis C. Da beim Exzess-3-Code am Anfang drei Pseudotetraden vorhanden sind, ergibt sich nach dem

Tab. 7.35: Aufbau des Exzess-3-Codes

	Drei Pseudotetraden
0	0 0 1 1
1	0 1 0 0
2	0 1 0 1
3	0 1 1 0
4	0 1 1 1
5	1 0 0 0
6	1 0 0 1
7	1 0 1 0
8	1 0 1 1
9	1 1 0 0
	Drei Pseudotetraden

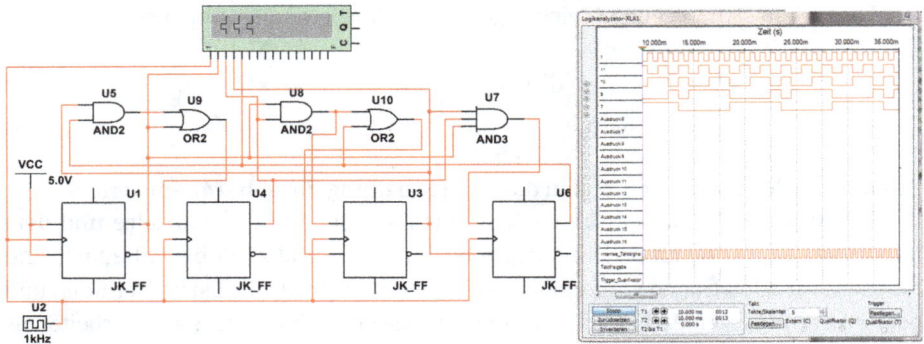

Abb. 7.48: Schaltung eines synchronen Vorwärtszählers für den Exzess-3-Code

Starten des Zählers ein irregulärer Zustand. Erst wenn der Wert 0 (3) in der Anzeige erreicht ist, arbeitet der Zähler ordnungsgemäß bis 9 (C). Danach setzt sich der Zähler auf 0 (3) zurück und beginnt von vorne.

7.4.7 Synchroner Vorwärtszähler bis 2

Für die Realisierung von synchronen Vorwärtszählern eignen sich die beschriebenen Verfahren. Für einen synchronen Vorwärtszähler bis 2 benötigt man zwei Flipflops. Die Arbeitsweise lässt sich folgendermaßen nach Tabelle 7.36 erklären:

Für einen synchronen Vorwärtszähler bis 2 sind zwei Flipflops erforderlich, wie die Schaltung von Abb. 7.49 zeigt. Aus dem Impulsdiagramm erkennt man die Arbeitsweise für diese Betriebsart. Der Zähler arbeitet von 0 bis 2 und ab diesem Zählerstand ist J- und K-Eingang des FF_A mit einem 0-Signal vorbereitet. Damit setzt sich FF_A mit der nächsten Taktflanke zurück und Zählerstand 0 ist vorhanden.

Tab. 7.36: Wirkungsablauf für einen synchronen Modulo-3-Vorwärtszähler

	Zählstufe 1 (2^0)				Zählstufe 2 (2^1)					
	J_A	K_A	Q_A	Q'_A	J_B	K_B	Q_B	Q'_B		
Nullstellung			0	1			0	1	Nullstellung	
	1	1	$\rightarrow$ 0	0 $\leftarrow$					JK-Vorbereitung für	01
1.Impuls			1	0			0	1	Zählerstand	01
	1	1	$\rightarrow$ 1	0 $\leftarrow$					JK-Vorbereitung für	10
2.Impuls			0	1			1	0	Zählerstand	10
	0	0	$\rightarrow$ 0	1 $\leftarrow$					JK-Vorbereitung für	00
3.Impuls			0	1			0	1	Nullstellung	01
	1	1	$\rightarrow$ 0	0 $\leftarrow$					JK-Vorbereitung für	00

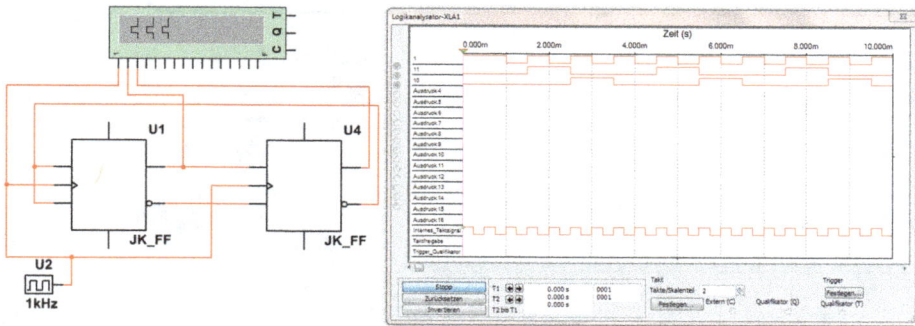

Abb. 7.49: Synchroner Vorwärtszähler bis 2

7.4.8 Synchroner Vorwärtszähler bis 4

Für die Realisierung von synchronen Vorwärtszählern eignen sich die beschriebenen Verfahren, wenn man mit mehr als drei Flipflops arbeitet. Benötigt man einen synchronen Vorwärtszähler bis 7, lassen sich mit einigen Überlegungen auch die Zählerfunktionen aufstellen, da nur drei Flipflops erforderlich sind. Die Arbeitsweise lässt sich folgendermaßen nach Tabelle 7.37 erklären.

Für einen synchronen Vorwärtszähler bis 4 sind bereits drei Flipflops notwendig. Aus dem Impulsdiagramm von Abb. 7.50 erkennt man die Arbeitsweise, die bis zum vierten Impuls mit der Betriebsart des Vorwärtszählers bis 8 identisch ist. Hat sich FF_C gesetzt, hat Ausgang Q' ein 0-Signal und ab diesem Zählerstand ist der J- und K-Eingang des FF_A mit einem 0-Signal vorbereitet. Damit setzt sich FF_A mit der nächsten Taktflanke zurück und der Zählerstand 0 ist vorhanden.

Tab. 7.37: Wirkungsablauf für einen synchronen Modulo-5-Vorwärtszähler

	Zählstufe 1 (2^0)				Zählstufe 2 (2^1)					
	J_A	K_A	Q_A	Q'_A	J_B	K_B	Q_B	Q'_B		
Nullstellung			0	1			0	1	Nullstellung	
	1	1		→0	0←				JK-Vorbereitung für	001
1.Impuls			1	0			0	1	Zählerstand	001
	1	1		→1	0←				JK-Vorbereitung für	010
2.Impuls			0	1			1	0	Zählerstand	010
	0	0		→0	1←				JK-Vorbereitung für	011
3.Impuls			0	1			0	1	Nullstellung	011
	1	1		→0	0←				JK-Vorbereitung für	100
4.Impuls			0	1			0	1	Nullstellung	100
	1	1		→0	0←				JK-Vorbereitung für	000

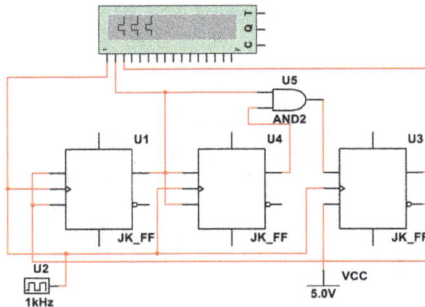

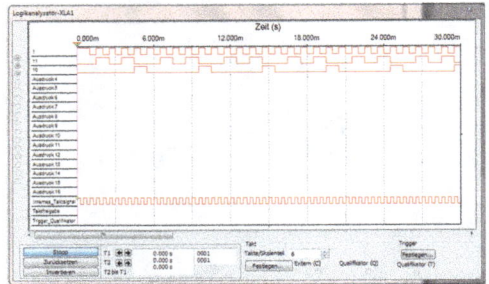

Abb. 7.50: Synchroner Vorwärtszähler bis 4

7.4.9 Synchroner Vorwärtszähler bis 5

Bei der Realisierung eines synchronen Vorwärtszählers bis 5 setzt sich das Flipflop
FF_A nach dem fünften Impuls automatisch zurück und daher kann eine Rückstellung
über den J- und K-Eingang entfallen.

Aus dem Impulsdiagramm von Abb. 7.51 erkennt man, dass der Ausgang Q' des
FF_C mit dem J- und K-Eingang des FF_B verbunden ist. Hat Ausgang Q und FF_A und
Ausgang Q' des FF_C ein 1-Signal, ist die UND-Bedingung für den J- und K-Eingang erfüllt und FF_B setzt sich nach dem fünften Impuls auf den Zählerstand 0 zurück.

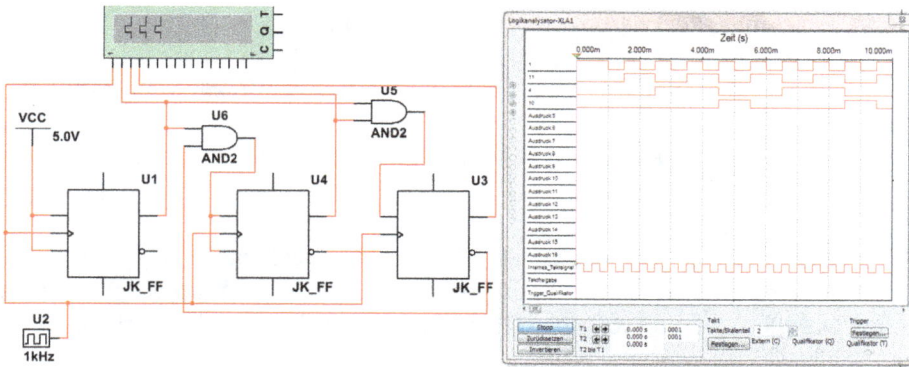

Abb. 7.51: Synchroner Vorwärtszähler bis 5

7.4.10 Synchroner Vorwärtszähler bis 6

Für einen synchronen Vorwärtszähler bis 6 sind drei UND-Gatter für die Rückstellung notwendig, wie Abb. 7.52 zeigt. Wie man aus dem Impulsdiagramm erkennt, müssen nach dem Zählerstand 6 alle drei Flipflops zurückgekippt werden.

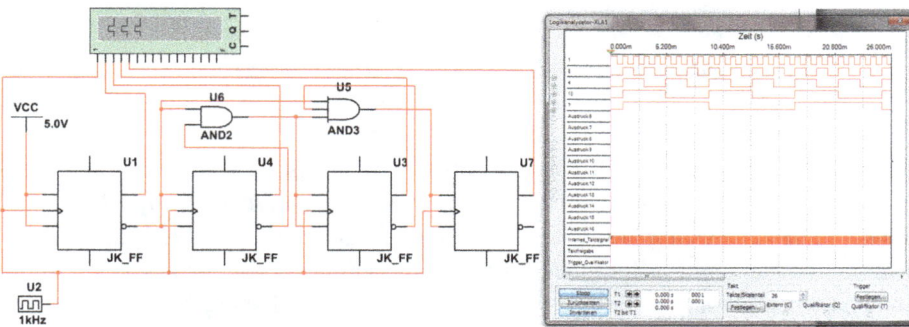

Abb. 7.52: Synchroner Vorwärtszähler bis 6

Flipflop FF_A hat ein UND-Gatter vor dem J- und K-Eingang und hier werden beide Signale vom Ausgang Q' des FF_B und FF_C verknüpft. Flipflop FF_B hat nur am K-Eingang ein UND-Gatter und hier verknüpft man die beiden Signale vom Ausgang Q des FF_A und des FF_C. Nach dem sechsten Impuls sind alle drei Flipflops auf den Zählerstand 0 zurückgesetzt.

7.4.11 Synchroner Rückwärtszähler für den Dualcode

Die Gleichungen für J- und K-Eingänge eines synchronen Vorwärtszählers für den Dualcode lauten:

$$J_a = 1 \quad J_b = A \quad J_c = AB \quad J_d = ABC$$
$$K_a = 1 \quad K_b = A \quad K_c = AB \quad K_d = ABC \, .$$

Bei einem synchronen Rückwärtszähler können diese Gleichungen beibehalten werden, nur muss man den Ausgang Q' vom vorherigen Flipflop mit dem J- oder K-Eingang verbinden. Die Schaltung von Abb. 7.53 zeigt einen synchronen Rückwärtszähler für den Dualcode.

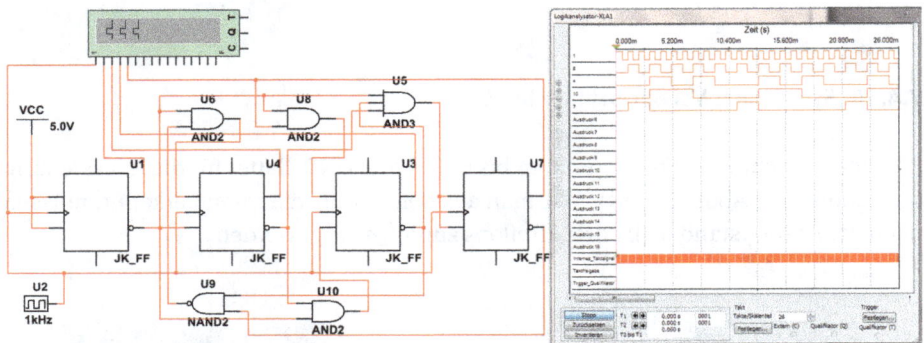

Abb. 7.53: Schaltung eines synchronen Rückwärtszählers für den Dualcode

Der J- und K-Eingang vom FF$_B$ ist mit Ausgang Q' vom FF$_A$ verbunden, aber Ausgang Q wird für die Wertigkeit des Zählers verwendet. Aus diesem Grund ist Ausgang Q mit dem Logikanalysator und mit der Anzeige verbunden. Wichtig bei dem Logikdiagramm ist die Erkenntnis für die Arbeitsweise des Flipflops. Soll der gesetzte Zustand beibehalten werden, also Q = 1, muss am Vorbereitungseingang K ein 0-Signal liegen, während der Eingang J ein 0- oder 1-Signal aufweisen kann. Soll ein Wechsel von 0 auf 1 stattfinden, muss ein 1-Signal am Eingang J für die Vorbereitung anliegen, während K auf 0- oder 1-Signal liegen kann. Soll dagegen ein Wechsel von 1- nach 0-Signal erfolgen, muss Eingang K mit einem 1-Signal vorbereitet sein, während Eingang J auf 0- oder 1-Signal liegen kann. Daraus geht hervor, dass für den Vorbereitungseingang K nur dann eine zwingende Vorschrift gilt, wenn ein 1-Signal beibehalten werden soll oder aber ein Wechsel von 1 nach 0 stattfindet. Für Eingang J ist der Logikwert nur dann gültig, wenn ein 0-Signal beibehalten werden soll oder ein Wechsel von 0 nach 1 stattfinden muss. Für den Wert, der vorgeschrieben ist, kann man sich merken, dass ein 0-Signal stets eine Beibehaltung des Ausgangszustands bedeutet und ein 1-Signal stets einen Wechsel für ein Flipflop bewirkt.

7.5 Programmierbare Zähler

In der TTL-Technik gibt es zahlreiche programmierbare synchron arbeitetende dekadische Zähler.

7.5.1 Dezimalzähler 74160

Bei dem TTL-Baustein 74160 handelt es sich um einen programmierbaren synchronen, dekadischen Zähler, der im BCD-Code aufwärts zählt und sich asynchron zurücksetzen lässt.

Abb. 7.54 zeigt Anschlussschema und Innenschaltung des Dezimalzählers 74160. Dieses Anschlussschema gilt auch für den Baustein 74161 (synchroner programmierbarer 4-Bit-Binärzähler mit asynchronem Löscheingang), dem 74162 (synchroner programmierbarer Dezimalzähler mit synchronem Löscheingang), und den 74163 (synchroner programmierbarer 4-Bit-Binärzähler mit synchronem Löscheingang). Die vier Bausteine unterscheiden sich nur in der Innenschaltung und Löschfunktion an Pin 1.

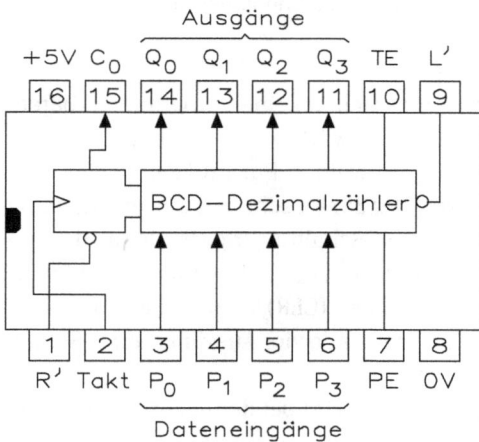

Abb. 7.54: Anschlussschema und Innenschaltung des Dezimalzählers 74160

Mit diesen vier Zählerbausteinen lassen sich zahlreiche Versuche für die Praxis durchführen. Die Bausteine 74160 und 74162 bestehen aus vier Flipflops, die zu einem synchronen Dezimalzähler verknüpft sind. Der Unterschied liegt in der asynchronen (74160) bzw. in der synchronen (74162) Rückstellung. Die Bausteine 74161 und 74163 bestehen aus vier Flipflops, die zu einem synchronen 4-Bit-Zähler verknüpft sind. Der Unterschied liegt in der asynchronen (74161) bzw. in der synchronen (74163) Rückstellung.

TTL-Baustein 74160: Bei diesem Baustein handelt es sich um einen programmierbaren synchronen, dekadischen Zähler, der im BCD-Code aufwärts zählt und asynchron zurückgesetzt wird. Für den normalen Zählerbetrieb werden Pin 1 (CLR), Pin 7 (ENP), Pin 9 (LOAD) und Pin 10 (ENT) auf +5 V gelegt. Der Zähler schreitet um eine Zählung synchron bei einem 01-Übergang des Taktes fort. Die integrierte Schaltung triggert also an den positiven Flanken des Taktimpulses. Die Ausgänge Q_A, Q_B, Q_C und Q_D folgen dem BCD-Code. Zur Rückstellung des Zählers wird der Anschluss 1 (CLR) kurzzeitig auf Masse gelegt. Diese Rückstellfunktion ist asynchron und setzt alle vier Ausgänge auf 0-Signal, unabhängig vom Zustand der anderen Eingänge.

Wenn Eingang LOAD (Pin 9) auf 0-Signal ist, wird bei der nächsten positiven Flanke des Taktimpulses der an den Anschlüssen A bis D liegende Code in den Zähler geladen. Für synchrones Zählen mit mehreren Dekaden ohne externe Gatter dienen die beiden Eingänge für die Zählerfreigabe ENT und ENP sowie der Anschluss RCO (Carry Out). Die Verbindung geschieht folgendermaßen:
– Dekade (niedrigstwertige): ENP = ENT = 1-Signal, RCO wird mit ENP und ENT der zweiten Dekade, und mit PE der dritten (usw.) Dekade verbunden.
– Dekade: RCO der zweiten Dekade wird mit ENT der dritten Dekade verbunden usw. Alle Stufen lassen sich synchron vom Eingangstakt steuern, indem die Takteingänge aller Stufen miteinander verbunden werden. Ebenso sind alle Rückstelleingänge parallel geschaltet.

TTL-Baustein 74161: Bei dem Baustein handelt es sich um einen programmierbaren, synchronen 4-Bit-Binärzähler, der im Binärcode aufwärts zählt und asynchron zurückgesetzt wird. Für den normalen Zählerbetrieb werden Pin 1 (CLR), Pin 7 (ENP), Pin 9 (LOAD) und Pin 10 (ENT) auf +5 V gelegt. Der Zähler schreitet um eine Zählung synchron bei einem 01-Übergang des Taktes fort. Die Schaltung triggert also an den positiven Flanken des Taktimpulses. Die Ausgänge Q_A, Q_B, Q_C und Q_D folgen dem Binärcode. Zur Rückstellung des Zählers wird der Anschluss 1 (CLR) kurzzeitig auf Masse gelegt. Diese Rückstellfunktion ist asynchron und setzt alle vier Ausgänge auf 0-Signal, unabhängig vom Zustand der anderen Eingänge.

Wenn Eingang LOAD (Pin 9) auf 0-Signal ist, so wird bei der nächsten positiven Flanke des Taktimpulses der an den Anschlüssen A bis D liegende Code in den Zähler geladen. Für synchrones Zählen mit mehreren Dekaden ohne externe Gatter dienen die beiden Eingänge für die Zählerfreigabe ENT und ENP, sowie der Anschluss RCO (Carry Out). Die Verbindung geschieht folgendermaßen:
– Dekade (niedrigstwertige): ENP = ENT = 1-Signal, RCO wird mit ENP und ENT der zweiten Dekade, und mit PE der dritten (usw.) Dekade verbunden.
– Dekade: RCO der zweiten Dekade wird mit ENT der dritten Dekade verbunden usw. Alle Stufen lassen sich synchron vom Eingangstakt steuern, indem die Takteingänge aller Stufen miteinander verbunden werden. Ebenso werden alle Rückstelleingänge parallel geschaltet.

TTL-Baustein 74162: Bei dem Baustein handelt es sich um einen programmierbaren, synchronen, dekadischen Zähler, der im BCD-Code aufwärts zählt und synchron zurückgesetzt wird. Für den normalen Zählerbetrieb werden Pin 1 (CLR), Pin 7 (ENP), Pin 9 (LOAD) und Pin 10 (ENT) auf +5 V gelegt. Der Zähler schreitet um eine Zählung synchron bei einem 01-Übergang des Taktes fort. Die Schaltung triggert also an den positiven Flanken des Taktimpulses. Die Ausgänge Q_A, Q_B, Q_C und Q_D folgen dem BCD-Code. Zur Rückstellung des Zählers wird der Anschluss 1 (CLR) kurzzeitig auf Masse gelegt. Diese Rückstellfunktion ist asynchron und setzt alle vier Ausgänge auf 0-Signal, unabhängig vom Zustand der anderen Eingänge.

Wenn Eingang LOAD (Pin 9) auf 0-Signal ist, wird bei der nächsten positiven Flanke des Taktimpulses der an den Anschlüssen A bis D liegende Code in den Zähler geladen. Für synchrones Zählen mit mehreren Dekaden ohne externe Gatter dienen die beiden Eingänge für die Zählerfreigabe ENT und ENP, sowie der Anschluss RCO (Carry Out). Die Verbindung geschieht folgendermaßen:
- Dekade (niedrigstwertige): ENP = ENT = 1-Signal, RCO wird mit ENP und ENT der zweiten Dekade, und mit PE der dritten (usw.) Dekade verbunden.
- Dekade: RCO der zweiten Dekade wird mit ENT der dritten Dekade verbunden usw. Alle Stufen lassen sich synchron vom Eingangstakt steuern, indem die Takteingänge aller Stufen miteinander verbunden werden. Ebenso sind alle Rückstelleingänge parallel geschaltet.

TTL-Baustein 74163: Bei dem Baustein handelt es sich um einen programmierbaren, synchronen 4-Bit-Zähler, der im Binärcode aufwärts zählt und synchron zurückgesetzt wird. Für den normalen Zählerbetrieb werden Pin 1 (CLR), Pin 7 (ENP), Pin 9 (LOAD) und Pin 10 (ENT) auf +5 V gelegt. Der Zähler schreitet um eine Zählung synchron bei einem 01-Übergang des Taktes fort. Die Schaltung triggert also an den positiven Flanken des Taktimpulses. Die Ausgänge Q_A, Q_B, Q_C und Q_D folgen dem Binärcode. Zur Rückstellung des Zählers wird der Anschluss 1 (CLR) kurzzeitig auf Masse gelegt. Diese Rückstellfunktion ist asynchron und setzt alle vier Ausgänge auf 0-Signal, unabhängig vom Zustand der anderen Eingänge.

Wenn Eingang LOAD (Pin 9) auf 0-Signal ist, so wird bei der nächsten positiven Flanke des Taktimpulses der an den Anschlüssen A bis D liegende Code in den Zähler geladen. Für synchrones Zählen mit mehreren Dekaden ohne externe Gatter dienen die beiden Eingänge für die Zählerfreigabe ENT und ENP, sowie der Anschluss RCO (Carry Out). Die Verbindung geschieht folgendermaßen:
- Dekade (niedrigstwertige): ENP = ENT = 1-Signal, RCO wird mit ENP und ENT der zweiten Dekade, und mit PE der dritten (usw.) Dekade verbunden.
- Dekade: RCO der zweiten Dekade wird mit ENT der dritten Dekade verbunden usw. Alle Stufen lassen sich synchron vom Eingangstakt steuern, indem die Takteingänge aller Stufen miteinander verbunden werden. Ebenso sind alle Rückstelleingänge parallel geschaltet.

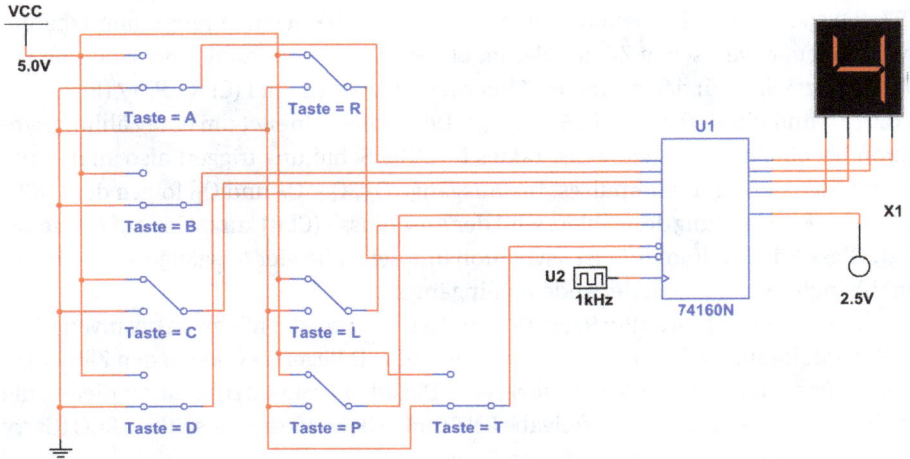

Abb. 7.55: Schaltung zur Untersuchung des Dezimalzählers 74160

Die Schaltung von Abb. 7.55 eignet sich zur Untersuchung der vier Zählerbausteine.

Bei der Schaltung zur Untersuchung des Dezimalzählers 74160 sind zahlreiche Schalter vorhanden. Für den normalen Zählerbetrieb werden folgende Anschlüsse auf 1-Signal gelegt: Pin 1 (CLR) für die asynchrone Rückstellung des Zählerstandes, Pin 7 (ENP) und Pin 10 (ENT) für die Zählerfreigabe, und Pin 9 (LOAD) für die Übernahme des Zählerstandes in die vier Flipflops. Sind diese vier Eingänge auf 1-Signal, ergibt sich ein „normaler" Zählerbetrieb von 0 bis 9, wobei am Ausgang CO (Pin 14, Carry Output) während des Zählerstandes 9 ein 1-Signal vorhanden ist. Dieser Ausgang wird mit dem Eingang der nächsten Zählerdekade verbunden.

Der Baustein 74160 erhöht seinen Zählerstand, wenn an dem C-Eingang eine positive Flanke auftritt, die der Rechteckgenerator erzeugt. Der interne Zählerstand steht an den Ausgängen Q_A bis Q_D im BCD-Code zur Verfügung.

Die Rückstellung des Zählers erfolgt, wenn man den Eingang CLR kurzzeitig auf 0-Signal legt. Man erkennt deutlich im Impulsdiagramm die Wirkungsweise dieser Rückstellung. Diese Rückstellfunktion ist asynchron und setzt alle vier Ausgänge auf 0-Signal, unabhängig vom Zustand der anderen Funktionseingänge. Hat man wie beim 74162 und 74163 eine synchrone Rückstellfunktion, erfolgt diese Funktion immer nur dann, wenn am C-Eingang eine positive Flanke auftritt. Erst dann werden die vier Flipflops zurückgesetzt und an vier Ausgängen Q_A bis Q_D erscheint ein 0-Signal.

Wenn Eingang LOAD ein 0-Signal hat, werden bei der nächsten positiven Taktflanke die an den Anschlüssen A bis D liegenden Informationen in die vier Flipflops übernommen. Mittels des Logikanalysators kann man diese Übernahmefunktion untersuchen.

Abb. 7.56 zeigt die Schaltung eines synchronen Zählers von 0 bis 99 mit zwei 74160. Für einen synchronen Zählerbetrieb mit mehreren Dekaden ohne externe Gatter die-

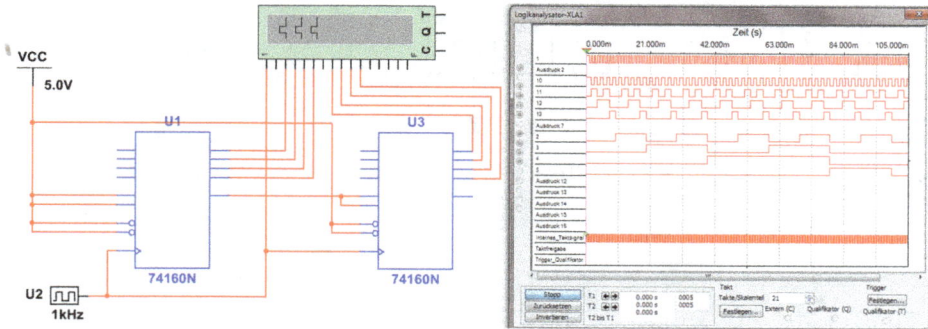

Abb. 7.56: Synchroner Zähler von 0 bis 99 mit zwei TTL-Bausteinen vom Typ 74160

nen die beiden Eingänge für die Zählerfreigabe ENP und ENT, sowie der Anschluss RCO. Die Verbindung nimmt man folgendermaßen vor:
– Zählerdekade (niedrigstwertige): PE = TE = 1-Signal, RCO wird mit ENP und ENT der zweiten Zählerdekade und mit ENP der dritten (usw.) Dekade verbunden.
– Zählerdekade: RCO der zweiten Zählerdekade wird mit TE der dritten Zählerdekade verbunden usw. Alle Stufen werden synchron vom Eingangstakt gesteuert, indem die Takteingänge aller Stufen miteinander verbunden sind. Ebenso werden alle Rückstelleingänge parallel geschaltet.

7.5.2 Vorwärts-Rückwärts-Dezimalzähler 74190

Beim Baustein 74190 handelt es sich um einen synchronen, programmierbaren Dezimalzähler, der im BCD-Code entweder aufwärts oder abwärts zählen kann. Der 74191 arbeitet dagegen als 4-Bit-Binärzähler. Beide Bausteine sind pinkompatibel.

Dieser Baustein enthält einen synchronen, programmierbaren dezimalen Zähler, der im BCD-Code aufwärts oder abwärts zählt.

Für normalen Zählbetrieb liegt bei beiden TTL-Bausteinen Load und CE (Count Enable) auf L. Will man aufwärts zählen, legt man hierzu den Anschluss Up/Down auf L. Der Zähler zählt bei jedem LH-Übergang (positive Flanke) des Taktes am Anschluss Clock weiter.

Zum Abwärtszählen legt man ein H an den Anschluss Up/Down.

Zur Programmierung wird die gewünschte Zahl im BCD-Code an die Eingänge P_0 bis P_3 gelegt und Load kurzzeitig auf Low gebracht. Der Ladevorgang ist unabhängig vom Takt. Der Zähler kann als beliebig einstellbarer Teiler arbeiten, wobei mehrere Zähler parallel oder seriell betrieben werden können. Da kein gesonderter Löscheingang vorhanden ist, müssten, falls erforderlich, lauter Nullen geladen werden.

Wenn der Zähler beim Aufwärtszählen 9 oder beim Abwärtszählen 0 erreicht, geht der Ausgang Pin 12 auf H.

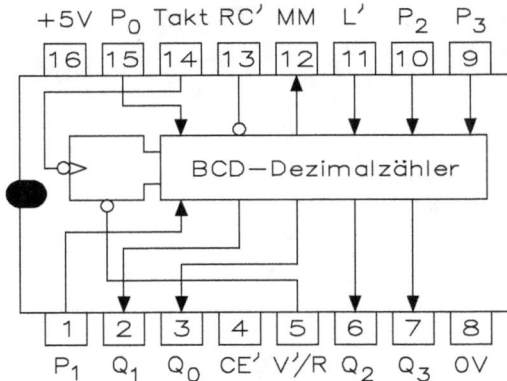

Abb. 7.57: Anschlussschema und Innenschaltung des Vorwärts-Rückwärts-Dezimalzählers 74190

RC (Ripple Clock) ist normalerweise H. Wenn CE (Clock Enable) L und Pin 12 H ist, geht RC bei der nächsten negativen Flanke des Taktes auf L und bleibt auf L, bis der Takt wieder auf H schaltet. Dadurch lässt sich der Aufbau mehrstufiger Zähler vereinfachen, indem man RC mit CE der nächsten Stufe verbindet, wenn man parallel taktet.

CE (Taktfreigabe) mit aktivem Low darf nur geändert werden, wenn der Takteingang High ist.

Abb. 7.57 zeigt Anschlussschema und Innenschaltung des Vorwärts-Rückwärts-Dezimalzählers 74190. Dieses Anschlussschema gilt auch für den Baustein 74191 (synchroner programmierbarer Vorwärts-Rückwärts-4-Bit-Binärzähler), dem 74192 (synchroner programmierbarer Vorwärts-Rückwärts-Dezimalzähler mit Löscheingang), und dem 74193 (synchroner programmierbarer Vorwärts-Rückwärts-4-Bit-Binärzähler mit Löscheingang). Die vier Bausteine unterscheiden sich etwas in der Innenschaltung und im Anschlussschema. So hat der 74192 und 74193 einen getrennten Eingang zum Abwärtszählen (Pin 4) und einen Eingang zum Aufwärtszählen (Pin 5). Außerdem sind zwei Übertragsausgänge für den Aufwärtsbetrieb (Pin 12) und den Abwärtsbetrieb (Pin 13) vorhanden, damit lässt sich ein Vorwärts- und Rückwärtsbetrieb einfacher realisieren.

TTL-Baustein 74190: Dieser Baustein enthält einen synchronen, programmierbaren dezimalen Zähler, der im BCD-Code aufwärts oder abwärts zählt. Für normalen Zählbetrieb liegt LOAD und CE (Count Enable) auf 0-Signal. Will man aufwärts zählen, legt man hierzu den Anschluss Up/Down auf 0-Signal. Der Zähler schreitet bei jedem 01-Übergang (positive Flanke) des Taktes am Anschluss Clock weiter. Zum Abwärtszählen legt man ein 1-Signal an den Anschluss Up/Down.

Zur Programmierung wird die gewünschte Zahl im BCD-Code an die Eingänge P_0 bis P_3 gelegt und LOAD kurzzeitig auf 0-Signal gebracht. Der Ladevorgang ist unabhängig vom Takt. Der Zähler kann als beliebig einstellbarer Teiler arbeiten, wobei mehrere Zähler parallel oder seriell betrieben werden können. Da kein gesonderter Löscheingang vorhanden ist, müssten, falls erforderlich, lauter Nullen geladen werden.

Wenn der Zähler beim Aufwärtszählen 9 oder beim Abwärtszählen 0 erreicht, geht Ausgang Pin 12 auf 1-Signal. Der Eingang RC (Ripple Clock) ist normalerweise auf 1-Signal. Wenn Eingang CE (Clock Enable) auf 0-Signal und Pin 12 auf 1-Signal ist, geht RC bei der nächsten negativen Flanke des Taktes auf 0-Signal und bleibt auf 0, bis der Takt wieder auf 1-Signal geht. Dadurch lässt sich der Aufbau mehrstufiger Zähler vereinfachen, indem man RC mit OE der nächsten Stufe verbindet, wenn man parallel taktet. Eingang OE (Taktfreigabe) mit aktivem 0-Signal darf nur geändert werden, wenn der Takteingang auf 1-Signal liegt.

TTL-Baustein 74191: Dieser Baustein enthält einen synchronen, programmierbaren 4-Bit-Binärzähler, der im Binärcode aufwärts oder abwärts zählt. Für normalen Zählbetrieb liegt LOAD und CE (Count Enable) auf 0-Signal. Will man aufwärts zählen, dann legt man hierzu Anschluss Up/Down auf 0-Signal. Der Zähler schreitet bei jedem 01-Übergang (positive Flanke) des Taktes am Anschluss Clock weiter. Zum Abwärtszählen legt man ein 1-Signal an den Anschluss Up/Down.

Zur Programmierung wird die gewünschte Zahl im Binärcode an die Eingänge P_0 bis P_3 gelegt und LOAD kurzzeitig auf 0-Signal gebracht. Der Ladevorgang ist unabhängig vom Takt. Der Zähler kann als beliebig einstellbarer Teiler arbeiten, wobei mehrere Zähler parallel oder seriell betrieben werden können. Da kein gesonderter Löscheingang vorhanden ist, müssten, falls erforderlich, lauter Nullen geladen werden.

Wenn der Zähler beim Aufwärtszählen 15 oder beim Abwärtszählen 0 erreicht, geht Ausgang Pin 12 auf 1-Signal. Eingang RC (Ripple Clock) ist normalerweise auf 1-Signal. Wenn CE (Clock Enable) auf 0-Signal und Pin 12 auf 1-Signal ist, geht RC bei der nächsten negativen Flanke des Taktes auf 0-Signal und bleibt auf 0, bis der Takt wieder auf 1-Signal geht. Dadurch lässt sich der Aufbau mehrstufiger Zähler vereinfachen, indem man RC mit OE der nächsten Stufe verbindet, wenn man parallel taktet. OE (Taktfreigabe) mit aktivem 0-Signal darf nur geändert werden, wenn der Takteingang auf 1-Signal ist.

Abb. 7.58 zeigt die Schaltung für den Vorwärts-Rückwärts-Dezimalzähler 74190, wobei sich durch die entsprechenden Schalter die einzelnen Funktionen untersuchen lassen. Für den normalen Zählerbetrieb liegen die beiden Eingänge L (Pin 11, LOAD) und CE (Pin 4, Count Enable) auf 0-Signal. Die Zählrichtung bestimmt man über V/R- bzw. U/D-Eingang (Vorwärts/Rückwärts oder Up/Down). Hat dieser Eingang ein 0-Signal, wird der interne Zähler pro positivem Taktimpuls am Eingang C um +1 erhöht. Bei einem 1-Signal arbeitet der Zähler rückwärts und mit jedem positiven Taktimpuls verringert sich der Zählerstand um −1.

Für die Programmierung bzw. für die Übernahme des neuen Zählerstandes wird die gewünschte Zahl im BCD-Code mit den Schaltern A, B, C und D an die Eingänge A, B, C und D gelegt. Die Übernahme in den Zähler erfolgt, wenn Eingang L kurzzeitig auf 0-Signal gelegt wird. Dieser Ladevorgang ist unabhängig vom Taktsignal.

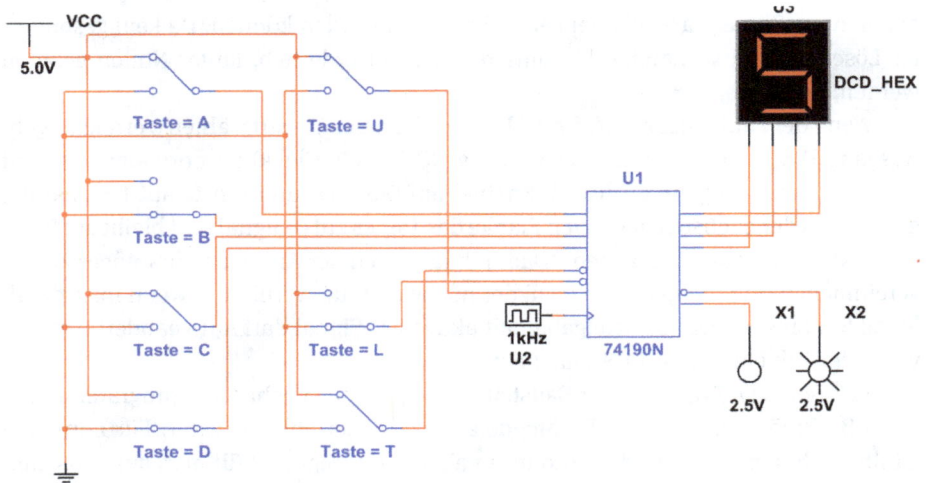

Abb. 7.58: Schaltung zur Untersuchung des Vorwärts-Rückwärts-Dezimalzählers 74190

Der 74190 lässt sich als frei programmierbarer Zähler einsetzen, wobei man mehrere Zählerdekaden parallel oder seriell betreiben kann. Da kein gesonderter Rückstelleingang vorhanden ist, müssen bei einem Rückstellvorgang die P-Eingänge mit 0-Signal verbunden sein.

Wenn der Zähler beim Aufwärtszählen den Wert 0 oder beim Abwärtszählen den Wert 0 erreicht, geht Ausgang MM (Maximal/Minimal) auf 1-Signal.

Eingang RC (Ripple Clock) hat normalerweise ein 1-Signal. Wenn Eingang CE (Clock Enable) auf 0-Signal gestellt wurde und Pin 12 (MM-Ausgang für maximalen bzw. minimalen Zählerzustand) auf 1-Signal liegt, geht Ausgang RC bei der nächsten negativen Taktflanke auf 0-Signal und bleibt auf 0-Signal, bis der Takt wieder auf 1-Signal schaltet. Dadurch lässt sich der Aufbau mehrstufiger Zähler realisieren, indem man RC mit CE der nächsten Stufe verbindet, wenn man eine synchrone Zählereinheit hat. Eingang CE (Taktfreigabe) hat ein 0-Signal und dieses darf nur geändert werden, wenn der Takteingang auf 1-Signal liegt.

Diese Arbeitsweise gilt auch für den 74191, nur dieser zählt von 0 bis 15, da es sich um einen 4-Bit-Binärzähler handelt. Die komplexen Zähler der TTL-Standardserie wurden besonders dafür entwickelt, um mit einem Minimum an zusätzlichen Bauelementen diverse Zählereinheiten mit beliebiger Stellenzahl aufbauen zu können. Hierzu dienen Eingänge RC (Ripple Clock) und CE (Clock Enable) und Ausgang MM (Max-Min). Ausgang MM hat nur dann ein 1-Signal, wenn der Zähler beim Vorwärtszählen die Zahl 15 oder beim Abwärtszählen die Zahl 0 erreicht hat. Ausgang RC hat ein 0-Signal und Ausgang MM ein 1-Signal, wenn die entsprechenden Bedingungen erfüllt sind. Aufgrund dieser speziellen Eingänge lassen sich drei unterschiedliche Schaltungsvarianten erstellen, wenn man einzelne Zählerbausteine zu Dekaden verbindet.

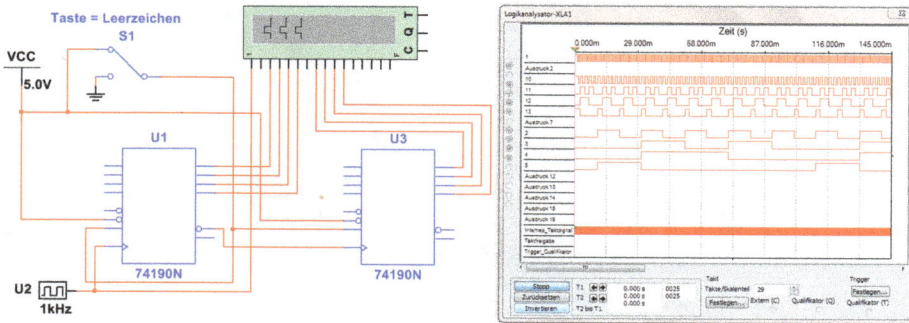

Abb. 7.59: Schaltung eines teilsynchronen Vorwärts-Rückwärts-Zählers mit zwei 74190 und Logikanalysator

Die teilsynchrone Zählerschaltung von Abb. 7.59 kann von 0 bis 99 vorwärts zählen oder von 99 bis 0 abwärts zählen. Diese Betriebsart wird über den Schalter Space (Leertaste) bestimmt. Der linke 74190 erzeugt die Einerstelle und der rechte die Zehnerstelle.

Der 74190 arbeitet intern als synchroner Dezimalzähler. Der rechte 74190 erhält seine Frequenz vom Rechteckgenerator und dieses Signal kann noch mit dem Logikanalysator verbunden werden, damit man die Eingangsfrequenz als Messeinheit hat. Der rechte 74190 erhält nicht vom Ausgang Q_D seine Frequenz, sondern von Steuerausgang RCO. In der Praxis verwendet man immer den Steuerausgang für die nächsthöhere Zählerdekade. Hierzu muss man aber folgende Punkte beachten:

– Das Signal am Vorwärts-Rückwärts-Eingang U/D (Up/Down) darf nicht geändert werden, wenn der Zähleingang auf 0-Signal liegt, da Steuerausgang RC vom Eingang U/D abhängig ist.

– Die Zählrichtung darf nicht geändert werden, bevor der letzte Taktimpuls den gesamten Zähler durchlaufen hat.

– Die minimale Breite des Taktimpulses wird durch das Schaltverhalten an dem internen Gatter des Steuerausgangs RC bestimmt. Der Zählimpuls soll lang genug sein, um unerwünschte Signale zu unterdrücken, die durch unterschiedliche Verzögerungszeiten der im Schaltkreis enthaltenen Flipflops an Ausgang MM entstehen.

Ausgang RCO hat normalerweise ein 1-Signal und wird Zählerstand 0 (Abwärtszählen) oder 9 (Vorwärtszählen) erreicht, schaltet dieser auf 0-Signal. Schaltet Ausgang RCO auf 1-Signal, entsteht eine positive Taktflanke, die den nächsthöheren Zähler weiterschaltet. In Abb. 7.59 ist der Ausgang RC mit Takteingang C des nächsthöheren 74190 verbunden und diese Arbeitsweise wird als „teilsynchrone" Betriebsart für Zählerdekaden bezeichnet.

8 Aufbau und Anwendungen von Schieberegistern

Im Gegensatz zu Frequenzteilern und Zählern arbeiten Schieberegister. Schieberegister bestehen aus mehreren Flipflops, die so hintereinandergeschaltet sind, dass jeweils der Ausgang eines Flipflops mit dem Eingang des nächsten Flipflops verbunden ist. Legt man an den Eingang eines Schieberegisters eine Information, so wird diese mit jedem Taktimpuls von links nach rechts oder in die andere Richtung geschoben. Die Taktimpulsleitung liegt grundsätzlich parallel an allen Flipflops und es ergibt sich eine synchrone Betriebsart. Ein Schieberegister ist ein kettenförmig aufgebauter Informationsspeicher, der von einer gemeinsamen Taktleitung betrieben wird. Die gespeicherte Information einer jeden Speicherzelle wird durch den gemeinsamen Takt synchron in die jeweils benachbarte Speicherzelle geschoben.

8.1 Betriebsarten von Schieberegistern

In der Praxis kennt man prinzipiell rechts- und linksschiebende Registereinheiten. Die Information lässt sich seriell in ein Schieberegister einschreiben und man erhält diese gespeicherte Information entweder parallel oder seriell über entsprechende Ausgänge. Übergibt man parallel die Daten in ein Schieberegister, kann man die Informationen parallel oder seriell an den Ausgängen erhalten.

In der Praxis unterscheidet man zwischen
- SIPO: Serieller Eingang, paralleler Ausgang
- PIPO: Paralleler Eingang, paralleler Ausgang
- PISO: Paralleler Eingang, serieller Ausgang
- SISO: Serieller Eingang, serieller Ausgang.

Aus den vier Grundtypen werden einige Schieberegister für spezielle Anwendungen abgeleitet wie
- FIFO: First In, First Out
- UART: Universaler Asynchroner Receiver/Transmitter
- USRT: Universaler Synchroner Receiver/Transmitter
- USART: Universaler Synchroner Asynchroner Receiver/Transmitter.

8.1.1 Schieberegister mit seriellem Ein- und Ausgang

Für ein Schieberegister lassen sich D- oder JK-Flipflops verwenden. Für das Schieberegister von Abb. 8.1 mit seriellem Ein- und Ausgang verwendet man einfache D-Flipflops. Die D-Flipflops sind aus der Bibliothek TIL entnommen und sind positiv flankengetriggerte Bausteine.

https://doi.org/10.1515/9783110583670-008

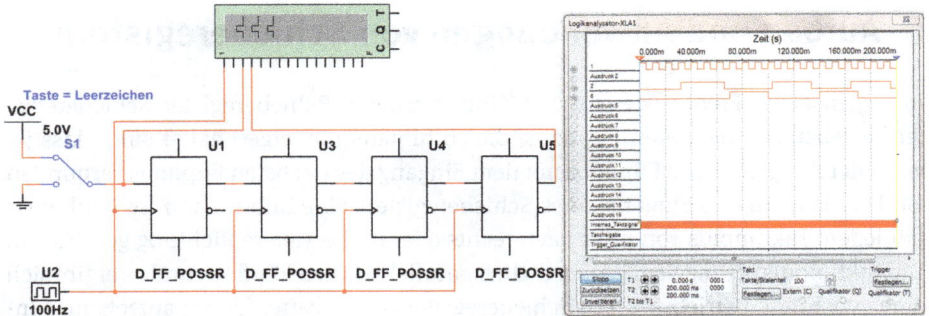

Abb. 8.1: Schaltung eines rechtsschiebenden 4-Bit-Registers mit seriellem Ein- und Ausgang. Die Eingangsinformation wird über die Leertaste erzeugt und der Bildschirm des Logikanalysators zeigt das Impulsdiagramm für den Schiebevorgang von links nach rechts.

Bei der Schaltung von Abb. 8.1 gibt man über die Leertaste die Eingangsinforma-tion „seriell" in das Schieberegister ein. Die Information lässt sich im linken Flipflop (Eingang) aber nur speichern, wenn das 1-Signal stabil vor einer positiven Flanke des Schiebetaktes anliegt. Hat das Flipflop die Eingangsinformation übernommen, wird diese pro Taktimpuls um eine Stelle weiter nach links geschoben. Nach dem vierten Taktimpuls ist am Ausgang die Eingangsinformation vorhanden.

Bei der Schaltung wird der Schiebetakt aller Flipflops an den CLK-Eingängen syn-chron über die Taktleitung zugeführt. Durch den RESET-Eingang lassen sich mit ei-nem 1-Signal alle Flipflops in den Ruhestand bringen und mit einem 1-Signal an den SET-Eingängen werden alle Flipflops gesetzt. Das Eingangssignal wird dem D-Eingang der ersten Stufe direkt zugeführt. Bei dem Schieberegister wird durch die angegebene Verbindung von Ausgängen und Eingängen der benachbarten Speicher erreicht, so-dass bei jedem Taktimpuls der Signalzustand der vorhergehenden Speicherstufe auf die nachfolgende Speicherstufe übertragen, d. h. weitergeschoben wird.

Mit jedem Taktimpuls wandert die Binärinformation vom Ausgang Q eines Flip-flops zum D-Eingang des nächsten Flipflops weiter. Das 1-Signal am Eingang erscheint bei einem 4-Bit-Schieberegister nach vier Taktimpulsen am Ausgang Q_4. Wird nach-einander die Signalfolge 1-0-0-1 auf den Eingang D gegeben, so kann diese Information nach dem vierten Taktimpuls an den Ausgang Q abgelesen werden. Die gesamte Si-gnalfolge ist also in das Schieberegister „eingetaktet", d. h. eingespeichert. Mit jedem weiteren Taktimpuls wird die Signalfolge 1-0-0-1 dann jedoch aus dem Ausgang Q_4 schrittweise „ausgetaktet" und geht verloren. Man hat ein rechtsschiebendes 4-Bit-Register.

Die Funktionsweise des Schieberegisters wird durch die Signalleuchten an den Ausgängen Q sichtbar. Auch das Impulsdiagramm im Logikanalysator zeigt die Wir-kungsweise dieses 4-Bit-Schieberegisters, das die Informationen von links nach rechts schiebt. Ändert man die Informationsrichtung und die Ein- bzw. Ausgänge der einzelnen Flipflops, ergibt sich ein linksschiebendes Register.

Das Schieberegister arbeitet aus SISO (Serieller Eingang, Serieller Ausgang). Hat das Schieberegister eine größere Speicherkapazität, z. B. 1024 Flipflops, lässt sich ein FIFO (First In, First Out) realisieren. Die ersten Daten, die eingeschrieben werden, stehen nach dem Taktsignal als erste wieder zur Verfügung.

8.1.2 Schieberegister mit seriellem Eingang und parallelem Ausgang

Die Arbeitsweise eines Schieberegisters mit seriellem Eingang und parallelem Ausgang erkennt man bereits aus Abb. 8.1. Nach jedem Taktsignal wird die Eingangsinformation nach rechts weitergegeben. Verwendet man diese Ausgänge, ergibt sich ein Schieberegister mit parallelen Ausgängen, wie Abb. 8.2 zeigt.

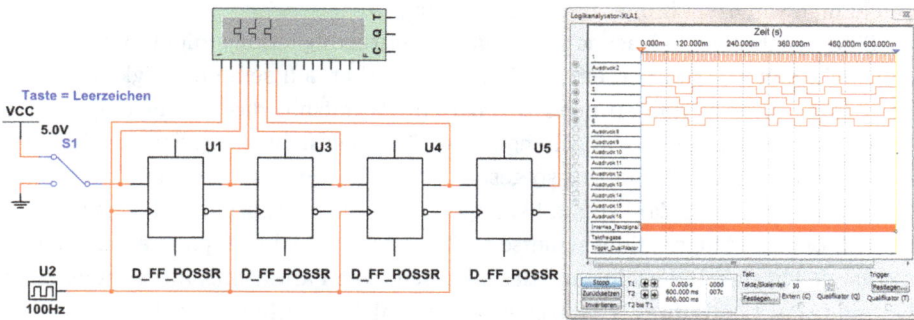

Abb. 8.2: Schaltung eines 4-Bit-Schieberegisters mit seriellem Eingang und parallelen Ausgängen

Die Arbeitsweise eines 4-Bit-Schieberegisters mit seriellem Eingang und parallelen Ausgängen wird in Abb. 8.2 gezeigt. Die Eingangsinformation wird auf den D-Eingang des linken Flipflops geschaltet und mit der positiven Flanke vom Taktsignal übernommen. Der Ausgang Q schaltet auf 1-Signal, der Testpunkt leuchtet auf und der Logikanalysator zeigt ein 1-Signal an. Mit dem zweiten Takt wird das 1-Signal im zweiten Flipflop gespeichert und dementsprechend am Ausgang angezeigt. Nach und nach schiebt das Schieberegister die eingeschriebenen Informationen nach rechts weiter. Im Bildschirm des Logikanalysators sieht man die Arbeitsweise dieses Schieberegisters. Mit jeder positiven Taktflanke werden Informationen um eine Stelle nach rechts geschoben.

In der Praxis spricht man auch vom Seriell-Parallel-Wandler. Diesen Wandler findet man beim USART als Eingangsschieberegister an der seriellen Schnittstelle nach RS232C. Bei dem asynchronen Verfahren wird jedes übertragene Byte bzw. Codewort zwischen zwei Synchronisierungszeichen gepackt. Ein übertragenes Zeichen beginnt mit einem Startbit, gefolgt von der eigentlichen Information (ein oder auch mehrere Byte). Den Abschluss bilden das Prüfzeichen, das „Paritätsbit" und ein oder zwei „Stoppbits".

Die Aufgabe des Startbits ist die Herstellung der Synchronität zwischen Empfänger und Sender. Das Startbit geht vom Sender aus und besagt, dass die Daten nun folgen. Die Datenleitung hat in den Übertragungspausen den Zustand „1" und wird durch das Startbit auf „0" gekippt.

Das „Stoppbit" meldet der Steuerlogik, dass die Übertragung der Daten abgeschlossen ist und kippt den Zustand des Übertragungsmediums von „0" auf „1". Je nach verwendetem System sind ein oder zwei Stoppbits möglich. Mit anderen Worten bedeutet dies, dass zum Übertragen von einem Zeichen, der Empfänger mit dem Startbit seinen Taktgenerator synchronisiert. Für die Dauer der Übertragung laufen Sende- und Empfangstakt weitgehend synchron, nach dem Stoppbit wird der Gleichlauf wieder aufgegeben. Weil die Taktgeneratoren nur für kurze Zeit synchron laufen, spricht man von asynchroner Datenübertragung.

Eine synchrone und asynchrone Datenübertragung erfolgt nicht störungsfrei. Man sucht daher Verfahren, ein empfangenes Zeichen auf seine Richtigkeit zu prüfen. Das einfache Verfahren benutzt dazu ein Paritätsbit, das senderseitig an die sieben bzw. acht Datenbits angehängt wird. Bei eingestellter gerader Parität (englisch: even) wird das Paritätsbit so gesetzt, dass die Quersumme über Daten- und Paritätsbit eine gerade Zahl ergibt, bei ungerader Parität (englisch: odd) eine ungerade Zahl. Der Empfänger bildet seinerseits die Quersumme der empfangenen Zeichen und vergleicht sie mit dem Zustand des mitgesendeten Paritätsbits. Als Beispiel dient die gerade Paritätsprüfung, da die Quersumme mit dem Paritätsbit 0 vier ergibt. Eine Fehlerkorrektur ist mit diesem Verfahren allerdings nicht möglich. Hier existieren erheblich kompliziertere Verfahren, die Fehlerkorrekturen erlauben.

Die Vorteile dieser Übertragungsart liegen im geringen Hardwareaufwand und einem einfachen, überschaubaren Datenprotokoll. Es eignet sich besonders für kurze Mitteilungen und wird oft zur Kommunikation innerhalb von Feldbussystemen eingesetzt. Der Nachteil ist die zusätzliche Busbelastung durch das immer wiederkehrende Start- und Stoppbit.

Bei der synchronen Übertragung wird vom Sender ein Takt (Zeichen) erzeugt und zur Steuerung der Übertragung herangezogen. Durch diesen Takt werden die Empfänger untereinander synchronisiert, also ihr Datenübergabepunkt festgelegt. Dieses Zeichen muss in regelmäßigen Abständen (alle 100 Datenbit bis 1024 Datenbit) wiederholt werden. Der Vorteil dieser Übertragung ist, dass ein großer Datenblock innerhalb eines kurzen Zeitfensters übertragen werden kann. Von Nachteil können Störungen auf dem Übertragungsmedium sein, die dann eine Asynchronität hervorrufen können. Ein weiterer Nachteil ist der höhere Hardwareaufwand beim Sender und Empfänger.

8.1.3 Schieberegister mit parallelem Ein- und Ausgang

Bei einem Schieberegister mit parallelem Ein- und Ausgang benötigt man eine einfache Steuerung für die Übernahme der Daten in das Schieberegister und eine entsprechende Steuerung für die Ausgabe der Informationen. In den zwei Schaltungen von Abb. 8.1 und Abb. 8.2 erkennt man die Steuerung für die Übernahme der Informationen in das Schieberegister. Die Ausgabe der Informationen folgt dagegen direkt über die Signalanzeigen und diese Schaltung stellt eine Erweiterung dar.

8.1.4 Schieberegister als Ringzähler nach dem Libaw-Craig-Code

Wenn man fünf Flipflops zu einem Schieberegister zusammenschaltet, lässt sich ein Ringzähler nach dem Libaw-Craig-Code realisieren. Wichtig bei diesem Ringzähler ist nur, dass am Ausgang ein NICHT-Gatter vorhanden ist, das mit dem Eingang des Schieberegisters verbunden ist. Das NICHT-Gatter kann aber entfallen, wenn der Eingang an den Ausgang Q' angeschlossen wird.

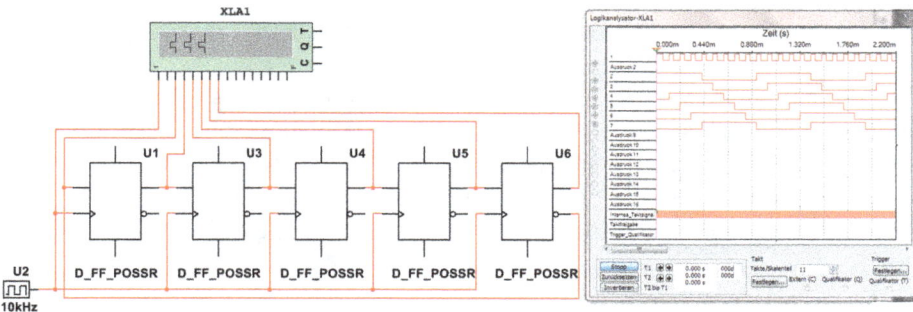

Abb. 8.3: Schieberegister als Ringzähler für den Libaw-Craig-Code

Startet man das Schieberegister von Abb. 8.3, erhält der Eingang des linken Flipflops ein 1-Signal, da das NICHT-Gatter das Ausgangssignal des rechten Flipflops negiert. Mit jedem Taktsignal wird das 1-Signal nach rechts geschoben, bis der Ausgang des rechten Flipflops ein 1-Signal hat. Dieses 1-Signal wird negiert und liegt jetzt mit einem 0-Signal am linken Flipflop an. Mit dem nächsten Taktimpuls kippt dieses Flipflop zurück und dieses 0-Signal wird pro Taktimpuls nach rechts geschoben.

Bei diesem 5-Bit-Code hat man natürlicherweise eine höhere Redundanz als die Minimalform des 4-Bit-Codes. Es ergeben sich 22 überflüssige Codeworte oder eine Redundanz von $R \approx 1,7$ Bit. Da man aus der größeren Anzahl von $2^5 = 32$ Codewörtern nur zehn für einen BCD-Code auszuwählen hat, besteht die Möglichkeit, für einen 5-Bit-Code bestimmte Eigenschaften zu konstruieren, die mit dem 4-Bit-Format nicht zu erzielen sind und die den höheren Aufwand an Binärstellen rechtfertigen.

Der Libaw-Craig-Code, der sich mit diesem Schieberegister erzeugen lässt, eignet sich sehr gut für die Realisierung von Ein- und Zweirichtungszählern. Mit einem 5-stufigen Schieberegister mit gekreuzter Rückführung ergibt sich eine einfache Schaltung, die man auch als „switched-tail-ring-counter-code" bezeichnet. Die Umcodierung in eine Dezimalziffer ist ohne Probleme möglich.

8.2 Integrierte Schieberegister in TTL-Technik

Unter Multisim stehen zahlreiche Modelle für die Simulation von TTL-Schaltkreisen zur Verfügung.

8.2.1 Rechts/Links-4-Bit-Schieberegister 74194

Die Realisierung von bidirektionalen Schieberegistern mit D-Flipflops ist sehr aufwendig. Die Halbleiterindustrie bietet mehrere Schieberegister an, die von links nach rechts oder umgekehrt ihre Informationen transportieren können. Der TTL-Baustein 74194 ist positiv flankengetriggert, hat serielle und parallele Eingänge, die getrennt sind und verfügt über serielle und parallele Eingänge.

Der Baustein 74194 von Abb. 8.4 beinhaltet ein bidirektionales 4-Bit-Schieberegister für parallele und serielle Ein- und Ausgabe sowie einen Löscheingang. Über den Eingang CLK (Pin 11) erhält der Baustein seinen Takt vom Rechteckgenerator.

Wenn der Löscheingang CLR (Clear, Pin 1) von der Taste R ein 0-Signal erhält, gehen alle Ausgänge von Q_A bis Q_D auf 0-Signal, unabhängig von allen anderen Ein-

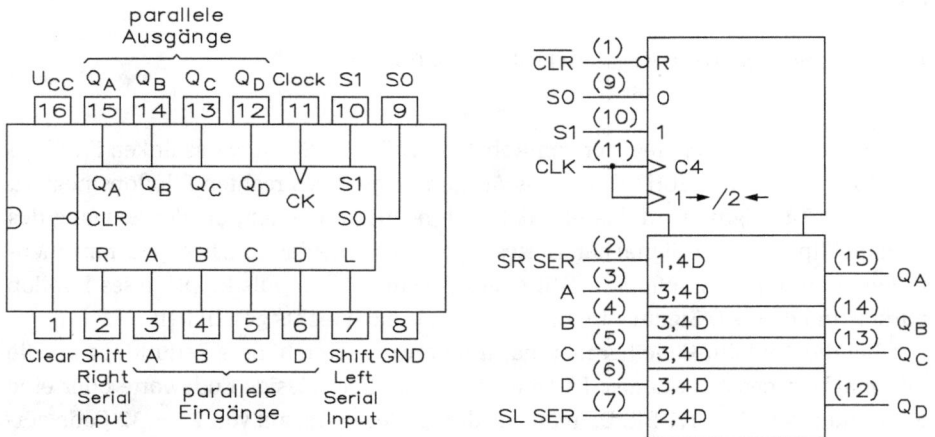

Abb. 8.4: Innenschaltung und Anschlussschema des Rechts/Links-4-Bit-Schieberegisters 74194

gangsbedingungen. Liegt dagegen Eingang CLR auf 1-Signal, wird die Betriebsart durch die beiden Mode-Control-Eingänge S0 (Pin 9) und S1 (Pin 10) bestimmt. Ein Schiebebetrieb von links nach rechts ergibt sich, wenn S0 = 0 und S1 = 1 ist. Die seriellen Daten erhält der 74194 über den Eingang DSL (Daten Shift Left, Pin 7). Hat man einen Schiebebetrieb von rechts nach links, muss die Bedingung S0 = 1 und S1 = 0 erfüllt sein. Die seriellen Daten liegen in diesem Fall an dem Eingang DSR (Data Shift Right, Pin 2).

Wenn man Abb. 8.5 betrachtet, ist der Ausgang Q_A über ein NICHT mit dem Eingang SL (Serial Left) und der Ausgang Q_A mit dem Eingang SR (Serial Right) verbunden. Damit lässt sich der linke und der rechte Schiebebetrieb des 74194 untersuchen. Abb. 8.5 zeigt die Schaltung zur statischen Untersuchung des bidirektionalen 4-Bit-Schieberegisters 74194.

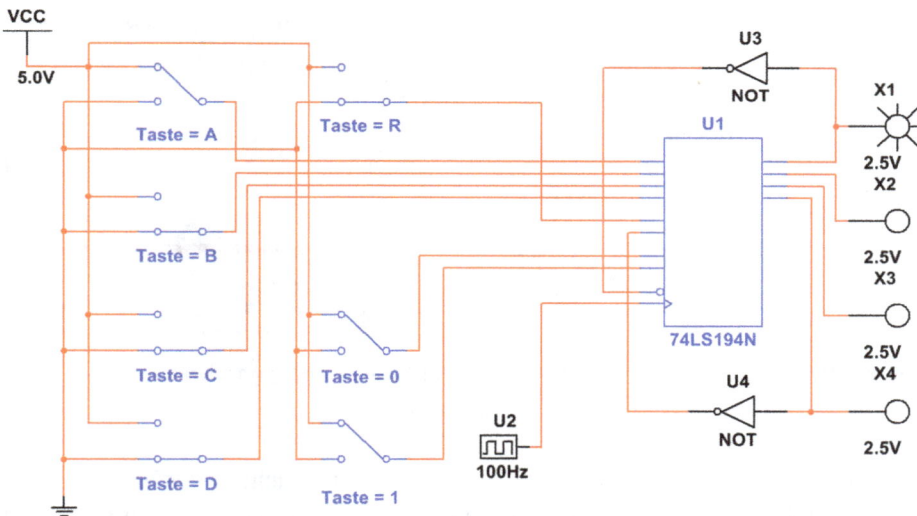

Abb. 8.5: Schaltung zur statischen Untersuchung des bidirektionalen 4-Bit-Schieberegisters 74194

Mit den beiden Eingängen S0 und S1 ist ein paralleler Ladebetrieb an den Eingängen A, B, C und D möglich, wenn beide auf 0-Signal liegen. Während des parallelen Ladens sind die beiden seriellen Dateneingänge gesperrt.

Serielle und parallele Daten werden in den 74194 synchron bei einer positiven Flanke übernommen. Die Informationen an den Dateneingängen müssen aber rechtzeitig vor der positiven Flanke des Taktimpulses anliegen. Sind beide Steuereingänge S0 und S1 auf 0-Signal, wird der Takt gesperrt. Diese beiden Eingänge sollen nur geändert werden, wenn der Takteingang auf 1-Signal liegt. Wahrheitstabelle 8.1 zeigt die einzelnen Funktionen des Schieberegisters.

Tab. 8.1: Funktionen des bidirektionalen 4-Bit-Schieberegisters 74194

Eingänge								Ausgänge			
Clear	Mode		Takt	Seriell		Parallel					
	S1	S0		Left	Right	A B C D		Q_A	Q_B	Q_C	Q_D
0	X	X	X	X	X	X X X X		0	0	0	0
1	X	X	0	X	X	X X X X		Q_{A0}	Q_{B0}	Q_{C0}	Q_{D0}
1	1	1	↑	X	X	a b c d		a	b	c	d
1	0	1	↑	X	1	X X X X		1	Q_{An}	Q_{Bn}	Q_{Cn}
1	0	1	↑	X	0	X X X X		0	Q_{An}	Q_{Bn}	Q_{Cn}
1	1	0	↑	1	X	X X X X		Q_{Bn}	Q_{Cn}	Q_{Dn}	1
1	1	0	↑	0	X	X X X X		Q_{Bn}	Q_{Cn}	Q_{Dn}	0
1	0	0	X	X	X	X X X X		Q_{A0}	Q_{B0}	Q_{C0}	Q_{D0}

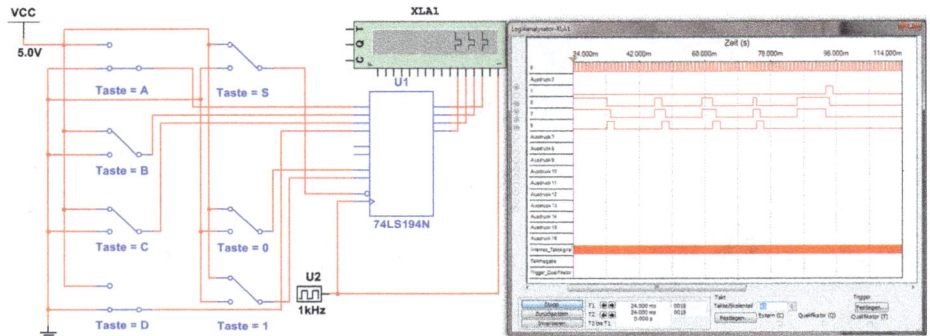

Abb. 8.6: Dynamische Untersuchung des TTL-Bausteins 74LS194 mit Logikanalysator

Abb. 8.6 zeigt eine Schaltung zur dynamischen Untersuchung des TTL-Bausteins 74LS194 im Parallel-Parallel-Betrieb. Liegt CLR auf 1-Signal, wird die Betriebsart der beiden MODE-Eingänge S0 und S1 bestimmt. Eine Linksverschiebung erfolgt, wenn S0 auf 0-Signal und S1 auf 1-Signal ist. Die seriellen Daten werden hierbei dem Eingang SL (Serial Left) angelegt. Eine Rechtsverschiebung erfolgt, wenn S0 auf 1-Signal und S1 auf 0-Signal ist und die seriellen Daten werden hierbei dem Eingang SL angelegt.

Liegen beiden Eingänge S0 und S1 auf 1-Signal ist ein paralleles Laden der Daten an A bis D möglich. Während des parallelen Ladens ist die serielle Dateneingabe gesperrt. Serielle und parallele Daten werden in das Schieberegister synchron beim 01-Übergang (positive Flanke) des positiven Taktes am Anschluss Clock übernommen. Die Daten an den Dateneingängen müssen jedoch rechtzeitig vor der Flanke des Taktimpulses anliegen. Ist S0 und S1 auf 0-Signal, wird der Takt gesperrt. Diese beiden Eingänge sollten nur geändert werden, wenn der Takteingang auf 1-Signal liegt.

Der serielle Eingang SR (Serial Right) wird durch Schalter A angesteuert und mit jeder positiven Taktflanke das Datenbit übernommen. Man beachte die Stellung der Schalter S0 und S1, denn damit wird der Rechtsschiebebetrieb festgelegt. Der serielle Eingang SL (Serial Left) wird durch Schalter A angesteuert und mit jeder positiven Taktflanke wird das Datenbit ausgegeben. Bitte beachten Sie die Stellung der Schalter S0 und S1, denn damit wird der Linksschiebebetrieb festgelegt.

8.2.2 4-Bit-Schieberegister 74195 mit serieller und paralleler Ein-/Ausgabe und Löschen

Dieser TTL-Baustein 74195 enthält ein 4-Bit-Schieberegister mit serieller und paralleler Ein- und Ausgabe sowie einen Löscheingang. Das Schieberegister ist positiv flankengetriggert, hat serielle und parallele Eingabe, serielle und parallele Ausgabe und kann rechtsschieben. Die Clear-Funktion ist unabhängig vom Zustand des Taktsignals. Bemerkenswert ist der direkte Q_D-Ausgang und der negierte $\overline{Q_D}$-Ausgang. J- und K'-Eingang der ersten Stufe sind separat herausgeführt. Die Eingänge sind gepuffert. Abb. 8.7 zeigt die Innenschaltung und das Anschlussschema des 4-Bit-Schieberegisters 74195.

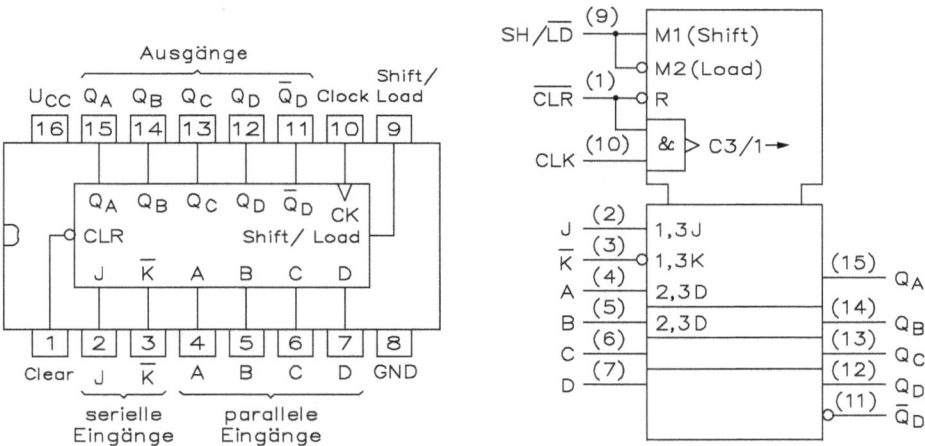

Abb. 8.7: Innenschaltung und Anschlussschema des 4-Bit-Schieberegisters 74195

Dieses Schieberegister hat zwei Betriebsarten, nämlich Rechtsverschiebung und Laden paralleler Daten, die durch den logischen Zustand von Pin 9 (Load) gesteuert werden. Ist Eingang Load auf 1-Signal, werden serielle Daten über die Eingänge J und K eingegeben und bei jedem 01-Übergang (positive Flanke) des Taktes ein Bit nach rechts verschoben. Zu diesem Zweck sind beide Eingänge J und K' miteinander verbunden. Schaltet man den J-Eingang auf 1-Signal und den K'-Eingang auf 0-Signal, wird nur das 1-Bit des Registers mit dem positivem Taktsignal übernommen und schiebt die übrigen im Register vorhandenen Informationen um eine Stelle weiter. Mit J auf 0-Signal und K' auf 1-Signal bleibt die erste Stufe des Registers unverändert, während die übrigen Informationen wieder um eine Stufe weitergeschoben werden.

Um Daten parallel zu laden, werden die Informationen den Eingängen A bis D zugeführt und der Load-Eingang auf 0-Signal gelegt. Dann werden diese Daten beim nächsten 01-Übergang (positive Flanke) des Taktes in das Register übernommen und erscheinen an den zugehörigen Ausgängen Q_A bis Q_D. Alle seriellen und parallelen Datentransfers arbeiten somit synchron und der Schiebebetrieb erfolgt mit jeder positiven Flanke des Taktsignals. Abb. 8.8 zeigt die Schaltung zur statischen Untersuchung des 4-Bit-Schieberegisters 74195.

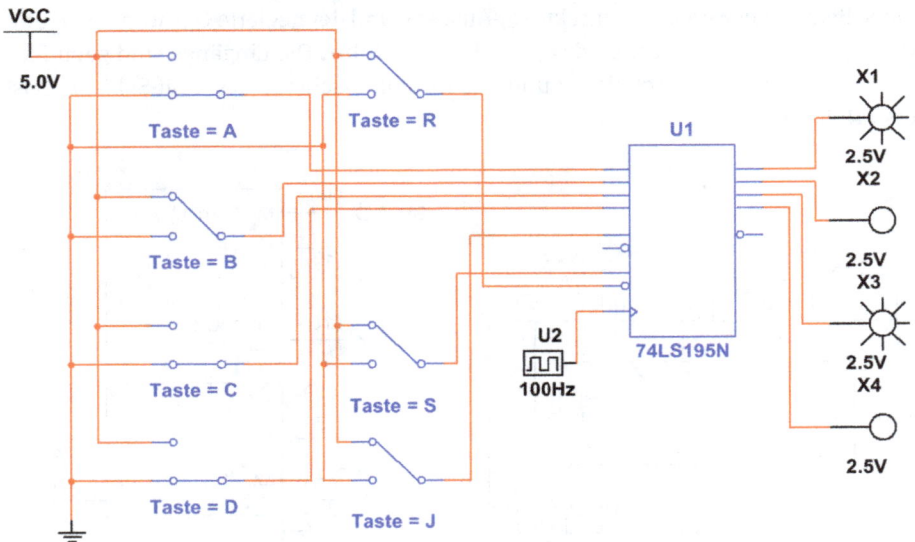

Abb. 8.8: Statische Untersuchung des 4-Bit-Schieberegisters 74195 mit serieller und paralleler Ein- und Ausgabe

Das Löschen erfolgt dagegen asynchron und unabhängig von allen übrigen Eingängen, indem man den Anschluss Clear kurzzeitig auf 0-Signal bringt. Man kann auch eine Linksverschiebung durchführen, indem man die Q_n-Ausgänge mit den A_{n+1}-Eingängen verbindet und Load auf 0-Signal legt. Die Wahrheitstabelle 8.2 zeigt die einzelnen Funktionen des Schieberegisters.

Tab. 8.2: Funktionen des Schieberegisters 74195

Eingänge					Ausgänge				
Clear	Shift/ Load	Takt	Seriell J K'	Parallel A B C D	Q_A	Q_B	Q_C	Q_D	$Q_{\bar{D}}$
0	X	X	X X	X X X X	0	0	0	0	1
1	0	↑	X X	a b c d	a	b	c	d	d'
1	1	0	X X	X X X X	Q_{A0}	Q_{B0}	Q_{C0}	Q_{D0}	$Q_{\bar{D}0}$
1	1	↑	0 1	X X X X	Q_{A0}	Q_{B0}	Q_{Cn}	Q_{Dn}	$Q_{\bar{D}n}$
1	1	↑	0 0	X X X X	0	Q_{An}	Q_{Bn}	Q_{Cn}	$Q_{\bar{C}n}$
1	1	↑	1 1	X X X X	1	Q_{An}	Q_{Bn}	Q_{Cn}	$Q_{\bar{C}n}$
1	1	↑	1 0	X X X X	Q'_{An}	Q_{An}	Q_{Bn}	Q_{Cn}	$Q_{\bar{C}n}$

8.2.3 4-Bit-Schieberegister 74395 mit paralleler Ein-/Ausgabe, Clear und Tri-State-Ausgängen

Dieser Baustein enthält ein 4-Bit-Schieberegister, bei dem die Daten seriell und parallel ein- und ausgegeben werden können. Der Baustein besitzt einen Löscheingang und alle internen Flipflops werden zurückgesetzt. Mit einer negativen Taktflanke schaltet das Schieberegister weiter. Die Übernahme der Daten erfolgt seriell und parallel, die Ausgänge arbeiten seriell und parallel. Die Clear-Funktion ist unabhängig vom Zustand des Takteingangs. Der Zustand des Eingangs „Output Control" (Pin 9) beeinflusst die interne Funktion der Wahrheitstabelle nicht. Abb. 8.9 zeigt die Schaltung zur Untersuchung des 4-Bit-Schieberegisters.

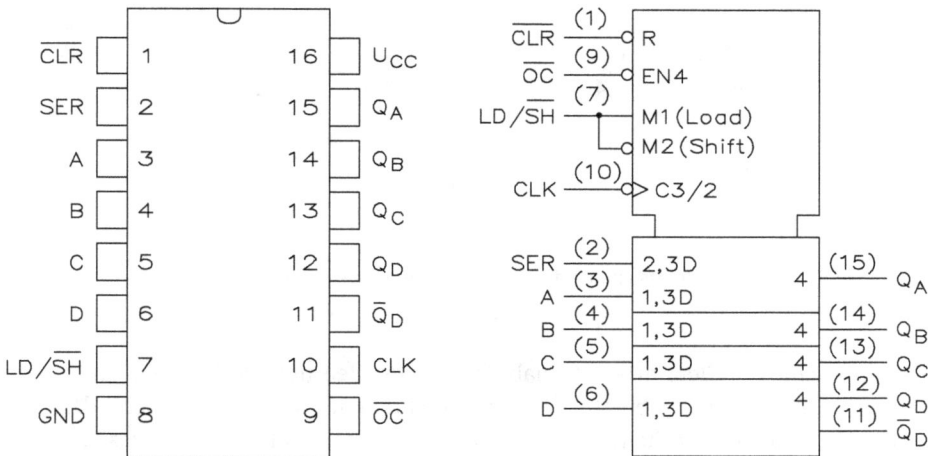

Abb. 8.9: Innenschaltung und Anschlussschema des 4-Bit-Schieberegisters 74395

Der Baustein kann in zwei Betriebsarten verwendet werden, Laden oder Schieben. Bei der Ladebetriebsart wird der Anschluss Load/Shift (Pin 7) auf 1-Signal gelegt und es werden dann die an den Eingängen A bis D liegenden parallelen Daten beim nächsten 10-Übergang (negative Flanke) des Taktes am Anschluss Clock in den Baustein übernommen. Der serielle Dateneingang DS (Data Serial) ist hierbei gesperrt.

Die Daten stehen an den Ausgängen Q_A bis Q_D und Q_D' zur Verfügung. Wird Anschluss OE (Output Enable) auf 1-Signal gelegt, so gehen die Ausgänge Q_A bis Q_D in den hochohmigen Zustand, nicht jedoch Q_D'. Dieser Ausgang dient zum Kaskadieren mehrerer Bausteine. Hierbei wird die Funktion des Schieberegisters nicht beeinflusst. Für die Schiebebetriebsart wird Pin 7 auf 0-Signal gelegt und dann werden bei jeder negativen Flanke des Taktes die Information am seriellen Dateneingang DS in Q_0 übernommen. Der Inhalt von Q_0 geht in Q_1, der Inhalt von Q_1 in Q_2, der Inhalt von Q_2 in Q_3, und der Inhalt von Q_3 geht verloren oder wird in einen weiteren Baustein eingeschoben. Abb. 8.10 zeigt die Schaltung zur Untersuchung des 4-Bit-Schieberegisters.

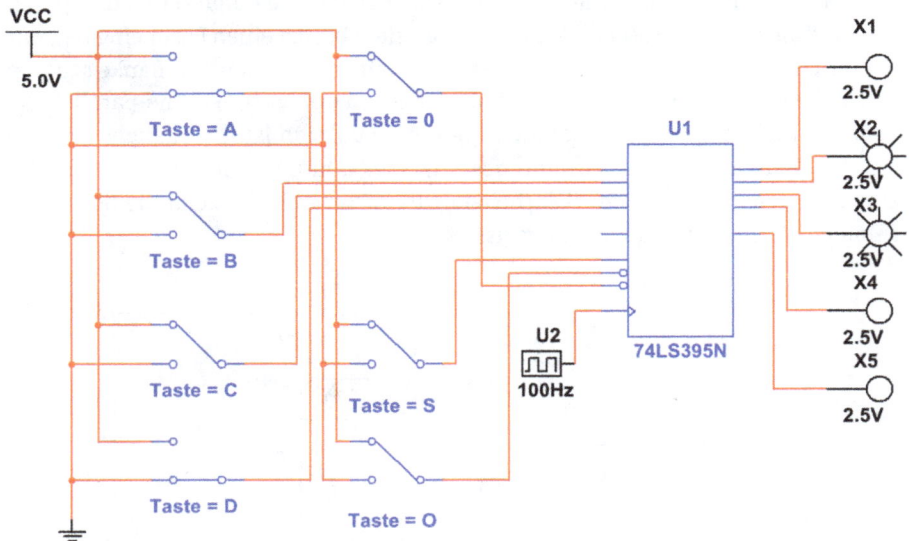

Abb. 8.10: Schaltung zur Untersuchung des 4-Bit-Schieberegisters 74395

Der Löscheingang Clear arbeitet unabhängig von allen übrigen Eingängen. Wird er kurzzeitig auf 0-Signal gebracht, werden alle Stufen des Registers gelöscht, d. h. auf 0-Signal gebracht. Wahrheitstabelle 8.3 zeigt die einzelnen Funktionen des Schieberegisters.

Tab. 8.3: Funktionen des Schieberegisters 74395. Die Ausgänge sind hochohmig, wenn der Ausgang OC (Output Control) auf 1-Signal liegt, aber dies gilt nicht für Ausgang Q_D'

Eingänge					Ausgänge				Kaskadierbarer Ausgang
Clear	Shift/ Load	Takt	Seriell	Parallel A B C D	Q_A	Q_B	Q_C	Q_D	Q_D'
0	X	X	X	X X X X	0	0	0	0	0
1	1	X	X	X X X X	Q_{A0}	Q_{B0}	Q_{C0}	Q_{D0}	Q_{D0}
1	1	↓	X	a b c d	a	b	c	d	d
1	0	X	X	X X X X	Q_{A0}	Q_{B0}	Q_{C0}	Q_{D0}	Q_{D0}
1	0	↓	1	X X X X	1	Q_{An}	Q_{Bn}	Q_{Cn}	Q_{Cn}
1	0	↓	0	X X X X	0	Q_{An}	Q_{Bn}	Q_{Cn}	Q_{Cn}

8.2.4 8-Bit-Schieberegister 7491

Dieser Baustein enthält ein 8-stufiges Schieberegister, bei dem die Daten seriell eingeschoben und seriell ausgegeben werden. Der Baustein ist positiv flankengetriggert, hat serielle Eingabe und serielle Ausgabe. Es wird im Rechtsschiebebetrieb gearbeitet und die Eingänge sind gepuffert. Der Q_H-Ausgang wird direkt oder in negierter Form ausgegeben. Abb. 8.11 zeigt die Innenschaltung und die Anschlussbelegung des 8-Bit-Schieberegisters 7491.

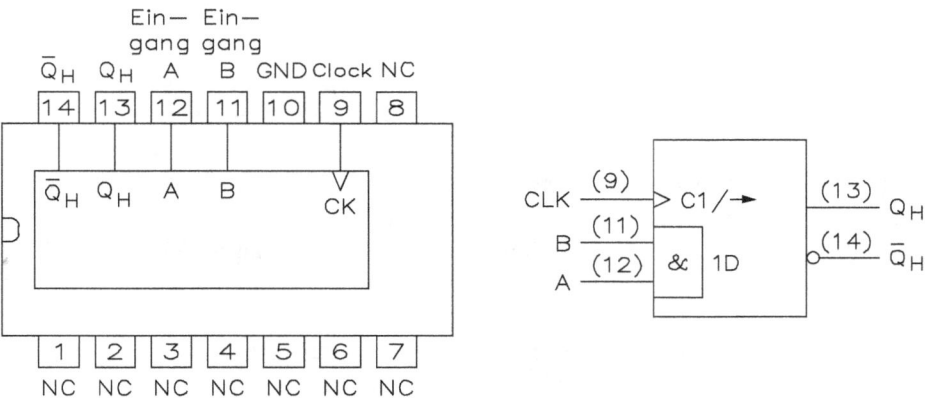

Abb. 8.11: Innenschaltung und Anschlussbelegung des 8-Bit-Schieberegisters 7491

Der Baustein enthält acht RS-Master/Slave-Flipflops. Die seriellen Daten werden über ein UND-Gatter mit zwei Eingängen A und B eingegeben. Ein 1-Signal kann somit nur dann in das Schieberegister gelangen, wenn beide Eingänge zur selben Zeit auf 1-Signal sind. Bei jeder positiven Flanke (01-Übergang) des Taktes an Pin 9 werden

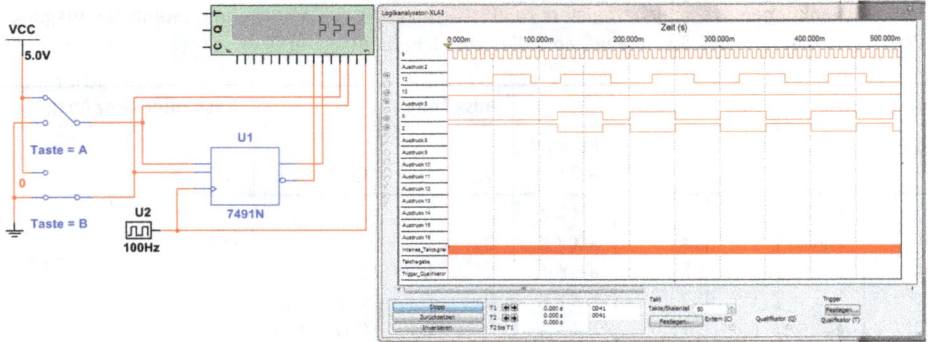

Abb. 8.12: Dynamische Untersuchung des 8-Bit-Schieberegisters 7491

Tab. 8.4: Funktionen des Schieberegisters 7491

Eingänge		Ausgänge	
AT	t_n	AT	t_{n+8}
A	B	Q_H	Q'_H
1	1	1	0
0	X	0	1
X	0	0	1

t_n = Bezugszeitraum während des Taktzustands bei einem 0-Signal.
t_{n+8} = Zeitraum nach acht positiven Taktflanken.

die Daten um eine Stufe nach rechts weitergeschoben. Nach acht Taktimpulsen stehen die Daten am Ausgang Q und invertiert an Ausgang Q' zur Verfügung. Da dieser Baustein keine Reset-Möglichkeit besitzt, müssen für eine Initialisierung wenigstens acht bekannte Datenbits eingeschoben werden. Sobald das Register vollgeladen ist, folgt der „0"-Ausgang dem seriellen Eingang mit einer Verzögerung von acht Taktimpulsen. Abb. 8.12 zeigt die Untersuchung des 8-Bit-Schieberegisters 7491.

Tabelle 8.4 zeigt die einzelnen Funktionen des Schieberegisters 7491.

8.2.5 8-Bit-Schieberegister 74164 mit paralleler Ausgabe und Clear

Dieser Baustein enthält ein schnelles 8-stufiges Schieberegister mit serieller Eingabe und paralleler oder serieller Ausgabe sowie Löschmöglichkeit. Das Schieberegister wird mit einer positiven Taktflanke getriggert und die serielle Eingabe erfolgt über zwei Eingänge, nämlich A und B. Die eingeschriebenen Daten werden nach rechts geschoben und stehen an den Ausgängen im 8-Bit-Format parallel zu Verfügung. Die Clear-Funktion ist unabhängig vom Zustand des Takteinganges. Abb. 8.13 zeigt die Innenschaltung und Anschlussbelegung des 8-Bit-Schieberegisters 74164.

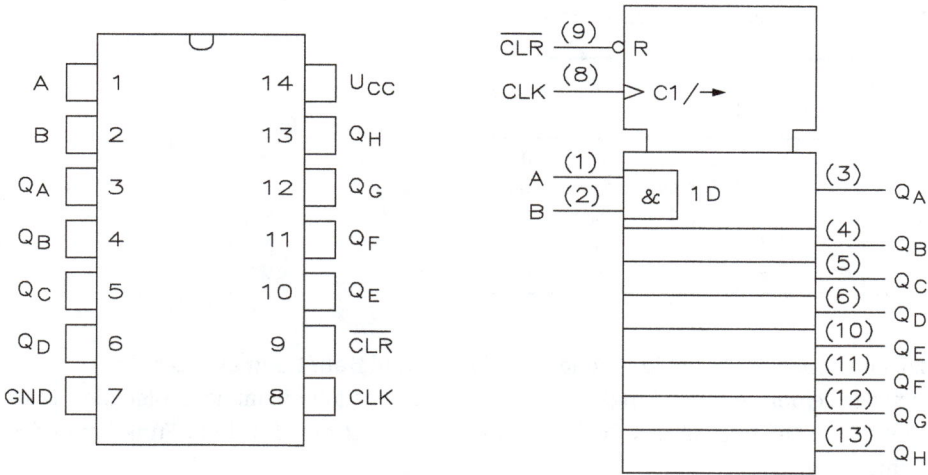

Abb. 8.13: Innenschaltung und Anschlussbelegung des 8-Bit-Schieberegisters 74164

Für Normalbetrieb wird Löscheingang (Clear) und einer der beiden seriellen Dateneingänge (A oder B) auf 1-Signal geschaltet. Die Daten werden dem zweiten seriellen Datengang zugeführt und dann werden bei jedem 01-Übergang (positive Flanke) des Taktes am Clock-Anschluss die Daten um eine Stufe nach rechts geschoben. Die Information erscheint dann bei der ersten Taktflanke an Q_A, ein bereits vorhandener Inhalt in Q_A geht nach Q_B usw., der Inhalt von Q_G geht nach Q_H, und der Inhalt von Q_H gelangt in ein gegebenenfalls angeschlossenes weiteres Schieberegister oder geht verloren. Abb. 8.14 zeigt die Schaltung zur dynamischen Untersuchung des 8-Bit-Schieberegisters 74164.

Der Inhalt des Registers kann gelöscht werden, wenn man Clear kurzzeitig auf 0-Signal schaltet und dann gehen alle Ausgänge Q_A bis Q_G auf 0-Signal. Das Löschen ist unabhängig vom Zustand des Takteinganges. Um ein 1-Signal in das Register ein-

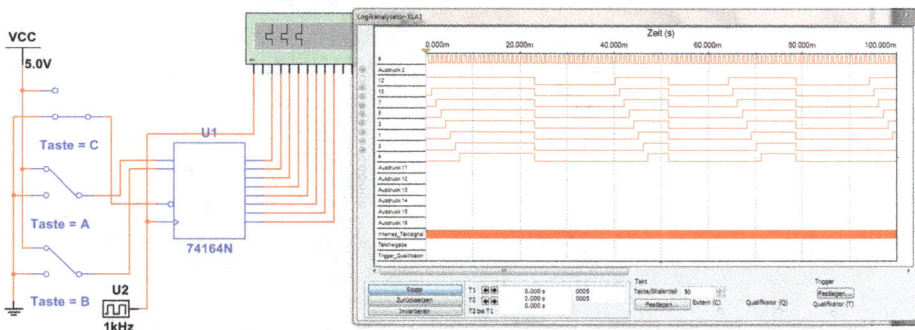

Abb. 8.14: Schaltung zur dynamischen Untersuchung des 8-Bit-Schieberegisters 74164

Tab. 8.5: Funktionen des Schieberegisters 74164

Eingänge				Ausgänge		
Clear	Clock	A	B	Q_A	Q_B...	Q_H
0	X	X	X	0	0	0
1	0	X	X	Q_{A0}	Q_{B0}	Q_{H0}
1	↑	1	1	1	Q_{An}	Q_{Gn}
1	↑	0	X	0	Q_{An}	Q_{Gn}
1	↑	X	0	0	Q_{An}	Q_{Gn}

zuschieben, müssen beide seriellen Eingänge A und B auf 1-Signal liegen. Legt man einen der beiden seriellen Eingänge auf 0-Signal, so gelangt beim nachfolgenden Taktimpuls ein 0-Signal in das Register. Tabelle 8.5 zeigt die einzelnen Funktionen des Schieberegisters.

8.2.6 8-Bit-Schieberegister 74165 mit paralleler Eingabe

Dieser Baustein enthält ein 8-stufiges Rechtsschieberegister mit serieller oder paralleler Eingabe und serieller Ausgabe. Die acht Flipflops liegen an einer gemeinsamen Taktleitung und werden positiv flankengetriggert. Die Ausgabe des seriellen Datenstroms erfolgt am Ausgang Q_H direkt und invertiert an Q_H'. Abb. 8.15 zeigt die Innenschaltung und Anschlussbelegung des 8-Bit-Schieberegisters 74165.

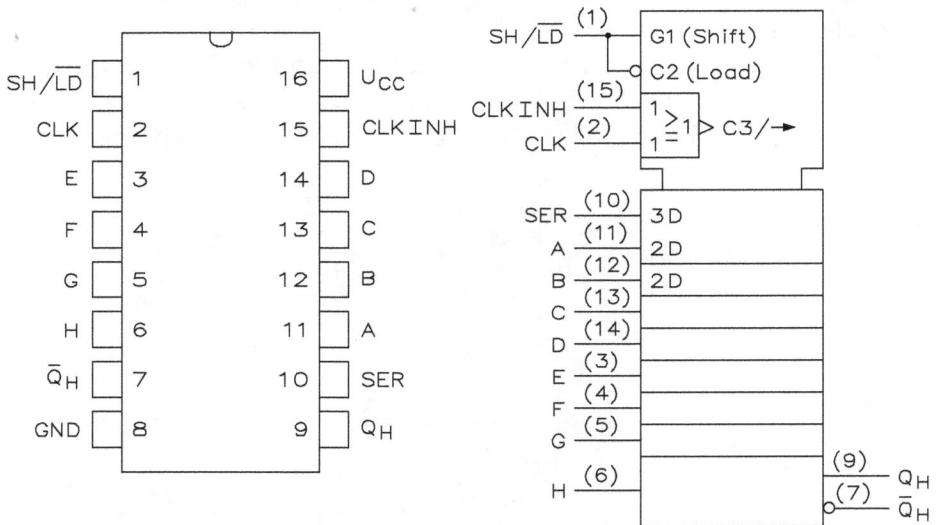

Abb. 8.15: Innenschaltung und Anschlussbelegung des 8-Bit-Schieberegisters 74165

Bei Normalbetrieb wird der Freigabeeingang Enable auf 0-Signal gelegt. Jeder 01-Übergang (positive Flanke) des Taktes am Clock-Eingang schiebt die Daten um eine Stufe nach rechts. Über den Eingang INH (Clock Inhibit) lässt sich der Eingangstakt mit einem 0-Signal sperren.

Das Schieberegister kann mit parallelen Daten an A bis H geladen werden, wenn man den Load-Eingang kurzzeitig auf 0-Signal legt. Dieser Ladevorgang ist unabhängig vom Takt. Die am seriellen Eingang (Pin 10) liegenden Daten werden bei jeder positiven Flanke des Taktes vom Register aufgenommen, (das jedoch nur für ein 1-Signal an Pin 10 gilt). Die Ausgabe erfolgt seriell am Ausgang Q_H und invertiert an Q'_H. An den parallelen Eingängen liegt das Format 1-1-0-0-1-0-1-1 an und sind diese Wertigkeiten in den Flipflops gespeichert, erkennt man das entsprechende Datenformat an dem seriellen Ausgang. Abb. 8.16 zeigt die Schaltung zur dynamischen Untersuchung des 8-Bit-Schieberegisters 74165.

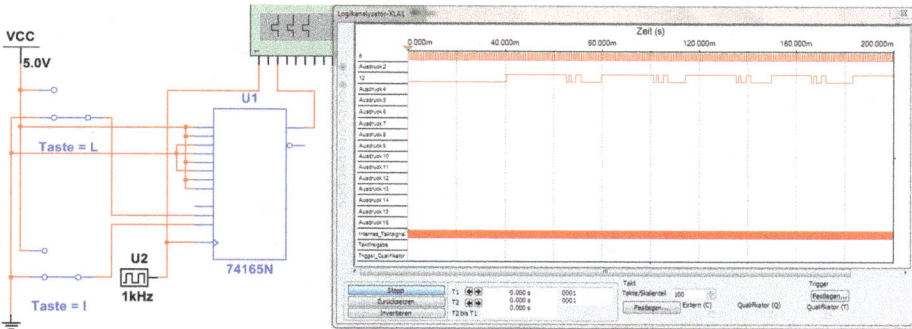

Abb. 8.16: Schaltung zur dynamischen Untersuchung des 8-Bit-Schieberegisters 74165

Die Takte kann man sperren, indem man den Freigabeeingang Enable auf 1-Signal legt. Infolge der internen ODER-Verknüpfung der Eingänge Clock und Enable können die beiden Eingänge auch vertauscht werden. Ein ähnlicher Baustein mit einer zusätzlichen Löschfunktion ist der 74166. Tabelle 8.6 zeigt die einzelnen Funktionen des Schieberegisters.

8.2.7 8-Bit-Universal-Schieberegister 74198

Dieser Baustein enthält ein bidirektionales 8-Bit-Schieberegister für parallele und serielle Ein- und Ausgabe, sowie einen Löscheingang. Abb. 8.17 zeigt das Anschlussschema und Pinbelegung des 8-Bit-Schieberegisters 74198.

Die acht Flipflops liegen an einer gemeinsamen Taktleitung und die Flipflops sind positiv flankengetriggert. Die Clear-Funktion ist unabhängig vom Zustand des Taktein-

Tab. 8.6: Funktionen des Schieberegisters 74165

Eingänge					Interne Ausgänge		Ausgänge
Shift/ Load	Clock Inhibit	Clock	Serial	Parallel A...H	Q_A	Q_B	Q_H
0	X	X	X	a...h	a	b	h
1	0	0	X	X	Q_{A0}	Q_{B0}	Q_{H0}
1	0	↑	1	X	1	Q_{An}	Q_{Gn}
1	0	↑	0	X	0	Q_{An}	Q_{Gn}
1	1	↑	X	X	Q_{A0}	Q_{B0}	Q_{H0}

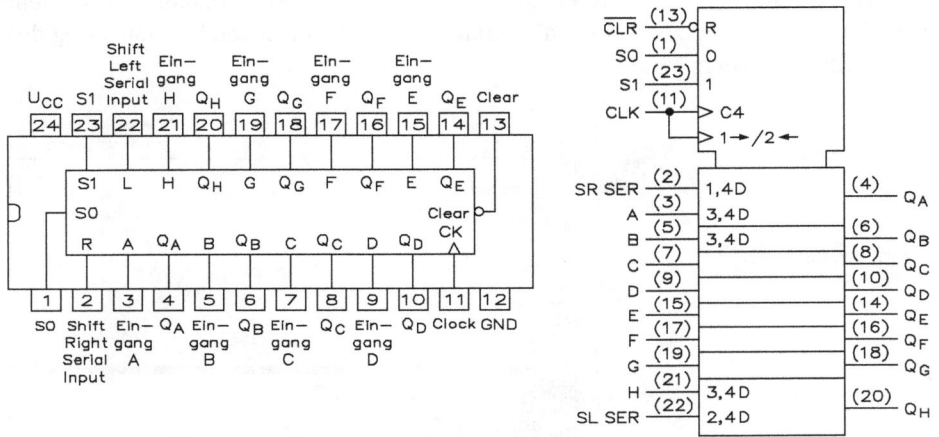

Abb. 8.17: Anschlussschema und Pinbelegung des 8-Bit-Schieberegisters 74198

gangs. Wenn der Löscheingang Clear auf 0-Signal gelegt wird, gehen alle Ausgänge (Q_A bis Q_H) auf 0-Signal, unabhängig von allen übrigen Eingangsbedingungen. Liegt Clear auf 1-Signal, so wird die Betriebsart durch die beiden Mode-Control-Eingänge (S0, S1) bestimmt. Eine Linksverschiebung erfolgt, wenn S0 auf 0-Signal und S1 auf 1-Signal ist. Die seriellen Daten werden hierbei dem Eingang DSL (Data Serial Left) zugeführt. Mit S0 auf 1-Signal und S1 auf 0-Signal erfolgt eine Rechtsverschiebung wobei die seriellen Daten an DSR (Data Serial Right) gelegt werden. Mit beiden Eingängen S0 und S1 auf 1-Signal ist ein paralleles Laden der Daten A bis H möglich. Während des parallelen Ladens ist die serielle Dateneingabe gesperrt. Serielle und parallele Daten werden synchron in das Schieberegister beim 01-Übergang (positive Flanke) des Taktes am Anschluss Clock übernommen. Die Daten an den Dateneingängen müssen jedoch rechtzeitig vor der Flanke des Taktimpulses anliegen. S0 und S1 auf 0-Signal sperrt den Takt. Diese beiden Eingänge sollten nur geändert werden, wenn der Takteingang auf 1-Signal liegt. In Abb. 8.18 arbeitet das Schieberegister im seriellen-parallelen Rechtsschiebebetrieb.

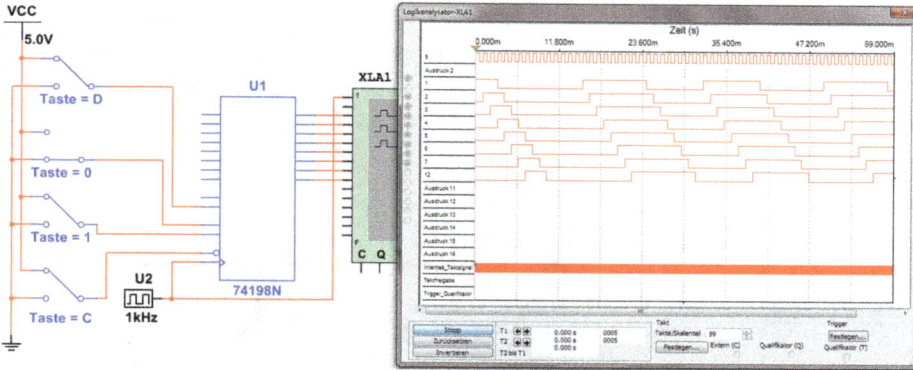

Abb. 8.18: Schaltung zur dynamischen Untersuchung des 8-Bit-Schieberegisters 74198

In der Schaltung von Abb. 8.18 arbeitet das 8-Bit-Schieberegister 74198 als Seriell-Parallel-Wandler. Die Eingangsdaten liegen am Eingang R (Pin 2) an und werden über die Ausgänge Q_A bis Q_H parallel ausgegeben. Der serielle Datenstrom wird mit dem Schalter D erzeugt. In dem Impulsdiagramm des Logikanalysators erkennt man den Rechtsschiebebetrieb, der durch die Schalterstellung S0 = 0 und S1 = 1 bestimmt wird. Mit dem Schalter C erfolgt die Rückstellung aller Flipflops des Schieberegisters. Tabelle 8.7 zeigt die einzelnen Funktionen des Schieberegisters 74198.

Tab. 8.7: Funktionen des Schieberegisters 74198

Eingänge							Ausgänge			
Clear	Mode		Clock	Seriell		Parallel				
	S1	S0		Left	Right	A...H	Q_A	Q_B...	Q_G	Q_H
0	X	X	X	X	X	X	0	0	0	0
1	X	X	0	X	X	X	Q_{A0}	Q_{B0}	Q_{G0}	Q_{H0}
1	1	1	↑	X	X	a...h	a	b	g	h
1	0	1	↑	X	1	X	1	Q_{An}	Q_{Fn}	Q_{Gn}
1	0	1	↑	X	0	X	0	Q_{An}	Q_{Fn}	Q_{Gn}
1	1	0	↑	1	X	X	Q_{Bn}	Q_{Cn}	Q_{Hn}	1
1	1	0	↑	0	X	X	Q_{Bn}	Q_{Cn}	Q_{Hn}	0
1	1	1	↑	X	X	X	Q_{A0}	Q_{B0}	Q_{G0}	Q_{H0}

In der Schaltung von Abb. 8.19 arbeitet das 8-Bit-Schieberegister 74198 als Seriell-Parallel-Wandler, wobei die seriellen Eingangsdaten nach links verschoben werden. Die Eingangsdaten liegen am Eingang L (Pin 22) an und werden über die Ausgänge Q_H bis Q_A parallel ausgegeben. Der serielle Datenstrom wird mit dem Schalter D erzeugt. In dem Impulsdiagramm des Logikanalysators erkennt man den Linksschiebebetrieb,

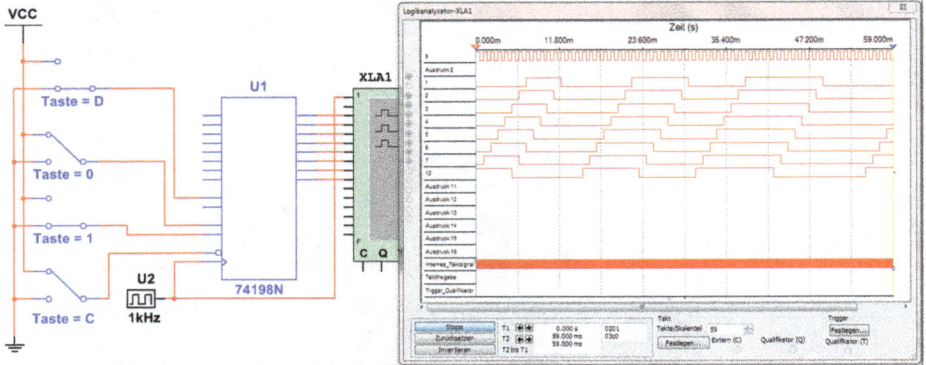

Abb. 8.19: Schaltung zur dynamischen Untersuchung des 8-Bit-Schieberegisters 74198 im Linksschiebebetrieb

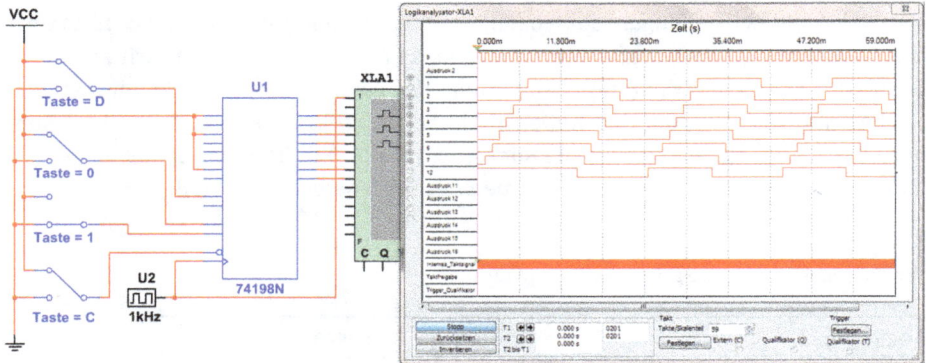

Abb. 8.20: Parallel-Parallel-Wandler mit dem 8-Bit-Schieberegister 74198

der durch die Schalterstellung S0 = 1 und S1 = 0 bestimmt wird. Mit dem Schalter C erfolgt die Rückstellung aller Flipflops des Schieberegisters.

In der Schaltung von Abb. 8.20 hat man einen Parallel-Parallel-Wandler. Verwendet man nur den Ausgang Q_H, ergibt sich ein Parallel-Seriell-Wandler. Die Eingänge R (Right, Pin 2) und L (Left, Pin 22) sind nicht angeschlossen und die beiden Funktionsschalter erzeugen für S0 = 1 und S1 = 1 die logischen Signale für diesen Betrieb. Im Impulsdiagramm des Logikanalysators erkennt man die Datenübernahme, denn die Eingänge A bis H erzeugen ein Format mit 1-1-0-1-1-0-1-1. Diese Informationen werden mit der positiven Taktflanke übernommen und dann nach rechts geschoben. Die Informationen stehen an den parallelen Ausgängen zur Verfügung.

8.2.8 8-Bit-Schieberegister 74199 mit serieller und paralleler Ein-/Ausgabe und Clear

Dieser Baustein enthält ein 8-Bit-Schieberegister mit serieller und paralleler Ein- und Ausgabe, sowie einen Löscheingang. In der Betriebsart erfolgt die serielle bzw. parallele Eingabe von Informationen und die Ausgabe seriell bzw. parallel. Der Baustein ist positiv flankengetriggert. Die gespeicherten Informationen werden nach rechts verschoben. Die Eingangsstufe des ersten Flipflops ist mit ihrem J- und K-Eingang herausgeführt. Abb. 8.21 zeigt das Anschlussschema und Pinbelegung des 8-Bit-Schieberegisters 74199.

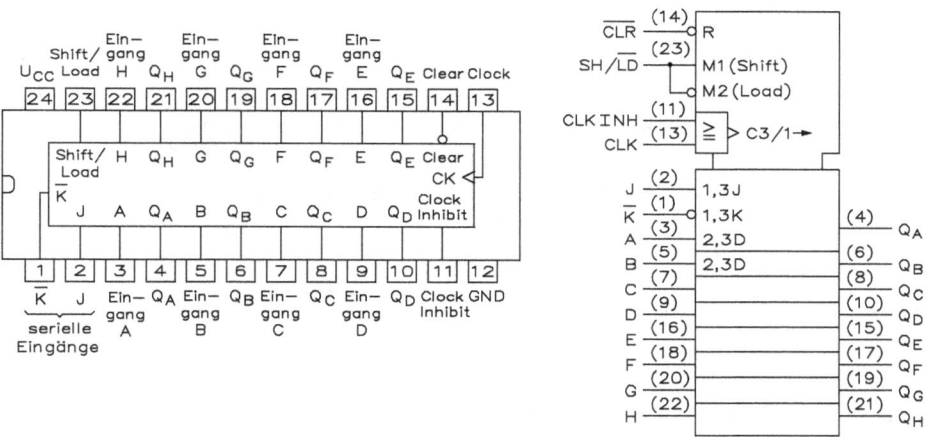

Abb. 8.21: Anschlussschema und Pinbelegung des 8-Bit-Schieberegisters 74199

Dieses 8-Bit-Schieberegister 74199 hat zwei Betriebsarten, nämlich Rechtsverschiebung und Laden paralleler Daten, die durch den logischen Zustand von Pin 23 (Load) gesteuert werden. Mit Load auf 1-Signal werden serielle Daten über die Eingänge J und K eingegeben und bei jedem 01-Übergang (positive Flanke) des Taktes um ein Bit nach rechts verschoben. Zu diesem Zweck werden beide Eingänge J und K miteinander verbunden. Legt man J-Eingang auf 1-Signal und K'-Eingang auf 0-Signal, wird nur das 1.Bit in das Schieberegister übernommen und schiebt die übrigen im Register vorhandenen Informationen um eine Stufe weiter. Mit J auf 0-Signal und K auf 1-Signal bleibt die 1.Stufe des Registers unverändert, während die übrigen Informationen wieder um eine Stufe weitergeschoben werden. Abb. 8.22 zeigt die Schaltung.

Um Daten parallel zu laden, werden die Informationen den Eingängen A bis H zugeführt und der Load-Eingang auf 0-Signal gelegt. Dann werden diese Daten beim nächsten 01-Übergang des Taktes in das Register übernommen und erscheinen an den

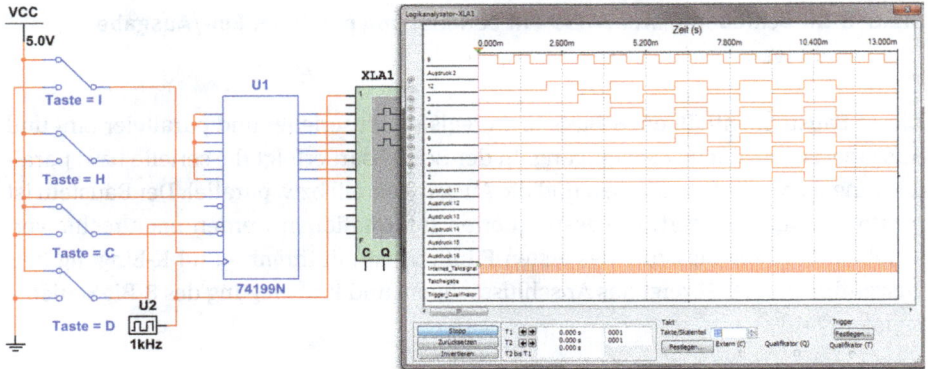

Abb. 8.22: Schaltung zur dynamischen Untersuchung des 8-Bit-Schieberegisters 74199

zugehörigen Ausgängen Q_A bis Q_H. Alle seriellen und parallelen Datentransfers arbeiten somit synchron und erfolgen an der positiven Flanke des Taktes.

Das Löschen erfolgt dagegen asynchron und unabhängig von allen übrigen Eingängen, indem man den Anschluss Clear kurzzeitig auf 0-Signal bringt.

Tabelle 8.8 zeigt die einzelnen Funktionen des Schieberegisters 74199.

Tab. 8.8: Funktionen des Schieberegisters 74199

Eingänge							Ausgänge			
Clear	Shift/ Load	Clock/ Inhibit	Clock	Seriell J	K'	Parallel A...H	Q_A	Q_B	Q_C...	Q_H
0	X	X	X	X	X	X	0	0	0	0
1	X	0	0	X	X	X	Q_{A0}	Q_{B0}	Q_{C0}	Q_{H0}
1	0	0	↑	X	X	a...h	a	b	c	h
1	1	0	↑	0	1	X	Q_{A0}	Q_{B0}	Q_{Cn}	Q_{Gn}
1	1	0	↑	0	0	X	0	Q_{An}	Q_{Bn}	Q_{Gn}
1	1	0	↑	1	1	X	1	Q_{An}	Q_{Bn}	Q_{Gn}
1	1	0	↑	1	0	X	$\overline{Q_{An}}$ Q_{An}	Q_{Bn}	Q_{Gn}	
1	X	1	↑	X	X	X	Q_{A0}	Q_{B0}	Q_{C0}	Q_{H0}

Jeder der beiden Takteingänge kann allein verwendet werden, wobei der jeweils nicht verwendete Eingang auf 0-Signal gelegt werden muss. Man kann den zweiten Eingang auch zum Sperren des Taktes verwenden, indem man ihn auf 1-Signal legt. Dies darf aber nur geschehen, während der andere Takteingang auf 1-Signal liegt, sonst könnte sich eine falsche Triggerung ergeben.

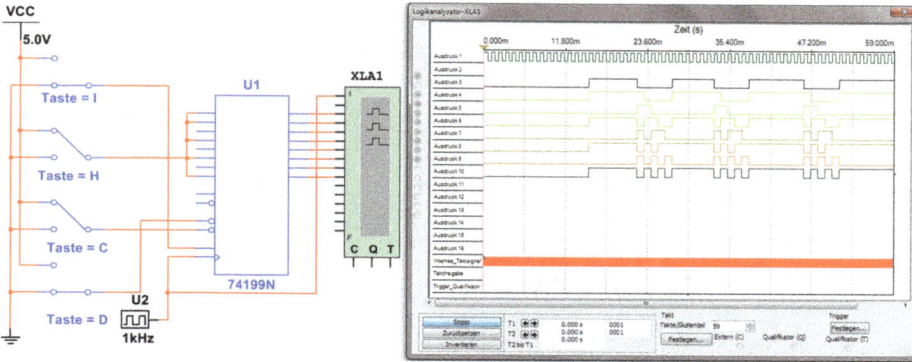

Abb. 8.23: Parallel-Parallel-Wandler mit Schieberegister 74199

Die Schaltung von Abb. 8.23 zeigt einen Parallel-Parallel-Wandler mit Schieberegister 74199. Durch die Schalter H und L werden vier verschiedene Formate erzeugt.
Sind Schalter H und L mit Masse verbunden, liegt das Format 0-0-0-0-0-0-0-0 an den
parallelen Eingängen an. Sind die beiden Schalter mit +5 V verbunden, wird ein Format mit 1-1-1-1-1-1-1-1 erzeugt. Ist Schalter H mit Masse und Schalter L mit +5 V verbunden, wird ein Format mit 0-0-1-0-1-0-1-0 erzeugt. Liegt Schalter H auf +5 V und Schalter L auf Masse, erhält man das Format 1-1-0-1-0-1-0-1. In dem Bildschirm des Logikanalysators erkennt man den Rechtsschiebebetrieb des Bausteins 74199.

Die Schaltung von Abb. 8.24 zeigt einen Parallel-Seriell-Wandler mit dem 8-Bit-
Schieberegister 74199. Die Eingänge A bis H liegen wieder auf 0- oder 1-Signal. Man
hat zwei Schalter, die mit L und H bezeichnet sind. In dem Bildschirm des Logikanalysators erkennt man die Arbeitsweise dieser Schaltung.

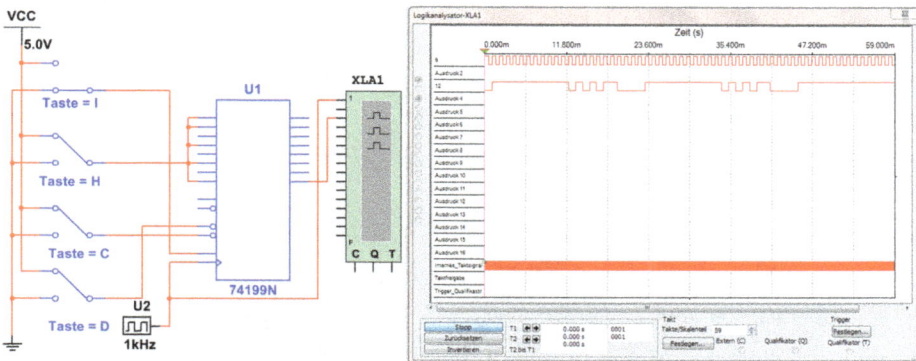

Abb. 8.24: Parallel-Seriell-Wandler mit dem 8-Bit-Schieberegister 74199

9 Programmierbare Logik mit Anwendungen

Die eigentliche Schaltungstechnik mit der programmierbaren Logik ist in weiten Teilen identisch mit der Entwicklung digitaler Schaltungsfunktionen, d. h. sie wird wesentlich durch computergestützte Entwurfmethoden gekennzeichnet. Die Programme für die programmierbare Logik sind im Internet kostenlos als „down load" erhältlich. Lediglich der letzte Schritt, die Implementierung in reale Bauelemente ist der Unterschied zwischen der einfachen Abänderbarkeit im Unterschied zu nicht anwenderprogrammierbaren Realisierungen.

Programmierbare Logikbausteine (Programmable Logic Devices oder PLD) lassen sich wie Standard-Logik-Bauelemente im Katalog auswählen. Die PLD-Bauelemente kann man mit einem marktgängigen Programmiergerät in die gewünschte Funktion geben, welche vorher durch Softwareunterstützung durch den Entwickler definiert wurde. Abb. 9.1 zeigt die Unterschiede zwischen den programmierbaren Logikbausteinen.

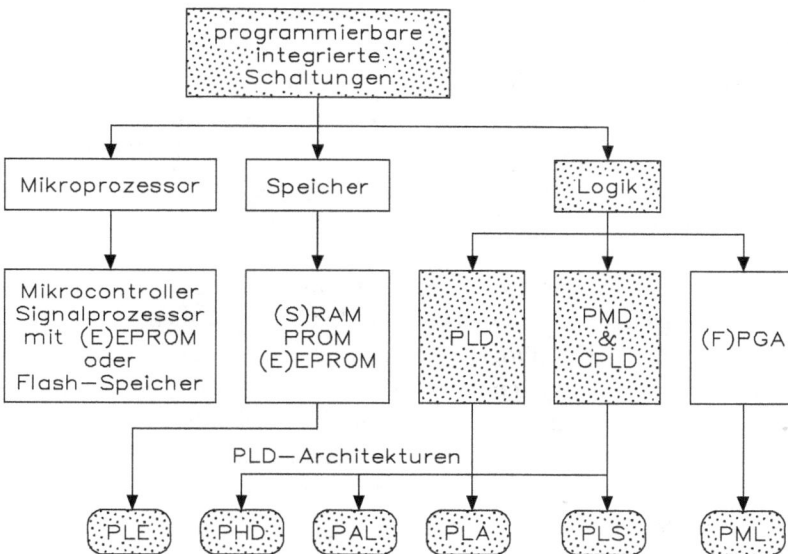

Abb. 9.1: Unterschiede zwischen den programmierbaren Logikbausteinen

Alle programmierbaren Logikbausteine lassen sich wie folgt definieren: Die Schaltung, bestehend aus einer matrixartig angeordneten Anzahl logischer Grundfunktionselemente, welche funktionsbestimmend über Sicherungen, Verbindungselemente oder Speicherzellen anwenderbezogener Programmierung miteinander verbunden werden können.

https://doi.org/10.1515/9783110583670-009

Unter den programmierbaren integrierten Schaltungen versteht man grundsätzlich drei Gruppen:

- Mikroprozessoren und Mikrocontroller: Ein Mikroprozessor besteht aus einem hochintegrierten Halbleiterschaltkreis und beinhaltet eine Zentraleinheit (ZE) oder Central Processing Unit (CPU). Seine wichtigsten Elemente sind die Akkumulatoren für die Zwischenspeicherung von Daten, Speicherung von Zwischenergebnissen bei arithmetischen und logischen Operationen, Befehlsregister und -decoder für die Speicherung und Entschlüsselung des gerade auszuführenden Befehls, die Arithmetik- und Logikeinheit (ALU) für die Ausführung der Fest- und teilweise auch der Gleitkommaoperationen. Andere bedeutende Funktionseinheiten sind Zeitgeber, Zustandsregister, Indexregister für das Bus- und Unterbrechungskontrollsystem, Befehlszähler und Stack-Pointer, sowie der Daten- und Adressbusanschluss zum Datenaustausch mit anderen Funktionseinheiten. Je nach Leistungsstufe gibt es 8-, 16-, 32- und 64-Bit-Mikroprozessoren. Wenn man einen Mikroprozessor mit Speichereinheiten (RAM und ROM) und Peripherie in einem Baustein hat, spricht man von einem Mikrocontroller. Für die analoge Verarbeitung von Signalen setzt man einen Signalprozessor ein.
- Bei den Speichereinheiten kennt man das RAM (Random Access Memory) mit wahlfreiem Zugriff auf gespeicherte Informationen. Außerdem unterscheidet man zwischen der dynamischen (DRAM) und statischen (SRAM) Technologie. Zu den Speichereinheiten zählt auch das ROM (Read Only Memory) mit seinen unterschiedlichen Technologien, wie PROM (Programmable ROM), EPROM (Erasable PROM), der gespeicherte Inhalt wird mit UV-Licht gelöscht, EEPROM (Electrically EPROM), der gespeicherte Inhalt wird elektrisch gelöscht.
- Bei den programmierbaren Schaltkreisen unter der digitalen Logik zählt man PLD-Bausteine (Programmable Logic Device) mit den Untergruppen PLE (Programmable Logic Element), PHD (Programmable High-Speed Deocder), PAL (Programmable Array Logic), PLA (Programmable Logic Array), PLS (Programmable Logic Sequencer) und PML (Programmable Macro Logic). Die PMD (Programmable Multilevel/Macro Device) und CPLD-Bausteine (Complex- oder Clustered-PLD) sind der Sammelbegriff für komplexe PLDs mit hoher Funktionsdichte. Die FPGA (Field Programmable Gate-Array) sind anwenderprogrammierbare Gate-Arrays für hochkomplexe Schaltungen.

9.1 Funktionsweise von PLD

Eine universelle Grundstruktur für fast alle PLDs besteht aus einer Folge von UND- und ODER-Gattern. Mithilfe dieser UND-ODER-Matrix kann der Entwickler jede gewünschte Funktion realisieren. Eine derartige Grundstruktur, die in mehr oder weniger abgeänderter Form in jedem PLD anzutreffen ist, wie Abb. 9.2 zeigt.

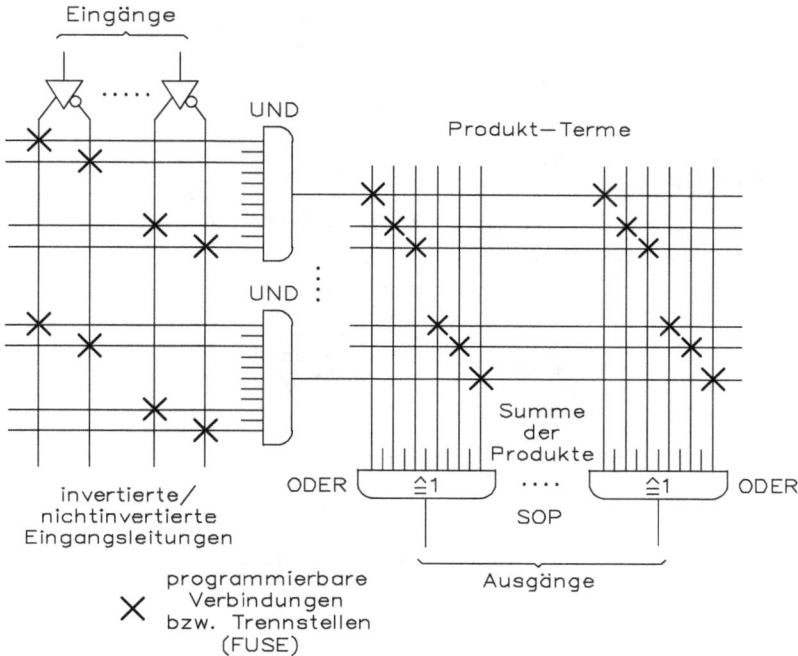

Abb. 9.2: Beispiel einer PLD-Struktur

Je nach logischer Funktion lassen sich durch die Wahl der logischen Grundelemente (UND/AND, ODER/OR, NICHT/INVERT) darstellen. Die Funktionen NAND, NOR, EXCLUSIVe-OR stellen dabei bereits Kombinationen der Grundelemente dar. Über bekannte Verfahren durch positive oder negative Signaldarstellung können auch Umformungen von einem Grundelement in ein anderes vorgenommen werden. So ist die ODER-Funktion für negative Signale vom Resultat her identisch mit der Funktion für positive Signale (boolesche Algebra). Diese Verfahren werden zur Umsetzung einer beliebigen Schaltung in die für PLDs erforderliche zweistufige UND/ODER- bzw. NAND-Struktur benutzt. Bestimmend für die Funktionalität sind die programmierbaren Verbindungen bzw. Trennstellen in UND-Matrix der Produktterme, der P-Terme und in der ODER-Matrix (zur Bildung Summe der Produkte, den Sum of Products/SOP). Abb. 9.3 zeigt, wie durch Programmierung eine gewünschte logische Verknüpfung aus den drei Eingangsvariablen A, B und C erzeugt werden kann.

Die rein kombinatorischen Logic Arrays (PLDs mit „nur" Gatterfunktionen) verknüpfen die gewünschten Eingangssignale über diese Gatterkombinationen zu einer Reihe programmierbarer boolescher Funktionen und stellen die Ergebnisse, bei Erfüllung dieser Funktionen an den gewählten Ausgängen bereit. Sequencer (Folgeregler) enthalten außer der kombinatorischen Logik noch Registereinheiten, die mit RS-, JK-, D- oder T-Flipflops aufgebaut sind. Die Ausgänge der kombinatorischen Logik lassen

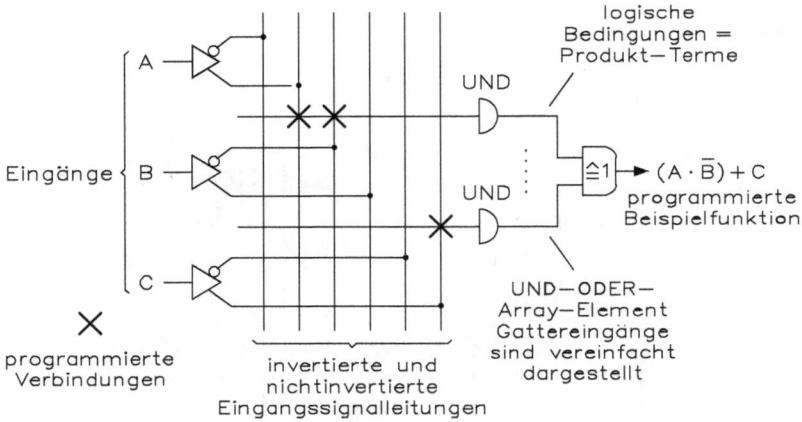

Abb. 9.3: Funktionen einer programmierbaren PLD-Struktur

sich intern oder extern zurückführen und mit den Eingängen verknüpfen. Auf diese Weise wird das Ausgangssignal als Funktion des momentan erreichten Zustandes sowie der externen Eingangssignale erzeugt.

Je nach Technologie und PLD-Architektur kann der Anwender die insgesamt zur Verfügung stehenden Anschlüsse durch Programmierung wahlfrei als Ein- oder als Ausgang nutzen. Bei der Nutzung des Ausgangs besteht zusätzlich die Möglichkeit der freien Wahl des aktiven Logikpegels (durch EXCLUSIV-ODER-Gatter) und der Steuerung des hochohmigen Verhaltens von einem Tristate-Zustand. Besonders beim Anschluss an bidirektionale Busleitungen ist zur Vermeidung einer Kurzschlusssituation diese Tristate-Steuermöglichkeit erforderlich. Tristate bedeutet hier „Dreizustandslogik" (H, L, Z, d. h. die Endstufe ist hohmig). Gewöhnungsbedürftig ist die von „normalen" Logikdarstellungen abweichende Innenschaltung der PLD-Bausteine.

Jedes Eingangssignal kann über eine Eingangspufferstufe in seiner invertierten oder nicht invertierten Form weiterverwendet werden. Durch Programmierung erfolgt dann die gewünschte Verbindung der Eingänge der UND-Gatter, die jedoch auch, z. B. bei Nutzung des Anschlusses als Ausgang, ganz entfallen kann. Im Interesse einer besseren Übersichtlichkeit der Innenschaltung werden nicht Gattereingänge – bei PML-Schaltungen teilweise weit über 250 – separat, sondern als „Sammelleitung" dargestellt. Auch die programmierbaren Verbindungs- bzw. Trennstellen werden nur als Kreuz gezeichnet und sind Schaltungselemente zur Festlegung von Logikpegeln.

9.1.1 PLD-Grundarchitekturen

Die Darstellung für die PLD-Grundarchitekturen erfolgt in stark vereinfachter Form, um die wesentlichen Unterschiede aufzuzeigen. So sind zum Beispiel die Vielzahl der

Gattereingänge durch nur jeweils eine Leitung dargestellt, nur einige exemplarische Grundfunktionselemente gezeigt und die Programmiermatrizen als Kreuzsymbolfelder aufgeführt. Jede dieser Architekturen ist für eine bestimmte Kategorie von Anwendungen und Kosten ausgelegt. Einen idealen „Universal-PLD", welcher in der Lage wäre, die teils konträren Anforderungen gleichermaßen optimal zu erfüllen, gibt es aber nicht!

Abb. 9.4 zeigt die einfachste aller PLD-Architekturen, deren Vorteil weniger in der Funktionalität, sondern in der äußerst kurzen Durchlaufverzögerungszeit von 3,5 bis 5 ns vorhanden ist. Für einfache, kombinatorische Verknüpfungen z. B. bei Adressdecodern, bietet diese Struktur eine Reihe von Vorteilen.

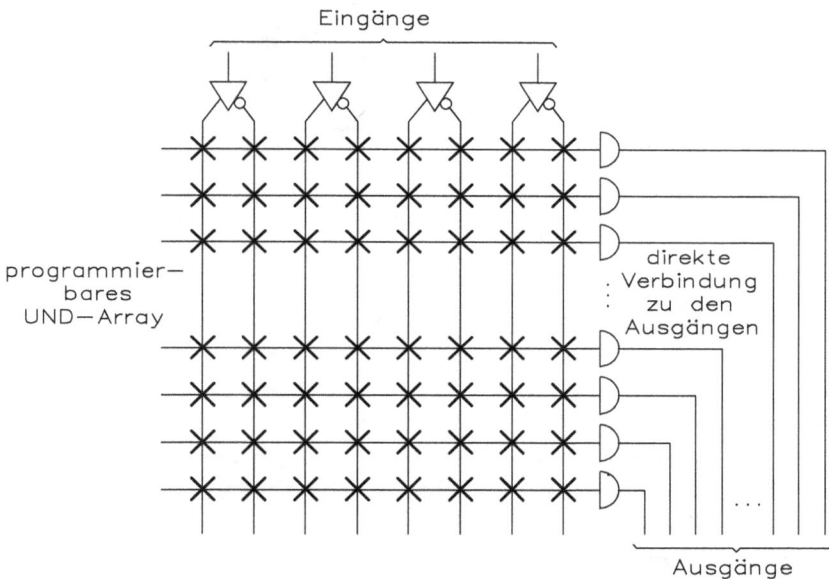

Abb. 9.4: Architektur eines programmierbaren „High-Speed"-Decoders in PHD-Basisarchitektur

In dieser Architektur fehlen nämlich die sonst üblichen ODER-Gatter. Hierdurch ergibt sich die nur mit einstufiger Logik erreichbare hohe Geschwindigkeit – daher auch das „H" für „High-Speed" in der Architektur- und Typenbezeichnung.

Die Abb. 9.5 zeigt eine typische PROM/EPROM-Struktur. Diese einfachste Struktur, bei der lediglich die ODER-Matrix programmierbar ausgeführt ist, findet man bei den PROMs bzw. EPROMs in bipolar-, MOS- oder CMOS-Technologie. Die Eingänge des Bausteins sind über eine festverdrahtete Decoderfunktion mit UND-Gattern verbunden, deren Ausgänge über programmierbare Verbindungen einer Reihe von ODER-Gattern zugeführt werden. Diese rein kombinatorischen Bausteine lassen sich in An-

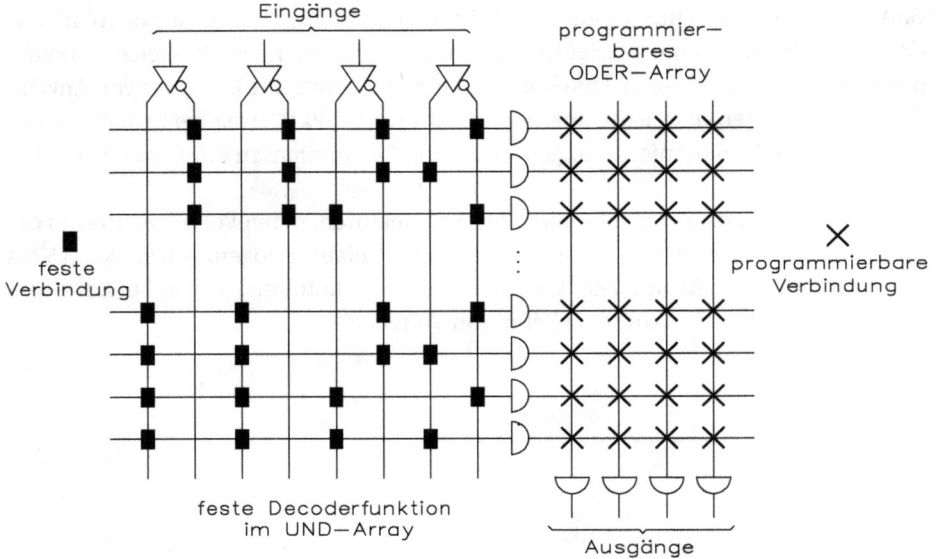

Abb. 9.5: PLE-Basisarchitektur (Programmable Logic Element)

wendungen nutzen, bei denen einer Eingangsinformation in Form einer Adresse ein bestimmtes Bitmuster an den Ausgängen zugeordnet werden soll.

Für allgemeine Logikanwendungen ist diese PLE-Architektur jedoch zu starr, da über die festverdrahtete Decodereinheit alle möglichen I/O-Kombinationen am Eingang decodiert werden und folglich auch mit einem Ausgangsbitmuster programmiert werden müssen. Für nicht speicherorientierte Anwendungen eignet sich daher die nächste Gruppe der PLDs besser.

Abb. 9.6 zeigt eine typische PAL/GAL-Basisarchitektur. Bei den kombinatorischen PAL-Architekturen folgt auf eine programmierbare UND-Matrix eine starr in Gruppen verdrahtete ODER-Matrix. Hierdurch kann bestimmten I/O-Kombinationen an den Eingängen ein, wenn auch relativ starres, Ausgangsbitmuster mit teilweise oder ganz vorgegebenen Ausgangspolaritäten zugeordnet werden. Vorzugsweise werden solche Bausteine für die Anwendungen bei Adressdecodern in Mikroprozessor- oder Mikrocontrollersystemen eingesetzt. Die einfache Matrix bringt hier den Vorteil der kurzen Durchlaufzeiten, die besonders wichtig sind bei „schnellen" Prozessorsystemen mit hohen Geschwindigkeitsanforderungen an die Erzeugung der Selektionssignale CS (Chip Select) für Speicher und Peripherieschaltungen.

Eine weitere Verkürzung der Durchlaufzeiten wird bei den speziell für diese Anwendung konzipierten Adressdecodern (PHD) erreicht. Durch CMOS-Technologie und eine konfigurierbare Architektur zum Ersatz aller typischen PAL-Architekturen findet man zunehmend eine Sonderform der PAL-Bausteine.

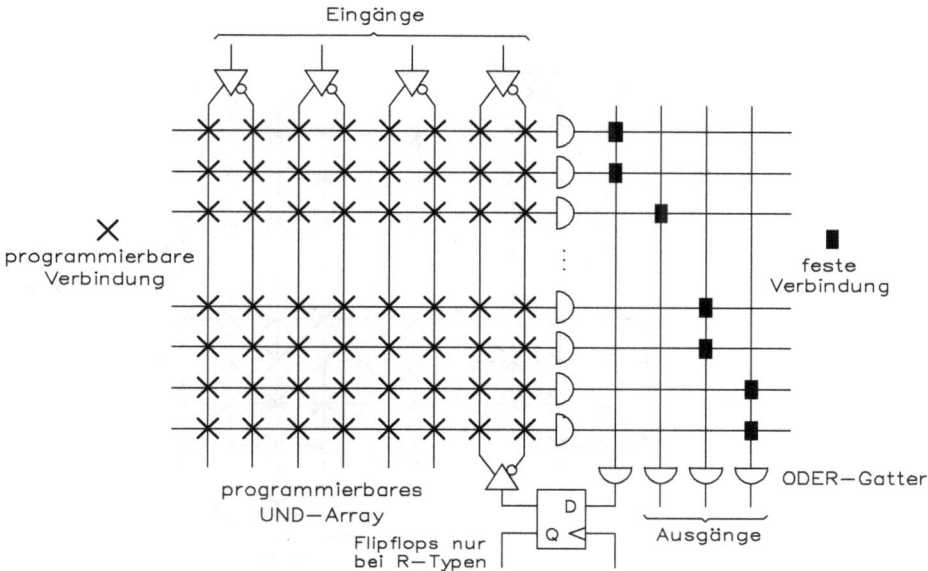

Abb. 9.6: Basisarchitektur von PAL / GAL-Bausteinen (Programmable (AND-) Array Logic)

- GAL: (Generic (AND-) Array Logic) ist eine Architekturbezeichnung für universelle PALs mit programmierbarer Ausgangsfunktion (kombinatorisch oder sequentiell) durch „OMC".
- OMC (Output Macro Cell): Ist eine konfigurierbare Ausgangsmakrozelle zur Nachbildung aller typischen PAL-Ausgangsstrukturen durch Programmierung einer Konfigurations-Zelle.

Abb. 9.7 zeigt die typische PLA-Struktur. Diese dritte Gruppe bietet die höchste Flexibilität durch vielfältige Programmiermöglichkeiten. Nicht nur die UND- und die ODER-Matrix, sondern auch die aktiven Ausgangspolaritäten sind bei diesen Bausteinen programmierbar. Die Nutzbarkeit dieser Schaltungen geht daher weit über Anwendungen als Adressdecoder hinaus und erlaubt weitgehende Nutzung aller integrierten Elemente mit einem hohen Grad an Freizügigkeit in der Schaltungsauslegung.

Abb. 9.8 zeigt eine typische PLS-Struktur. Die Bezeichnung „Sequencer" deutet bereits darauf hin, dass es sich bei dieser Bausteingruppe um Bauelemente für sequentielle (d. h. nicht nur kombinatorische) Anwendungen handelt. Mehrere universelle Flipflop-Einheiten, die oft sogar wahlweise für die Eingangs- oder Ausgangssignalspeicherung verwendet werden können, gestatten dem Entwickler die Realisierung von „Automaten", bei denen das Ausgangsbitmuster nicht nur von der momentanen I/O-Kombination der Eingänge, sondern auch von der „Historie" abhängig ist.

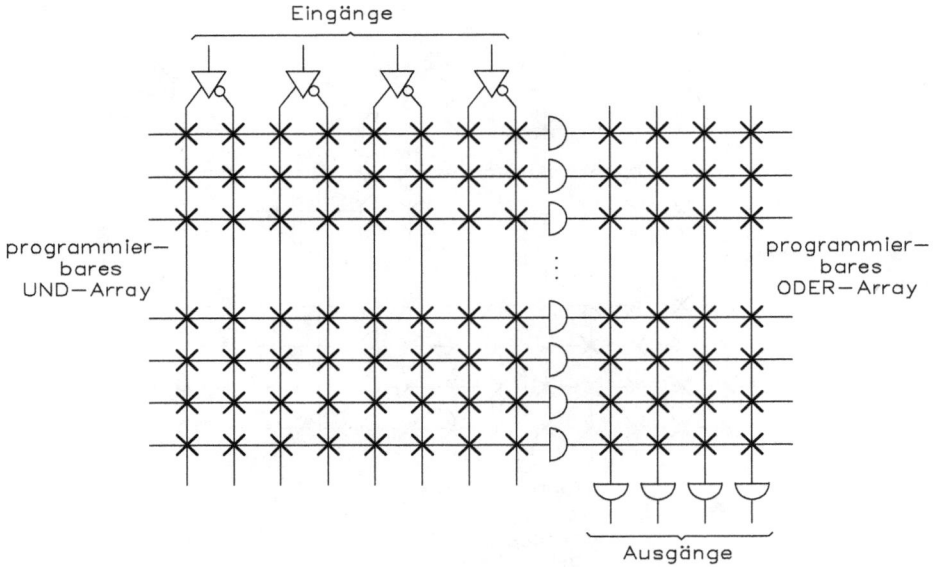

Abb. 9.7: PLA-Basisarchitektur (Programmable Logic Array) ist eine Architekturbezeichnung für PLDs mit frei programmierbarem UND- und ODER-Array und wählbarer (aktiver) Ausgangspolarität

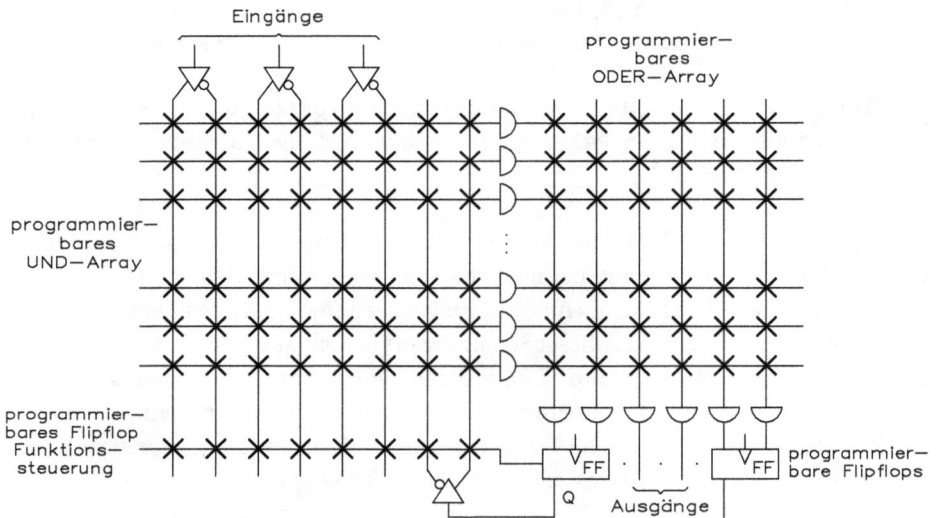

Abb. 9.8: PLS-Basisarchitektur (Programmable Logic Sequencer/State Machine) und die Architektur-bezeichnung für universell programmierbare Zustandsmaschinenbauelemente (State-Machine) mit Array-Aufbau gemäß der PLA-Architektur

Der Ausgangszustand nach einem Taktimpuls (dies ist der „Zeitfaktor") wird bestimmt vom Zustand der Eingangssignale vor diesem und/oder der Zustand der aktuellen Ausgangssignale ebenfalls vor diesem Taktimpuls. Die Entwicklung derartiger Automaten über das Erstellen von STATE-Diagrammen gestaltet sich durch die direkte Eingabemöglichkeit in das PLD-Design-Softwarepaket besonders einfach (Present State/Next State im STATE Entry Mode). Eine Besonderheit zur effektiven Nutzung der Bausteine ist das „Complement Array" und nur die Aktivzustände müssen über die Produkttermprogrammierung gezielt programmiert werden, wenn über die abschließende Festlegung des Complement-Array-Inhalts „alle anderen" Zustände zu einer gemeinsamen Funktion (z. B. RESET der/ des Flipflops) führen sollen. Mit anderen Worten: Nicht jeder RESET-Zustand muss einzeln und gezielt programmiert werden. Die Einsparungen an verwendeten Produkttermen sind durch dieses Verfahren enorm – was der realisierbaren Schaltungskomplexität innerhalb eines Bausteins zugutekommt.

Auch bei den Sequencern besteht – wie bei den PLAs – die Möglichkeit, Anschlusspins wahlweise als Ein- oder als Ausgänge zu benutzen, wobei die Aktivsteuerung der Tristate-Ausgänge über programmierbare Pfade in Verbindung mit der programmierbaren Ausgangspolarität weitere Anwendungs- bzw. Verwendbarkeitvorteile bringt.

Alle bisher aufgeführten Klassen mit ihrer zweistufigen Logik (UND-Matrix, gefolgt von einer ODER-Matrix) bringen erhebliche Geschwindigkeitseinbußen im Gesamtkonzept, wenn eine vielstufige Logik erforderlich ist, denn durch jede Stufenerweiterung bedingt ist ein Herausführen und Neueinspeisen der Signale in den Baustein notwendig. Hierdurch ergeben sich neben dem „Pinverlust" auch erhebliche zusätzliche Verzögerungszeiten. Einen Ausweg aus dieser Situation bietet die PML-Basisarchitektur (Programmable Macro Logic) von Abb. 9.9.

Die Herstellerbezeichnung für eine PMD-Architektur (hohe Funktionsdichte), basierend auf rückgekoppelten NAND-Gattern. Jedes dieser Gatter verfügt über eine Vielzahl an programmierbaren Eingängen (bis zu 256!)

Wesentliches Merkmal dieser Bausteingruppe ist ein großes, programmierbares NAND-Array mit intergrierten ebenfalls programmierbaren Rückführungen. Da sich jede Logikfunktion mit NAND-Gattern realisieren lässt, bedeutet die Beschränkung auf NAND-Bausteinen keineswegs eine Einschränkung. Erstmalig kann durch Programmierung der Rückführungen eine beliebig vielstufige Logik ohne Pinverlust und mit geringstmöglichen Verzögerungszeiten realisiert werden. Die zukünftig komplexer werdenden Ein- und Makrofunktionen, wie Buffer, Register, Flipflops, Exklusiv-ODER-Gatter usw. sind in eine weitere NAND-Matrix in das „Logik-NAND-Array" mit den Rückführungen eingebunden. Hierdurch wird ein Grad an Flexibilität erreicht, der sonst nur von Gate Arrays geboten wird. Im Gegensatz zu diesen bekannten Konzepten wird jedoch bei der PML-Schaltung das Logikdesign und die „Verdrahtung" der Funktionsteile zum Gesamtkonzept dem Anwender selbst ermöglicht. Der so fertig programmierte Baustein steht unmittelbar nach Fertigstellung der Schaltungsentwicklung für Tests, Prototypen usw. zur Verfügung.

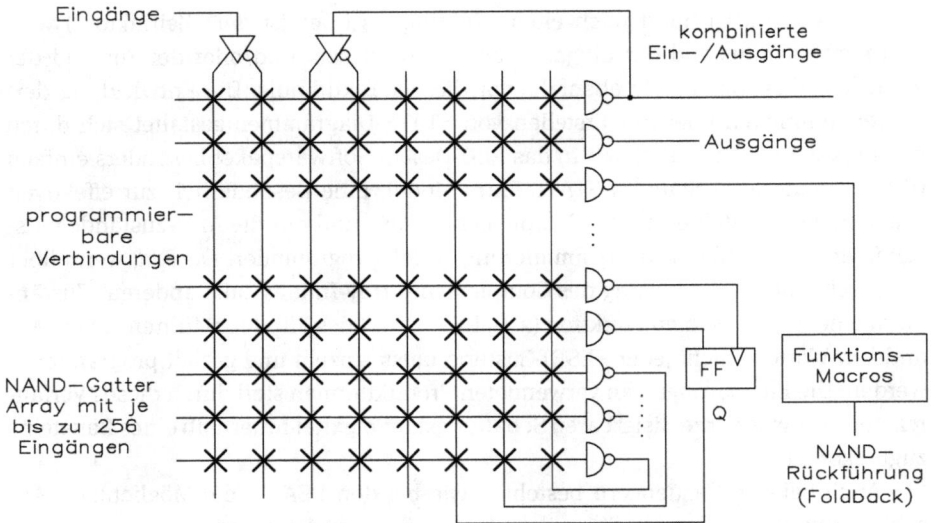

Abb. 9.9: PML-Basisarchitektur (Programmable Macro Logic)

9.1.2 Vorteile programmierbarer Logikbausteine

Die weite Verbreitung der programmierbaren Logikbausteine aller Klassen in modernen Hardwarekonzepten ist im Wesentlichen zurückzuführen auf folgende Vorteile:

- Funktionspackungsdichte: Eine „maßgeschneiderte" Lösung ist immer mit weniger Bausteinen realisierbar als eine vergleichbare konventionelle Lösung mit Standard-Logik-Bauelementen in TTL- und CMOS-Technik.

- Schaltungsfunktionen: Die programmierbaren Logik-Sequencer ermöglichen Schaltungskonzepte, die mit vertretbarem Aufwand (bei gleicher Verarbeitungsgeschwindigkeit) anders praktisch nicht realisierbar sind.

- „Schnelle" Schaltungskonzepte: Die Reduktion einer vielstufigen Logik bei der Verwendung von Standard-Logik-Bauelementen auf die zweistufige Logik (Summe von Produkten) beim Einsatz programmierbarer Logikbausteine bringt oftmals den entscheidenden Geschwindigkeitsvorteil in zeitkritischen Anwendungen.

- Höhere Zuverlässigkeit: Die geringere Anzahl an erforderlichen Bauelementen bei gleichzeitig geringerer Lötstellenzahl erhöht die Zuverlässigkeit der Hardwarelösung.

- Kopiersicherheit: Hardwarelösungen mit programmierbaren Logikbausteinen sind gegenüber konventionellen Lösungen sehr viel schwieriger oder sogar gar nicht „nachzuempfinden". Es ist ein wichtiges Argument, wenn es gilt, einen Designvorsprung zu nutzen oder zu schützen.

- „Fehlertoleranz": Die weitgehende Programmierbarkeit des logischen Inhaltes und der Pinbelegung bietet dem Entwickler die Möglichkeit, auch zu einem relativ späten Entwicklungszeitpunkt noch Fehler in der Funktion oder im Leiterplattenlayout zu berücksichtigen bzw. Erweiterungen vorzunehmen.
- Funktionsvariation: Bei identischem Leiterplattenlayout können verschiedene Gerätefunktionsvarianten durch unterschiedlich programmierte PLDs realisiert werden.
- Rechnergestütztes Design bringt Sicherheit: Moderne, leistungsfähige Designsoftwarepakete (wie ORCAD/PLD, LOG/iC, SNAP etc.), die auf normalen PCs verwendet werden können, vereinfachen die Entwicklung PLD-basierender Hardwarekonzepte erheblich. Gleichzeitig erhöht sich durch die umfangreichen Testmöglichkeiten, z. B. Simulation, Testvektorgenerierung usw., auch die Designsicherheit ganz wesentlich. Direkte Eingabemöglichkeiten der Schaltung, der logischen Gleichungen oder der Zustandsbedingungen (STATE ENTRY) vereinfachen die Anwendung der PLDs für den Hardwareentwickler entscheidend – das Arbeiten mit „unlesbaren" Programmiertabellen gehört längst der Vergangenheit an.
- Testabdeckung: Während bei Mikrocontrollerkonzepten – schon aus Zeit- und Kostengründen – grundsätzlich keine 100%ige Testabdeckung erreichbar ist, gelingt dies vor allem bei kombinatorischen Anwendungen von PLDs völlig problemlos, ein wichtiges Argument für „sicherheitsrelevante" Anwendungen.

9.1.3 Programmierbedingungen

Die einzelnen Module des Softwarepaketes können drei Funktionsgruppen zugeordnet werden:
- Eingabe der gewünschten Schaltungsfunktionen nach einer der Aufgabe angepassten Methode wie Schaltplan, Gleichungen oder Netzliste – auch gemischt!
- Verifizierung der Gesamtfunktion durch Simulation des logischen Verhaltens und des Timings unter Zuhilfenahme von Testvektoren.
- Implementierung der Funktion in ein vorgewähltes Bauelement mit vorgegebener Pinbelegung durch Compiler/Fitter. Ausgabe dieser Funktionsgruppe ist die Programmierinformation gemäß JEDEC-Standard (**J**oint **E**lectronic **D**evice **C**ouncil).

Zum Programmieren aller PLDs wird wegen der komplizierten Programmierbedingungen (Adressierungsverfahren, kontrollierte Strom- und Spannungsquellen und definierte Impulsanstiegszeiten) von „Selbstbaulösungen" grundsätzlich abgeraten. Alle marktgängigen Programmiergeräte mit einer Freigabebescheinigung des jeweiligen PLD-Herstellers „verstehen" die von der Entwicklungssoftware erzeugte Programmierinformation gemäß dem JEDEC-Standard Nummer 3-A. Neben den Adressierungs- und Dateninformationen beinhaltet dieses „JEDEC-File" auch Testinformationen zur Verifizierung der Programmierung auf dem Programmiergerät, wie Abb. 9.10 zeigt.

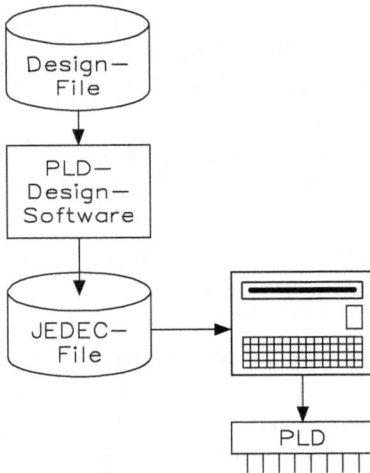

Abb. 9.10: Entwicklungsablauf mit Programmierung

Eine gegebene Schaltungsfunktion wird im Softwaremodul „Fitter" abhängig vom gewählten Bauelement (!) umgesetzt in die architekturabhängige Verdrahtung und Programmierung. Alle Fitter-Module sind grundsätzlich herstellerabhängig und typengebunden!

– Fuse: Es handelt sich um integrierte Sicherungen, d. h. es sind zahlreiche Programmierelemente (oder Programmierzellen) vorhanden. Bei einmal-programmierbaren PLD in Bipolar- oder Mischtechnologie (BiCMOS) besteht dieses Programmierelement aus Nickel-Chrom- (NiCr) oder Titan-Wolfram- (TiW) Material. Häufig werden auch reprogrammierbare Zellen als „Fuses" bezeichnet und „Fuse" steht für eine adressierbare Verbindungszelle.

– Fusemap: Alle einzeln adressierbaren „Fuses" = trennbaren Verbindungen bzw. Zellen sind in der „FUSEMAP" = Verbindungsadressierungsliste zusammengefasst. Ein FUSEMAP-COMPILER bzw. FITTER erzeugt die Programmieradressinformation.

Die Bezeichnung „Fuse-Programmierung" kennzeichnet das Programmierverfahren bei zwei bekannten PLD-Technologien, wie das Abschmelzen einer Metallbrücke aus Nickel-Chrom oder Titan-Wolfram durch einen kurzen Stromimpuls, wie Abb. 9.11 zeigt.

Während eine einmal vorgenommene Programmierung nach dem Bipol-Verfahren nicht mehr rückgängig gemacht werden kann, bietet die CMOS-Technologie löschbare Programmiertechnik, UV-Licht-Löschung bei EPROM-Zellen bzw. Spannungsimpulslöschung bei EEPROM-Zellen. Auch RAM-Zellen werden inzwischen für PLD-Architekturen verwendet, jedoch geht die Information beim Ausschalten der Betriebsspannung verloren. Ein externer, nichtflüchtiger Speicher (EPROM, EEPROM, PROM) zur Neuprogrammierung nach jeder Einschaltphase ist daher erforderlich.

unprogrammiert

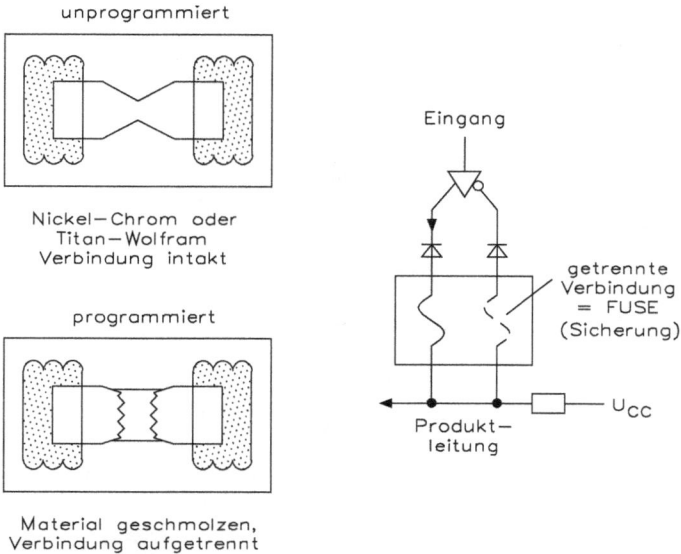

Nickel—Chrom oder
Titan—Wolfram
Verbindung intakt

programmiert

Material geschmolzen,
Verbindung aufgetrennt

Eingang

getrennte
Verbindung
= FUSE
(Sicherung)

Produkt-
leitung

U_{CC}

Abb. 9.11: Fuse-Programmierung für das Aufschmelzen einer Metallbrücke aus Nickel-Chrom

In PLDs, die in CMOS-Technologie hergestellt werden, kommen statt dieser Fuses-Programmierzellen mit MOS-Transistoren zum Einsatz wie Abb. 9.12 zeigt.

Der generelle Vorteil der CMOS-Technologie liegt jedoch in der wesentlich höheren Packungsdichte und der allgemein niedrigen Stromaufnahme. Betrachtet man den Flächenbedarf für die verschiedenen Realisierungen, ausgehend von der MOS-Technologie, so erfordert die Bipolar- und Mischtechnologie bis zur vierfachen Fläche auf dem Siliziumkristall. Hohe Geschwindigkeitsanforderungen bzw. kurze Durchlaufverzögerungszeiten lassen sich jedoch nur bei Verwendung bipolarer Prozesstechnologien erfüllen.

Während der Entwicklungsphase helfen reprogrammierbare PLDs in (E)EPROM-Technologie Kosten zu sparen. Da das Keramikgehäuse mit dem Quarzfenster (für die UV-Licht-Löschung) einen hohen Anteil an den Bauelementekosten hat, gibt es auch Ausführungen in einem preiswerten Plastikgehäuse ohne Fenster. Man spricht dann von OTP- (One Time Programmable, nur einmal programmierbar) Versionen.

9.1.4 Beschreibungsmethoden

Mit dem Umstieg beim Schaltungsentwurf vom Steckbrett (Hardware) auf den Bildschirm haben die bekannten Beschreibungsmethoden (Software) an Bedeutung gewonnen. Schaltungen ohne Rückkopplungen, auch kombinatorische Schaltnetze genannt, unterscheiden sich von solchen mit Rückkopplungen, die auch als Schaltwerke

unprogrammiert

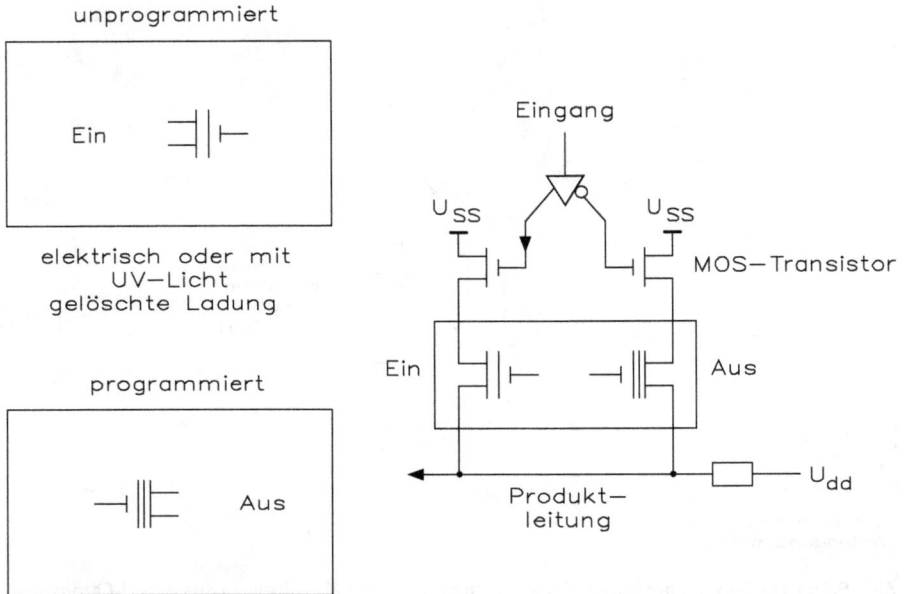

elektrisch oder mit
UV—Licht
gelöschte Ladung

programmiert

Fowler—Nordheim—Tunneleffekt
oder "Hot—Electron"—Injektion

Abb. 9.12: (E)EPROM-Programmierung

bezeichnet werden. Bei der Schaltungssynthese liegt die Funktion in einer bestimmten Form beschrieben vor.

Im Allgemeinen kann man von einer funktionellen Beschreibung ausgehen, die in eine elektronische Schaltung, z. B. mit PLDs und anderen ICs, umgewandelt werden soll. Dies zeigt Abb. 9.13. Daraus werden zuerst die zu verarbeitenden Ein- und Ausgänge herausgesucht. Für die Besonderheiten der entsprechenden Ein- und Ausgangssignale wird anhand der funktionellen Beschreibung z. B. eine Wertetabelle bzw. ein Zeitdiagramm erstellt. Aus der Wertetabelle können Rückschlüsse auf die Realisierbarkeit einer Verknüpfung als Schaltnetz bzw. Schaltwerk gezogen werden.

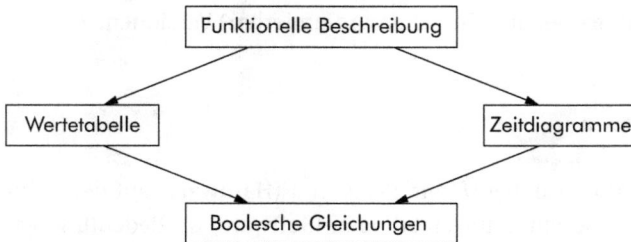

Abb. 9.13: Beschreibungsmöglichkeiten bei der Schaltungssynthese

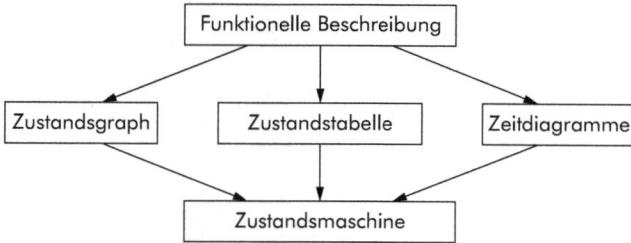

Abb. 9.14: Beschreibungsformen von Zustandsmaschinen

Ergeben sich in der Wertetabelle mindestens zwei widersprüchliche Zeilen (bei zwei gleichen binären Kombinationen der Eingänge soll einmal ein Ausgang den Zustand „0", zum anderen ein „1" annehmen), so liegt eine Realisierung als Schaltwerk vor. Ähnliche Rückschlüsse kann man aus den Zeitdiagrammen erkennen, wobei diese dort bevorzugt werden, wo bekanntlich ein Schaltwerk vorliegt. Sowohl die Werteta-belle, als auch die Zeitdiagramme können in boolesche Funktionen umgeschrieben werden. Üblicherweise werden diese, entsprechend der gezielten Realisierung ver-einfacht. Unter Vereinfachung versteht man die Reduktion der Variablen in einer booleschen Funktion.

Aus der Sicht der PLD-Architekturen ist es wünschenswert, die booleschen Funk-tionen als logische Summe von Produkttermen vorzugeben. Eine Minimierung der Va-riablen und Produktterme wird nicht vom Entwickler benötigt, denn diese Aufgabe übernimmt die Software, mit der auch am Bildschirm Funktionen geschrieben wer-den. Schaltwerke lassen sich als Zustandsmaschinen beschreiben (Abb. 9.14). Bezeich-nend für die Zustandsmaschinen ist die Rückkopplung und Speicherung.

Es sind zwei Realisierungen von Zustandsmaschinen, die Moore- und Mealy-Auto-maten (Abb. 9.15 und Abb. 9.16) bekannt. In beiden Automaten werden Register für die Speicherung des aktuellen Zustands verwendet, wobei im Moore-Automaten die Aus-gänge nur vom aktuellen Zustand abhängen, wohingegen im Mealy-Automaten die Ausgänge vom Zustand und den Eingängen abhängen.

PLD mit getakteter Register-Ausgabe sind für die Realisierung von synchronen Moore- bzw. Mealy-Automaten geeignet.

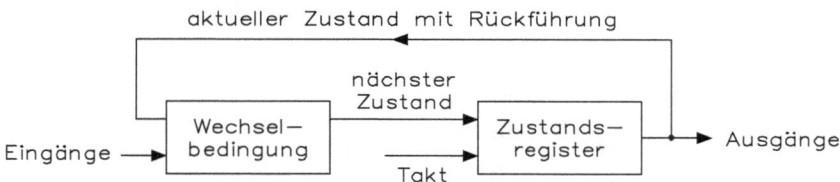

Abb. 9.15: Funktionsbild eines Moore-Automaten

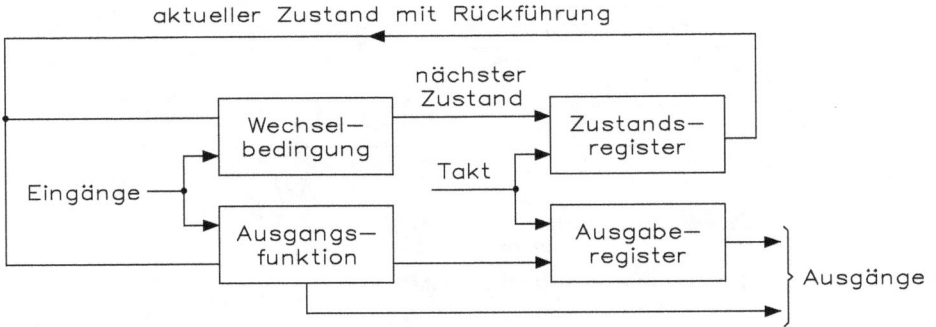

Abb. 9.16: Funktionsbild eines Mealy-Automaten

In den Automaten mit synchronen Registern ist zu erkennen, dass zum Zeitpunkt eines Taktes aus dem aktuellen Zustand und den Eingängen ein neuer Zustand gebildet wird. Man spricht hier von einer Zustandsüberführung, die zum Zeitpunkt dieses Taktes durch die Eingänge hervorgerufen wird. Dieser Tatsache liegt die grafische Beschreibung von Netzwerken zugrunde, die dann in eine Beschreibung entsprechend der Moore- bzw. Mealy-Struktur als Automat umgewandelt werden muss.

Zunächst muss der Entwickler aus einer Aufgabenbeschreibung die zutreffenden Zustände und Überführungsbedingungen auflisten. Diese Informationen können im sog. Zustandsgraph festgehalten werden (Abb. 9.17). Die unterschiedlichen Zustände, in denen sich eine Schaltung befinden kann, werden durch Kreise angezeigt. In der Abb. 9.17 sind das die Zustände A und B, die mithilfe von Pfeilen miteinander verbunden sind. Der Pfeil zeigt den Übergang von z. B. Zustand A zu B an, wobei an den Verbindungslinien noch die für den Übergang erforderlichen Bedingungen, als die Eingänge und die sich dabei ergebenden Ausgänge, angegeben werden.

In Abb. 9.17 handelt es sich um den Graphen eines Mealy-Automaten. Da im Moore-Automaten die Ausgänge nur vom Zustand abhängen, werden diese auch direkt im Kreis des Zustandes aufgestellt, der die Ausgänge hervorruft, wie Abb. 9.18 zeigt.

Im Moore-Automaten werden normalerweise die Zustandsvariablen gleich den Ausgängen gesetzt und so fällt im Graph des Automaten die Ausgangsausgabe weg. Dafür muss man bei der Realisierung mit einer größeren Anzahl von Registern rechnen.

Abb. 9.17: Zustandsgraph als Repräsentation eines Mealy-Automaten

aktueller Zustand	Eingänge	neuer Zustand	generierte Ausgänge
Z0	E1·E2	Z1	A1 = H A2 = L

Abb. 9.18: Graph eines Moore-Automaten

Tab. 9.1: Beispiel einer Zustandstabelle

Aktueller Zustand	Eingänge	Neuer Zustand	Generierte Ausgänge
Z0	E1*E2	Z1	A1 = H, A2 = L

Eine weitere Beschreibungsform von Automaten ist die Überführungstabelle 9.1. Jeder Zeile der Tabelle entspricht eine Zustandsüberführung. Aufgelistet werden nebeneinander der Ausgangszustand, die Überführungsbedingungen, für den nachfolgenden Zustand und die Auswirkungen auf die generierten Ausgänge. Die so aufgebauten Tabellen zeigen den Unterschied zwischen Moore- bzw. Mealy-Automaten. Für die zwei Automaten wurden deswegen unterschiedliche tabellarische Beschreibungen durchgeführt.

Flussdiagramme, die aus der Programmierung in höheren Sprachen bekannt sind, können auch für die Automatenbeschreibung benutzt werden.

Zwei Beispiele dienen zur Darstellung des Mealy-Automaten:

1. Beispiel: 3-Bit-Gray-Code-Zähler
Ein 3-Bit-Gray-Code-Zähler hat acht Zustände, wobei die Variablen der Zustände (Tabelle 9.2) gleich den Ausgängen sind.

Damit liegt der Zähler als Moore-Automat fest wie Abb. 9.19 zeigt.

2. Beispiel: Steuerung einer Wendestation
Die in Abb. 9.20 dargestellte Wendestation kann folgende Zustände nach Tabelle 9.3 annehmen.

Tab. 9.2: Verhalten des 3-Bit-Gray-Code-Zählers

	Q2	Q1	Q0
Z0 →	0	0	0
Z1 →	0	0	1
Z2 →	0	1	1
Z3 →	0	1	0
Z4 →	1	1	0
Z5 →	1	1	1
Z6 →	1	0	1
Z7 →	1	0	0

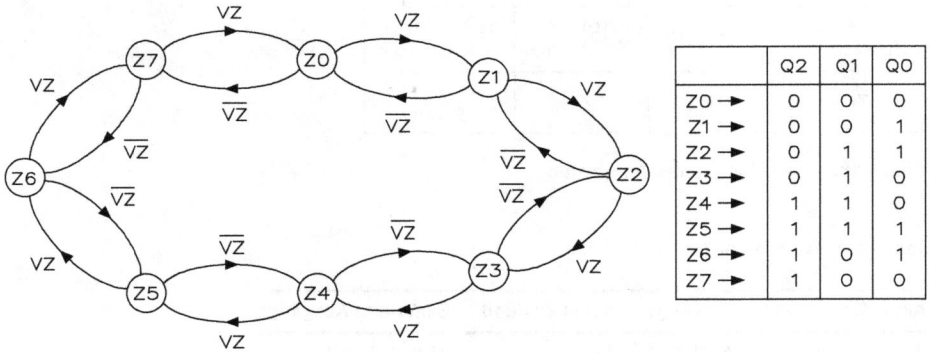

Abb. 9.19: State-Diagramm bzw. Zustandsdiagramm für einen 3-Bit-Gray-Code-Zähler

	Q2	Q1	Q0
Z0 →	0	0	0
Z1 →	0	0	1
Z2 →	0	1	1
Z3 →	0	1	0
Z4 →	1	1	0
Z5 →	1	1	1
Z6 →	1	0	1
Z7 →	1	0	0

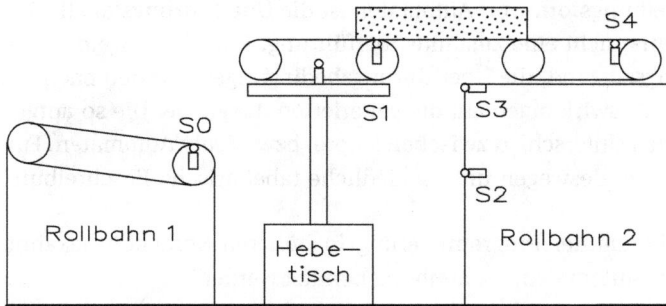

Abb. 9.20: Steuerung einer Wendestation

Tab. 9.3: Steuerung einer Wendestation

Zustand	Tisch	1. Fließband	2. Fließband
Z0	unten	steht	steht
Z1	unten	läuft	steht
Z2	hoch	steht	steht
Z3	oben	steht	läuft
Z4	runter	steht	steht
Z5	unten	steht	steht

Mit dem Zustand-Z5, der mit Z0 gleich ist, beginnt ein neuer Arbeitszyklus der Wendestation. In Abb. 9.20 sind die Sensoren eingezeichnet, die die Übergangsbedingungen zum nachfolgenden Zustand bestimmen. Drei Register reichen aus, um die fünf Zustände zu erzeugen. Von den drei Registern, also den Variablen der Zustände, werden die Antriebe des Tisches und der Fließbänder gesteuert. Daraus ergibt sich der Moore-Automat mit der in Abb. 9.21 gezeigten Ausgabe:

A0 = Tisch steht. 1. Fließband steht, 2. Fließband steht
A1 = Tisch steht, 1. Fließband fährt, 2. Fließband steht
A2 = Tisch fährt nach oben, 1. Fließband steht, 2. Fließband steht
A3 = Tisch steht oben, 1. Fließband steht, 2. Fließband fährt
A4 = Tisch fährt nach unten, beide Fließbänder stehen

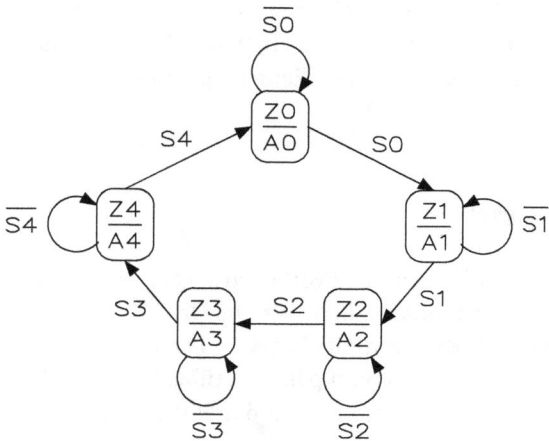

Abb. 9.21: Moore-Automat zur Wendestation

Statt des Graphen kann der Ablauf in einer Übergangstabelle 9.4 erfasst werden.

Tab. 9.4: Übergangstabelle der Steuerung der Wendestation

	Z0	Z1	Z2	Z3	Z4
Z0	/S0	S0	x	x	x
Z1	x	/S1	/S1	x	x
Z2	x	x	/S2	S2	x
Z3	x	x	x	/S3	S3
Z4	S4	x	x	x	/S4

9.2 PLD-Entwicklung mit OrCAD/PLD

OrCAD/PLD ist ein Programm für das Design von Programmable Logic Devices (PLD), das es dem Entwickler erlaubt, sich auf die wesentliche Aufgabe zu konzentrieren, nämlich die Schaltungsentwicklung.

OrCAD/PLD erlaubt die Logikvorgabe in der traditionellen Form – also boolesche Gleichungen und Wahrheitstabellen – oder unter Zuhilfenahme von modernen, leistungsfähigen Eingabeformen. OrCAD/PLD ist in der Lage die Logikbeschreibung aus den höheren Eingabeformen zu erzeugen, so kann sich der Anwender auf das Schaltungsdesign konzentrieren und nicht auf UND- und ODER-Ebene. Ebenso kann jedoch die Schaltung auch grafisch eingegeben werden. Sie haben die Möglichkeit, die von Ihnen bevorzugte und je nach Anwendungsfall effizienteste Eingabeform zu wählen.

Ist der Einsatz von programmierbarer Logik bereits vertraut, so kann man ohne nennenswerte Einarbeitungszeit OrCAD/PLD unmittelbar einsetzen. Hat man noch keine Erfahrung mit dem Entwurf von PLDs, so hilft es OrCAD/PLD sich zielgerecht in das Thema einzuarbeiten und in kürzester Zeit zu beachtlichen Ergebnissen zu kommen.

9.2.1 Baustein- und Typenunabhängigkeit

Grundsätzlich ist bei einem ersten Designentwurf nicht vorher zu sagen, wie umfangreich der Entwurf sein wird. Daher ist der grundsätzliche Weg im OrCAD/PLD unabhängig vom Bauteiltyp. Man compiliert (Übersetzen) die Logik und erst dann kommt man zum Ergebnis, zu welchem PAL-Typen der Entwurf passt. Darüber hinaus stehen drei Strategien zur Verfügung, die Logik zu minimieren und damit den Aufwand zu reduzieren.

OrCAD/PLD unterstützt mehr als 100 unterschiedliche Typen von programmierbarer Logik, ebenso wie zwei Familien die sich für die ersten Entwürfe in der Entwicklung besonders eignen. OrCAD/PLD ist nicht eingeschränkt auf einen Hersteller und auf bestimmte Typen verschiedener Lieferanten.

PLDs verwenden keine Stand-Alone Funktion. Obwohl deren Dokumentation oft separat zur restlichen Schaltung gehandhabt wird, ist es für den Entwickler schwer den Überblick zu behalten. Sehr oft wird die Schaltung verändert, ohne die PLD mit einzubeziehen – mit zum Teil unüberschaubaren Konsequenzen. OrCAD/PLD ermöglicht es, die Schaltung der Umgebung zu einem PLD, zusammen, mit dem PLD selbst, zu verwalten. Gleichungen, Prozeduren, Tabellen und Kommentare, die zu einem PLD gehören, können in einem Schaltplan abgelegt werden. Zusammen mit dem Symbol und, wenn notwendig, auch mit der das PLD ergänzenden Schaltung. Änderungen im Schaltbild oder im PLD-Design resultieren so immer gleichzeitig in aktueller Dokumentation. So ist das komplette Design – mit beliebig vielen PLDs – an einem Ort. Abb. 9.22 zeigt die Innenschaltung eines PLD-Bausteins.

Die Zusammenfassung der Dokumentation erhöht ihre Produktivität, verringert Fehler und lässt mehr Zeit für das eigentliche Design.

Die Definition der Logik ist nur der erste Schritt beim Einsatz von PLDs und die Fehlersuche ist ebenso wichtig. Bevor eine Schaltung in einen Baustein programmiert wird, muss sichergestellt sein, dass sie funktioniert und nicht nur ohne Fehlermeldungen vom Compiler übersetzt wird. Ein kompletter Test durch umfangreiche Überlegungen kann eine Möglichkeit sein, aber ist sicher nicht die schnellste und auch nicht die

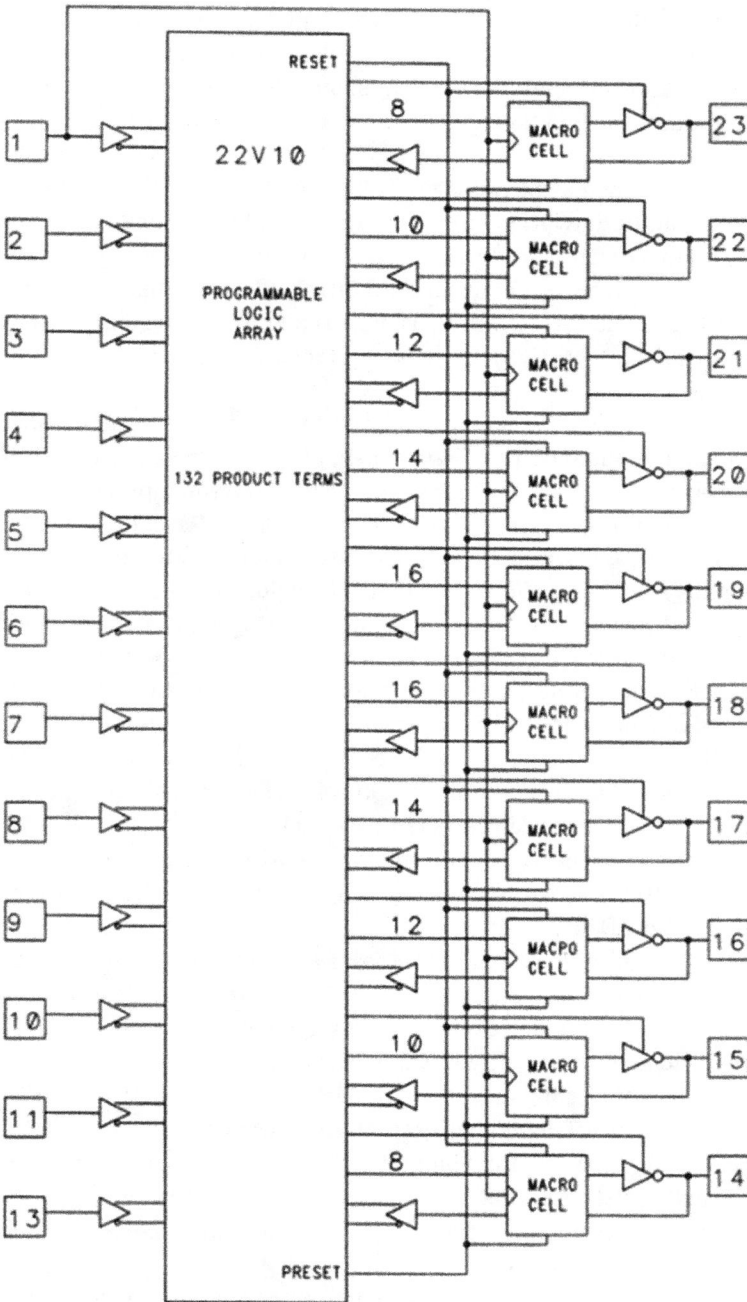

Abb. 9.22: Innenschaltung des PLD-Bausteins 22V10

sicherste. OrCAD/PLD erleichtert hier die Arbeit deutlich und unterstützt die Testphase durch die Erzeugung von Testvektoren. Diese Testvektoren werden zusammen mit der compilierten Logik abgespeichert. Das Programmiergerät kann diese Vektoren benutzen, um eine einwandfreie Funktion zu prüfen – sowohl der Software als auch der Hardware!

Testvektoren allein können keine Aussage darüber durchführen, wie sich die gesamte Schaltung verhält. In Entwürfen mit mehr als einem PLD und umfangreicher weiterer digitaler Komponenten wird die Fehlersuche zunehmend schwieriger und umfangreicher, aber auch wichtiger, denn hier kann OrCAD/PLD die Arbeit erst richtig erleichtern. OrCAD/PLD ist ein Teil der OrCAD-Familie von Entwicklungswerkzeugen. Diese Produktreihe schließt OrCAD/VST, das leistungsfähige Simulationsprogramm für digitale Schaltungen mit ein.

Die Simulation von programmierbarer Logik ist eine ungleiche Herausforderung. Im Gegensatz zu nicht programmierbaren Bausteinen, die immer die gleiche Funktion aufweisen müssen, variiert die Aufgabe eines durch den Anwender programmierbaren Bausteins mit der implementierten Logik. Darauf ist OrCAD/MOD die Antwort. Dieses Programm nimmt das JEDEC-File (die Ausgabeform aller PLD-Compiler, einschließlich der von OrCAD/PLD) als Grundlage für die Erstellung eines Modells, unter Berücksichtigung der physikalischen Gegebenheiten des PLD, z. B. das Zeitverhalten.

Mit OrCAD/VST kann dann die gesamte Schaltung in PLD und herkömmliche Logik (TTL, ACT, ECL usw.) – überprüft werden, noch bevor ein erster Prototyp der Schaltung aufgebaut werden muss. OrCAD/VST ist auch in der Lage für unterschiedliche Typen unterschiedliche Zeitverhalten zu simulieren, kann die aus der Simulation resultierende Aussage noch über dem Test am Prototypen stehen, da hier nur ein Fall repräsentativ für die Streuung aller Zeitverhalten untersucht wird.

OrCAD/PLD ist ein Mitglied der OrCAD-Familie von CAD-Werkzeugen für Entwicklungsingenieure. OrCAD/PLD kann eigenständig eingesetzt werden oder in Verbindung mit den anderen OrCAD-Tools.

– OrCAD/SDT ist ein „Schematic Design Tool". Dieses weit verbreitete Programm zur Eingabe von Schaltbildern bzw. Stromlaufplänen ist voll kompatibel zu OrCAD/ PLD. Der ein PLD beschreibende Text kann in Zusammenhang mit dem Bauteilsymbol in einem Schaltbild gespeichert werden. Dazu kann ein Text-File importiert oder für eine Compilierung exportiert werden. Es ist jedoch auch möglich, PLD mithilfe der OrCAD/SDT-Bibliothek grafisch zu entwerfen.

– OrCAD/VST ist ein „Verification and Simulation Tool": OrCAD/VST liest die von OrCAD/SDT erstellten Netzlisten und simuliert das entsprechende Verhalten der Schaltung unter Berücksichtigung der von den Herstellern propagierten Zeitverhalten der einzelnen Bausteine.

– OrCAD/MOD ist ein „Programmable Device Modeling Tool": OrCAD/MOD erstellt Simulationsmodelle für „programmable logic devices" (PLD). Dieses Programm kombiniert die spezifischen Zeitverhalten von PLD mit der im JEDEC-File (Aus-

gabeform von PLD-Compilern, einschließlich OrCAD/PLD) beschriebenen Logik und erstellt ein Bibliotheksmodell für OrCAD/VST.
–   OrCAD/PCB ist ein „Printed Circuit Board Layout" Tool: OrCAD/PCB verfügt über alle Funktionen, um eine Leiterplatte zu entwerfen, einschließlich der Bauteilanordnung, der Editierung, einem Autorouter und die Ausgabe über Plotter, alles am PC.

Um diese Demonstration auszuschöpfen, sollte man prinzipiell mit der Digitalelektronik vertraut sein. Man sollte ebenfalls die grundlegenden Gedanken von PLD-Bausteinen und ihre praktische Anwendung kennen. Dazu zählt das Wissen, welche Typen verfügbar sind und wie Sie diese Bausteine handhaben. Umfangreiche Kenntnis einer Programmiersprache ist nicht notwendig.

9.2.2 Beschreibung eines PLD

Eine komplette Beschreibung für ein PLD weist verschiedene Abschnitte auf, wie Identifikation des gewünschten Zielbausteins, eine Liste aller Eingangs- und Ausgangssignale in Verbindung mit den Bauteilanschlüssen (Pins) und internen Knoten, eine Festlegung ob das Ausgangssignal aktiv low oder aktiv high ist usw., aber der wichtigste Bestandteil ist die Beschreibung der Schaltung selbst. Doch auch hier kann OrCAD/PLD die Arbeit erleichtern. Abb. 9.23 zeigt ein geöffnetes Fenster für OrCAD/PLD.
OrCAD/PLD versteht sechs unterschiedliche Arten von Logikbeschreibung. Fünf dieser Formen verwenden strukturierte Sprachelemente und die sechste Methode erlaubt eine rein grafische Eingabe mit (gewohnten) Symbolen. Man kann diese sechs Methoden auch in jeder Mischung zueinander einsetzen und verwenden, um den Entwurf zu realisieren. In der Programmierung ist es einfacher und besser, abschnittsweise einen Teil der Logik in Form einer Tabelle zu definieren und andere Teile davon in Gleichungen und möglicherweise auch einen Teil davon in einer Prozedur. Nachfolgend sind die verschiedenen Eingabeformen für OrCAD/PLD beschrieben:
–   boolesche Gleichung: boolesche Gleichungen sind die traditionelle Form für die Beschreibung digitaler Vorgänge. Fast jede Logik lässt sich in dieser Form ausdrücken, nur unter Verwendung von UND (AND), ODER (OR), NICHT (NOT) und anderen Operationen wie EXCLUSIVE ODER (XOR). Doch boolesche Gleichungen sind nicht die handlichste Form für den Entwickler. OrCAD/PLD übersetzt boolesche Gleichungen in eine Produktform, optimiert diese und benutzt diese zur Programmierung des Bausteins.
–   Indexgleichung: Diese Gleichungen können ganze Gruppen von booleschen Gleichungen ersetzen. Logik wiederholt sich oft selbst in einem Entwurf und bei jedem Durchlauf wird häufig nur ein Bit verändert, das Muster als solches bleibt jedoch davon unbeeinflusst. Indexgleichungen können nicht selten komplexe Vorgänge auf eine Zeile in der Beschreibung reduzieren. Synchrone Zähler, Gray-Code

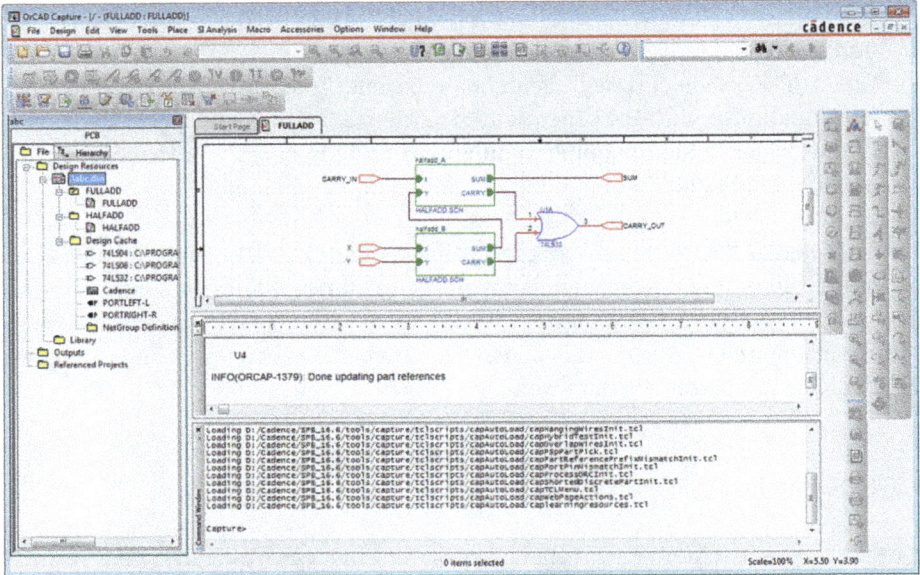

Abb. 9.23: Geöffnetes Fenster für OrCAD/PLD mit zwei Halbaddierern

Converter, adressierbare Latches und anwenderspezifische Multiplexer können dafür in OrCAD/PLD ein Beispiel sein. Basierend auf Ihrer Eingabe expandiert der Compiler die Indexgleichung auf boolesche Gleichungen, reduziert diese und bringt sie ebenfalls in eine für den Baustein geeignete Form.

– Numerische Felder: Eine Logik mit numerischen Operanden beschreibt wie Addition oder Multiplikation. Dies kann mithilfe von numerischen Feldern in OrCAD/PLD auf einfachste Weise erfolgen. Numerische Felder lassen es zu, die Schaltung in ihrer Funktion zu beschreiben, ohne die detaillierte Schaltung auszuarbeiten. Von dieser Vorgabe ausgehend entwickelt OrCAD/PLD mit einer Logiksynthese die korrekten Gleichungen. Spezielle Zähler, Gray-Code-Converter und Funktionsgeneratoren seien hierfür als Beispiel genannt.

– State Machine: OrCAD/PLD beinhaltet eine prozedurale Programmiersprache, die es erlaubt, sequentiell ablaufende Logik zu beschreiben. Programme in dieser Sprache werden compiliert und konvertiert in eine äquivalente Logik. Häufig können komplette Ablaufsteuerungen in einfache PAL oder PROM mit Ausgangsregistern implementiert werden.

– Wahrheitstabellen: Der einfachste Weg, manche Funktion zu beschreiben, ist der, alle Kombinationen von Eingangs- und Ausgangszuständen in eine Tabelle einzutragen. OrCAD/PLD liest diese Tabellen, reduziert diese und übersetzt sie entsprechend.

- Grafische Eingabe: Unter Verwendung von OrCAD/SDT, der Schaltbildeingabe, kann man direkt mit dem Entwurf der TTL-Symbole für ODER-Gatter (wie 'LS32) oder Decoder (wie 'LS138) direkt eingeben. OrCAD/PLD reduziert die Logik, übersetzt sie in die erforderliche Produktform, optimiert sie und macht diese verwendbar für den gewünschten programmierbaren Baustein.

In den folgenden Abschnitten kann man vier der vorgehend genannten Wege selbst versuchen. Eine Eingabeform wird die herkömmliche boolesche Gleichung sein, eine die unterschiedliche Verwendung von Wahrheitstafeln und eine wird die für OrCAD/PLD so leistungsfähige Form der numerischen Felder benutzen. Im vierten Abschnitt soll dann noch auf die grafische Eingabeform eingegangen werden.

9.2.3 Grundlegende Logikbeschreibung

Nachfolgend sind die grundlegenden Logikfunktionen wiedergegeben. Auf der linken Bildseite als grafische Symbole, und dazu korrespondierend auf der rechten Seite die Gleichung wie sie OrCAD/PLD versteht. Abb. 9.24 zeigt die grundlegende Beschreibungsform von Logik.

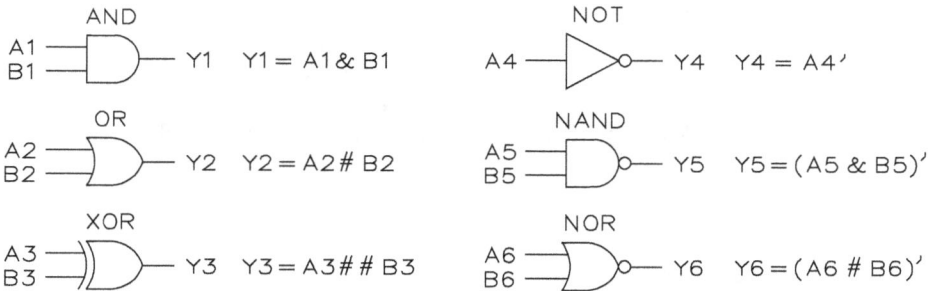

AND		NOT	
A1, B1 → Y1	$Y1 = A1 \& B1$	A4 → Y4	$Y4 = A4'$
OR		NAND	
A2, B2 → Y2	$Y2 = A2 \# B2$	A5, B5 → Y5	$Y5 = (A5 \& B5)'$
XOR		NOR	
A3, B3 → Y3	$Y3 = A3 \#\# B3$	A6, B6 → Y6	$Y6 = (A6 \# B6)'$

Abb. 9.24: Grundlegende Beschreibungsform von Logik

In Plänen werden Gatter als spezielle Grafiksymbole dargestellt, in Abhängigkeit zu ihrer Funktion und Signale als Namen, bestehend aus Zeichen und Ziffern.

In der Sprache für OrCAD/PLD werden Gatterfunktionen als spezielle Symbole gehandhabt:
- Für ein UND-Gatter (AND) steht das Symbol (&).
- Für ein ODER-Gatter (OR) das Doppelkreuz („Lattenzaun") oder Nummern-Zeichen (#).
- Ein EXCLUSIVE-ODER (XOR) wird durch zwei ODER-Symbole (##) verkörpert.

- Eine Invertierung (NOT) wird durch einen auf den Signalnamen folgenden Apostroph (') gekennzeichnet. Er ist gleichbedeutend mit dem Kreis, der einem grafischen Gattersymbol mit einer Invertierung folgt.
- Die Klammern dienen, wie in der Mathematik, zur Gruppierung bzw. Zusammenfassung einzelner Signale.

Man will einen Baustein entwerfen und programmieren, der alle vorgehend gezeigten Symbole bzw. deren Funktionen beinhaltet. Mit anderen Worten, man benötigt den richtigen PLD-Baustein, dessen Schaltsymbol in Abb. 9.25 gezeigt ist.

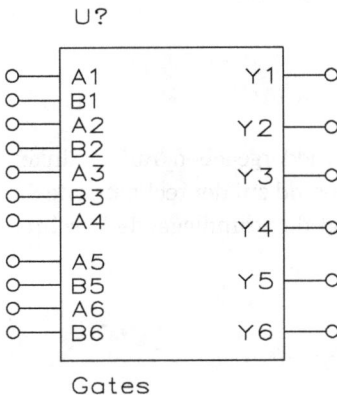

Abb. 9.25: Definition der Ein- und Ausgänge des PLD-Bausteins

Man beginnt mit der Zusammenfassung aller dafür notwendigen Gleichungen:

```
Y1 = A1 & B1
Y2 = A2 # B2
Y3 = A3 ## B3
Y4 = A4'
Y5 = (A5 & B5)'
Y6 = (A6 # B6)'
```

Diese Gleichungen legen zwar die Funktion fest, sie beschreiben jedoch weder welcher Bauteiltyp dafür eingesetzt werden soll, noch wie die Signale auf die Anschlüsse des Bauteils zu verteilen sind.

OrCAD/PLD verfügt über eine umfangreiche Bibliothek, die die populärsten PLD und PROM beinhaltet. Nachfolgend wird ein eigens für diese Demonstration entworfener Typ eingesetzt, den es zwar real nicht gibt, der jedoch die ersten Arbeiten erleichtert und leicht zu erlernen ist. Dieser Typ mit der Bezeichnung PLD22V10 ist im nachfolgenden Abschnitt näher beschrieben.

Um das erste Beispiel zu vervollständigen, ergänzt man es mit der Bauteilbezeichnung (PLD22V10), definiert, welche Signale Eingänge und welche Ausgänge sind und setzt an die linke Textseite jeweils einen vertikalen Strich (| ≡ ASCII 124).

```
| PLD22V10   in: (A1, A2, A3, A4, A5, A6, B1, B2, B3, B5, B6),
|            io: (Y1, Y2, Y3, Y4, Y5, Y6)
|
|            Y1 = A1 & B1
|            Y2 = A2 # B2
|            Y3 = A3 ## B3
|            Y4 = A4'
|            Y5 = (A5 & B5)'
|            Y6 = (A6 # B6)'
```

So ist die Festlegung komplett und fertig zur Übersetzung (Kompilierung).

Produkt/Summen-Form: Wenn die vorgehende PLD-Beschreibung dem Compiler von OrCAD/PLD übergeben wird, so erhält man unterschiedliche Berichte über den Verlauf der Übersetzung – einschließlich nachfolgendem für das Beispiel:

Signalname	Row	Sum-of-product terms	
Y1	1	A1	B1
Y2	17	A2	
	18	B2	
Y3	33	A3'	B3
	34	A3	B3'
Y4	49	A4'	
Y5	65	A5'	
	66	B5'	
Y6	81	A6'	B6'

Die Gleichungen aus dem Original wurden, wie zu sehen ist, in eine sogenannte Produkt-Summen-Form (sum-of-products form) gebracht und sind für PLD-Bausteine üblich. In dieser typischen Form werden alle Signale einer Reihe (Zeile) miteinander logisch multipliziert (mit UND-Gattern), um das Produkt zu erhalten, und dann Zeile für Zeile miteinander logisch addiert (mit ODER-Gattern), um die Summe zu gewinnen. Daraus entsteht die Produkt-Summen-Form. Jede digitale Funktion kann auf diese Form gebracht werden, vorausgesetzt es stehen ausreichend viele Produktterme zur Verfügung.

UND-Gatter (AND-Gate): Um zu zeigen, wie der Compiler arbeitet, nimmt man jede Gleichung einzeln und sieht sich an, was daraus entsteht. Man beginnt mit dem AND-Gate Y1 = Al & B1. Am Anfang des Reports sieht man, was der Compiler aus Y1 macht:

Signalname	Row	Sum-of-product terms
Y1	1	A1 B1

In diesem einfachen Beispiel existiert nur eine Zeile (nummeriert mit 1) für diese Gleichung (Funktion). Die Zeile beinhaltet die Signale Al und B1. Da alle Signale dieser einen Zeile miteinander verUNDed sind, sieht man, dass auch A1 mit B1 über ein UND zu Y1 verbunden sind – was man ja will.

ODER-Gatter (OR-Gate): Als nächstes betrachtet man das ODER-Gatter (OR-Gate) an und es ist beschrieben durch Y2 = A2 # B2.

Signalname	Row	Sum-of-product terms
Y2	17	A2
	18	B2

Nun erscheint nur jeweils ein Signal auf jeder Zeile (nummeriert mit 17 und 18). Da ja alle Zeilen über ein ODER miteinder logisch miteinander verbunden werden, erkennt man, dass aus A2 verODERt mit B2 und Y2 entsteht – was man ebenfalls will.

EXCLUSIVE-ODER-Gatter (XOR-Gate): Als Drittes beschreibt man ein EXCLUSIV-ODER-Gatter durch die Eingabe von Y3 = A3 ## B3.

Signalname	Row	Sum-of-product terms
Y3	33	A3' B3
	34	A3 B3'

Dies führt zu zwei Zeilen mit jeweils zwei Signalen je Zeile. Die erste Zeile sagt aus, dass das invertierte A3 mit B3 über ein UND zu verknüpfen ist, während in der zweiten Zeile eine Verbindung von A3 mit dem invertierten B3 erfolgt. Da beide Zeilen über die Funktion ODER verknüpft sind, ist die folgende Gleichung gleichbedeutend:

```
Y3 = (A3' & B3) # (A2 & B3')
```

In dieser Form existiert kein Zeichen für EXCLUSIV ODER (##). Da, wie in dem Beispiel PLD22V10, die meisten PLD kein EXCLUSIV-ODER enthalten, muss der Compiler es über die vorgehende UND/ODER-Form nachbilden. Die nachfolgende Tabelle zeigt die notwendigen Produktterme. Die linke und die rechte Spalte dieser Tabelle geben dabei die Wahrheitstafel für die EXCLUSIV-ODER-Funktion wieder.

A3	B3	A3' & B3	A3 & B3'	(A3' & B3) # (A3 & B3')
0	0	0	0	0
0	1	1	0	1
1	0	0	1	1
1	1	0	0	0

Inverter (NOT): Als nächstes legt man, durch die Eingabe Y4 = A4', einen Inverter fest.

Signalname	Row	Sum-of-product terms
Y4	49	A4'

Hier ist das Ergebnis eine vereinfachte Form von UND und ODER, mit nur einem Signal in einem Produktterm.

NAND-Gatter: Mit der Eingabe Y5 = (A5 & B5) legt man ein NAND-Gatter fest.

Signalname	Row	Sum-of-product terms
Y5	65	A5'
	66	B5'

Der Operand NAND ist lediglich eine invertierte UND-Verknüpfung (NOT AND $\rightarrow$ NAND). Zuerst sind die beiden Eingangssignale mit UND zu verknüpfen und dann das Ergebnis zu invertieren. Da jedoch die Invertierung der Summe beider Signale nicht in der Struktur der PLD vorgesehen ist, sieht man, dass der Compiler zunächst beide Eingangssignale getrennt invertiert und dann über ein ODER zusammenfasst. Das dieses Vorgehen zum gleichen Ergebnis führt, ist eine Aussage des De-Morgan-Gesetzes und nachdem (A5 & B5)' identisch mit (A5' # B5') ist.

NOR-Gatter: Ähnlich vorgehend legt man ein NOR fest: Y6 = (A6 # B6)'

Signalname	Row	Sum-of-product terms
Y6	81	A6' B6'

Wie zu erkennen ist, hat auch hier der Compiler die Vorgabe nach dem De-Morgan-Gesetz von (A6 # B6) in das Äquivalent (A6' & B6') abgeändert.

In der Festlegung für den Gesamtinhalt des PLD hat man die Ein- und Ausgangssignale wie folgt definiert:

```
| PLD22V10   in: (A1, A2, AS, A4, AS, A6, B1, B2, B3, B5, B6),
|            io: (Y1, Y2, Y3, Y4, Y5, Y6)
```

Es ist jedoch möglich die Eingabe zu verkürzen. Entweder durch:

```
| PLD22V10   in: (A[1~6], B[1~3, 5~6), io: Y[1~6]
```

oder:

```
| PLD22V10   in: (A[1..6], B[1..3, 5..6]), io: Y[1..6]
```

OrCAD/PLD akzeptiert sowohl die Tilde (~) als auch (..) als einen Bereich. OrCAD/PLD behandelt alle Eingaben identisch und es bleibt Ihnen überlassen, welches Zeichen man bevorzugt.

9.2.4 Übersetzung (Compiling)

Kommt man doch nun zur eigentlichen Übersetzung des Beispiels in eine programmierbare Form. Hier ein Listing des Files:

```
SAMPLES OF BASIC GATES

Here are basic logic gates written as Boolean equations.

| PLD22V10   in: (A[1~6], B[1~3, 5~6]), io: Y[1~6]}
|
|           Y1 = A1 & B1       | And
|           Y2 = A2 # B2       | Or
|           Y3 = A3 ## B3      | Exclusive or
|           Y4 = A4'           | Not
|           Y5 = (A5 & B5)'    | Nand
|           Y6 = (A6 # B6)'    | Nor
```

Die vertikalen Striche (|) markieren die eigentliche Information für den Compiler, während alle anderen Zeilen reinen Kommentar darstellen, ebenso wie der Text nach dem zweiten Strich (|).

Um das Beispiel zu übersetzen, gibt man folgenden Befehl ein:

```
PLD GATES <Enter>
```

Die entsprechende Ausgabe des Compilers sollte wie folgt aussehen:

```
OrCAD/PLD DEMONSTATION COMPILER Vp.q mm/dd/yy
Copyright (C) 2018, OrCAD Systems Corporation All Rights Reserved.
```

und in Bruchteilen einer Sekunde erhält man die Zeilen:

```
I202    mm/dd/yy hh:mm pm (Thursday)
I203    Memory utilization 128/20480 (1%)
I204    Elapsed time 3 seconds
```

Dazwischen zeigt der Compiler, dass er seine Arbeit verrichtet hat. Die Version und das erscheinende Datum (Vp.q mm/dd/yy) sind abhängig vom Compiler und vom Zeitpunkt des Laufes. Wenn man jetzt mit

```
DIR DEMO <Enter>
```

startet, kann man wiederum das Verzeichnis betrachten, sieht man die vom Compiler neu erstellten Files:

DEMO.LST   ← Listing-Ausgabe
DEMO.VEC   ← Testvektoren
DEMO.JED   ← JEDEC-File zur Programmierung

Sie können sich die Ausgabefiles ansehen, um mit der Arbeit des Compilers und mit dem Inhalt der Dateien vertraut zu werden. Als Beispiel soll anschließend das JEDEC-File mit dem Namen DEXC.JED stehen:

```
♣
OrCAD/PLD
Type: PLD22V10
*
QP24* QF6740* QV1024*
F0*
L0000 11 11 11 11 11 11 11 11 11 11 11 11 11 11 11 11 11 11 11 11 11 11 *
L0042 01 11 11 11 11 11 01 11 11 11 11 11 11 11 11 11 11 11 11 11 11 11 *
L0672 11 11 11 11 11 11 11 11 11 11 11 11 11 11 11 11 11 11 11 11 11 11
L0714 11 01 11 11 11 11 11 11 11 11 11 11 11 11 11 11 11 11 11 11 11 11 *
L0756 11 11 11 11 11 11 11 01 11 11 11 11 11 11 11 11 11 11 11 11 11 11 *
L1344 11 11 11 11 11 11 11 11 11 11 11 11 11 11 11 11 11 11 11 11 11 11 *
L1386 11 11 10 11 11 11 11 01 11 11 11 11 11 11 11 11 11 11 11 11 11 11 *
L1428 11 11 01 11 11 11 11 11 10 11 11 11 11 11 11 11 11 11 11 11 11 11 *
L2016 11 11 11 11 11 11 11 11 11 11 11 11 11 11 11 11 11 11 11 11 11 11 *
L2058 11 11 11 10 11 11 11 11 11 11 11 11 11 11 11 11 11 11 11 11 11 11 *
L2730 11 11 11 11 10 11 11 11 11 11 11 11 11 11 11 11 11 11 11 11 11 11 *
L2772 11 11 11 11 11 11 11 11 10 11 11 11 11 11 11 11 11 11 11 11 11 11 *
L3360 11 11 11 11 11 11 11 11 11 11 11 11 11 11 11 11 11 11 11 11 11 11 *
L3402 11 11 11 11 11 10 11 11 11 11 10 11 11 11 11 11 11 11 11 11 11 11 *
L6720 11 11 11 11 11 11 11 11 11 11*
C4B85*
♥CB33
```

Die beiden Steuerzeichen am Anfang und am Ende des Textes können je nach Bildschirm und Bildschirmtreiber anders aussehen und markieren nur den Textanfang bzw. das Textende für das Programmiergerät.

9.2.5 Testvektorgenerator mit VECTORS

Wenn man erfolgreich einen Baustein mit OrCAD/PLD entworfen hat, so wird man untersuchen, ob sich die Logik auch so verhält, wie man es sich vorgestellt hat. Das Programm VECTORS arbeitet zusammen mit OrCAD/PLD und kann interaktiv von der Tastatur aus bedient werden oder über eine File-Eingabe. Dieses Programm hat zwei wesentliche Aufgaben:

1. Es soll helfen festzustellen, ob der Baustein bzw. dessen Logik richtig entworfen wurde. In diesem Teil des Programms sieht man, wie man Testbedingungen erstellt und wie man sie einsetzt, bevor ein Baustein in Form von Hardware in die Schaltung umgewandelt wird. Das Ergebnis hilft es vorab zu klären, ob sich die Logik so verhält wie man es sich wünscht.

2. Das Tool erstellt Testvektoren, mit deren Hilfe man sicherstellen kann, ob das programmierte PLD richtig erstellt wurde. Hiermit kann man den bereits programmierten Baustein, also die endgültige Hardware, auf dem Programmiergerät testen.

VECTORS bietet eine gute Möglichkeit, die Logik zu testen, unabhängig von anderen Komponenten der Schaltung. Für einen Gesamttest über die Schaltung, unter Berücksichtigung des Zeitverhaltens und unterschiedlicher Eingangssignale, steht Ihnen Or-CAD/VST und OrCAD/MOD zur Verfügung.

Das File DEMO.VEC wurde bereits vom Compiler erstellt und steht für die Logiksimulation mit VECTORS zur Verfügung. Man gibt

```
VECTORS DEMO <Enter>
```

ein. Wenn das Programm geladen wurde erscheint eine Copyright-Meldung auf dem Bildschirm und anschließend ein Prompt:

```
OrCAD TEST VECTOR DEMOSTRATION Vp.q mm/dd/yy
Copyright (C) 2018, OrCAD Systems Corporation. All Rights Reserved.
-
```

Der Strich (–) zeigt, dass das Programm VECTORS bereit ist, einen Befehl entgegenzunehmen. In diesem Fall beginnt man mit der Nennung der Signale, die man angezeigt haben möchte. Man gibt dazu Folgendes ein:

```
-DISPLAY A1, B1, Y1 <Enter>
```

Dieser Befehl weist VECTORS an, die Signale A1, B1 und Y1 darzustellen. Nach der Taste <Enter> antwortet das Programm erneut mit einem Strich und zeigt somit an, dass die Eingabe akzeptiert wurde und der nächste Befehl erwartet wird.

Man gibt nun ein

```
-TEST A1, B1 <Enter>
```

um einen Test aus allen Kombinationen von A1 und B1 durchzuführen.

VECTORS antwortet mit der Ausgabe einer Wahrheitstafel, in der nicht nur alle möglichen Kombinationen von Al und B1 erscheinen, sondern auch das Simulationsergebnis für den genannten Ausgang Y1:

```
0    0    0
0    1    0
1    0    0
1    1    1
```

Die Signale werden in der Reihenfolge ausgegeben, in der sie für die Display-Angabe genannt wurden:

```
     0    0    0
     0    1    0
     1    0    0
     1    1    1
     ↑    ↑    ↑
     A1   B1   Y1
```

Die ersten beiden Spalten stehen für die Eingänge A1 und B1. Die letzte Spalte rechtsaußen zeigt das entsprechende Ausgangsverhalten. Erinnert man sich dass der Ausgang Y1 eine UND-Verbindung von A1 und B1 ist, so ist das Testergebnis leicht nachvollziehbar.

Man kann durch weitere Eingaben die Logik für alle anderen Komponenten des Beispiels testen:

```
-Display A2, B2, Y2
-Test A2, B2

-Display A3, B3, Y3
-Test A3, B3

-Display A4, Y4
-Test A4

-Display A5, B5, Y5
-Test A5, B5

-Display A6, B6, Y6
-Test A6, B6
```

Nach jedem Testbefehl zeigt VECTORS das entsprechende Ergebnis.

Um das Programm VECTORS abzuschließen, gibt man ein

```
-END <Enter>
```

Nach ein paar Millisekunden, die VECTORS benötigt um alle Files wieder zu schließen, erscheint das DOS-Prompt. Man kann sich nun durch DIR DEMO ein Verzeichnis aller vorhandenen Files zeigen:

```
DEMO.LST
DEMO.VEC
DEMO.BAK    ← das alte JEDEC-File
DEMO.LOG    ← Eine Liste (Log) der eingegebenen Befehle
DEMO.JED    ← Das neue JEDEC-File
```

Wie man sieht, wurde das alte JEDEC-File umbenannt (Extension BAK) und ein neues File, jetzt mit den Testvektoren, erstellt (Extension JED). Außerdem findet man ein File, in dem alle Befehle abgespeichert wurden, die während dem letzten Programmlauf von VECTORS eingegeben wurden – vergleichbar mit einem Logbuch. Gibt man TYPE DEMO.JED <Enter> ein, kann man ein neues JEDEC-File betrachten:

```
OrCAD /PLD
Type:       PLD22V10*
QP24*    QF6740* QV1024*
F0*
L0000  11 11 11 11 11 11 11 11 11 11 11 11 11 11 11 11 11 11 11 11 11 11 *
L0042  01 01 11 11 11 11 01 11 11 11 11 11 11 11 11 11 11 11 11 11 11 11 *
L0672  11 11 11 11 11 11 11 11 11 11 11 11 11 11 11 11 11 11 11 11 11 11..*
L0714  01 11 11 11 11 11 11 11 11 11 11 11 11 11 11 11 11 11 11 11 11 11 *
L0756  11 01 11 11 11 11 11 11 11 11 11 11 11 11 11 11 11 11 11 11 11 11 *
L1344  11 11 11 11 11 11 11 11 11 11 11 11 11 11 11 11 11 11 11 11 11 11 *
L1386  10 01 11 11 11 11 11 11 11 11 11 11 11 11 11 11 11 11 11 11 11 11 *
L1428  01 10 11 11 11 11 11 11 11 11 11 11 11 11 11 11 11 11 11 11 11 11 *
L2016  11 11 11 11 11 11 11 11 11 11 11 11 11 11 11 11 11 11 11 11 11 11 *
L2058  10 11 11 11 11 11 11 11 11 11 11 11 11 11 11 11 11 11 11 11 11 11 *
L2688  11 11 11 11 11 11 11 11 11 11 11 11 11 11 11 11 11 11 11 11 11 11 *
L2730  10 11 11 11 11 11 11 11 11 11 11 11 11 11 11 11 11 11 11 11 11 11 *
L2772  11 10 11 11 11 11 11 11 11 11 11 11 11 11 11 11 11 11 11 11 11 11 *
L3360  11 11 11 11 11 11 11 11 11 11 11 11 11 11 11 11 11 11 11 11 11 11 *
L3402  10 10 11 11 11 11 11 11 11 11 11 11 11 11 11 11 11 11 11 11 11 11 *
L6720  11 11 11 11 11 11 11 11 11 11 *
C4B85*
V00001   00000000000N00000HHHLLLN*
V00002   00000010000N00000HHHLLLN*      ←      The new test vectors
V00003   10000000000N00000HHHLLLN*
V00004   10000010000N00000HHHLLHN*
V00005   10000010000N00000HHHLLHN*
V00006   10000011000N00000HHHLHHN*
```

```
V00007    11000010000N00000HHHLHHN*
V00008    11000011000N00000HHHLHHN*
V00009    11000011000N00000HHHLHHN*
V00010    11000011100N00000HHHHHHN*
V00011    11100011000N00000HHHHHHN*
V00012    11100011100N00000HHHLHHN*
V00013    11100011100N00000HHHLHHN*
V00014    11110011100N00000HHLLHHN*
V00015    11110011100N11000HHLLHHN*
V00016    11110011110N00000HHLLHHN*
V00017    11111011100N00000HHLLHHN*
V00018    11111011110N00000HLLLHHN*
V00019    11111011110N00000HLLLHHN*
V00020    11111101111N00000LLLLHHN*
V00021    11111111110N00000LLLLHHN*
V00022    11111111111N00000LLLLHHN*
♥65AF
```

Die Testvektoren haben zwar die gleiche Information wie die Wahrheitstafel, jedoch in einer für das Programmiergerät lesbaren Form.

Das vorangegangene Beispiel benötigt nur 22 Testvektoren. In reellen Anwendungen mit einigen hundert oder tausend Vektoren wird man die besondere Leistung des Testvektorgenerators erkennen.

9.2.6 Arbeitsweise des Compilers

Die weiteren Beispiele zeigen einige Wege, Logik zu definieren – von der Form der booleschen Gleichung, bis zur einfachen Eingabe in numerischen Feldern. Jedes Muster soll einen anderen Punkt beleuchten:

File	Inhalt	Technik
DOTGEN.PLD	Custom logic	Boolean equations
GATES.PLD	Sample gates	Boolean equations
MEMORY1.PLD	Custom decoder	Boolean equations
BINBCD.PLD	Decimal converter	Numerical maps
MOD60.PLD	Modulo 60 counter	Numerical maps
SCOUNT.PLD	Skip counter	Numerical maps
GRAYCNT.PLD	Gray code converter	Numerical maps
SEVENCNT.PLD	Seven-segment counter	Numerical maps
BITCNT.PLD	Bit counting	Numerical maps
TWOCOMPL.PLD	Arithmetic inverter	Numerical maps

```
SINEWAVE.PLD   Sine wave converter    Numerical maps
PARBITER.PLD   Priority arbiter       State machine
MEMORY2.PLD    Custom decoder         Truth table (bit patterns)
MEMORY3.PLD    Custom decoder         Truth table (hexadecimal ranges)
TTABLE.PLD     Truth tables           Truth table
UDMAP.PLD      Up/down counter        Truth table table/map
ROTARY.PLD     Rotary shifter         Indexed ecuations
ENCODER.PLD    Priority encoder       Indexed ecuations
```

Um diese Files zu übersetzen, gibt man

```
PLD Filename [Parameter] <Enter>
```

ein. Der Name des Quell-Files kann eine Pfadangabe beinhalten und optional auch eine Erweiterung (Extension). Wenn keine Erweiterung angegeben ist, wird automatisch PLD angenommen. Die ebenfalls optional anzugebenden Parameter (Switches) und deren Auswirkung sieht man an:

```
Optionale Parameter


/Ln - Steuert die Bildschirmausgabe.


0 - Keine Ausgabe
1 - Nur Informationen zum Ablauf (Standardeinstellung)
2 - Information und Bildschirmausgabe des Listings


/Rn - Auswahl der Logikminimierung


0 - Keine (nur Entfernung doppelter Eingaben)
1 - Algebraische Reduktion (Standardeinstellung)
2 - Vollständige Minimierung


/Q Unterdrückt die Bildschirmausgabe (identisch mit /L0)
```

9.2.7 Arbeitsweisen der Logikminimierung

Boolesche Gleichungen können bekanntlich in unterschiedlicher Form aufgestellt werden, die alle das Gleiche ausdrücken, jedoch mit einer unterschiedlichen Anzahl von Termen. Eine Logikminimierung ist daher notwendig, um die Form mit der geringsten Anzahl von Produkttermen zu finden. Nur diese Gleichung, mit der geringstmöglichen Anzahl von Termen, kann daher als optimal betrachtet werden. Da PLD eine begrenzte Kapazität aufweisen und diese u. U. schnell erreicht werden kann, ist eine optimale Minimierung in OrCAD/PLD so wichtig.

Für den OrCAD/PLD-Compiler kann man unter drei Arten automatischer Logikminimierung wählen, in Abhängigkeit zu dem von uns gewünschten PLD-Typen. Die Art
der Minimierung kann dazu im Environment, in der Konfiguration oder in der Kom-
mandozeile (mit Parametern) angegeben werden.

```
0 - Keine (nur Entfernung doppelter Eingaben)
1 - Algebraische Reduktion (Standardeinstellung)
2 - Vollständige Minimierung
```

Mit OrCAD/PLD ist es nicht notwendig, Karnaugh-Diagramme oder andere Methoden
zur Vereinfachung von logischen Funktionen heranzuziehen. Die Arbeit wird automatisch vom Compiler übernommen.

Die Entfernung doppelter Eingaben ist die einfachste Form von Minimierung. Diese Art wird eigentlich nur benötigt, wenn die Schaltung so eingegeben wird, wie sie
gedanklich entsteht. Für die Reduktion erweitert der Compiler die Gleichungen zur
Produkt-Summen-Form, aber unter Berücksichtigung der folgenden acht Regeln:

x	&	0	=	0		x	#	0	=	x
x	&	1	=	x		x	#	1	=	1
x	&	x	=	x		x	#	x	=	x
x	&	x'	=	0		x	#	x'	=	1

Wenn man Gleichungen als Summen von Produkten eingibt und diese Minimierungsart wählt, so erscheint der Produktterm in der eingegebenen Reihenfolge. Man kann
auch, wenn notwendig, die Reihenfolge im programmierten PLD vorbestimmen. Gleiche Produktterme werden jedoch unterdrückt.

9.2.8 Algebraische Reduktion

Diese Minimierungsart wird angewendet, wenn keine Eingaben von uns spezifiziert
worden sind. Dabei wird unter Zuhilfenahme von symbolischer boolescher Algebra
und unter weiteren Regeln als die vorgehend gezeigten eine Minimierung vorgenommen. Dies hat vier Vorteile:
– Optimale Formen bleiben unverändert und wenn man eine bereits optimale Form
  eingibt, wird diese nicht nochmals verändert. Dieses Verfahren spart Rechenzeit
  und Compilierungsaufwand.
– Die dynamische Struktur der Schaltung bleibt unverändert, denn in manchen
  taktunabhängigen Schaltungen verhalten sich zwei logisch äquivalente Gleichungen nicht dynamisch äquivalent. Beide Lösungen verhalten sich zwar identisch in Bezug auf ihre Wahrheitstabelle, eine produziert jedoch Spikes die andere
  u. U. jedoch nicht. Ungewollte Entfernung von sogenannten „Hazard"-Termen ist
  ein allgemeines Problem bei der Logikreduktion – doch algebraische Reduktion
  vermeidet diese.

- Es kann eine große Anzahl von Signalen verarbeitet werden. So können z. B. aus der Gleichung

  Y = A[31~0] = 0XXXXFF00h # A(31~0) = 0FF00XXXXh

  mit 23 Signalen oder 2^{17} Tabelleneinträge entstehen.
- Die algebraische Reduktion ist schnell.

9.2.9 Vollständige Minimierung

Mit der Eingabe des Parameters /R2 beim Aufruf des Programmes sucht der Compiler nach der exakten und vollständigen Form und Anzahl der notwendigen Produktterme. Man sollte diese Methode wählen, wenn die algebraische Reduktion nicht zu einem implementierbaren Design führt. Wenn dieser Vorgang erfolgreich abgeschlossen wird, existiert keine einfachere Lösung zur vorgegebenen Gleichung. Folgende Bedingungen sind für die vollständige Minimierung zu beachten:

- Die Anzahl der Signale ist begrenzt. Wenn die Anzahl der Signale in einer Gleichung zu groß ist, kann der Compiler keine vollständige Minimierung vornehmen – weicht dann jedoch auf die algebraische Reduktion aus.
- Logik mit Hazard-Termen wird weit reduziert. Man sollte unbedingt ungetaktete Schaltungen unter Vermeidung solcher Effekte programmieren und dieser Umstand ist belanglos.
- Diese Aufgabe fordert eine erhöhte Rechenzeit und benötigt mehr Speicher. Ist der Rechner nicht schnell genug oder der Speicher nicht ausreichend, sollte man weitgehend ohne diese Minimierung arbeiten.

Trotz all dieser Punkte ist eine umfassende Minimierung unerlässlich. Der Unterschied zwischen acht oder neun Produkttermen entscheidet darüber, ob die Implementierung in ein PLD möglich ist oder nicht!

9.2.10 Informationen zum PLD22V10

Der PLD22V10 weist 24 Anschlüsse auf. Wie aus Abb. 9.26 ersichtlich wird, hat er auf der linken Seite elf Eingänge, plus einen Masseanschluss an Pin 12. Auf der rechten Seite des Gehäuses sind alle Ein- und Ausgänge angeordnet, einschließlich eines Takteinganges und der Versorgung an Pin 24. Die Eingänge können ausschließlich als Eingänge zur Logikmatrix (Logic Array) benutzt werden. Die Ein- und Ausgänge dienen jedoch als Eingänge zur Matrix, als Ausgänge von der Matrix, als Ausgänge mit Rückführungen zur Matrix (feedback) oder bidirektionale Pins, einmal als Ausgang und unter anderen Bedingungen auch als Eingang.

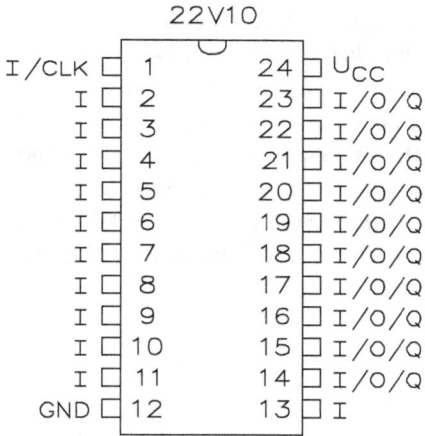

Abb. 9.26: Anschlüsse und Bezeichnungen für das PLD22V10-Gehäuse

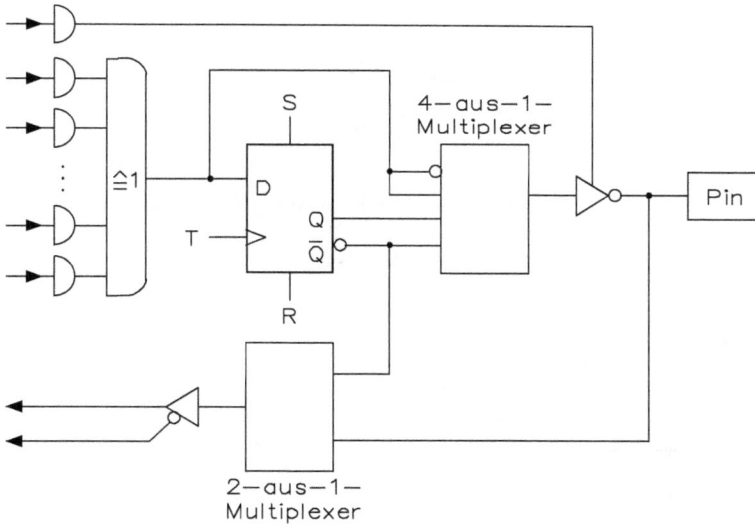

Abb. 9.27: Aufbau einer Macrozelle im PLD22V10

Jeder Ein- und Ausgang verfügt über eine eigene Macrozelle, die von OrCAD/PLD automatisch in eine von fünf möglichen Konfigurationen gebracht wird. Die Macrozelle besteht aus einem Tristate-Buffer, einem flankengetriggertem D-Flip-Flop, einem Inverter und einigen Multiplexern, mit dessen Hilfe Verbindungen in der Macrozelle hergestellt werden, wie Abb. 9.27 zeigt.

Der einfachste Fall ist der, bei dem die Macrozelle nur als Eingang fungiert. Dabei ist der Ausgangstreiber abgeschaltet (disabled) und der Anschluss ist direkt mit der Logikmatrix verbunden. Aus der Macrozelle wird kein weiteres Teil verwendet.

Wird der Pin als Ausgang definiert, aber kein Register benötigt, so wird lediglich der Tristate-Buffer verwendet. In dem Fall, in dem keine Tristate-Funktion benötigt wird, ist dieser Ausgangstreiber ständig freigegeben. Im anderen Fall wird die Funktion zur Kontrolle des Ausgangspuffers aus der Logikmatrix abgeleitet. Wie bei den meisten programmierbaren Logikbausteinen steht für diese Funktion nur ein Produktterm zur Verfügung. Das Ausgangssignal der Matrix kann in dieser Konfiguration direkt und invertiert ausgegeben werden. Eine Rückführung erfolgt stets vom Ausgangspin. Abb. 9.28 zeigt einen einfachen Ausgang (Combinatorial Output) und Abb. 9.29 einen invertierten Ausgang (Combinatorial Output).

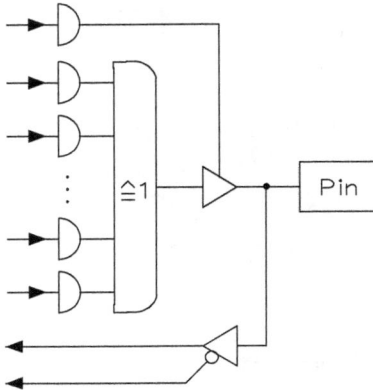

Abb. 9.28: Einfacher Ausgang (Combinatorial Output)

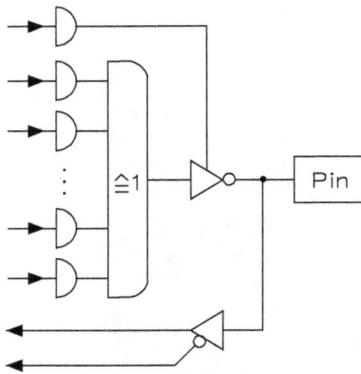

Abb. 9.29: Invertierter Ausgang (Combinatorial Output)

Wird für den Anschluss bzw. für dessen Signal von der Matrix ein Ausgangsregister benötigt, so ordnet der Compiler ein D-Register vor dem Ausgangstreiber an. Dieser Treiber kann wie vorgehend arbeiten, die Rückführung erfolgt jedoch vor dem Treiber. Diese Kombination ist typisch für PLD. Abb. 9.30 zeigt einen Ausgang mit Register (Registered Output) und Abb. 9.31 einen invertierten Ausgang mit Register (Registered Output).

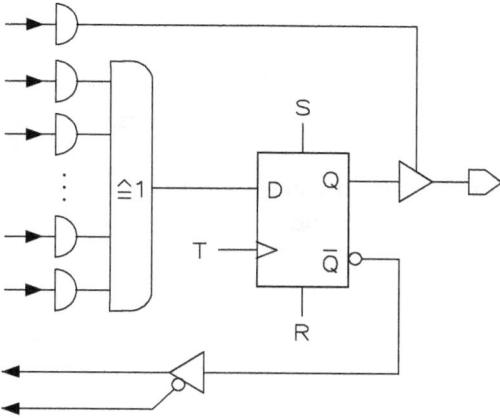

Abb. 9.30: Ausgang mit Register (Registered Output)

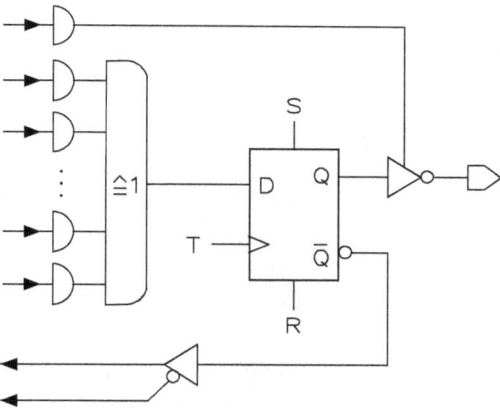

Abb. 9.31: Invertierter Ausgang mit Register (Registered Output)

Jede Macrozelle wird aus 16 Produkttermen betrieben. Eine davon steuert den Ausgangstreiber (enable/disable) und 15 stehen für die Logik selbst zur Verfügung. Zehn Macrozellen mit je 16 Termen ergeben insgesamt 160 Matrix-Reihen. Die Spalten werden aus den elf Eingangssignalen gebildet und den zehn Rückführungen der Ein- und Ausgangszellen. Da jedes Signal der Spalten in Normalform und in negierter (invertierter) Form zur Verfügung stehen muss, macht das zusammen 42 Spalten. Demnach weist der PLD22V10 mit 160 Reihen und 42 Spalten 6720 Programmierzellen auf. Diese sind im JEDEC-File mit 0 bis 6719 bezeichnet. Hinzu kommen die Zellen 6720 bis 6729 die die Ausgangspolarität kontrollieren (normal/invers) und zehn weitere mit den Nummern 6730 bis 6739 die das Register (D-Flipflop) ein- oder ausschalten, also insgesamt 6740 programmierbare Zellen.

9.2.11 Entwurf eines Adressdecoders

Da man nun mit den Grundlagen vertraut ist und wie die Logik beschrieben wird, wie der Compiler arbeitet und wie eine Simulation durchzuführen ist, soll ein realistisches Beispiel gezeigt werden.

Angenommen man möchte einen Microcomputer bauen, dessen Adressbereich 1 Mbyte umfasst. Der niedrigste Adresswert ist 00000 und der höchste FFFFFh. Man teilt zunächst diesen Adressbereich in Blöcke auf:

Speicherbereich			Funktionsbereich	
00000~9FFFF	0 K	640 K	System memory	(1)
A0000~AFFFF	640 K	64 K	EGA area	(2)
B0000~B0FFF	704 K	4 K	MDA area	(3)
B1000~B7FFF	708 K	28 K	Open	
B8000~BBFFF	736 K	16 K	CGA area	(4)
BC000~BFFFF	752 K	16 K	Open	
C0000~C7FFF	768 K	32 K	Open	
C8000~CBFFF	800 K	16 K	Fixed disk	(5)
CC000~CFFFF	816 K	16 K	Peripheral i/o	(6)
D0000~DFFFF	832 K	64 K	Expanded memory	(7)
E0000~FFFFF	896 K	128 K	Read only merrory	(8)

In Abhängigkeit davon, welche Adresse gerade angesprochen wird, soll jedem der vorgehenden Blöcke ein eigenes Signal zur Verfügung stellt werden, das ihm mitteilt, ob ein Baustein adressiert wird oder nicht. Mit anderen Worten, man entwirft einen anwenderspezifischen Adressdecoder. Dazu werden wir drei verschiedene Wege beschreiten.

Zuerst muss man definieren, wie viele Eingangsinformationen benötigt werden. Der gesamte Adressbus besteht aus fünf hexadezimalen Stellen, aber aus der Tabelle ersieht man, dass die drei niederwertigsten Stellen immer mit 000 beginnen und mit FFFh enden. Diese drei Stellen spielen also keine Rolle für unseren Decoder. Demnach kann man die Leitungen außer Acht lassen und hat so die erste Minimierung vorgenommen. Man muss sich also nur auf die acht höherwertigen Adressleitungen konzentrieren.

Man beginnt mit der für diese Aufgabe in der traditionellen Form mit der Definition der booleschen Gleichungen.

Die 20 Adressleitungen haben die Bezeichnung ADR19, ADR18, ..., ADR1, ADR0. Davon sind jedoch nur acht für den Decoder relevant (ADR19...ADR12).

Als Erstes erzeugt man ein Signal mit dem Namen SMEM, das im Adressbereich 00000...9FFFFh aktiv wird. Was die acht relevanten Leitungen betrifft, so liegen die Werte hier zwischen 00 und 9Fh bzw. 00000000 und 10011111b. Alle Adressen haben in diesem Bereich zwei Dinge gemeinsam:

- Die ADR19 ist 0-Signal oder
- ADR19 ist 1-Signal, wenn ADR18 und ADR17 auf 0-Signal sind.

Als boolesche Gleichung, mit den eingehend definierten Symbolen geschrieben, sieht das so aus:

```
SMEM = ADR19' # (ADR19 & ADR18' & ADR17')
```

Im zweiten Schritt definiert man das Signal EGA und es liegt im Adressbereich A0000h...AFFFFh aktiv. Für die acht relevanten Bits heißt das A0h bis AFh oder 10100000b bis 10101111b. Auch hier wieder die boolesche Gleichung für ADR19 und ADR17 da beide Leitungen auf 0-Signal sind und ADR18 bzw. ADR16 ein 1-Signal aufweisen:

```
EGA    = ADR19 & ADR18' & ADR17 & ADR16'
```

Mit den anderen Auswahlsignalen verfährt man ähnlich und erhält folgende Definitionen:

```
| PLD22V10 in:ADR[19~12], io: (SMEM, EGA, MDA, CGA, DISK, IO, EM,
                              ROM)
|
| SMEM = ADR19' # (ADR9 & ADR18' & ADR17')
| EGA  = ADR19 & ADR18' & ADR17 & ADR16'
| MDA  = ADR19 & ADR18' & ADR17 & ADR16 & ADR15' & ADR14' & ADR13'
         & ADR12'
| CGA  = ADR19 & ADR18' & ADR17 & ADR16 & ADR15 & ADR14'
| DISK = ADR19 & ADR18 & ADR17 & ADR16 & ADR15 & ADR14'
| IO   = ADR19 & ADR18 & ADR17' & ADR16' & ADRI5 & ADR14
| EM   = ADRI9 & ADR18 & ADR17' & ADR16
| ROM  = ADR19 & ADR18 & ADR17
```

Man kann für die Eingabe auch einen Texteditor benützen. Die Ausgabe der Produkte bzw. Summen gibt die Gleichungen selbst wieder:

```
Signalname  Row  Sum-of-product terms

SMEM         1   ADR18' ADR17'
             2   ADR19'
EGA         17   ADR19 ADR18' ADR17 ADR16'
MDA         33   ADR19 ADR18' ADR17 ADR16 ADR15' ADR14' ADR13' ADR12'
CG~         49   ADR19 ADR18' ADR17 ADR16 ADR15 ADR14'
DISK        65   ADR19 ADR18 ADR17' ADR16' ADR15 ADR14'
IO          81   ADR19 ADR18 ADR17' ADR16' ADR15 ADR14
EM          97   ADR19 ADR18 ADR17' ADR16
ROM        113   ADR19 ADR18 ADR17
```

Hier erkennt man, dass der Compiler für das Signal SMEM eine Verknüpfung mit ADR19 entfernt hat. Unter Anwendung der bereits beschriebenen Methoden zur Minimierung hat OrCAD/PLD nicht benötigte Komponenten entfernt. Außerdem hat der Compiler die Reihenfolge in den ODER-Verknüpfungen geändert. Für die Funktion spielt das keine Rolle, doch dient dies als Hinweis, dass der Compiler für gewöhnlich den längsten Produktterm zuerst schreibt.

Eines der Merkmale von OrCAD/PLD ist es, dass es dem Anwender überlassen bleibt, sich die für ihn und für seine Aufgabe einfachste Eingabeform frei wählen zu können. Für unseren Adressdecoder könnte daher die Eingabe als Wahrheitstafel einfacher sein, als die Definition über boolesche Gleichungen. Für die Wahrheitstafel benutzen wir nur die logische 0 und 1, sowie ein X für nicht relevante Zustände.

```
| PLD22V10 in: ADR[19~12], io: (SMEM, EGA, MDA, CGA, DISK, IO, EM, ROM)
|
| Table: ADR[19~12] -> SMEM, EGA, MDA, CGA, DISK, IO, EM, ROM
|
||      Input          Output        Usage              Addr      Lth
|
|    {  0XXXXXXXb  ->  10000000b   | System memory      0 K      640 K
|       100XXXXXb  ->  10000000b
|       101XXXXXb  ->  01000000b   | EGA area          640 K     64 K
|       10110000b  ->  00100000b   | MDA area          704 K      4 K
|       10110XXXb  ->  00000000b   | Open              708 K     28 K
|       101110XXb  ->  00010000b   | CGA area          736 K     16 K
|       101111XXb  ->  00000000b   | Open              752 K     16 K
|       11000XXXb  ->  00000000b   | Open              768 K     32 K
|       110010XXb  ->  00001000b   | Fixed disk        800 K     16 K
|       110011XXb  ->  00000100b   | Peripheral i/o    816 K     16 K
|       1101XXXXb  ->  00000010b   | Expanded memory   832 K     64 K
|       111XXXXXb  ->  00000001b   | Read only memory  896 K    128 K
|    }
```

In der linken Spalte, unter der Bezeichnung „Input", findet man das Bitmuster für alle Eingangssignale. Für jedes Eingangssignal, das zur Erzeugung des Ausgangssignals keine Rolle spielt, steht in der Tabelle ein X. In der rechten Spalte, unter „Output", findet man das Bitmuster für die acht Ausgangssignale. Die einzelnen Bits stehen in der Tabelle in der gleichen Reihenfolge wie sie mit der Definition „Table" in der dritten Eingabezeile festgelegt wurde. Möglicherweise findet man diese Eingabeform etwas einfacher als die vorgehende zu compilieren, um mit MEMORY2.LST ein vergleichbares Ergebnis zu erhalten:

```
Signalname    Row    Sum-of-product terms
SMEM          1      ADR18' ADR17'
              2      ADR19'
EGA           17     ADR19 ADR18' ADR17 ADR16'
MDA           33     ADR19 ADR18' ADR17 ADR16 ADR15' ADR14' ADR13'
                     ADR12'
CGA           49     ADR19 ADR18' ADR17 ADR16 ADR15 ADR14'
DISK          65     ADR19 ADR18 ADR17' ADR16' ADR15 ADR14'
IO            81     ADR19 ADR18 ADR17' ADR16' ADR15 ADR14
EM            97     ADR19 ADR18 ADR17' ADR16
ROM           113    ADR19 ADR18 ADR17
```

OrCAD/PLD konvertiert die Wahrheitstafel in entsprechende Gleichungen und erstellt somit wieder das gleiche Ergebnis.

Es gibt noch einen weiteren Weg mit den Wahrheitstafeln ein OrCAD/PLD zu beschreiben, und einen, der möglicherweise sogar besser geeignet ist einen Adressdecoder zu beschreiben. Für einen Zahlenbereich kann man ebenso hexadezimale Werte einsetzen, um nicht einzelne Bits definieren zu müssen. Der Compiler übersetzt dann diese Werte wieder in Bits und verarbeitet diese dann entsprechend. Solche Arbeiten soll der Rechner abnehmen. So sieht für diesen Fall die Lösung aus:

```
| PLD22V10 in: ADR[19~12], io:(SMEM, EGA, MDA, CGA, DISK, IO, EX, ROM)
|
| Table: ADR[19~12] -> SMEM, EGA, MDA, CGA, DISK, IO, EM, ROM
|
||     Input Range    Output        Usage
|  {   000h~09Fh  ->  10000000b  | System memory     0 K      640 K
|      0A0h~0AFh  ->  01000000b  | EGA area          640 K    64 K
|      0B0h~0B0h  ->  00100000b  | MDA area          704 K    4 K
|      0B1h~0B7h  ->  00000000b  | Open              708 K    28 K
|      0B8h~0BBh  ->  00010000b  | CGA area          736 K    16 K
|      0BCh~0BFh  ->  00000000b  | Open              752 K    16 K
|      0C0h~0C7h  ->  00000000b  | Open              768 K    32 K
|      008h~0CBh  ->  00001000b  | Fixed disk        800 K    16 K
|      0CCh~0CFh  ->  00000100b  | Peripheral i/o    816 K    16 K
|      0D0h~0DFh  ->  00000010b  | Expanded memory   832 K    64 K
|      0E0h~0FFh  ->  00000001b  | Read only memory  896 K    128 K   }
```

Man schreibt jeweils nur die Start- und Endadresse und überlässt es OrCAD/PLD, dies auszuführen. Es ergibt sich das Bitmuster:

```
Signalname    Row   Sum-of-product terms
SMEM          1     ADR18'   ADR17'
              2     ADR19'
EGA           17    ADR19   ADR18' ADRI7 ADR16'
MDA           33    ADR19   ADR18' ADR17 ADR16 ADR15' ADR14' ADR13'
                    ADR12'
CGA           49    ADR19   ADR18' ADR17 ADR16 ADR15 ADR14'
DISK          65    ADR19   ADR18 ADR17' ADR16' ADR15 ADR14'
IO            81    ADR19   ADR18 ADR17' ADR16' ADR15 ADR14
EM            97    ADR19   ADR18 ADR17' ADR16
ROM           113   ADR19   ADR18 ADR17
```

Alle so compilierten Beispiele besitzen auch Testvektoren, die man auch mit dem Befehl

```
VECTORS <Enter>
```

verarbeiten kann, um eine Funktionsprüfung durchzuführen. VECTORS zeigt die einzelnen Ausgangssignale und durchläuft schrittweise alle Eingangswerte.

Die verschiedenen Lösungsansätze zu diesem Beispiel zeigen, dass der beste Weg eine Anwendung zu beschreiben, abhängig ist von der Anwendung selbst. Mit OrCAD/PLD kann man jedoch zwischen sechs unterschiedlichen und leistungsfähigen Methoden wählen.

9.2.12 Numerische Felder in PLD-Bausteinen

Logik drückt sich normalerweise in logischen Gatterfunktionen wie UND und ODER aus. Oft wird dabei jedoch übersehen, dass die ursprünglich geplante Lösung nichts mit den Gattergrundfunktionen zu tun hat. Grundfunktionen wie diese sind einfach bequem in Hardware zu implementieren. Eine Aufgabe kann sich jedoch weit schwieriger gestalten, wenn man nur in UND und ODER denkt als in mehr abstrakten Funktionen. UND und ODER sind wie Buchstaben, die zusammen ein Wort bilden, und um Logik zu beschreiben, ist es jedoch einfacher in Worten zu denken, als Buchstabe für Buchstabe einzusetzen.

OrCAD/PLD erlaubt es, Logik in kurzer und prägnanter Form zu beschreiben, und es erzeugt die booleschen Ausdrücke, die die Logik auf höherer Ebene bildet. Außerdem reduziert OrCAD/PLD den logischen Aufwand gleichzeitig auf das notwendige Minimum, um die vorhandene Hardware optimal auszunutzen.

Ein einfacher aber leistungsfähiger Weg Logik für OrCAD/PLD zu beschreiben, ist der über numerische Felder. Ein numerisches Feld beschreibt den Weg von der Eingangs- zur Ausgangsbedingung. Alles, was dazwischen passiert, kann man sich ersparen, denn OrCAD/PLD führt dies automatisch aus.

Für einige Aufgaben ist diese Form die günstigste. Zum Beispiel soll ein 4-Bitzähler programmiert werden. Dafür sind die Ausgangssignale Q3, Q2, Q1 und Q0, oder einfacher Q[3~0]. Der Zähler durchläuft die Sequenz 0, 1, 2, ..., 15, 0. Als numerisches Feld (Map) schreibt man einfach:

```
Map:   Q[3~0]   ->   Q[3~0] {n -> n + 1}
```

- Feld
- Ausgangssignale
- Eingangssignale
- Bezeichner

Der Bezeichner „Map:" leitet die Funktion ein. Darauf folgt die Liste der Eingangs- und Ausgangssignale, getrennt durch einen Pfeil. In einem Zähler sind Ein- und Ausgänge gleich und der Pfeil ist als „ändert sich zu" zu lesen. Innerhalb der geschweiften Klammern steht die zu implementierende Funktion selbst. Die Anzahl der Signale bestimmt, wie umfangreich die Funktion ist. Die Variable n kann alle Werte annehmen, die aus den Eingangssignalen gebildet werden kann. Da in dem Beispiel vier Bit (Q0 bis Q3) zu verarbeiten sind, liegt n zwischen 0 und 15.

Wenn man dieses Feld liest, sagt man ‚n wechselt nach n + 1‘, d. h., immer, wenn die Logik den Eingangswert n sieht, muss sie zum nächsten Takt für die Ausgänge n + 1, im Bereich 0 bis 15, erzeugen. Die Logik, die der Compiler für diese Aufgabe erzeugt, sieht so aus:

Signalname	Row	Sum-of-product terms			
Q3	1	Q3'	Q2	Q1	Q0
	2	Q3	Q2'		
	3	Q3	Q1'		
	4	Q3	Q0'		
Q2	17	Q2'	Q1	Q0	
	18	Q2	Q1'		
	19	Q2	Q0'		
Q1	33	Q1'	Q0		
	34	Q1	Q0'		
Q0	49	Q0'			

Dies sind die klassischen Gleichungen für einen binären Zähler. Q3 ist darin das höchstwertige Bit und Q0 das niederwertigste. Jedesmal, wenn der Zähler wechselt, ändert sich das unterste Bit (Q0), denn der Eingang von Q0 ist Q0'. Die Produkt-Summe von Q1 ist ein EXCLUSIV-ODER von Q0 und Q1. Alle anderen Stellen sind nur daraus erweitert. Wichtig ist jedoch, dass diese Logik automatisch vom OrCAD/PLD-Compiler erzeugt wurde.

Bevor man zum nächsten Abschnitt geht, ist kurz zu überlegen, was zu tun wäre, wenn man einen Abwärtszähler realisieren muss. Hier ist die Eingabe dazu:

```
Map:    Q[3~0] -> Q[3~0] {n -> n - 1}
```

Nur ein Zeichen muss dafür geändert werden! Möglich ist auch

```
Map:    Q[3~0] -> Q(3~0] {n + 1 -> n}
```

Anmerkung: Ein Pfeil besteht hier aus einem Bindestrich (-) und dem Zeichen größer (> = spitze Klammer zu).

Beide Eingaben führen zum gleichen Ergebnis. Beide zählen rückwärts durch die Sequenz 15, 14, ...1, 0, 15. In der ersten Variation steht „Hat der Eingang den Wert n, dann wechselt er zum Wert n – 1". Die zweite Definition sagt „Hat der Eingang den Wert n + 1, dann wechsle zu n", was das Gleiche ist, nur mit anderen Worten.

Die zweite Form des zuvor gezeigten Abwärtszählers ist ein Hinweis auf die weiteren Einsatzmöglichkeiten von Feldern für komplexere Logik. Numerische Ausdrücke können auf jeder Seite des Pfeiles stehen, aber auch auf beiden Seiten gleichzeitig. Bevor man jedoch zu weiteren allgemeinen Formen geht, sieht man einen etwas vielseitigeren Zähler mit einem Rücksetzeingang an:

```
Mag:    Q[3~0] -> Q[3~0]
{  n -> n + 1,      RESET'
   n -> 0           RESET }
```

Der erste Ausdruck in der geschweiften Klammer sagt aus, dass n wechselt zu n + 1, wenn RESET logisch 0 ist. Im zweiten Ausdruck ist RESET aktiv (logisch 1), d. h. n wechselt zu 0. Man hat also einen Zähler, der, solange RESET gleich 0 ist, aufwärts zählt und, nachdem RESET zu 1 geworden ist und synchron mit dem Takt auf null gesetzt wird. Vergleichbar kann man jetzt mit der Angabe beginnen

```
Mag:    Q[3~0] -> 0[3~0]
{  n -> n - 1,      RESET'
   n -> 15,         RESET  }
```

und man hat einen Abwärtszähler mit synchronem RESET erstellt. Fasst man beide mit einem zusätzlichen Auf/Ab-Signal zusammen, so erhält man einen Zähler, der abhängig von einem Eingangssignal, entweder aufwärts oder abwärts zählt. Hier die Gleichung dafür:

```
Map:    Q(3~0] -> Q[3~0]
{  (n -> n + 1,      RESET' & UP
    n -> n - 1,      RESET' & UP'
    n -> 0,          RESET    }
```

All diese Zähler lassen sich natürlich auch mit anderen Eingabeformen verwirklichen, doch welche könnte einfacher sein und beschränkt sich sogar auf eine Zeile.

Sieht man noch einmal eine Variation zum vorgehenden Zähler an: Zwischen den Flipflops tritt zwischen Ein- und Ausgang eine Zeitverzögerung auf. Beispielsweise soll ein Zähler für einen Hotellift erstellt werden und vielleicht hat man auch schon einmal bemerkt, fehlt oft in USA das 13. Stockwerk. Man benötigt also einen Zähler mit der Folge 1, 2,..10, 11, 12, 14, 15. Dass die booleschen Gleichungen dazu nicht ganz einfach sind, kann man sich vorstellen, doch wie sieht die numerische Eingabe mit dem Map aus? Man geht von 15 Stockwerken aus, mit der 0 für den Keller.

```
| PLD22V10   io: Q[3~0], clock: CLK
|     Registers: Q[3~0]
|
|   Mag: 0(3~0] -> Q [3~0]
|   { n -> n + 1,    n/ = 12
|     n -> n + 2,    n == 12}
```

Diese Definition sagt aus, dass n wechselt zu n + 1, solange n verschieden ist von 12. Doch wenn n gleich 12 ist, dann wechselt man auf +2 (12 + 2 = 14). Man sieht das Ergebnis im Compiler in der Reihenfolge an:

Signalname	Row	Sum-of-product terms			
Q3	1	Q3'	Q2	Q1	Q0
	2	Q3	Q2'		
	3	Q3	Q1'		
	4	Q3	Q0'		
Q2	17	Q2'	Q1	Q0	
	18	Q2	Q1'		
	19	Q2	Q0'		
Q1	33	Q3	Q2	Q0'	
	34	Q1'	Q0		
	35	Q1'	Q0		
Q0	49	Q3'	Q0'		
	50	Q2'	Q0'		
	51	Q1	Q0'		

Vergleicht man die entstandene Logik mit der der vorgehenden Zähler. Man sieht, dass die oberen Bits Q[3~2] die gleichen sind, doch für Q[1~0] enthalten die Terme die Logik, um die Nummer 13 zu überspringen.

Ein Aufzug sollte nicht nur nach oben gehen, sondern auch nach unten, d. h. man benötigt also einen Auf- und Abwärtszähler. Zwei Zeilen mehr lösen das Problem und ein zusätzlicher RESET-Eingang hilft uns den Zähler auch in einen Anfangswert zu bringen:

```
| PLD22V10   in: (RESET, UP), io: Q[3~0], clock:CLK
|     Registers:      Q [3~0]
|
|   Mag:     0[3~0]       ->     Q[3~0]
|   {   n -> n + 1,     RESET' & UP & n/ = 12
|       n -> n + 2,     RESET' & UP & n == 12
|       n -> n - 1,     RESET' & UP & n/ = 14
|       n -> n - 2,     RESET' & UP & n == 14
|       n -> 1,         RESET }
```

Man kann mit dieser Vorgabe von

```
PLD SCOUNT /R2
```

auch compilieren.

Das Ergebnis ist weit komplexer, was jedoch aus der Eingabe zu erkennen war. In der Produkt-Summen-Form verbirgt sich die erforderliche Logik, in Abhängigkeit zur Zählrichtung, die 13 zu überspringen:

Signalname	Row	Sum-of-product terms				
Q3	1	RESET'	UP	Q3'	Q2	Q1	Q0
	2	RESET'	UP'	Q3'	Q2'	Q1'	Q0'
	3	RESET'	UP'	Q3	Q1		
	4	RESET'	Q3	Q2	Q1'		
	5	RESET'	UP	Q3	Q0'		
	6	RESET'	Q3	Q2'	Q0		
Q2	17	RESET'	UP	Q2'	Q1	Q0	
	18	RESET'	UP'	Q2'	Q1'	Q0'	
	19	RESET'	UP'	Q2	Q1		
	20	RESET'	UP	Q2	Q0'		
	21	RESET'	Q2	Q1'	Q0		
Q1	33	RESET'	Q3	Q2	Q1'	Q0'	
	34	RESET'	UP'	Q1	Q0		
	35	RESET'	UP	Q1'	Q0		
	36	RESET'	UP	Q1	Q0'		
	37	RESET'	UP'	Q1'	Q0'		
Q0	49	Q1	Q0'	UP			
	50	Q1'	Q0'	UP'			
	51	Q3'	Q0'				
	52	Q2'	Q0'				
	53	RESET					

Zusammenfassung: Soweit eine kurze Übersicht über die leistungsfähige Eingabeform der numerischen Felder. Nur durch die Eingabe von numerischen Operanden links und/oder rechts des Pfeiles hat man die Möglichkeit, eine komplexe Logik zu generieren. Hierzu noch ein kurzes Beispiel für einen Graycode/Binärwandler:

```
Map:    Q[3~0] -> B[3~0] {Gray(n) -> n}
```

9.2.13 Grafische Logikbeschreibung

OrCAD/PLD ist in der Lage, auch grafisch erstellte Logik zu übersetzen. Wenn man Besitzer von OrCAD/SDT ist, zeigt ein Beispiel für dieses leistungsfähige Werkzeug zum Design, wie man die programmierbaren Logikbausteine noch einsetzen kann.

Um PLDs grafisch zu entwerfen, muss zunächst eine dafür geeignete Bibliothek in das Programm DRAFT eingebunden werden. Um diese Installation durchzuführen, ruft man das ORAC/SDT mit DRAFT/C (configuration) auf. Nach dem Wechsel in das Menü für die „Library Files" (LF) ergänzt man die von einer benutzten Bibliothek um PLDGATES.LIB1. PLDGATES.LIB beinhaltet die für kleine und mittlere PLDs nutzbaren Symbole. Diese Symbole haben, im Vergleich zu den Typen der Low-Power Schottky-Serie (LS), den Präfix „G", nicht „LS" oder „ACT". G steht hier für „generic" = Gattung. Um z. B. das Symbol für einen LS32 (ODER-Gatter mit zwei Eingängen) zu erhalten, ruft man diesen nach dem Befehl „GET" mit G32 auf.

Die in der Bibliothek PLDGATES.LIB realisierten TTL-Funktionen sind den Standard TTL-Bausteinen vergleichbar, man beachte jedoch, dass nicht alle Typen verfügbar sind. Man setzt den Befehl (L)ibrary (B)rows ein, um einen Überblick über den Umfang zu bekommen.

Es ist nicht unbedingt notwendig, dass man sich auf den Einsatz dieser „Generic"-Symbole beschränkt. OrCAD/PLD erkennt auch die Symbole mit dem Präfix LS an. Dennoch wird empfohlen, die Bibliothek PLDGATES.LIB zu verwenden, um den folgenden Punkten gerecht zu werden:
- Man sollte immer sicher sein, Bauteile nicht einzusetzen, die eine für PLD zu komplexe Struktur aufweisen.
- Die Schaltbilder bleiben übersichtlich, da alle gleichen Typen gleiche Pinnummern aufweisen. Die Nummerierung ist für PLD unwichtig, da die Symbole nur Logik repräsentieren.
- Verwendet man diese Symbole, gibt man an, dass ein Zeitverhalten oder andere elektronische Belange der TTL-Serie keine Rolle spielen.

Die Schaltung ist immer vorauszuplanen, d. h. man erstellt gut organisierte Schaltpläne, die einem helfen, die Hardware besser auszunutzen und Fehler leichter zu finden. Man ordnet die Eingangssignale auf der linken Seite an, Gatterlogik in der Mitte und Ausgangszellen auf der rechten Seite.

Nach der Eingabe der Zeichnung, sollte man einen zu programmierenden Baustein auswählen. Die Wahl richtet sich nach der Anzahl der Ein- und Ausgänge und nach der Komplexität der zu implementierenden Logik.

Für das Beispiel eines Multiplizierers benötigt man vier Eingänge und vier Ausgänge (Ein-/Ausgänge). Außerdem muss der Baustein darauf ausgelegt sein, vor jeder Makrozelle die ausreichende Anzahl aller Produktterme zu handhaben.

Nach der Auswahl gibt man den Typ, zusammen mit anderen Hinweisen, wie Eingängen, Ausgängen oder speziellen Signalen wie CLOCK, in dem Schaltbild mit an. Man kann dazu den Befehl (P)lace (T)ext verwenden oder direkt den Text in ASCII-Form einlesen, den man mithilfe des bevorzugten Texteditors zuvor erstellt hat.

Wie in den vorangegangenen Beispielen, wird jedoch auch hier jeder Text, der für den Compiler relevant ist, mit dem senkrechten Strich (|) eingeleitet.

Für die Übersetzung sind vier grundlegende Schritte zu durchlaufen:
- Man erstellt mithilfe des DRAFT-Befehles (B)lock (T)ext (E)xport ein PLD-Grundfile. Man zieht dafür die Blockbegrenzung um die Bauteilbeschreibung und dann gibt man dafür DRAFT einen entsprechenden Filenamen.
- Man erstellt mit dem Programm NETLIST eine Netzliste der Schaltung im EDIF-Format (Standard-Ausgabeformat).
- Man verbindet die beiden Files mit dem OrCAD/PLD-Zusatzprogramm PLDNET.
- Man compiliert das so erstellte File mit dem Befehl: PLD filesname

Das ist alles, was zu tun ist. OrCAD/PLD erzeugt die durch das Schaltbild definierte Logik, minimiert sie und erzeugt ein JEDEC-File. Man benötigt weder boolesche Gleichungen, noch muss man sich mit einer Programmiersprache befassen, um mit OrCAD/PLD zu arbeiten und PLD einzusetzen. OrCAD/SDT lässt sich für das Innenleben eines PLD ebenso gut einsetzen, wie für umfassende Schaltungen.

Stichwortverzeichnis

https://doi.org/10.1515/9783110583670-010

www.ingramcontent.com/pod-product-compliance
Lightning Source LLC
Chambersburg PA
CBHW080124220326
41598CB00032B/4949